"十二五"普通高等教育本科国家级规划教材
农业农村部"十四五"规划教材
国家级一流本科课程配套教材

动物寄生虫病学

(第五版)

张西臣 李建华 主编

科学出版社

北京

内 容 简 介

全书共四篇内容，包括寄生虫学总论、各论、动物寄生虫病实验室诊断技术和抗寄生虫药物等内容。在内容编排上，依据寄生虫的分类，兼顾动物种类，同时把重要和常见的寄生虫病放在前面，以便学生更容易掌握。

本书可作为农业院校动物医学、动物科学、兽医公共卫生等本科专业学生的教材，也可作为从事畜牧、兽医及医学寄生虫学工作人员的参考书。

图书在版编目（CIP）数据

动物寄生虫病学/张西臣，李建华主编. —5版. —北京：科学出版社，2024.1

"十二五"普通高等教育本科国家级规划教材 农业农村部"十四五"规划教材 国家级一流本科课程配套教材

ISBN 978-7-03-078077-5

Ⅰ.①动⋯ Ⅱ.①张⋯ ②李⋯ Ⅲ.①动物疾病-寄生虫病-高等学校-教材 Ⅳ.①S855.9

中国国家版本馆CIP数据核字（2024）第016525号

责任编辑：丛 楠 马程迪/责任校对：严 娜
责任印制：赵 博/封面设计：图阅社

科学出版社 出版
北京东黄城根北街16号
邮政编码：100717
http://www.sciencep.com

保定市中画美凯印刷有限公司印刷
科学出版社发行 各地新华书店经销

*

2001年6月第 一 版 吉林人民出版社
2024年1月第 五 版 开本：787×1092 1/16
2024年11月第二次印刷 印张：24 1/4
字数：636 000
定价：98.00元
（如有印装质量问题，我社负责调换）

《动物寄生虫病学》(第五版)
编写委员会

主　编：张西臣　李建华
副主编：张　楠　宫鹏涛　尹继刚
　　　　崔　平　李文超　王秋悦

编写单位及人员：

单位	人员
南京农业大学	宋小凯
东北农业大学	宋铭忻　路义鑫
吉林农业大学	赵　权　杨桂连
河北农业大学	秦建华　包永占
沈阳农业大学	姚龙泉
河北科技师范学院	陈丽凤　王秋悦
河北北方学院	崔　平　顾小龙　郭　兵
吉林农业科技学院	李国江　孙青松
安徽科技学院	顾有方　李文超
塔里木大学	喻建军
黑龙江八一农垦大学	王春仁　高俊峰
延边大学	许应天　薛书江
吉林大学	张西臣　李建华　张　楠　宫鹏涛　尹继刚　王晓岑　李　新　张　旭

前　言

动物寄生虫病学是动物医学专业的临床课程，学习和掌握这门课程对于保障畜牧业的持续发展和人类健康具有重要意义。近年来，随着动物养殖业向规模化、标准化方向的发展及抗寄生虫药物的使用和气候变化等因素的影响，危害动物的寄生虫病种类及其流行传播规律发生了较大的变化。健康中国战略的实施，使得对人类健康和公共卫生构成严重威胁的人兽共患病（含人兽共患寄生虫病）备受关注，必须坚持人病兽防、关口前移，从源头前端阻断人兽共患病的传播路径，切实筑牢国家生物安全屏障。

在此背景下，为适应新时代高等教育综合改革不断向纵深发展的要求，全面落实立德树人根本任务，培养德智体美劳全面发展的中国社会主义建设者和接班人，改革专业课程设置和优化教学内容势在必行。鉴于此，我们组织国内多所高等院校动物寄生虫病学的教师，以《家畜寄生虫病学》（李德昌主编，1985年）和《动物寄生虫病学》（第四版）（张西臣、李建华主编，2017年）为蓝本编写了《动物寄生虫病学》第五版，使其更有利于教学。

根据使用单位的反馈意见，本次修订在分类上除采用传统的分类系统维持一些原有的高级阶元及其名称外，还参考一些新的分类系统对某些寄生虫分类地位在其各论中进行了描述。增加了有关寄生虫病新的流行病学和防治方法及抗寄生虫药物的描述；删去了"第十九章 寄生虫耐药性检测内容"及抗寄生虫药物的具体使用剂量等内容。本书在编写过程中融入了老一辈动物寄生虫病学家和教师几十年积累的教学经验，编写内容力求新颖、准确、实用和图文并茂。本书是国家精品课程、国家精品资源共享课程、国家级一流本科课程配套教材，也是"十二五"普通高等教育本科国家级规划教材和农业农村部"十四五"规划教材，曾获吉林省高等学校优秀教材一等奖和全国高等农业院校优秀教材等。本书图文并茂，方便教师授课，同时有利于学生学习和掌握动物寄生虫病学相关知识，深受教师和同学的欢迎，在吉林大学等国内40余所高校相关专业广泛使用。

全书共四篇内容，包括寄生虫学总论、蠕虫病学、节肢动物病学、原虫病学、实验室诊断技术和抗寄生虫药物等内容。在内容编排上，依据寄生虫的分类，兼顾动物种类，同时把重要和常见的寄生虫病放在前面，以便学生学习掌握。

本书可作为农业院校动物医学、动物科学、兽医公共卫生等本科专业学生的教材，也可作为从事畜牧、兽医及医学寄生虫学工作人员的参考书。

由于作者水平有限，因此对书中疏漏之处，恳请读者不吝指正。

编　者

2023年9月

《动物寄生虫病学》（第五版）教学课件索取

凡使用本教材作为授课教材的高校主讲教师，可获赠教学课件一份。通过以下两种方式之一获取：

    1. 扫描左侧二维码，关注"科学EDU"公众号→教学服务→课件申请，索取教学课件。

    2. 填写下方教学课件索取单后扫描或拍照发送至联系人邮箱。

姓名：	职称：	职务：
电话：	电子邮箱：	
学校：	院系：	
所授课程（一）：		人数：
课程对象：□研究生　　□本科（＿＿年级）　　□其他＿＿		授课专业：
使用教材名称/作者/出版社：		
所授课程（二）：		人数：
课程对象：□研究生　　□本科（＿＿年级）　　□其他＿＿		授课专业：
使用教材名称/作者/出版社：		
您对本书的评价及下一版的修改意见：		
推荐国外优秀教材名称/作者/出版社：		院系教学使用证明（公章）：
您的其他建议和意见：		

联系人：丛楠　　　　咨询电话：010-64034871　　　　回执邮箱：congnan@mail.sciencep.com

目 录

前言

第一篇 总 论

绪论……2
 一、动物寄生虫病学的历史……2
 二、动物寄生虫病学的概念……3
 三、动物寄生虫病学在兽医学中的地位及其与各学科的关系……3
 四、寄生虫对畜牧业和人类健康的危害……4
 五、动物寄生虫病学的研究任务……5

第一章 寄生、寄生虫和宿主……7
 第一节 寄生现象……7
 第二节 寄生虫和宿主的类型……9
  一、寄生虫的类型……9
  二、宿主的类型……10

第二章 寄生虫的命名和分类……11
 第一节 寄生虫的命名规则……11
 第二节 寄生虫的分类系统……12

第三章 寄生虫的生理生化……26
 第一节 寄生虫的生理……26
 第二节 寄生虫的生物化学反应……26

第四章 寄生虫与宿主间的相互关系……28
 第一节 寄生虫对宿主的作用……28
  一、机械性影响……28
  二、夺取营养……28
  三、毒素的作用……29
  四、引入其他病原……29
 第二节 宿主对寄生虫的作用……29
  一、天然免疫……29
  二、后天获得性免疫……29
  三、影响宿主对寄生虫免疫反应的因素……29
 第三节 寄生虫感染与寄生虫病……30
  一、带虫者、慢性感染和隐性感染……30
  二、多寄生现象……31
  三、异位寄生……31

第五章 寄生虫感染的免疫……32
 第一节 寄生虫免疫的特点……32
 第二节 抗寄生虫感染的免疫机制……32
 第三节 寄生虫免疫逃避机制……33
  一、解剖或组织位置的隔离……33
  二、虫体抗原性的改变……34
  三、改变宿主的免疫反应……35
 第四节 寄生虫疫苗……36
  一、弱毒苗……37
  二、分泌抗原苗……37
  三、重组抗原苗或基因工程苗……37
  四、人工合成肽苗……38
  五、DNA疫苗……38
  六、活载体疫苗……38

第六章 寄生虫病学概述……39
 第一节 寄生虫病的流行病学……39
 第二节 自然疫源地与疫源性疾病……39
 第三节 人兽共患寄生虫病……40
  一、动物为载体传播的病……40
  二、植物为载体经口感染的病……41
  三、水、土壤为载体经口感染的病……41
  四、经皮肤感染的病……41
  五、空气、飞沫为载体经呼吸道感染的病……41
 第四节 寄生虫病的流行规律……41
  一、感染源（感染寄生虫的宿主）……42
  二、感染途径……42
  三、易感动物……43
  四、外界环境……43
  五、寄生虫病的流行特点……43
 第五节 影响寄生虫病流行的因素……44

第七章 寄生虫病的诊断与防治原则……46
第一节 寄生虫病的诊断要领……46
一、临床诊断……46
二、流行病学材料分析……46
三、实验室诊断……46
四、诊断性驱虫……46
五、剖检检查……46
六、血清学诊断……46
七、分子生物学方法……47
第二节 寄生虫病的防治原则……47
一、寄生虫病的预防原则……47
二、寄生虫病的治疗原则……47

第二篇 各 论

第八章 吸虫病……50
第一节 吸虫的形态和生活史……50
一、吸虫的外部形态……50
二、吸虫的内部器官……51
三、吸虫的生活史……54
第二节 片形科吸虫病……56
一、片形吸虫病（肝蛭病）……56
二、姜片吸虫病……62
第三节 前后盘吸虫病……65
第四节 分体吸虫病……66
一、日本分体吸虫病（日本血吸虫病）……66
二、东毕吸虫病……70
第五节 歧腔科吸虫病……72
一、歧腔吸虫病……72
二、阔盘吸虫病（胰吸虫病）……74
第六节 槽盘吸虫病……76
第七节 双壬吸虫病……76
第八节 并殖吸虫病……77
第九节 后睾吸虫病……79
一、华支睾吸虫病……79
二、猫后睾吸虫病……80
第十节 异形吸虫病……80
一、横川后殖吸虫病……80
二、异形异形吸虫病……81
第十一节 双穴吸虫病……81
第十二节 微口吸虫病……82
第十三节 前殖吸虫病……83
第十四节 棘口吸虫病……85
第十五节 背孔吸虫病……87
第十六节 环肠吸虫病……88
第十七节 枭形吸虫病……88
第十八节 嗜眼吸虫病……89

第九章 绦虫病……93
第一节 绦虫的形态和生活史……93
一、绦虫的形态……93
二、绦虫的生活史……95
第二节 裸头绦虫病……97
一、莫尼茨绦虫病……97
二、曲子宫绦虫病……100
三、无卵黄腺绦虫病……101
四、马裸头绦虫病……101
第三节 双壳绦虫病……103
第四节 中绦虫病……104
第五节 双叶槽绦虫病……105
一、宽节双叶槽绦虫病……105
二、孟氏迭宫绦虫病……106
第六节 戴文绦虫病……107
一、鸡赖利绦虫病……107
二、节片戴文绦虫病……109
第七节 膜壳绦虫病……109
一、剑带绦虫病……109
二、皱褶绦虫病……110
三、禽膜壳绦虫病……111
四、鼠膜壳绦虫病……112
五、猪伪裸头绦虫病……113
第八节 绦虫蚴病……114
一、猪囊尾蚴病……114
二、牛囊尾蚴病……117
三、细颈囊尾蚴病……119
四、豆状囊尾蚴病……120
五、多头蚴病……122
六、棘球蚴病……124

七、链尾蚴病……………………127
第十章　线虫病…………………………129
　　第一节　线虫的形态和生活史………129
　　　　一、线虫的形态……………………129
　　　　二、线虫的生活史…………………133
　　第二节　蛔虫病………………………134
　　　　一、猪蛔虫病………………………135
　　　　二、马副蛔虫病……………………138
　　　　三、犊新蛔虫病……………………139
　　　　四、犬、猫蛔虫病…………………140
　　　　五、熊猫蛔虫病……………………142
　　　　六、鸡蛔虫病………………………142
　　　　七、异尖线虫病……………………143
　　第三节　尖尾线虫病…………………144
　　　　一、马尖尾线虫病…………………144
　　　　二、兔栓尾线虫病…………………145
　　　　三、鼠蛲虫…………………………145
　　　　四、异刺线虫病……………………146
　　第四节　类圆线虫病（杆虫病）………147
　　第五节　圆线虫病……………………149
　　　　一、马圆线虫病……………………149
　　　　二、夏伯特线虫病…………………153
　　　　三、毛圆线虫病……………………154
　　　　四、钩口线虫病……………………158
　　　　五、食道口线虫病…………………162
　　　　六、鲍杰线虫病……………………164
　　　　七、网尾线虫病……………………164
　　　　八、原圆线虫病……………………166
　　　　九、猪后圆线虫病（猪肺线虫病）…167
　　　　十、广州管圆线虫病………………170
　　　　十一、禽比翼线虫病………………171
　　　　十二、猪冠尾线虫病（猪肾虫病）…172
　　第六节　毛尾线虫病（毛首线虫病）…174
　　　　一、毛尾线虫病（鞭虫病）………174
　　　　二、旋毛虫病………………………175
　　　　三、禽毛细线虫病…………………179
　　第七节　旋尾线虫病…………………180
　　　　一、犬旋尾线虫病…………………181

　　　　二、猪胃虫病………………………181
　　　　三、马胃虫病………………………184
　　　　四、骆驼副柔线虫病………………186
　　　　五、禽胃线虫病……………………186
　　　　六、吸吮线虫病……………………188
　　　　七、筒线虫病………………………190
　　　　八、猫泡翼线虫病…………………191
　　第八节　丝虫病………………………191
　　　　一、牛、马丝虫病…………………192
　　　　二、脑脊髓丝虫病…………………193
　　　　三、浑睛虫病………………………196
　　　　四、副丝虫病（血汗症、皮下丝虫病）…196
　　　　五、牛、马盘尾丝虫病……………197
　　　　六、犬恶丝虫病……………………199
　　　　七、猪浆膜丝虫病…………………200
　　第九节　龙线虫病……………………201
　　　　一、鸭鸟蛇线虫病…………………201
　　　　二、麦地那龙线虫病………………202
　　第十节　犬肾膨结线虫病……………204
第十一章　棘头虫病……………………205
　　第一节　棘头虫的形态和生活史……205
　　　　一、棘头虫的形态…………………205
　　　　二、棘头虫的生活史………………206
　　第二节　猪棘头虫病…………………207
　　第三节　鸭棘头虫病…………………209
第十二章　节肢动物病…………………211
　　第一节　节肢动物的形态、生活史
　　　　　　和危害………………………211
　　　　一、节肢动物的形态和分类………211
　　　　二、节肢动物的生活史……………212
　　　　三、节肢动物的危害………………212
　　第二节　蜱螨类疾病…………………213
　　　　一、蜱类……………………………213
　　　　二、螨类……………………………225
　　第三节　昆虫类疾病…………………238
　　　　一、蝇蛆病…………………………238
　　　　二、虱病……………………………243
　　　　三、蚤病……………………………245

四、其他昆虫 …… 247	一、巴贝斯虫病 …… 268
第十三章 原虫病 …… 254	二、泰勒虫病 …… 276
第一节 原虫的形态和生活史 …… 254	第四节 孢子虫病 …… 282
一、原虫的形态 …… 254	一、球虫病 …… 282
二、原虫的生活史 …… 256	二、弓形虫病 …… 300
第二节 鞭毛虫病 …… 257	三、肉孢子虫病 …… 304
一、伊氏锥虫病 …… 257	四、贝诺孢子虫病 …… 306
二、马媾疫 …… 261	五、血孢子虫病 …… 307
三、利什曼原虫病 …… 263	六、兔脑原虫病 …… 310
四、牛胎毛滴虫病 …… 264	七、卡氏肺孢子虫病 …… 311
五、组织滴虫病 …… 265	八、猪小袋纤毛虫病 …… 311
六、贾第虫病 …… 266	九、新孢子虫病 …… 312
第三节 梨形虫病 …… 267	

第三篇 动物寄生虫病实验室诊断技术

第十四章 病原学诊断技术 …… 316	一、材料准备 …… 330
第一节 蠕虫病诊断技术 …… 316	二、试验步骤 …… 332
一、粪便检查 …… 316	三、结果判定 …… 332
二、肛门周围刮下物检查 …… 320	第五节 补体结合试验 …… 333
三、血液内蠕虫幼虫的检查 …… 320	一、抗原制备 …… 333
四、尿液检查 …… 321	二、试验步骤 …… 334
第二节 螨病的实验室诊断技术 …… 321	第六节 间接免疫荧光试验 …… 334
一、病料的采取 …… 321	一、抗原制备 …… 334
二、检查方法 …… 321	二、试验步骤 …… 334
第三节 原虫病的实验室诊断技术 …… 321	第七节 染色试验 …… 335
一、血液原虫检查 …… 322	一、材料准备 …… 335
二、生殖道原虫检查 …… 322	二、试验步骤 …… 335
三、消化道原虫检查 …… 324	三、判定标准 …… 335
四、组织内原虫检查 …… 324	**第十六章 分子生物学诊断技术** …… 340
第十五章 寄生虫病的免疫诊断技术 …… 325	第一节 DNA探针技术 …… 340
第一节 皮内试验 …… 325	一、基因组DNA探针的制备 …… 340
第二节 沉淀试验 …… 325	二、重组DNA探针的制备 …… 340
一、免疫扩散沉淀试验 …… 326	三、DNA探针的标记方法 …… 341
二、活体沉淀试验 …… 326	四、印渍膜制备 …… 342
第三节 凝集试验 …… 327	五、分子杂交 …… 342
一、直接凝集试验 …… 327	六、DNA探针在寄生虫方面的应用 …… 343
二、间接凝集试验 …… 328	第二节 聚合酶链反应技术 …… 343
第四节 酶联免疫吸附试验 …… 330	一、PCR系统的组成 …… 343

二、PCR循环的三个步骤……………343
三、PCR技术的发展 ……………344
四、PCR技术在寄生虫病方面的应用……344

第四篇 抗寄生虫药物

第十七章 抗寄生虫药物概论……………346
　第一节 抗寄生虫药物的种类及作用机理……………346
　　一、抗寄生虫药物的种类………346
　　二、抗寄生虫药物的作用机理……346
　第二节 抗寄生虫药物的应用方法及注意事项……………347
　　一、抗寄生虫药物的应用方法……347
　　二、应用抗寄生虫药物注意事项……347
第十八章 常用抗寄生虫药物……………348
　第一节 抗蠕虫药……………348
　　一、驱线虫药………348
　　二、驱吸虫药………352
　　三、驱绦虫药………355
　第二节 抗原虫药……………356
　　一、抗球虫药………356
　　二、抗锥虫药………359
　　三、抗梨形虫药……360
　　四、抗隐孢子虫药…361
　第三节 杀虫药……………361

主要参考文献……………363
附录：各种畜禽常见寄生蠕虫及虫卵……………364

第一篇

总　论

　　寄生虫是一类过着寄生生活的低等动物，属于真核生物，遍布世界各地，作为病原体除自身致病外，有的寄生虫可作为病原传播媒介，有的寄生虫为人兽共患，给人类健康和畜牧业生产的发展带来严重威胁。动物寄生虫种类繁多，不同的寄生虫形态差异较大，其分类主要依据传统的虫体形态结构及部分生物学特性并结合现代免疫学和分子生物学技术。和其他动植物一样，寄生虫的命名采用双名法进行虫种命名。寄生虫在宿主体内寄生过程中，会对宿主造成不同程度的损伤，反过来宿主也会产生一系列的抵抗寄生虫寄生的反应，如宿主会产生针对寄生虫的特异性免疫反应和非特异性免疫反应等，通过寄生虫和宿主间长期的相互作用，最终建立起了一种复杂而精密的寄生关系，在此过程中，寄生虫也形成了较为独特的生理生化特征以适应这种生活方式。同传染病一样，寄生虫病的流行也具有一定的规律，但传播相对较慢，故动物寄生虫病多呈慢性感染。在掌握动物寄生虫病的流行病学规律的基础上，可结合实验室检查等多种手段，进行寄生虫病的诊断，在此基础上采取抗寄生虫药物治疗、加强环境卫生和饲养管理、免疫预防和生物防治等行之有效的措施来防控动物寄生虫病。

绪　　论

一、动物寄生虫病学的历史

我国对动物寄生虫病的认识和防治有着悠久的历史。早在6世纪，北魏贾思勰所著《齐民要术》一书中，记载过治疗马、牛、羊疥癣的方法。书曰："羊有疥者，间别之；不别，相染污，或能合群致死。"书中不但已经认识到该病具有传染性，而且说必须隔离饲养，否则会传及全群，引起死亡。9世纪，唐朝李石著《司牧安骥集》中有医治马浑睛虫的方法，"恐他点药治疗难，开天穴内针得力"，即提出了用针刺开天穴取出虫体的手术疗法。明朝赵浚等（1399）著《新编集成马医方牛医方》中有关于蜱的记载。

在西方，除古代希腊、罗马、埃及和波斯等有关寄生虫的记载外，年代较近的有关寄生虫的书籍，首推雷狄（Redi，1894）的著作。1894年史密斯（Smith）和基尔伯恩（Kilborne）关于蜱传播牛双芽巴贝斯虫的发现，被誉为近代寄生虫学中的重大成就。

自中华人民共和国成立以来，我国动物寄生虫的研究工作和寄生虫病的防治工作，都受到了党和政府的极大重视，取得了很大的发展。在寄生虫学基础方面，对多种动物（包括经济动物）的寄生虫分类和区系分布，重要寄生虫病的流行病学调查，某些寄生虫的超微结构、生物化学、体外培养等，进行了许多研究，提供了大量资料。在寄生虫病的防治方面，一些严重危害畜牧业发展的寄生虫病基本得到了控制。尤其在一些人兽共患寄生虫病的防控方面取得了举世瞩目的成就，如科什曼原虫病于1958年基本消灭；血吸虫病、包虫病、并殖吸虫病等的发病情况已经降至历史最低点，各项预防控制措施成效明显。同时，在与寄生虫病做斗争的过程中，涌现出了以屠呦呦为代表的一大批具有高度责任担当、守护人类和动物健康、造福于人民的杰出科学家。

寄生虫学（parasitology）作为动物学的一个分支，已发展为一个独立的学科。根据动物分类，寄生虫学可分为蠕虫学（helminthology）、原虫学（protozoology）、昆虫学（entomology）和蜱螨学（acarology）等。按照寄生对象的生物界地位及对人类健康和经济生活的影响，寄生虫学又可分为人体（医学）寄生虫学［human（medical）parasitology］、家畜（兽医、动物）寄生虫学（veterinary parasitology）、鱼类寄生虫学（fish parasitology）及植物线虫学（plant nematology）。动物寄生虫病学以各种动物寄生虫为研究对象，叙述寄生虫的分类地位、形态、生活史、生理生化、免疫、致病机理、病理变化、实验诊断及流行病学和防治措施等方面的知识。

近几十年来，由于新技术、新方法的应用，多种学科的交叉渗透成为现代科学的发展特征。寄生虫学也不例外，寄生虫的超微结构和生理生化及寄生虫感染的免疫学和分子生物学诊断、流行病学、治疗和预防等方面的研究，都有了很大的进展。例如，寄生虫的形态观察已进入亚细胞水平。新细胞器或新结构的发现，使学者对原虫分类提出了新的意见。吸虫和绦虫的表皮电镜观察，不仅显示出结构特点，而且阐明了吸收营养的功能。生理生化研究的开展，对一些寄生虫的能量代谢、合成代谢有了较系统的了解，这不仅在理论上说明了寄生虫的代谢特点，而且在实际上有助于杀虫（或驱虫）药物的筛选及其药理作用的研究。寄生虫感染免疫的研究大量来自动物实验，如寄生虫抗原的分析、宿主的免疫反应、免疫病理、寄生虫在免疫宿主体内存活的机制等；寄生虫疫苗的研究也有了进展，如某些原虫的体外培养成功，有的已实践应用，如鸡球疫苗；寄生虫病的血清学诊断和PCR诊断方法，已较多地应用于临床实践、流行病学普查和疫情监测，多种寄生虫基因型和亚型的相继报道可用于溯源研究。广谱驱虫药（或杀虫药）的研制和应用，已使蠕虫病的治疗有了很大改进，如吡喹酮对吸虫、绦虫，依维菌素对多种线虫和螨虫，硝唑尼特对多种原虫、线虫和绦虫等均有良好的驱杀效果。随着组学的发展，基因组学、蛋白质组学、转录组学和代谢组学先后在寄生虫研究中得到广泛应用。迄今，包括利什曼原虫、刚地弓形虫、蓝氏贾第虫、隐孢子虫、旋毛虫、阴道毛滴虫等10多个寄生虫基因组测序已完成。随着RNA干扰（RNAi）技术、成簇规律间隔短回文重复序列（CRISPR）/CRISPR相关蛋白9（Cas9）基因编辑技术的发展，功能基因组学研究取得了快速发展，一些具有诊断和防治应用潜力的基因相继被发现。

当前寄生虫病仍是严重危害人畜健康的疾病。联合国开发计划署、世界银行和世界卫生组织热带病研究和培训特别规划提出的6种疾病中，除麻风以外，其他5种（疟疾、血吸虫病、丝虫病、利什曼原虫病和锥虫病）全为寄生虫病。在家畜方面，棘球蚴病和日本血吸虫病等也还有不少发生；猪、牛、羊消化道线虫病仍大量存在，还有危及马、牛的几种原虫病有时呈地方性流行。所以，必须看到，我国寄生虫学的发展水平还不高，还存在着不少急需填补的空白。为了适应新形势的需要，推动现代农业、现代畜牧业的发展，我们应当刻苦钻研，肩负起发展我国家畜寄生虫病学，使之进入世界先进行列这一光荣而艰巨的任务。

二、动物寄生虫病学的概念

动物寄生虫病学是一门涵盖一般生物学和兽医学内容的综合性学科，是阐明寄生于动物的各种寄生虫及其对动物所发生影响和所引起疾病的科学。它一方面必须研究动物的寄生虫，即研究寄生在动物机体的各种寄生虫的形态学、生理学、分类学、生物学和生态学等问题；另一方面必须研究由寄生虫引起的动物疾病，即研究侵袭动物机体的各种寄生虫的致病作用，由其引起疾病的流行病学、症状、病理变化、免疫、诊断方法，以及在正确诊断的基础上施行防治的卫生保健措施等问题。所以，寄生虫学是研究寄生虫病的基础，必须对寄生虫学的这个基础部分有较全面的了解，特别是掌握寄生虫生活史、流行病学的规律，才可能正确地研究寄生虫病，从而做出切实有效的综合性防治措施。

三、动物寄生虫病学在兽医学中的地位及其与各学科的关系

动物的疾病大体可以区别为传染病、寄生虫病和非传染病三大类，人类对这三大类疾病的研究有其发展的各个阶段，它是随社会生产发展而发展的。在个体农业经济的历史时期，家畜以役用为主，分散饲养，兽医工作以治疗内外科疾病为主；随着畜牧业商品生产的发展、畜产品及畜禽输出输入的增加，畜禽传染病的传播与流行增多，于是，预防、控制家畜传染病的传播与流行成为主要课题；随着兽医科学的发展，主要的烈性传染病逐渐得到控制与消灭，曾被掩盖着的寄生虫病的危害就显得格外突出，畜牧业生产遭受寄生虫病的经济损失已超过传染病所带来的损失。于是，对畜禽寄生虫病的研究逐渐提上日程。由于社会生产发展的突飞猛进、畜牧业商品生产的机械化和工业化的发展，又显露出另外一些非传染病，如营养性疾病、遗传繁殖疾病、环境污染和中毒病等。所以，从当前动物疾病来看，增加的多，被消灭、控制的少，兽医的防治和科研工作任务显得更加繁重。现在对动物寄生虫病的危害性虽已开始有所认识，但远未被放在应有的位置，因而寄生虫仍然严重地危害着畜禽的

健康，阻碍着畜牧业生产的发展，使畜牧业经济遭受巨大的经济损失。这种现象与当前人们生活的改善、对畜产品及其加工制品的需求日益增长极不适应。因此，为满足畜牧业生产快速发展的需要，加强对动物寄生虫病的科研与防治工作已成为畜牧业生产上的重要任务。

动物寄生虫病学和下列学科之间有着密切联系。首先是动物学，它是寄生虫学的基础学科，有关寄生虫的解剖形态学、生态学和分类学的知识都是学习动物寄生虫病学所必需的。关于寄生虫的解剖形态学和分类的研究，是鉴定寄生虫病病原体、确定诊断的根据；要了解疾病的流行病学并拟订正确的防治措施，又必须以寄生虫的生物学与生态学的研究为基础。研究动物的寄生虫病，与病理生理学、病理解剖学、生物化学、分子生物学及内科学和兽医临床诊断学等学科都有着密切的联系。研究动物寄生虫病的疗法时，则经常采用药理学、生物学、生物化学中的方法。同时，也需和化学相互配合。对寄生虫病进行鉴别诊断与实施预防措施时，与传染病学有着特别密切的联系。人兽共患寄生虫病在公共卫生上具有重要意义，与兽医学有着密切关系，应加强肉、乳之类动物性食品和其他畜产品有关寄生虫方面的检查与防治，以保护人类健康。在寄生虫病的预防方面必须与家畜饲养学、农学等学科密切配合，做好未感染寄生虫病的健康家畜的饲养管理，这是保护家畜不遭受寄生虫侵袭的积极措施。

随着现代生物学的发展，对寄生虫与宿主关系的研究已进入分子水平，开展和加强这方面的研究，以及生物工程、示踪原子技术和电子计算机等的应用，为深入研究动物寄生虫病，解决寄生虫病的病理机理、免疫机理、药物疗效和寄生虫分类学等方面的问题开辟了新的途径，防治技术将提高到一个新的水平。

四、寄生虫对畜牧业和人类健康的危害

寄生虫对畜牧业生产和人类健康的危害甚大，动物普遍地、反复地遭到各种寄生虫的侵袭，引起患畜不同程度的病理过程，成为发展畜牧业生产的大敌，造成经济上的巨大损失；由于有些寄生虫为人兽共患，给患者的身体和心理造成痛苦，甚至危及生命，成为危害人类健康的公害。

（一）动物寄生虫对畜牧业生产的危害

许多寄生虫病往往为慢性病理过程，虽然因之导致患畜的消瘦、衰弱、贫血，甚至死亡，但因其病情缓慢而易被其他非传染性脏器疾病或某些营养缺乏的疾病所蒙混而被疏忽；另外，动物由于严重感染某些原虫病而发生急性的剧烈症状时，则又与某些急性传染病的表现有些雷同。对于这类寄生虫病畜若不能及时给予正确的诊断与治疗，或大批死亡，或动物本身耐过急性期，则往往转入慢性或呈长期带虫现象，成为再次传播的病源。再者，过去动物寄生虫病会被一些急性流行性的烈性传染病所掩盖，即使现在一些急性烈性传染病已经被控制或消灭，可是给人们留下来的这种印象还没有完全消失。因此，有些地方仍任寄生虫自然地侵袭家畜、家禽等动物，阻碍畜牧业生产的发展。

畜牧业经济是国民经济的重要组成部分。畜牧业产值的高低、在农业中所占的比重，标志着畜牧业发展的程度与水平，也是农业现代化的一个重要指标。影响畜牧业生产发展的原因有多种，其中寄生虫病严重地影响着畜牧业生产的发展，给畜牧业经济带来的损失是巨大的，主要从以下几个方面进行阐明。

1. 阻碍幼畜的生长发育，被寄生虫严重感染的幼畜生长发育迟缓　　据内蒙古通辽市

报道对仔猪蛔虫病所做的驱虫对比试验结果表明，患蛔虫病的仔猪比驱虫组的仔猪生长速度平均降低36.9%。

2. 降低役畜的使役能力，缩短使役年限 寄生虫的感染对役畜的使役能力影响很大，据调查东毕吸虫病疫区的患牛比非疫区的健康牛使役能力降低1/3～1/2，使役年限普遍缩短3～5年。

3. 导致饲料的严重浪费，降低生产性能，影响畜产品的质量和数量 产品畜牧业是以饲料和饲草来换取畜（禽）和畜（禽）产品，达到最高的经济效益，而寄生虫则从宿主（畜、禽）体夺取营养物、组织液、血液等为其营养，借以生存与繁殖，畜（禽）则因寄生虫的寄生而消瘦、衰弱、贫血，甚至死亡。正是人养畜，畜养虫；畜吃草（料），虫吃畜。饲料和饲草还未及转化为畜（禽）产品，就先被寄生虫夺去，甚至有的寄生虫导致整个胴体的废弃，如重症的囊虫病猪、囊虫病牛和旋毛虫病猪的胴体，按肉检规程全部废弃。患肝片吸虫病的奶牛产乳量比健康奶牛降低25%～40%。

4. 降低家畜的抗病能力，诱发各种疾病 例如，严重感染蛔虫病的仔猪有40%发生蛔虫性肺炎，30%发生呼吸困难，往往引起仔猪死亡。仔猪蛔虫病还可加重气喘病的病势，增加患猪死亡率。

5. 引起地区性流行，造成病畜的大批死亡 引起地区性流行的寄生虫病，在蠕虫病方面主要有肝片吸虫病、莫尼茨绦虫病、捻转血矛线虫病、肺线虫病、日本血吸虫病、东毕吸虫病、胰吸虫病等。这些寄生虫病严重感染可引起地区性流行，造成患畜大批死亡。在原虫病方面主要有牛、马梨形虫病等。家兔、鸡球虫病等都可以发生地方性暴发流行，引起畜禽的大批死亡。

（二）动物寄生虫对人类健康的危害

人兽共患寄生虫病是人类健康的大敌之一，它构成公共卫生的严重威胁，有时甚至构成严重的社会问题。例如，日本血吸虫病曾严重危害耕牛等家畜的健康，造成大批死亡，严重影响农牧业生产的发展，又是人体的严重寄生虫病。世界卫生组织1979年公布的人兽共患病中，人兽共患寄生虫病有58种（原虫病10种、吸虫病12种、绦虫病11种、线虫病21种、节肢动物五口虫类引起感染的4种）。中国人民解放军兽医大学（现吉林大学农学部）于1984年4月～1985年2月调查我国人兽共患寄生虫病为91种（原虫病11种、吸虫病20种、绦虫病21种、线虫病30种和节肢动物9种）。但目前有关人兽共患寄生虫的种类尚无权威数据。由于我国幅员辽阔，这些人兽共患寄生虫病的传播流行，有的可以是全国性的，但大多数以地区性流行的趋势发展，因此不同地区或省份有其各自重要的人兽共患寄生虫病。例如，南方有日本血吸虫病的发生，尤以湖滩地区更为严重，而北方则不存在此病；棘球蚴病在我国分布很广，但以西北牧区更为严重，这种流行趋势都是受流行因素所制约的。

五、动物寄生虫病学的研究任务

动物寄生虫病学是为保障畜牧业生产的发展，提高经济效益服务的；是为提高公共卫生水平与社会效益、环境效益服务的。因此，必须掌握动物寄生虫病学的基础理论、动物寄生虫病的诊治技术和综合防治措施；保障动物不受或少受寄生虫的侵袭，使动物的寄生虫感染减小到最低程度，在不太长的时期内，在一切可能的地方要求做到基本上消灭危害动物最严重的几种寄生虫病。必须掌握主要的人兽共患寄生虫病及其预防措施，加强调查研究，关注环境医学，改变宿主与寄生虫的周围环境条件，掌握寄生虫的生物学、生态学方面的特点与生活史上的薄弱环节，从而击破其生活史环链，从根本上杜绝其流行，以保护人畜的健康，谋求人类的福利。

党的二十大报告提出要推进健康中国建设，把保障人民健康放在优先发展的战略位置，并对推进健康中国建设做出系列部署。动物医学作为医学的一个分支，广大寄生虫工作者和青年学子应该担负起"人民健康至上、健康优先发展"赋予的新使命，高质量服务于健康中国战略。

第一章 寄生、寄生虫和宿主

由于接触的时间长短及相互间适应程度的不同，以及特定的生态环境的差别等原因，寄生虫-宿主的关系呈现多样性，从而使寄生虫和宿主均表现出不同的类型。

第一节 寄生现象

在自然界中，两种生物在一起生活的现象是很普遍的，寄生（寄生生活）（parasitism）是许多种生物所采取的一种生活方式，或者说是生物间相互关系的一种类型。在这一关系中，包括寄生物和宿主两方面，寄生物暂时地或永久地寄生在宿主的体表或体内，并从宿主身上取得它们所需要的营养物质。寄生物包括植物和动物。植物性寄生物在自然界中很常见。营寄生生活的低等动物，我们称之为寄生虫（parasite），如寄生于猪或人小肠中的蛔虫，寄生于马、牛等血细胞中的巴贝斯虫等。以寄生虫作为研究对象的寄生虫学（parasitology）是动物科学的一个重要分支。

宿主也包括植物和动物。宿主为植物的，如各种农作物和蔬菜等，它们的体表或体内也有许多种寄生物，一般来说，可归属于植物保护学的范畴。人、家畜、家禽、野生动物、鸟类和鱼类等都可成为许多寄生物的宿主。

在上述已述及的生活方式中，宿主给寄生物提供了居住的场所，同时提供了保护；那么，宿主从这种结合中又得到了什么呢？一般来说，有下列三种情况。

第一，寄生物得到好处，但并不酬谢对方，也不损害对方，通常把此种关系称为偏利共生（commensalism），也叫共栖。

第二，结合双方互有裨益。例如，寄居于反刍动物瘤胃中的和寄居于马属动物大结肠中的若干种纤毛虫，它们帮助宿主消化植物纤维。属于这种结合类型的，还有普遍存在的动物与某些细菌或真菌的结合，这些寄生物向宿主提供必不可少的蛋白质和维生素等。这种寄生物和宿主双方互相受益的共生关系称为互利共生（mutualism）。

第三，寄生物给宿主带来不同程度的危害，此种结合常常是伴随着宿主的疾病过程，有的甚至导致宿主死亡。这种寄生物和宿主的共生关系称为寄生（parasitism）。寄生生物不能离开被寄生生物而独立生活，只能依赖于被寄生生物营寄生生活。寄生物在其生活过程中，有两个生活环境，一个是宿主，另一个是外界自然环境。有的终生寄生，如旋毛虫虽不离开宿主体，但必须有宿主交替（alternation of host）才能延续其下一代的生存。宿主交替在自然传播中意味着原宿主的死亡。从共生的意义而言，宿主死亡，寄生物存在于宿主尸体内，实则已处于外界自然环境中。因此，这两个环境对寄生物都有直接或间接的关系。寄生物暂时或永久地生活于被寄生的生物体内或体表，由于寄生物已失去部分分解与合成营养物质的能力，它所需的营养物质需从宿主夺取，并在宿主体内或体表进行生长、发育和繁殖，使宿主遭受其生命活动及新陈代谢产物的危害，从而引起宿主机体产生不同程度的免疫或病理过程，甚至死亡。

生物在演化过程中所呈现的多样性，决定了生活现象的复杂性。因此，在上述共生过程中，无论是双方均有益的互利共生，或是一方获益而又无害于它方的偏利共生，或是一方获益而它方受害的寄生，这三种类型之间的界限均难以截然划清，其中必然会存在多种过渡类型。一般寄生物与宿主之间相处的时间越长，两者越趋于生物学平衡，对宿主的危害也越小。在演化过程中，有的寄生物可能被淘汰，有的寄生物可能由寄生向偏利共生、互利共生的方向进化。但营寄生生活的寄生物，对其宿主必须有某种程度的危害作用，这是寄生物这个名称被赋予的特点。若对宿主无任何危害，便不属于寄生物的范畴，而属于互利共生或偏利共生，或为某种中间类型。由于宿主机体对寄生物的抵抗力不同，或寄生物寄生的部位不同，或寄生物数量不同等，宿主呈现不同程度的病理变化和症状。

在动物界还存在着另一种生活方式，即肉食动物的生活方式，或称掠夺，这是与寄生虫完全不同的。我们可以从以下几个方面加以区别：肉食动物摄取其捕获物的整个身体或肢解其某些部分，并常常使对方致死，寄生虫则只摄取宿主的部分物质，有时使宿主发病或死亡；肉食动物的身体比它们的捕获物要大或强壮，各自独立生活，双方接触是短暂的，寄生虫比其宿主身体弱小得多，寄生于宿主体表或体内，持续时间比较长；肉食动物比其捕获物的繁殖率低，个体数目少，寄生虫的繁殖率远比宿主高，个体数目要比宿主多得多。此外还有许多重要的区别，所以肉食动物依赖其捕获物与寄生虫依赖其宿主有着本质的不同。

自然界中，所有的动植物原本都是自由生活的，它们互相争夺空间、争夺食物，在漫长的岁月中，只有那些善于调节其自身以适应于外界环境者才不会被自然力的选择所淘汰。在这一过程中，属于动植物两界各不同门类的许多种生物，转化为与另一种生物相结合而取得住所和食物。从现在的某些寄生关系来看，其相互间良好的适应性表明它们之间的关系已经存在很长时间，可能为若干万年；有一些寄生虫显示出较为晚期才演化为营寄生生活；有的则具有对寄生生活的早期适应性。

寄生虫是一些低等动物，包括原虫、蠕虫、节肢动物等。所以寄生生活是由自立生活的一类低等动物，在特定的历史条件下演化而来的；由一个自立生活的种类演变为一个营寄生生活的种类，必然是经历一个长时间、一系列复杂的代谢变化。寄生虫为了寻求并获得宿主和以后在宿主体内建立寄生生活的需要，必须在长期的演化过程中发生一系列形态和机能的变化。寄生生活对寄生虫的影响主要表现在以下几方面。

1. 附着器官的发展 寄生虫为了保持在宿主的体内或体表，逐渐产生或发展了一些特殊的附着器官，如吸虫和绦虫的吸盘、小钩、小棘，线虫的唇、齿板、口囊，消化道原虫的鞭毛、纤毛和伪足，它们既是运动器官，也是附着器官；节肢动物产生了健壮的爪；寄生蝇类的卵具有黏附被毛的特殊构造；马胃蝇蛆更有强力的口钩附着于胃黏膜上。

2. 形态的改变 虱子和臭虫均具有背腹扁平的身体，跳蚤有扁平的身体和适于跳跃的发达的腿，更有适于刺吸血液的口器；线虫、绦虫均具长条状体型，适应于机体腔道里寄生的环境。

3. 营养的变化 许多寄生虫的消化管简单化，甚至趋于消失或完全消失。例如，吸虫的消化道只残留一个食道接连两根盲肠，没有了肛门。绦虫和棘头虫全然没有消化器官，依靠体表直接从宿主肠道内吸收营养。各种寄生性蝇类，成虫的口器已完全退化，不需营养和采食。

4. 生殖系统发达 为了方便交配和受精，线虫的雄虫经常以其特殊的交配器官附着在雌虫的阴门部，如比翼线虫永远处于交配状态。绦虫每个体节中都具独立的雌雄性生殖器官，大大增加了繁衍后代的能力，多头绦虫卵所形成的多头蚴，其囊内含有多个头节；棘球蚴在中间宿主体内也进行无性繁殖，形成多个原头蚴。吸虫则总是以在终宿主体内的有性繁殖和在中间宿主体内的无性繁殖交替进行。

寄生虫的生长、发育和繁殖的全部过程称为生活史（life history）。在寄生虫的生活史中，可分为若干阶段，每个阶段有不同的形态特征，需要不同的生活条件。例如，蛔虫的生活史分为虫卵、幼虫和成虫三个阶段，幼虫阶段又分为1～4期。那些单细胞寄生虫（原虫）的生活史是按繁殖方式分为有性繁殖期和无性繁殖期（有些原虫只有无性繁殖一种方式）。研究寄生虫的生活史，特别要分析它们各个阶段所需要的生活条件，为治疗或防治寄生虫病提供科学根据。

第二节　寄生虫和宿主的类型

一、寄生虫的类型

动物寄生虫的种类繁多、数量庞大。根据其寄生部位、适应程度，以及寄生虫在宿主体内或体外寄生时间的长短等，可概括分为以下各种类型。

1. 内寄生虫（endoparasite）　是指寄生在宿主体内各组织、脏器内的寄生虫。具有组织脏器特异性（tissue and organ specificity）。据此而有腔内寄生性（coelozoic），如圆形属（*Strongylus*）线虫、蛔属（*Ascaris*）、布氏姜片吸虫（*Fasciolopsis buski*）寄生于肠腔内；组织内寄生性（histozoic），如棘球属（*Echinococcus*）寄生于肝、肺内，脑多头蚴（*Coenurus cerebralis*）寄生于脑内，肉孢子虫属（*Sarcocystis*）寄生于肌肉内；细胞内寄生性（cytozoic），如巴贝斯属（*Babesia*）、住白细胞虫属（*Leucocytozoon*）。但也有出现异位寄生（heterotopic parasitism）者，如并殖吸虫寄生于脑内；或者迷路寄生（erratic parasitism）的现象，如蛔虫可通过迷路进入胆管内寄生的现象。

2. 外寄生虫（ectoparasite）　是指寄生于宿主体表的寄生虫，如虱（louses）、蚤（fleas）等。

3. 永久性寄生虫（permanent parasite）　为获取营养与住所，终生寄生于宿主的寄生虫，如旋毛形线虫（*Trichinella spiralis*）、虱（louses）、螨（mites）等。

4. 暂时性寄生虫（temporary parasite）　为了获取营养，暂时接触或寄生于宿主体内，如蚊（mosquitoes）、虻（breezes）、蜱（ticks）等。

5. 专性寄生虫（stenoxenous parasite）　是指寄生于一种特定宿主的寄生虫，如鸡球虫只寄生于鸡等。

6. 多宿主寄生虫（polyxenous parasite）　是指能寄生于许多种宿主的寄生虫，如肝片吸虫可以寄生于绵羊、山羊、牛和另外许多种反刍动物，以及猪、兔、河狸、象、马、犬、猫、袋鼠和人等多种动物。多宿主寄生虫是一种复杂的生物学现象，它涉及多种脊椎动物，有时包括人，由此导出了人兽共患寄生虫病的概念。

7. 固需寄生虫（obligate parasite）　是指必须进行寄生生活的寄生虫，如绦虫、吸虫和大多数寄生线虫。

8. 兼性寄生虫（facultative parasite）　是指有些自由生活的寄生虫，如遇到合适机会时，其生活史中的一个发育期也可以进入宿主体内营寄生生活，如类圆线虫等。

9. 超寄生虫（superparasitism parasite）　寄生虫本身被寄生物所寄生，如某些细菌寄生于蛔虫体内。

二、宿主的类型

有些寄生虫发育过程很复杂，在不同发育阶段寄生于不同的宿主，如幼虫和成虫阶段分别寄生于不同的宿主，有的需要3个宿主，并且都是固定不变的。这样就出现了不同类型的宿主。按寄生虫发育的特性，其宿主可分为如下几种。

1. 终宿主（final host） 也叫终末宿主或真正宿主（definitive host），是寄生虫性成熟阶段或成虫期或其有性生殖阶段所寄生的宿主。

2. 中间宿主（intermediate host） 是寄生虫幼虫期或营无性生殖阶段所寄生的宿主，如寄生于人体的日本血吸虫的幼虫阶段寄生于钉螺体内，钉螺便成为日本血吸虫的中间宿主。寄生于动物的吸虫都需要中间宿主。有的需要一个中间宿主，这时，这个唯一的中间宿主无一例外的是螺（软体动物）；有的需要两个中间宿主，这时按其顺序将寄生的前一个中间宿主称为第一中间宿主，后一个中间宿主称为第二中间宿主。例如，寄生于反刍动物肝脏的矛形吸虫，它的第一中间宿主是螺，第二中间宿主是蚂蚁。第二中间宿主也称为补充宿主。

3. 保虫宿主（兼性宿主） 某些主要寄生于某种宿主的寄生虫，有时也可寄生于其他一些宿主，但不那么普遍。从流行病学的角度看，通常把不常寄生的宿主称为保虫宿主。例如，牛、羊的肝片吸虫除主要感染牛、羊外，也可感染某些野生动物，这些野生动物就是肝片吸虫的保虫宿主，也是重要的感染来源。寄生于保虫宿主的寄生虫实质是一种多宿主寄生虫。

4. 贮藏宿主（reservoir host） 有时某些寄生虫的感染性幼虫转入一个并非它们生理上所需要的动物体内，但仍保持着对宿主的感染力，这个动物被称作贮藏宿主。例如，寄生于家禽和某些野鸟气管的比翼线虫，它们的卵在自然界发育到感染阶段的时候，既可以直接感染鸟类，也可以被蚯蚓、某些昆虫或软体动物吞食，暂时地寄居于它们体内，以后随蚯蚓、昆虫或软体动物被啄食而感染鸟类。这些类似中间宿主的动物就叫作贮藏宿主。从此例可以看出，感染性虫卵先集中在贮藏宿主体内，必然增加了感染鸟类的机会。

5. 带虫宿主 某种寄生虫在感染宿主后，随着机体抵抗力增强或通过药物治疗，宿主处于隐性感染阶段，宿主对寄生虫保持一定的免疫力，临床上无症状，但体内仍保留一定数量的虫体，这样的宿主称为带虫宿主，宿主的这种状况称为带虫现象。带虫宿主在流行病学中也是主要的感染来源。由于它们在临床上不显示病症，而往往被人们忽视，其实它们在不断地向周围环境释放病原。另外，一旦宿主抵抗力下降，疾病仍可复发。例如，犊牛感染双芽巴贝斯虫后，仅出现极轻微症状，然后自行痊愈，但虫体并未完全死亡，犊牛已成为带虫者，并成为感染源。当作为媒介物的蜱出现时，便可将此病传给健康牛。

6. 通过寄生现象 有些寄生虫的幼虫，有时误入一个非专性宿主体内，进行一个时期的发育后，终因环境不适而死亡，这种情况称为通过寄生现象。这实际是寄生虫-宿主关系极不适应的一种状态，常常给宿主带来严重损伤。

第二章 寄生虫的命名和分类

现在全球生物命名的通用方法是瑞典著名的植物学家林奈提出的双名法，寄生虫也是按照双名法进行命名的，同时本章也对兽医学上重要的寄生虫种类进行了系统的分类。

第一节 寄生虫的命名规则

寄生虫的命名与其他动物的命名一样，始于1785年瑞典自然科学家林奈（Carolus Linnaeus）发表的《自然系统》。1889年第一届国际动物学会议秘书长Raphael Blanchard教授在会议上提出一套规则，经过反复研究、增补和修改，于1958年7月在伦敦举行的第十五届国际动物学会议中通过，以英文和法文发表《国际动物命名法规》（*International Code of Zoological Nomenclature*）。

寄生虫的命名规则采用的是双名法（binominal nomenclature），这是目前全世界统一的动植物命名规则。用双名法给一个动物（种）或植物（种）规定的名称，叫作这个动物（种）或这个植物（种）的科学名（scientific name）或学名。一个动物或植物的科学名均由两个词组成，第一个词是属名，也是说明这种动物或植物属于这个属，第二个词是种名，属名和种名要用拉丁文、希腊文或拉丁化，排印时要用斜体字，以示区别于其他文字。例如：

Schistosoma japonicum Katsurada，1904

说明：*Schistosoma*是属名，中译名为分体（属），属名的第一个字母应大写；*japonicum*是种名，即"日本的"，种名的第一个字母小写。第3个词是命名人的名字，最后是命名年份，意即Katsurada于1904年定名。命名人的名字和命名年份有些情况下可以略去不写。中译名全文为日本分体吸虫。

Schistosoma mansoni Sambon，1907

说明：中译名即曼氏分体吸虫。种名是由人名Manson转化而来的，按照命名规则，种名用人名命名者，只译第一音，后加"氏"字。曼氏分体吸虫和日本分体吸虫同属分体属（*Schistosoma*），但为两个不同的种。

Cooperia hungi Monnig，1931

说明：中译名为洪氏古柏线虫。属名由人名Cooper转化而来，按照译名规则，属名用人名命名者，译全名，故称古柏属。

Haemonchus contorus（Rud，1803）

说明：中译名为捻转血矛线虫。属名与种名都是用虫体的某些形态特征命名的。

Clonorchis sinensis（Cobbold，1875）Looss，1907

说明：中译名为中华支睾吸虫。括号中的人名，表示该人于1875年首先给这种吸虫定了名（当时称作*Distoma sinense* Cobbold，1875，中译名为中华双口吸虫），其后Looss认为属名*Distoma*（双口）不妥当，设一新属，即*Clonorchis* Looss，1907（支睾），将本种纳入支睾属内，于是就成为现称的中华支睾吸虫。在分类学的书籍上，常作如下的写法：*Clonorchis sinensis*（Cobbold，1875）Looss，1907（synonym *Distoma sinense* Cobbold，1875），但在一般书籍中，通常只写原始定名人的名字，即带括号的名字。

第二节 寄生虫的分类系统

寄生虫分类是为了弄清各种寄生虫的亲缘关系，以及它在分类系统中的位置。过去寄生虫分类以形态学、解剖学为主要基础。这样的分类不可能反映一个物种的真正面貌，更不能说明寄生虫之间的亲缘关系，因为形态结构仅仅是物种演化过程中遗留下来的痕迹。现在对一部分寄生虫的分类除以形态学为主要基础外，已进入生态学、发生学、生理、生化、分子生物学、免疫及超微结构等方面，并取得了一些进展，但尚不完善。此外有些寄生虫除学名外还有俗名（common name），如钩虫又称仰口线虫、钩口线虫。

所有动物均属于动物界，寄生虫也不例外，寄生虫的分类单位是种（species）。相互关系密切的种同属一属（genus）；相互关系密切的属同属一科（family）；依此类推，建立起目（order）、纲（class）、门（phylum）等各分类阶元，在各阶元之间还有"中间"阶元，如亚门（subphylum）、亚纲（subclass）、亚目（suborder）、亚科（subfamily）、亚属（subgenus）、亚种（subspecies）或变种（variety）等。

近年来，随着分子测序技术的发展，以表型为主要依据的寄生虫传统形态学分类学特别是原虫分类受到挑战，而基于单系类群的支序分类学得以发展。为使读者既可溯源过去文献，又可以理解当前文献，本书除采用传统的分类系统维持一些原有的高级阶元及其名称外，还参考一些新的分类系统对某些寄生虫分类地位在其各论中进行了描述。按照传统寄生虫分类系统（个别标注新的分类系统），与动物寄生虫病有关的寄生虫分类如下。

（一）蠕虫分类

蠕虫"helminth"一词来自希腊文"helmins"或"helminthos"（1758），英文称"vermes"。

1. 扁形动物门（Platyhelminthes） 虫体多为背腹扁平（有的是线状或梨籽状）、左右对称的多细胞动物，无体腔，虫体由表皮及肌层构成皮肌囊，内部器官埋藏在囊内。多为雌雄同体。

（1）单殖纲（Monogenea） 主要寄生于鱼类皮肤和鳃。

（2）吸虫纲（Trematoda）

■李体亚纲（Didymozoidea），主要寄生于鱼类组织包囊中。

■盾腹亚纲（Aspidogastrea），种类不多，寄生在软体动物、鱼类与龟鳖类中。

■复殖亚纲（Digenea），一群种类繁多，大小、形态、生活史、习性各异的体内寄生虫。寄生于人体、家畜（禽）的多种吸虫均属本亚纲。除了分体科（Schistosomatidae）以外，均是雌雄同体（hermaphroditic）。生活史过程都经历无性世代和有性世代。无性世代一般都在软体动物中寄生。有性世代大多寄生于脊椎动物，少数几种则寄生于水生甲虫（water beetle）。因此，复殖亚纲吸虫的生活史甚为复杂。虫体多数为扁平叶状，但也有长而细的、圆的。横切面圆形或卵圆形。虫体长大于宽，通常前端较尖。有些种类有口吸盘及腹吸盘，但有的仅有其一或全无。大多数种类口孔在前端，但也有在体中部的。口吸盘围绕于口孔，腹吸盘在体中部或后端。

▲枭形目（Strigeata）

▼分体科（Schistosomatidae），体细长，雌雄异体，肠管在虫体后部合二为一，雄虫睾丸4个以上，无卵盖，内含毛蚴。

◆东毕属（*Orientobilharzia*）
◆分体属（*Schistosoma*）
◆毛毕属（*Trichobilharzia*）
▼杯叶科（Cyathocotylidae）
▼短咽科（Brachylaemidae），生殖孔在虫体中央之后；肠管深达体末端；睾丸前后排列或斜列，近体末端；雄茎囊在睾丸附近；卵巢在睾丸之间或与睾丸相对排列。
▼环肠科（Cyclocoelidae）
▼盲腔科（Typhlocoelidae）
▼双士科（Hasstilesiidae）
◆双士属（*Hasstilesia*）
▼双穴科（Diplostomatidae）
▼枭形科（Strigeidae）
▲棘口目（Echinostomata）
▼背孔科（Notocotylidae），有口吸盘，无腹吸盘；虫体腹面有几行纵列腹腺；雄茎囊发达，卵巢在睾丸之间，睾丸并列于虫体。
◆背孔属（*Notocotylus*）
▼光孔科（Psilotrematidae）
▼棘口科（Echinostomatidae），体呈长形，体表有棘；睾丸前后排列，位于虫体中部靠后；卵巢多在睾丸之前，子宫在卵巢与腹吸盘之间，有雄茎囊。
◆棘口属（*Echinostoma*）
◆低颈属（*Hypoderaeum*）
◆棘缘属（*Echinoparyphium*）
◆棘隙属（*Echinochasmus*）
◆真缘属（*Euparyphium*）
▼片形科（Fasciolidae），虫体较大；睾丸前后排列于体后半部，卵巢在睾丸之前均分支；肠管分支或不分支，有雄茎和雄茎囊。
◆片形属（*Fasciola*）
◆姜片属（*Fasciolopsis*）
▼前后盘科（Paramphistomatidae），腹吸盘在虫体末端，有或无口吸盘；睾丸两个，斜位、纵列，或并列在虫体中部；生殖孔在体前部，其周围或有生殖吸盘。
◆杯殖属（*Calicophoron*）
◆陈腔属（*Chenocoelium*）
◆菲策属（*Fischoederius*）
◆腹盘属（*Gastrodiscus*）
◆腹袋属（*Gastrothylax*）
◆巨咽属（*Macropharynx*）
◆长妙属（*Carmyerius*）
◆平腹属（*Homalogaster*）
◆前后盘属（*Paramphistomum*）
◆锡叶属（*Ceylonocotyle*）

◆ 殖盘属（*Cotylophoron*）
▼ 嗜眼科（Philophthalmidae）
▲ 斜睾目（Plagiorchiata）
▼ 并殖科（Paragonimidae），体表有棘，多缺雄茎囊；睾丸呈分叶状；卵巢在睾丸之前位于体右侧，卵黄腺几乎占体的背侧全部。
◆ 并殖属（*Paragonimus*）
▼ 歧腔科（Dicrocoeliidae），体透明，两吸盘相距不远；雄茎及雄茎囊多在腹吸盘之前，睾丸紧随腹吸盘之后而在卵巢之前，睾丸通常并列；子宫内含卵甚多，上下盘绕；卵黄腺位于虫体中部两侧。
◆ 阔盘属（*Eurytrema*）
◆ 歧腔属（*Dicrocoelium*）
◆ 平体属（*Platynosomun*）
▼ 前殖科（Prosthogonimidae），体前端略尖，后端钝圆；腹吸盘在虫体前半部；肠管伸达虫体末端；睾丸并列；卵黄腺分簇；生殖孔在口吸盘与咽的附近；有雄茎、雄茎囊、前列腺及贮精囊，睾丸在卵巢之后，卵黄腺泡形分簇，位于体之两侧；子宫左右盘旋。
◆ 前殖属（*Prosthogonimus*）
◆ 斜睾属（*Plagiorchis*）
▼ 微茎科（Microphallidae）
▼ 斜睾科（Plagiorchidae）
▼ 隐孔科（Troglotrematidae）
▼ 真杯科（Eucotylidae）
▲ 后睾目（Opisthorchiata）
▼ 后睾科（Opisthorchiidae），体扁长，雄茎细小，贮精囊弯曲或盘结，缺雄茎囊，生殖孔在紧靠腹吸盘之前，睾丸前后直列或斜列，位于卵巢之后，子宫在卵巢与生殖孔之间，卵内含毛蚴。
◆ 后睾属（*Opisthorchiidae*）
◆ 支睾属（*Clonorchis*）
◆ 微口属（*Microtrema*）
▼ 异形科（Heterophyidae）

（3）绦虫纲（Cestoidea）
■ 真绦虫亚纲（Eucestoda）
▲ 假叶目（Pseudophyllidea），头节上无吸盘和顶突，只有背腹两条沟槽，名为吸沟。颈节明显，卵巢两叶，卵黄腺分散，很多。孕卵子宫呈管状，开口于体节腹面的中央。生殖孔开口于子宫孔的前方。虫卵有盖，排出时不含幼虫。
▼ 双叶槽科（Diphyllobothriidae），中、大型虫体。有吸沟（吸槽）。颈节长而明显，生殖孔在腹面子宫孔之前，子宫充满虫卵盘曲于体节中部，因此眼观上虫体似有深色中线带。虫卵有卵盖，似吸虫卵。
◆ 迷宫属（*Spirometra*）
◆ 舌形绦属（*Ligula*）
◆ 双叶槽属（*Diphyllobothrium*）

▲圆叶目（Cyclophyllidea），头节上有大而显著的4个吸盘，顶端有顶突（rostellum），其上有钩或无钩或缩入头节内。体节明显，前节后缘覆盖后节前缘。孕卵体节脱落离开链体被排出。生殖孔在体节的一侧或两侧；睾丸点状，卵巢叶状或球状，卵黄腺大多为单个，位于卵巢之后。孕卵子宫有的为纵管而有侧支，有的为横管或网状；有的分隔成小室；有的代以囊、袋或器官。无子宫孔。虫卵无卵盖，内含六钩蚴。

▼带科（Taeniidae），中、大型虫体，分节清楚，孕节长大于宽，头节有显著的4个吸盘。除无钩绦虫外，顶突明显，且不能缩入头节内。卵巢多为二叶，阴道弯曲，孕卵子宫有一纵干和侧枝。幼虫有囊尾蚴、多头蚴、棘球蚴等类型。成虫主要寄生于肉食动物和人。幼虫寄生于草食动物和人。

◆带属（*Taenia*）

◆带吻属（*Taeniarhynchus*）

◆多头属（*Multiceps*）

◆棘球属（*Echinococcus*）

◆泡尾带属（*Hydatigera*）

▼戴文科（Davaineidae），小、中型虫体，顶突能缩入头节，其上有2～3圈小钩，吸盘有棘缘。生殖器官每节多为一组，孕卵子宫内的虫卵以卵袋形式分割存在。成虫多寄生于鸟（禽）类，幼虫寄生于无脊椎动物。

◆戴文属（*Davainea*）

◆对殖属（*Cotugnia*）

◆赖利属（*Raillietina*）

▼裸头科（Anoplocephalidae），中、大型虫体，头节无顶突及钩，吸盘大，睾丸多，子宫多样。虫卵胚壳有多种形状，如正圆、不正圆、方形、饼样（非球形）等。成虫主要寄生于草食动物，幼虫寄生于无脊椎动物。

◆副裸头属（*Paranoplocephala*）

◆裸头属（*Anoplocephala*）

◆莫尼茨属（*Moniezia*）

◆曲子宫属（*Helictometra*）

◆无卵黄腺属（*Avitellina*）

▼漏斗科（Choanotaeniidae）

◆变带属（*Amoebotaenia*）

◆漏斗属（*Choanotaenia*）

▼膜壳科（Hymenolepididae），小、中型虫体，头节有缩入的顶突，其上有8～10个刺状小钩。生殖系统一组。睾丸大，常为3个。孕卵子宫为一横管。

◆单睾属（*Aploparaksis*）

◆剑带属（*Drepanidotaenia*）

◆剑壳属（*Drepanidolepis*）

◆膜壳属（*Hymenolepis*）

◆双睾属（*Diorchis*）

◆微棘属（*Microsomacanthus*）

◆皱褶属（*Fimbriaria*）

▼双壳科（Dilepididae）
　　◆钩棘属（*Unciunia*）
　　◆复孔属（*Dipylidium*）
▼双阴科（Diploposthidae）
▼中绦科（Mesocestoididae），小、中型虫体，有4个吸盘，无顶突，生殖孔在腹面正中，卵巢圆形或椭圆形，子宫为一波状长袋，卵有厚壳，在副子宫器内发育。主要寄生于肉食动物。
　　◆中绦属（*Mesocestoides*）

2. 线形动物门

线虫纲（Nematoda）　虫体有侧线，有口有肠，生殖系统为连续的管状构造，雌性生殖孔多位于虫体前半部，腹中线上，雄性生殖孔开口于体后端的泄殖腔，下分有尾感器亚纲和无尾感器亚纲。

■有尾感器亚纲（Secernentia 或 Phasmidea）

▲杆形目（Rhabditata），口腔及唇均明显，有的种类在发育中有世代交替，其自由生活世代有显著的前后食道球；寄生世代为孤雌生殖，食道无食道球，阴门在虫体后1/3部开口。
　▼类圆科（Strongyloididae）
　　◆类圆属（*Strongyloides*）
　▼小杆科（Rhabditidae）

▲蛔目（Ascaridata），虫体头端有三片唇，有时减少或明显缺乏，直接发育。虫卵通常在宿主吞食以前不孵化出幼虫来（出壳）。
　▼蛔科（Ascaridae），虫体大型，有三片发达的唇，缺口腔，食道简单，呈圆柱状，食道与肠接合处无小胃。雄虫尾部有许多小乳突。虫卵球形，壳致密，外包一层厚蛋白膜，此膜容易被色素着染，卵的外表不平滑或有凸凹。
　　◆副蛔属（*Parascaris*）
　　◆蛔属（*Ascaris*）
　▼弓首科（Toxocaridae），有三片唇，缺口腔，食道简单，食道与肠接合处有小胃。
　　◆弓首属（*Toxocara*）
　　◆弓蛔属（*Toxascaris*）
　　◆新蛔属（*Neoascaris*）
　▼蛔型科（禽蛔科）（Ascaridiidae），同弓首科外形，雄虫有肛前吸盘。
　　◆蛔型属（禽蛔属）（*Ascaridia*）
　▼异尖科（Anisakidae）
　　◆异尖属（*Anisakis*）

▲尖尾目（Oxyurata），虫体小型或中等大小。食道有明显的食道球。雌虫尾端十分尖细，比雄虫长得多，阴门位于虫体前端。虫卵卵壳通常两侧不对称，直接发育。虫卵在宿主吞食前不孵化出幼虫（出壳）。
　▼尖尾科（Oxyuridae），三片唇不明显，交合刺一根。
　　◆钉尾属（*Passalurus*）
　　◆管线属（*Syphacia*）

◆ 尖尾属（*Oxyuris*）
◆ 无刺属（*Aspiculuris*）
◆ 住肠属（*Enterobius*）

▼异刺科（Heterakidae），有三片唇及小口囊或咽，有后食道球。雄虫有肛前吸盘。雌虫阴门开口于虫体中部。在肠内直接发育。

◆ 异刺属（*Heterakis*）
◆ 肿尾属（*Ganguleterakis*）

▼锥尾科（Subuluridae）

◆ 锥尾属（*Subulura*）

▲丝虫目（Filariata），虫体乳白色粉丝状，口小，无口囊及咽。食道由前肌部、后腺部组成。雌虫阴门开口于口孔附近。雄虫无交合伞。常寄生于与外界不相通的体腔或组织内。

▼丝状科（Setariidae），口沿有角质环，具半月状或齿状构造。

◆ 丝状属（*Setaria*）

▼丝虫科（Filariidae），虫体前部角皮有乳突状隆起或有横纹螺旋状小嵴。

◆ 副丝虫属（*Parafilaria*）
◆ 盘尾丝虫属（*Onchocerca*）
◆ 恶丝虫属（*Dirofilaria*）

▼盘尾科（Onchocercidae）

◆ 盘尾属（*Onchocerca*）

▲驼形目（Camallanata）

▼龙线科（Dracunculidae），虫体长线状，头端有的有角质环，雌虫远较雄虫长，成虫肛门不明显，阴门也萎缩。

◆ 龙线属（*Dracunculus*）
◆ 鸟蛇属（*Avioserpens*）

▼驼形科（Camallanidae）

▲旋尾目（Spirurata），虫体细长，有偶数唇片（两个不分叶或分叶的侧唇），有咽或长筒形口囊。食道由短的前肌部和长的后腺部组成。雄虫尾部呈螺旋状卷曲，其上有尾翼膜和乳突。交合刺两根形状不一，长短不同，雌虫阴门大多位于体中部。卵胎生，发育中需中间宿主。

▼颚口科（Gnathostomatiidae），唇宽有三叶，唇后有球状膨大，形成头球。

◆ 颚口属（*Gnathostoma*）

▼泡翼科（Physalopteridae）

◆ 泡翼属（*Physaloptera*）

▼锐形科（华首科）（Acuariidae），虫体前部有角质突起的或沟状的饰带，或是肩章样变厚。唇小，呈三角形。咽头呈圆筒形。常寄生于禽类肌胃、腺胃、食道或嗉囊壁。

◆ 分咽属（*Dispharynx*）
◆ 副柔线属（*Parabronema*）
◆ 链首属（*Streptocara*）
◆ 锐形属（华首属）（*Acuaria*）

▼似蛔科（Ascaropsidae），唇小，咽壁厚呈螺旋形或环形。雄虫尾部呈螺旋状蜷曲，尾翼膜及乳突均不对称。有的雌虫后部为球形。

◆泡首属（Physocephalus）

◆似蛔属（Ascarops）

◆西蒙属（Simondsia）

▼四棱科（Tetrameridae），虫体无饰带，两性异形明显。雄虫白色线状。在表皮和尾端无角质刺。雌虫体中部球状。

◆四棱属（Tetrameres）

▼筒线科（Gongylonematidae），虫体前部角皮上有圆形或不同大小的隆起。

◆筒线属（Gongylonema）

▼吸吮科（Thelaziidae），各种动物眼结膜囊内的寄生线虫。唇不显著，口囊小。雄虫通常有一对宽的颈乳突，有尾翼或无，肛前乳突很多，无蒂，排列成线状。

◆尖旋尾属（Oxyspirura）

◆吸吮属（Thelazia）

▼旋尾科（Spiruridae），基本具有旋尾目的典型特征。有侧唇两片。雄虫尾翼发达，肛前乳突4对，而且大而有蒂。

◆柔线虫属（Habronema）

◆德拉西属（Drascheia）

◆旋尾属（Spirocerca）

▲圆线目（Strongylata），雄虫尾部有典型的交合伞，伞肋对称，腹肋两对（前、后腹肋）；侧肋三对（前、中、后侧肋）；背肋由一对外背肋和一根背肋组成，背肋的远端常再分支。交合刺两根等长。有口囊。口孔有小唇或叶冠环绕。

▼比翼科（Syngamidae），口囊杯状，无叶冠，口囊基部有齿，交合伞短，雌雄交配状态呈"Y"形。

◆比翼属（Syngamus）

▼钩口科（Ancylostomatidae），口囊发达，无叶冠，口缘有角质切板或齿，虫体前端向背面弯曲，故又名钩虫。雄虫交合伞较发达。

◆钩口属（Ancylostoma）

◆旷口属（Agriostomum）

◆球首属（Globocephalus）

◆仰口属（Bunostomum）

▼盅口科（Cyathostomidae）[毛线科（Trichonematidae）]，口部有叶冠，口囊一般较浅，呈圆筒状或杯状，底部无齿。有背沟或无背沟，即使有，也比较短。颈沟有或无。

◆鲍杰属（Bourgelatia）

◆杯环属（Cylicocyclus）

◆盅口属（Cyathostomum）[毛线属（Trichonema）]

▼管圆科（Angiostrongylidae）

◆管圆属（Angiostrongylus）

▼冠尾科（Stephanuridae），口囊杯状，壁厚。口缘有退化的叶冠，基部有齿。

◆ 冠尾属（*Stephanurus*）
▼ 后圆科（Metastrongylidae），口缘有一对三叶唇。雄虫伞肋不典型，减少或部分融合；交合刺长，线状。阴门位于肛门附近。
◆ 后圆属（*Metastrongylus*）
▼ 裂口科（Amidostomatidae），口囊浅，无叶冠。雄虫交合伞发达。
◆ 肩口属（*Epomidostomum*）
◆ 裂口属（*Amidostomum*）
▼ 毛圆科（Trichostrongylidae），小型虫体，毛发状，口囊很小或缺，无叶冠、无齿，雄虫交合伞发达。
◆ 长刺属（*Mecistocirrus*）
◆ 古柏属（*Cooperia*）
◆ 马歇尔属（*Marshallagia*）
◆ 毛圆属（*Trichostrongylus*）
◆ 奥斯特属（*Ostertagia*）
◆ 似细颈属（*Nematodirella*）
◆ 细颈属（*Nematodirus*）
◆ 血矛属（*Haemonchus*）
◆ 猪圆属（*Hyostrongylus*）
▼ 食道口科（Oesophagostomatidae）
◆ 食道口属（*Oesphagostomum*）
▼ 网尾科（Dictyocaulidae），无口囊，口缘有4个小唇片，伞肋不典型，退化或部分融合，交合刺短，多孔，靴形，阴门位于体中部。
◆ 网尾属（*Dictyocaulus*）
▼ 圆线科（Strongylidae），有发达的口囊，呈球形或半球形。口囊内壁有背沟。口囊前缘有角质的内、外叶冠。口囊底部常有齿或无齿。雄虫有发达的交合伞和典型的肋。
◆ 盆口属（*Craterostomum*）
◆ 三齿属（*Triodontophorus*）
◆ 食道齿属（*Oesophagodontus*）
◆ 夏伯特属（*Chabertia*）
◆ 圆形属（*Strongylus*）
▼ 原圆科（Protostrongylidae），虫体发状。交合刺膜质羽状，有栉齿。阴门位于肛门附近。
◆ 刺尾属（*Spiculocaulus*）
◆ 缪勒属（*Muellerius*）
◆ 囊尾属（*Cystocaulus*）
◆ 原圆属（*Protostrongylus*）
■ 无尾感器亚纲（Adenophorea, Aphasmidea）
▲ 毛尾目（Trichurata）
▼ 毛尾科（Trichuridae）[毛首科（Trichocephalidae）]，虫体前部较细，只占全长的1/4。雄虫交合刺一根或副缺，卵生或胎生。

◆毛首属（*Trichocephalus*）

◆毛尾属（*Trichuris*）

▼毛形科（Trichinellidae），虫体小型，后部较前部稍粗，雄虫无交合刺及交合刺鞘，泄殖腔两侧有一对突起。胎生。

◆毛形属（*Trichinella*）

▼毛细科（Capillariidae）

◆毛细属（*Capillaria*）

◆线形属（*Thominx*）

◆真鞘属（*Eucoleus*）

▲膨结目（Dioctophymata），雌雄生殖器官均为单管型。雄虫尾部具钟形无肋交合伞，交合刺一根。虫卵壳厚，表面不平，有卵盖。

▼膨结科（Dioctophymidae）

◆膨结属（*Dioctophyma*）

3. 棘头虫动物门（**Acanthocephala**）

（1）原棘头虫纲（Archiacanthocephaha）

▲寡棘吻目（少棘吻目）（Oligacanthorhynchida）

▼寡棘吻科（少棘吻科）（Oligacanthorhynchidae）

◆大棘吻属（巨吻属）（*Macracanthorhynchus*）

（2）古棘头虫纲（Palaeacanthocephala）

▲多形目（Polymorphida）

▼多形科（Polymorphidae）

◆多形属（*Polymorphus*）

◆细颈棘头属（*Filicollis*）

4. **环节动物门（Annelida）**　仅有某些水蛭、山蛭（如蚂蟥），偶尔寄生于动物或人的体表吸血。此类寄生虫不属于蠕虫范围内，仅在蠕虫学中附带提及。

（二）昆虫分类

节肢动物门（Arthropoda），虫体两侧对称，被有外骨骼，体分节，有分节的肢，有的分头、胸、腹，有的分不清，体腔充满血液，内有消化系统、生殖系统、排泄系统，雌雄异体。

（1）甲壳纲（Crustacea）　某些种类为鱼类寄生虫；有的种类为一些蠕虫的中间宿主。

（2）昆虫纲（Insecta）　体分头、胸、腹三部。胸部有足三对，典型昆虫有翅两对，分别着生于中胸及后胸，但有些昆虫后翅消失（如双翅目），有的前、后翅均消失（如虱目、蚤目）。有复眼，有的还有单眼。有触角一对。

昆虫纲种类极多，已记载的昆虫多达75万种以上，在兽医学上具有重要意义的有下列各目、科。

▲半翅目（Hemiptera）

▲虱目（Anoplura）

▼颚虱科（Linognathidae）

▼血虱科（Haematopinidae）

▲食毛目（Mallophaga）

▼长角羽虱科（Philopteridae）
▼短角羽虱科（Menoponidae）
▼毛虱科（Trichodectidae）
▲双翅目（Diptera）
▼狂蝇科（Oestridae）
▼丽蝇科（Calliphoridae）
▼麻蝇科（Sarcophagidae）
▼毛蠓科（Psychodidae）
▼虻科（Tabanidae）
▼蠓科（Ceratopogonidae）
▼皮蝇科（Hypodermatidae）
▼蚋科（Simuliidae）
▼虱蝇科（Hippoboscidae）
▼蚊科（Culicidae）
▼胃蝇科（Gasterophilidae）
▼蝇科（Muscidae）
▲蚤目（Siphonaptera）
▼角叶科（Ceratophyllidae）
▼蚤科（Pulicidae）
▼蠕形蚤科（Vermipsyllidae）

（3）蛛形纲（Arachnida） 体分头胸和腹两部分或头、胸、腹融合不分。成虫有足4对。无翅。有单眼或无眼。无触角。有螯肢及须肢。

▲蜱螨目（Acarina）
●疥螨亚目（无气门亚目）（Sarcoptiformes）
▼疥螨科（Sarcoptidae）
◆背肛螨属（*Notoedres*）
◆疥螨属（*Sarcoptes*）
◆膝螨属（*Cnemidocoptes*）
▼肉食螨科（Cheyletidae）
◆羽管螨属（*Syringophilus*）
▼痒螨科（Psoroptidae）
◆耳痒螨属（*Otodectes*）
◆痒螨属（*Psoroptes*）
◆足螨属（*Chorioptes*）
●蜱亚目（后气门亚目）（Ixodides）
▼软蜱科（Argasidae）
◆钝缘蜱属（*Ornithodoros*）
◆锐缘蜱属（*Argas*）
▼硬蜱科（Ixodidae）
◆革蜱属（*Dermacentor*）

◆花蜱属（*Amblyomma*）
◆璃眼蜱属（*Hyalomma*）
◆牛蜱属（*Boophilus*）
◆扇头蜱属（*Rhipicephalus*）
◆血蜱属（*Haemaphysalis*）
◆硬蜱属（*Ixodes*）
●恙螨亚目（前气门亚目）（Trombidiformes）
▼蠕形螨科（Demodicidae）
◆蠕形螨属（*Demodex*）
▼恙螨科（Trombiculidae）
◆新棒属（*Neoschongastia*）
◆恙螨属（*Trombicula*）
◆真棒属（*Euschongastia*）
●中（气）门亚目（Mesostigmata）
▼鼻刺螨科（Rhinonyssidae）
◆鼻刺螨属（*Rhinonyssus*）
◆新刺螨属（*Neonyssus*）
▼皮刺螨科（Dermanyssidae）
◆皮刺螨属（*Dermanyssus*）

（三）原虫分类

原生动物门（Protozoa）

（1）复顶亚门（Apicomplexa） 在生活史某个时期电镜下可见顶器，顶器由极环、类锥体、棒状体、微线体、膜下微管组成，有时还具有微孔，无纤毛。通过配子结合进行有性生殖，全为寄生性。

1）孢子虫纲（Sporozoa），如有类锥体，则为完全的类锥体。繁殖方式包括无性阶段及有性阶段。卵囊中含有由孢子生殖产生的感染性子孢子。在成熟阶段，以虫体的弯曲、滑行或以纵褶波动的方式运动。只有某些种类的小配子阶段有鞭毛。一般无伪足，如有伪足则是摄食而不是运动的细胞器。有或无宿主更换。

■球虫亚纲（Coccidia），通常有配子体阶段；成熟的配子体小，在细胞内寄生，基本上无细胞融合（syzygy）。典型的生活史包括裂体增殖期、配子生殖期及孢子增殖期。多数寄生于脊椎动物体内。

▲真球虫目（Eucoccida），有裂体增殖。寄生于脊椎动物体内或无脊椎动物体内。

▲艾美耳亚目（Eimeriina），大配子体与小配子体分别独立发育，无细胞融合。小配子体能产生多个小配子。合子不运动。子孢子通常被包围在孢子囊中，孢子囊在卵囊内。有或无宿主更换。

▼艾美耳科（Eimeriidae），在宿主细胞内发育，卵囊内有零到多个的孢子囊；每一孢子囊内有一个或多个子孢子。裂体增殖在宿主体内，孢子增殖在外界。

◆艾美耳属（*Eimeria*）
◆等孢属（*Isospora*）[现有文献将其列为住肉孢子虫科（Sarcocystidae）囊

等孢球虫属（*Cystoisospora*）]
◆ 泰泽属（*Tyzzeria*）
◆ 温扬属（*Wenyoella*）
▼ 隐孢科（Cryptosporididae）
◆ 隐孢属（*Cryptosporidium*）[现有文献将其列为类锥体纲（Conoidasida）隐簇虫目（Cryptogregarinorida）隐孢子虫科（Cryptosporidiidae）隐孢子虫属（*Cryptosporidum*）]。
▼ 住肉孢子虫科（Sarcocystidae），无细胞融合，有内双芽增殖，细胞内有包囊或假囊。在脊椎动物体内寄生。
◆ 贝诺孢子虫属（*Besnoitia*）
◆ 费兰科属（*Frenkelia*）
◆ 肉孢子虫属（*Sarcocystis*）
▼ 弓形虫科（Toxoplasmatidae）
◆ 弓形虫属（*Toxoplasma*）
◆ 新孢子虫属（*Neospora*）

▲血孢子虫亚目（Haemosporina），大配子体与小配子体分别独立发育，无细胞融合。小配子体产生8个有鞭毛的小配子。合子能运动。子孢子从卵囊逸出，体表有三层膜。有宿主更换。在脊椎动物体内裂体增殖，在无脊椎动物体内进行孢子增殖。由吸血昆虫传播。
▼ 疟原虫科（Plasmodiidae）
◆ 疟原虫属（*Plasmodium*）
▼ 住白细胞虫科（Leucocytozoidae）
◆ 住白细胞虫属（*Leucocytozoon*）

2）梨形虫纲（Piroplasmea），虫体梨籽形、圆形、杆形或类阿米巴形。无卵囊、孢子或假包囊。无类锥体。一般无膜下微管。有极环及棒状体。靠虫体弯曲或滑行运动，或在有性期借轴足样的放射运动（strahlen）。营无性生殖，可能有有性生殖。寄生在红细胞内，有时也可寄生在其他血细胞或固定于组织的细胞内。有宿主更换。在脊椎动物体内进行裂体增殖，在无脊椎动物体内进行孢子增殖。子孢子体表为单层膜。以蜱为传播媒介，有的种类传播者不明。
▼ 巴贝斯科（Babesiidae），虫体较大，呈梨籽形、圆形或卵圆形；各发育阶段通常是在红细胞内；顶器退化；二分裂和裂休增殖；无有性繁殖；传播者为蜱。
◆ 巴贝斯属（*Babesia*）
▼ 泰勒科（Theileriidae），虫体较小，呈圆形、卵圆形和无定形；顶器退化；在淋巴细胞或其他细胞内进行裂体增殖，然后侵入红细胞内进行增殖或不增殖；传播者为蜱。
◆ 泰勒属（*Theileria*）

（2）黏孢子虫亚门（Myxospora）
▼ 黏体科（Myxosomatidae）（主要寄生于鱼类）

（3）肉足鞭毛亚门（Sarcomastigophora） 有鞭毛、伪足或两者均有。核单一型。如具有有性生殖，则主要为配子配合（syngamy）。

1）鞭毛虫总纲（Mastigophora），滋养体阶段有一根或多根鞭毛。主要以二分裂方式进行增殖，某些种类具有有性生殖。

▽ 动物鞭毛虫纲（Zoomastigophorea），无叶绿体。有一根或多根鞭毛。某些种类有

阿米巴形，可有或无鞭毛。极少数具有有性生殖。为一个多元型群。

▲动体目（Kinetoplastida），有1或2根鞭毛，从虫体凹陷处伸出。通常除有轴线（axoneme）外，还有副基杆（paraxialrod），有一个线粒体（但某些种类的线粒体没有功能），其长度延伸至虫体全长，呈管状、箍状或由分支小管构成的网状。通常具有显著的福尔根反应（Feulgen reaction）阳性的含DNA的动基体［或类核体（nucleoid）］，其位置靠近鞭毛的基体。高尔基体一般在鞭毛陷窝处，不与鞭毛和基体相连。寄生或自由生活。

　　▲锥体亚目（Trypanosomatina），一根鞭毛，游离或以波动膜与虫体相连。动基体较小而致密，寄生。

　　　　▼锥体科（Trypanosomatidae），叶状或椭圆状。

　　　　　　◆利什曼属（*Leishmania*）

　　　　　　◆锥虫属（*Trypanosoma*）

　　▲根鞭毛目（Rhizomastigida）

　　　　▼鞭毛阿米巴科（Mastigamoebidae）

　　　　　　◆组织滴虫属（*Histomonas*）［现有资料将其列为双核内阿米巴科（Dientamoebidae）组织滴虫属（*Histomonas*）］

　　▲毛滴目（Trichomonadida），核鞭毛复合物有4~6根鞭毛（有一属只有一根，另一属无鞭毛）。多数属的鞭毛复合物中有一条鞭毛折回。如有波动膜，则与折回的鞭毛附着于体表的部分相联系。除一属外，均有盾（pelta）及不能收缩的轴柱。通常无真正的包囊，几乎全是寄生性的。

　　　　▼单毛滴虫科（Monocercomonadidae），有3~4根前鞭毛，折回的鞭毛通常游离。

　　　　▼毛滴虫科（Trichomonadidae），有4~6根鞭毛，一根折回的鞭毛以波动膜相连。

　　　　　　◆毛滴虫属（*Trichomonas*）

　　　　　　◆三毛滴虫属（*Tritrichomonas*）

　　▲双滴目（Diplomonadida）

　　　　▼六鞭科（Hexamitidae）

　　　　　　◆贾第属（*Giardia*）

　　　　　　◆六鞭属（*Hexamita*）

　　▲旋滴目（Retortamonadida）

　　　　▼旋滴科（Retortamonadidae）

　　　　　　◆唇鞭毛属（*Chilomastix*）

2）蛙片总纲（Opalinata）。

　　▽蛙片纲（Opalinatea）

　　　　▲蛙片目（Opalinida）

3）肉足总纲（Sarcodina），有伪足或虽无伪足而有运动性的胞质流动。如有鞭毛，通常只限于某个发育阶段。虫体裸露或有外壳或内壳。以二分裂法增殖，如有有性生殖，则与鞭毛体期有关。多数营自由生活。

　　▽根足纲（Rhizopodea）

　　　　■叶足亚纲（Lobosia）

　　　　　　▲阿米巴目（Amoebida）

　　　　　　　　▼内阿米巴科（Endamoebidae）

◆肠阿米巴属（*Entamoeba*）
◆内蜒属（*Endolimax*）

（4）微孢子虫亚门（Microspora）

▽微孢子虫纲（Microsporasida）

▲微孢子虫目（Microsporida）

▼微粒子科（Nosematidae）

◆微粒子属（*Nosema*）（蜂蚕）

（5）纤毛虫亚门（Ciliophora）　在生活史某阶段有简单的纤毛或复合的纤毛细胞器，即使在没有纤毛的阶段也有表膜下的纤毛结构。除极少数种类外，均有两个类型的胞核。以横二分裂增殖，也可有出芽或多分裂增殖。有性生殖表现为接合生殖。一般都有收缩泡。多为自由生活，有些具真正的寄生性。

▽纤毛虫纲（Ciliata）

▲毛口目（Trichostomatida）

●毛口亚目（Trichostomatina）

▼小袋虫科（Balantidiidae），接近虫体前端有前庭，以及在此基础上形成的胞口，纤毛是一致的。存在于消化道。

◆小袋虫属（*Balantidium*）

第三章 寄生虫的生理生化

目前普遍认为寄生虫是从早期生物史中的自由生活生物进化而来的，为适应生活方式由自由生活到寄生的巨大变化，寄生虫必须要经历一个较大的调整。反过来，新的寄生环境也会引起寄生虫发生更深刻的变化，因此寄生虫在长期寄生过程中，形成了其较为独特的生理生化特性。

第一节 寄生虫的生理

世界上所有的动物虽然处于不同的演化阶段，但对氧的需要量是一致的。在脊椎动物的消化道内氧分压很低，如绵羊消化道内氧分压可低到0.533kPa，但猪的小肠，有时可因吞入气体而提高氧分压，可达2.67kPa以上。因此，位于不同寄生部分的寄生虫具有不同的生理适应性，甚至为了获得能量无氧代谢加强、虫体内输氧效率提高、更经济地利用氧等。体内寄生虫只能在寄生的环境中获取氧，氧溶解在潮湿的寄生虫体表，同时经过消化道或其他与氧接触的部位进入虫体内部。例如，钩虫吸取大量的血液经消化道而至肛门排出，在此过程中氧便经肠壁进入体内。还有很多线虫、吸虫的体壁、体液等处的血红蛋白可作为氧的载体把氧扩散到虫体各部位，再加上虫体的运动、体液的流动及游走细胞的移动，都加速了氧的运输和扩散。

寄生虫不但可以通过各种途径吸收氧，也可吸收各种盐类和分子量较小的有机物质。例如，绦虫、棘头虫缺消化道，一切营养物质主要经体表吸取。吸虫、线虫都有消化道，营养物质除经消化道的微绒毛吸收外，也可通过体表吸收。线虫虽有较厚的角质层，但其上有许多小孔，足以使许多营养物质进入体内。营养物质进入体内后是由多种运输系统加以运输和扩散的，如长膜壳绦虫具有运输氨基酸、单糖、脂肪酸、水溶性维生素等系统。如此复杂的吸收结构，使寄生虫得以同宿主争夺营养物质。

寄生虫在生活、生长、发育过程中，均需要一定的能量，这种能量的获得，都是通过有氧代谢与无氧代谢两种途径进行的。一般来说，寄生虫在氧分压高于2.67kPa的环境中，获得氧以进行有氧代谢并不困难，否则它们必须利用某种化合物作为能量的来源，在各种化合物中，以碳水化合物的无氧酵解最为常见。例如，日本血吸虫的酵解率为25%~34%，缺碳水化合物时，则显著降低。大多数线虫可通过氧化作用或无氧酵解作用而获得能量。

第二节 寄生虫的生物化学反应

任何动物，寄生虫也不例外，其体内必然有生物化学（简称生化）反应存在。体内的物质代谢都离不开生化反应。

葡萄糖进入寄生虫体后，可经无氧酵解变为乳酸与丙酮酸。同时产生能量，主要是三磷酸腺苷（ATP），在氧分压能够满足时，还可进一步转入三羧酸循环进行有氧代谢。有氧代谢的产物为二氧化碳、水和更多的能量。

蛋白质也是虫体生命活动中不可缺少的物质，如蠕虫在大量产卵和无性繁殖阶段，需大量蛋白质。吸虫和线虫肠内高铁血红素的存在表明其消化了血红蛋白。采用放射性示踪法，证明了许多线虫以血液与组织液为食物，如马无齿圆线虫在寄生期间摄食的组织量是其本身组织重量的52～285倍，其肠上皮的超微结构及大量RNA的存在表明这里合成了蛋白质。脂肪在寄生虫体内的含量也很不一致，但常见的脂类均可在其组织内发现。较重要的有磷脂类、糖脂类、脂酸及皂类物质等，这些都是用化学分析法或染色法得到证实的。在蠕虫类中，脂肪的含量是丰富的，如绦虫的实质组织贮存着大量的脂肪，多数学者认为脂肪是机体能量贮存的场所。以无钩绦虫为例，其各段所含的脂肪重量与实质组织间的比例：头节与颈节为3.05%，中部为1.55%，后部为1.25%。由此可见，在绦虫中脂肪含量是很高的，从而可以看到，寿命较长的寄生虫，其成虫期贮存物质主要是脂肪（幼虫期为糖原），因为每克脂肪所含能量为糖或蛋白质的两倍以上，脂肪代谢比糖原代谢形式更高，代谢后提供更多的代谢水分与热量，这样寄生虫才得以维持正常的寄生生活。

第四章　寄生虫与宿主间的相互关系

寄生虫侵入宿主机体，经过移行（一般需经一段移行）到达其特定的寄生部位。在寄生虫的生长、发育、繁殖过程中对宿主机体产生不同程度的损伤。与此同时，宿主为了抗御寄生虫的侵袭，产生一系列抗损伤的反应。寄生虫与宿主之间的相互影响贯穿寄生生活的全部过程。

第一节　寄生虫对宿主的作用

寄生虫对宿主的作用主要表现在以下几方面。

一、机械性影响

寄生虫侵入机体后，有的不经体内脏器的移行而直达寄生部位；有的取复杂路径，即侵入机体后，经脏器的移行而达到最终寄生部位。它们在移行过程中，对宿主的损伤、压迫或栓塞，导致不同程度的病理变化。

1. 损伤　　有的寄生虫以吸盘、吻突、口囊等特殊器官附着在胃肠等脏器的黏膜上，造成局部损伤；有的幼虫移行穿透各组织，损伤组织器官，造成"虫道"，引起出血、炎症等；有的虫体在肠管、胆管、淋巴管、血管及支气管内聚集，引起肠壁糜烂、穿孔等。

2. 压迫　　寄生虫的幼虫在其寄生部位生长时，可压迫其周围的脏器和组织，引起病理变化。例如，棘球蚴引起其寄生的肝、肺等发生压迫性萎缩，因而损害其功能；寄生于绵羊脑组织内的多头蚴压迫脑组织引起神经症状；寄生于人脑内的猪囊尾蚴，压迫脑组织而引起癫痫等。

3. 栓塞　　寄生虫大量团集在某一管腔，如莫尼茨绦虫堵塞羔羊的小肠；大型虫体通过细小的管腔，如蛔虫进入胆管；这些情况均可致管腔栓塞，严重者还可以使管腔破裂。更有甚者还可造成血液循环障碍，如普通圆线虫的幼虫寄生于前肠系膜根部时，使动脉管显著狭窄，甚至堵塞，造成部分肠管的血液循环障碍。

二、夺取营养

寄生虫的全部营养均由宿主供给。其夺取营养的方式，依其种类、食性及寄生部位的不同而不同。一般具有消化器官的寄生虫如线虫、吸虫、昆虫等以其口器摄取营养物质，无消化器官的寄生虫如绦虫、血液原虫等以体表渗透的方式摄取营养物质。寄生虫所摄食的物质主要有下几种。

1. 肠道内容物　　某些肠道寄生虫是直接吸取未被宿主纳入组织细胞的营养物质，包括基础营养物质及各种维生素。

2. 血液　　嗜血性寄生虫以宿主血液为营养物质。例如，寄生于肠道内的钩口线虫、捻转血矛线虫、大型圆线虫等，它们为了适应吸血的需要而分泌溶组织酶、溶血酶及抗凝血酶。某些吸虫也以血液为营养物质，如分体吸虫。节肢动物中的虻、厩蝇、吸血虱、蚤、蜱和皮刺螨等，它们都直接从宿主的皮肤吸食血液。

3. 组织液　　有些寄生虫分泌溶组织酶，以破坏宿主的组织细胞。例如，枭形科的吸虫，以口吸盘吸入宿主的肠绒毛，将其溶解吸食作为营养；马的普通圆线虫除吸血外，也吸食组织碎片；绵羊夏伯特线虫以其口囊吸入宿主的肠绒毛，吞食组织作为营养。寄生于细胞内的原虫，如寄生于肠上皮细胞内的球虫、寄生于红细胞内的巴贝斯虫，它们除获得营养外，还破坏它们所寄生的细胞。

三、毒素的作用

寄生虫生活期间的新陈代谢产物和分泌物及排泄物，如某些酶类物质，虫体死亡时崩解、释放的体液等都是对宿主有害的化学物质，统称为毒素。毒素能引发局部或全身反应，有些寄生虫还可引起宿主过敏反应。例如，将蛔虫体液滴入感染过蛔虫的马匹眼内，马则出现呼吸困难、出汗、腹痛等重病症状。此外动物患寄生虫病时，血液中嗜酸性粒细胞增多，也是过敏反应的一种表现。

四、引入其他病原

宿主皮肤或黏膜受到损伤，给其他病原的侵入创造了条件。另外寄生虫本身也可携带病原微生物进入宿主机体。特别是在宿主体内移行的幼虫，更容易将病原微生物带进被损伤的组织内。还有一些寄生虫，其自身就是另一些病原微生物或寄生虫的固定的或生物学的传播者。例如，某些蜱传播马、牛的梨形虫病，鸡异刺线虫传播火鸡组织滴虫病，某些蚊传播马脑脊髓丝虫病。

寄生虫对宿主的损伤常常是综合性的，表现为多方面的危害，而且各种危害作用又往往互为因果，互相激化而引起复杂的病理过程。但是由于寄生虫的种类、数量和致病作用的差别，各种寄生虫对宿主的影响也各不相同。

第二节　宿主对寄生虫的作用

宿主受到寄生虫的影响后，可发生不同程度的病理变化，呈不同的临床症状。无论怎样，宿主均以一种应答反应（免疫反应）来影响寄生虫的生长、发育和繁殖。宿主对寄生虫的影响也是多方面的，目的是试图阻止虫体的侵入，以及消灭、抑制、排除侵入的虫体。其形式主要包括天然免疫和后天获得性免疫两个方面，而这两个方面经常协同作用。

一、天然免疫

天然免疫是非特异性的，是动物在长期演化中所形成并具有遗传特征，对寄生虫感染的非特异性免疫，包括吞噬细胞的吞噬现象、炎性反应、细胞浸润与包围虫体。

二、后天获得性免疫

后天获得性免疫是一种特异性免疫反应。作为抗原的寄生虫激发了宿主机体所产生的一系列识别与排斥的复杂生物学反应。包括由免疫球蛋白介导的体液免疫和由致敏淋巴细胞介导的细胞免疫。

三、影响宿主对寄生虫免疫反应的因素

1. 遗传因素　　表现为一些动物对某些寄生虫先天的不易感性，这个问题是先天免疫

的基础。各种动物由于进化程度不同,表现为对于各种寄生虫的易感性也不一样。例如,牛不感染马媾疫锥虫,马不感染牛皮蝇。

2. 年龄因素　　年龄因素是影响生理性非特异免疫的重要因素,不同年龄的个体对寄生虫抗感染的能力也不一样。例如,幼驹对韦氏类圆线虫的易感性比成年马强,感染率高,症状明显。此外,幼龄动物对蛔虫的易感性比成龄动物高,这是由于幼龄动物产生免疫反应的功能比较低下,对外界环境的抵抗力较弱。

3. 机体的屏障作用　　宿主的皮肤、黏膜、血脑屏障及胎盘等都可有效地阻止某些寄生虫的侵入。例如,弓形虫不能通过完好的皮肤侵入宿主体内;胎盘可以阻止巴贝斯虫侵入胎儿等。

4. 局部组织的抗损伤反应　　在寄生虫侵入、移行或寄生的部位,组织受到刺激后发生炎性充血,免疫细胞浸润,对虫体进行包围,释放各种酶类、活性物质降解和杀死侵入的虫体,最后组织增生或将其钙化。

第三节　寄生虫感染与寄生虫病

寄生虫作为一种异物侵入宿主体内后,与炎性反应和组织损伤相伴发生的是中性粒细胞的聚集,多聚集于濒死或已死虫体周围,其真正的功能仍不清楚。此后多由淋巴细胞和巨噬细胞取代。嗜酸性粒细胞增多也是许多寄生虫病的特征之一,一般出现于炎症的晚期阶段。当用粗头带绦虫(*Taenia crassiceps*)的囊尾蚴接种于小鼠腹腔以后,小鼠的腹腔液和血液中即出现嗜酸性粒细胞增多现象,嗜酸性粒细胞数目由不到100个/ml,上升到95 000个/ml。腹腔中单核细胞和淋巴细胞数目也见增多。小鼠开始康复时,嗜酸性粒细胞数量增多最明显。到小鼠完全康复时,即降到最低数。宿主抵抗力强弱与嗜酸性粒细胞数量的多少呈正相关。

某些寄生虫(如钩虫)吸血,常引起一系列症状。例如,人感染十二指肠钩虫时,男性的红细胞可由正常的50万/ml下降到20万/ml。血红蛋白可降到30%以下,随之而来的则是皮肤黏膜苍白、无力、气喘、心悸、水肿、腹部不适等症状。某些寄生虫性贫血,可能是由于造血器官不能正常执行其功能,或不能得到生成正常血细胞的必需物质,如阔节双槽绦虫所引起的恶性贫血,牛梨形虫和锥虫等血液原虫引起的Ⅱ型超敏反应,它们的抗原物质与红细胞表面相结合,致使红细胞被当成了异物,被溶血性补体溶解,临床上表现为严重的贫血。造成贫血的原因还包括红细胞被虫体寄生;宿主身体的复杂变化,包括脾及其他器官的反应;缺氧,酸中毒;吞噬作用;血管内皮的变化和温度的影响等。

某些寄生虫体内的激素类物质及其他物质,既作用于虫体自身,也作用于宿主。寄生虫还能以某种类似宿主激素的物质影响宿主,如拟谷盗属(*Tribolium*)昆虫的幼虫感染微粒子虫(*Nosema*)时即如此。

上述各种反应,许多是属于宿主对寄生虫的免疫反应,但这种保护往往给宿主带来不同程度的损伤,有时甚至超过虫体本身对宿主的影响。

寄生虫病有其独特的表现形式,这是由感染寄生虫的数量、种类、特性不同造成的,一般分为下述几种情况。

一、带虫者、慢性感染和隐性感染

动物感染寄生虫以后可以出现临床症状也可以没有临床表现而成为带虫者(carrier)。带虫者的出现与感染的虫数［虫荷（worm burden）］、宿主的免疫状态和营养状态有关。

寄生虫在动物体内的生存时间一般较长，临床上出现急性炎性症状后常常转入慢性持续性感染，并出现修复性病变，如血吸虫病出现的肝纤维化、猪囊虫病的纤维性包囊等。慢性感染的出现与宿主对大多数寄生虫不能产生完全免疫有关。

寄生虫的隐性感染（suppressive infection）是既没有临床表现，又不易用常规方法检测病原体的寄生现象。当机体免疫功能不全时，这些寄生虫的增殖力和致病力均增强，可导致动物死亡。

二、多寄生现象

动物体内同时有两种以上寄生物感染的现象叫作多寄生现象。在消化道里，两种以上寄生虫同时存在也很普遍。而且在寄生环境内还可能有细菌或病毒的寄生。实验证明两种寄生虫在宿主体内同时或同在一个器官内寄生时，一种寄生虫可以抑制或降低宿主对另一种寄生虫的控制能力，即出现免疫抑制现象（depression of immune response）。动物的多寄生现象，特别在肠道，也可能出现寄生虫种间的相互制约或促进，从而影响临床表现。

三、异位寄生

有些寄生虫在常见寄生部位以外的器官或组织内寄生，可引起异位病变（ectopic lesion）。例如，卫氏并殖吸虫（*Paragonimus westermani*）在脑，异形吸虫（*Heterophyes heterophyes*）在心脏，血吸虫虫卵在脑、肺、皮肤等部位寄生，都可称为异位寄生。

第五章　寄生虫感染的免疫

寄生虫感染的免疫是寄生虫与宿主之间相互作用的主要内容，与宿主的易感性和抵抗力及寄生虫病的致病机制有密切关系。宿主对寄生虫的免疫，表现为免疫系统对寄生虫的识别和试图清除寄生虫的反应，它包括非特异性免疫和特异性免疫。宿主对寄生虫的非特异性免疫是在进化过程中形成的，具有遗传和种的特征。特异性免疫又称为获得性免疫，是宿主的免疫系统对寄生虫特异性抗原的识别，是免疫活性细胞与寄生虫的抗原相互作用的全过程，其结果导致宿主产生体液免疫、细胞免疫及记忆反应。宿主对寄生虫的免疫常常是特异性免疫在非特异性免疫的协同下起作用。

第一节　寄生虫免疫的特点

宿主感染寄生虫以后，大多可以产生获得性免疫。由于宿主种类、寄生虫虫种及宿主与寄生虫之间相互关系的不同，获得性免疫可大致分为三种类型。

1. 消除性免疫（sterilizing immunity）　这是寄生虫感染中少见的一种免疫类型。动物感染某种寄生虫并获得对该寄生虫的免疫力以后，临床症状消失，虫体完全被消除，并对再感染具有长期的特异性抵抗力。例如，大鼠感染路氏锥虫（*Trypanosoma lewisi*）后，只出现短时间的虫血症，接着虫体完全被消灭，出现持久的特异性免疫。

2. 非消除性免疫（non-sterilizing immunity）　这是寄生虫感染中常见的一种免疫类型。寄生虫感染常常引起宿主对重复感染产生获得性免疫，此时宿主体内的寄生虫并未完全被消除，而是维持在低水平。如果用药物消除宿主体内残留的虫体，免疫力随即消失。通常称这种免疫状态为带虫免疫（premunition）。例如，患双芽巴贝斯虫的牛痊愈以后，通常仍有少量红细胞内含虫体，此时对重复感染具有一定的免疫力，如果虫体全被清除，免疫力也随之消失。

3. 缺少有效的获得性免疫　这一点在蠕虫感染中比较常见，一般宿主对消化道内蠕虫的免疫反应都很有限，很难有效地清除虫体。另外，一些寄生在免疫细胞内的虫体（如利什曼原虫、弓形虫等）也能有效地逃避宿主的免疫清除。

第二节　抗寄生虫感染的免疫机制

宿主对寄生虫感染所产生的获得性免疫包括体液免疫和细胞免疫。在多数情况下，两种免疫效应相互协同作用，并有其他细胞（如巨噬细胞、肥大细胞等）的参与。体液免疫是抗体介导的免疫效应。抗体属免疫球蛋白，包括IgM、IgG、IgE和IgA。寄生虫感染的初期，血中IgM水平上升，以后为IgG。在蠕虫感染，IgE水平常升高。分泌性IgA可见于肠道寄生虫感染。一般单细胞原虫，尤其是血液内寄生原虫（如巴贝斯虫、疟原虫、锥虫）主要激发宿主的体液免疫反应，即由特异抗体（主要为IgG）介导抗寄生虫免疫反应。抗体可以与虫体表面的特异受体结合，以阻止虫体对宿主细胞的识别和侵入，进而在补体或其他吞噬细胞的作用下，将虫体清除。抗体也可以与感染有虫体的细胞结合，通过抗体依赖细胞介导的细胞毒作用（ADCC）杀死细胞内寄生的虫体。

细胞免疫是淋巴细胞和巨噬细胞，或由其他炎症细胞介导的免疫效应。在寄生虫感染，常见的细胞免疫有淋巴因子参与的及抗体依赖细胞介导的细胞毒作用（ADCC）产生的免疫效应。淋巴细胞受抗原刺激以后，产生淋巴因子。例如，致敏的淋巴细胞产生单核细胞趋化因子（monocyte chemotactic factor，MCF），吸引单核细胞到抗原与淋巴细胞相互作用的部位。另一种淋巴因子——移动抑制因子（migration inhibition factor，MIF）使巨噬细胞留在局部，而巨噬细胞活化因子（macrophage activation factor，MAF）则激活巨噬细胞。激活的巨噬细胞能杀死在其胞内寄生的利什曼原虫、枯氏锥虫或弓形虫，主要通过氧代谢产物活性氧起作用。ADCC对寄生虫的作用需要特异性抗体，如IgG或IgE结合于虫体，然后，效应细胞（巨噬细胞、嗜酸性粒细胞或中性粒细胞）通过Fc受体附着于抗体，发挥对虫体的杀伤效应。在组织、血管或淋巴系统寄生的蠕虫，ADCC可能是宿主杀伤蠕虫（如血吸虫童虫、微丝蚴）的重要效应机制。

宿主对消化道内寄生虫体的免疫反应则比较复杂。其体液免疫主要以IgE和IgA的作用为主，而嗜酸性粒细胞、嗜碱性粒细胞和肥大细胞也发挥非常重要的抗虫作用。蠕虫本身的变应原性抗原可刺激宿主产生大量IgE抗体。在肥大细胞、嗜碱性粒细胞表面都有与IgE结合的Fc受体。当IgE与寄生虫抗原结合时，可诱发这些细胞脱颗粒，释放组胺等活性物质，从而引起过敏反应型变态反应。这在蠕虫感染是比较常见的现象，特别在胃肠道线虫感染，这种变态反应是导致虫体排出的原因之一。

蠕虫感染过程中嗜酸性粒细胞增多也是一种免疫相关现象。蠕虫本身可产生嗜酸性粒细胞趋化因子（eosinophil chemotactic factor，ECF），嗜酸性粒细胞受ECF作用，移向寄生虫寄生部位，与抗体Fc片段结合，释放O_2及磷脂酶等物质，参与对虫体的操作过程。

第三节　寄生虫免疫逃避机制

宿主-寄生虫之间的关系几乎和生命本身一样，经历了久远的年代。可以肯定地说，我们今天所认识的寄生虫是生物长期进化过程中的胜利者。因为寄生虫已完成对宿主及环境变化的适应过程。所以说，现今的寄生虫已获得某种（某些）自我保护的独特功能。这种（这些）独特功能就表现在寄生虫能够在可致命的免疫攻击环境中存活（或生存）下来。这就是所谓的寄生虫免疫逃避机制。

有关寄生虫免疫逃避机制一直是各国寄生虫学工作者研究的重点之一。已经确认逃避机理包括：①解剖或组织位置的隔离；②虫体抗原性的改变；③改变宿主的免疫反应。

一、解剖或组织位置的隔离

有些寄生虫在长期衍化过程中形成了自己独特的亲组织或细胞性，利用宿主的某些部位保护自己。有些原虫（如弓形虫、泰勒虫、利什曼原虫、巴贝斯虫等）寄生在宿主的免疫细胞或红细胞内，宿主的细胞膜就构成了虫体受免疫效应因子攻击的天然屏障。一般认为寄生虫之所以能够在特定的细胞内寄生，与其对宿主细胞的识别有关。巴贝斯虫、疟原虫都是依靠其顶复体对红细胞受体的识别才侵入细胞内，寄生于胃肠道或生殖道的。

宿主组织内的寄生虫所形成的包囊，也是对免疫反应的有效屏障。肌肉期旋毛虫所形成的包囊、棘球蚴囊、贾第虫包囊等不但使寄生虫逃避了宿主免疫系统的识别，还防止抗体及其他效应因子向囊内渗入，使囊内虫体得以生存。在自然体腔（如肠道）内寄生的原虫和蠕虫自然受到一定的免疫保护。虽然宿主对这些虫体均能表现不同程度的免疫反应，但这种反应必然有限。分泌到肠道内的抗体和细胞因子的浓度及作用均受到肠内容物的干扰，也会由于肠管的蠕动而影响作用时间，因而对肠道内寄生虫的保护性免疫是非常有限的。

二、虫体抗原性的改变

抗原性的改变，被认为是某些寄生虫最重要的免疫逃避机制。寄生虫（如锥虫、巴贝斯虫等）在宿主产生有效的免疫反应之前，即已改变其表面的抗原性，使宿主免疫效应系统对其失去了作用。寄生虫改变自身抗原性的机制主要表现在以下几个方面。

1. 寄生虫抗原的阶段性变化 寄生虫发育过程中的一个重要特征是存在阶段性（发育时期）甚至宿主的改变。例如，疟原虫、巴贝斯虫在发育过程中有裂殖子期、孢子期等，其间经历哺乳动物宿主和昆虫宿主两个发育繁殖阶段，在不同的发育时期内其本身的抗原性均有不同的变化。对于宿主来讲，每一个发育时期的虫体均是一种新的抗原。至于线虫的生活史就更为复杂，从虫卵到幼虫，再发育到成虫，各个时期的抗原成分也不相同。虫体的连续变化无疑干扰了宿主免疫系统的有效应答。

2. 抗原变异 所谓抗原变异是指特定发育阶段的寄生虫改变其表面抗原血清型的能力，它是寄生虫最有效的免疫逃避机制。多种致病性原虫和非致病性原生动物（如草履虫）均具有表面抗原变异能力。通过不断改变其表面的抗原决定簇，原虫作为一个整体在不利的环境条件下残存下来。在多数寄生虫的抗原变异现象中，尤以锥虫、疟原虫和巴贝斯虫最有特点。

在布氏锥虫（*Trypanosoma brucei*）的表面都有一层12～15nm的电子致密层，其主要由分子质量为55～65kDa的糖蛋白组成。由于该种糖蛋白的抗原性不断发生改变，人们称其为表面变异糖蛋白（variable surface glycoprotein，VSG）。VSG每隔一段时间就从虫体上脱落下来，而被新的抗原性的VSG所取代，而且每一次VSG的产生都比宿主产生特异抗体的时间快。所以，尽管VSG具有很强的抗原性，宿主对由新的VSG伪装的锥虫仍是视而不见。疟原虫和巴贝斯虫的抗原变异虽然没有锥虫快速和彻底，但是足以干扰宿主对它们的免疫清除。其主要表现在部分虫体表膜或其所寄生的红细胞膜上抗原性的改变，而不是整个虫体表膜的抗原性全部改变。另外，在巴贝斯虫的分泌抗原中，有一部分抗原也属于变异抗原。

关于寄生虫的抗原变异机理，一般认为是由变异基因所决定的，但不同虫体的抗原变异基因的表达方式不同。在锥虫，编码VSG的基因分布在虫体染色体的各个部位，在某一特定的时期，只有一个基因表达，这个基因就是位于染色体端粒附近的基因。其他*VSG*基因只有易位（translocation）到端粒表达位置才能被表达。人们认为，锥虫本身具有一种核酸剪切因子，它可以使不同的*VSG*基因易位到表达位点。目前国外有关研究机构正在对这种剪切因子进行研究。与锥虫的抗原变异不同，巴贝斯虫和疟原虫的基因组内都有一些基因重排位点（rearranging locus），由于这些位点所转录的mRNA分子各不相同，因而所翻译的蛋白质的抗原性各异。但这些变异抗原对整个虫体的抗原性有时并不起决定性作用。

寄生虫抗原变异的另一个机制是虫株之间的杂交或融合。大量研究发现，无论是有性繁殖的巴贝斯虫、疟原虫，还是无性繁殖的锥虫，其在宿主体内都可以进行遗传物质交换。当两个抗原性不同的虫体杂交或融合后，其子代虫体的抗原性有可能与母代完全不同，这一推论已经在疟原虫研究中得以证实。

最后需要指出的是，寄生虫的抗原变异并不是无法克服的。作为一个虫体的基因组，其所包含的基因毕竟是有限的。无论锥虫还是疟原虫和巴贝斯虫，其抗原变异均有一定的规律性。研究结果表明，无论何种抗原性的虫体，经过昆虫体内的发育繁殖过程后，其抗原性均趋统一，即与昆虫初次传播给哺乳动物的虫体的抗原有很大的同源性，这就为制备疫苗提供了一个重要依据。实际上，即使不同抗原性的VSG，在其多肽链的C端也有一定的同源性，只是由于其疏水性而不能暴露于虫体表面而已。

3. 抗原模拟和伪装 有些寄生虫（如血吸虫）能够将宿主分子结合在其体表，或在体表表达宿主分子，从而减少寄生虫与宿主之间的抗原差异，进而逃避宿主的免疫识别和免疫清除。

关于模拟宿主抗原的现象，首先在血吸虫得到证实。早在20世纪60年代就有实验证明，用小鼠组织匀浆或红细胞免疫猴，再将小鼠体内的成熟曼氏分体吸虫感染猴，结果鼠源血吸虫在抗鼠猴内很快被杀死。将鼠源血吸虫感染正常猴，则虫体能正常存活，这说明在血吸虫表面有鼠源抗原。同样在日本血吸虫也发现了类似的宿主抗原。

4. 表面抗原的脱落与更新 多数原虫和蠕虫都有脱落和更新表面抗原的能力。这也是它们逃避宿主的特异性免疫反应的有效方式。实际上，抗原脱落与抗原变异是相互结合的。锥虫的VSG就是始终处在一种不断产生和脱落的过程中，脱落下来的抗原中和了特异抗体对虫体的作用，疟原虫和巴贝斯虫在侵入红细胞的同时，都将其表膜的部分抗原留在红细胞的表面，而红细胞内的虫体表面抗原又有所变化。利什曼原虫从鞭毛体向无鞭毛体转化过程中，也有部分抗原的脱落。血吸虫成虫在受到特异抗体作用时能脱去部分表皮，然后又可修复。此外，血吸虫还可进行正常的皮层转换。尾蚴钻穿皮肤时能迅速脱去其表皮的多糖蛋白质复合物，皮肤中的童虫也能脱去表面抗原而保持形态完整。另外，有些线虫（如猪蛔虫）的幼虫，在宿主体内移行过程中要经过正常的蜕皮过程，才能发育至成虫，每次蜕皮后虫体的抗原性均有所改变，这也可能是其逃避宿主免疫攻击的一种方式。

三、改变宿主的免疫反应

寄生虫改变宿主免疫反应的过程，实际是一种主动抑制宿主对其所进行的免疫清除作用，是寄生虫与宿主之间相互对抗的表现。

1. 抑制溶酶体融合与抗溶酶体酶 吞噬细胞或其他吞噬细胞杀伤或消化微生物的机理主要是细胞内的溶酶体与吞噬体的融合，进而释放溶酶体酶（水解酶），消化被吞噬的微生物。吞噬体与溶酶体的融合是病原体被消化并最终被消灭的先决条件。有些原虫（如弓形虫、利什曼原虫）能够在吞噬细胞内存活，主要是由于它们能够抑制吞噬体与溶酶体的融合，以避免溶酶体中水解酶的有害作用。对含有弓形虫吞噬体的吞噬细胞的电子显微镜（简称电镜）观察发现，吞噬体被细胞内质网包围，而溶酶体被排斥到其他部位。利什曼原虫前鞭毛体对吞噬细胞的杀伤作用较无鞭毛体敏感，需要转化成无鞭毛体才能在吞噬细胞内生存。而且无鞭毛体可以在吞噬细胞体内发育繁殖。现已证明，杜氏利什曼原虫能进入非吞噬细胞如成纤维细胞并转化为无鞭毛体，从而逃避吞噬细胞的攻击。墨西哥利什曼原虫具有抑制溶酶体酶的能力，它含有很多内源性可溶性半胱氨酸蛋白酶，此酶可灭活溶酶体酶。但是无论哪一种原虫，一旦其体表结合有特异性抗体，其在吞噬细胞内往往被溶酶体所消化。

2. 免疫抑制 寄生虫感染过程中发生的免疫抑制是一种普遍现象，原虫、线虫甚至昆虫感染都有免疫抑制，而这种免疫抑制是一种主动抑制，即寄生虫释放的某些因子直接抑制宿主的免疫反应。锥虫在宿主体内可分泌多种免疫抑制因子，其中有一种有丝分裂原，这种物质可刺激宿主产生大量非特异性IgM，在降低特异性IgG产生的同时，使宿主的免疫系统逐渐衰竭。有人发现感染刚果锥虫的小鼠虫血症的发展与血液中的白细胞介素下降呈反比关系，认为虫体的分泌物可能直接抑制白细胞介素的产生。然而，更多学者则认为，锥虫感染过程中的免疫抑制是由于刺激宿主产生了大量抑制性T淋巴细胞的结果。

虫体毒素是寄生虫重要的免疫抑制因子。寄生虫（尤其是血液原虫）在宿主体内大量繁殖的同时，也释放大量对宿主有害的毒素。这些毒素不但损伤免疫器官，对各种实质器官（如肝、肾、脾）及骨髓都有很强的毒害作用。严重虫血症的宿主，其免疫系统几乎呈现衰竭状态。

此外，寄生虫保护性抗原也参与了对宿主的免疫抑制。在虫体的分泌物/排泄物中，有一些抗原中和了宿主抗体，而寄生虫本身则逃避了免疫清除。

总之，在寄生虫诸多免疫抑制因子中，抑制性T淋巴细胞刺激因子可能起关键作用。有人认为这是传统寄生虫疫苗免疫效果不佳的一个主要原因。

3. 补体的灭活与消耗 实验证明，曼氏分体吸虫的肺期童虫和培养的童虫具有抗补体损伤作用。血吸虫分泌的蛋白酶和膜蛋白也具有抗补体作用，这些酶可直接降解补体，还可抑制补体的激活过程。另外，自成虫和虫卵提取的某些可溶性抗原物质和抗原抗体复合物能有效地激活补体的经典途径和替代途径，并消耗某些补体成分，以保护血吸虫本身。巨颈绦虫在发育阶段产生和释放一种糖蛋白，能通过旁路途径消耗补体。细粒棘球蚴的囊液成分具有结合补体活性，从而保护了原头节免受补体介导的溶解作用。

血液寄生原虫产生大量的分泌/排泄抗原与抗体形成免疫复合物后，消耗大量的补体，从而保护了虫体免受补体的损伤。另外，虫体的某些毒素也有直接的抗补体作用。

4. 裂解抗体 一些克氏锥虫株的锥鞭毛体能抵抗抗体依赖的、补体介导的溶解作用。在与特异抗体反应后，原虫表面的免疫球蛋白Fc片段被切除，只剩下Fab片段。用抗Fab抗体处理虫体后，锥鞭毛体很快被补体所溶解，可见克氏锥虫能分解附着抗体，留下的Fab片段不能激活补体，却封闭了虫体与特异性完整抗体的反应。

曼氏分体吸虫也有这种情况，它以抗体的Fc片段与补体结合，而使抗体的Fab片段游离在其表面。Fab片段只能在童虫表面吸附很短时间，其水解产物还能抑制巨噬细胞的吞噬作用。

动物宿主的特异性和非特异性免疫反应的主要作用在于发现和清除侵入体内的抗原。寄生虫能在宿主体内持续存在，反映了宿主清除寄生虫生理功能的失效。从进化角度看，专性寄生虫与宿主的长期共存，实际上是宿主免疫防御系统对病原的反应与后者抵抗、干扰和逃避这种有害反应之间的一种平衡。宿主与寄生虫关系的研究是很重要的课题。对寄生虫免疫逃避机理的进一步揭示，将使人们能够更深入地理解寄生现象的免疫学基础，为制备高效寄生虫疫苗提供理论依据。

第四节　寄生虫疫苗

有关寄生虫病的防治对策历来存在着两种观点，一种认为应以药物防治为主，理由是寄生虫抗原成分复杂，制苗不易，而且效果不佳；另一种认为应以免疫预防为主，因为寄生虫与细菌、病毒一样，同样能够刺激宿主机体产生保护性免疫反应。在20世纪80年代以前，人们对寄生虫病的免疫预防多持谨慎态度，然而近年来逐渐发现，原来经典的抗寄生虫药物对一些寄生虫病的治疗作用不断减弱，甚至完全失去使用价值，即寄生虫对传统药物已经产生抗药性；同时伴随各种生物学新技术，尤其是分子生物学技术在寄生虫学研究领域的应用，寄生虫免疫学研究也不断取得进展，各种虫体的抗原变异机理也不断取得突破，人们把目光重新又转移到免疫预防方面，寄生虫基因工程苗已初露端倪，牛巴贝斯虫基因工程苗在澳大利亚已开始进行临床试验，恶性疟原虫基因工程苗已在坦桑尼亚等非洲国家试验了多年，取得了令人振奋的临床保护效果。随着寄生虫免疫学的不断深入，相信将会有更多的寄生虫疫苗问世。现将寄生虫疫苗的种类介绍如下。

一、弱毒苗

它是一种致病力减弱而仍具活力的病原苗。致病力减弱的虫体在易感动物体内可以存活甚至繁殖，但不致病，从而起到一种抗原的作用，在相当长的一段时间内激活机体内的免疫系统对同类或遗传上类似病原的感染起到免疫抵抗作用。弱毒苗的制备方法主要有以下几种。

1. 从自然界筛选弱毒株　例如，鸡艾美耳球虫早熟弱毒株的筛选（Paracox球虫苗）。

2. 传代驯化致弱　分为体内传代致弱和体外传代致弱。有人将牛巴贝斯虫通过牛体连续传15代以上，使虫体毒力降至不能使被接种牛发病的程度，以这种虫体制成的疫苗，可预防牛巴贝斯虫病。艾美耳球虫的鸡胚传代致弱苗（Livacox球虫苗）和牛泰勒虫的淋巴细胞传代致弱苗均是成功的体外传代致弱苗。

3. 化学或物理致弱　化学致弱是以亚治疗量的药物在体内或体外对虫体进行作用，以降低虫体的活力。实际上是使宿主处于长期带虫免疫状态。物理致弱包括射线照射等，如经过射线照射的疟原虫子孢子、血吸虫幼虫的致病力都在很大程度上减弱了，而它们的免疫原性都保持不变，因而可以作为疫苗使用。其中致弱的血吸虫弱毒苗和疟原虫子孢子苗均可使受接种体保护率达60%以上。射线致弱最成功的例子是X射线照射致弱的牛胎生网尾线虫（*Dictyocaulus viviparus*）苗。

4. 遗传学致弱（基因敲除）　目前基因敲除（knock-out）技术已经很成熟，通过这一技术将致病微生物的某些基因灭活或清除，从而使其原有的致病力减弱或完全丢失，但仍保存活力和抗原性。目前这一研究方法在致弱苗的应用上进展还较缓慢，主要原因在于对病原个体本身的整体遗传背景还不很清楚，因此在很大程度上需依赖于基因组工程研究进展。

二、分泌抗原苗

寄生虫的分泌或代谢产物具有很强的抗原性。在具备成功的培养技术的前提下，可以从培养液中提取有效抗原作为制备疫苗的成分。这方面最成功的例子有牛的巴贝斯虫苗和犬的巴贝斯虫苗，分别在澳大利亚和欧洲广泛采用。这种疫苗实际上是一种混合苗，它包括多种成分，在应用时往往需要佐剂和多次接种，而且其前期技术条件（病原体的培养）要求较高，并需要一定的资金投入，成本上有时不易被接受。

三、重组抗原苗或基因工程苗

重组抗原苗是将寄生虫抗原（宿主保护性抗原）的基因分离、克隆后，在高效表达载体上表达。从而得到大量纯化的单一抗原。也可以将多个抗原基因克隆在同一个载体内，以获得同时表达的多价载体。基因工程苗可以弥补弱毒苗返祖、分泌抗原苗来源有限的不足。

四、人工合成肽苗

人工合成肽是以化学方法合成的蛋白质肽链。有人提出可用化学合成的多肽代替天然蛋白质肽链，并证明这种合成肽也可激发宿主产生免疫反应，从此开始了人工模拟病原（细菌、病毒、寄生虫）组成的合成肽研究时代。

制备合成肽苗的关键是对保护性抗原的DNA或氨基酸序列分析。目前还不能将整个抗原多肽都合成出来，因此对抗原决定簇的分析至关重要。另外，载体和免疫增强剂的选择也是不可少的，因为合成肽一般均为寡肽，单独作为抗原免疫的效果不理想。

在寄生虫方面最典型的例子要属疟疾合成多肽苗spf66，它完全是根据疟原虫不同发育时期表达的表面抗原的序列而人工合成的寡肽分子。该疫苗已在世界卫生组织（WHO）使用多年，目前还在世界各地的不同流行区内进行人体保护试验，但由于在合成过程中需要精密的合成仪器，而且造价很高，一般实验室和小型公司无法生产。

五、DNA疫苗

DNA疫苗是将含有寄生虫保护性抗原基因重组到真核表达载体上，然后将其质粒DNA肌内或皮内注射到动物或人体内，利用宿主细胞的转录表达系统合成寄生虫保护性抗原基因，激活宿主免疫系统产生抵抗寄生虫侵入或致病的免疫力。此类疫苗在寄生虫研究方面已有许多报道，但尚未实际应用。

六、活载体疫苗

将寄生虫保护性抗原基因克隆转入非致病性微生物体内，将这种重组活载体生物接种给宿主，保护性抗原基因将随着活载体的复制而表达，进而产生针对寄生虫感染的保护性免疫反应。常用的活载体生物较多，如痘病毒、腺病毒等。此类疫苗在原虫研究方面已有许多报道，但尚未实际应用。

第六章 寄生虫病学概述

寄生虫病同其他疫病一样，其发病和传播需要三个条件，即传染源、传播途径和易感动物，在一个地区上述三个条件均具备且发生关联时，就会形成某种寄生虫病的流行。不同的寄生虫病具有不同的流行特点，只有对某种寄生虫的流行病学规律有了全面充分的了解和掌握，才能制订出科学可行的防控措施，从而控制和消除寄生虫病的流行。

第一节 寄生虫病的流行病学

寄生虫病的流行病学是研究动物群体的某种寄生虫病的发病原因和条件、传播途径、发生规律、流行过程及其转归的科学。

流行病学当然也包括个体寄生虫病的上述方面的研究，因为个体的疾病，有可能在条件具备时，发展为群体的疾病；但流行病学的研究更着重于群体。从上述定义看，流行病学涉及许多方面，概括起来包括寄生虫与宿主及相关自然环境的总和。环境因素又有生物性和非生物性两方面，不同寄生虫病同这两方面关系又各有侧重。

寄生虫病的病原体是寄生虫，包括原虫、蠕虫、昆虫等。宿主与寄生虫之间互相对抗，决定了宿主对寄生虫的感染具有不同程度的临床表现、病理变化及免疫特点。有时寄生虫对宿主的侵袭并未引起明显症状，但对宿主群体存在潜在危害，所以在流行病学上仍有重要意义。

宿主与外界环境更是密不可分的统一体，动物不仅与自然环境而且与社会环境如经济、文化等都有密切的关系。随着人类社会的发展、知识的进步，动物饲养管理的方式也在不断改善，寄生虫的感染条件也随之变化。某些寄生虫可能会被控制甚至扑灭，但是另外一些寄生虫病却会显现出来。有些寄生虫病还可能发生新的变化。宿主对寄生虫的保护性适应，表现为对寄生虫的拮抗作用，这种作用虽能使其受到一定程度的损害，但这些寄生虫仍能世代延续。寄生虫与宿主之间长期适应所形成的特异性寄生关系，决定了宿主机体的特异性反应，即每种寄生虫在感染过程中，对宿主表现为一定的致病作用、一定的潜伏期、一系列特异的病理变化及临床症状等。寄生虫在宿主体内的长期适应过程中，经过自然选择，在适宜生活的组织环境内定居，即在特定的自然、地理、社会环境中定位。它们在那里生息繁衍，并向体外排出，侵入新的宿主，从而引起寄生虫病的传播与流行。

第二节 自然疫源地与疫源性疾病

自然疫源地学说，是苏联寄生虫学家巴甫洛夫斯基创立的。他通过无数次的野外调查工作，发现在自然条件下，有些疾病的病原体可以不依赖人而无限期地在媒介动物及贮藏宿主之间存活下去。因此，虫媒性疾病的自然疫原性就是病原体、媒介动物和贮藏宿主三者，在它们的世代更迭中无限期地存在于自然条件之中。同时它们在以往的进化过程或阶段，都不取决于人类的旨意，即那些依靠节肢动物传播的虫媒性传播病，最初往往是在一些动植物区系比较稳定，人迹罕至的森林、深山、荒漠中，在野生动物和传播者之间相互感染，长时间不为人们所知，仅在一定区域内形成一个地区性疾病，这就叫作疫源性疾病。那个区域就称为某种疾病的"自然疫源地"。随着人类生产活动的发展，如垦荒、修路、开发矿藏或战备施工，人和家畜进入这种长期与世隔绝的地带，便可能通过传播者的作用，而感染某种"新的疾病"，甚至逐步扩展成为一种地方性流行病。例如，我国东北的森林地区，存在着森林脑炎病毒，本来是啮齿动物和蜱之间的动物流行病，曾使伐木工人受到感染。

自然疫源性疾病并非只存在于未开发或开发不多的地区。在许多已经开发的地区，同样存在这类疾病。例如，我国东北1910年和1947年的鼠疫流行，几乎中断了人们全部的正常经济生活。

因此，疫源性疾病对人类健康具有重要意义，何况疫源性疾病的病原体，大都可作为生物战剂，更应引起人们重视。为了人畜安全，必须进行必要的调查以便采取相应的防治措施。

第三节　人兽共患寄生虫病

有些寄生虫可在人与兽之间自然传播而引起寄生虫病与感染，这些寄生虫称为人兽共患寄生虫，由其所引起的寄生虫病则称为人兽共患寄生虫病（parasitic zoonosis）。这里指的兽，依据《尔雅·释鸟》"四足而毛谓之兽"，包括经人类驯化的家畜与野生兽类。此外，部分与人类有关联的禽类寄生虫，即在人与食物之间可以自然传播而引起的共患寄生虫病，仅少数几种，则按惯例附志于此。

人兽共患寄生虫包括原虫类、蠕虫类和节肢动物。人兽共患寄生虫病是由共同的病原寄生虫在人类与兽类之间自然传播所引起的寄生虫病与感染，故其病原寄生虫，除具备引起寄生虫病与感染所必备的各种性能之外，还必须具备以下两个特点，其一，既能适应于兽类寄生，又能使人类感染，这就是说这种寄生虫无论是寄生于兽类还是引起人体感染，在人类与兽类之间具有流行病学上的关联，具备这个特点的寄生虫，才能成为人兽共患寄生虫病的病原体。基于此，它们在种类上自然要比动物寄生虫的种类少得多，比人体寄生虫的种类也少。其二，它们的宿主谱一般很广而其宿主特异性相对要弱得多，表现为多宿主适应性，即能在多种兽类寄生而分布广泛。这可能是造成人类接触此类寄生虫感染的机会多而易感染的原因，如旋毛虫已发现于犬、猪、牛、羊等家畜，熊、虎等兽类共150多种哺乳动物自然感染，人也不例外；又如，日本血吸虫，除人外，已有40多种家畜和野生兽类易感。但也有甚少见且局限于较小地理范围内的人兽共患寄生虫病。但这些寄生虫将随着自然资源的开发，交通的发达、国际交往、旅游，频繁的物资贸易，各种畜禽及珍禽异兽的输出、输入，在一定程度上扩大流行，原来没有的地方，也可能出现一些新的人兽共患寄生虫病。还可能有一些未被认识或新的人兽共患寄生虫病不断出现，如人的首例隐孢子虫病于1976年才见报道，而这种原虫病在家畜中流行很广。

人兽共患寄生虫病自然传播方式如下。

一、动物为载体传播的病

1. 肉类食品为载体传播的病　　例如，猪带绦虫病、牛带绦虫病、旋毛虫病、肉孢子虫病、弓形虫病。

2. 水产食品为载体传播的病　　例如，并殖吸虫病、华支睾吸虫病、后睾吸虫病、异形吸虫病、棘口吸虫病、裂头蚴病、裂头绦虫病、线中殖孔绦虫病、管圆线虫病、颚口线虫病、膨结线虫病。

3. 动物性非食品为载体传播的病 例如，阔盘吸虫病、歧腔吸虫病、复殖孔绦虫病、矮小膜壳绦虫病、缩小膜壳绦虫病、棘头虫病、筒线虫病、龙线虫病。

二、植物为载体经口感染的病

例如，姜片吸虫病、片形吸虫病、嗜眼吸虫病。

三、水、土壤为载体经口感染的病

例如，猪囊尾蚴病、棘球蚴病、多头蚴病、细颈囊尾蚴病、毛细线虫病、毛圆线虫病、蛔虫病、食道口线虫病、舌形虫病、贾第虫病、隐孢子虫病、小袋虫病。

四、经皮肤感染的病

1. 水、土壤为载体经皮肤感染的病 例如，日本血吸虫病、东毕吸虫病、毛毕吸虫病及其尾蚴性皮炎、类圆线虫病、钩口线虫病。

2. 蜱、昆虫为传播媒介的病 例如，巴贝斯虫病、马来丝虫病、恶丝虫病、吸吮线虫病、内脏利什曼原虫病。

3. 蜱、螨、昆虫接触传播的病 例如，蜱寄生、疥螨病、皮肤蝇蛆病等。

五、空气、飞沫为载体经呼吸道感染的病

例如，卡氏肺孢子虫病。

近年来，随着人民生活水平的提高、食物来源多样化及饮食方式的改变，我国食源性寄生虫病的发生呈现流行和蔓延扩大的趋势，已对公共卫生安全和人类健康构成威胁。食源性寄生虫病是指所有能够经口随食物（水源）感染的寄生虫病的总称。相当一部分食源性寄生虫病是人兽共患寄生虫病，如在我国流行和危害严重的包虫病、肉孢子虫病、带绦虫/囊尾蚴病、弓形虫病、旋毛虫病、华支睾吸虫病、隐孢子虫病、贾第虫病等，其传播和流行与人们的行为密切相关，主要经口感染，因此养成健康的生活方式和饮食、卫生习惯是预防该类疾病的关键。

食源性寄生虫病的防治工作事关畜牧业高质量发展和人民群众身体健康，事关公共卫生安全和国家生物安全。其防控需要坚持人病兽防、关口前移，从源头前端阻断其传播路径，这就需要人医和兽医密切协调配合，共同做好我国人兽共患寄生虫病的防控工作。

第四节 寄生虫病的流行规律

寄生虫病流行过程的主要内容是寄生虫完成其寄生生活的生活史，从寄居的宿主到另外一个新宿主。寄生虫病传播和流行的基础是寄生虫的感染链锁和外界环境条件。感染链锁由感染源、感染途径、易感动物（宿主）及适宜的外界环境等基本环节构成。寄生虫病的流行始于有感染源的个体向体外排出新生后代，在适宜外界环境中发育达到感染期，通过感染途径侵入新的易感动物（宿主），通过上述感染链锁在动物种群或个体间进行传播，从而构成寄生虫病的流行或在某一局部区域内流行或散发。寄生虫在感染链锁中循环往复，不断获得新的动物宿主，使寄生虫得以种族延续，若切断其中任何环节，则寄生虫的繁育会受到严重打击甚至遭到毁灭，寄生虫病也随之被控制或扑灭。

一、感染源（感染寄生虫的宿主）

寄生虫在宿主体内得以大量繁殖而且能把产出的大量新生后代排出体外，引起新宿主的感染。有些寄生虫不能脱离宿主而生存，它们从感染的宿主传给新宿主时，必须通过传播媒介，如丝虫传播必须经过蚊，蚊作为传播媒介而不是感染源，若蚊死亡则寄生虫的延续被阻断。有的吸血节肢动物除了能作为传播媒介之外，还可以作为感染源。例如，能传播梨形虫的蜱，可通过蜱卵将梨形虫传给下一代，有的能通过蜱卵传到第4代、第5代。因此蜱可以成为保存病原体越冬及不断传播的感染源，此种感染源在自然疫源地很重要。

患寄生虫病的动物是主要的感染源。因为患病的动物排出病原体的数量远远超过带虫者排出的数量，带虫者易被人们忽视，但其在寄生虫病的流行上也有很重要的意义。人也是某些动物寄生虫病的感染源，目前有一些人兽共患寄生虫病仍占有极重要的地位，如感染了有钩绦虫（*Taenia solium*）或无钩绦虫（*Taenia saginata*）的患者，就是猪囊尾蚴（*Cysticercus cellulosae*）或牛囊尾蚴（*Cysticercus bovis*）的感染源。日本分体吸虫在人和动物间可相互感染。

二、感染途径

寄生虫只有不断地繁育后代才能维持其种族存在，一旦宿主死亡，它便无法生存，只有在交替宿主的情况下，才能维持其延续。虫体在宿主体内特异性定位决定了病原体从宿主排出的方式、感染期的形成和感染途径。这些情况在寄生虫的流行病学上有重要意义。

1. 病原体从宿主排出的方式　　大多数寄生虫的寄生部位是与外界相通的器官，如消化器官、呼吸器官和泌尿器官等，其繁殖的后代如蠕虫卵、幼虫，原虫的卵囊或包囊等都可顺利地随着宿主的粪、尿、痰等排出体外；有的寄生虫寄生在不与外界相通的器官如胸腔、腹腔、脑、脊髓、心血管系统等，这些寄生虫的新生后代往往是靠外周循环的血液，借助吸血昆虫、蜱类等传播；有的虫体寄生于宿主的肌肉内如旋毛形线虫，其新生后代的传播只能靠宿主交替。

2. 感染期的形成　　一般来说，刚从宿主体内排出的卵或幼虫等均没有感染性，它们进入新宿主体内也不能引起感染。直接发育的寄生虫，其虫卵、幼虫或卵囊等必须在环境中发育，形成感染性虫卵、幼虫或孢子化的卵囊才能具有感染性。此期进入新宿主体内才能引起感染。间接发育的寄生虫，其虫卵或幼虫必须经相应的中间宿主，并在其体内发育，形成感染性幼虫，才具有感染性，如肝片吸虫的囊蚴、猪带绦虫的猪囊尾蚴等。它们只有进入新的易感宿主才引起感染，这也是寄生虫能够适应环境获得生存的条件。

3. 感染途径　　感染途径是指病原从感染来源感染给易感动物所必须经过的途径。寄生虫的感染途径是多种多样的，主要感染途径如下。

（1）经口感染　　寄生于动物消化道或其附属脏器内的寄生虫，其虫卵或幼虫都要通过宿主的排泄物（粪、尿）向外界排出，成为污染牧场、饲料、饮水的来源。但在患病动物排泄物处理不当和动物饮食管理不当的情况下，易造成经口感染。几乎所有蠕虫和个别昆虫幼虫和少数原虫（球虫）都是经过这一途径感染的。通过这种方式传播的寄生虫有学者称为土源性寄生虫。有些寄生虫如猪肺虫的虫卵，随宿主粪便排出体外后，需被中间宿主——蚯蚓吞食之后，在蚯蚓体内发育为感染性幼虫，猪因吞食了带有感染性幼虫的蚯蚓而遭受感染，有人把这类寄生虫称为生物源性寄生虫。

（2）经皮肤感染　　随宿主排泄物排出体外的某些虫卵，其孵化出的幼虫，有的在自然界里必须在水中或潮湿的土壤里生活一段时间，有的需在中间宿主体内进一步发育，当动物体接触到这种被污染的水或土壤，感染性幼虫即可钻入皮肤，侵入体内，如少数种类的蠕虫（钩虫、类圆线虫、血吸虫）就是通过这种方式感染的。

（3）接触感染　　在患病动物体表寄生的大部分节肢动物（如螨、虱等）和在生殖器黏膜上寄生的一些原虫如锥虫、毛滴虫等是通过宿主间互相接触，或其他用具等间接接触，将病原传给健康动物。又如，绵羊的痒螨病、马的螨病可以通过挽具、鞍具感染；人体的虱常通过衣服或床上用品传播。上述均属接触感染范围。

（4）节肢动物传播感染　　某些寄生虫需要节肢动物为中间宿主，或媒介物传播感染。例如，各种丝虫都需要蚊类作其中间宿主，土壤螨是裸头绦虫的中间宿主，蜱类传播梨形虫，虻、厩蝇传播伊氏锥虫病等。

（5）胎盘感染　　胎盘感染又称为垂直感染。某些寄生虫的幼虫能通过胎盘由母体传给胎儿。弓形虫病就属于这种情况，当妊娠动物或孕妇感染弓形虫时，常造成胎儿先天性弓形虫病，严重者可致胎儿脑、眼损伤甚至流产死亡。此外，蛔虫、日本分体吸虫也有此种情况发生。

（6）自身感染　　寄生于某些宿主的寄生虫，其排出的虫卵或幼虫，可使原宿主本身遭受感染。这是一种比较特殊的感染方式。例如，人体除经口感染猪囊虫病外，当患者逆呕时，可将有钩绦虫的孕卵体节从小肠逆行提至胃内，就相当于吞食了虫卵而感染猪囊虫病。

（7）医源感染　　医源感染即由于污染病原体的医疗器械消毒不彻底而引起寄生虫的感染。在临床上较为常见的是采血用的注射器污染所造成的，如巴贝斯虫、锥虫等都能因此而感染。

（8）其他途径　　例如，牛的吸吮线虫是蝇吸吮牛的眼分泌物而引起感染；鼻蝇蛆则可经鼻孔感染；飞沫、尘埃等可携带蛔虫卵并引发感染。

三、易感动物

寄生虫与宿主间形成的特异寄生关系，决定了寄生虫的固有宿主。通常每种动物只对一定种类的寄生虫有易感性，如马只感染马蛔虫，不感染猪蛔虫；但也有另外一种情况，即多种动物对同一寄生虫都有易感性，如人、马、牛、羊均可感染日本血吸虫。易感动物的存在是寄生虫病传播、流行的必要因素。虽然感染源、感染途径、外界因素均能形成寄生虫病流行的客观条件，但易感动物的存在是构成寄生虫病流行的必要因素。

四、外界环境

寄生虫病流行病学中外界环境也是必不可少的条件，因为任何动物的生存都有其适应的环境条件。宿主交替的方式是多种多样的，但都要求有一个适宜寄生虫生存并有利于侵入新宿主的环境条件，直接发育型的寄生虫对外界环境的要求，除了具有适宜的气温外，还必须有一定的湿度或水分、阴暗避光的适宜环境。间接发育的寄生虫除上述条件外，更需要适宜的中间宿主，中间宿主种类繁多，对其环境条件要求各异。改变环境可控制或终止寄生虫病的传播。

五、寄生虫病的流行特点

多数寄生虫病呈区域性传播、地方性流行，病原体多具冗长的发育期，并且多在生活史中有中间宿主或传播媒介物参与。虫体不同于传染病的病原,其繁殖速度、传播速度均较传染病慢。因而广泛散播的寄生虫病多以慢性病程致使动物死亡或极度消瘦,生产性能降低,造成巨大经济损失。

动物寄生虫病大部分为散发性的,有些种类的致病性强,常呈地方性流行,呈急性病程,动物死亡率高。此外一般寄生虫病也呈季节性流行,如焦虫病等,因为它的发生和流行需蜱类的参与。

第五节 影响寄生虫病流行的因素

影响寄生虫病流行的因素很复杂。构成寄生虫病发生与流行的病原体、易感动物、环境因素等能否发生作用,取决于种种复杂的条件,它们的变化对寄生虫病的流行起着决定作用。影响寄生虫病流行的因素概括起来主要有以下两个方面。

（一）宿主条件

宿主条件对寄生虫的感染有很大的关系,宿主在感染后发病与否主要在于虫体是否存活。宿主条件可分为宿主内在性条件和外来条件。

1. 宿主内在性条件 宿主内在性条件是指宿主本身所特有的条件,不同种动物对同一寄生虫的易感性不同,如牛不感染马的尖尾线虫。即使是同一种动物,因个体抵抗力不同,有的易感且发病较重,有的则感染较轻。宿主的年龄不同,对虫体易感性也不同。一般来说,幼龄动物较易感染且发病较重。

2. 外来条件 外来条件较多,主要有饲养管理、动物使役和宿主免疫程度等。

在动物的饲养管理上,一般是指饲料及其处理、饲养方法、设备及卫生措施等。饲养管理是影响寄生虫病发生和流行的重要条件,不同的饲养方法及方式对寄生虫病的扩散有很大影响,如动物种群的大小、饲养密度等。如果饲养密度过大,一旦发生螨病,传播迅速,不易控制。全价饲料饲养的动物可增强体质,可增加动物对寄生虫的抵抗力。如果营养不良且缺乏维生素时则易受到寄生虫的侵袭。饲养方式对宿主条件有重要关系。在外面放牧的动物就比舍饲的动物感染寄生虫的机会多;划区分段放牧的牛羊比混放的感染寄生虫的机会少;早晚放牧于露水草或雨后低洼地放牧的牛、羊感染寄生虫的机会增加。使役不当、过度疲劳对宿主有很大影响,往往提高宿主对寄生虫的易感性。患寄生虫病的动物如连续使役或长途运输会促使疾病急剧恶化,甚至死亡。

（二）环境因素

对寄生虫而言,它的环境是以宿主为直接的环境因素,流行病学上说的环境是不包括终宿主在内的所有环境因素,包括媒介动物和中间宿主。环境决定着虫体由终宿主排出后能否继续发育、宿主能否交替、能否延续种族。环境因素主要包括气候、土壤及地理条件。

1. 气候 气候是指温度、气压、紫外线、氧气浓度、降雨量、风向等易于变化的各种条件的组合。恶劣的气候条件是疾病的原因,对宿主起直接作用。包括寄生虫在内的所有动物都需要在最适宜的气候条件下生长发育。气候条件的剧烈变化影响它们的发育与生存,如遇到多雨年份会暴发急性肝片吸虫病,干旱年份则会发病很少,因为其中间宿主——螺类在多雨条件下易于生长和繁殖。多数虫卵在阳光直射的条件下,会很快死亡。许多感染性幼虫在干燥条件下会失去存活能力，如捻转血矛线虫（*Haemonchus contortus*）的虫卵在4℃以下即发育停止，1℃以下则死亡，其第一期、第二期幼虫在干燥中和30℃以上的情况下死亡；肝片吸虫卵在−3～−2℃时3d死亡，−5℃时1d后即死亡，在40～50℃时几分钟内便死亡。

2. 土壤 土壤的物理及化学性状与寄生虫的生长、发育有密切关系。虫体在卵和幼虫期内，在土壤中生活时，其生存基质是一种组成很不稳定的盐类溶液，称为土壤水，其是在土壤粒子外面形成一层水膜或充满于土壤微粒之间。土壤对生活在其中的寄生虫来说，是生活的培养基。土壤中的化学组成、pH等变化都能影响寄生虫各阶段的生长和发育。一般来说，疏松砂质土壤比坚实黏质土壤更适于寄生虫的生活，浅层土壤比深层土壤更适于寄生虫的生活，如甲螨（绦虫中间宿主）即居于这类土壤中。

3. 地理条件 由于不同区域的湿度、温度及海拔不同，在地球上有着不同的植被类型，也间接决定了动物的分布。寄生虫也是如此，它的分布因地理条件不同而异，在我国南方流行的一些寄生虫，如伊氏锥虫、日本分体吸虫等在北方见不到；一些土源性寄生虫，如球虫、圆线虫、蛔虫等分布于各地；有些需中间宿主参与的寄生虫，如肝片吸虫、莫尼茨绦虫等分布也较广泛。

寄生虫的虫卵阶段、幼虫阶段除了与气候、土壤、地理条件有关系外，还与生态系统中的植物、脊椎动物及无脊椎动物等动物群体有密切关系，特别是传播的媒介、中间宿主及人的行为等。人对动物寄生虫病的发生有着重要的影响，如饲养员、贩卖动物人员、屠宰及加工动物产品人员等。因为他们接触寄生虫病的机会多，会增加病原体传播频率，都可成为影响动物寄生虫病的流行因素。

第七章 寄生虫病的诊断与防治原则

和其他疾病一样，寄生虫病的诊断应建立在患病动物临床症状的搜集和分析基础上。但多数蠕虫感染动物往往表现为消瘦、贫血、营养不良等共同症状，缺乏典型临床症状，因此寄生虫病的诊断应以收集流行病学资料和通过实验室检查，查出虫卵、幼虫或成虫等为重点建立生前诊断，必要时辅以尸体剖检建立死后诊断。尽管寄生虫的种类、生活史、治疗药物等不同，但寄生虫病的防治原则是基本一致的。

第一节 寄生虫病的诊断要领

一、临床诊断

详细观察症状，分析病因。有些寄生虫病在临床观察时就可以发现病原体，建立诊断。例如，被毛蓬乱、奇痒、常擦皮肤并且在被皮上可发现牛皮蝇的虫道及幼虫的牛就可初步诊断为牛皮蝇蛆病。

二、流行病学材料分析

全面了解患病动物的生活环境、活动情况、发病季节、流行情况、传播者的出没规律等，详细了解和分析相关的流行病学材料，能为建立正确诊断提供重要依据。

三、实验室诊断

在实验室内利用实验器材从病料中查出病原体，如卵、幼虫、成虫等。这是诊断寄生虫病的重要手段，这种诊断包括粪、尿、血液、骨髓、脑脊液及发病部位的分泌物和病理组织的检查。必要时采取病料接种动物，然后从实验动物体内查虫体，有时借助尸体剖检发现特异性病变和虫体而建立诊断。

四、诊断性驱虫

有些患病动物的粪、尿及其他病料中没有虫体、卵或数量少，难以用现行的检查方法查出，流行病学材料及临床症状又不能确诊时，可采用针对某些寄生虫的特效驱虫药进行驱虫试验，患病动物排出虫体时进行检查鉴定而确诊，如某些绦虫病可借诊断性驱虫来建立诊断。

五、剖检检查

此法是最易获得蠕虫病正确诊断结果的，通常用全身性蠕虫检查法以确定寄生虫的种类和数量作为确定诊断的依据。另外，可根据宿主的病理变化判断感染寄生虫的种类和感染的程度。

六、血清学诊断

随着免疫学的发展，各种免疫学诊断方法已经广泛地应用到某些寄生虫病的诊断上，如猪囊虫病的酶联免疫吸附试验（ELISA）诊断法等。

七、分子生物学方法

随着分子生物学研究的不断发展，一些诊断方法如PCR、基因探针等也被用于寄生虫病的诊断，并取得了较好效果。

第二节 寄生虫病的防治原则

一、寄生虫病的预防原则

寄生虫病的预防是关系国民健康和社会发展的大事。由于寄生虫种类繁多，各有不同的生物学特性，而宿主的饲养管理、地区的分布也不同，因此预防动物寄生虫病是一项很复杂的工作。然而不管情况如何千变万化，最主要的是贯彻预防为主、防重于治的方针。在制订预防措施时应从寄生虫病流行病学的环节上着手。

1. 控制和消灭感染源 一方面及时治疗患病动物，驱除体内或体表的虫体，防止治疗中扩散病原；另一方面根据各种寄生虫的生长发育规律，有计划地定期驱虫。对一些蠕虫病的驱虫，应在虫体进入宿主体内，尚未发育到成虫阶段时进行。这样做一方面可减轻患病动物的损害，另一方面又能防止外界环境的污染。对某些原虫病应查明带虫动物，隔离治疗，防止病原扩散。此外，对带虫者或宿主要采取有效的防治措施。

2. 切断传播途径 为了减少和消除感染机会，要经常搞好动物厩舍及环境卫生，特别要注意对粪便的处理。杀灭蚊、蝇，保护水源，改良牧地等。动物通常是在牧地和厩舍中生活、采食，接触或经吸血昆虫媒介物叮咬而感染。对牧地采用科学有效的轮牧方式，合理使用，这样可预防多种胃肠道线虫病。此外，对中间宿主的控制和消灭也很重要。

3. 保护易感动物 加强动物饲养管理、增强动物体质，提高抗病能力，对于某些寄生虫病可在必要时用杀虫药进行预防注射或喷洒杀虫剂防止吸血昆虫叮咬。此外，也可使用某些寄生虫疫苗来免疫动物而达到预防寄生虫病的目的。

二、寄生虫病的治疗原则

确认动物患何种寄生虫病后，即应根据患病动物的体质和病情制订治疗方案。治疗中的原则是"标本兼治，扶正驱邪"。采用特效药物和对症治疗相结合的原则。

选择药物时应考虑是否高效、低毒、广谱、价廉、使用方便等几方面。也可联合用药，这样可扩大驱虫范围。治疗过程中还应当对患病动物进行精心护理，让其安静休息，给以足够的恢复时间。必要时，在治疗一段时间后，再次进行病原体检查，以判定疗效。

具体治疗中应严格掌握用药剂量，投药后详细观察动物表现，如若出现严重副作用，应及时解救；大批量驱虫治疗时，应先进行小规模试验；驱虫时应隔离动物，并把患病动物排泄物集中进行无害化处理。

第二篇

各 论

　　动物寄生虫病包括蠕虫病、原虫病和节肢动物病。蠕虫病包括吸虫病、线虫病、绦虫病和棘头虫病；节肢动物病包括由蜱螨和昆虫引起的疾病。其中，蠕虫为多细胞三胚层动物，多寄生于动物的消化道、肝、肺、肾和肌肉等处，故又称为"脏虫"，它包括吸虫、线虫、绦虫和棘头虫。各种蠕虫在主要生物学特性、流行特点等方面具有一些共性之处。蠕虫形态呈线状、叶状、带状，其共同特点为身体结构对称，缺真正肢体，全身覆以发达皮肤肌肉囊（皮肌囊），体表有口孔、生殖孔、排泄孔及附着器官等，内脏器官包藏在组织中或位于含腔液的体腔内，这种"体腔"称为原腔或假体腔。蠕虫形成了适应寄生的各种特性：首先，就其形态来说，如肠道寄生虫的身体多为长条形，以适应宿主窄而长的肠腔；某些蠕虫的消化器官退化（如吸虫类），甚至无消化器官（如绦虫类）。为适应寄生环境的需要，这些寄生虫产生了一些新的器官，如吸虫和绦虫的吸盘或吸沟。许多蠕虫的生殖系统特别发达。其次，就其生态来说，定居于消化道的蠕虫能分泌抗消化液素；某些蠕虫对宿主或宿主的某种组织或器官具有各种特殊的趋向性。蠕虫病按流行病学分为两大类：需要中间宿主的蠕虫所引起的疾病称为生物源性蠕虫病；不需要中间宿主的蠕虫所引起的疾病称为土源性蠕虫病。蠕虫病的流行也和其他传染病一样，必须具备三大因素：第一必须具有感染性的病源；第二必须有中间宿主或传播媒介或与感染性病源接触或摄取的机会；第三必须有易感的动物。三者缺一不可，否则不可能造成蠕虫病的流行。

第八章 吸虫病

动物吸虫病学是研究寄生于动物，主要是家畜体内吸虫类的形态学、生活史、流行病学、致病作用、临床表现、诊断、免疫学与防治措施的科学。吸虫种类繁多、分布广泛、危害严重，有些吸虫病还是人兽共患。因此，严重影响人类的健康和畜牧业生产。

第一节 吸虫的形态和生活史

吸虫属于扁形动物门吸虫纲，包括单殖吸虫、盾腹吸虫和复殖吸虫三大类。寄生于畜、禽的吸虫以复殖吸虫为主，本章将重点介绍。

一、吸虫的外部形态

复殖吸虫显示出吸虫的所有主要特征（图8-1）。虫体多呈背腹扁平，为叶状、舌状，有的近似圆形或圆锥状，大小在0.5~70mm。通常具有两个肌肉质的杯状吸盘，一个是环绕着口的口吸盘（oral sucker），另一个为虫体腹部某处的腹吸盘（ventral sucker）。腹吸盘的位置前后不定或缺少。生殖孔（genital pore）常位于腹吸盘的前缘或后缘处，排泄孔位于虫体的末后端。

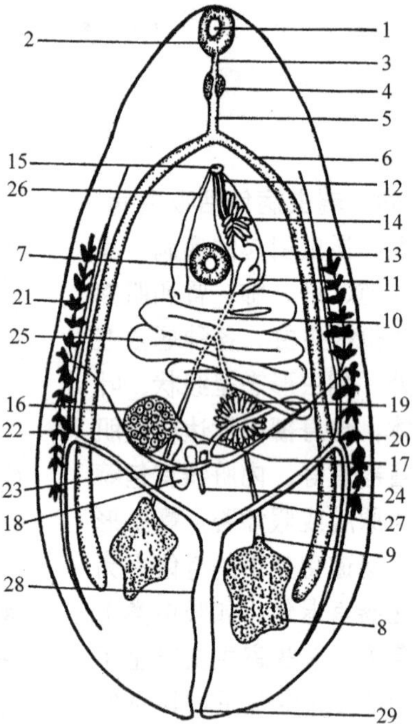

复殖吸虫通常区分为7种基本体形（图8-2）。

1）二（双）盘类（distome），是最常见的类型，虫体前端有一个环绕口孔的口吸盘，腹面某处（不是在后端）有一个腹吸盘。例如，肝片吸虫（*Fasciola hepatica*），为牛、羊肝脏的寄生虫。

2）对盘类（amphistome），是大而多肌肉的吸虫，有一个虫体前面的口吸盘和一个虫体后端的腹吸盘，又叫作后吸盘（posterior sucker）。例如，鹿同盘吸虫（*Paramphistomum cervi*），为反刍动物瘤胃的寄生虫。

3）单盘类（monostome），只有一个吸盘（常为口吸盘）或全无。例如，多变环腔吸虫（*Cyclocoelum mutabile*），为禽类气囊的寄生虫。

4）腹盘类（gasterostome），口位于虫体腹面中部，肠呈囊袋状。例如，多形牛首吸虫（*Bucephalus polymorphus*），为鱼类肠道的寄生虫。

5）分体（裂体）类（schistosome），虫体细长，雌雄异体，雄虫通常将雌虫抱在腹面的槽形沟[抱雌沟（gynecophoric canal）]内。例如，日本分体吸虫（*Schistosoma japonicum*），为人及牛的血管内寄生虫。

图8-1 复殖吸虫成虫形态构造

1. 口；2. 口吸盘；3. 前咽；4. 咽；5. 食道；6. 盲肠；7. 腹吸盘；8. 睾丸；9. 输出管；10. 输精管；11. 贮精囊；12. 雄茎；13. 雄茎囊；14. 前列腺；15. 生殖孔；16. 卵巢；17. 输卵管；18. 受精囊；19. 梅氏腺；20. 卵模；21. 卵黄腺；22. 卵黄管；23. 卵黄总管；24. 劳氏管；25. 子宫；26. 子宫颈；27. 排泄管；28. 排泄囊；29. 排泄孔

6）全盘类（holostome），体分前后两部分，体前半部含有口、腹两个吸盘，有时并有黏附器（adhesive organ）；体后半部含有生殖腺。例如，优美异幻吸虫（*Apatemon gracilis*），为鸭、鹅肠道的寄生虫。

7）棘口类（echinostome），基本是两盘类型，但具有冠（head crown）和头棘，腹吸盘与口吸盘相距甚近。例如，卷棘口吸虫（*Echinostoma revolutum*），为鸡、鸭、鹅等禽类肠道的寄生虫。

二、吸虫的内部器官

1. 体壁　无表皮（epidermis），体壁由皮层和肌层组成，又称皮肌囊。无体腔，囊内含有大量网状组织，叫作实质（parenchyma）。位于体表的表皮细胞胞质向深部延伸，形成合胞体层覆盖体表。其下为基质膜。皮层显示有代谢活性，含线粒体、杆状体、空泡和其他细胞器。有些种类的吸虫可在其体表看到装饰样的棘、结节或乳突（图8-3）。

肌肉层较发达，由三层构成：外层是环肌

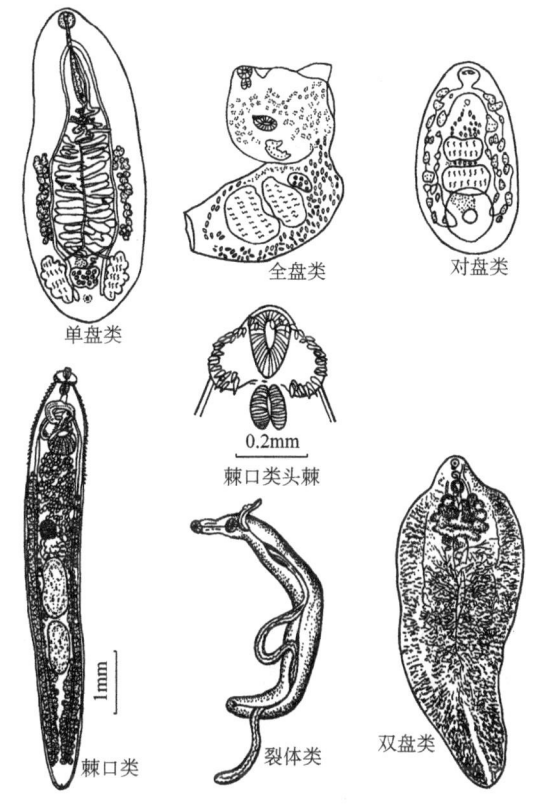

图8-2　复殖吸虫形态类型

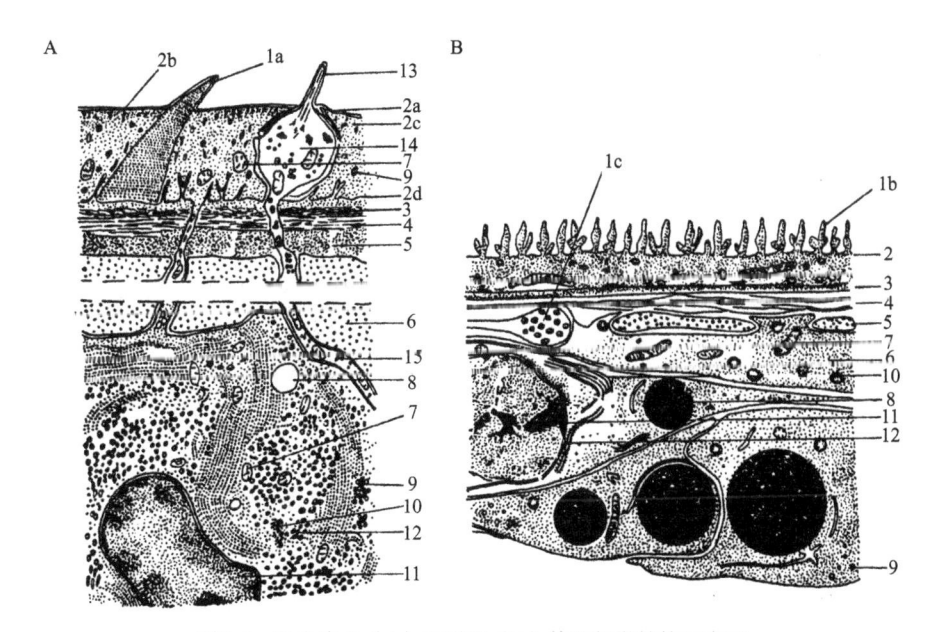

图8-3　吸虫成虫（A）和雷蚴（B）体壁超微结构示意图

1a. 体棘；1b. 微绒毛；1c. 胞饮囊；2. 角质层；2a. 颗粒层；2b. 外质膜；2c. 基质；2d. 基质膜；3. 基层；4. 环肌；
5. 纵肌；6. 实质细胞；7. 线粒体；8. 脂滴；9. 分泌小体；10. 高尔基体；11. 细胞核；12. 内质网；13. 感觉纤毛；
14. 感觉囊；15. 神经突

（circular muscle），中层为斜肌，内层为纵肌（longitudinal muscle）。此外，还有连接背腹两面的背腹肌和使吸盘产生吸着作用的吸盘肌。

实质由中胚层发展而来，是由许多细胞及纤维组成的网状体，其中细胞界限有的已消失，构成多核的合体细胞。在实质中有许多游走细胞，有的类似淋巴球，有的细胞内有发达的内质网、核糖体、吞噬体、线粒体和高尔基体，胞质中还有许多分泌小体。此外，部分吸虫还有腺细胞埋置在实质中，特别是在虫体前端与口吸盘附近，这些细胞多与口吸盘相联系。

2. 消化系统 一般包括口、前咽（prepharynx）、咽（pharynx）、食道和肠。口位于虫体的前端或稍后，由口吸盘围绕，前咽短小（有的没有）。无前咽时，口下即咽，呈球形，肌质构造，咽后接食道，有的咽也退化[同盘科（Paramphistomidae）]。食道下分两条肠管，位于虫体的两侧，向后延伸至体后部，有的食道已退化[短咽科（Brachylaemidae）]，在体后部两肠管末端封闭为盲肠，有的末端互相连接成环状，有的又合成一条，有的肠管有分支。食道的两侧常常有腺体，各有小管通过虫体前端。无肛门。未能被消化器官吸收的废物可以经口排出体外。

3. 排泄系统 由焰细胞（flame cell）、毛细管、前后集合管、排泄管、排泄囊（excretory vesicle）和排泄孔（excretory pore）等部分组成（图8-4）。焰细胞布满虫体的各部分，位于毛细管的末端，为凹形细胞，在凹入处有一束纤毛，纤毛颤动时很像火焰跳动，因而得名。复殖吸虫的排泄孔只有一个，位于虫体的后端。在吸虫的各幼虫期（毛蚴、胞蚴、雷蚴）都有一对靠近虫体后端的排泄孔；尾蚴的后端也有两个排泄孔，但在尾部生出后两个孔合二为一。排泄囊形状不一，呈现圆形、管形、"Y"形、"V"形等。焰细胞收集的排泄物，经毛细管、集合管集中到排泄囊，最后由排泄孔排出体外，排泄液含有尿素、尿酸和氨。排泄孔的括约肌控制孔的开闭。焰细胞的数目与排列在分类上具有重要意义，如歧腔吸虫的焰细胞数目公式为 $2[(2+2+2)+(2+2+2)]=24$。其中前头的2表示虫体的两侧，前面的（2+2+2）表示虫体前部的焰细胞数目，后面（2+2+2）表示虫体后部的焰细胞数目。这就说明歧腔吸虫每侧各有12个焰细胞，每侧又分前后两组各6个，每组又分为3个小组，每小组有焰细胞2个，总数为24个。

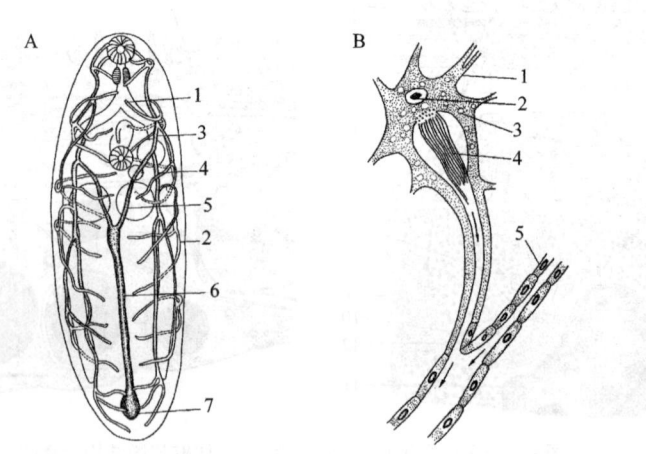

图8-4 复殖吸虫排泄系统

A. 复殖吸虫的排泄系统：1. 焰细胞；2. 毛细胞；3. 前集合管；4. 后集合管；5. 集合总管；6. 排泄囊；7. 排泄孔。
B. 焰细胞的详细结构：1. 胞突；2. 胞核；3. 胞质；4. 纤毛；5. 毛细管

4. 淋巴系统　单盘类及对盘类吸虫中有类似淋巴系统的构造（图8-5）。由两对、三对或四对纵管及其附属部分组成。纵管一方面和肠管有复杂的联系，另一方面又和口、腹吸盘及淋巴窦相接。通过虫体的伸缩，淋巴液被输送至各组织器官，如睾丸、卵巢等。管壁上有扁平的实质细胞，管内淋巴液中有浮游细胞，即可看作游离在淋巴液中的实质细胞。上述情况也可说明淋巴系统与营养物质的输送有极大的关系。在那些没有明确淋巴系统的吸虫中，实质间充满的液体代替了部分或全部淋巴系统的作用。

5. 神经系统　咽的两侧各有一个神经节，彼此有横索相连，相当于神经中枢（图8-6）。两神经节向前后各发出三对神经干，分布在虫体背腹和两侧。向后发出的神经干有几条横索相连。由神经干发出的神经末梢分布到口、腹吸盘和咽等器官。在皮层中有许多感觉器官，某些吸虫在其发育中的毛蚴和尾蚴时期就具有眼点，具备感觉器官的功能。

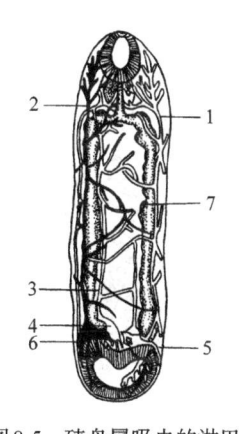

图8-5　殖盘属吸虫的淋巴系统
1. 背淋巴管；2. 腹淋巴管；3. 中淋巴管；4. 后中淋巴窦；5. 后背淋巴窦；6. 后腹淋巴窦；7. 盲肠

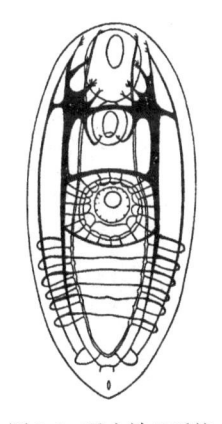

图8-6　吸虫神经系统

6. 生殖系统　吸虫生殖系统发达，除分体科为雌雄异体外，均为雌雄同体。

生殖孔均开口于生殖窦内，有的除口、腹吸盘外还有一个生殖吸盘（genital sucker），如异形吸虫科（Heterophyidae）。生殖孔常在口、腹吸盘之间的位置上（肝片吸虫），但也有在边缘［斯孔吸虫（*Skrjabinotrema*）］及背面［双穴吸虫（*Diplostomum*）］的。有些吸虫的生殖孔在口的一边［前殖吸虫（*Prosthogonimus*）］，另一些在腹吸盘的后面［后口吸虫（*Postharmostomum*）］。少数在虫体后端或靠近后端［异幻吸虫（*Apatemon*）］。

雄性生殖器官包括睾丸、输出管、输精管、贮精囊、射精管、雄茎、雄茎囊和前列腺等。吸虫通常有睾丸一对，每个睾丸有一条输出管，两条输出管合为一条输精管，输精管远端膨大构成贮精囊。贮精囊末端为雄茎。贮精囊和雄茎之间有前列腺。贮精囊、前列腺和雄茎由雄茎囊包围着。雄茎开口于生殖窦或生殖孔（图8-7）。

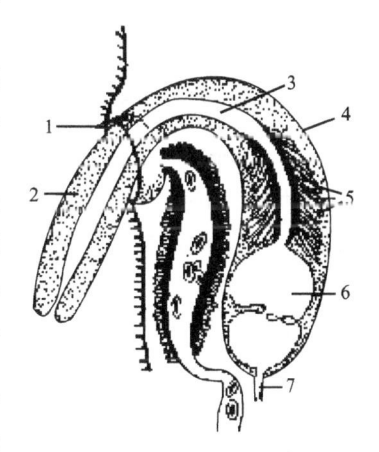

图8-7　复殖吸虫雄性生殖器官的末段构造
1. 生殖腔；2. 雄茎；3. 射精管；4. 雄茎囊；5. 前列腺；6. 贮精囊；7. 输精管

雌性生殖器官包括卵巢囊、输卵管、卵模（ootype）、受精囊、梅氏腺、卵黄腺及子宫。卵巢有的表面光滑（同盘吸虫），有的分叶（并殖吸虫），有的分支（片形吸虫）。卵巢的位置常偏于虫体一侧，由卵巢发出的管称为输卵管，先与受精囊相接，在此汇合处有一小管称为劳氏管（Laurer's canal），开口于虫体背部。有人认为劳氏管是一个退化的阴道。输卵管还与卵黄管相接。卵黄腺多在虫体的两侧，由左右两条卵黄管合为卵黄总管。其膨大处为卵黄囊。卵黄总管与输卵管汇合后的囊腔为卵模，其周边的腺体称为梅氏腺。卵模即子宫起点。子宫长短不一，向后方盘旋的子宫叫作降子宫支，向前方的叫作升子宫支，子宫到靠近生殖孔的一段，称为子宫的远端（metraterm），由肌肉组织构成，一般具有阴道的作用（图8-8）。吸虫卵形成过程如图8-9所示。

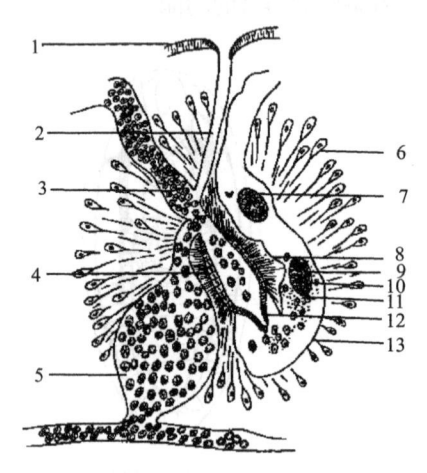

图8-8　复殖吸虫雌性生殖器官部分结构
1. 外角皮；2. 劳氏管；3. 输卵管；4. 梅氏腺分泌物；
5. 卵黄总管；6. 梅氏腺细胞；7. 卵；8. 卵模；9. 卵黄；
10. 卵的形成；11. 腺分泌物；12. 子宫瓣；13. 子宫

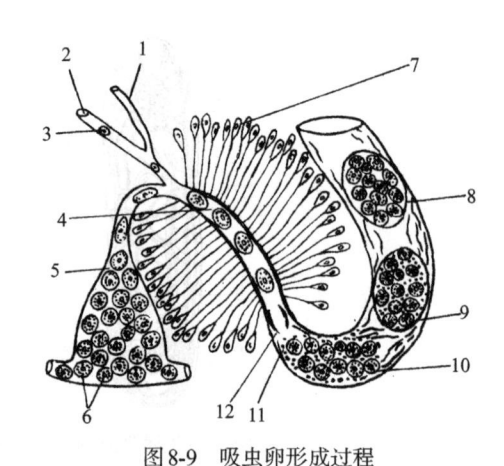

图8-9　吸虫卵形成过程
1. 劳氏管；2. 输卵管；3. 卵；4. 梅氏腺分泌物（厚壁）；5. 卵黄总管；6. 卵黄腺颗粒；7. 梅氏腺细胞；8. 形成的虫卵；9. 初形成的虫卵（卵壳较薄）；10. 小球状物；11. 精子；12. 子宫瓣

三、吸虫的生活史

1. 宿主　寄生于动物体内的复殖吸虫的生活史比较复杂，主要特征是需要更换宿主，根据虫种的不同，所需更换宿主的数目也不一样。有的只需一个中间宿主，如肝片吸虫，其中间宿主为椎实螺；有的需要两个中间宿主，第一中间宿主为淡水螺或陆地螺，第二中间宿主大多数为鱼、蛙、螺及昆虫等，如矛形歧腔吸虫（*Dicrocoelium lanceatum*）第一中间宿主为陆地螺，第二中间宿主为蚂蚁；有的吸虫在发育过程中需要两个以上中间宿主，如有翼翼形吸虫（*Alaria alata*）第一中间宿主为螺，第二中间宿主为蝌蚪，另外还需要蛇、蛙、鼠等作为第三中间宿主（囊蚴在其体内发育）。

2. 生活史　吸虫的发育过程经历虫卵、毛蚴、胞蚴、雷蚴、尾蚴和囊蚴各期（图8-10）。图8-11介绍畜禽常见吸虫生活史的5种类型。

1）虫卵（egg）。大多呈椭圆形或卵圆形，除分体科外都有卵盖，颜色为灰白、淡黄至棕色。卵在子宫内成熟后排出体外。有的吸虫卵在产出时仅含卵细胞和卵黄细胞；有的已有毛蚴；有的卵在子宫内已孵化；有的必须被中间宿主吞食后才孵化，但多数虫卵需在宿主体外

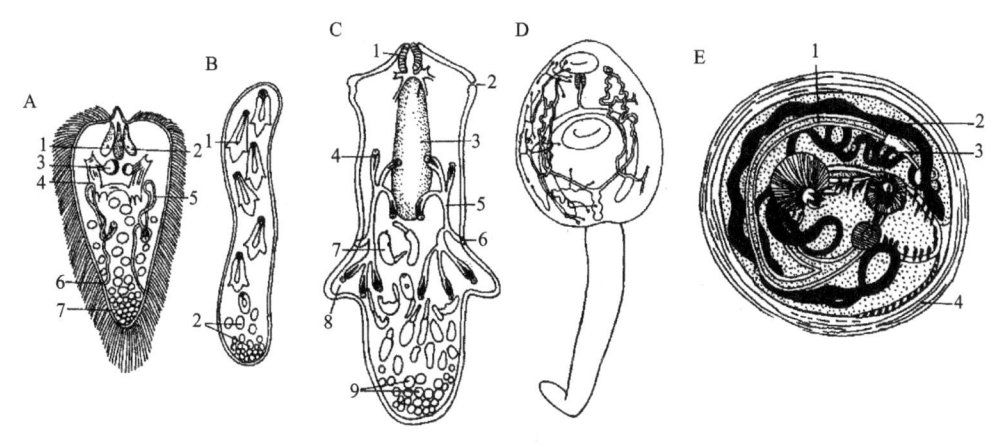

图 8-10 复殖吸虫的各期幼虫

A. 毛蚴：1. 头腺；2. 穿刺腺；3. 神经元；4. 神经中枢；5. 排泄管；6. 排泄孔；7. 胚细胞。
B. 胞蚴：1. 子雷蚴；2. 胚细胞。C. 雷蚴：1. 咽；2. 产孔；3. 肠管；4. 焰细胞；5. 排泄管；
6. 排泄孔；7. 尾蚴；8. 足突；9. 胚细胞。D. 尾蚴。E. 囊蚴：1. 盲肠；2, 3. 侧排泄管；4. 囊壁

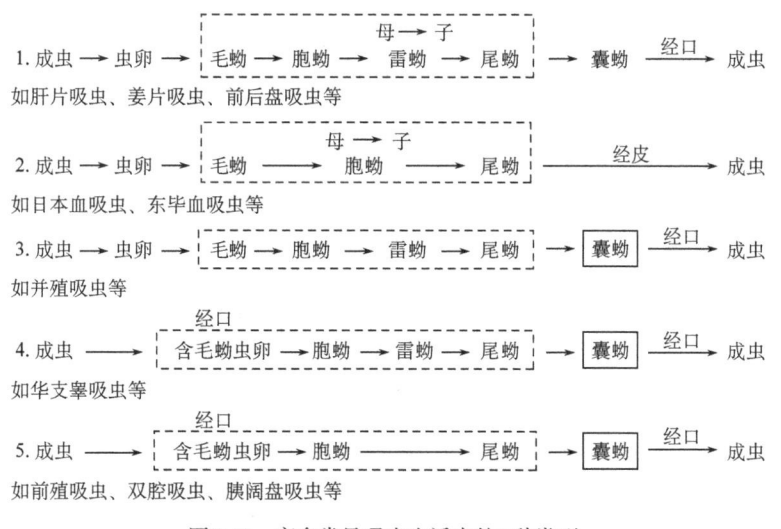

图 8-11 畜禽常见吸虫生活史的5种类型

虚线框表示在第一中间宿主体内的发育形态；实线框表示在第二中间宿主体内的发育形态

孵化。

2）毛蚴（miracidium）。毛蚴体形外观变化很大，运动时外形近于圆柱形，前部略有些圆，后端尖。不大活动时，外观近似等边三角形，外被纤毛，不食，前部宽，有头腺、一对眼点（eye spot）。在头部中心有一个向前突出的顶突（rostellum），或称头乳突。后端狭小，体内有简单的消化道和胚细胞及神经和排泄系统。排泄孔多为一对。毛蚴运动十分活泼，其寿命取决于食物贮存量（因其不食），一般在水中能存活1～2d。在此期内若能遇到适当的中间宿主螺，即利用其顶突腺，钻入螺体内，如触角、肉足或外套膜内，脱掉其被有纤毛的外膜层，移行到螺的淋巴管内，发育为胞蚴，逐渐移行至螺的肝脏（图8-12）。

3）胞蚴（sporocyst）。胞蚴呈囊状，能钻入螺组织深部，通过体壁从宿主组织吸取营养，营无性繁殖，内含胚细胞、胚团及简单的排泄器。胚团或发育成另一代胞蚴［子胞

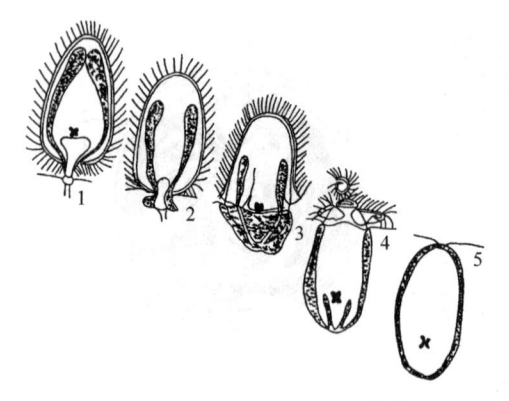

图8-12 毛蚴进入中间宿主螺体的过程
1. 毛蚴从顶腺挤出黏性物质；2. 侧腺挤出分泌物；
3. 毛蚴钻入侧腺分泌物，上皮板脱落；
4. 毛蚴被侧腺分泌物包裹，上皮板细胞脱落；
5. 毛蚴完全包裹在侧腺分泌物中，转化为胞蚴

（daughter sporocyst）]，或本身组织合成第三期幼虫——雷蚴。

4）雷蚴（redia）。雷蚴呈包囊状，有咽和一个袋状的盲肠，还有胚细胞和排泄器，有的雷蚴后方有一个产孔（birth pore）。在体长2/3处有一对后突起即运动器。雷蚴本身的胚细胞或形成第二代雷蚴［子雷蚴（daughter redia）]，或形成第四期幼虫——尾蚴。

5）尾蚴（cercaria）。尾蚴由体部和尾部构成，能在水中活跃地运动。体表常有小棘，有1~2个吸盘。消化道包括口、咽、食道和肠管，还有排泄器、神经元、分泌腺和尚未分化的原始生殖器官，尾蚴从螺体内逸出，在水中游动并能在某些物体上结囊形成囊蚴；或进入第二中间宿主体内发育为囊蚴；或尾蚴直接钻入终宿主皮肤，脱去尾部，移行于寄生部位，发育为成虫。

6）囊蚴（metacercaria）。尾蚴脱去尾部而形成包囊进而发育成为囊蚴。囊蚴呈圆形或卵圆形。体表有小棘，有口、腹吸盘，口、咽，肠管和排泄囊等构造。生殖系统的发育有的只有简单的生殖原基细胞，有的有完整的雌、雄性器官。囊蚴通过附着物或第二中间宿主进入终宿主体内，在消化道破囊而出，经过移行到达其寄生部位，发育为成虫（有些吸虫没有囊蚴阶段，尾蚴直接钻入终宿主皮肤，移行至寄生部位，发育为成虫）。

第二节　片形科吸虫病

一、片形吸虫病（肝蛭病）

片形吸虫病是由片形科（Fasciolidae）片形属（Fasciola）的肝片吸虫（Fasciola hepatica）和大片吸虫（F. gigantica）寄生于牛、羊、鹿、骆驼等反刍动物的肝脏胆管中所引起，猪、马属动物及一些野生动物也可寄生，但较为少见，也有人感染的报道。本虫能引起肝炎和胆管炎，并伴有全身性中毒现象和营养障碍，危害相当严重，尤其对幼畜和绵羊，可引起大批死亡。在其慢性病程中，可使动物瘦弱，发育障碍，耕牛使役能力下降，乳牛产奶量减少，毛、肉产量减少和质量下降，给畜牧业经济带来巨大损失。

病原形态

（1）肝片吸虫　虫体背腹扁平如榆树叶状（图8-13），新鲜虫体呈棕红色，其大小随发育程度不同差别很大，一般成熟的虫体长20~30mm，宽10~13mm，体表前端有小棘，后部光滑。虫体前部较后部宽，前端为短锥形，锥底突然变宽，呈双肩样突出。口吸盘位于虫体的前端，直径约1.0mm，腹吸盘在双肩样突出的中部，直径约1.8mm，与口吸盘相距很近。具有咽和短的食道，下接两条具有盲端的肠干，每条肠干又分出很多侧支。雄性生殖器官以两组位于体中部前后纵列的分支状睾丸为特征。输精管通入雄茎囊，其末端即雄茎，开口于腹吸盘前方的生殖孔，肉眼可见。雌性生殖器官以位于腹吸盘下方右侧呈鹿角状的卵巢

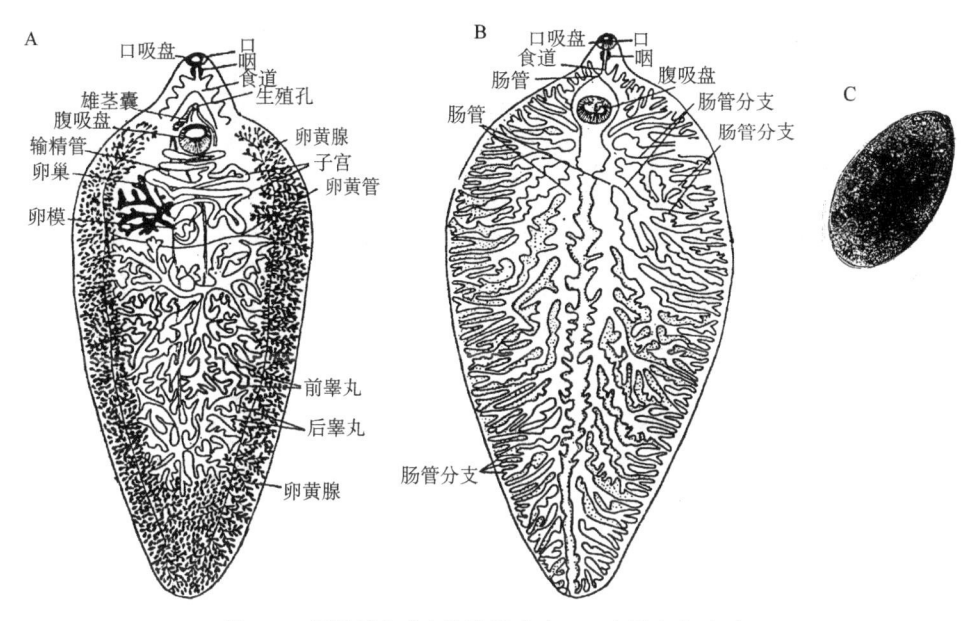

图8-13 肝片吸虫成虫构造模式（A、B）及虫卵（C）

为特征。卵模显著，位于睾丸前方虫体中线上。卵模与腹吸盘之间为盘曲的子宫，内含虫卵。无受精囊。卵黄腺由许多点状小滤泡组成，布满于虫体的两侧，卵黄管左右横向汇合于卵模下方，形成卵黄总管，即卵黄囊，然后再通向卵模。

虫卵椭圆形，金黄色。卵壳较薄、透明。长107～158μm，宽70～100μm，前端较窄，有一个不明显的卵盖（观察时在标本上滴加少许氢氧化钾，即能清楚地看到卵盖），后端较钝，卵内充满卵黄细胞（中部常较稠密）和一个常偏于前端的卵胚细胞。

（2）大片吸虫　　大片吸虫体形较大，长25～75mm，宽12mm。虫体两侧缘较平行，肩部不明显。后端钝圆。虫卵较肝片吸虫大，长144～208μm，宽70～109μm。

生活史　　片形吸虫的发育需要淡水螺作为它的中间宿主。肝片吸虫的主要中间宿主为小土窝螺（*Galba pervia*），还有斯氏萝卜螺（*Radix swinhoei*）（图8-14）。大片吸虫的主要中间宿主为耳萝卜螺（*R. auricularia*），不少地区证实小土窝螺也可作为其中间宿主。可见，在我国片形吸虫的主要中间宿主是分布极其广泛的小土窝螺。

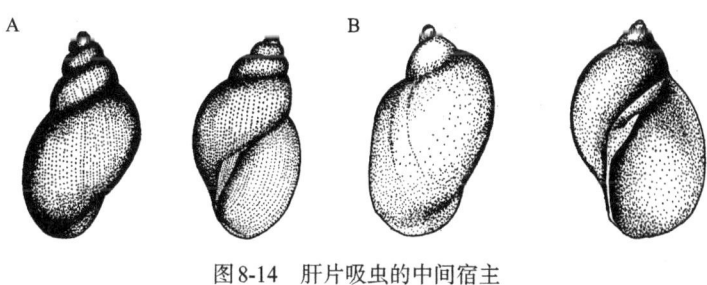

图8-14 肝片吸虫的中间宿主
A. 小土窝螺；B. 斯氏萝卜螺

成虫寄生于动物肝脏胆管内，产出的虫卵随胆汁入肠腔，经粪便排出体外（图8-15）。虫卵在适宜的温度（25～26℃）、氧气、水分及光线条件下，经11～12d孵出毛蚴。毛蚴游动

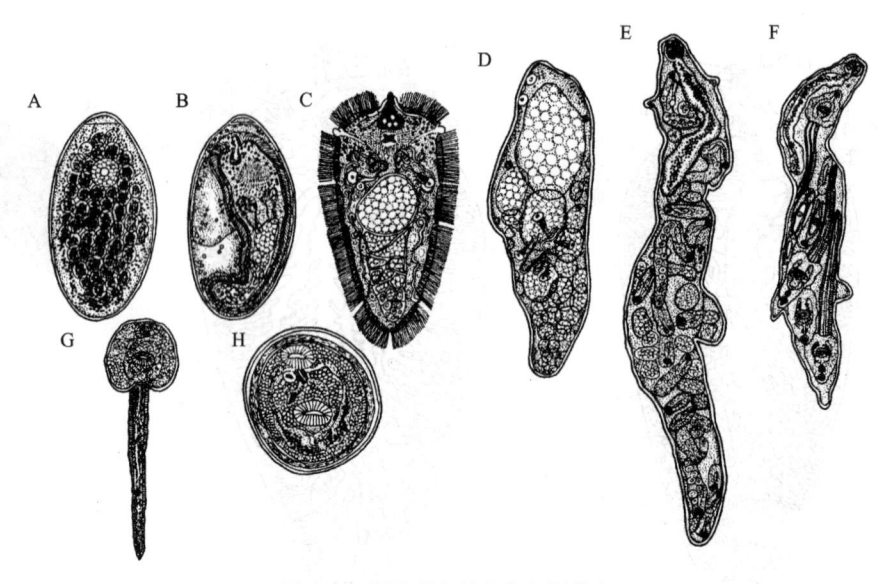

图8-15 肝片吸虫的卵和各期幼虫

A. 虫卵；B. 含毛蚴的虫卵；C. 毛蚴；D. 胞蚴；E. 母雷蚴；F. 子雷蚴；G. 尾蚴；H. 囊蚴

于水中，遇到适宜的中间宿主如淡水螺，即钻入其体内。毛蚴在外界环境中，通常只能生存6～36h，如遇不到适宜的中间宿主则渐次死亡。毛蚴在螺体内，经无性繁殖发育为胞蚴、雷蚴和尾蚴几个发育阶段。其发育期的长短与外界温度、湿度、营养条件有关，如温度适宜，在22～28℃需经35～38d从螺体逸出尾蚴；但条件不适宜，则发育为两代雷蚴，在螺体发育的时间更长。侵入螺体体内的一个毛蚴，经无性繁殖，最后可产生数百个尾蚴。尾蚴游动于水中，经3～5min便脱掉尾部，以其成囊细胞的分泌物覆盖体部，黏附于水生植物的茎叶上或浮游于水中而成囊蚴。牛、羊吞食了含囊蚴的水或草而遭受感染。囊蚴于动物的十二指肠脱囊而出，童虫穿过肠壁进入腹腔，后经肝包膜钻入肝脏。在肝实质中的童虫，经移行后到达胆管，发育为成虫。也有人认为童虫也可经肠系膜或经总胆管而进入肝脏。潜隐期需2～3个月。成虫以红细胞为营养，在动物体内可存活3～5年（图8-16）。

毛蚴：形似舌状，前端较宽，向后渐变窄，前端有一吻突，体表有左右对称的表皮细胞5对，由此长出纤毛，借纤毛的摆动于水中迅速游动。

胞蚴：毛蚴感染螺体后，脱掉纤毛，3～5d发育成胞蚴，呈圆形或椭圆形，体内有大小不等的胚球，灰白色，半透明，有6个焰细胞。

雷蚴：感染螺体后10～30d可见雷蚴，一个胞蚴体内含5～15个雷蚴。雷蚴长1～2mm，具有口、咽和盲肠。肠内含有褐色或淡黄色的食物颗粒。咽后方有一领状物突出体表，后端1/3处有1对左右对称的足突。咽附近有产孔，外界条件不适宜时，则发育为子雷蚴。体内含有胚球和不倒翁状的尾蚴雏形。感染后30d，螺肝脏中的雷蚴体内已有成熟的尾蚴。

尾蚴：自雷蚴产孔逸出，形似蝌蚪，灰白色，半透明，由体部和尾部组成。体部前有口吸盘，口下为咽和食道，再接两条盲肠，肠管两侧有许多屈光性的小颗粒，体侧有暗褐色的成囊细胞。体长0.268mm×0.261mm，尾部平均长为0.802mm。尾部做左右旋转摆动，游动极为活泼，由成囊细胞分泌黏液将虫体包被起来，尾部脱落，形成囊蚴。

囊蚴：对终宿主具有感染性，新鲜时为白色，后来变为灰褐色，近似圆形，直径为0.25mm，不透明。蚴体有口、腹吸盘、咽、食道及两条盲肠并有屈光性小颗粒。

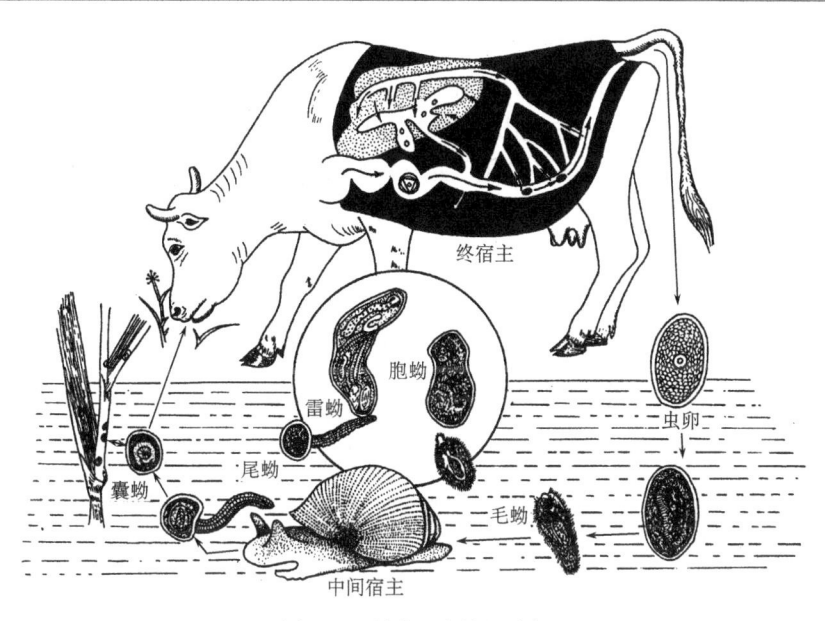

图8-16 肝片吸虫的生活史

流行病学 肝片吸虫为世界性分布,是我国分布最广泛、危害最严重的寄生虫之一。遍及31个省(自治区、直辖市),但多呈地区性流行。大片吸虫主要分布于热带和亚热带地区,在我国多见于南方各省(自治区、直辖市)。

肝片吸虫的宿主范围较广,主要寄生于黄牛、水牛、牦牛、绵羊、山羊、鹿、骆驼等反刍动物,猪、马、驴、兔及一些野生动物也可感染,但较少见,人也有感染的报道。实验动物以大鼠最易感染。患畜和带虫者不断地向外界排出大量虫卵,污染环境,成为本病的感染源。动物长时间停留在狭小而潮湿的牧地时最易遭受严重的感染。舍饲的动物也可因食用从低洼、潮湿的牧地割来的牧草而受感染。

温度、水和淡水螺是片形吸虫病流行的重要因素。虫卵的发育、毛蚴和尾蚴的游动及淡水螺的存活与繁殖都与温度和水有直接关系。因此,肝片吸虫病的发生和流行及其季节动态与各地区的地理气候条件密切相关。试验证明,虫卵在12℃时停止发育,13℃时即可发育,但需经59d才能孵出毛蚴。虫卵发育最适宜的温度是25~30℃,经8~12d即可孵出毛蚴。虫卵对高温和干燥敏感,40~50℃时几分钟内死亡,在完全干燥的环境中迅速死亡。虫卵对低温的抵抗力较强,在冰箱中(2~4℃)放置水里17个月仍有60%以上的孵化率,但结冰后很快死亡。虫卵在结冰的冬季是不能越冬的。含毛蚴的虫卵在新鲜水和光线的刺激下可大量孵出毛蚴。

尾蚴在9℃时不能逸出螺体,27~29℃尾蚴大量逸出,33℃又停止逸出。囊蚴对外界因素的抵抗力较强,在潮湿的环境中可存活数月。但对干燥和阳光的直射最敏感,如在干燥的环境中,25~32℃下放置72h,或在阳光直射下,2~3h即失去感染力。

因此,在气候适宜和中间宿主存在(低洼地水稻田、缓流水渠、沼泽草地和湖滩地均适于螺的生长繁殖)的情况下,在夏秋季节,牛羊放牧中极易感染片形吸虫病。

虽然在患肝片吸虫病的绵羊血清中极易检出循环抗体,但在自然条件下,绵羊对肝片吸虫的再感染并不表现出明显的免疫反应,如当绵羊肝片吸虫病暴发时,通常也包括那些过去曾感染过肝片吸虫的成年羊;与此相反,在犊牛虽也发生,但却能逐渐发展获得性免疫力,使初次感染的虫体寿命缩短，再感染者中，虫体移行速度减慢，最终可减少寄生的数目。因此，在流行区里，成年牛因有获得性免疫力，症状并不明显，而绵羊包括成年羊却大批死亡。

致病作用　　在终宿主小肠内逸出的囊蚴，自钻入肠壁起至进入胆管寄生的过程中，随寄生部位的变更和虫体的发育，对宿主可产生一系列致病作用而引起机体种种病理性改变。

早期童虫在穿过肠壁各层进入腹腔的过程中，不断破坏组织并以组织为食。在虫道中留有出血灶，并为细胞残片所填充。

童虫在肝脏实质中移行时以肝细胞为食。破坏肝组织，同时破坏微血管，引起出血，因而宿主发生创伤性出血性肝炎及肝实质梗塞。当感染强度甚高，达数千个虫体时，宿主往往在此时期发生急性死亡。

虫体多数寄生时能阻塞胆管，使胆汁淤滞引起黄疸。虫体体表的小棘及其排泄物具有毒素，刺激胆管壁，引起管壁及周围组织发炎，管壁增生、肥厚，乃至扩张。

毒素作用一种是新陈代谢毒，一种是分泌毒，其内含有大量能分解蛋白质、脂肪和糖类的酶，可使宿主发生体温升高、白细胞增多、贫血，以及扰乱中枢神经系统的全身性中毒现象。胆汁淤滞后的分解物又能加剧中毒作用。毒素具有溶血作用，当侵害血管时，使管壁通透性增高，血液中的液体成分增多更易于渗出，从而发生稀血症和水肿。

幼虫自肠管移行到胆管时，可从肠道携带各种细菌，如大肠杆菌等，往往在肝脏及其他脏器中形成脓肿。当被带入的细菌在胆道中繁殖时，可加剧其中毒现象及其他疾病的病程，如使结核病牛的病情恶化，甚至引起死亡。

肝片吸虫以血液、胆汁和细胞为其营养，为慢性病例营养障碍、贫血、消瘦的原因之一。

症状　　轻度感染往往不表现症状。感染数量多时（牛约250条成虫，羊约50条成虫）则表现症状，但幼畜即使轻度感染也可能表现症状。临床上一般可分为急性型和慢性型两种。

羊：绵羊最敏感，最常发生，死亡率也高。

急性型（童虫移行期）：在短时间内吞食大量（2000个以上）囊蚴后2～6周发病。多发于夏末、秋季及初冬季节，病势猛，使患畜突然倒毙。一般病初表现体温升高，精神沉郁，食欲减退，衰弱易疲劳，离群落后，迅速发生贫血，叩诊肝区半浊音界扩大，压痛敏感，腹水，严重者在几天内死亡。

慢性型（成虫胆管寄生期）：吞食中等量（200～500个）囊蚴后4～5个月发生，多见于冬末春初季节，此类型较多见，其特点是逐渐消瘦、贫血和低白蛋白血症，导致患畜高度消瘦，黏膜苍白，被毛粗乱、易脱落，眼睑、颌下及胸下水肿，腹水增多，母羊乳汁稀薄、妊娠羊往往流产，终因恶性病质而死亡。有的可拖延至次年天气转暖，饲料改善后逐步恢复。

牛：多呈慢性经过，犊牛症状明显，成年牛一般不明显。如果感染严重，营养状况欠佳，也可能引起死亡。患畜逐渐消瘦、被毛粗乱、易脱落，食欲减退，反刍异常，继而出现周期性瘤胃膨胀或前胃弛缓，下痢，贫血，水肿，母牛不孕或流产。乳牛产乳量下降，质量差，如不及时治疗，可因恶病质而死亡。

病理变化　　病理解剖变化主要呈现在肝脏，其变化程度与感染虫体强度及病程长短有关。在原发性大量感染，取急性死亡经过的病例中，可见到急性肝炎和大出血后的贫血现象。肝肿大，包膜有纤维素沉积，有2～5mm长的暗红色虫道。虫道内有凝固的血液和很小的童虫。腹腔中有血色的液体，有腹膜炎病变。

慢性病例（病程2～3个月后）主要呈现慢性增生性肝炎，在被破坏的肝组织形成瘢痕性的淡灰白色条索，肝实质萎缩、褪色、变硬，边缘钝圆，小叶间结缔组织增生，胆管肥厚，扩张呈绳索样突出于肝表面。胆管内壁粗糙而坚实，内含大量血性黏液和虫体及黑褐色或黄褐色的块状、粒状磷酸盐结石（俗称的牛黄）。

轻度寄生的病例，胆管变化不显著，但多呈慢性卡他性胆管炎和间质性肝炎，胆管内有虫体寄生。

据研究测定，胆管中有肝片吸虫寄生时，胆汁中脯氨酸的浓度可增加万倍以上。因此大量脯氨酸在胆管中积聚，是诱发胆管上皮大量增生的重要原因。

病尸消瘦贫血，肌肉多汁而松软，呈淡灰色，胸腹腔及心包内蓄积较多的透明渗出液。有时在肺组织内可找到虫体所致的结节，内含暗褐色半液状物质或有1~2条虫体。

诊断 根据临床症状、流行病学资料、粪便检查发现虫卵和死后剖检发现虫体等进行综合判定，不难确诊。但仅见少数虫卵而无症状出现，只能视为"带虫现象"。粪便检查虫卵，可用水洗沉淀法或锦纶筛兜集卵法，虫卵易于识别。

对羊的急性型片形吸虫病的诊断应以解剖检查为主，把肝脏切碎，在水中挤压后淘洗，可找到大量童虫，以做出诊断。

近年来使用免疫学诊断方法如做眼或皮内反应、补体结合反应、对流电泳、间接血凝、酶标记等进行实验性诊断，取得了一定成绩。

治疗 治疗肝片吸虫病时，不仅要进行驱虫，还应该注意对症治疗。治疗的药物较多，各地可根据药源和具体情况加以选用。

（1）硫双二氯酚（Bithionol、Bitin、别丁）　对畜禽的多种吸虫和绦虫有驱除作用，为目前较为理想的广谱驱虫药。4个月以下羔羊和有消化道疾病或其他严重疾病的牛羊不宜使用此驱虫药。

（2）丙硫苯咪唑（Albendazole）　不仅对成虫有效，对童虫也有一定的功效。

（3）硝氯酚（Niclofolan，拜耳9015）　适用于慢性病例，对童虫无效。

（4）碘醚柳胺（Rafoxanide，重碘柳胺）　可杀灭99%以上的肝片吸虫成虫和98%的6周龄童虫，还可以杀灭50%以上的4周龄童虫。本药还可驱除90%以上的捻转胃虫的成虫和6日龄以上的幼虫，可以杀灭98%以上的羊鼻蝇各期幼虫，对矛形歧腔吸虫也有一定的效果。

（5）氯氰碘柳胺钠（Closantel sodium，佳灵三特，富基华）　对肝片吸虫成虫效果较好。

（6）双乙酰胺苯氧醚（Diamphenethide，Coriban）　对肝片吸虫童虫有高效，而对成虫只有70%以下的杀灭作用，是一种预防羊肝片吸虫病的有效药物。由于本品对10周龄以上虫体作用极差，可间隔8周再用药一次，或与碘醚柳胺等其他肝片吸虫药并用。

（7）三氯苯唑（Triclabendazole，Fasinex，肝蛭净）　对肝片吸虫成虫效果较好。

（8）溴酚磷　对肝片吸虫成虫效果较好。

预防 应根据流行病学特点，采取综合防治措施。

（1）定期驱虫　驱虫的时间和次数可根据流行区的具体情况而定。在我国北方地区，每年应进行两次驱虫：一次在冬季，另一次在春季。南方因终年放牧，每年可进行三次驱虫。急性病例可随时驱虫。在同一牧地放牧的动物最好同时都驱虫，尽量减少感染源。

家畜的粪便，特别是驱虫后的粪便应堆积发酵产热而杀死虫卵。

（2）消灭中间宿主　灭螺是预防片形吸虫病的重要措施。可结合农田水利建设、草场改良、填平无用的低洼水潭等措施，改变螺的滋生条件。此外，还可用化学药物灭螺，如施用1:50 000的硫酸铜、2.5mg/L的血防67及20%的氯水均可达到灭螺的效果。如牧地面积不大，也可饲养家鸭，消灭中间宿主。

（3）加强饲养卫生管理　　选择在高燥处放牧，动物的饮水最好用自来水、井水或流动的河水，并保持水源清洁，以防感染。从流行区运来的牧草须经处理后，再饲喂舍饲的动物。

二、姜片吸虫病

姜片吸虫病是由片形科的布氏姜片吸虫（*Fasciolopsis buski*）寄生于猪和人的十二指肠所引起，主要分布于亚洲的热带和亚热带地区，如中国、越南、老挝、柬埔寨、泰国、缅甸、马来西亚、孟加拉国、印度、印度尼西亚和菲律宾等国。在我国主要流行于长江以南诸省（自治区、直辖市），如江苏、浙江、福建、安徽、江西、云南、上海、湖北、湖南、广东、广西、云南、贵州、四川和台湾。长江以北的山东、河南、河北、陕西和甘肃等地也有发生，是影响幼猪生长发育和儿童健康的一种重要人兽共患寄生虫病。

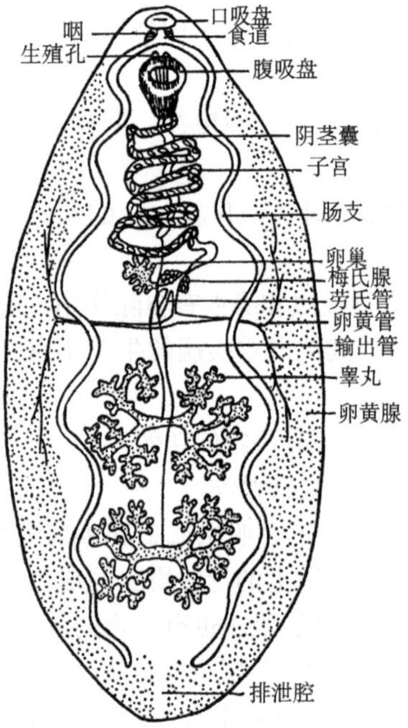

病原形态　　新鲜虫体为肉红色，固定后变为灰白色，虫体大而肥厚，是吸虫类中最大的一种，形似斜切的姜片，故称为姜片吸虫（图8-17）。成虫长20～75mm，宽8～20mm。体表被有小棘，易脱落。口吸盘位于虫体前端，腹吸盘强大，与口吸盘相距较近。两条盲管呈波浪状弯曲，不分支，伸达体后端。睾丸两个，分支，前后排列于虫体后部的中央，两条输出管合并为一条输精管，膨大为贮精囊，雄茎囊发达，生殖孔开口于腹吸盘的前方。卵巢一个，分支，位于虫体中部而稍偏后方。卵模位于睾丸之前，周围为梅氏腺。输卵管和卵黄腺总管均与卵模相通。卵黄腺分布在虫体的两侧。无受精囊。子宫弯曲在虫体的两侧，内含虫卵。

虫卵呈淡黄色，卵圆形或椭圆形，卵壳薄，大小为（130～150）μm×（85～97）μm。有卵盖，内含一个卵细胞，呈灰色，卵黄细胞有30～50个，致密而互相重叠，每个卵黄细胞内含有5～10个小的油质颗粒（图8-18）。

图8-17　姜片吸虫成虫结构模式

生活史　　姜片吸虫需要一个中间宿主——扁卷螺（图8-19），并以水生植物为媒介物完成其发育史。虫卵随粪便排出，落入水中，在26～30℃下，经2～4周毛蚴孵出，游出水中，可存活54～68h。毛蚴遇到扁卷螺即侵入螺体，经淋巴间隙移行入肺囊中，营无性繁殖，8d后形成胞蚴，其体内的胚团经8～18d后形成母雷蚴，然后离开胞蚴。母雷蚴体内的胚团再发育成若干子雷蚴，然后每个子雷蚴体内发育成3～8个尾蚴。当气温为22～33℃时大量尾蚴自螺体逸出，在水中活泼游动，如遇水生植物——水浮莲、水葫芦、浮萍、茭白、菱角、荸荠等，借其口腹吸盘附在其上，尾部脱落形成囊蚴。囊蚴呈黄灰色，大小为216μm×187μm，内含幼虫。对外界环境抵抗力强，在湿润情况下（5℃）可存活一年，但干燥则易死亡。当用上述水生植物给猪生吃时，大量囊蚴即可进入猪体，经胆汁、肠液消化后，童虫逸出吸附于肠黏膜发育为成虫。毛蚴进入螺体形成囊蚴，平均需49d；自囊蚴进入猪体至发育为成虫一般90～103d。成虫寿命9～13个月（图8-20）。

第八章 吸虫病

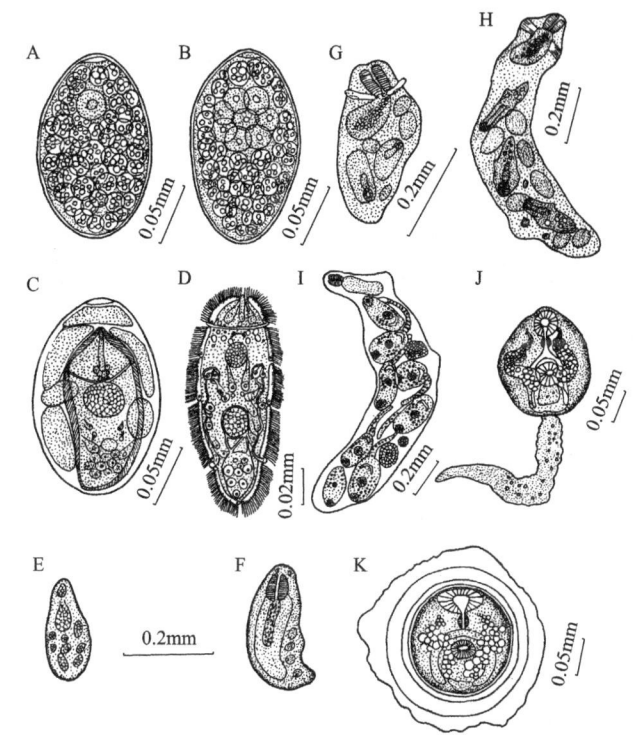

图8-18 姜片吸虫的虫卵及各期幼虫

A. 虫卵；B. 发育的虫卵；C. 含毛蚴的虫卵；D. 毛蚴；E. 未成熟的胞蚴；
F. 胞蚴；G. 未成熟的母雷蚴；H. 母雷蚴；I. 子雷蚴；J. 尾蚴；K. 囊蚴

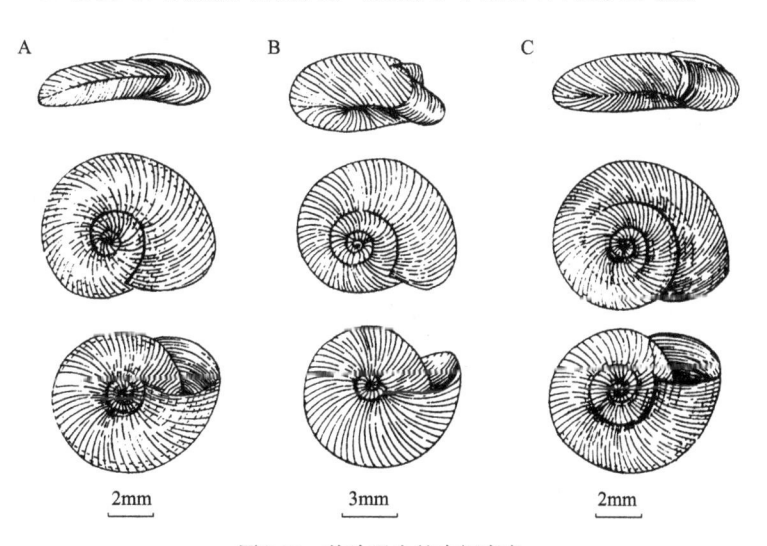

图8-19 姜片吸虫的中间宿主

A. 尖口圆扁螺；B. 半球多脉扁螺；C. 凸旋螺

在我国，姜片吸虫的中间宿主有凸旋螺（Gyraulus convexiusculus）、大脐圆扁螺（Hippeutis umbilicalis）、尖口圆扁螺（H. cantori）及半球多脉扁螺（Polypylis hemisphaerula），其中以尖口圆扁螺和半球多脉扁螺分布较广，感染率也高。它们均滋生于有水生植物的池塘内，扁卷螺适应性强，分布广，栖息于静水塘中，很少在流水和深水中。

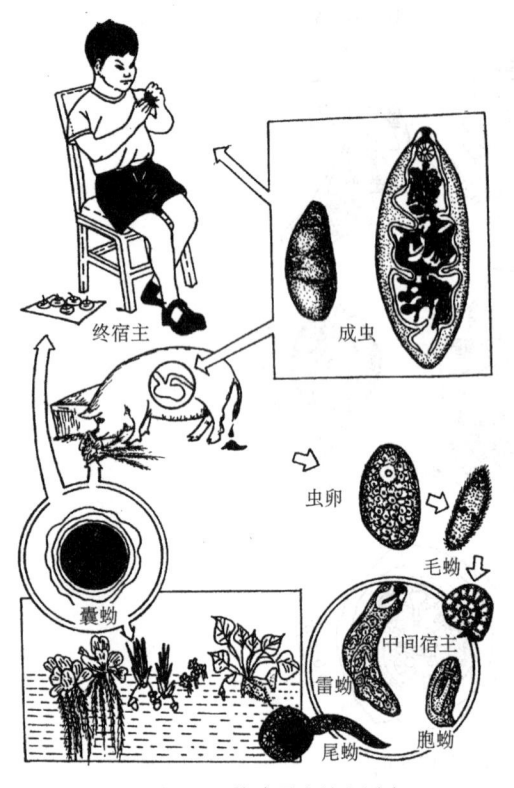

图8-20 姜片吸虫的生活史

流行病学 姜片吸虫病是地方性流行病，主要传染来源是病猪和人。凡以猪、人粪当作主要肥料给水生植物施肥；以水生植物直接给猪生吃；池塘内扁卷螺滋生并有带虫的猪和人之处，往往易引起流行。在我国南方诸省（自治区、直辖市），大都习惯用生的水生植物养猪；人，尤其儿童又习惯生食菱角和荸荠，因此本病曾流行较为普遍。在流行区内，猪饮喂生水也可感染。每年5～7月本病开始流行，6～9月是感染的最高峰，5～10月是姜片吸虫病的流行季节。猪一般在秋季发病的较多，也有延至冬季的。本病主要危害仔猪，以5～8月龄感染率最高，以后随年龄增长感染率下降。据资料，纯种猪较本地种和杂种猪的感染率要高。

致病作用 虫体以强大的吸盘吸附在宿主的肠黏膜上，使黏膜发生充血，肿胀，黏液分泌增加，引起肠黏膜炎症。由于虫体较大，感染强度高时可机械地堵塞肠道，影响消化和吸收，严重的可导致肠破裂而死亡。虫体吸取大量养料，使病畜生长发育迟缓，呈现贫血、消瘦和营养不良现象。饲养差的猪群，症状更为严重。虫体的代谢产物被动物吸收后，可使动物发生贫血，水肿，嗜酸性粒细胞增多，嗜中性粒细胞减少，动物抵抗力大大降低，常常引起虚脱或并发其他疾病而死亡。

症状 病猪表现贫血，眼结膜苍白，水肿，尤其眼睑和腹部较为明显。消瘦，生长发育缓慢，食欲减退，消化不良，腹痛，腹泻，皮毛干燥，无光泽。到后期体温微高，最后虚脱死亡。

诊断 在流行区，除根据临床症状和流行病学资料分析外，还应对病猪做粪便检查，可用直接涂片法和反复沉淀法，检获虫卵便可确诊。

治疗 姜片吸虫病的治疗药物比较常用而疗效又较好的有下列几种：硫双二氯酚（Bithionol，Bitin）、硝硫氰胺（Amoscanate，7505）、硝硫氰醚（Nitroscanate）和吡喹酮（Praziquantel Droncit）等。

预防 根据姜片吸虫病的流行特点，采取综合性防治措施。

（1）定期驱虫 在流行区，每年应在春、秋两季进行定期驱虫。

（2）加强粪便管理 每天清扫猪舍粪便，堆积发酵，经生物热处理后，方可用作肥料。

（3）消灭中间宿主扁卷螺 可以干燥灭螺，也可以用灭螺剂杀螺，如用硫酸铜、生石灰等。还可饲养水禽进行灭螺。

（4）加强猪的饲养管理 勿放猪到池塘自由采食水生植物，改变生食水生植物及饮生水的习惯，水生植物要经过无害化处理后再喂猪。

第三节 前后盘吸虫病

前后盘吸虫病是由前后盘科（Paramphistomatidae）的各属吸虫包括前后盘属（Paramphistomum）、殖盘属（Cotylophoron）、腹袋属（Gastrothylax）、菲策属（Fischoederius）及长妙属（Carmyerius）等的成虫寄生于牛、羊等反刍动物的瘤胃和胆管壁上，童虫在移行过程中寄生在真胃、小肠、胆管和胆囊所引起。一般成虫的危害不甚严重，但如果大量童虫在移行过程中寄生在真胃、小肠、胆管和胆囊时，可引起严重的疾患，甚至发生大批死亡。

前后盘吸虫的分布遍及全国各地，在南方的牛只都有不同程度的感染，其感染率和感染强度往往很高，有的虫体数可达万个以上。

前后盘吸虫的种类繁多，虫体的大小、颜色、形状及内部构造均因种类不同而有差异。现以鹿前后盘吸虫（Paramphistomum cervi）为代表加以叙述。

病原形态 鹿前后盘吸虫呈圆锥形或纺锤形，乳白色，（8.8～9.6）mm×（4.0～4.4）mm，虫体稍向腹面弯曲。口吸盘位于虫体前端，腹吸盘位于虫体亚末端，一般比口吸盘大2.5～8倍。缺咽。肠支甚长，伸达腹吸盘边缘。睾丸两个，呈横椭圆形，前后排列于虫体的中后部。卵巢呈圆形，位于睾丸后侧缘，子宫弯曲，内充满虫卵。卵黄腺呈颗粒状，分布于虫体的两侧，从食道末端直达腹吸盘。生殖孔开口于肠管分叉处（图8-21）。

虫卵椭圆形，淡灰色，卵黄细胞不充满整个虫卵，大小为（125～132）μm×（70～80）μm。

生活史 前后盘吸虫的发育史与肝片吸虫相似。成虫在终宿主的瘤胃内产卵，后随粪便排出体外（图8-22）。虫卵在适宜的环境条件下孵出毛蚴。毛蚴于水中遇到适宜的中间宿主扁卷螺即钻入其体内，发育为胞蚴、雷蚴和尾蚴。尾蚴离开螺体后，附着在水草上形成囊蚴。牛、羊等吞食了含囊蚴的水草而遭感染。囊蚴在肠道逸出为童虫。童虫在附着瘤胃黏膜之前先在小肠、胆管、胆囊和真胃内移行，寄生数十天，最后到瘤胃内发育为成虫。

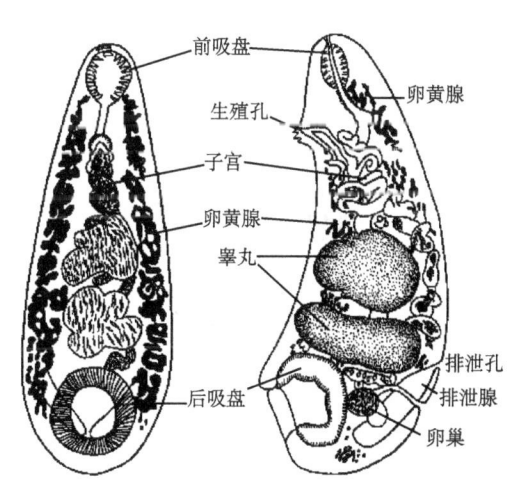

图8-21 鹿前后盘吸虫

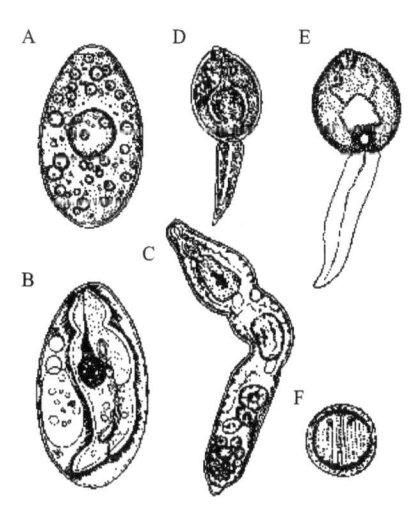

图8-22 前后盘吸虫的各期幼虫
A. 虫卵；B. 含毛蚴的虫卵；
C. 雷蚴；D, E. 尾蚴；F. 囊蚴

致病作用与症状　本病多发生于多雨年份的夏秋季节，成虫危害轻微，主要是童虫在移行期间可引起小肠、真胃黏膜水肿、出血，发生出血性胃肠炎，或者致肠黏膜发生坏死和纤维素性炎症。小肠内可能有大量童虫，肠道内充满腥臭的稀粪。胆管、胆囊膨胀，内含童虫。患畜在临床上表现为顽固性下痢，粪便呈粥样或水样，常有腥臭味。体温有时升高，食欲减退，精神委顿，消瘦，贫血，颌下水肿，黏膜苍白，最后患畜极度衰弱，表现为恶病质状态，卧地不起，因衰竭而死亡。

诊断　根据流行病学和临床表现，通过粪便检查发现虫卵或尸体剖检发现大量童虫确诊。

防治　可参照肝片吸虫病。绵羊可用氯硝柳胺，对童虫的疗效较好。也可用硫双二氯酚，剂量同肝片吸虫病。

第四节　分体吸虫病

一、日本分体吸虫病（日本血吸虫病）

日本分体（裂体）吸虫病是由分体科（Schistosomatidae）分体属（*Schistosoma*）日本分体吸虫（*Schistosoma japonicum*）寄生于人和牛、羊、猪、犬、啮齿类及一些野生哺乳动物的门静脉系统的小血管内引起，是一种危害严重的人兽共患寄生虫病，本病广泛分布于我国长江流域13个省（自治区、直辖市），严重影响人的健康和畜牧业生产。新中国成立后经过几十年的不懈努力，目前我国人和动物血吸虫病防控工作取得了重大成绩，逐步迈向消除血吸虫病，同时通过凝练中国血吸虫病防控成功经验，为全球消除血吸虫病贡献"中国经验""中国方案""中国智慧"。

病原形态　日本分体吸虫为雌雄异体，虫体线虫样（图8-23）。雄虫短粗，雌虫细长，雄虫乳白色，大小为（10～20）mm×（0.5～0.55）mm。口吸盘位于虫体前端，腹吸盘较大，具有粗而短的柄，在口吸盘后方不远处。体壁自腹吸盘后方至尾部，两侧向腹面卷起形成抱

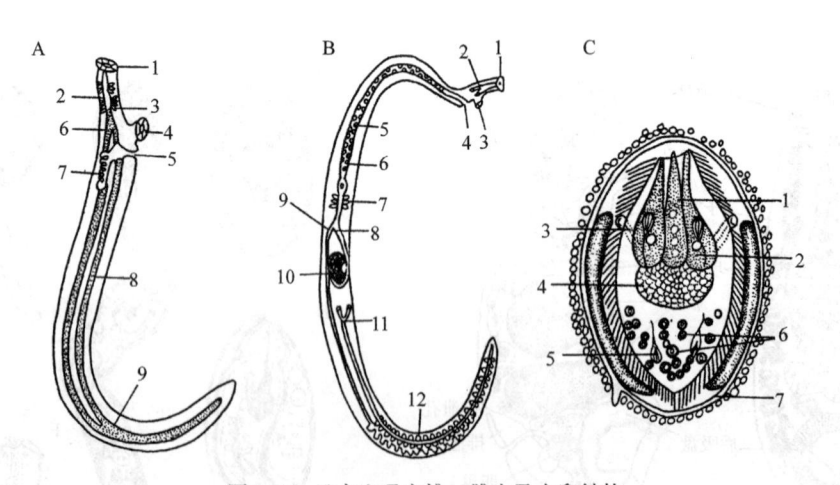

图8-23　日本血吸虫雄、雌虫及虫卵结构

A. 雄虫：1. 口吸盘；2. 食道；3. 腺群；4. 腹吸盘；5. 生殖孔；6. 肠管；7. 睾丸；8. 肠管；9. 合一的肠管。
B. 雌虫：1. 口吸盘；2. 肠管；3. 腹吸盘；4. 生殖孔；5, 6. 虫卵与子宫；7. 梅氏腺；8. 输卵管；9. 卵黄管；10. 卵巢；11. 肠管合并处；12. 卵黄腺。
C. 虫卵：1. 头腺；2. 穿刺腺；3. 神经突；4. 神经元；5. 焰细胞；6. 胚细胞；7. 卵模

雌沟，雌虫常居雄虫的抱雌沟内，呈合抱状态，交配产卵。体被光滑，仅吸盘内和抱雌沟边缘有小刺。口吸盘内有口，缺咽，下接食道，两侧有食道腺。肠管在腹吸盘前分为两支，向后延伸，约于体后1/3处再合为一条单管，伸达虫体末端。睾丸有7枚，呈椭圆形，串状排列于前部的背侧，每个睾丸有一输出管，共同汇合为一输精管，向前扩大为贮精囊。雄性生殖孔开口于腹吸盘后抱雌沟内。雌虫较雄虫细长，大小为（15～26）mm×0.3mm。呈暗褐色。口、腹吸盘均较雄虫为小。消化器官基本与雄虫相同。卵巢1个，呈椭圆形，位于中部偏后方，两侧肠管之间，其后端发出一输卵管，并折向前方伸延，在卵巢前面和卵黄管合并，形成卵模。卵模周围为梅氏腺。卵模前为管状子宫，其中含卵50～300个，雌性生殖孔开口于腹吸盘后方。卵黄腺呈较规则的分支状，位于虫体后1/4处。

虫卵呈椭圆形，淡黄色，大小为（70～100）μm×（50～65）μm，卵壳较薄，无盖，在其侧方有一小刺，卵内含毛蚴。

生活史 成虫寄生在人和动物的门静脉和肠系膜静脉内，一般雌雄合抱（图8-24）。雌虫交配受精后，在血管内产卵，一条雌虫每天产卵1000个左右。产出的虫卵一部分顺血流到达肝脏，一部分逆血流沉积在肠壁形成结节。虫卵在肠壁或肝脏内逐渐发育成熟，由卵细胞变为毛蚴。由于卵内毛蚴分泌溶细胞物质，能透过卵壳破坏血管壁。并使肠黏膜组织发炎和坏死，加之肠壁肌肉的收缩作用，结节及坏死组织向肠腔破溃，虫卵即进入肠腔，随宿主粪便排出体外。虫卵在水中，于适宜的条件下孵出毛蚴，如在25～30℃，pH 7.4～7.8，经几小时即可孵出毛蚴。毛蚴呈梨形，平均大小为90μm×35μm，周身被有纤毛，借以在水中迅速游动，遇到中间宿主——钉螺（图8-25），即以头腺分泌物的溶蛋白酶作用，钻入螺体内，继续发育。如果毛蚴未遇到钉螺，一般在孵出后1～2d自行死亡。

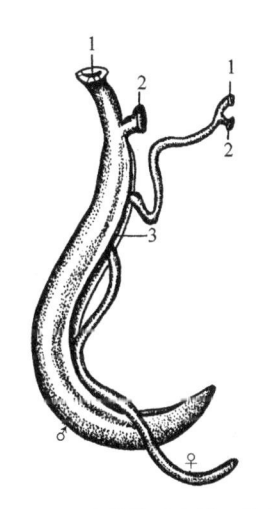

图8-24 日本分体吸虫雌、雄虫合抱
1. 口吸盘；2. 腹吸盘；3. 抱雌沟

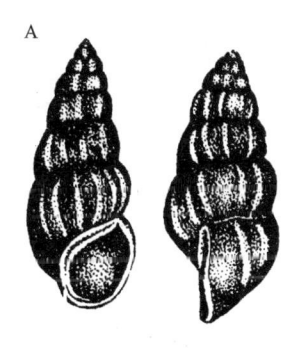

图8-25 日本血吸虫的中间宿主——钉螺
A. 有肋钉螺；B. 光壳钉螺

毛蚴侵入钉螺体内进行无性繁殖。脱去纤毛，形成母胞蚴，5周后，母胞蚴呈袋状，子胞蚴变为长条形，再经一周，子胞蚴开始从母胞蚴体中破裂而出（图8-26）。尾蚴成熟后离开子胞蚴，自钉螺体中逸出。一个毛蚴在钉螺体内，经无性繁殖后，可产生数万条尾蚴。毛蚴在钻入螺体内发育成尾蚴所需时间与温度有密切关系，如在25～30℃，经2～3个月仅有少数钉螺体内有成熟尾蚴，经3个月后大部分钉螺体内已有成熟尾蚴。尾蚴存活时间也与温度有关，在10℃下最长可活5d，27℃时最长可活48h。只有尾蚴阶段可感染人和动物。尾蚴感染人和动物的途径主要是经皮肤感染；也有吞食含尾蚴的草或水，经口感染的；也可经胎盘感染。尾蚴侵入宿主皮肤，脱掉尾部，变为童虫，经小血管或淋巴管随血流经右心、肺，体循环到达肠系膜静脉内寄生，发育为成虫（图8-27）。尾蚴从感染宿主到发育为成虫所需要的时间，因宿主的种类不同而有差异，一般乳牛为36～38d，黄牛为39～42d，水牛为46～50d。成虫在动物体内的寿命一般为3～4年，也可能达20～30年，或者更长。

流行病学 日本分体吸虫分布于中国、日本、菲律宾及印度尼西亚，近年来在马来西亚也有报道。在我国广泛分布于长江流域和江南的13个省（自治区、直辖市，贵州省除外）。主要危害人和牛、羊等家畜。台湾省的日本分体吸虫为动物株（啮齿类动物），不感染人。

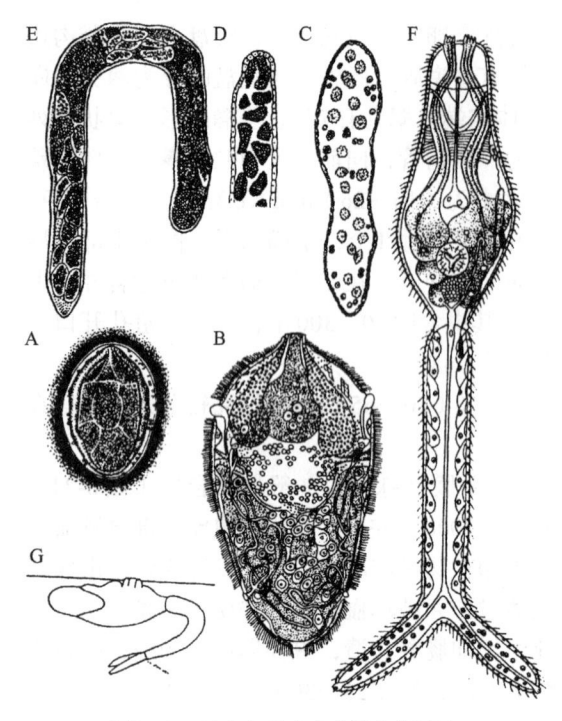

图8-26 日本血吸虫虫卵及各期幼虫
A. 虫卵；B. 毛蚴；C. 母胞蚴；D. 母胞蚴的前端；
E. 子胞蚴；F. 尾蚴；G. 静止在水面上的尾蚴

图8-27 日本血吸虫生活史

我国现已查明，除人体外，有31种野生哺乳动物包括褐家鼠（沟鼠）、家鼠、田鼠、松鼠、貉、狐狸、野猪、刺猬、金钱豹等，有8种家畜包括黄牛、水牛、羊、猪、马属动物及猫、犬等自然感染日本分体吸虫病。家畜以耕牛、野生动物以沟鼠的感染率为最高。黄牛的感染率和感染强度一般均高于水牛，黄牛年龄越大，阳性率越高；水牛的感染率随年龄的增长有降低的趋势，水牛还有自愈现象。但是，在长江流域和江南，水牛不仅数量多，而且接触"疫水"频繁，故在本病的传播上可能起主要作用。

日本分体吸虫的发育必须通过中间宿主钉螺，否则不能发育、传播。我国的钉螺为湖北钉螺（*Oncomelania hupensis*）。钉螺体型小，大小为1.0cm×（0.25~0.30）cm，螺壳褐色或淡黄色，有厣，螺旋6~8个，螺旋上有直纹的叫有肋钉螺，无直纹的叫光壳钉螺。钉螺能适应水、陆两种环境的生活，多见于气候温和、土壤肥沃、阴暗潮湿、杂草丛生的地方，以腐烂的植物为食。它们在河、沟、湖的水边等处均可滋生。每年4~6月产卵最多，一只雌螺一年可产卵100个左右。幼螺在春季孵出，生活于水中；成螺则主要在陆地上，钉螺的寿命一般不超过两年。

人和动物的感染是与它们在生产和生活活动过程中接触含有尾蚴的疫水有关，如耕牛下水田耕作或放牧时接触"疫水"而遭感染。感染途径主要是经皮肤感染，还可通过吞食含尾蚴的水、草经口腔黏膜感染，以及经胎盘感染。

日本血吸虫病的流行特点：一般钉螺阳性率高的地区、人、畜的感染率也高；凡有患者及阳性钉螺的地区，一定有病牛。患者、病畜的分布与当地钉螺的分布是一致的，具有地区性特点。患者、病畜的分布基本上与当地水系的分布相一致。

致病作用　　侵入动物的血吸虫尾蚴、移行的童虫、进入寄生部位的成虫及沉着于机体的虫卵，对宿主均产生机械损伤，并引起复杂的免疫病理学反应。

尾蚴穿透皮肤时可引起皮炎。这种皮炎对曾感染过尾蚴的动物更为显著，故为一种变态反应性炎症。

童虫在体内移行时，其分泌与代谢及死亡崩解产物，可使经过的器官（特别是肺）发生血管炎，受损的毛细血管发生栓塞、破裂，产生局部的细胞浸润和点状出血。临床表现为咳嗽、发热、肺炎病状。肝脏可引起充血和脓肿。

成虫对寄生部位仅引起轻微的机械损伤，如静脉内膜炎及静脉周围炎。成虫死亡后被血流带到肝脏，可使血管栓塞，周围组织发生炎性反应。

虫卵沉着在宿主的肝脏及肠壁等组织，在其周围出现细胞浸润，形成虫卵肉芽肿（虫卵结节）。这是发生慢性血吸虫病肝肠病变的根本原因（图8-28）。故血吸虫病的肝硬化，既非成虫引起，也非死亡虫体的分解产物所致，而是由虫卵肉芽肿引起。而虫卵肉芽肿的形成则可能是在虫卵可溶性抗原的刺激下，宿主产生相应的抗体，然后在虫卵周围形成抗原抗体复合物的结果。

肉芽肿反应有助于破坏虫卵和清除虫卵，并避免抗原抗体复合物引起全身损害，但它会破坏正常组织，并彼此联结成为瘢痕，是导致肝硬化及肠壁纤维化、增厚、硬变、消化吸收机能下降

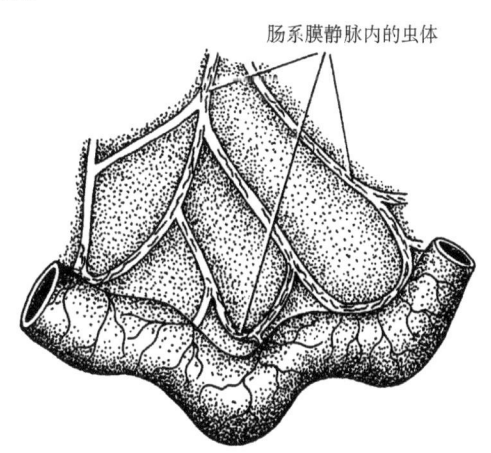

图8-28　日本血吸虫寄生的肠系膜静脉

等一系列病变的原因而对宿主不利。

症状 日本分体吸虫病以犊牛和犬的症状较重，羊和猪较轻，马几乎没有症状。一般来说，黄牛症状较水牛明显，小牛症状较大牛明显。

临床上有急性和慢性之分，以慢性为常见。黄牛或水牛犊大量感染时，常呈急性经过：首先表现食欲不振，精神不佳，体温升高，可达40~41℃及以上，行动缓慢，呆立不动，以后严重贫血，因衰竭而死亡。慢性型的病畜表现有消化不良，发育缓慢，往往成为侏儒牛。病牛食欲不振，下痢，粪便含黏液、血液，甚至块状黏膜，有腥恶臭和里急后重现象，甚至发生脱肛，肝硬化，腹水。母畜往往发生不妊娠或流产等现象。

少量感染时，一般症状不明显，病程多取慢性经过，特别是成年水牛，虽诊断为阳性病牛，但在外观上并无明显表现而成为带虫牛。

病理变化 尸体消瘦，贫血，皮下脂肪萎缩；腹腔内常有多量积液。本病引起的主要病理变化是虫卵沉积于组织中而产生虫卵结节。肝脏的病变较为明显，其表面或切面上肉眼可见粟粒大到高粱米粒大的灰白色或灰黄色的小点，即虫卵结节。感染初期，肝脏可能肿大，日久后肝萎缩、硬化。严重感染时，肠道各段均可找到虫卵的沉积，尤以直肠部分的病变最为严重。常见有小溃疡、斑痕及肠黏膜肥厚。肠系膜淋巴结肿大，门静脉血管肥厚，在其内及肠系膜静脉内可找到虫体。此外，心脏、肾、胰、脾、胃等器官有时也可发现虫卵结节。

诊断 在流行区，根据临床表现和流行病学资料分析可做出初步诊断，但确诊要靠病原学检查和血清学试验诊断。

病原学检查最常用的方法是虫卵毛蚴孵化法。含毛蚴的虫卵，在适宜的条件下，可短时间内孵出，并在水中呈特殊的游动姿态。其次是沉淀法，经改进为尼龙绢袋集卵法。尼龙绢袋孔径小于虫卵，在冲洗过程中虫卵不会漏在袋外，全集中于袋上。其优点是省时、省水、省器械等。这两种方法相比，孵化法检出率稍高，但它又不能替代沉淀法，最好两法结合进行。近年来已将免疫学诊断法应用于生产实践，如环卵沉淀试验、间接血凝试验和酶联免疫吸附试验等。其检出率均在95%以上，假阳性率在5%以下。

治疗 治疗日本分体吸虫病的药物有硝硫氰胺（Amoscanate，7505）、吡喹酮、六氯对二甲苯（Hexachloroparaxylene，血防846）等，并采用对症治疗。

预防 日本分体吸虫病的预防要采取综合性措施，要人、畜同步防治，除积极查治病畜、患者及控制感染源外，尚需加强粪便和用水管理，安全放牧和消灭中间宿主钉螺等。应结合农业生产，采用适合当地习惯的积肥方式，将牛粪堆积或池封发酵，或推广用粪便生产沼气等办法，以杀灭虫卵；管好水源，防止粪尿污染，耕牛用水必须选择无螺水源或钉螺已消灭的池塘，实行专塘用水。凡疫区的牛、羊均应实行安全放牧，建立安全放牧区：①必须在没有钉螺的山坡、丘陵和水淹不到的地方放牧。②水网和湖沼地区应在灭尽钉螺之地放牧。③草滩集体放牧时，牛只应在距水界10m以外的草滩上放牧；对有钉螺的地带应根据钉螺的生态学特点，结合农田水利基本建设采用土埋、水淹和水改旱、饲养水禽等办法灭螺。更常用的办法是化学灭螺，如用五氯酚钠、氯硝柳胺、茶子饼、生石灰及溴乙酰胺等灭螺。

二、东毕吸虫病

东毕吸虫病是由分体科东毕属（*Orientobilharzia*）的各种吸虫成虫寄生于哺乳动物的门静脉血管中所引起。在我国分布极其广泛，但以内蒙古和西北地区较为严重，可引起动物的死亡。常见的虫种是寄生于牛、羊的土耳其斯坦东毕吸虫（*O. turkestanicum*）和程氏东毕吸虫（*O. cheni*）。

病原形态

（1）土耳其斯坦东毕吸虫　雌雄异体，但雌雄呈合抱状态（图8-29）。虫体呈线形，雄虫为乳白色，雌虫为暗褐色，体表光滑无结节。口、腹吸盘相距较近，无咽，食道在腹吸盘前方分为两条肠管，在体后再合并成单管，抵达体末端。雄虫大小为（4.39~4.56）mm×（0.36~0.42）mm。腹面有抱雌沟。睾丸数目为78~80个，细小，呈颗粒状，位于腹吸盘的后下方，呈不规则的双行排列。生殖孔开口于腹吸盘的后方。雌虫较雄虫纤细，略长，大小为（3.95~5.73）mm×（0.07~0.116）mm。卵巢呈螺旋状扭曲，位于两肠管合并处的前方。卵黄腺在肠单干的两侧。子宫短，在卵巢前方，子宫内通常只有一个虫卵。虫卵大小为（72~74）μm×（22~26）μm。无卵盖，两端各有一个附属物，一端较尖，另一端钝圆。

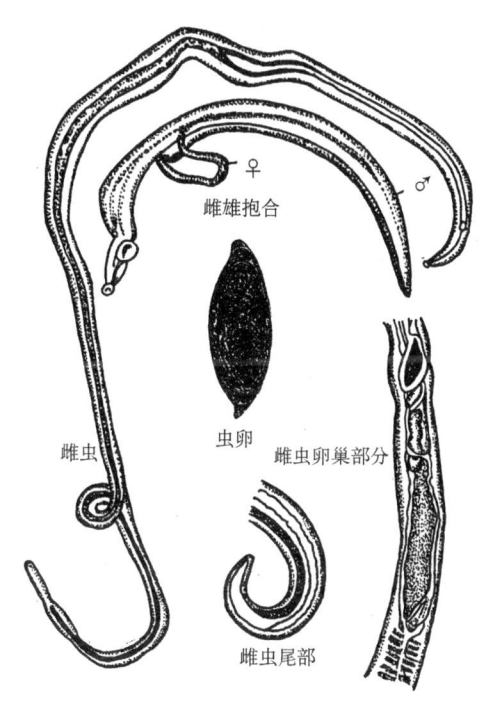

图8-29　土耳其斯坦东毕吸虫及虫卵

（2）程氏东毕吸虫　体表有结节。雄虫粗大，大小为（3.12~4.99）mm×（0.23~0.34）mm，抱雌沟明显。雌虫较雄虫细短，大小为（2.63~3.00）mm×（0.09~0.14）mm。肠管在虫体后半部合并成单管。雄虫睾丸较大，数目在53~99个，一般都在60个以上，拥挤重叠，单行排列。虫卵大小为（80~130）μm×（30~50）μm。

生活史　成虫在牛、羊等哺乳动物的肠系膜静脉内寄生产卵。虫卵或在肠壁黏膜或被血流冲积到肝脏内形成虫卵结节。虫卵在肠壁处可破溃而入肠腔。在肝脏内的虫卵或被结缔组织包埋、钙化而死亡；或破结节随血流或胆汁而注入小肠，后随粪便排至体外。虫卵在适宜条件下，经10d左右孵出毛蚴。毛蚴在水中遇到适宜的中间宿主——淡水螺类，即迅速钻入其体内，经过母胞蚴、子胞蚴发育为尾蚴。尾蚴自螺体逸出，在水中遇到牛、羊等即经皮肤侵入，移行到肠系膜血管内发育为成虫。毛蚴侵入螺体发育至尾蚴约需1个月；从尾蚴侵入牛、羊发育至成虫需1.5~2个月。

流行病学　东毕吸虫在我国的分布相当广泛，在黑龙江、吉林、辽宁、北京、山西、陕西、甘肃、宁夏、青海、新疆、内蒙古、四川、云南、广西、广东、贵州、湖北、湖南、江西、福建、上海、江苏等省（自治区、直辖市）均有报道。本病常呈地方性流行，在青海和内蒙古的个别地区十分严重，感染强度往往高达1万~2万条，引起不少羊只死亡。

宿主动物有绵羊、山羊、黄牛、水牛、骆驼和马属动物及一些野生的哺乳动物，主要危害牛和羊。

中间宿主为椎实螺类，有耳萝卜螺（*Radix auricularia*）、卵萝卜螺（*R. ovata*）和小土窝螺（*Galba pervia*）（图8-30）。它们栖息于水中、池塘、水流缓慢及杂草丛生的河滩、死水洼、草塘和小溪等处。

本病具有一定的季节性，一般在5~10月感染流行。北方地区多于6~9月在牧地放牧

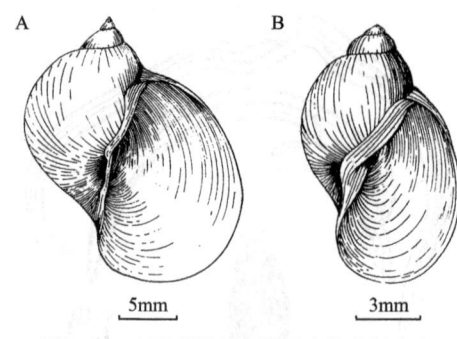

图8-30 土耳其斯坦东毕吸虫的中间宿主
A. 耳萝卜螺；B. 卵萝卜螺

时，牛、羊在水中吃草或饮水时经皮肤感染。成年牛、羊的感染率常比幼龄的高，黄牛和羊的感染率又比水牛高。

致病作用　　尾蚴的侵袭和在体内的移行要引起一系列的组织损伤、出血、发炎和细胞浸润等反应，对正常的生理机能影响很大。成虫及其产卵过程中所产生的危害则更为严重，门静脉循环受到机械性阻碍而发生腹水，虫卵的沉积、肝细胞的损伤导致肝组织硬化。毒素影响正常的生理机能，包括神经、体液、消化吸收和生长繁殖等。

症状　　本病多取慢性经过，一般表现为贫血、消瘦、生长发育不良、颌下与腹下水肿、影响受胎或发生流产。如饲养管理不善，可因恶病质而死亡。严重感染的畜群，可引起急性发作，表现为体温上升到40℃以上，精神沉郁，食欲减退，呼吸促迫，腹泻，直至死亡。

病理变化　　尸体消瘦，贫血，腹腔内有大量积水。肠系膜淋巴结肿大，肝脏表面凸凹不平、质硬，上有大小不等散在的灰白色虫卵结节。肝脏在病的初期呈现肿大，后期萎缩，硬化。小肠壁肥厚，黏膜上有出血点或坏死灶。

诊断　　在流行区，根据临床表现和流行病学资料分析，并在粪便检查（水洗沉淀法或尼龙绢袋集卵法）中检获虫卵，即可做出诊断。因东毕吸虫排卵数量少，在粪检时应采集较多的粪便。必要时可进行尸体剖检，在肠系膜静脉内发现大量虫体而确诊。

治疗　　治疗日本分体吸虫的药物均可试用，如硝硫氰胺、吡喹酮等。

预防　　根据流行病学特点，采取综合性防治措施。

（1）定期驱虫　　一般应在尾蚴停止感染的秋后进行冬季驱虫，既可治疗病畜，又可消灭感染源。

（2）消灭中间宿主　　根据椎实螺的生态学特点，因地制宜，结合农牧业生产，采取有效措施，改变淡水螺的生存环境条件进行灭螺；也可用杀螺剂，如五氯酚钠、氯硝柳胺、氯乙酰胺等灭螺。

（3）加强饲养卫生管理　　严禁接触和饮用"疫水"。特别在流行区里不得饮用池塘、水田、沟渠、沼泽、湖水，最好饮用井水或自来水。

（4）加强粪便管理　　将粪便堆积发酵，以杀灭虫卵。

第五节　歧腔科吸虫病

一、歧腔吸虫病

歧腔吸虫病是由歧腔科（Dicrocoeliidae）歧腔属（*Dicrocoelium*）的矛形歧腔吸虫（*Dicrocoelium lanceatum*）和中华歧腔吸虫（*D. chinensis*）寄生于反刍动物牛、羊、鹿和骆驼的肝脏胆管和胆囊内所引起，偶尔也见于人体。在我国的西北诸省（自治区、直辖市）和内蒙古等地分布广泛，危害较严重。

病原形态

（1）矛形歧腔吸虫　　虫体窄长，前端较尖锐，体后半部稍宽（图8-31A）。虫体扁平而透明呈棕红色，可见到内部器官，表皮光滑，呈矛状故名。虫体大小为（6.67~8.34）mm×（1.61~2.14）mm，长宽之比为（3~5）：1。腹吸盘大于口吸盘。两睾丸前后排列或斜列在腹吸盘后方呈四块状，边缘不整齐或分叶。睾丸后方偏右为卵巢及受精囊，卵巢分叶或呈圆形。子宫弯曲于虫体后半部，生殖孔开口于腹吸盘前方肠管分叉处。卵黄腺分布于虫体中部两侧。

（2）中华歧腔吸虫 体较宽扁，腹吸盘前方部分呈头锥状，其后两侧作肩样突起（图8-31B）。虫体大小为（3.54~8.96）mm×（2.03~3.09）mm，长宽之比为（1.5~3.1）：1。两个睾丸呈圆形，边缘不整齐或稍分叶，并列于腹吸盘之后。卵巢在一睾丸之后略靠体中线。

两种歧腔吸虫的虫卵极为相似，为不对称的卵圆形，少数椭圆形，咖啡色，一端具稍倾斜的卵盖，壳口边缘有齿状缺刻，透过卵壳可见到包在胚膜中的毛蚴。毛蚴体前端神经团三角形，体后部有两个圆形的排泄囊泡。

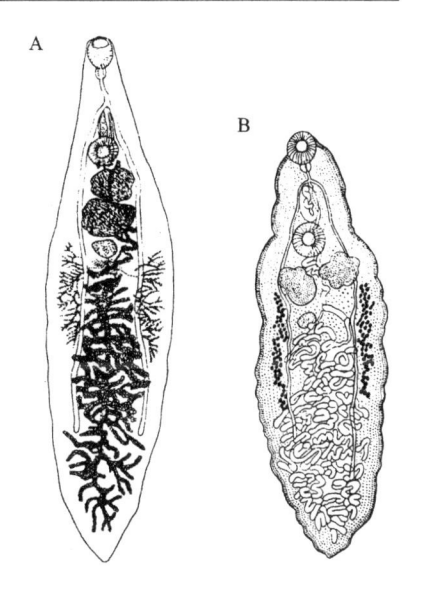

图8-31 歧腔吸虫的成虫
A. 矛形歧腔吸虫；B. 中华歧腔吸虫

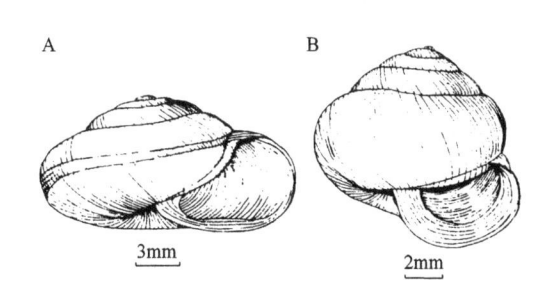

图8-32 歧腔吸虫的中间宿主
A. 条华蜗牛；B. 枝小丽螺

生活史 歧腔吸虫在其发育过程中，需要两个中间宿主；第一中间宿主为陆地螺（蜗牛）（图8-32），第二中间宿主为蚂蚁。矛形歧腔吸虫的第一中间宿主为同型纹蜗牛（*Bradybaena similaris*）（福建）、弧形小丽螺（*Ganesella arcasiana*）（吉林）、条华蜗牛（*Cathaica fasciola*）（山西）及光滑琥珀蜗牛（*Succinea snigha*）（新疆）等。第二中间宿主为蚂蚁，如毛林蚁（*Formica lugubris*）（新疆）等。

中华歧腔吸虫的第一中间宿主为同型巴蜗牛（福建）、条华蜗牛（山西）及枝小丽螺（*Ganesella virgo*）（内蒙古）；第二中间宿主为黑褐蚁［*F. gagates*（吉林、内蒙古）］等。

虫卵随终宿主的粪便排至体外，被第一中间宿主蜗牛吞食后，在其体内孵出毛蚴，进而发育为母胞蚴、子胞蚴和尾蚴。在蜗牛体内的发育期为82~150d。尾蚴从子胞蚴的产孔逸出后，移行至螺的呼吸腔，在此，每数十个至数百个尾蚴集中在一起形成尾蚴群囊（cercaria vitrina），外被黏性物质成为黏球，从螺的呼吸腔排出，粘在植物或其他物体上。当含尾蚴的黏球被第二中间宿主蚂蚁吞食后，尾蚴在其体内形成囊蚴。牛、羊等吃草时吞食了含囊蚴的蚂蚁而感染，囊蚴在终宿主的肠内脱囊，由十二指肠经胆总管到达肝脏胆管内寄生。需72~85d发育为成虫，成虫在宿主体内可存活6年以上。

流行病学 本病几乎遍及世界各地，但多呈地方流行。在我国主要分布于东北、华北、西北和西南诸省（自治区、直辖市）。尤其以西北各省（自治区、直辖市）和内蒙古较为严重。

宿主范围广，现已记录的哺乳动物达70余种，除牛、羊、鹿、骆驼、马、兔等家畜外，许多野生的偶蹄类动物均可感染。

在温暖潮湿的南方地区，第一、二中间宿主蜗牛和蚂蚁可全年活动，因此动物几乎全年都可感染；而在寒冷干燥的北方地区，中间宿主要冬眠，动物的感染明显具有春秋两季的特点，但动物发病多在冬春季节。

动物随年龄的增长，其感染率和感染强度也逐渐增加，感染的虫体数可达数千条，甚至上万条，这说明动物获得性免疫力较差。

虫卵对外界环境条件的抵抗力较强，在土壤和粪便中可存活数月，仍具感染性。对低温的抵抗力更强，虫卵和在第一、二中间宿主体内各期幼虫均可越冬，且不丧失感染性。

致病作用和症状　　歧腔吸虫寄生在肝脏胆管，可引起胆管炎和管壁增厚，肝脏肿大，肝被膜肥厚。严重感染的患畜可见黏膜黄疸，逐渐消瘦，颌下和胸下水肿，下痢，可致死亡。

诊断　　根据流行病学和临床表现判断，通过粪便检查发现虫卵或尸体剖检发现大量虫体即可确诊。

治疗　　歧腔吸虫的治疗药物如下：海涛林（Hetolin，三氯苯丙酰嗪）、六氯对二甲苯（Hexachloroparaxylene，血防846）、吡喹酮（Praziquentel）和阿苯达唑等。

预防

（1）定期驱虫　　最好在每年的秋后和冬季驱虫，以防虫卵污染牧地；在同一牧地上放牧的所有患畜都要同时驱虫，坚持2~3年后可达到净化草场的目的。并要注意加强粪便管理，进行生物热发酵，以杀死虫卵。

（2）消灭中间宿主　　灭螺灭蚁，因地制宜，结合开荒种草、消灭灌木丛或烧荒等措施消灭中间宿主。

（3）加强饲养管理　　尽量不要在低洼潮湿的牧地放牧，以减少感染的机会。

二、阔盘吸虫病（胰吸虫病）

阔盘吸虫病是由歧腔科阔盘属（*Eurytrema*）的多种吸虫寄生于牛、羊等反刍动物的胰脏胰管内所引起，也可寄生于人。引起营养障碍和贫血为主的吸虫病，严重时可导致宿主死亡。主要分布于亚洲、欧洲及南美洲。在我国各地均有报道，但东北、西北、内蒙古等广大草原上流行较广，危害较大。

阔盘吸虫在我国报道的有三种：胰阔盘吸虫（*E. pancreaticum*）、腔阔盘吸虫（*E. coelomaticum*）和枝睾阔盘吸虫（*E. cladorchis*）（图8-33）。其中胰阔盘吸虫分布最广，危害

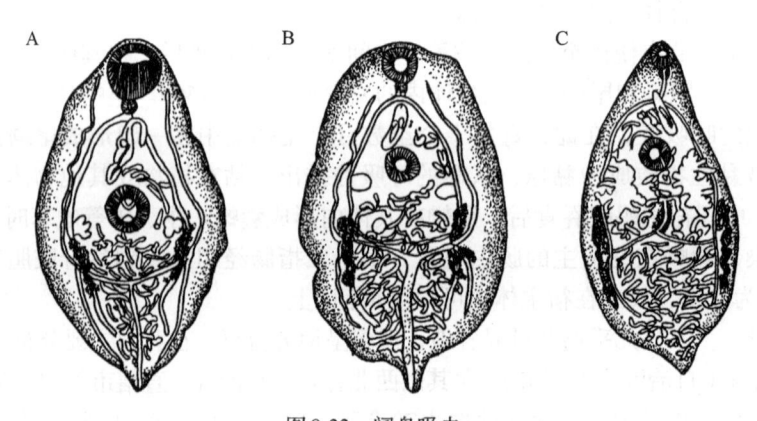

图8-33　阔盘吸虫
A. 胰阔盘吸虫；B. 腔阔盘吸虫；C. 枝睾阔盘吸虫

也较大。

病原形态 上述三种阔盘吸虫，我国均有存在。虫体呈棕红色，长椭圆形，扁平、稍透明，吸盘发达，其大小在（4.5~16）mm×（2.2~5.8）mm。它们的区别如下。

1) 胰阔盘吸虫较大，呈长椭圆形，口吸盘大于腹吸盘，睾丸并列在腹吸盘后缘两侧，呈圆形，边缘有缺刻或有小分叶。卵巢分叶3~6瓣。寄生于羊、牛、人。

2) 腔阔盘吸虫比前种短小，呈短椭圆形，体后端中央有明显的尾突。口吸盘小于或等于腹吸盘。睾丸大多为圆形或椭圆形，少数有不整齐缺刻。卵巢大多为圆形整块，少数有缺刻或分叶。寄生于牛、羊。

3) 枝睾阔盘吸虫为三种中最小者，体形呈前尖后钝的瓜子形。口吸盘明显小于腹吸盘。睾丸较大而分支，卵巢有5~6个分叶。寄生于牛、羊、鹿、麂。

阔盘吸虫的虫卵大小为（34~52）μm×（26~34）μm，呈棕色椭圆形，两侧稍不对称，一端有卵盖。成熟的卵内含有毛蚴，透过卵壳可以看到其前端有一条锥刺，后部有两个圆形的排泄泡，在锥刺的后方有一横椭圆形的神经团。

生活史 阔盘吸虫的发育需要两个中间宿主：第一中间宿主为蜗牛，第二中间宿主为草螽和针蟀。其中胰阔盘吸虫为中华草螽（*Conocephalus chinensis*），腔阔盘吸虫为红脊草螽（*Conocephalus maculatus*）和杂色优草螽（*Euconocephalus varius*），枝睾阔盘吸虫为蟋蟀科的针蟀（*Nemobius* sp.）。虫卵随牛羊的粪便排出体外。被第一中间宿主蜗牛吞食后，在其体内孵出毛蚴，进而发育成母胞蚴、子胞蚴和尾蚴。在发育形成尾蚴的过程中，子胞蚴向蜗牛的气管内移行，并从蜗牛的气孔排出，附在草上，形成圆形的囊，内含尾蚴，即子胞蚴黏团。第二中间宿主吞食了含有大量尾蚴的子胞蚴黏团后，子胞蚴在其体内经23~30d的发育，尾蚴即从子胞蚴钻出发育为囊蚴。牛、羊等在牧地上吞食了含有成熟囊蚴的中间宿主而遭感染，移行到胰脏，发育为成虫（图8-34）。其整个发育过程共需9~16个月。

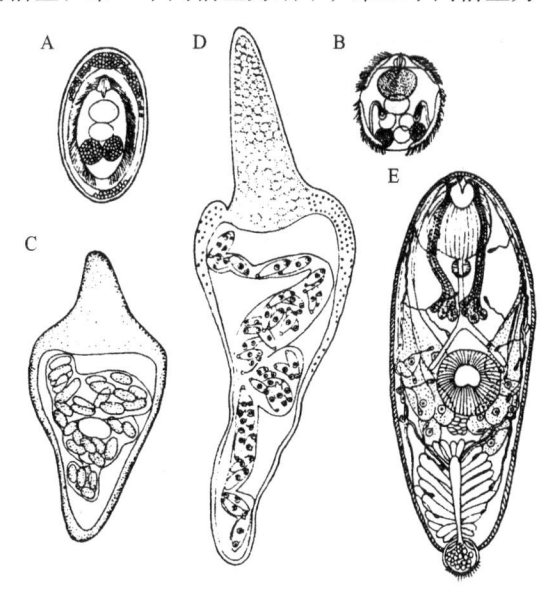

图8-34 胰阔盘吸虫的虫卵及各期幼虫
A. 虫卵；B. 毛蚴；C. 母胞蚴；D. 子胞蚴；E. 尾蚴

致病作用和症状 阔盘吸虫在牛、羊的胰管中，由于虫体的机械性刺激和排出的毒素物质作用，胰管发生慢性增生性炎症，致使胰管增厚，管腔狭小，严重感染时，可导致管腔堵塞，胰液排出障碍。引起消化不良，动物表现为消瘦，下痢，粪便常含有黏液，毛干，易脱落，贫血，颌下、胸前出现水肿，严重时可导致死亡。

诊断 根据流行病学和临床表现，结合粪便检查发现虫卵或尸体剖检在胰脏发现虫体做出诊断。

治疗 可用吡喹酮、六氯对二甲苯（血防846）等。

预防 在流行区内要注意给动物定期驱虫，并加强粪便管理，堆积发酵，以杀死虫卵；还应采取消灭中间宿主等措施。

第六节 槽盘吸虫病

槽盘吸虫病是由背孔科（Notocotylidae）槽盘属（裂叶属）（Ogmocotyle）印度槽盘吸虫（*Ogmocotyle indica*，也称为印度裂叶吸虫）寄生于牛、绵羊、山羊、鹿、狍及熊猫的小肠中所引起，我国的四川、云南、贵州及甘肃等地均有报道。

病原形态　　新鲜虫体呈粉红色，前端尖细，后端钝圆，多数虫体两端向腹面弯曲呈"C"形，虫体两侧缘的角皮向腹面内侧蜷曲，使虫体腹面形成一条深凹的槽沟（图8-35）。虫体大小为（1.94~2.80）mm×（0.75~0.85）mm。口吸盘呈圆形，位于虫体前端。咽和腹吸盘付缺。睾丸呈椭圆形，不分叶，位于虫体后部两侧两盲肠的后端。雄茎囊强大，几乎呈半圆形，位于虫体中部。雄茎经常伸出生殖孔外，粗钝。卵巢位于虫体最后端，分4或5叶，呈圆形至椭圆形。卵巢前有梅氏腺。卵黄腺呈圆形或椭圆形，13~14个，分布在虫体后部的两侧，呈"U"形排列。子宫发达，占体后部的1/2~2/3，一般有8~9个弯曲。

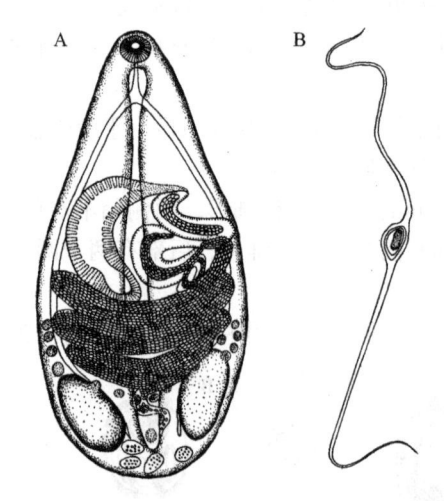

图8-35　印度槽盘吸虫成虫（A）及虫卵（B）

虫卵金黄色，不对称，卵圆形，大小为（15~22）μm×（10~17）μm，卵的两端各具有一根卵丝，丝长919~1364μm。

生活史　　尚不清楚。大量感染时可引起肠炎和下痢等症状。

诊断和治疗　　粪便检查发现特征性虫卵或尸体剖检发现虫体做出诊断。治疗可口服硫双二氯酚或丙硫苯咪唑。

第七节 双士吸虫病

双士吸虫病主要由双士科（Hasstilesiidae）绵羊双士吸虫（*Hasstilesia ovis*）旧称绵羊斯克里亚宾吸虫（*Skrjabinotrema ovis*）寄生于绵羊、山羊、黄牛和牦牛及野生反刍动物的小肠内所引起。主要分布于中亚诸国和我国新疆、青海、甘肃、陕西、四川与西藏等地。

病原形态　　虫体体形甚小，褐色，卵圆形，大小为（0.7~1.12）mm×（0.3~0.7）mm。口吸盘和腹吸盘都较小（图8-36）。肠管伸达虫体的末端。睾丸2个，卵圆形，斜列在虫体的后端。卵巢圆形，小于睾丸，位于睾丸的前侧方，与雄茎相对排列。生殖孔开口于睾丸的前方侧面，与腹吸盘相离较远。子宫发达，内充满大量虫卵，弯曲在虫体的中部。卵黄腺分布在虫体前部的两侧。虫卵深褐色，卵圆形，卵壳厚，有卵盖，大小为（24~32）μm×（16~20）μm，内含毛蚴。

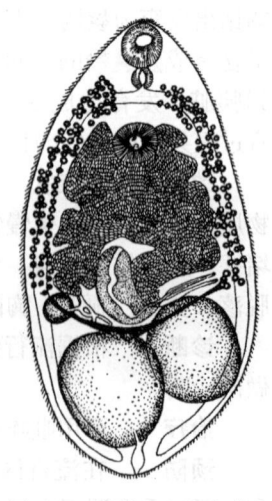

图8-36　绵羊双士吸虫成虫

生活史 本吸虫的中间宿主为陆地螺（*Macrochlamys kasachstani*）（图8-37），并以同一螺或同科其他螺为第二中间宿主。虫卵随终宿主的粪便排至体外，被中间宿主吞食后，在其肠内孵出毛蚴移行至螺的消化腺内发育为胞蚴和尾蚴，无雷蚴阶段。成熟的尾蚴离开螺体到外界环境中，被同一种螺或同科的其他螺吞食后，在其体内发育为囊蚴。终宿主吞食了含有囊蚴的螺而遭感染，囊蚴在消化道脱囊，固着在肠绒毛间，经3.5～4周发育为成虫。

症状 虫体虽小，但感染强度很大，以秋季为最多，主要引起小肠发炎。临床上呈现腹泻、贫血和消瘦等症状。

诊断 通过粪便检查发现虫卵或尸体剖检发现虫体确诊。

治疗 丙硫苯咪唑，口服，疗效良好。

预防 治疗病畜，加强粪便管理，消灭中间宿主和勿让宿主吃到囊蚴。

图8-37 双土吸虫的中间宿主——陆地螺

第八节 并殖吸虫病

并殖吸虫病的病原体是卫氏并殖吸虫（*Paragonimus westermani*），属并殖科（Paragonimidae）。寄生于犬、猫、人及多种野生动物的肺组织内。本虫主要分布于东亚及东南亚诸国。在我国的东北、华北、华南、中南及西南等地区的18个省（自治区、直辖市）均有报道，是一种重要的人兽共患寄生虫病。

病原形态 肺吸虫虫体肥厚，很像半粒赤豆，腹面扁平，背面隆起，长7.5～12mm，宽6mm，厚3.5～5.0mm（图8-38）。体表具有小棘，口、腹吸盘大小略同，腹吸盘位于体中横线之前。两盲肠支弯曲终于虫体末端。睾丸分支左右并列，位于卵巢及子宫之后，约在体后部1/3处。卵巢位于腹吸盘的右下侧，分5～6叶，形如指状，每叶可再分叶。卵黄腺为许多密集的卵黄泡所组成，在虫体的两侧。子宫开始于卵模的远端，其位置与卵巢左右相对。子宫的末端为阴道，射精管和阴道共同开口于生殖窦，再经小管而达腹吸盘后的生殖孔。

肺吸虫虫卵呈金黄色、椭圆形，形状常不太规则，大小为（80～118）μm×（48～60）μm。大多有卵盖；卵壳厚薄不均，卵内含十余个卵黄球，卵胞尚未分裂，常位于正中央。

图8-38 卫氏并殖吸虫成虫

生活史 卫氏并殖吸虫的发育需要两个中间宿主：第一中间宿主是淡水螺类（图8-39），第二中间宿主为甲壳类。肺吸虫在虫囊里产出的虫卵，通过与支气管相连的通道进入支气管和气管，随着宿主的痰液进入口腔，而后被咽下进入肠道随粪便排出。在春夏季节，虫卵在水中经过16d左右发育成为毛蚴。毛蚴在水中非常活泼，当它遇到中间宿主淡水螺——川卷螺（*Melania libertina*）等即行侵入，否则活力逐渐减退，终至死亡。水温在25℃时，毛蚴可生存24h。毛蚴进入螺体后，开始分裂繁殖，3个月内，发育成为胞蚴，再由胞蚴繁殖成为二代雷蚴，最后又繁殖成为许多短尾的棕黄色尾蚴。每个毛蚴在螺体内大多可以变成2000～3000个尾蚴。尾蚴离开螺体在水中游动，最后钻入石蟹、湖蟹或

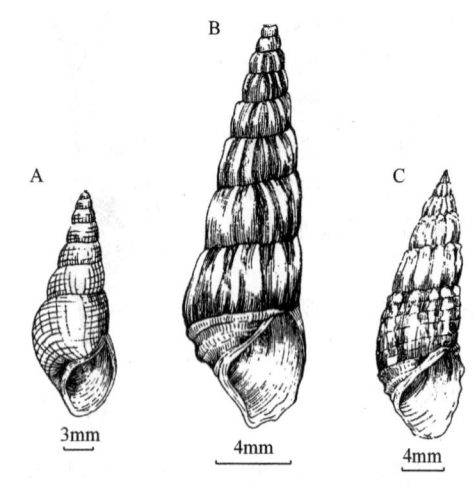

图8-39 卫氏并殖吸虫第一中间宿主
A. 放逸短沟蜷；B. 方格短沟蜷；C. 黑龙江短沟蜷

蜊蛄体内，变成囊蚴。如果犬、猫或人吃了含有囊蚴的生的或半生的蟹或蜊蛄，囊蚴便在小肠里破囊而出，穿过肠壁、腹腔、膈肌与肺膜一直到肺脏，然后发育为成虫。童虫在移行过程中，有的可以中途停留在肠壁上引起腹痛或腹泻等；有的侵入淋巴结引起淋巴结肿大；有的进入脑部而发生抽风、截瘫等（人较多见）。肺吸虫主要寄生于肺组织所形成的虫囊里，虫囊与支气管相通，以宿主组织液和血液为食料，一般寿命为6~20年。除在肺部寄生外，还常侵入肌肉、脑及脊髓等处。

流行病学 并殖吸虫病的发生和流行与中间宿主的分布有直接关系。卫氏并殖吸虫的第一中间宿主为各种短沟蜷和瘤拟黑螺，它们多滋生于山间小溪及溪底布满卵石或岩石的河流中。第二中间宿主为溪蟹类和蜊蛄。溪蟹类广泛分布于华东、华南及西南等地区的小溪河流旁的洞穴及石块下，而蜊蛄只限于东北各省，喜居于水质清冽河流的岩石缝内。本病广泛流行于我国18个省（自治区、直辖市）。

卫氏并殖吸虫的终宿主范围较为广泛，除寄生于猫、犬及人体外，还见于野生的犬科和猫科动物中，如狐狸、狼、貂、猞猁、狮、虎、豹、豹猫及云豹等。第一、二中间宿主均分布于山间小溪中，而又有许多野生动物可作为终宿主，因此本病具有自然疫源性。犬、猫及人等多因生食溪蟹及蜊蛄而遭感染。野生动物并不食溪蟹类和蜊蛄，它们的感染是由捕食野猪及鼠类等转续宿主所致，在后者体内含有并殖吸虫的童虫。在流行区里，生饮溪水也有可能感染，因溪蟹及蜊蛄破裂囊蚴可流于水中。

囊蚴对外界的抵抗力较强，经盐、酒腌浸大部不死。囊蚴被浸在酱油、10%~20%的盐水或醋中，部分囊蚴可存活24h以上，但加热到70℃，3min 100%死亡。

致病作用及症状 童虫和成虫在动物体内移行和寄生期间均可造成组织脏器的机械性损伤；虫体的代谢产物等抗原物质可导致免疫病理反应。移行的童虫可引起嗜酸性粒细胞性腹膜炎、胸膜炎和肌炎及多病灶性的胸膜出血。在肺部寄生时引起慢性小支气管炎，小支气管上皮细胞增生和慢性嗜酸性粒细胞性肉芽肿性肺炎，这与在肺泡组织中变性的虫卵有关。

患病的猫、犬表现精神不振和阵发性咳嗽，因气胸而呼吸困难。窜扰于腹壁的虫体可引起腹泻与腹痛；寄生于脑部及脊椎时可导致神经症状。

诊断 根据临床症状，结合曾否用溪蟹或蜊蛄饲喂过动物，并在病犬、猫的痰液或粪便中检出虫卵即可确诊。或者进行尸体剖检，在肺脏发现虫体确诊。也可用X射线检查或血清学方法诊断，如间接血凝试验及酶联免疫吸附试验等。

治疗 并殖吸虫病可选用硫双二氯酚、硝氯酚、丙硫苯咪唑和吡喹酮等药物治疗。

预防 在流行区里，防止犬、猫及人生食或半生食溪蟹和蜊蛄是预防卫氏并殖吸虫病的关键性措施。有条件的地区也可注意灭螺。

第九节 后睾吸虫病

一、华支睾吸虫病

本病是由后睾科（Opisthorchiidae）支睾属（*Clonorchis*）华支睾吸虫（*Clonorchis sinensis*）寄生于人、犬、猫、猪及其他一些野生动物的肝脏、胆管和胆囊内所引起，虫体寄生可使肝肿大并导致其他肝病变，是一种重要的人兽共患吸虫病。主要分布于东亚诸国，在我国的流行也极为广泛。

病原形态　虫体背腹扁平（图8-40），呈叶状，前端稍尖，后端较钝，体表无棘，薄而透明，大小为（10～25）mm×（3～5）mm。口吸盘略大于腹吸盘，腹吸盘位于体前端1/5处。消化器官包括口、咽和短的食道及两条盲肠，直达虫体的后端。两个大而呈树枝状的睾丸前后排列于虫体的后部。卵巢呈分叶状位于睾丸之前，二者之间有大的受精囊，子宫盘曲于卵巢与腹吸盘之间，生殖孔位于腹吸盘前缘，卵黄腺分布于虫体中部两侧。

虫卵甚小，大小为（27～35）μm×（12～20）μm，黄褐色，形似灯泡，内含毛蚴，上端有卵盖，下端有一小突起。

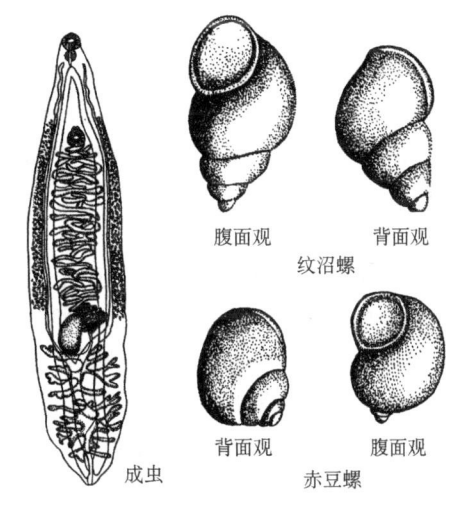

图8-40　华支睾吸虫成虫（左）及中间宿主（右）

生活史　成虫寄生于猪、猫、犬及人等动物的肝脏胆管内，所产的虫卵随粪便排出体外，被第一中间宿主淡水螺吞食后，在螺体内约经1h毛蚴孵出。毛蚴进入螺的淋巴系统及肝脏，发育为胞蚴、雷蚴和尾蚴。在适宜的水温下，尾蚴从螺体逸出，游于水中，当遇到适宜的第二中间宿主——某些淡水鱼和虾时，即钻入其体内形成囊蚴。终宿主吞食了生的或半生的鱼虾而遭感染，囊蚴在十二指肠脱囊，一般认为童虫沿着胆汁流动逆方向移行，经总胆管到达胆管，在肝胆管约经一个月发育为成虫。在适宜的条件下，完成全部生活史约需3个月，成虫在猫、犬体内分别可存活12年和3年以上，在人体内寿命为20年以上。

流行病学　华支睾吸虫的宿主范围较广，有人、猫、犬、猪、鼠类及野生的哺乳动物，食鱼的动物如鼬、獾、貂、野猫、狐狸等均可感染。华支睾吸虫病具有自然疫源性，是重要的人兽共患病。其第一中间宿主淡水螺，在我国已证实有3属7种，其中以纹沼螺、长角涵螺、赤豆螺和方格短沟蜷4种螺分布最广泛，生活于静水或缓流的坑塘、沟渠、沼泽中，活动于水底或水面下植物的茎叶上，对环境的适应能力很强，广泛存在于我国的南北各地。第二中间宿主为淡水鱼类和虾，在我国已证实的淡水鱼类有70余种，以鲤科鱼为最多，其感染率也较高。

猫、犬靠食生鱼类而感染，猪散养或以生鱼及其内脏等作饲料而受感染，人多半是因食生的或未煮熟的鱼虾类而遭感染。

在流行区，粪便污染水源是影响淡水螺感染率高低的重要因素，如南方地区，厕所多建在鱼塘上，猪舍建在塘边，用新鲜的人、畜粪直接在农田上施肥，含大量虫卵的人、畜粪便直接进入水中，使螺、鱼受到感染，易促成本病的流行。

致病作用和病变　虫体寄生于动物的胆管和胆囊内，虫体的机械性刺激引起胆管炎和胆囊炎；虫体分泌的毒素，可引起贫血；大量虫体寄生时，可造成胆管阻塞，使胆汁分泌障碍，并出现黄疸现象。寄生时间久之后，肝脏结缔组织增生，肝细胞变性萎缩，毛细胆管栓塞形成，引起肝硬化。

症状　多数动物为隐性感染，临床症状不明显。严重感染时，主要表现为消化不良、食欲减退、下痢、贫血、水肿、消瘦，甚至腹水，肝区叩诊有痛感。病程多为慢性经过，往往因并发其他疾病而死亡。

诊断　在流行区，动物有生食或半生食淡水鱼、虾史；临床上表现为消化障碍，肝肿大，叩诊肝区时敏感，严重病例有腹水；结合粪便检查发现虫卵或尸体剖检发现虫体即可确诊。近年来在临床上也应用间接血凝试验或酶联免疫吸附试验，作为辅助诊断。

治疗　首选药物为吡喹酮（Praziquantel），其他可选用丙硫苯咪唑（Albendazole）和六氯对二甲苯等。

预防

1）流行区的猪、猫和犬要定期进行检查驱虫。
2）禁止以生的或半生的鱼虾饲喂动物。
3）消灭第一中间宿主淡水螺类。
4）管好人、猪和犬等动物的粪便，防止粪便污染水塘；禁止在鱼塘边盖猪舍或厕所。

二、猫后睾吸虫病

本病是由后睾科的猫后睾吸虫（Opisthorchis felineus）寄生于猫、犬、猪及狐狸的胆管内所引起，有的地方人的感染也较普遍。主要分布于东欧、西伯利亚及中国。虫体大小为（7~12）mm×（2~3）mm，体表光滑，颇似华支睾吸虫，但睾丸呈裂状分叶，前后斜列于虫体后1/4处（图8-41）。虫卵呈浅棕黄色，长椭圆形，大小为（26~30）μm×（10~15）μm，内含毛蚴。虫卵随宿主粪便排出体外，被第一中间宿主淡水螺吞食后，于其消化道内孵出毛蚴，后发育为胞蚴、雷蚴和尾蚴，约经两个月尾蚴从螺体逸出，钻入第二中间宿主淡水鱼体内形成囊蚴。猫吞食了含囊蚴的鱼类而遭感染。虫体在肝胆管内可引起胆管上皮细胞炎性反应、增生、纤维化与门脉周围性肝硬化。可根据流行病学、临床表现、粪检发现虫卵或尸体剖检发现虫体做出诊断。防治可试用吡喹酮或六氯对二甲苯治疗，禁止用生鱼饲喂猫、犬。

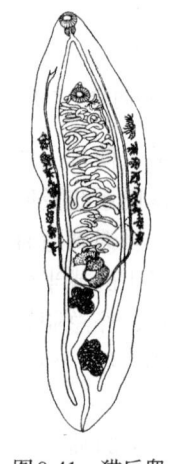

图8-41　猫后睾吸虫成虫

第十节　异形吸虫病

一、横川后殖吸虫病

本病是由异形科（Heterophyidae）的横川后殖吸虫（Metagonimus yokogawai）寄生于犬、猫、猪、人及鹈鹕的小肠中所引起，分布于巴尔干和东亚诸国，在我国的黑龙江、吉林、辽宁、北京、上海、江西、浙江、广东、四川及台湾等地均有报道，是一种人兽共患的吸虫病。虫体呈梨形或椭圆形，前端稍尖，后端钝圆，大小为（1.10~1.66）mm×（0.58~0.69）mm

(图8-42)。体表布满鳞棘。口吸盘似球形，位于虫体前端，腹吸盘呈椭圆形，位于体前1/3外右侧。前咽极短，食道较长，咽肌发达。盲肠伸达体后端。睾丸类圆形，斜列于体后端。卵巢呈球形，位于贮精囊的后方。受精囊发达，呈椭圆形，位于卵巢的略右侧。卵黄腺由褐色的大颗粒组成，呈扇形分布于体后1/3处的两侧。子宫盘曲于生殖孔与睾丸之间，内充满虫卵。贮精囊为横向袋状，位于虫体1/2处的中央。生殖孔开口于腹吸盘的前缘。虫卵为黄色或深黄色，大小为(19.7~23.8)μm×(11.4~17.6)μm，有卵盖，内含毛蚴。

发育需要两个中间宿主：第一中间宿主为短沟蜷类淡水螺，第二中间宿主为淡水鱼类。虫卵被淡水螺吞食后在螺体内发育为胞蚴、两代雷蚴和尾蚴。尾蚴离开螺体，游于水中，遇鱼即在鳃和鳞下结囊为囊蚴，终宿主吞食含囊蚴的鱼而遭感染，在其体内发育为成虫。

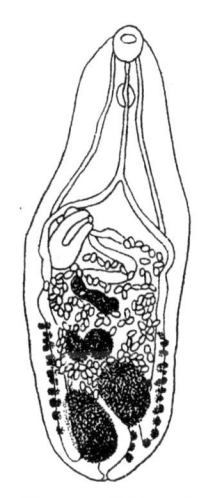

图8-42 横川后殖吸虫成虫

二、异形异形吸虫病

本病是由异形科的异形异形吸虫(*Heterophyes heterophyes*)寄生于猫、犬、狐狸及人的小肠中引起，主要分布于东亚诸国，在我国虽有报道，但并不太多。

虫体小型，大小为(1.0~1.7)mm×(0.3~0.7)mm，呈梨形，体表被有鳞棘。生殖吸盘位于腹吸盘的左下方，上有70~80个小棘。睾丸呈卵圆形，斜列于体后端。卵巢甚小，位于睾丸之前。卵黄腺位于虫体后部的两侧，每侧各有14个。虫卵淡褐色，大小为(26~30)μm×(15~17)μm，内含毛蚴。

发育需要两个中间宿主：第一中间宿主为淡水螺，第二中间宿主为淡水鱼，终宿主吞食了含囊蚴的鱼而遭感染。

异形吸虫侵入肠黏膜引起炎性反应及组织轻度脱落、压迫性萎缩和坏死。严重感染者可导致间歇性或有时为出血性腹泻。虫卵沉积于组织中可引起慢性或急性损伤，如沉积于脑组织则后果严重。从患畜粪便中检获虫卵可做出诊断，应注意与后睾科吸虫卵相区别。治疗可用吡喹酮、硝氯酚等。最有效的预防措施是人勿食生鱼，勿用生的或半生的鱼类作动物饲料。

第十一节 双穴吸虫病

本病病原为双穴科(Diplostomatidae)的有翼翼形吸虫(*Alaria alata*)，寄生于犬、猫、狼、狐狸、貂和貉的小肠中。本虫分布于世界各地，在我国的黑龙江、吉林、北京、江西和内蒙古等省(自治区、直辖市)均有报道。

病原形态 虫体活时为黄褐色，大小为(2.65~4.62)mm×(0.83~1.16)mm(图8-43)。虫体明显地区分为前、后两部。前后体结合处向内凹陷。前体扁平而长；后体较短呈圆柱状。二者长短之比为(1.2~2.4):1。前体体表被有小棘。口吸盘位于体前端，腹吸盘不发达，呈圆形，位于体前1/5处。口吸盘两侧有1对耳状的"触角"。黏着器发达，呈长圆形，中间具有较深的纵沟，位于前体腹面后2/3处。睾丸2个，形似哑铃，紧靠，前后横列于后体的中部。卵巢呈球形，位于前、后体结合处的中央。子宫先上后下，盘曲，再经两睾丸间，开口于体后端的生殖腔内。卵黄腺由细小褐色颗粒组成，分布于前体两侧，几乎占满前体后2/3的全部空隙。

虫卵卵圆形，金黄色，大小为(105~133)μm×(53~95)μm，内含有受精卵及卵黄细胞。

生活史 发育需要两个中间宿主：第一中间宿主为扁卷螺类（*Planorbis* sp.）；第二中间宿主为青蛙、蟾蜍及其蝌蚪。虫卵随宿主粪便排出体外，虫卵在适宜的条件下孵出毛蚴，游于水中，钻入淡水螺体内发育为胞蚴，由胞蚴直接生成尾蚴。尾蚴于水中侵入蝌蚪或蛙类的肌肉内变为中尾蚴（mesocercaria），其是介于尾蚴与囊蚴之间的幼虫型。终宿主吞食了含中尾蚴的蛙类而遭感染。童虫或经过腹腔进入胸腔的长期移行或经血液循环到达肺部，再经气管、咽到达小肠内发育为成虫。本吸虫的生活史中还可能有转续宿主，即幼虫进入不适宜的宿主体内时，长期处于停滞状态，不发育为成虫，这类宿主有大鼠、小鼠、蛇和鸟类等，它们可因吞食青蛙和蟾蜍而感染中尾蚴。终宿主吞食含中尾蚴的转续宿主而遭感染，10d内即变为成虫。

致病作用和症状 严重感染时，可引起卡他性十二指肠炎，一般无多大危害。人也可成为本虫的转续宿主，当人吃了未熟的青蛙时，在脑、心脏、肝、肾、肺、淋巴结、脊髓和胃内可能有大量的中尾蚴；肺大面积出血时，可能因窒息而死亡。

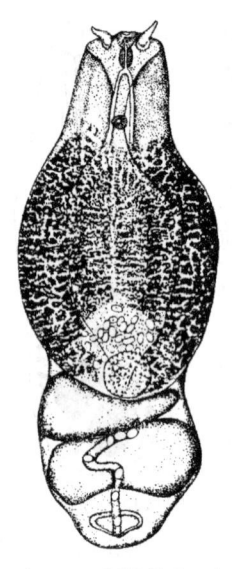

图8-43 有翼翼形吸虫

诊断与防治 通过粪便检查发现虫卵或尸体剖检发现虫体做出诊断。可试用硫双二氯酚、吡喹酮和丙硫苯咪唑治疗，并采用一般性的预防措施进行防治。

第十二节　微口吸虫病

本病病原为截形微口吸虫（*Microtrema truncatum*），属于后睾科。寄生于猪肝脏胆管内，偶见于猫、犬的胆管中。在肝小叶胆管内形成囊状扩张，慢性刺激导致纤维组织增生，对猪危害较大。已在我国四川、江西、湖南、上海及台湾等省（自治区、直辖市）发现。

病原形态 虫体背腹扁平，形似舌状，前端尖细，后端平截，后缘稍向背面弯曲，中部略向背面隆起，大小为（4.5~14）mm×（2.5~6.5）mm，厚1.5~3.0mm（图8-44）。体表被有小棘。口吸盘位于体前端，腹吸盘位于体中央略后方。食道短，两条盲管与体缘平行，到体后端略向内弯曲。睾丸略分叶，左右排列于虫体后1/4处肠管内侧。卵巢分叶呈三角形，与睾丸处在同一水平的略前方。梅氏腺在卵巢之前，受精囊为卵圆形在其后。子宫弯曲于睾丸和卵巢之前，肠分叉处之后。卵黄腺分布在虫体两侧，各有9~14簇。排泄囊在虫体后端，呈"Y"形。虫卵小，深金黄色，前端狭，后端略宽，平均为3.35μm×1.81μm，有卵盖，另一端有一小刺，壳厚，表面有龟裂纹，内含毛蚴。

致病作用与病理变化 由于虫体的机械性刺激和毒素作用，胆管呈现炎症，在肝脏的切面上可见有明显的胆管扩张和管壁增厚，内有许多虫体。大多数虫体成对寄生，且两个虫体腹面相对，说明本虫是异体受精。邻近肝小叶受压迫而萎缩，有的呈脂肪变性。虫体阻塞胆管可引起轻度黄疸。本病临床症状不明显，多取慢性经过，表现为消瘦、贫血、消化不良。

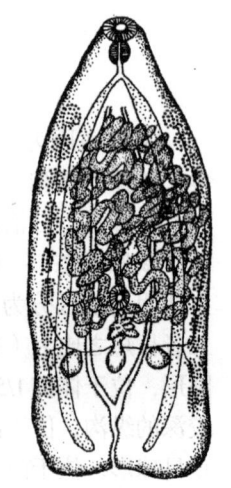

图8-44 截形微口吸虫成虫

诊断 对可疑病猪进行粪便检查发现虫卵或死后剖解时发现虫体确诊。
防治 方法尚待研究。

第十三节 前殖吸虫病

本病病原是前殖科（Prosthogonimidae）前殖属（*Prosthogonimus*）前殖吸虫，寄生于家鸡、鸭、鹅、野鸭及其他鸟类的输卵管、法氏囊（腔上囊）、泄殖腔及直肠，偶见于蛋内。常引起输卵管炎，病禽产畸形蛋，有的因继发腹膜炎而死亡。前殖吸虫病呈世界性分布，在我国的许多省（自治区、直辖市）均有报道，但以华东、华南地区较为多见。

前殖吸虫种类较多，但以卵圆前殖吸虫和透明前殖吸虫分布较广，仅就此两种吸虫加以叙述（图8-45）。

病原形态

（1）卵圆前殖吸虫（*P. ovatus*） 体前端狭，后端钝圆，呈梨形，体表有小刺。大小为（3~6）mm×（1~2）mm。口吸盘小，呈椭圆形，位于虫体前端。腹吸盘较大，位于虫体前1/3处。睾丸不分叶，椭圆形，并列于虫体中部之后，卵巢分叶，位于腹吸盘的背面。生殖孔开口于口吸盘的左前方。子宫盘曲于睾丸和腹吸盘的前后，卵黄腺位于虫体的前中部两侧。

虫卵棕褐色，大小为（22~24）μm×13μm，有卵盖，另一端有小刺，内含卵细胞。

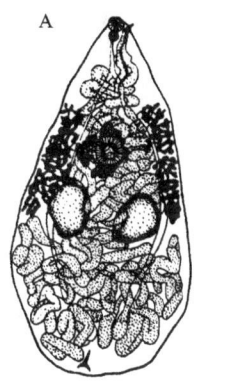

图8-45 前殖吸虫成虫
A. 卵圆前殖吸虫；B. 透明前殖吸虫

（2）透明前殖吸虫（*P. pellucidus*） 虫体椭圆形，前半部有小棘，口吸盘近圆形，腹吸盘圆形，二者大小相等，睾丸卵圆形，卵巢分叶位于腹吸盘与睾丸之间。卵黄腺起于腹吸盘后缘终于睾丸之后。它与卵圆前殖吸虫的区别如下。

1）卵黄腺前界位置。虫体在发育初期一旦出现卵黄腺，其前界位置即具明显区别，卵圆前殖吸虫的前界在腹吸盘中线之前，而透明前殖吸虫的在腹吸盘中线之后。

2）虫卵宽长之比。虫卵大小常因地区不同而异，而宽长之比则较恒定，卵圆前殖吸虫卵的宽长之比小于1:2；透明前殖吸虫卵的宽长之比大于1:2。

3）囊蚴。卵圆前殖吸虫囊蚴直径平均为0.312mm，外壁厚度平均为0.013mm（小囊），而透明前殖吸虫囊蚴直径平均为0.445mm，外壁厚度平均为0.035mm（大囊）。

4）两种吸虫各有其不同的适宜的第二中间宿主。

生活史 前殖吸虫的发育（图8-46）均需两个中间宿主：第一中间宿主为淡水螺类，第二中间宿主为各种蜻蜓及其稚虫。成虫在宿主的寄生部位产卵，后随粪便和排泄物排出体外。虫卵被第一中间宿主吞食（或虫卵遇水孵出毛蚴），毛蚴在螺体内发育为胞蚴和尾蚴，无雷蚴阶段。成熟的尾蚴从螺体逸出，游于水中，遇到第二中间宿主蜻蜓的稚虫时，即由稚虫的肛孔进入其肌肉中形成囊蚴。当蜻蜓稚虫越冬或变为成虫时，囊蚴在其体内仍保持生命力。家禽由于啄食了含有囊蚴的蜻蜓稚虫或成虫而遭到感染。囊蚴的囊壁在宿主体内被消化，童虫逸出，经肠入泄殖腔，再转入输卵管或法氏囊发育为成虫。用囊蚴人工感染小鸡，在第15天于法氏囊内可找到成虫，在输卵管内8d成熟，在小鹅和小鸭的法氏囊内分别需要26d和42d成熟（图8-47）。

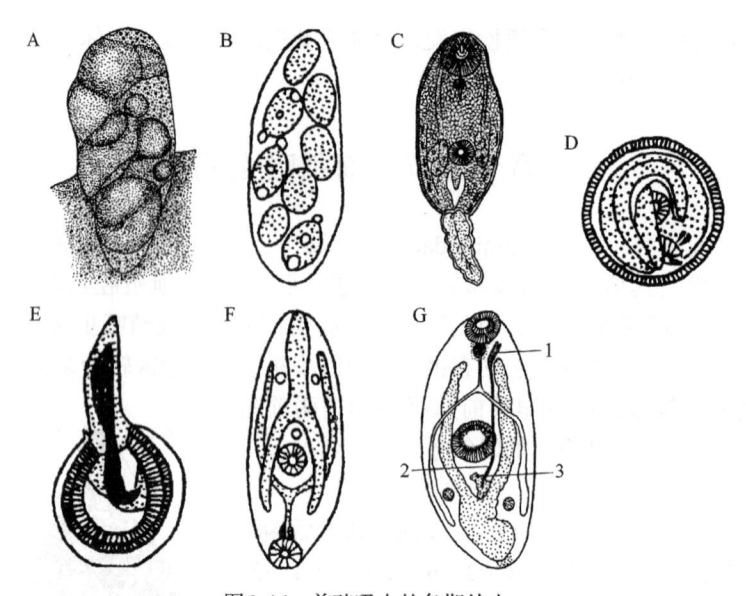

图 8-46 前殖吸虫的各期幼虫
A. 母胞蚴；B. 子胞蚴；C. 尾蚴；D. 囊蚴；E. 囊蚴破囊而出；
F，G. 童虫；1. 原生殖孔；2. 原子宫；3. 原卵巢

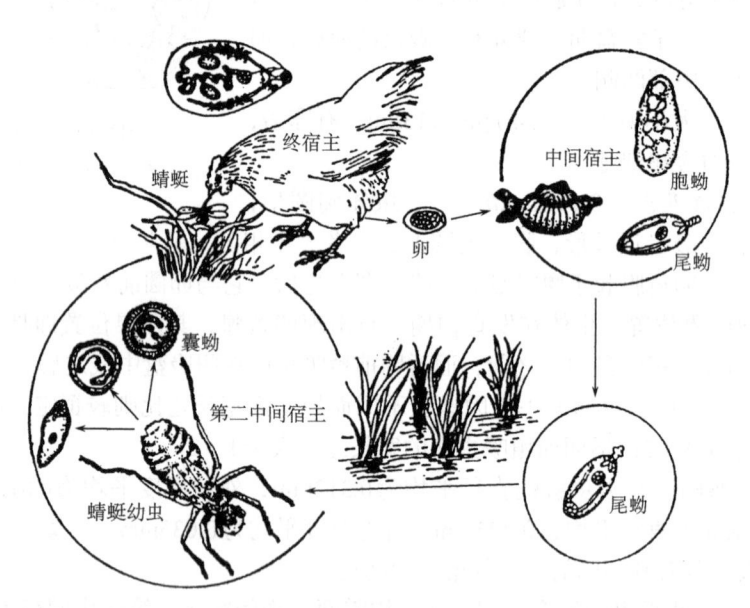

图 8-47 前殖吸虫的生活史

流行病学 前殖吸虫病多呈地方性流行，其流行季节与蜻蜓的出现季节相一致，家禽的感染多因到水池岸边放牧，捕食蜻蜓所引起。

致病作用 吸虫寄生于家禽的输卵管内，以吸盘和体表小刺刺激输卵管的腺体，影响正常的功能，首先破坏壳腺，致使形成蛋壳石灰质的机能亢进或降低，进而破坏蛋白腺的功能，引起蛋白质分泌过多。过多的蛋白质聚积，扰乱输卵管的正常收缩运动，影响卵的通过，从而产生各种畸形蛋（软壳蛋、无壳蛋、无卵黄蛋、无蛋白蛋及变形蛋）或排出石灰质、蛋白等半液状物质。重度感染时，由于输卵管炎症的加剧，可引起输卵管破裂或逆蠕

动，致使输卵管内的炎性产物或蛋白、石灰质等落入或逆入腹腔，导致腹膜炎而死亡。

禽类感染后，可产生免疫力，当其再感染时，虫体不再侵害输卵管，而随卵黄经输卵管的卵壳腺部分与蛋白一起包入蛋内，所以蛋内经常有前殖吸虫的存在。

临床症状　初期患鸡症状不明显，食欲、产蛋和活动均正常，但开始产薄皮蛋、软皮蛋、易破。后来产蛋率下降，逐渐产畸形蛋或流出石灰样的液体。患鸡食欲减退，消瘦，羽毛蓬乱，脱落。腹部膨大，下垂，产蛋停止。少活动，喜蹲窝。后期体温升高，渴欲增加，全身乏力，腹部压痛，泄殖腔突出，肛门潮红，腹部及肛周围羽毛脱落，严重者可致死。

病理变化　主要病变是输卵管发炎，输卵管黏膜充血，极度增厚，在黏膜上可找到虫体。病情严重的还可出现腹膜炎，腹腔内含有大量黄色混浊的液体。脏器被干酪样凝物黏着在一起；肠管间可见到浓缩的卵黄；浆膜呈现明显的充血和出血。有时出现干性腹膜炎。

诊断　根据临床症状和剖检所见病变，并发现虫体或用水洗沉淀法检查粪便发现虫卵，便可确诊。

治疗　可用丙硫苯咪唑，也可试用吡喹酮治疗。

预防　定期驱虫，在流行区根据病的季节动态进行有计划的驱虫；消灭第一中间宿主，有条件的地区可用药物杀灭之；防止鸡群啄食蜻蜓及其稚虫，在蜻蜓出现的季节，勿在早晨或傍晚及雨后到池塘岸边放牧，以防感染。

第十四节　棘口吸虫病

棘口吸虫病是由棘口科（Echinostomatidae）的各属吸虫寄生于家禽和野禽的大、小肠中所引起，有的也寄生于哺乳动物包括人体。棘口吸虫的种类繁多，分布广泛，对畜禽有一定的危害。

病原

（1）棘口属（*Echinostoma*）

1）卷棘口吸虫（*E. revolutum*），寄生于家鸭、鸡、鹅及其他野生禽类的直肠和盲肠，偶见于小肠。分布于世界各地，在我国流行广泛，除青海、西藏外，其他省（自治区、直辖市）均有报道。虫体呈长叶状，大小为（7.6~12.6）mm×（1.26~1.6）mm，体表被有小棘（图8-48）。具有头棘37枚，其中腹角棘各5枚。口吸盘小于腹吸盘。睾丸呈椭圆形，前后排列于卵巢后方，卵巢呈圆形或扁圆形，位于虫体中部，子宫弯曲在卵巢的前方，内充满虫卵，卵黄腺分布在腹吸盘后方的两侧，伸达虫体后端，在睾丸后方不向体中央扩展。虫卵椭圆形，金黄色，大小为（114~126）μm×（64~72）μm，一端有卵盖，内含卵细胞。第一、二中间宿主均为淡水螺类，如小土窝螺、凸旋螺、尖口圆扁螺、角扁卷螺、折叠萝卜螺和斯氏萝卜螺等。

2）宫川棘口吸虫（*E. miyagawai*），也叫卷棘口吸虫日本变种（*E. revolutum* var. *japonica*）。主要寄生于家禽和其他野禽的大、小肠中，也寄生于犬和人的肠道。在我国分布广泛。与卷棘口吸虫的形态结构极其相似（图8-49），其主要区别在于睾丸分叶，卵黄腺于后睾丸后方向体中央扩展汇合。幼虫对扁卷螺更易感染，成虫不仅寄生于禽类，还在哺乳动物体内寄生。

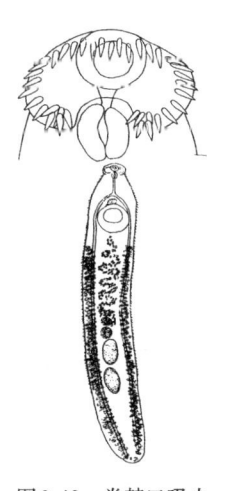

图8-48　卷棘口吸虫成虫与头冠放大

（2）棘缘属（*Echinoparyphium*） 曲领棘缘吸虫（*E. recurvatum*）寄生于家禽和其他野禽类的十二指肠中，也发现于犬、人及鼠类体内，常与宫川棘口吸虫混合感染。在国内外分布广泛。虫体小，仅有（2.5～5.0）mm×（0.4～0.7）mm。虫体前端向腹面弯曲。头领发达，有头棘45枚，其中腹角棘各5枚。睾丸呈长圆形或稍分叶，前后排列，两睾丸密切相接。卵巢呈球形，位于虫体中央。卵黄腺在后睾丸后方，向虫体中央汇合。子宫短，内含少量虫卵。

虫卵椭圆形，淡黄色，大小为（81～91）μm×（52～64）μm。

小土窝螺、尖口圆扁螺、折叠萝卜螺及斯氏萝卜螺均可作其第一、二中间宿主，蛙类也可作为其第二中间宿主。

（3）棘隙属（*Echinochasmus*）

1) 日本棘隙吸虫（*E. japonicus*），寄生于人、犬、猫、褐家鼠、狐狸、灵猫及野禽类的小肠中。分布于东亚诸国，在我国的黑龙江、吉林、北京、浙江、福建、江西和广东等地均有报道。虫体小、呈长椭圆形，大小为（0.81～1.09）mm×（0.24～0.32）mm（图8-50）。头领发达，呈肾形，具有头棘24枚，排成一列。虫体前部有体棘，呈鳞片状。前咽和食道长。腹吸盘发达，约为口吸盘的两倍。睾丸呈横卵圆形，前后排列于虫体的中后部。卵巢呈圆形，位睾丸之前体中线右侧。子宫短，盘曲，内含少数几个虫卵。虫卵为卵圆形，金黄色，大小为（72～80）μm×（50～57）μm。

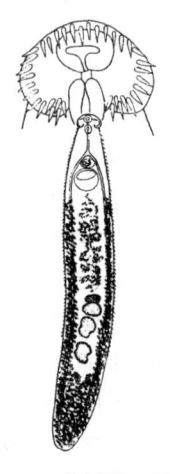

图8-49 宫川棘口吸虫成虫与头冠放大

第一中间宿主为纹沼螺，第二中间宿为麦穗鱼、鳟鱼及粗皮蛙。

2) 叶状棘隙吸虫（*E. perfoliatus*），也名抱茎棘隙吸虫，呈长叶形，大小为（3.52～4.48）mm×（0.73～0.88）mm。头棘24枚。主要寄生于犬、猫及人的小肠中。

（4）低颈属（*Hypoderaeum*） 似锥低颈吸虫（*H. conoideum*）寄生于家鸭、鹅及其他野禽类的小肠中，人也感染。是国内外分布广泛的一种吸虫。虫体肥厚，头端圆钝，腹吸盘处最宽，向后逐渐狭小，形似圆锥状，大小为（7.37～11.0）mm×（1.10～1.58）mm。头领不发达，呈半圆形，有头棘49枚，其中腹角棘各5枚。体表有棘。口、腹吸盘接近，食道极短，睾丸呈腊肠状，纵列于虫体的中后部。卵巢似圆形，位于睾丸之前。子宫发达，内含大量虫卵。卵黄腺分布于虫体的两侧，末端不汇合。虫卵为卵圆形，淡黄色，有卵盖，大小为（90～106）μm×（54～72）μm。

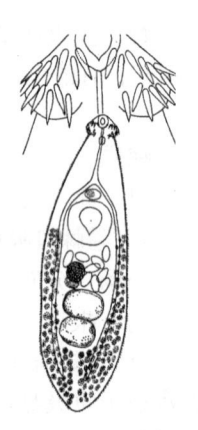

图8-50 日本棘隙吸虫成虫与头冠放大

第一、二中间宿主有小土窝螺、折叠萝卜螺、斯氏萝卜螺；第二中间宿主还有蝌蚪、姬蛙等。

生活史 棘口吸虫类的发育一般需要两个中间宿主：第一中间宿主为淡水螺类，第二中间宿主有淡水螺类、蛙类及淡水鱼。虫卵随终宿主粪便排至体外，在30℃左右适宜的温度下，于水中经7～10d孵出毛蚴。毛蚴在水中游动，遇到适宜的淡水螺类，即钻入其体内，脱掉纤毛发育为胞蚴，进而发育为母雷蚴、子雷蚴及尾蚴。在外界温度适宜的条件下，尾蚴自螺体逸出，游动于水中，遇到第二中间宿主淡水螺类、蝌蚪与鱼类，即侵入其体内变为囊蚴。终宿主吞食了含囊蚴的第二中间宿主而遭感染，在畜禽体内约经20d发育为成虫。

临床症状与病变　少量感染时危害不严重，雏禽严重感染时可引起食欲不振，消化不良，下痢，粪便中混有黏液。禽体贫血，消瘦，发育缓慢，最后因衰竭而死亡。剖检可见肠黏膜发炎，有出血点，肠内容物充满黏液，有多量虫体附在肠黏膜上。

诊断　根据流行病学和临床表现，通过粪便检查发现虫卵或尸体剖检发现虫体做出诊断。

治疗　可选用下列药物进行治疗：硫双二氯酚、氯硝柳胺和丙硫苯咪唑等。

预防

1）在流行区，对患禽应有计划地进行驱虫，驱出的虫体和排出的粪便应严加处理。从禽舍中清扫出来的粪便应堆积发酵，以杀灭虫卵后再利用。改良土壤，施用化学药物消灭中间宿主。

2）因螺类经常夹杂在水草中，因此勿以浮萍或水草作饲料。勿以生鱼、蝌蚪及贝类等饲喂畜禽，以防发生感染。

3）加强饲养管理，提高机体抵抗力。

第十五节　背孔吸虫病

背孔吸虫病是由背孔科（Notocotylidae）背孔属（Notocotylus）的纤细背孔吸虫（Notocotylus attenuatus）寄生于家禽及其他野禽的直肠和盲肠内所引起，主要分布于欧洲、俄罗斯、日本及中国各地。

病原形态　活的纤细背孔吸虫呈淡红色，长椭圆形，两端钝圆，大小为（2.2~5.7）mm×（0.82~1.85）mm（图8-51）。口吸盘圆形，位于虫体前端。腹吸盘和咽付缺。腹腺呈圆形或椭圆形，分三行纵列于虫体腹面，中行14~15个，两侧行各有14~17个。睾丸分叶，左右排列于虫体的后端。卵巢分叶，在两睾丸之间。梅氏腺位于卵巢前方。子宫左右回旋弯曲，位于虫体中后部。生殖孔开口在肠管开始分支的下方。卵黄腺呈颗粒状，分布于虫体后半部的两侧。

虫卵小，呈长椭圆形，淡黄到深黄色，大小为（18~21）μm×（1.0~1.2）μm。卵的两侧各有一条卵丝，长约277μm。

生活史　其发育需要一个中间宿主——圆扁螺［大脐圆扁螺（Hippeutis umbilicalis）和尖口圆扁螺（H. cantori）］。成虫在宿主肠腔内产卵，卵随粪便排出体外。在适宜的条件下，3~4d孵出毛蚴。毛蚴进入螺体后，经11d发育为胞蚴，后变为雷蚴和尾蚴。尾蚴自螺体逸出，附着在水草或其物体上形成囊蚴。禽类吞食了含囊蚴的水草等而受感染，到达寄生部位，约经3周发育为成虫。

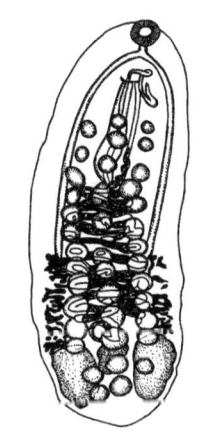

图8-51　纤细背孔吸虫成虫

致病作用和症状　虫体的机械性刺激引起盲肠黏膜损伤，糜烂，卡他性炎症；其毒害作用使患禽贫血和发育受阻。患禽表现消瘦、下痢及运动失调。

诊断　用直接涂片法或饱和盐水浮集法进行粪便检查发现特征性虫卵或尸体剖检发现虫体进行诊断。

治疗和预防　同卷棘口吸虫。

第十六节 环肠吸虫病

环肠吸虫病是由环肠科（Cyclocoelidae）环肠属（Cyclocoelum）的多变环肠吸虫（C. mutabile）和嗜气管属（Tracheophilus）的舟形嗜气管吸虫（T. cymbium）寄生于家鸭及野鸭的气管、支气管，也偶见于鼻腔内引起的，在我国许多省（自治区、直辖市）均有报道。

病原形态 常见的舟形嗜气管吸虫呈卵圆形，新鲜虫体为暗红色，大小为（7~12）mm×3mm。本虫的形态学特点是缺少口、腹吸盘，肠管在体后合并成"肠弧"。肠管内侧有许多盲突。睾丸两个，呈圆形，前后斜列于虫体的后部。卵巢近圆形，与两睾丸形成三角形的位置。子宫高度盘绕在体中部。虫卵呈卵圆形，大小为122μm×63μm，内含毛蚴。

生活史 本虫的中间宿主为椎实螺、凸旋螺（Gyraulus convexiusculus）。虫卵排出时内含毛蚴，毛蚴于水中孵出，感染螺体，经过胞蚴、雷蚴、尾蚴阶段，无月尾的尾蚴在螺体内形成囊蚴，被鸭吞食后造成感染。童虫经血液循环而入肺，再由肺转入气管发育为成虫。

致病作用与症状 重度感染时，大量虫体寄生在气管和喉部，引起呼吸困难、伸颈呼吸，少数鹅鸭颈部皮下发生气肿，会引起窒息而死亡。轻度感染时，没有明显的症状。

防治 消灭中间宿主淡水螺，切断其传播环节，勿在水边放牧，以防感染。

治疗 可用0.2%碘溶液1ml，气管注射。也可试用丙硫苯咪唑和吡喹酮进行治疗。

第十七节 枭形吸虫病

枭形吸虫病主要由枭形科（Strigeidae）的优美异幻吸虫（Apatemon gracilis）寄生于家鸭和野鸭肠道所引起，它是一种小型吸虫。在我国的江苏、福建、安徽、江西、广东、云南、贵州和四川等地均有报道。

病原形态 虫体小，长1.3~2.2mm，常向背面弯曲。虫体明显地区分为前、后体两部分。前、后体其长度之比约为1:2。前体大小为（0.42~0.62）mm×（0.38~0.62）mm，呈囊状或杯状，前端平截，囊内含口、腹吸盘和两叶黏着器。前后体的交界处有黏腺。后体大小为（0.85~1.22）mm×（0.45~0.66）mm，呈圆柱状，内含生殖器官。睾丸呈不规则球形，前后排列，缺雄茎和雄茎囊。贮精囊呈袋状，位于后睾丸之后的背面。卵巢紧接睾丸之前，子宫不发达，卵黄腺布满整个后体腹面。体后有一浅交合囊，其基部有一不甚发达的交接器和生殖锥。虫卵大小为（92~102）μm×（65~72）μm。

生活史 第一中间宿主为淡水螺类，第二中间宿主为水蛭和鱼类。虫卵随家鸭的粪便排出体外，在适宜的条件下，约经3周孵出毛蚴，毛蚴于水中钻入第一中间宿主体内，发育为胞蚴，由胞蚴直接形成尾蚴。尾蚴逸出，钻入第二中间宿主体内形成囊蚴。终宿主吞食了含有囊蚴的第二中间宿主而遭感染，在其体内发育为成虫。

致病作用和症状 虫体以前体杯状部吸附在肠黏膜上，将肠绒毛吸入囊内，致使绒毛血管明显充血并破裂，血被虫体吞食，而后绒毛发生变性，并被吸着器官的腺体分泌物所消化，使肠黏膜呈现炎症变化。严重感染者临床上表现为贫血、出血性肠炎，甚至死亡。

诊断与防治 根据流行病学和临床表现通过粪便检查发现虫卵或尸体剖检发现虫体确诊。防治可参照前殖吸虫病。

第十八节 嗜眼吸虫病

嗜眼吸虫病是由嗜眼科（Philophthalmidae）嗜眼属（*Philophthalmus*）的多种嗜眼吸虫寄生于家禽的结膜囊和瞬膜下所引起，主要症状是结膜炎，甚至失明，广泛分布于广东、福建、江苏、台湾等地。

病原形态　常见的嗜眼吸虫有下列两种。

1）鸡嗜眼吸虫（*Philophthalmus gralli*）。虫体呈扁筒状，后部较宽大，前端稍尖（图8-52）。体表光滑无刺。体长2.149～6.396mm，宽0.798～1.972mm。口吸盘位于次顶端，腹吸盘位于体前1/4～1/3处，咽发达，食道短，肠管达体后端。睾丸呈圆形或椭圆形，前后排列于体后端。雄茎囊位于腹吸盘一侧，生殖孔开口于肠分叉处。卵巢呈圆形，位于睾丸之前。子宫盘曲在体中部，内含多数虫卵。卵黄腺位于前睾丸与腹吸盘之间的体两侧。

虫卵椭圆形，大小为（75～100）μm×（36～60）μm，壳薄，无卵盖，内含一个具有眼点的毛蚴。

2）鸭嗜眼吸虫（*Philophthalmus anatinus*）。虫体窄长，大小为（4.112～4.860）mm×（1.385～1.813）mm（图8-53）。两肠管伸达虫体末端，睾丸边缘完整或有小分叶，前后排列于虫体后端。雄茎囊呈棒状，位于腹吸盘的右侧，雄茎从生殖孔伸出体外，末端具小刺。卵巢扁圆形，位于睾丸之前，子宫盘曲于前睾丸和腹吸盘之间，跨越肠管，内含多量虫卵。

虫卵呈圆形，内含具有眼点的毛蚴。

图8-52　鸡嗜眼吸虫

生活史　需要中间宿主淡水螺，如立莫萨安尼螺（*Amnicola limosa*）、瘤拟黑螺（*Melanoides tuberculatas*），虫卵在外界孵出毛蚴，毛蚴进入螺体后，经过母雷蚴、子雷蚴、尾蚴几个发育阶段，成熟尾蚴从螺体逸出，附着在水生植物或贝类等物体上即形成囊蚴，囊壁内出来的后尾蚴十分活跃，家禽是由囊蚴或后尾蚴通过口部或眼部而获得感染。在宿主的眼内约经20d发育为成虫。

流行病学　本病主要分布在我国南方，如台湾、福建、广东、广西等地。在流行区2/3的宿主可受到感染。一年中，以5～6月和9～10月为家禽的感染高峰期。

致病作用和症状　由于虫体的机械性刺激和毒素作用，患禽眼结膜发炎，潮红肿胀，角膜混浊，严重者失明，不能觅食，患禽普遍消瘦，甚至可导致死亡。

诊断　根据临床表现，从结膜囊中检出虫体做出诊断。

防治　消灭中间宿主和传播媒介，杜绝病原散布。在流行区用作家禽饲料的浮萍、贝类等应用开水浸泡，杀灭其中的囊蚴后再供食用。在流行季节应防止禽类在水边放牧。治疗可用95%乙醇滴眼，可使虫体失去吸附能力或虫体被固定死亡，并立即随泪水排出眼外。少数寄生在较深部位的虫体，可在再次滴眼时驱出。

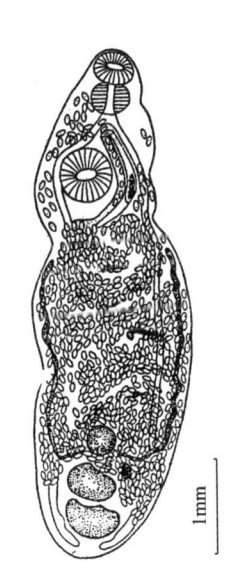

图8-53　鸭嗜眼吸虫

附：其他禽类吸虫病

一、毛毕吸虫病（鸭血吸虫病）

毛毕吸虫病是由分体科毛毕属（*Trichobilharzia*）的各种吸虫寄生于家鸭、野鸭及其他鸟类的门静脉和肠系膜静脉内所引起。分布于世界各地，在我国的黑龙江、吉林、辽宁、江苏、上海、福建、江西、广东及四川等地均有报道。毛毕吸虫的尾蚴侵入人体皮肤时，不能发育为成虫，但能引起尾蚴性皮炎，也叫稻田皮炎、游泳痒。四川称"鸭屎疯"，福建叫"鸭怪""鸭姆疮"等，使人手足有痒感，并出现丘疹或丘痘疹，甚至破溃，一般于5～7d后消退。因此，毛毕吸虫病不单影响生产，而且影响人们的健康。

病原形态 我国各地家鸭体内发现的毛毕吸虫主要是包氏毛毕吸虫（*Trichobilharzia pooi*），雄虫细长，大小为（5.12～8.23）mm×（0.078～0.095）mm（图8-54）。具有口、腹吸盘，上有小刺。抱雌沟简单，沟的边缘有小刺。睾丸呈球形，有70～90个，单行纵列，始于抱雌沟之后，达虫体后端。雄虫生殖孔开口于抱雌沟的前方。

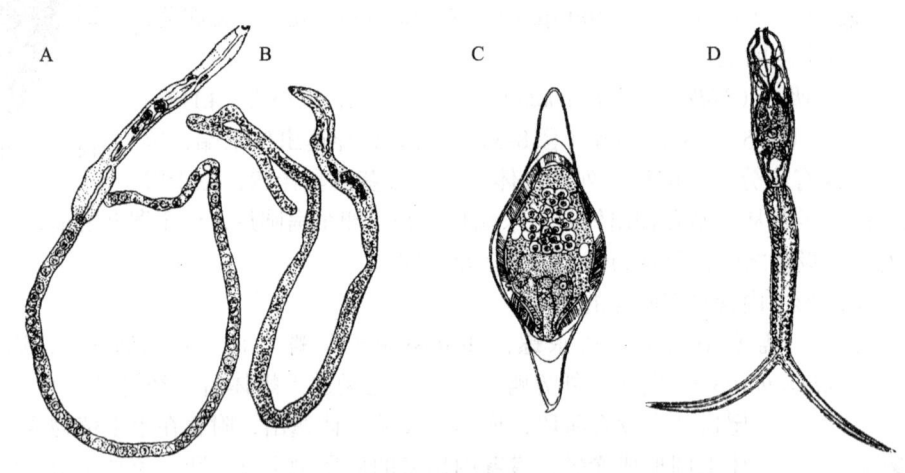

图8-54 包氏毛毕吸虫
A. 雄虫；B. 雌虫；C. 虫卵；D. 尾蚴

雌虫比雄虫纤细，大小为（3.39～4.89）mm×（0.08～0.12）mm。卵巢位于腹吸盘后不远处，呈3～4个螺旋状扭曲。子宫极短，介于卵巢与腹吸盘之间，内仅含一个虫卵。卵黄腺呈颗粒状，分布在卵巢后的整个体部。

虫卵呈纺锤形，中部膨大，两端较长，其一端有一小钩，大小为（23.6～31.6）μm×（6.8～11.2）μm，内含毛蚴。

生活史 患鸭游水时，虫卵随粪便排至体外，在水中不久即孵出毛蚴。毛蚴遇到适宜的中间宿主椎实螺类，即侵入其体内，发育为母胞蚴、子胞蚴和尾蚴，最后成熟的尾蚴离开螺体，游于水中，遇到鸭子或其他水禽时，经皮肤侵入，随血液循环到达门静脉和肠系膜静脉内发育为成虫。毛蚴钻入螺体至尾蚴离开螺体共需2～4周；从尾蚴侵入鸭皮肤，到在血管内发育为成虫共需3周时间。

包氏毛毕吸虫的中间宿主，在福建和广东等地被证实为折叠萝卜螺、斯氏萝卜螺和小土窝螺，它们大量繁殖于池塘、灌溉沟及路边水沟中。

致病作用与症状　　虫体在鸭的门静脉和肠系膜静脉内寄生并产卵,卵堆积在肠壁的微血管内,并以其一端伸向肠腔而穿过肠黏膜,引起肠黏膜发炎。严重感染时,肝、胰、肾、肠壁和肺均能发现虫体和虫卵。肠壁有虫卵小结节,影响肠的吸收功能。临床常表现为消瘦、贫血、消化不良、发育受阻等症状。

诊断　　根据临床表现和流行病学分析判断,通过粪便检查发现虫卵或尸体剖检发现大量虫体进行确诊。

治疗　　可试用吡喹酮治疗。

预防　　患禽粪便应堆积发酵,进行无害化处理后再用作肥料;应结合农业生产施用农药或化肥如用氨水、氯化铵和硫酸铵等杀灭淡水螺;在流行区,应避免到水沟或稻田放养鸭子,以防传播此病。

二、鸭后睾吸虫病

鸭后睾吸虫病是由后睾科的鸭后睾吸虫（*Opisthorchis anatis*）寄生于家鸭、鹅和其他野生禽的肝脏胆管内所引起。本虫虫体较长,前端尖细,后端稍钝圆,大小为（7~23）mm×（1.0~1.5）mm,体表平滑,口吸盘位于虫体前端,腹吸盘位于前1/5处（图8-55）。食道短或付缺,肠管伸达虫体的后端。睾丸分叶,前后排列于虫体的后部;卵巢分叶位于睾丸之前,子宫发达,生殖孔位于腹吸盘前缘,卵黄腺位虫体两侧。虫卵大小为（28~29）μm×（16~18）μm。

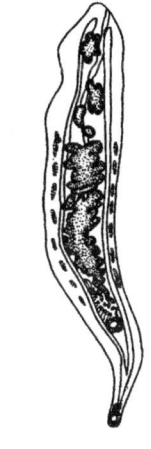

图8-55　鸭后睾吸虫

三、鸭对体吸虫病

鸭对体吸虫病是由后睾科鸭对体吸虫（*Amphimerus anatis*）寄生于鸭的胆管内所引起,本虫是鸭肝内的一种大型吸虫,主要分布于日本和俄罗斯的西伯利亚。在我国的江西、浙江、宁夏、黑龙江等地均有报道。虫体窄长,后端尖细,大小为（14~24）mm×（0.88~1.12）mm（图8-56）。口吸盘位于虫体的前端,腹吸盘小,位于虫体前1/5处。两条盲肠伸达虫体后端。睾丸呈长圆形,分叶或不分叶,前后排列于虫体的后部。生殖孔位于腹吸盘前缘。卵巢分叶,位于前睾丸之前。受精囊紧接卵巢之后,子宫盘曲于虫体中部,卵黄腺分布于虫体中后方的两侧。虫卵呈卵圆形,一端有盖,另一端有较尖的刺突,大小为（25~28）μm×（13~14）μm。生活史不清楚。对体吸虫寄生于鸭的肝脏,由于虫体的机械作用和毒素作用,肝脏呈现不同程度的炎症和坏死,常呈橙黄色,有花斑;胆管阻塞,胆汁分泌困难,肝功能破坏。临床表现贫血、消瘦等全身症状,严重感染时,死亡率也较高。治疗可参照东方次睾吸虫病。

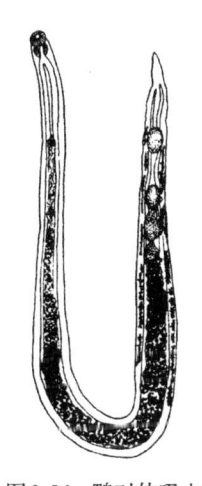

图8-56　鸭对体吸虫

四、次睾吸虫病

次睾吸虫病是由后睾科东方次睾吸虫（*Metorchis orientalis*）寄生于鸭、鸡和野鸭的肝脏胆管或胆囊内所引起,偶见于猫、犬及人体内。主要分布于日本、俄罗斯的西伯利亚及中国,在我国的黑龙江、吉林、北京、天津、上海、安徽、江苏、浙江、福建、台湾、江西、广东、广西等省（自治区、直辖市）均有报道。

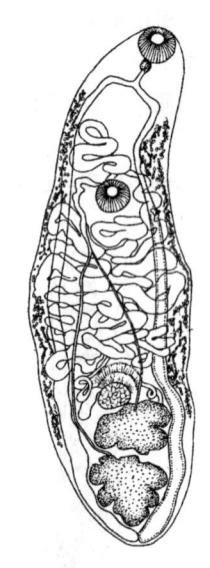

病原形态　虫体呈叶状，大小为（2.4~4.7）mm×（0.5~1.2）mm，体表被有小棘（图8-57）。口吸盘位于虫体前端，腹吸盘位于虫体前1/4处中央。睾丸大，稍分叶，前后排列于虫体的后部。卵巢椭圆形，位睾丸之前，受精囊位于前睾丸的前方，卵巢的右侧。卵黄腺分布于虫体的两侧，子宫盘曲于卵巢的前方，伸达腹吸盘上方，内充满虫卵，生殖孔位于腹吸盘前方。

虫卵椭圆形，浅黄色，大小为（28~31）μm×（12~15）μm，有卵盖，内含毛蚴。

生活史　第一中间宿主为纹沼螺，第二中间宿主为麦穗鱼及爬虎鱼等。囊蚴主要寄生在鱼的肌肉及皮层。终宿主吞食了含有囊蚴的鱼类而遭感染。感染后的16~21d粪便中出现虫卵。

致病作用和病变　虫体的机械性刺激和毒素作用，使肝脏肿大，脂肪变性或有坏死性结节；胆管增生变粗；胆囊肿大，囊壁增厚，胆汁变质或消失。

图8-57　东方次睾吸虫成虫

症状　轻度感染时不表现临床症状，严重感染时不仅影响产蛋，而且死亡率也较高。患禽精神不振，食欲减退，羽毛粗乱，两腿无力，消瘦、贫血、下痢，粪呈水样，多因衰竭而死亡。

治疗　可用吡喹酮、丙硫苯咪唑等。

预防

1）对患禽进行全面治疗，以防粪便中的虫卵污染池塘和沟渠。

2）加强禽粪管理，应堆积发酵，生物热处理以杀灭虫卵。

3）流行区的家禽应避免到水边放牧，勿以淡水鱼类饲喂家禽。

第九章 绦虫病

绦虫病是由扁形动物门绦虫纲（Cestoidea）多节绦虫亚纲（Cestoda）所属的各种寄生性绦虫寄生于家畜、家禽和毛皮兽等动物的消化道所引起的一类蠕虫病。由于绦虫种类繁多，生物学特性各异，分布又广，对家畜、家禽等的危害很严重，有些种类甚至危害人体健康，是食品卫生及公共卫生学的重要内容之一。

寄生于动物的绦虫属于扁形动物门（Platyhelminthes）绦虫纲（Cestoidea），其中圆叶目（Cyclophyllidea）和假叶目（Pseudophyllidea）绦虫对动物具有感染性，常导致人和动物患病。而以圆叶目绦虫为多见。

第一节 绦虫的形态和生活史

一、绦虫的形态

1. 头节 绦虫虫体呈带状、扁平，大小从数毫米至10m及以上。虫体分头节（scolex）、颈节（neck）和链体（strobila）三部分，成虫链体的第一节称为头节，其顶端多数有一突起的吻突（rostellum），其上有不同形状的吻钩（rostellar hook）或缺少吻钩，有的绦虫没有吻突。头节为附着器官，一般分为三种类型。

1）吸槽型（bothriate type of holdfast）。由头节的背、腹两面内陷而呈浅沟状或沟槽状，数目一般为2个，某些种类可多达6个，如假叶目绦虫都具有这样的吸槽。

2）吸盘型（acetabulate type of holefast）。有4个圆形吸盘，对称地排列在头节的四面，如带科、裸头科、戴文科绦虫的头节。

3）吸叶型（bothridial type of holdfast）。为长形吸着器官，其前端具有4个叶状结构，分别附在可弯曲的小柄上或直接长在头节上，如四叶目绦虫的头节。

颈节较纤细，为头节的基部，是产生绦虫节片的部位，又称为生长区（growth-zone）。

2. 体壁 体壁（body wall）最外层为皮层（tegument），其下为肌肉系统，由皮下肌层和实质肌层组成。皮下肌层的外层为环肌，内层为纵肌。纵肌较发达，贯穿整个链体，当体节成熟老化时，纵肌纤维随之萎缩退化，从而孕节易于自行从链体上脱落（图9-1）。

3. 实质 绦虫无体腔，由体壁围成一个囊状结构，称为皮肤肌肉囊。囊内充满海绵样物质，也称髓质区，各器官均埋在其中。在发育过程中，形成的实质细胞膨胀产生空泡，空泡的泡壁互相连接而产生细

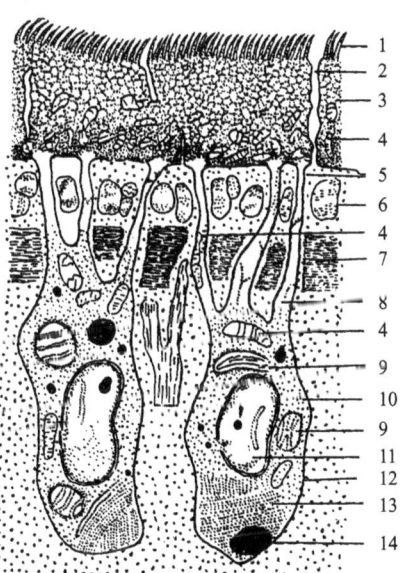

图9-1 绦虫体壁的电镜结构
1. 微绒毛；2. 孔道；3. 皮层；4. 线粒体；
5. 基膜；6. 环肌；7. 纵肌；8. 连接管；
9. 内质网；10. 电子致密细胞；11. 核；
12. 实质；13. 蛋白质；14. 脂肪或糖原

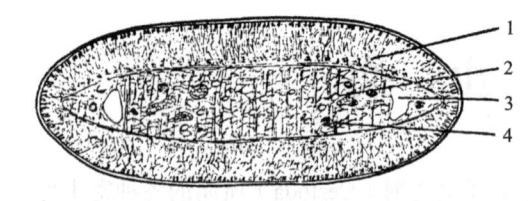

图9-2 绦虫节片的横断面
1. 肌层；2. 实质；3. 排泄管；4. 睾丸

胞内的网状结构；各细胞间存在空隙。通常节片内层实质细胞会失去细胞核，而每当生殖器官发育膨胀，便压迫这些无核的细胞，它们退化后可变为生殖器官的被膜。另外，在实质内常散在有许多球形的或椭圆形的石灰小体，该小体为绦虫的重要组成部分，有着调节酸度的作用（图9-2）。

4. 消化系统 绦虫无消化系统，以前简单地认为其是靠体壁的渗透作用吸收养料。但应用电镜后，通过对体壁的细微结构进行了解，确定了绦虫皮层和与它相关的细胞具有相当于其他动物消化系统的功能，吸收营养物是依靠皮层外的微绒毛，而且绒毛尖端能擦损肠上皮细胞，从而使高浓度而富有营养的胞质渗透出于虫体周围，无数的绒毛又极大地扩展了吸收面积。此外绒毛还有吸附能力，以避免从宿主消化道中排出。绦虫体壁能抗宿主消化液，它能借助深埋在实质中的电子致密细胞不断更新。皮层浅部的大量空泡显示了它们具有胞饮作用和运输功能。线粒体、内质网及晶状体、储备体能合成所吸取的营养物质并储备或输送至虫体各部。

5. 神经系统 神经中枢位于头节中，由几个神经节和神经联合构成；自神经节开始纵走形成两侧主干及背腹左右辅干共6条神经干，贯穿于整个链体，在头节和每一体节内有横支相连。

6. 排泄系统 链体两侧有纵向的排泄管，每侧有背、腹两条，腹侧的较大，纵向排泄管在头节内构成蹄系状联合；在腹侧的纵向排泄管每个节片中的后缘处有横向管相连。一个总排泄孔开口于最早期分化出现的游离边缘的中部。当此节片脱落后，总排泄孔即消失，而由各节片的排泄管各自向外开口。绦虫排泄系统起始于焰细胞，由焰细胞发出来的细管汇集成为较大的排泄管，再与纵管相连。

7. 生殖系统 绦虫除个别虫种外，均是雌雄同体。在成熟体节的每个体节中都有1~2组（套）雌性和雄性生殖器官，可以说链体就是一连串生殖器官构成的。生殖器官的发育是从紧接颈节的幼节开始分化的，最初的节片尚未出现雌、雄的性别特征，继而渐渐发育，先出现雄性生殖系统，而后出现雌性生殖系统，再到成节形成。当体节受精以后，雄性生殖系统就开始萎缩，而雌性生殖系统则继续充分发育，直到子宫发育成熟，其内逐渐充满虫卵，此时体节高度扩张，雌性生殖器官的其他部分也渐渐萎缩和消失，如此便成为绦虫链体后部的孕节了。孕节随着卵的成熟、纵肌纤维的萎缩而脱离链体，随粪便排出体外。雄性生殖系统由数个至很多个睾丸（散布于虫体背面的实质中）、输出管、输精管、雄茎囊、雄茎等组成；雌性生殖系统由卵模、卵巢、卵黄腺、梅氏腺、子宫、阴道等组成。阴道末端为雌性生殖孔，开口于雄性生殖孔的后方（生殖腔）。

圆叶目绦虫的子宫为盲囊，不向体外开口（图9-3），虫卵不能排出体外，只有体节破裂后，才能散布出虫卵。它们的受精卵在终宿主体内时便已含有发育成熟的六钩蚴（oncosphere），其上具有6个

图9-3 圆叶目（带属）绦虫生殖器官模式图

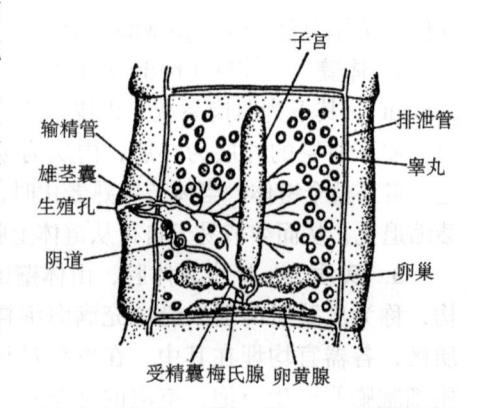

小钩，胚膜（embryophore）上无纤毛。有的种类在胚膜外尚有卵壳，如膜壳属。有的则胚膜裸露，如带科绦虫的卵在混入粪便后即失去卵壳。虫卵呈圆形或不正圆形，无卵盖，淡黄色或无色，内含六钩蚴，其虫卵结构由六钩蚴、胚膜、胚层及卵壳组成。

假叶目绦虫的子宫向腹面体外开口（子宫孔），虫卵可随时经此孔排出而进入肠腔，故粪便中易于检出虫卵（图9-4）。虫卵排出后必须在水中发育成熟，孵出钩球蚴（coracidium）。钩球蚴呈圆球形，有6个小钩和具纤毛的胚膜，在水中活跃游动，寻找第一中间宿主以备继续发育。虫卵有卵盖，椭圆形，无色，结构与吸虫卵相似。

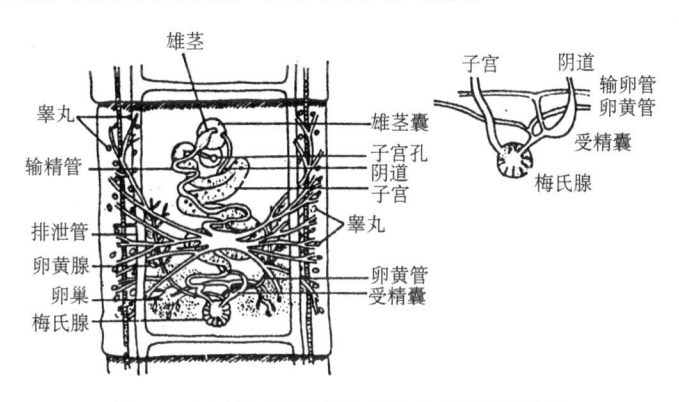

图9-4 假叶目（裂头属）绦虫生殖器官模式图

二、绦虫的生活史

绦虫的生活史比较复杂，除寄生在人体和啮齿动物的微小膜壳绦虫不需要中间宿主外，寄生于动物体内的绝大多数绦虫的发育都需要一个或两个中间宿主的参与才能完成其整个生活史。绦虫的受精方式有同体节受精、异体节受精和不同链体间的受精等。精子经阴道进入受精囊，受精多在受精囊和输卵管内进行。

1. 虫卵期 绦虫的虫卵主要有圆叶目虫卵与假叶目虫卵两种类型（图9-5）。圆叶目受精的虫卵为球形，经分裂成为大、中、小裂球三种细胞，大裂球产生胚层，小裂球经多次分裂形成原肠胚，中裂球则变成一个双重细胞层的胚膜包围着原肠胚。最后原肠胚变成六钩胚即六钩蚴（oncosphere）。六钩蚴不能自行活动。由于圆叶目绦虫没有子宫孔，因此六钩蚴大都随体节从链体上脱落排出体外。当虫卵进入中间宿主体内后，六钩蚴从胚膜内孵出，便进入了中绦期（metacestode）。圆叶目绦虫的卵壳不但脆弱，还缺少卵盖。卵壳多在未脱离母体前脱落，因此常见的所谓"卵壳"实际上是胚膜。胚膜为双层膜，在带绦虫类两膜间密布辐射式棒状体。此外，圆叶目绦虫卵的发育是在母体内进行的。卵由母体释出时，成熟的六钩胚已经形成。

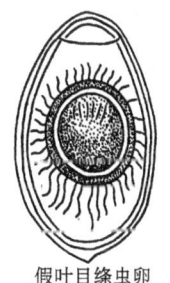

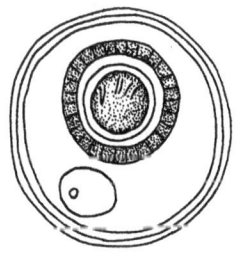

图9-5 绦虫卵模式构造

假叶目绦虫的卵在其卵壳的一端有卵盖，虫卵内有一个受精的卵细胞或经分裂为多个卵细胞，在卵细胞外有许多卵黄细胞。这些成熟的虫卵累积在子宫内并经子宫孔逐个排出到宿主肠腔中，随粪便排出体外。虫卵必须在水中才能发育。自卵中孵出的钩胚，胚膜上具有纤毛，能在水中游动，称为钩毛蚴或钩球蚴，当虫卵进入中间宿主——甲壳纲节肢动物后即发育为中绦期。

2. 幼虫期 一般绦虫都需一个中间宿主作为其幼虫期的宿主。绦虫的幼虫期也称为中绦期，因其种类不同，形态也不同。归纳绦虫生活史有两种基本类型：一种是圆叶目绦虫的生活史；另一种是假叶目绦虫的生活史。

（1）圆叶目绦虫的幼虫期 圆叶目绦虫虫卵在孕节内提前发育为六钩蚴，不需要在外界环境中发育，只要孕节或虫卵随粪便排出体外。在适当条件下，中间宿主吞食虫卵到消化道，虫卵外壳在消化液的作用下被消化，逸出的六钩蚴迅速钻破肠壁到达目的地后，即发育进入中绦期：似囊尾蚴、囊尾蚴、多头蚴和棘球蚴等（图9-6）。

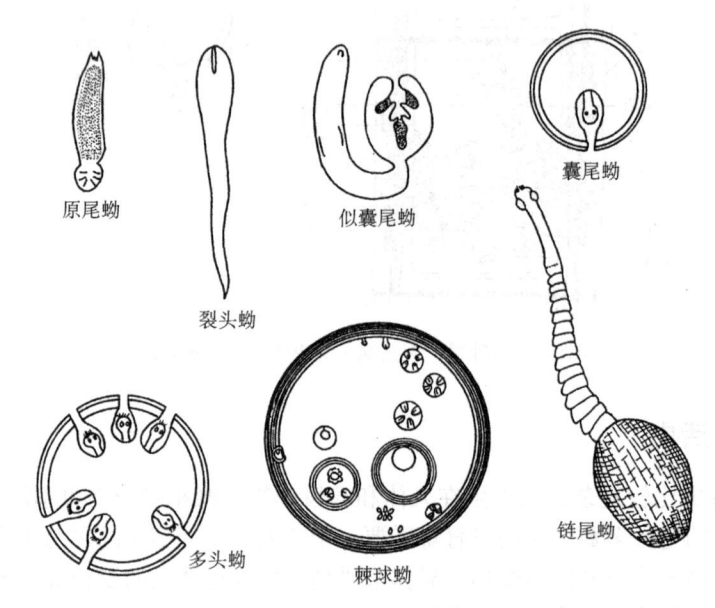

图9-6 中绦期的各种类型

似囊尾蚴：它是许多圆叶目绦虫幼虫期的一种形式，如裸头科（Anoplocephalidae）绦虫、膜壳科（Hymenolepididae）绦虫、双壳科（Dilepididae）绦虫及戴文科（Davaineidae）绦虫。似囊尾蚴期，虫体的头节发育日趋完善，吸盘伸缩活泼，有的吻突和吻钩也发育完成。此时头节即行缩入囊腔内，腔口紧闭但留有孔道。成熟的似囊尾蚴由前端的体部与后端的尾部组成。其体部一般呈圆形或椭圆形，外周有角质层，其内为囊壁，囊壁分内、外两层，外壁由柔软的细胞组成，内壁为纤维层。内面头节缩在囊腔中，呈倒伏状。在头节与囊壁内堆积有许多大小不同的石灰质颗粒。尾部一般呈囊泡状，其长短、形状因种类而不同，内部有六钩胚与原腔残留。

囊尾蚴：为一半透明囊体，其外周由宿主组织形成一层膜，称为外来膜（adventitious membrane）。其内面即囊尾蚴的囊壁，由外层的角质层和内层的生发层（germinated layer）组成，在囊壁凹陷处含有头节1个，头节能向外翻出。囊腔内充满无色囊液，不凝固，内含各种球蛋白、钠、钙、磷、胆固醇、卵磷脂等物质。囊尾蚴主要是带属绦虫所特有的幼虫，其寄生部位随绦虫种类不同而不同，肝、腹腔、肌肉、脑、眼均为常见的寄生部位。六钩蚴侵入中间宿主体内后，在十二指肠孵化逸出，钻入黏膜随血流达肝脏，最终定居场所则视绦虫种类而异。

多头蚴（coenurus）：一个囊体内壁的生发层芽生出较多头节，呈一堆一堆的排列，每堆有3～8个不同发育期的头节。它是带科多头属（Multiceps）绦虫特有的幼虫期，其中间宿主是哺乳类，人也可感染，如多头绦虫（Multiceps multiceps）的多头蚴，除寄生于牛、羊外，还可寄生于人体的脑组织中。

棘球蚴（hydatid cyst）：一个母囊（mother cyst）内发育有多个子囊（daughter cyst），而每个子囊的生发层囊壁又芽生出许多原头节（protoscolex）。它是带科棘球属绦虫特有的幼虫期。有的棘球蚴只是一个母囊，内生许多子囊和原头节，这种情况叫作单囊棘球蚴（unilocular hydatid cyst），如细粒棘球绦虫的棘球蚴。有的棘球蚴，其母囊不仅内生子囊，而且也有外生子囊，子囊可再内生或外生更多子囊，且每个子囊都具有1～30个原头节，此种棘球蚴叫作多房棘球蚴（multilocular hydatid cyst），如多房棘球绦虫（Echinococcus multilocularis）的棘球蚴。

（2）假叶目绦虫的幼虫期　　假叶目绦虫的虫卵孵化出的钩球蚴在水中被中间宿主——甲壳类动物吞食后，钩毛蚴逸出并穿过肠壁，侵入宿主体腔、经一段时期发育便进入中绦期：原尾蚴、实尾蚴。

原尾蚴（procercoid）：体部较大，内有多对穿刺腺，后端有球形或囊形的尾部，较小，易脱落，内有残留的原腔和六钩胚。原尾蚴与其宿主共寿命，直到宿主被第二中间宿主所吞食。

实尾蚴（plerocercoid）：是原尾蚴连同第一中间宿主被第二中间宿主吞食后，在第二中间宿主体内（皮下肌肉组织）发育而成。实尾蚴前端有沟槽形的头节，后端呈扁平的长条形，有的种类已有早期分节现象。除假叶目绦虫外，原头目（Proteocephalidae）绦虫、四叶目（Tetraphyllidea）绦虫及锥吻目（Trypanorhyncha）绦虫等都有实尾蚴的幼虫期。

3. 成虫期　　绦虫蚴进入终宿主的消化道后，宿主的消化酶能消化绦虫蚴的外囊。因而头节得以伸出囊外并吸着肠壁上发育为成虫，有的绦虫蚴还需宿主的胆汁作用，才能翻出头节；有的绦虫蚴进入不适宜的终宿主后不能发育或被杀死。成虫的发育与宿主的营养和免疫能力等因素有关。例如，长膜壳绦虫成虫的发育对碳水化合物需求较高，因而宿主的食物中淀粉含量增加时，成虫发育迅速而肥大，如食物缺少碳水化合物，成虫发育便受到抑制。此外，宿主肠道内其他种类寄生虫存在也能影响虫体的发育。

第二节　裸头绦虫病

一、莫尼茨绦虫病

莫尼茨绦虫属于裸头科（Anoplocephalidae）莫尼茨属（Moniezia），寄生于反刍动物包括绵羊、山羊、黄牛、水牛、牦牛、鹿和骆驼的小肠中。分布于世界各地，我国各地均有报道，我国三北牧区普遍存在本病，多呈地方性流行。主要危害羔羊和犊牛，影响幼畜生长发育，严重感染时，可导致死亡。

病原形态　　在我国常见的莫尼茨绦虫有两种：扩展莫尼茨绦虫（Moniezia expansa）和贝氏莫尼茨绦虫（M. benedeni）。它们在外观上颇为相似，头节小，近似球形，上有4个吸盘，无顶突和小钩。体节宽而短，成节内有两套生殖器官，每侧一套，生殖孔开口于节片的两侧（图9-7）。卵巢和卵黄腺在体两侧构成花环状。睾丸数百个，分布于整个体节内。子

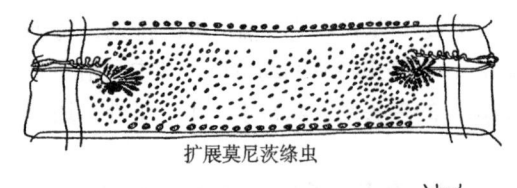

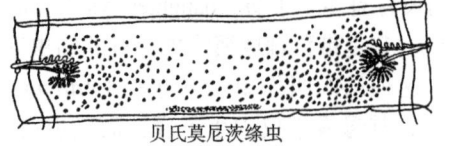

扩展莫尼茨绦虫

贝氏莫尼茨绦虫

图9-7 莫尼茨绦虫的成熟体节

宫呈网状。两种虫体各节片的后缘均有横列的节间腺（interproglottidal gland），扩展莫尼茨绦虫的节间腺为一列小圆囊状物，沿节片后缘分布；而贝氏莫尼茨绦虫的呈带状，位于节片后缘的中央。此外，扩展莫尼茨绦虫长可达10m，宽1.6cm，呈乳白色，虫卵近似三角形；贝氏莫尼茨绦虫呈黄白色，长可达4m，宽为2.6cm，虫卵为四角形（图9-8）。

虫卵内有特殊的梨形器，梨形器内含六钩蚴，虫卵的直径为56～67μm。

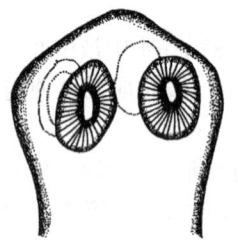

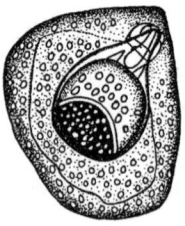

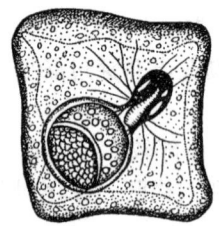

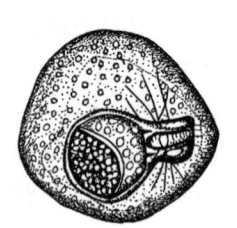

头节　　扩展莫尼茨绦虫卵　　贝氏莫尼茨绦虫卵　　扩展莫尼茨绦虫卵

图9-8 莫尼茨绦虫头节及虫卵

生活史　莫尼茨绦虫的中间宿主为地螨类（oribatid mite），易感的地螨有菌甲螨（*Scheloribates*）和大翼甲螨（*Galumna*）。终宿主将虫卵和孕节随粪便排至体外，虫卵被中间宿主吞食后，六钩蚴穿过消化道壁，进入体腔，发育至具有感染性的似囊尾蚴。动物吃草时吞食了含似囊尾蚴的地螨而受感染。扩展莫尼茨绦虫在羔羊体内经37～40d，贝氏莫尼茨绦虫在绵羊体内经42～49d，在犊牛体内经47～50d发育为成虫。绦虫在动物体内的寿命为2～6个月，后自动排出体外（图9-9）。

流行病学　莫尼茨绦虫为世界性分布，在我国的东北、西北和内蒙古的牧区流行广泛；在华北、华东、中南及西南各地也经常发生，农区不很严重。莫尼茨绦虫主要危害1.5～8个月的羔羊和当年生的犊牛。

动物感染莫尼茨绦虫是由于吞食了含似囊尾蚴的地螨。地螨种类繁多，现已查明有20余种地螨可作为莫尼茨绦虫的中间宿主，其中以菌甲螨和大翼甲螨受感染率较高。地螨在富含腐殖质的林区、潮湿的牧地及草原上数量较多，而在开阔的荒地及耕种的熟地里数量较少。性喜温暖与潮湿，在早晚或阴雨天气时，经常爬至草叶上；干燥或日晒时便钻入土中。六钩蚴在地螨体内发育为成熟似囊尾蚴的时间在20℃，相对湿度100%时需47～109d。成螨在牧地上可存活14～19个月。因此，被污染的牧地可保持感染力近两年之久。地螨体内的似囊尾蚴可随地螨越冬，所以动物在初春放牧一开始，即可遭受感染。

莫尼茨绦虫六钩蚴在地螨体内发育为感染性似囊尾蚴所需要的时间，主要取决于外界的温度，在16℃时需107～206d；16～20℃时为65～90d；26℃时为51～52d；在27～35℃（平均为30℃）时需26～30d。虫卵在水中和潮湿的小室内放置10～15d，死亡30%～40%；经40～55d时死亡93%～99%；干燥6h，死亡30%～35%，干燥18h死亡99.4%，粪便中的虫卵干燥40d，死亡98%。

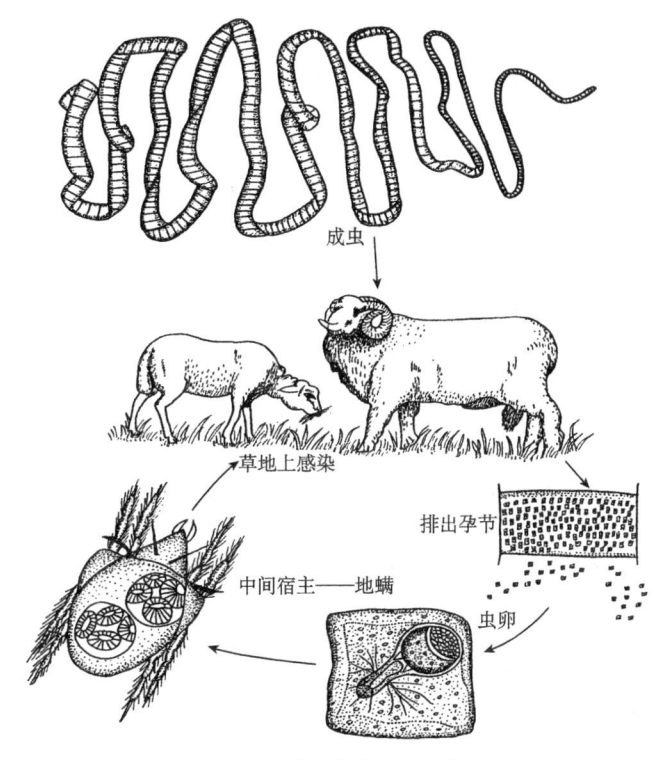

图9-9 莫尼茨绦虫生活史

动物在牧地上最早感染莫尼茨绦虫似囊尾蚴的时间与当地的气候条件、母羊产羔时间及羔羊放牧的时间有密切关系。在福建，2~3月开始感染，4~5月达高峰，8月后直到次年1~2月逐渐终止。在黑龙江，4月下旬或5月初开始放牧，6月羊粪便中开始出现扩展莫尼茨绦虫的孕节或虫卵，7~9月达高峰，后逐渐下降，到12月或次年1月降至零。同群羔羊虽在同一牧地上放牧，但直到9~10月才出现贝氏莫尼茨绦虫的孕节或虫卵，后逐渐上升，到次年1~2月达高峰，后变为带虫现象。1~2岁的幼畜和成年动物几乎全年可感染莫尼茨绦虫，但季节动态不明显。动物具有年龄免疫性，特别表现在3~4个月龄前的羔羊，它们不感染贝氏莫尼茨绦虫。然而这种免疫力较弱，其保护性最多不到2个月。感染过扩展莫尼茨绦虫的羔羊还可感染贝氏莫尼茨绦虫，因而这种免疫力具有种的特异性，在病畜的血液中可检出沉淀素。

致病作用及症状

（1）机械作用　莫尼茨绦虫为大型虫体，长达数米，宽1~2cm，大量寄生时，集聚成团，造成肠腔狭窄，影响食糜通过，甚至发生肠阻塞、套叠或扭转，最后因肠破裂引起腹膜炎而死亡。

（2）夺取营养　虫体在肠道内生长很快，每昼夜可生长8cm，势必从宿主体内夺取大量养料，以满足其生长的需要。这样，必然影响幼畜的生长发育，使之迅速消瘦，体质衰弱。

（3）中毒作用　虫体的代谢产物和分泌的毒性物质被宿主吸收后，可引起各组织器官发生炎症和退行性病变，改变血液成分，红细胞数减少，血红蛋白降低，出现低色素红细胞。中毒作用还破坏神经系统和心脏及其他器官的活动。肠黏膜的完整性遭到损害时，可引起继发感染，并降低羔羊和犊牛的抵抗力，如可能促进羊快疫和肠毒血症的发生。

莫尼茨绦虫病是幼畜的疾病，成年动物一般无临床症状。幼年羊最初的表现是：精神不振，消瘦，离群，粪便变软，后发展为腹泻，粪中含黏液和孕节。进而症状加剧，动物衰弱，贫血。有时有明显的神经症状，如无目的地运动，步样蹒跚，有时有震颤。神经型的莫尼茨绦虫病羊往往以死亡告终。

幼年羊扩展莫尼茨绦虫病多发于夏、秋季节，而贝氏莫尼茨绦虫病多在秋后发病。

病理变化　　尸体消瘦，黏膜苍白，贫血。胸腹腔渗出液增多。肠有时发生阻塞或扭转。肠系膜淋巴结、肠黏膜、脾增生。肠黏膜出血，有时大脑出血、浸润，肠内有绦虫，寄生处有卡他性炎症。

诊断　　在患羊粪球表面有黄白色的孕卵节片，形似煮熟的米粒，将孕节做涂片检查时，可见到大量灰白色、特征性的虫卵。用饱和盐水浮集法检查粪便时，可发现虫卵。结合临床症状和流行病学资料分析可确诊。

治疗　　常用的驱虫药有硫双二氯酚、氯硝柳胺、丙硫苯咪唑和吡喹酮等。

预防　　鉴于幼畜在早春放牧一开始即遭感染，所以应在放牧后4~5周时进行绦虫成熟前驱虫。第一次驱虫后2~3周，最好再进行第二次驱虫。驱虫的对象主要是幼畜，但成年动物一般为带虫者，是重要的感染源，因此对它们的驱虫仍不应忽视。污染的牧地，特别是潮湿和森林牧地空闲两年后可以净化。土地经过几年的耕作后，地螨量可大大减少，有利于莫尼茨绦虫的预防。同时应避免在雨后的清晨和傍晚放牧。

二、曲子宫绦虫病

曲子宫绦虫属于裸头科（Anoplocephalidae）曲子宫属（*Helictometra*或*Thysaniezia*）。常见的虫种为盖氏曲子宫绦虫（*H. giardi*），寄生于牛、羊的小肠内。我国许多省（自治区、直辖市）均有报道。

病原形态　　成虫乳白色，带状，体长可达4.3m，最宽为8.7mm，大小因个体不同有很大差异。头节小，直径不到1mm，有4个吸盘，无顶突。节片较短，每节内含有一套生殖器官，生殖孔位于节片的侧缘，左右不规则地交替排列（图9-10）。雄茎经常伸出，使虫体边缘不整，睾丸为小圆点状，分布于纵排泄管的外侧；子宫管状横行，呈波状弯曲，几乎横贯节片的全部，以后逐渐弯曲，最后在侧支的末端形成许多小的含有3~8个虫卵的副子宫器（paruterine organ），在粪便中可以检出此种带蒂的梨状副子宫器，内含虫卵。虫卵呈椭圆形，直径为18~27μm，每5~15个虫卵被包在一个副子宫器内。

图9-10　曲子宫绦虫成节

生活史　　生活史不完全清楚，有人认为中间宿主为两种甲螨，还有人实验感染啮虫类（psocids）成功，但感染绵羊未获成功。动物具有年龄免疫性，4~5个月前的羔羊不感染曲子宫绦虫，故多见于6个月以上及成年绵羊。

流行病学　　5个月前的羔羊不感染曲子宫绦虫，当年生的犊牛很少感染，多见于老龄动物，并多见于春冬两季。秋季曲子宫绦虫与贝氏莫尼茨绦虫常混合感染，发病多见于秋季到冬季。据报道俄罗斯绵羊曲子宫绦虫感染率达37.1%，罗马尼亚有14.07%，新疆绵羊感染率为15.4%，宁夏羊感染率为12.94%，最高年份达25%，青海省绵羊感染率最高可达33.3%，牛为10%，新疆阿勒泰地区绵羊感染率也有25%。

致病作用及症状 一般情况下，不出现临床症状，严重感染时可出现腹泻、贫血和体重减轻等症状。

诊断 粪检时可在粪便中检到副子宫器，内含5～15个虫卵。

防治 参考莫尼茨绦虫病。

三、无卵黄腺绦虫病

无卵黄腺绦虫属裸头科（Anoplocephalidae）无卵黄腺属（Avitellina）。常见的虫种为中点无卵黄腺绦虫（A. centripunctata），寄生于绵羊和山羊的小肠中。经常与莫尼茨绦虫和曲子宫绦虫混合感染。中点无卵黄腺绦虫主要分布于西北及内蒙古牧区，西南及其他地区也有报道。

病原形态 虫体长而窄，可达2～3m或更长，宽度仅有2～3mm，头节上无顶突和小钩，有4个吸盘，节片极短，且分节不明显，在体节中线上可看到由含有虫卵的子宫所形成的半透明纵带及两侧的粗大排泄管（图9-11）。成节内有一套生殖器官，生殖孔左右不规则地交替排列在节片的边缘。卵巢位于生殖孔一侧。子宫在节片中央。无卵黄腺和梅氏腺。睾丸位于纵排泄管两侧。虫卵被包在副子宫器内。虫卵内无梨形器，直径为21～38μm。

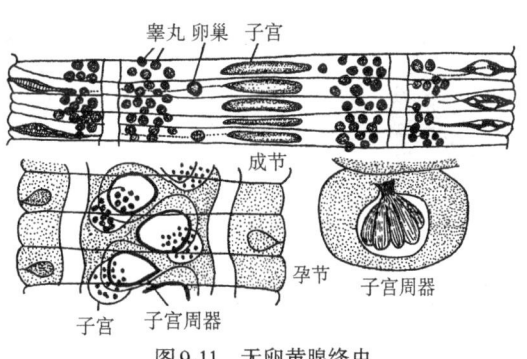

图9-11 无卵黄腺绦虫

生活史 生活史尚不完全清楚，有人认为啮虫类为中间宿主，现已确认弹尾目的长角跳虫（Entomobrya）为其中间宿主。它吞食虫卵后，经20d可在其体内形成似囊尾蚴。绵羊在牧地上食入含似囊尾蚴的小昆虫而受感染。在羊体内约经1.5个月发育为成虫。

流行病学 绵羊无卵黄腺绦虫病的发生具有明显的季节性，多发于秋季与初冬季节，且常见于6个月以上的绵羊和山羊。

致病作用及症状 与莫尼茨绦虫相似。

病理变化 剖检见有急性卡他性肠炎并有许多出血点。

诊断、防治参考莫尼茨绦虫病。

四、马裸头绦虫病

马裸头绦虫属于裸头科（Anoplocephalidae）裸头属（Anoplocephala）和副裸头属（Paranoplocephala）。寄生于马属动物的小、大肠中。对幼驹危害较大，可导致高度消瘦，甚至因肠破裂而死亡。

在我国对马匹危害严重且常见的种类有叶状裸头绦虫（Anoplocephala perfoliata），其次是大裸头绦虫（A. magna），较少见的是侏儒副裸头绦虫（Paranoplocephala mamillana）。

病原形态

（1）叶状裸头绦虫 虫体呈乳白色，短而厚，且宽，大小为(2.5～5.2)cm×(0.8～1.4)cm，头节小，上有4个吸盘，每一吸盘后方各有一个特征性的耳垂状附属物（lappet）。无顶突和小钩。体节短而宽，前后体节仅以中央部相连，而侧缘游离，重叠如书状。成节有一套生殖器官，卵巢较宽大，充满整个体节，睾丸数约200个，生殖孔开口于体节侧缘的前半部（图9-12）。虫卵近圆形，被有灰黑色外膜，中部较边缘薄，呈月饼状，直径为65～80μm，内含梨形器，梨形器内有六钩蚴（图9-13）。寄生于马、驴小肠的后半部，也见于盲肠，常在回盲的狭小部位群集寄生。

（2）大裸头绦虫　虫体大小为8.0cm×2.5cm。头节大，上有4个粗壮的吸盘，无顶突和小钩（图9-14）。颈节极短或无。体节短而宽，成节有一套生殖器官，生殖孔开口于一侧。子宫横行，睾丸在体中部。孕节子宫内充满虫卵，虫卵近似圆形，卵内有梨形器，内含六钩蚴，直径为50～60μm。寄生于马、驴的小肠，特别是空肠，偶见于胃中。

图9-12　叶状裸头绦虫前部　　　图9-13　叶状裸头绦虫卵　　　图9-14　大裸头绦虫前部

（3）侏儒副裸头绦虫　虫体短小，大小为（10～50）mm×（4～6）mm，头节小，大小为0.7～0.8mm，吸盘呈裂隙样，无耳垂状附属物。虫卵大小为51μm×37μm，梨形器很发达，其长度超过虫卵的半径。寄生于马的十二指肠，偶见于胃中。

生活史　发育过程中均需要地螨超科的尖棱甲螨科（Ceratozetidae）和大翼甲螨科（Galumnidae）的地螨作其中间宿主。虫卵或孕节随马粪排至体外，地螨吞食虫卵后，六钩蚴在19～21℃的条件下，需140～150d，经过钩球蚴、原腔期（体积增大，原始体腔出现）、囊腔期（分化为尾体或小尾球，头节在囊内逐渐形成），最后在地螨体腔内发育为似囊尾蚴（cysticercoid）。含似囊尾蚴的地螨爬在草上，马吞食后而受感染，经4～6周的发育变为成虫（图9-15）。

流行病学　世界性分布，在我国各地均有报道，特别在西北和内蒙古牧区，经常呈地方性流行。有明显的季节性，8月感染率最高。5～7月龄的幼驹到1～2岁的小马易感染，动物随年龄的增长而获免疫力。这与中间宿主的分布情况和气温条件有关。地螨主要生活在阴暗潮湿有丰富腐殖质的林区、草原或灌木丛生的场所。有畏光喜温的特性，在牧地上的地螨数量随着季节更换而有显著差异，一般秋季出现达到高峰，冬季及初春数量下降，晚春及初夏又有增加，至炎夏季节又降低。在不同天气中，晴天数量最少，阴天较多，雨天则最多。在一天之中则清晨和晚间数量增多，中午较少。地螨的寿命较长，能生存一年半之久，因此给马增加了感染的机会。

大量马受到感染是不多见的，也无明显的症状。但在某些地区特别在俄罗斯蔓延甚广。尤其对一岁以下的幼驹，从夏季开始感染至9月、11月达到最高峰。成年马感染率达60%，幼驹感染率达100%。

致病作用及症状　虫体寄生的部位可引起黏膜发炎和水肿，黏膜损伤，形成组织增生性的环形出血性溃疡，一旦溃疡穿孔，便引起急性腹膜炎，导致死亡。大量感染叶状裸

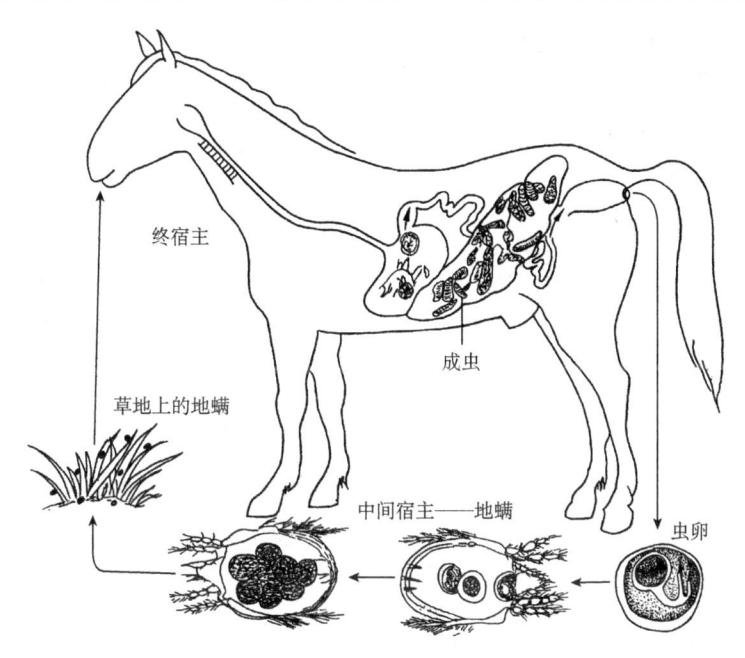

图9-15 马裸头绦虫生活史

头绦虫时，回肠、盲肠、结肠均遍布溃疡。回盲狭部阻塞，发生急性卡他性肠炎和黏膜脱落，往往导致死亡。重度感染大裸头绦虫和侏儒副裸头绦虫时，可引起卡他性或出血性肠炎。

临床可见消化不良、间歇性疝痛和腹泻，并引起渐进性消瘦和贫血。

病理变化 病理变化主要见于回盲口，常可见环形出血性溃疡，重剧感染时由于肉芽组织迅速形成，可见形似网球的肿块。在少量急性和大量感染的病例，可见回肠、盲肠、结肠均遍布溃疡。当重剧感染大裸头绦虫时，可见卡他性、出血性肠炎。

诊断 结合临床症状，进行粪便检查，发现大量虫卵或孕节可确诊。

治疗 可用硫双二氯酚、氯硝柳胺等。

预防 对马匹进行预防性驱虫，驱虫后的粪便应集中堆积发酵，以杀灭虫卵；马匹勿在地螨滋生处放牧，最好在人工种植牧草的牧地上放牧，以减少感染机会。

第三节 双壳绦虫病

犬复孔绦虫（*Dipylidium caninum*）属双壳科（Dilepididae），寄生于犬、猫、狼、獾、狐的小肠中，是犬和猫常见的寄生虫，人体偶尔感染，特别是儿童，引起人食欲不振、腹部不适、腹泻等，常被临床忽略和误诊。世界性分布，在我国各地均有报道。

病原形态 虫体活时为淡红色，固定后为乳白色，最长可达50cm，约由200个节片组成，宽约3mm（图9-16）。头节小，呈亚梨形，上有4个杯状吸盘，顶突可伸缩，上有4~5行小钩。每一成节内含两套生殖系统。睾丸100~200个，位于排泄管的内侧。体两侧各有一卵巢和卵黄腺，形似葡萄。生殖孔开口于体两侧的中央稍后。成节与孕节均长大于宽，形似黄瓜子，故又称为瓜子绦虫（图9-17）。孕节内子宫分为许多储卵囊（egg capsule），每个储卵囊内含虫卵数个至30个以上。虫卵呈球形，直径为35~50μm，内含六钩蚴。

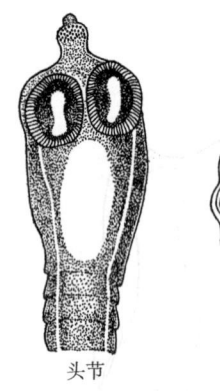

图9-16 犬复孔绦虫

图9-17 犬复孔绦虫成节构造

生活史 犬复孔绦虫的中间宿主为犬、猫蚤和犬毛虱。蚤为刺吸式口器，不能食入虫卵，只有其幼虫具有咀嚼式口器，因而幼虫才能食入绦虫卵，到成蚤时即在其体内发育为似囊尾蚴，终宿主因舐毛吞入含似囊尾蚴的蚤、虱而受感染，在动物小肠内经3周发育为犬复孔绦虫，孕节主动爬出犬肛门或随粪便排至体外，破裂后虫卵逸出。人的感染主要是儿童，因喜玩犬、猫，偶尔误食被感染的昆虫所致。

流行病学 犬复孔绦虫在犬、猫中感染率甚高，狼、狐等野生动物也可感染。本虫分布于世界各地，如安哥拉、阿根廷、津巴布韦、肯尼亚等，全世界人体病例数已达数百例。究其分布广的原因，除了与临床上对本病不够重视外，还可能与儿童和犬、猫等观赏动物亲昵有关。据我国各地的调查，黑龙江犬的感染率为25.6%，吉林33.8%，四川52.3%，山西16%，武汉市的猫感染率为58.77%。

致病作用及症状 轻度感染的犬、猫一般无症状。幼犬严重感染时可引起食欲不振，消化不良，腹泻或便秘，肛门瘙痒等症状。个别的可能发生肠阻塞。

诊断 参考临床症状，并在犬粪中找到孕节后，在显微镜下可观察到具有特征性的卵囊，内含数个至30个以上的虫卵，依此而确诊。

治疗 对犬进行定期驱虫，常用驱虫药有氯硝柳胺、吡喹酮等。

预防 预防的重点应放在兽类宿主和昆虫方面。对犬、猫应定期选用适宜的杀虫剂，消灭虱和蚤类。带入室内玩赏动物必须进行定期驱绦虫。驱虫后的粪便应做无害化处理，防止虫卵污染周围环境。

第四节 中绦绦虫病

线中殖孔绦虫（*Mesocestoides lineatus*）属中绦科（Mesocestoididae），寄生于犬、猫和野生食肉动物（狐狸、皖熊、郊狼等）的小肠中，偶寄生于人体。欧洲、亚洲、非洲及北美洲等地均有分布，在我国的北京、长春、浙江、黑龙江、甘肃及新疆的犬体内、黑龙江的猫及人体内均有发现。

病原形态 虫体呈乳白色，长30~250cm，最宽处3mm。头节上无顶突和小钩，有4个长圆形的吸盘（图9-18）。颈节很短，成节近似方形，每节有一套生殖系统。子宫为盲管，位于节片的中央。生殖孔开口于节片背面中线上。孕节似桶状，内有子宫和一卵圆形的副子宫器（paruterine organ），后者含成熟虫卵（图9-19）。

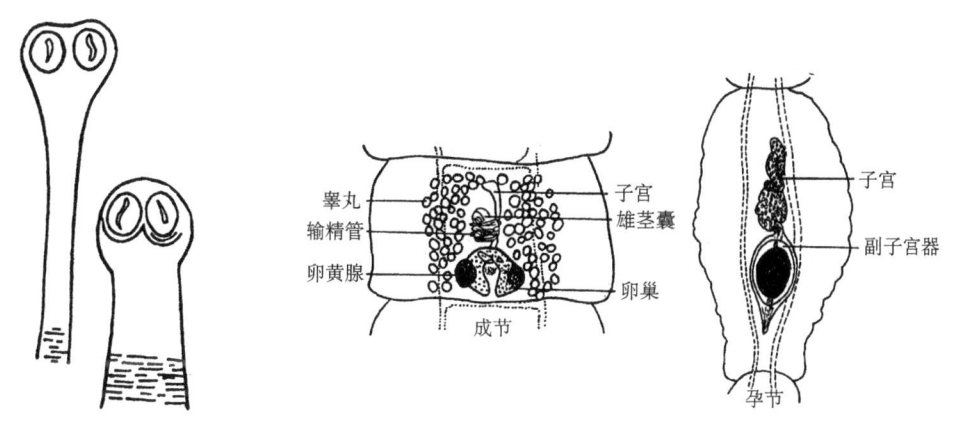

图9-18 中绦绦虫头节　　图9-19 中绦绦虫成节和孕节

生活史　　生活史尚未完全阐明，但已知需要两个中间宿主：第一中间宿主为食粪的地螨，以虫卵人工感染地螨时，在其体内可找到似囊尾蚴；第二中间宿主为蛙、蛇、蜥蜴、鸟类及小哺乳动物中的啮齿类，它们吞食了含似囊尾蚴的地螨后可在其体内形成四盘蚴（tetrathyridium），这些蚴体被终宿主吞食后，在小肠内经16～20d发育为成虫。四盘蚴能从肠道向组织或腹腔移行，也能由腹腔移行至肠道。

流行病学　　线中绦虫分布于世界各地，我国大部分地区从犬体内发现。人体一般只有通过非正常饮食习惯才能感染。

致病作用及症状　　人工感染犬体后，呈现食欲不振，消化不良，被毛无光泽症状。严重感染时有腹泻。在腹腔内可引起腹膜炎及腹水等。人体感染时呈现食欲不振，消化不良，精神烦躁，体渐消瘦等。

诊断　　粪便检查时，发现极活跃的2～4mm长呈桶状的孕节即可做出诊断。

治疗　　可用别丁、仙鹤草酚（驱绦丸）、吡喹酮和氯硝柳胺驱虫。

预防　　本病虽不如包虫病、囊虫病那么严重，但病原几乎遍及世界各国，对线中绦虫的分类、生活史及其各种生态因素亟待研究阐明。一般来说，禁食第二中间宿主可防止感染。

第五节　双叶槽绦虫病

一、宽节双叶槽绦虫病

宽节双叶槽绦虫（宽节裂头绦虫）（*Diphyllobothrium latum*）属双叶槽科（Diphyllobothriidae）双叶槽属（*Diphyllobothrium*），寄生于人、犬、猫、猪、北极熊及其他食鱼的哺乳动物小肠里，主要是人的寄生虫，在其他动物体内寄生时仅产生极少数的受精卵。

病原形态　　成虫长可达2～12m及以上，头节上有两个肌质纵行的吸槽，槽狭而深。成节和孕节均呈四方形（图9-20）。睾丸750～800个，与卵黄腺一起散在于体两侧。卵巢分两叶，位于体中央后部；子宫呈玫瑰花状，在体中央的腹面开孔，其后为生殖孔。虫卵呈卵圆形，两端钝圆，淡褐色，具卵盖，大小为（67～71）μm×（40～51）μm。

生活史　　虫卵随宿主粪便排至体外，在15～25℃的条件下，在水中经7～15d发育为钩球蚴，孵出后活泼地游动于水中，被第一中间宿主剑水蚤或镖水蚤食入后，在血腔中经2～3周发育为原尾蚴。当第二中间宿主淡水鱼类（鲑鱼等）吞食带原尾蚴的水蚤后，原尾蚴

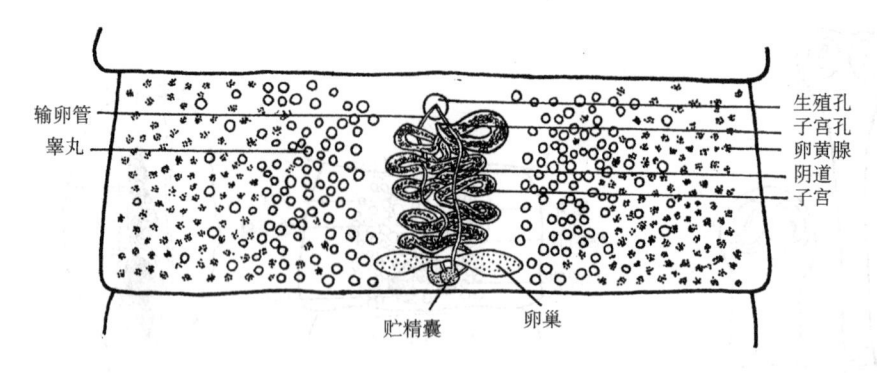

图9-20 宽节双叶槽绦虫成节

迁移至鱼的肌肉或内脏，形成实尾蚴（裂头蚴）。裂头蚴长约5mm，具有特征性的头节。终宿主吞食了生的或半生带裂头蚴的鱼而受感染。在犬体内的潜隐期为3～4周。

流行病学 宽节双叶槽绦虫分布主要在北欧、中欧、美洲和亚洲。在意大利的北部、瑞士、德国的部分地区及波罗的海沿岸各国流行很普遍，尤以芬兰、瑞典和立陶宛等地发病率最高，我国仅在黑龙江和台湾有过报道。感染途径主要是经口感染，通过生食或半生食含有裂头蚴的鱼肉所致。终宿主人和动物的粪便污染水源，还有适宜的中间宿主，便能构成本病的流行。

致病作用及症状 人感染后除有非特征性的腹部症状外，还可引起巨红细胞性贫血，一般为轻度或中度，与虫体吸取肠中的维生素B_{12}有关。临床表现精神沉郁、生长发育明显受阻、食欲减退和呕吐。

诊断 粪便中找到特征性虫卵或节片可做出诊断。

治疗 氯硝柳胺和吡喹酮对成虫有良好的驱虫作用。

预防 在流行区，人勿食生的或半生的淡水鱼。勿将未经处理的粪水灌入江湖中，以防病原散布；勿将生的或半生的鱼及其内脏饲喂犬、猪、猫等。

二、孟氏迭宫绦虫病

孟氏迭宫绦虫也名孟氏裂头绦虫（*Spirometra mansoni*），属双叶槽科（Diphyllobothriidae）迭宫属（*Spirometra*），寄生于犬、猫和一些食肉动物包括虎、狼、豹、狐狸、貉、狮、浣熊、鬣狗的小肠中，人偶能感染。孟氏迭宫绦虫的裂头蚴又名孟氏裂头蚴（*Sparganum mansoni*），寄生于蛙、蛇、鸟类和一些哺乳动物包括人的肌肉、皮下组织、胸腹腔等处。

病原形态 孟氏迭宫绦虫一般长40～60cm，最长可达1m。头节指状，背腹各有一纵行的吸槽。体节宽度大于长度（图9-21）。子宫有3～5次或更多的盘旋，子宫孔开口于阴门下方。虫卵大小为（52～76）μm×（31～44）μm，淡黄色，椭圆形，两端稍尖，有卵盖。

孟氏裂头蚴呈乳白色，长度大小不一，为0.3～105cm，扁平，不分节，前端具有横纹。

生活史 孟氏迭宫绦虫的生活史比较复杂。需经3个宿主才能完成其生活史。孕节的虫卵从子宫孔产出，随终宿主的粪便排至体外，在适温的水中，经3～5周发育为钩球蚴（coracidium），孵出后游于水中，被第一中间宿主剑水蚤或镖水蚤食入，脱去纤毛，穿过消化管进入血腔发育为原尾蚴。含原尾蚴的水蚤被第二中间宿主蝌蚪吞食后，在其体内发育成具有雏形的裂头蚴或称实尾蚴（plerocercoid）。当蝌蚪发育为成蛙时，幼虫迁移至蛙的肌肉内，以大、小腿肌肉处最多。如果蛙被蛇、鸟类或其他哺乳动物吞食，则不能发育为成虫，

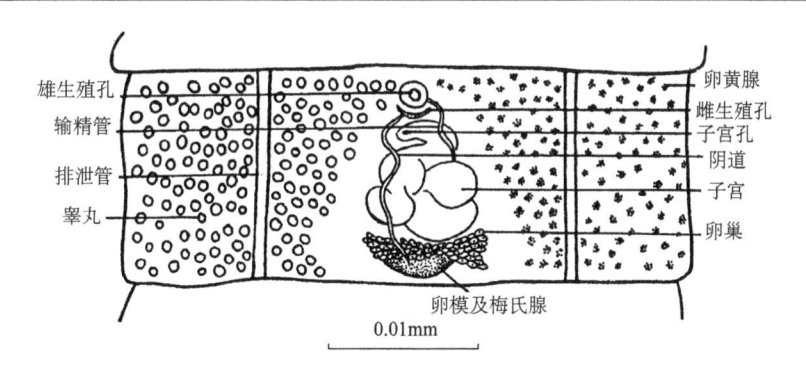

图9-21 孟氏迭宫绦虫成节

仍停留在裂头蚴阶段，这些动物称为转续宿主（paratenic host）。当犬和猫等终宿主吞食了含有裂头蚴的青蛙等第二中间宿主或转续宿主时，裂头蚴便在其小肠内发育为成虫，需时约3周。

人体感染裂头蚴是由于偶然误食了含有原尾蚴的水蚤，或以新鲜蛙肉敷治疮疖与眼病时，蛙肉内的裂头蚴移行人体内而受感染。猪感染裂头蚴可能是由于吞食蛙及蛇肉引起。猪体内的裂头蚴一般有数厘米到20cm长。多在腹腔网膜、肠系膜、脂肪及肌肉中寄生，有时数目很多，可达数十条。

流行病学 世界性分布，欧洲、美洲、非洲及澳大利亚均有报道。但多见于东南亚诸国，我国的许多省（自治区、直辖市）均有记载，尤其多见于南方。其流行于有生食或半生食鱼肉的地区，同时当地的淡水鱼又严重感染本虫的实尾蚴。鱼肉中的实尾蚴可以在20℃条件下保存60h，冷冻可以保活更长时间，这样的鱼通过临时冷冻再运输到一定距离的地区而散播本虫，导致流行。

致病作用及症状 裂头蚴对人和动物的危害较成虫严重，其危害程度主要取决于寄生部位。人感染时，有眼、皮下及内脏等裂头蚴病。猪严重感染裂头蚴时，在寄生部位可见发炎、水肿、化脓、坏死与中毒反应等。

人感染孟氏迭宫绦虫时有腹痛、恶心、呕吐等轻微症状；动物有不定期的腹泻、便秘、流涎、皮毛无光泽、消瘦及发育受阻等。

诊断 粪便检查查获虫卵可对成虫感染做出诊断；裂头蚴的诊断需从寄生部位检出虫体。

治疗 在流行区，对犬和猫应进行定期驱虫，防止散布病原，以减少猪体的感染；人的裂头蚴可用外科手术法摘除。

预防 人勿用蛙肉贴敷疮疖；不喝生水，不生食蛙、蛇及猪肉等，以防感染。

第六节 戴文绦虫病

一、鸡赖利绦虫病

鸡赖利绦虫属于戴文科（Davaineidae）赖利属（*Raillietina*），寄生于家鸡和火鸡的小肠中。世界性分布。对养鸡业危害较大，在流行区，放养的雏鸡可能大群感染并引起死亡。赖利绦虫种类多，在我国各地最常见的鸡赖利绦虫有三种：四角赖利绦虫（*R. tetragona*）、棘盘赖利绦虫（*R. echinobothrida*）和有轮赖利绦虫（*R. cesticillus*）。

病原形态

（1）四角赖利绦虫　　寄生于家鸡和火鸡的小肠后半部，虫体长达25cm，是鸡体内最大的绦虫。头节较小，顶突上有1～3行小钩，数目为90～130个（图9-22）。吸盘卵圆形，上有8～10行小钩。成节的生殖孔位于一侧。孕节中每个卵囊内含虫卵6～12个，虫卵直径为25～50μm。

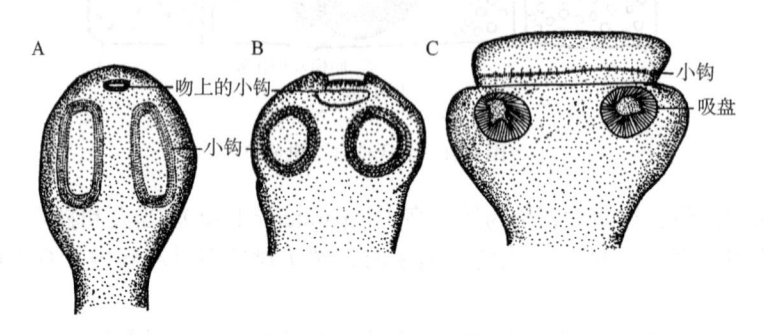

图9-22　赖利绦虫头节
A. 四角赖利绦虫；B. 棘盘赖利绦虫；C. 有轮赖利绦虫

（2）棘盘赖利绦虫　　寄生于家鸡和火鸡的小肠，大小和形状颇似四角赖利绦虫。但其顶突上有两行小钩，数目为200～240个。吸盘呈圆形，上有8～10行小钩。生殖孔位于节片一侧的边缘上，孕节内的子宫最后形成90～150个卵囊，每一卵囊含虫卵6～12个。虫卵直径为25～40μm。

（3）有轮赖利绦虫　　寄生于鸡的小肠内，虫体较小，一般不超过4cm，偶可达15cm，头节大，顶突宽而厚，形似轮状，突出于前端，上有两行共400～500个小钩，吸盘上无小钩。生殖孔在体侧缘上不规则交替排列。孕节中含有许多卵囊，每个卵囊内仅有一个虫卵。虫卵直径75～88μm。

生活史　　四角赖利绦虫和棘盘赖利绦虫的中间宿主为蚂蚁。虫卵被蚂蚁食入后，于其体内约经2周发育为似囊尾蚴。鸡啄食含似囊尾蚴的蚂蚁后，经2～3周发育为成虫。有轮赖利绦虫的中间宿主为蝇类和甲虫。虫卵被中间宿主食入后经14～16d发育为似囊尾蚴。鸡啄食含似囊尾蚴的昆虫而感染，约经20d发育为成虫。有轮赖利绦虫的另一个中间宿主为赤拟谷盗（*Tribolium ferrugineum*）。

流行病学　　据报道福建鸡的四角赖利绦虫感染率为21.8%，感染强度为1～22只虫体。棘盘赖利绦虫为世界性分布，我国各地均有记录，福建鸡的感染率为15.6%，感染强度为4～15条虫体。有轮赖利绦虫也为世界性分布，福建鸡的感染率为5.2%。

致病作用及症状　　赖利绦虫为大型虫体，大量感染时虫体集聚成团，导致肠阻塞，甚至肠破裂而引起腹膜炎。其代谢产物被吸收后可引起中毒反应，出现神经症状。棘盘赖利绦虫的顶突深入肠黏膜，引起结核样病变。患禽在临床上表现为消化不良，食欲减退，腹泻，渴感增加，体弱消瘦，翅下垂，羽毛逆立，蛋鸡产卵量减少或停产。雏鸡发育受阻或停止，可能继发其他疾病而死亡。

病理变化　　剖检时除可在肠道发现虫体外，还可见尸体消瘦、肠黏膜肥厚，有时肠黏膜上有出血点。肠管有多量恶臭黏液，黏膜贫血和黄染。棘盘赖利绦虫感染时，十二指肠黏膜有肉芽肿性结节，其中有黍米粒大小呈火山口状的凹陷。其内常可发现虫体或黄褐色疣状凝乳样栓塞物，也有变为疣状溃疡者。

诊断 根据鸡群的临床表现，粪便检查发现虫卵或孕节，剖检病鸡发现虫体可确诊。

治疗 可用硫双二氯酚、丙硫苯咪唑和氢溴酸槟榔碱等。

预防 对鸡群进行定期驱虫，及时清除鸡粪并做无害处理；雏鸡应放入清洁的鸡舍和运动场上，新购入鸡应驱虫后再合群；鸡舍内外应定期杀灭昆虫，鸡舍场地要坚实、平整。

二、节片戴文绦虫病

节片戴文绦虫（*Davainea proglottina*）属戴文科（Davaineidae），寄生于鸡、鸽、鹌鹑的十二指肠内，几乎遍及世界各地，对雏鸡危害较严重。

病原形态 成虫短小，仅有0.5~3.0mm长，由4~9个节片组成（图9-23）。头节小，顶突和吸盘上均有小钩，但易脱落。生殖孔规则地交替开口于每个体节的侧缘前部。雄茎囊长，可达体宽的一半以上。睾丸12~15个，排成两列，位于体节后部。孕节子宫分裂为许多卵囊，每个卵囊只含一个六钩蚴。

生活史 孕节随宿主粪便排至体外，被中间宿主蛞蝓或陆地螺吞食后，于其体内经3周发育为似囊尾蚴。禽类啄食含似囊尾蚴的中间宿主而感染，约经2周发育为成虫，并可排出孕节和虫卵。

致病作用及症状 虫体以头节深入肠壁，可引起急性炎症。患禽经常发生腹泻，粪中含黏液或带血，高度衰弱，消瘦。有时从两腿开始麻痹，常逐渐发展而波及全身。

病理变化 剖检病鸡小肠壁肥厚、充血，并充满黏液，严重感染可导致死亡。

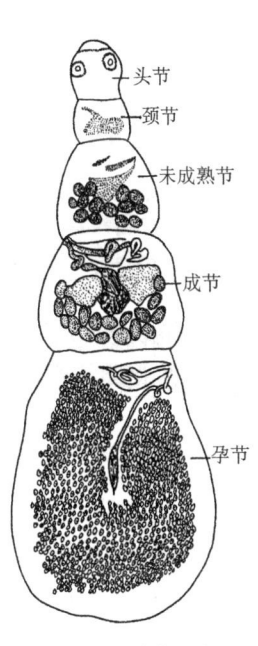

图9-23 节片戴文绦虫

诊断 粪便检查发现孕节或尸检时找到虫体可确诊。由于虫体较小，通常一条绦虫每天只排出一个孕节，又往往在夜间或下午，所以，在鸡粪中不易找到，故应注意收集全粪检查。

治疗 常用药物有硫双二氯酚、氯硝柳胺、吡喹酮和丙硫苯咪唑。

预防 在流行区，对鸡应进行定期驱虫；鸡舍和运动场应保持干燥，及时清除鸡粪。

第七节 膜壳绦虫病

一、剑带绦虫病

矛形剑带绦虫（*Drepanidotaenia lanceolata*）属膜壳科（Hymenolepididae）剑带属（*Drepanidotaenia*），寄生于鹅、鸭的小肠内。为世界性分布，多呈地方性流行。江苏、福建、江西、湖南、四川、吉林及黑龙江等地均有报道。对幼雏危害严重。

病原形态 虫体呈乳白色，前窄后宽，形似矛头，长达13cm，由20~40个节片组成。头节小，上有4个吸盘，顶突上有8个小钩，颈短。睾丸3个，呈椭圆形，横列于节片中部偏生殖孔的一侧。生殖孔位于节片上角的侧缘（图9-24）。

生活史 孕节和虫卵随终宿主粪便排至体外，在水中被中间宿主剑水蚤（*Cyclops*）

吞食后，发育为似囊尾蚴。鹅、鸭等禽类吞食含似囊尾蚴的剑水蚤而受感染。约经19d的发育变为成虫。其含六钩蚴的虫卵，在平均气温31.3℃下发育需要7d，30℃需要9d，22.5℃需要10d，15.4℃下需21d才能发育为成熟的似囊尾蚴。本虫的虫卵在室温10～22.5℃的情况下保持1～8d有高度的感染能力。

流行病学 幼雏最易感，严重感染者可引起死亡。成年鹅往往为带虫者。苏联曾发现2周至3个月的雏鹅常常由于本虫的寄生而大量死亡，成鹅的感染率可高达70.2%。我国福建鹅感染率为41.26%，感染强度为每只鹅2～8条绦虫，最多的有26条成虫。5～7月，剑水蚤数量多，感染率最高。

致病作用及症状 患鹅最常见的临床症状有腹泻、食欲不振、生长发育受阻、贫血、消瘦等。夜间病鹅伸颈、张口，如钟摆样摇头，然后仰卧，做划水动作。

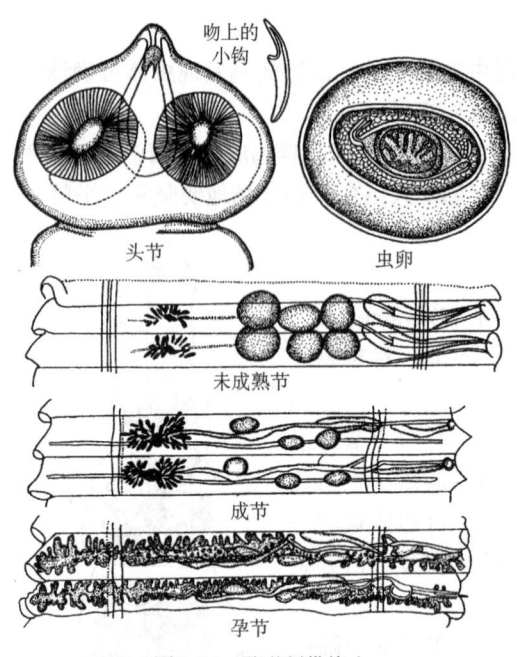

图9-24 矛形剑带绦虫

诊断 粪便中检出孕节和虫卵便可确诊。

治疗 治疗药物有氢溴酸槟榔碱、硫双二氯酚、吡喹酮和丙硫苯咪唑等。

预防 对成鹅进行定期驱虫，一般在春秋两季进行，在流行区，水池应轮换使用，必要时可停用1年后再用。另外水池轮换应考虑季节，5～7月时引导家禽进入岸旁没有水草的水池内较为安全，游禽场最好设在开阔与干燥的高地，或选在附近水流较急的河岸。

二、皱褶绦虫病

片形皱褶绦虫（*Fimbriaria fasciolaris*）属膜壳科（Hymenolepididae）皱褶属（*Fimbriaria*），寄生于家鸭、鹅、鸡及其他雁形目鸟类的小肠中。世界性分布，多为散发，偶呈地方性流行。在福建、台湾、湖北和宁夏的鸭，福建的鹅和台湾的鸡体内均有发现。

病原形态 主要形态特点是在其前部有一个扩展的皱褶状假头节（pseudoscolex）（图9-25）。假头节长1.9～6.0mm，宽1.5mm，由许多无生殖器官的节片组成，为附着器官。全虫体长为20～40cm，真头节位于假头节的顶端，上有10个小钩和4个吸盘。生殖孔规则地排列于一侧，雄茎上有小棘。睾丸3个，为卵圆形。卵巢呈网状分布，串连于全部成节。子宫也贯穿整个链体。孕节的子宫为短管状，管内充满着虫卵，单个排列。虫卵为椭圆形，两端稍尖，大小为131μm×74μm，内含六钩蚴。

生活史 片形皱褶绦虫的中间宿主为桡足

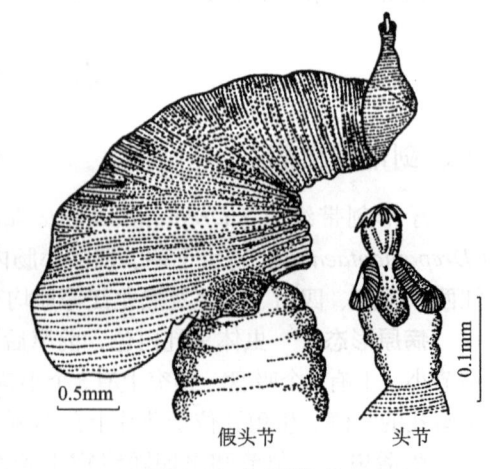

图9-25 片形皱褶绦虫

类，有普通镖水蚤（*Diaptomus vulgaris*）和剑水蚤（*Cyclops*）等。人工感染试验证明，家鸭吞食含似囊尾蚴的中间宿主后，平均需要16d发育为成虫。

流行病学　据报道，福州地区家鸭感染率曾达20%，厦门地区感染率为5.5%，浙江省家鸭感染率为5%～87.5%，感染强度为2～82条；鹅的感染率为5.5%～25%，感染强度为1～41条。

致病作用及症状　各种年龄的鸡均可感染，但以17日龄以后的雏鸡最易感，25～40日龄的雏鸡常因此大批死亡。虫体以其头节深入肠黏膜下层，使肠壁上形成结节样病变。肠黏膜受损，引起显著的肠炎，发生消化障碍，粪便稀薄或混有淡黄色血样黏液。食欲减退，渴欲增加。虫体代谢物可引起中毒，呈现神经症状。病鸡羽毛蓬乱，不喜运动，久之出现贫血，高度衰弱和渐进性麻痹而死。鸭鹅严重感染时，还出现突然倒向一侧，行走不稳，有时伸颈、张口、摇头，然后仰卧，而脚做划水等神经症状。

病理变化　病鸡贫血黄疸，小肠内可发现虫体，肠黏膜呈结节样病变，结节中央凹陷，其内可找到虫体或黄褐色干酪样栓塞物。陈旧病变时在浆膜面可见疣状结节。

诊断　结合临床症状，注意检查随粪便排出的绦虫体节或做虫卵检查。对可疑病鸡应做剖检诊断，也可于产蛋前一个月进行诊断性驱虫，然后收集粪便寻找虫体。

治疗、预防　可参考剑带绦虫病。

三、禽膜壳绦虫病

禽膜壳绦虫病是由膜壳科（Hymenolepididae）膜壳属（*Hymenolepis*）的膜壳绦虫寄生于陆栖禽类和水禽类的小肠中而引起的寄生虫病。禽膜壳绦虫种类繁多，分布广泛，在我国各地已知的禽类膜壳绦虫达20余种。现只能就陆栖禽类和水禽类膜壳绦虫的代表种加以叙述。

病原形态　陆栖禽类的代表种为鸡膜壳绦虫（*H. carioca*），寄生于家鸡和火鸡的小肠中，成虫长3～8cm，细似棉线，节片多达500个。头节纤细，极易断裂，顶突无钩。睾丸3个。

水禽类的代表种为冠状膜壳绦虫（*H. coronula*），寄生于家鸭、鹅和其他水禽类的小肠，虫体长12～19cm，宽0.25～0.3cm。顶突上有20～26个小钩，排成一圈呈冠状，吸盘上无钩。睾丸排列成等腰三角形（图9-26）。

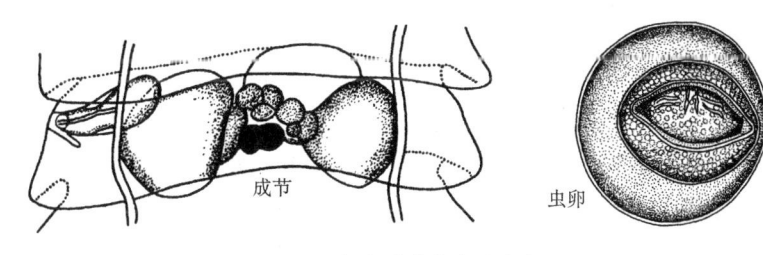

图9-26　冠状膜壳绦虫及虫卵

生活史　鸡膜壳绦虫的中间宿主为食粪的甲虫和刺蝇。冠状膜壳绦虫的中间宿主为一些小的甲壳类和螺类。

诊断　粪便中找到孕节和尸检时发现虫体可做出诊断。

致病作用及症状　鸡膜壳绦虫寄生多时可达数千条，但致病力不大，对雏鸡的发育有一定的影响。冠状膜壳绦虫致病力较强，主要危害雏禽，甚至可引起大批死亡。常呈地方性流行。

治疗 常用的驱虫药有硫双二氯酚、吡喹酮和丙硫苯咪唑。

四、鼠膜壳绦虫病

鼠类最常见的膜壳绦虫有两种：微小膜壳绦虫（*Hymenolepis nana*）和缩小膜壳绦虫（*H. diminuta*），属膜壳科（Hymenolepididae）。为世界性分布，寄生于鼠类的小肠，也寄生于人体，是重要的人兽共患寄生虫病。

病原形态 微小膜壳绦虫为小型虫体，大小为（25～40）mm×（0.5～0.9）mm，节片数为100～200个（图9-27）。头节上有可伸缩的顶突，上有小钩20～30个，排成单环。有4个吸盘。生殖孔位于一侧，睾丸呈圆形，3个横列，1个靠生殖孔，2个在对侧。卵巢呈叶状，位于节片中央。孕节内充满虫卵，虫卵呈椭圆形，大小为（48～60）μm×（36～48）μm，内含六钩蚴。

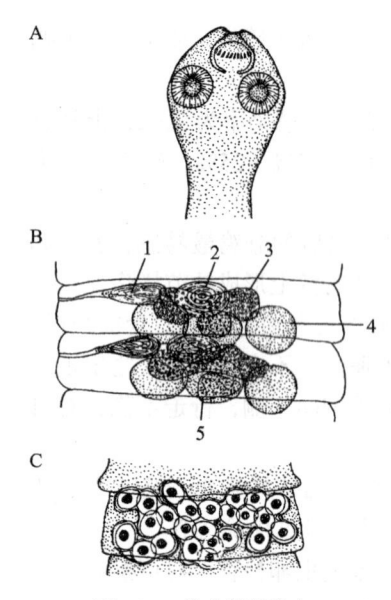

图9-27 微小膜壳绦虫
A. 头节。B. 成节：1. 雄茎囊；2. 贮精囊；3. 卵巢；4. 睾丸；5. 卵黄腺。C. 孕节

缩小膜壳绦虫较大，为（200～600）mm×（3.5～4.0）mm，节片数800～1000个。头节小，圆球形，顶端凹入，顶突位于其中，不易伸出，无小钩。生殖孔位于一侧。睾丸呈球形，3个横列，近生殖孔1个，反生殖孔2个。卵巢位于节片中央，分左右叶。孕节内充满虫卵，虫卵呈圆形，黄褐色，直径平均为60～65μm，内含六钩蚴。

生活史 微小膜壳绦虫是唯一可以不需要中间宿主而能直接感染的绦虫。鼠类食入虫卵后，六钩蚴在消化道内释出，于肠绒毛内发育为似囊尾蚴，后返回肠腔发育为成虫。本虫除能直接感染外，还可自身感染和间接感染。中间宿主是蚤类、面粉甲虫和赤拟谷盗等小昆虫。虫卵被中间宿主吞食后，发育为似囊尾蚴。鼠类吞食含似囊尾蚴的昆虫而感染，经11～16d发育为成虫。

缩小膜壳绦虫的生活史必须有中间宿主的参加才能完成。中间宿主除蚤类外，还有多种甲虫、蟑螂及鳞翅目的多种昆虫，其中面粉甲虫和鼠蚤等为最常见的中间宿主。终宿主为家鼠和其他啮齿类动物，偶尔寄生于人，终宿主食入含似囊尾蚴的昆虫而受感染，经12～13d在肠道发育为成虫。成虫的孕节和虫卵随粪便排出体外，被中间宿主吞食，并在消化道内孵化。孵出的六钩蚴穿过中间宿主肠壁，进入体腔内发育，10d后发育为成熟的似囊尾蚴。

流行病学 缩小膜壳绦虫为世界性分布。全世界共发现其终宿主99种，中间宿主93种，人体感染病例超过300例，世界多地已有报道；我国人体病例已有104例。鼠类感染率很高，意大利为20%～30%，菲律宾高达64%，我国曾报道苏州为16.8%，广州为1.19%，福建为54.4%，陕西为16.1%～44.2%。显然，鼠类的普遍感染增加了人类感染本病的机会。

致病作用及症状 膜壳绦虫感染后可使宿主产生一定程度的免疫力，但严重感染时可引起卡他性肠炎。表现为营养不良、贫血、体重减轻，甚至引起肠阻塞。作为实验动物的鼠类因感染膜壳绦虫而影响实验结果。对人体可引起神经和胃肠道症状。

诊断 粪检时查获虫卵或孕节，尸检时找到虫体或在肠绒毛内发现似囊尾蚴可确诊。

治疗 对鼠类应进行定期驱虫，可用药物有氯硝柳胺、丙硫苯咪唑、硫双二氯酚和吡喹酮等。

预防 注意鼠粪的无害化处理、饮水与饲料卫生，防止中间宿主和野鼠进入动物舍内。注意个人卫生和环境卫生。消灭仓库害虫，大力灭鼠，积极治疗患者。

五、猪伪裸头绦虫病

克氏伪裸头绦虫（*Pseudanoplocephala crawfordi*）属膜壳科（Hymenolepididae），寄生于猪的小肠中，偶见于人体。陕西、甘肃、辽宁、山东、河南、江苏、上海、福建、云南及贵州等省（自治区、直辖市）均有报道，是近半个世纪以来在东南亚和我国发现的重要的人兽共患寄生虫病。

病原形态 虫体呈乳白色，大小为（97～167）cm×（0.38～0.59）cm，头节上有4个吸盘，无钩，颈长而纤细（图9-28）。体节分节明显，宽度大于长度。睾丸24～43个，呈球形，不规则地分布于卵巢与卵黄腺的两侧。生殖孔在体一侧中部开口，雄茎囊短，雄茎经常伸出生殖孔外。卵巢分叶，位于体节中央部。卵黄腺为一实体，紧靠卵巢后部。孕节子宫呈线状，子宫内充满虫卵。卵呈球形，直径为51.8～110.0μm，棕黄色或黄褐色，内含六钩蚴。

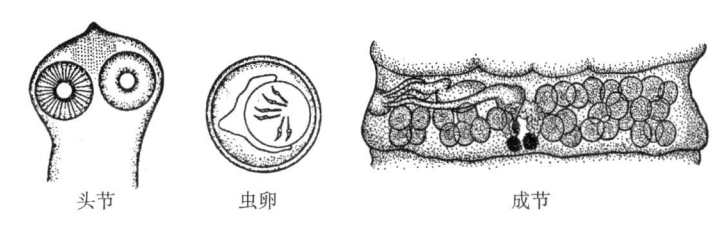

图9-28 克氏伪裸头绦虫头节、虫卵及成节

生活史 克氏伪裸头绦虫的中间宿主为鞘翅目的一些昆虫。它们大量滋生于米、面、糠麸的堆积处。以虫卵人工感染赤拟谷盗（*Tribolium castaneum*），在26.5～27℃的条件下，24h后六钩蚴穿过昆虫的消化道进入血腔，经27～31d发育为似囊尾蚴；用似囊尾蚴感染仔猪，30d后在空肠内发现了成熟的绦虫。猪、人的感染是由于误食含似囊尾蚴的甲虫所致。褐家鼠在病原的散布上起重要作用。

流行病学 本虫分布在亚洲的斯里兰卡、印度、日本和中国。国内已发现21例患者，在猪群中流行甚为严重。褐家鼠感染率高达21.88%，其在人和猪群本病的流行及在保虫和扩散病原方面起到不可忽视的重要作用。

致病作用及症状 寄生部位的黏膜充血，细胞浸润，黏膜细胞变性、坏死、脱落及黏膜水肿。猪体轻度感染时无症状，重度感染时被毛无光泽，生长发育受阻，消瘦，甚至引起肠阻塞，或有阵发性腹痛、腹泻、呕吐、厌食等症状。

病理变化 病猪肠黏膜呈卡他性炎症，严重水肿，黏膜有出血点，进而形成溃疡或脓肿，炎症部位淋巴细胞、中性粒细胞及嗜酸性粒细胞大量浸润，头节附着部位肠黏膜损伤严重，末梢血相中嗜酸性粒细胞略有增高。

诊断 猪粪中找到虫卵或孕节可做出诊断。应注意与长膜壳绦虫卵的鉴别，最大特点是本虫卵的表面布满大小均匀的球状突起，卵壳外缘呈纹状花纹。

治疗 驱虫药有硫双二氯酚、吡喹酮、硝硫氰醚和丙硫苯咪唑等。

预防 猪粪应堆积发酵，行无害化处理后作肥料；饲料在保管过程中注意杀灭仓库害虫和灭鼠。

第八节 绦虫蚴病

一、猪囊尾蚴病

猪囊尾蚴病又称猪囊虫病，是一种危害十分严重的人兽共患寄生虫病，曾是全国重点防治的寄生虫病之一，是肉品卫生检验的重要项目之一。是由有钩绦虫（*Taenia solium*）的中绦期猪囊尾蚴寄生所引起。猪与野猪是最主要的中间宿主，犬、骆驼、猫及人也可作为中间宿主。猪囊尾蚴主要寄生于猪的肌肉，也可寄生于人的脑、眼、肌肉等组织，往往导致严重后果。人是有钩绦虫唯一的终宿主，只寄生于人的小肠中。1981年吉林省查出人体有钩绦虫病患者2万余人，囊虫病患者900余人。

病原形态 猪囊尾蚴外观是椭圆形乳白色的半透明囊泡，大小为（6～10）mm×5mm，囊内充满透明液体，囊壁上有一个圆形小高粱米粒大的头节，倒缩囊内，外观似白色石榴籽样。其构造与成虫头节相似，头节上有带有两圈小钩的顶突和4个圆形吸盘。

猪囊尾蚴成虫阶段为有钩绦虫，因其头节的顶突上有小钩，故称有钩绦虫，又称链状带绦虫或猪带绦虫（图9-29）。有钩绦虫为大型绦虫，虫体扁长如带，半透明乳白色，由700～1000个节片组成，全虫长2～5m，前端细后端渐宽。头节小呈球形，直径约1mm，其上有顶突，顶突上有25～50个小钩呈两行排列。顶突后有4个圆形吸盘。颈节细而短，直径为头节的一半，长5～10mm。体节根据生殖器官发育程度，分为幼节、成节、孕节三个部分。幼节宽大于长，成节近似方形，每一成节内含一组雌雄同体的生殖系统。睾丸泡状，分散于节片背侧有150～300个。卵巢特点是分为左右两叶外加一个中央小叶。子宫位于节片的中央，呈棒状，终于盲端。

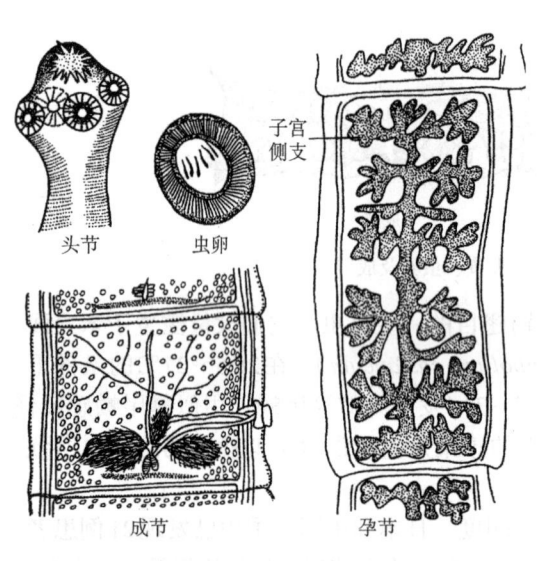

图9-29 有钩绦虫头节、虫卵、成节及孕节

生殖孔位于体节侧缘，呈不规则的交替排列。孕节长方形，节内其他器官退化，只剩下发达的子宫，呈树枝状，每侧有7～13个侧支，每一孕节内充满虫卵（3万～5万个）。

虫卵呈圆形或椭圆形，直径31～43μm，卵壳两层，外壳（真壳）薄并且易脱落。余下的是较厚的内层，浅褐色，为有辐射纹理的胚膜，内含有具3对小钩的六钩蚴。通常镜检可见具胚膜的六钩蚴。

生活史 人是有钩绦虫唯一终宿主，未成年的白掌长臂猿（*Hylobates lar*）、大狒狒（*Papio porcarius*）也可实验感染。家猪和野猪是本虫主要中间宿主。

成虫寄生于人的小肠，孕节不断脱落，随人的粪便排到体外。虫卵或孕节污染地面和食物，被中间宿主吞食后，在胃肠消化液的作用下，于小肠内六钩蚴逸出，借小钩钻入肠黏膜血管或淋巴管内，随血流带到全身各处肌肉及心脏、脑等处，2个月后发育为具感染力的囊尾蚴。囊尾蚴主要寄生于横纹肌内，在猪体寄生部位以股内侧肌最多，以下依次为深腰肌、肩胛肌、咬肌、腹内斜肌、膈肌、舌肌、心肌等，严重感染时在其他器官也可发现，如肝、脑、肺脏及脂肪等处。这样的猪肉称"米猪肉""豆猪肉""米糁子猪"。猪囊尾蚴在猪体内可活数年后钙化死亡。人误食了未熟的或生的含猪囊尾蚴的猪肉后，猪囊尾蚴在人胃肠消化液作用下，囊壁被消化，头节进入小肠，用吸盘和小钩附着在肠壁上，吸取营养并发育生长。估计48d就出现成熟虫卵，50多天或更长时间见孕节（或虫卵）排出。开始时排出的节片多，然后逐渐减少，每隔数天排出一次，每月可脱落200多个节片。人体内通常只寄生一条，偶尔多至4条，成虫在人体内可存活25年之久。

人除作为终宿主外，也可作为中间宿主感染猪囊尾蚴，感染途径为两个：①有钩绦虫的虫卵污染人的手、蔬菜和食物，被误食后而感染；②有钩绦虫的患者自体内重复感染。当患者恶心、呕吐时，肠道逆蠕动，孕卵节片或虫卵逆入胃内，六钩蚴逸出，钻入肠黏膜经血液循环，到达人体的各组织器官，主要是脑、眼、心肌及皮下组织等处发育为囊尾蚴。据报道16%~25%的有钩绦虫病患者伴有囊尾蚴病；而囊尾蚴病患者中约55.6%伴有有钩绦虫寄生（图9-30）。

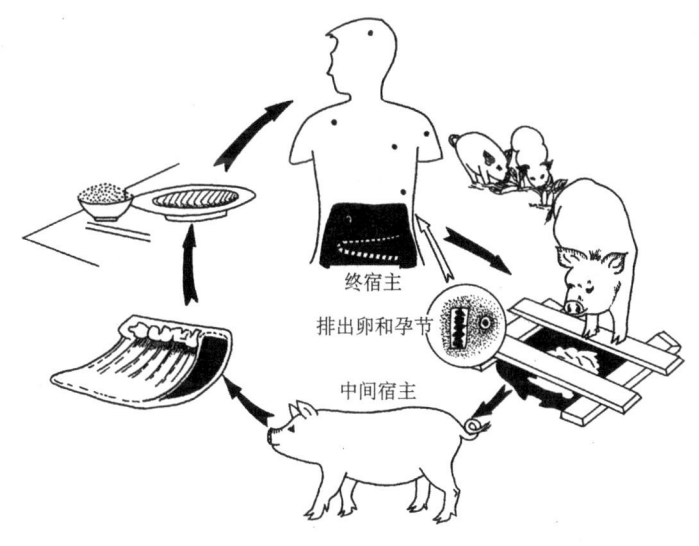

图9-30 有钩绦虫生活史

流行病学

1）猪囊尾蚴呈全球性分布，主要流行于亚洲、非洲、拉丁美洲的一些国家和地区。我国曾在东北、华北和西北地区及云南与广西地区多发，其余省（自治区、直辖市）为散发，长江以南地区较少，东北地区感染率较高。20世纪80年代以来，相继开展"驱绦灭囊"工作后，检出率逐年降低，目前很少发生。

2）猪囊尾蚴主要是猪与人之间循环感染的一种人兽共患寄生虫病。猪囊尾蚴唯一感染来源是有钩绦虫患者，他们每天排出孕节和虫卵，可持续达20余年。

3）猪的感染与人的粪便管理和猪的饲养管理方式不当密切相关。在有些地方，人无厕所、养猪无圈；还有的人厕与猪圈连在一起。猪接触人粪机会多，因而造成流行。

4）人感染有钩绦虫主要取决于饮食卫生习惯和烹调与食肉方法，吃生猪肉及不熟猪肉，

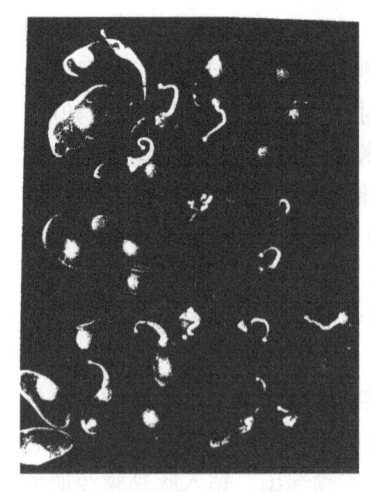

图9-31 由肌肉里分离出来经孵育的囊尾蚴

卫生及饮食不良误食虫卵。在有吃生肉习惯的地区则呈地方性流行（图9-31）。

致病作用及症状 猪囊尾蚴对猪的危害一般不明显。囊虫代谢产物对猪体呈现毒害作用，并且对组织器官的机械压迫而影响猪体生长发育。初期六钩蚴在体内移行，引起组织损伤，有一定的致病作用。成熟囊尾蚴的致病作用常取决于寄生部位，数量居次要。寄生在肌肉与皮下，一般无明显致病作用。重度感染时，可导致营养不良、贫血、水肿、衰竭，常现两肩显著外张，臀部不正常的肥胖宽阔而呈哑铃形体型或狮体状，发音嘶哑和呼吸困难。大量寄生于猪脑时，可引起严重的神经症状，突然死亡。寄生于眼内时，引起视力减退、眼神痴呆。

人感染有钩绦虫后，虫体头节固着在肠壁上，可引起肠炎，导致腹痛、肠痉挛，同时夺取大量营养，虫体分泌物和代谢产物等毒性物质被吸收后，引起胃肠机能失调和神经症状，如消化不良、恶心、腹泻、便秘、消瘦、贫血等。对人而言最严重的问题是幼虫。猪囊虫寄生在人体组织内引起炎症和占位性病变，危害性远大于成虫，症状取决于寄生部位与数量。当寄生于脑时危害最大，虫体压迫脑组织，患者以癫痫发作为最多见，其次是颅内压增高，间或头痛、眩晕、恶心、呕吐、记忆力减退至消失，严重可致死。癫痫发作是突出症状，占脑囊虫的60%。寄生于人眼内可导致视力减弱，甚至失明。寄生于人肌肉皮下组织，导致局部肌肉酸痛无力。

诊断

（1）猪 猪囊尾蚴的生前诊断困难。只有当舌部浅表寄生时，触摸舌根或舌腹面常有囊虫引发的疙瘩，眼结膜也可发现囊虫。严重感染的猪，发音嘶哑，呼吸困难、睡觉发鼾；猪体型可能改变，肩胛肌肉严重水肿、增宽，后臀部肌肉水肿隆起，外观呈哑铃状或狮子形。走路前肢僵硬，后肢不灵活，左右摇摆，眼球突出。

近年来发展起来的血清学免疫诊断法很多，如酶联免疫吸附试验（ELISA）、改良ELISA、间接血凝试验（IHA）、皮内试验、免疫电泳、间接免疫荧光抗体法、对流免疫电泳及斑点试验等。随着抗原的纯化和技术的改进，ELISA检出率可达90%以上，但仍难排除与细颈囊尾蚴和棘球蚴的交叉反应。斑点试验敏感性可达98.3%，特异性强（99.62%），操作简便，易于判定，试验操作时间短（20min），适于基层推广。

尸体剖检在多发部位发现猪囊尾蚴便可确诊。商检或食品卫生检验时，在易发现虫体的部位如臀肌、腰肌等处，尤以前臂外侧肌肉群的检出率最高。现行的眼观肉检法检出率有50%～60%，轻度感染的仍有漏检。

群众对此病的诊断经验是："看外形，翻眼皮，看眼底，看舌根，再摸大腿里"。舌检囊尾蚴是民间流传的一种检查方法，东北许多收购员沿用这种方法，检出率为30%左右。

（2）人 人囊虫病诊断可根据症状，皮下结节活组织检查；眼囊虫病用眼底检查发现囊虫；脑和深部组织的囊尾蚴用X射线、B超、电子计算机断层扫描（CT）基本可确诊。近年来核磁共振技术可进一步提高检出率。免疫学诊断（ELISA、IHA）等方法可辅助诊断人的囊虫病。

对人的有钩绦虫病患者以查获孕节、虫卵确诊。

孕节检查：将洗净的节片夹在两张载玻片之间，轻轻加压，对光观察，计数主干一侧基部的子宫分支数即可鉴别虫种。操作时应严格注意防止虫卵对人的感染。

虫卵检查：可用粪便直接涂片法、浮聚法。只有虫卵散出才能查到，故检出率低，注意不能与牛带绦虫卵相混淆。驱虫查头节可确诊。

治疗 对猪囊尾蚴病的治疗，可用丙硫苯咪唑和吡喹酮等，疗效显著，治愈率可达90%以上，但对重度感染的猪不宜治疗，否则可引起神经症状而死亡。两种药物均有一定毒副作用，服药后宿主可能出现皮下或肌肉囊尾蚴部位肿；眼疼痛；有的颅压升高，表现为剧烈头痛、呕吐等症状，甚至癫痫发作，导致死亡；有的出现发热和荨麻疹等过敏反应。丙硫苯咪唑可引起肝功能损伤。两种药物对比，丙硫苯咪唑杀虫作用缓慢，毒性反应出现得晚和较轻微。治疗原则应小剂量长时间给药。

对人囊尾蚴病的治疗：可用丙硫苯咪唑和吡喹酮。

人体猪带绦虫病治疗：①南瓜子和槟榔合剂。南瓜子50g，槟榔片100g，硫酸镁30g。南瓜子炒后去皮磨碎，槟榔片作成煎剂，晨空腹先服南瓜子粉，1h后再服槟榔煎剂，半小时后服硫酸镁，应多喝白开水，服药后4h可排出虫体。②仙鹤草根芽。又名狼牙草或龙牙草，将其晾干粉碎即可。成人25g，晨空腹一次服下，因其可导泻，勿再服泻药。也可用其石灰乳浸出物——驱绦丸，每丸含0.4g仙鹤草根芽，成人用量8~10丸，疗效显著。③氯硝柳胺（灭绦灵）。成人用量3g，晨空腹2次服用，嚼碎后温水送下，否则无效，间隔半小时后服另一半，1h后服硫酸镁。

应注意检查排出虫体有无头节，并对排出虫体和粪便深埋或烧毁，以防止病源散布。

预防 应采取综合性防治措施，大力开展驱除人绦虫，消灭猪囊虫的"驱绦灭囊"的防治工作。

1）查治有钩绦虫病患者，治疗猪囊尾蚴病病猪。因有钩绦虫病患者是猪囊尾蚴感染的唯一来源，因此用药物驱虫治疗是极为重要的措施。对轻症猪可治疗，否则查出应按规定处理。

2）加强人粪管理和改善猪的饲养方法。做到人有厕所，猪实行圈养。不让猪散放，以防止猪接触人粪。同时人的厕所与猪圈应分设，以控制人绦虫与猪囊虫的互相感染。

3）充分发动食品部门肉检卫生人员和乡村兽医加强肉品卫生检验，大力推广定点屠宰，集中检疫。凡未经兽医人员检验的猪肉一律不准投放市场，严禁囊虫猪肉进入市场。在广大农村，特别是年节期间，对农民自家屠宰的猪也应经过肉检方可食用。

4）注意个人卫生，不吃生或半生猪肉。加强宣传教育，提高人民对猪囊尾蚴危害性及其感染途径的认识，自觉行动起来开展驱绦灭囊的防治工作。

5）免疫预防。众多学者已研究天然蛋白疫苗、重组蛋白疫苗、合成肽疫苗和核酸疫苗等不同种类的囊尾蚴病疫苗，并取得了较大的进展。尽管天然蛋白疫苗可以使免疫的动物获得很高的保护力，但由于直接从虫体得到的抗原来源有限，难以进行质量控制，因而阻碍了其广泛的应用。目前，易于大规模工业化生产的重组蛋白疫苗和核酸疫苗已经显示出很好的预防和治疗效果，具有广阔的应用前景。同时，这些疫苗在动物上的成功应用也增加了将其直接应用于人体的可能性。随着这些疫苗应用，囊尾蚴病终得到有效的控制。

二、牛囊尾蚴病

牛囊尾蚴病又称牛囊虫病，是由带科带属的肥胖带吻绦虫又称牛带绦虫（*Taeniarhynchus saginatus*）的中绦期——牛囊尾蚴（*Cysticercus bovis*）寄生于牛体内所引起。黄牛是其主要中间宿主，人是终宿主。牛带绦虫病是一种重要的人兽共患寄生虫病。

病原形态　　牛囊尾蚴与猪囊尾蚴在外观上相似，具有一个半透明的椭圆形囊泡，内有一个乳白色头节（图9-32）。把虫体压薄后镜检，可见到头节上有4个吸盘，没有顶突和钩。牛囊虫主要寄生在牛的咀嚼肌、舌肌、心肌和腿肌等处。牛带绦虫因其头节上无顶突和钩，所以又叫无钩绦虫。链体长5～10m，最长达25m，由1000～2000个节片组成。成节中的睾丸数目为300～400个。卵巢分为两大叶，无副叶。孕节子宫每侧枝有15～30对，并逐节脱落且能自动爬出肛门。每个孕节含卵10万个以上。

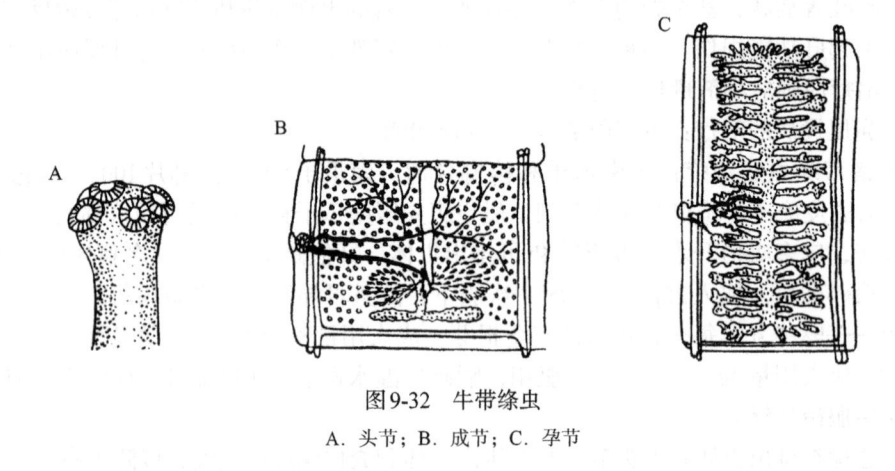

图9-32　牛带绦虫
A. 头节；B. 成节；C. 孕节

虫卵呈似圆形，黄褐色，胚膜甚厚，具辐射条纹。卵的大小为（30～40）μm×（20～30）μm，内有六钩蚴。

生活史　　与有钩绦虫相似，区别在于中间宿主。牛带绦虫的中间宿主主要是黄牛，牛、绵羊、山羊等动物也可作中间宿主。寄生于人体小肠的成虫，其孕卵节片脱落随粪便排出体外，或节片自动逸出肛门。孕节在外界环境中破裂释放出虫卵，污染饲料、饮水或牧场，如被牛或其他中间宿主吞食，虫卵经胃肠液及六钩蚴本身的作用，六钩蚴逸出，钻入肠黏膜血管中，随血流到牛的心肌、舌肌、咀嚼肌等运动性强的肌肉中，经3～6个月始发育为成熟的囊尾蚴。

囊尾蚴在牛体的寿命一般不超过9个月。牛感染后，可产生免疫力持续两年以上或获得终生免疫。

人食入未煮熟的含囊尾蚴的牛肉后，在消化道受胆汁刺激后，头节翻出固着肠壁黏膜上，长出链体，约经3个月生长发育为成虫。成虫每天可生长8～9个节片。成虫在人体内生存时间很长。其寿命可达20～30年或更长。

流行病学　　牛带绦虫呈世界性分布，以亚洲、非洲较多。我国除西藏、内蒙古等地区有吃生牛肉或烤肉习惯而呈地方性流行外，其他地区呈散发或偶然感染。牛感染囊尾蚴与人的卫生习惯、牛的饲养方法有关。感染牛带绦虫的患者，所排粪便含有孕节或虫卵，虫卵对外界因素的抵抗力较强，在牧地上可存活8周以上。如果污染了饲料、饮水和牧场的虫卵被牛吞食，就会被感染。也有发现经胎盘感染的犊牛。人工感染试验证明，狒狒和猴子均不能感染牛带绦虫，说明人是牛带绦虫唯一的终宿主。

致病作用与症状　　牛带绦虫节片内的毒素能引起中毒现象，表现为虚弱、胃肠机能障碍等。在感染初期，由于六钩蚴移行能使组织产生损伤，以后在囊尾蚴发育时间内致病作用不明显。牛感染牛囊尾蚴后，通常没有明显症状，严重感染时，初期症状显著，可出现体温升高、呼吸困难、心肌炎，表现虚弱，腹泻，甚至反刍消失、长时间卧地等症状，当牛耐过感染后8～10d，囊尾蚴到达肌肉后，症状就会自行消失。

病理变化 牛囊尾蚴的分布不均匀，以运动性强的肌肉寄生最多，此外也可在肝脏、肾脏和肺脏等处寄生，但极为少见。在组织内的囊尾蚴，6个月后即多已钙化。

本病的诊断和防治方法基本上同猪囊尾蚴病。

> **附：亚洲绦虫病**
>
> 亚洲绦虫也称为台湾绦虫、台湾带绦虫、朝鲜绦虫等，流行于我国、朝鲜、印尼、泰国、菲律宾等地。它与牛带绦虫的区别在于：①在扫描电镜下，成虫头节上具有尖的顶突；②孕节的后端具有后突起；③孕节的子宫末端小分支数目多；④囊尾蚴较小，其囊壁外在扫描电镜下布满疣状突起。台湾学者范秉真（1990）认为亚洲绦虫在成虫和虫卵的形态上，与牛带绦虫十分相似，区别在于囊尾蚴时期，即亚洲绦虫囊尾蚴的主要宿主为猪和野猪，寄生于肝脏，原头节上具有顶突和两圈小钩，量度普遍为小，发育时间也短。人是亚洲绦虫的唯一终宿主，感染亚洲绦虫的人是亚洲绦虫病的传染源。在台湾流行区的居民主要因食入猪、野猪、山羊、野山羊等的肝脏而致感染。亚洲绦虫仅成虫寄生于人体小肠，囊尾蚴并不寄生人体，其致病情况与牛带绦虫相仿。主要症状为排节片、肛门瘙痒、恶心、腹痛、食欲改变等。诊断和治疗方法可参考牛带绦虫。

三、细颈囊尾蚴病

本病是由带科带属的泡状带绦虫（*Taenia hydatigena*）的中绦期——细颈囊尾蚴（*Cysticercus tenuicollis*）（又称细颈囊虫）寄生于猪、绵羊、山羊等动物肝脏实质内及被膜上下、浆膜、网膜、肠系膜及其他器官中所引起，严重感染时还可进入胸腔，寄生于肺部。成虫寄生于犬、狼和狐狸等动物的小肠内。本病流行广，对仔猪有较大致病力。

病原形态 细颈囊尾蚴呈囊泡状，俗称水铃铛，大小不等，豌豆大或更大（图9-33）。囊壁薄，呈乳白色，内含透明液体，肉眼可见囊壁上有一个向内生长具细长颈部的头节，故名细颈囊虫。在脏器中的囊体，体外有一层由宿主组织反应产生的厚膜包围，故不透明，颇易与棘球蚴相混。

成虫泡状带绦虫呈乳白色或稍带黄色，体长可达5m，头节上有顶突和26～46个小钩排成两列（图9-34）。前部的节片宽而短，向后逐渐加长。生殖器官一套，在一侧不规则交互

图9-33 细颈囊尾蚴

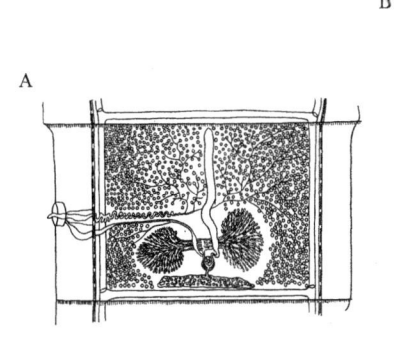

图9-34 泡状带绦虫
A. 成节；B. 孕节

开口。孕节长大于宽，其内充满虫卵，子宫侧支为5～16对，上有小的分支。虫卵为卵圆形，内含六钩蚴，大小为（36～39）μm×（31～35）μm。

生活史 泡状带绦虫寄生在犬及其他野生食肉兽小肠内，随粪便排出孕卵节片，虫卵散出污染了草地、饲料和饮水，猪等动物因吞食虫卵而感染。六钩蚴逸出钻入肠壁随血流至肝，进入肝实质，或移行至肝的表面，发育成囊尾蚴。有些虫体从肝表面落入腹腔而附着于网膜或肠系膜上，经3个月发育成具感染性的细颈囊尾蚴。当屠宰病猪时，摘除细颈囊尾蚴，丢弃在地，犬类等因吞食含有细颈囊尾蚴的脏器而感染，进入小肠后头节伸出，附着于肠壁逐渐发育为泡状带绦虫，潜隐期为51d，在犬体内泡状带绦虫可活一年左右。

流行病学 本病呈世界性分布，我国各地普遍流行，尤其是猪，感染率为50%左右，个别地区高达70%，且大小猪只都有感染，是猪的一种常见病。流行原因主要是由于感染泡状带绦虫的犬、狼等动物的粪便中排出绦虫的节片或虫卵，它们随着终宿主的活动污染了牧场、饲料和饮水而使猪等中间宿主遭受感染。蝇类是不容忽视的重要传播媒介。每逢农村宰猪或牧区宰羊时，犬多守立于旁，凡不宜食用的废弃内脏便丢弃在地，任犬吞食，这是犬易于感染泡状带绦虫的主要原因。犬的这种感染方式和这种形式的循环，在我国不少农村很常见。

致病作用及症状 细颈囊尾蚴对羔羊及仔猪危害较严重。六钩蚴在肝脏中移行，有时数量很多，损伤肝组织，破坏肝实质和微血管，穿成孔道，引起出血性肝炎。大部分幼虫由肝实质向肝包膜移行，最后到达大网膜、肠系膜或其他浆膜发育时，其致病力即行减弱，但有时可引起局限性或弥散性腹膜炎。严重感染时进入胸腔、肺实质及其他脏器而引起腹膜炎和肺炎。还有一些幼虫一直在肝脏内发育，久后可引起肝硬化。

本病多呈慢性经过，感染早期大猪一般无明显症状。但仔猪可能出现急性出血性肝炎和腹膜炎症状，体温升高，腹部因腹水或腹腔内出血而增大，可由于肝炎及腹膜炎死亡。慢性型多发生于幼虫自肝脏出来之后，一般无临床表现，影响生长发育。多数仅表现虚弱、消瘦，偶见黄疸，腹部膨大或因囊体压迫肠道引起便秘。

病理变化 死于急性细颈囊尾蚴病时，肝肿大，肝表面有很多小结节和小出血点，肝叶往往变为黑红色或灰褐色，实质中能找到虫体移行的虫道。初期虫道内充满血液，继后逐渐变为黄灰色。有时腹腔内有大量带血色的渗出液和幼虫。慢性病程中可致肝局部组织褪色，呈萎缩现象，肝浆膜层发生纤维素性炎症，形成所谓"绒毛肝"。肠系膜和肝脏表面有大小不等的被包裹着的虫体，肝实质中或可找到虫体，有时可见腹腔脏器粘连。

诊断 细颈囊尾蚴病的生前诊断较困难，可用血清学方法。目前仍以死后剖检或宰后检查发现细颈囊尾蚴才能确诊。注意急性型易与急性肝片吸虫病相混淆，在肝脏中发现细颈囊尾蚴时，应与棘球蚴相区别，前者只有一个头节，壁薄而且透明，后者囊壁厚而不透明。

治疗 应用吡喹酮或硫双二氯酚等。

预防 注意防止犬散布病原，禁止犬进入猪舍，避免饲料、饮水被犬粪污染。对犬进行定期驱虫，驱虫药物有吡喹酮或氯硝柳胺。捕杀野犬。严禁犬类进入屠宰场，禁止将细颈囊尾蚴丢弃喂犬。

四、豆状囊尾蚴病

本病是由豆状带绦虫（*Taenia pisiformis*）的中绦期——豆状囊尾蚴（*Cysticercus pisiformis*）寄生于兔的肝脏、肠系膜和腹腔内引起，其他啮齿类动物也可寄生。因其囊泡形如豌豆而得名。感染量大引起死亡，慢性型表现为消化紊乱和体重下降。呈世界性分布，我国吉林、山东、陕西、浙江、江西、江苏、贵州、福建等地均有本病发生。

病原形态　豆状囊尾蚴豌豆大小，透明囊泡状，卵圆形，大小为（6～12）mm×（4～6）mm（图9-35）。其囊内含有透明液体和一个小头节。成虫豆状带绦虫寄生于犬科动物小肠内，乳白色，体长60～200cm，最大宽度4.8mm，有200～400个节片（图9-36）。头节为小球形，直径为1～2mm，上有吸盘、顶突，顶突上有36～48个小钩，呈两圈排列。体节边缘因生殖孔不规则交叉开口于节片侧缘中线之后而呈锯齿状，故又称锯齿带绦虫（*Taenia serrata*）。睾丸350～450个，呈卵圆形，主要分布于两侧排泄管内侧。卵巢分左右两瓣，每瓣有叶状分支。孕节子宫内充满虫卵，约4000个，每侧有8～14个主侧支，其上又有小分支，扩展至节片的四周。虫卵近圆形，大小为（36～40）μm×（32～37）μm，内含六钩蚴。

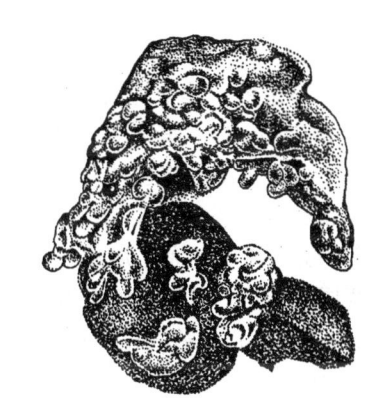

图9-35　豆状囊尾蚴

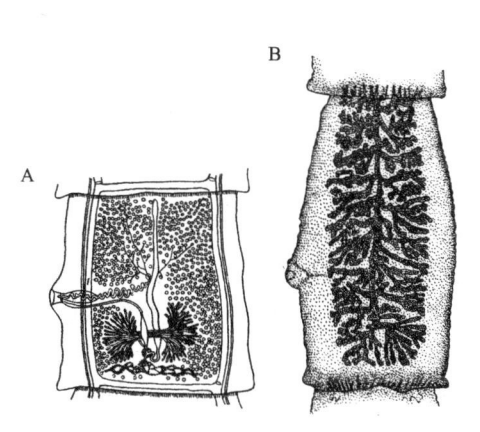

图9-36　豆状带绦虫
A. 成节；B. 孕节

生活史　孕节或虫卵随犬粪排至体外，兔吞食被虫卵污染的饲料或饮水后，虫卵进入兔的消化道，六钩蚴便在宿主消化道内逸出，钻入肠壁，进入血管，随血流到达肝和腹腔处发育，约1个月形成囊泡，即豆状囊尾蚴。实验感染家兔第11天，囊已形成，囊内充满囊液，黏附在内脏表面，主要在大网膜，一部分游离于腹腔中，有一部分在骨盆腔内和直肠周围的浆膜内继续发育成豆状囊尾蚴。感染后32天，囊尾蚴外观发育完全，但尚无感染力，发育至第39天的囊尾蚴才成熟而具有感染力。屠宰家兔时，犬、猫等终宿主吞食了含豆状囊尾蚴的兔内脏后，豆状囊尾蚴包囊在终宿主消化道中破裂，囊尾蚴头节附着于小肠壁上，在犬小肠内35d，在狐狸小肠内70d发育为成虫。成虫在犬体内可存活8个月以上。

流行病学　本病呈世界性分布。随养兔业的发展，原来豆状带绦虫在野生动物狼、狐和兔类之间循环的流行形式，已逐渐形成家养动物犬和家兔之间循环流行。城乡犬感染成虫是豆状囊尾蚴病的感染源。大量感染豆状囊尾蚴的家兔内脏未处理被抛弃，又成为城乡犬感染本虫的主要因素。

致病作用及症状　家兔感染后死亡率极高。大量感染时，可因急性肝炎死亡。慢性型病例主要表现为消化紊乱和体重减轻。病兔表现为食欲下降、精神沉郁、喜卧、腹围增大、眼结膜苍白。实验感染后早期反应不明显，第11天开始死亡，第14天达死亡高峰，第16～19d死亡也较多，以后逐渐减少。

病理变化　剖检病变主要是肝的损伤。初期肝肿大，呈土黄色，质硬，表面有大量小的虫体结节。随后结节越来越大，形成条纹状，后期虫体在肝表面出现，并游离于腹腔中。常见严重腹膜炎，腹腔网膜、肝脏、胃肠等器官粘连。肠系膜及网膜上有豆状囊尾蚴包囊。

诊断 结合临床症状和流行病学进行综合诊断。生前诊断可采用免疫学检测方法，死后剖检肝及腹腔中发现豆状囊尾蚴确诊。

防治 注意防止犬粪污染饲料和饮水，勿用病兔内脏喂犬，加强管理。对犬进行定期驱虫，驱虫药物可用吡喹酮。至于兔豆状囊尾蚴病，目前尚无有效的治疗措施，可试用丙硫苯咪唑或甲苯咪唑等药物进行治疗。

五、多头蚴病

脑多头蚴（*Coenurus cerebralis*）又称为脑共尾蚴或脑包虫，主要寄生于绵羊、山羊、黄牛、牦牛，尤以两岁以下的绵羊易感。偶见于骆驼，猪、马及其他野生反刍动物的脑和脊髓中，极少见于人，是危害羔羊和犊牛的一种重要的人兽共患寄生虫病。本病呈世界性分布，多呈地方性流行，可引起动物死亡。文献报道过的虫种达20余种，其中为人兽共患的有4种：多头多头绦虫（*Multiceps multiceps*）、布氏多头绦虫（*M. brauni*）、连续多头绦虫（*M. serialis*）和聚团多头绦虫（*M. glomeratus*）的幼虫。这里只介绍多头多头绦虫或称多头带绦虫（*Taenia multiceps*），寄生于犬、狼、狐狸等的小肠中，属带科带属或称多头属。

病原形态 脑多头蚴多为乳白色，半透明囊泡，圆形或卵圆形，大小取决于寄生部位、发育的程度及动物种类。直径约5cm或更大。囊壁由两层膜组成，外膜为角质层，内膜为生发层，其上有许多原头蚴，直径为2～3mm，数量有100～250个，囊内充满透明液体，内含酪氨酸、色氨酸、精氨酸，以及钾、钙、镁、氯、磷脂和铵等物质。

多头绦虫为中型绦虫，有40～100cm长，由200～250个节片组成，头节上有4个吸盘，顶突上有小钩22～32个，排成两行（图9-37）。成节呈方形，或宽大于长，生殖器官每节一组，生殖孔不规则地交替开口于节片侧缘中点的稍后方。睾丸约300个，分布于两侧，卵巢分两叶，近生殖孔侧的一叶较小。孕节内子宫有14～26对分支。虫卵直径为29～37μm，内含六钩蚴。

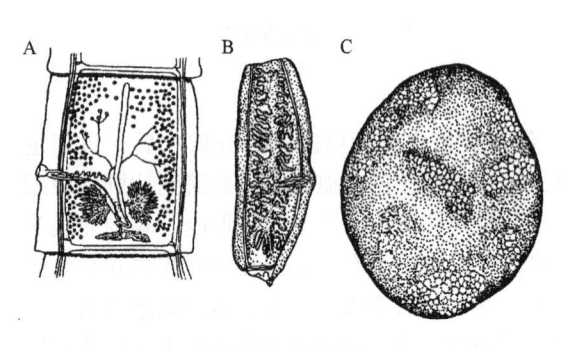

图9-37 多头绦虫
A. 成节；B. 孕节；C. 脑多头蚴

生活史 成虫寄生于犬、狼等终宿主的小肠内，脱落的孕节随粪便排出体外，虫卵逸出污染饲料或饮水。牛、羊等中间宿主因吞食此虫卵而感染，六钩蚴钻入肠壁血管，随血流到达脑和脊髓中，幼虫生长缓慢，约3个月变为感染性的脑多头蚴。犬、狼等食肉动物吞食含脑多头蚴的脑、脊髓而感染。原头蚴吸附于肠壁上而发育为成虫。潜隐期为40～50d，在犬体内可存活6～8个月。

流行病学 本病为全球性分布。欧洲、美洲及非洲绵羊的脑多头蚴均极为常见，我国各地均有报道，多呈地方性流行，在内蒙古、东北、西北等地多发。两岁前的羔羊多发，全年都有因此病死亡的动物。

多头蚴的流行原因和棘球蚴基本相似，特别是在牧区，主要感染源是牧羊犬。犬食入含多头蚴的脏器，患病犬的粪便污染草场和饮水，从而造成多头蚴的流行。值得指出的是，从狐狸体内获得的六钩蚴对羊不具感染性。虫卵对外界环境的抵抗力强，在自然界可长时间保持生命力，然而在日晒的高温下很快死亡。

致病作用及症状 由于六钩蚴的移行，机械性刺激和损伤宿主的脑膜和脑实质组织。动物感染初期1～3周，即虫体在脑内移行时，呈现体温升高及类似脑炎或脑膜炎症状。重度感染的动物常在此期间死亡。后来虫体体积增大，压迫脑脊髓，导致中枢神经功能障碍，并波及全身各系统，最终引起宿主严重贫血，常因恶病质而死亡。动物感染后2～7个月出现典型症状，运动和姿势异常。

症状取决于虫体的寄生部位：寄生于大脑额骨区时，头下垂，向前直线奔跑或呆立不动，常将头抵在任何物体上；寄生于大脑颞骨区时，常向患侧做转圈运动，所以叫作回旋症（图9-38）。多数病例对侧视力减弱或全部消失；寄生于枕骨区时，头高举，后腿可能倒地不起，颈部肌肉强直性痉挛

图9-38 回旋症羊正在做转圈运动

或角弓反张，对侧眼失明；寄生于小脑时，表现知觉过敏，容易悸恐，行走时出现急促步样或步样蹒跚、磨牙、流涎、平衡失调、痉挛；寄生于腰部脊髓时，引起渐进性后躯及盆腔脏器麻痹，最后死于高度消瘦或因重要神经中枢受害而死。如果寄生多个虫体而又位于不同部位，则出现综合症状。

病理变化 前期急性死亡的病畜剖检可见到有脑膜炎及脑炎病变。还可能见到六钩蚴在脑膜中移行时留下的弯曲痕迹。在后期病程中剖检时，可以找到一个或更多的囊体，有时在大脑、小脑或脊髓表面，有时嵌入脑组织中。与病变或虫体接触的头骨，骨质变薄，松软，甚至穿孔，致使皮肤向表面隆起。多头蚴寄生的部位常有脑炎变化，还偶可扩展到脑的另一半球。炎性变化具有渗出性炎及增生性炎的性质。靠近多头蚴的脑组织，有时出现坏死。其附近血管发生外膜细胞增生。有时多头蚴死亡，萎缩变性并钙化。

诊断

（1）流行区根据其特殊临床症状判定 依据是动物有无强迫运动（包括方向、速度、腿伸出的力量和速度、步伐大小）；痉挛性质；视力有无减退或失明（可用手靠近眼睛视其反应，如头避开或眼睑毛动，就说明视觉正常；如不动，说明失明等）。

（2）鉴别诊断 注意与莫尼茨绦虫病及羊鼻蝇蛆病区分，因这两种病都有神经症状，可用粪检和观察羊鼻腔来区别。维生素A缺乏症：无定向的转圈运动，叩诊头颅部无浊音区。

（3）寄生于大脑表层时，触诊可判定虫体部位 有些病例需在剖检时才能确诊，此外，可用变态反应原（用多头蚴的囊液及原头蚴制成乳剂）注入羊的上眼睑内做诊断，感染多头蚴的羊于注射1h后，皮肤呈现肥厚肿大（1.75～4.2cm），并保持6h左右。近年采用酶联免疫吸附试验（ELISA）诊断有较强的特异性、敏感性，且没有交叉反应，据报道是多头蚴病早期诊断的好方法。

治疗 当脑多头蚴位于头部前方表层时可施外科手术摘除，在脑深部和后部寄生的情况下难以摘除。有人用吡喹酮和丙硫苯咪唑治疗效果也较好。

预防 对牧羊犬、军犬、警犬定期驱虫，排出的犬粪和虫体应深埋或烧毁。防止犬吃到含脑包虫牛、羊等动物的脑及脊髓。捕杀野犬、狼等，对带虫的牛、羊脑等脏器应销毁。

六、棘球蚴病

棘球蚴病又称为包虫病，是一类重要的人兽共患寄生虫病，是棘球绦虫的中绦期寄生于牛、羊、猪、人及其他动物的肝、肺及其他器官中。棘球蚴体积大，生长力强，不仅压迫周围组织使之萎缩和功能障碍，还易造成继发感染。如果蚴囊破裂，可引起过敏反应，甚至死亡。本病是我国西部7省（自治区、直辖市）农牧民因病致贫、因病返贫的主因，有人称之为"虫癌"，我国已将本病列入优先防治的疫病。成虫棘球绦虫寄生于犬科动物的小肠中，属带科棘球属，种类较多。目前，世界公认的有4种：细粒棘球绦虫（*Echinococcus granulosus*）、多房棘球绦虫（*E. multilocularis*）、少节棘球绦虫（*E. oligarthrus*）、福氏棘球绦虫（*E. vogeli*）。我国有两种：细粒棘球绦虫和多房棘球绦虫，其中以细粒棘球绦虫多见。后两种绦虫主要分布于南美洲。

（一）细粒棘球蚴病

病原形态 细粒棘球蚴（单房棘球蚴）为一独立包囊状构造，内含液体（图9-39）。形状不一，形状常因寄生部位不同而有变化，大小常从豌豆大到人头大。一般近球形，直径为5～10cm。单房棘球蚴（图9-40）可分为三类。

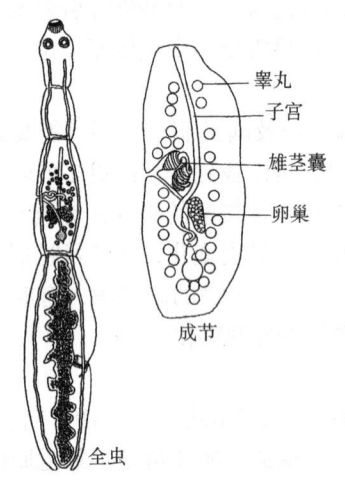

图9-39 细粒棘球绦虫全虫及成节

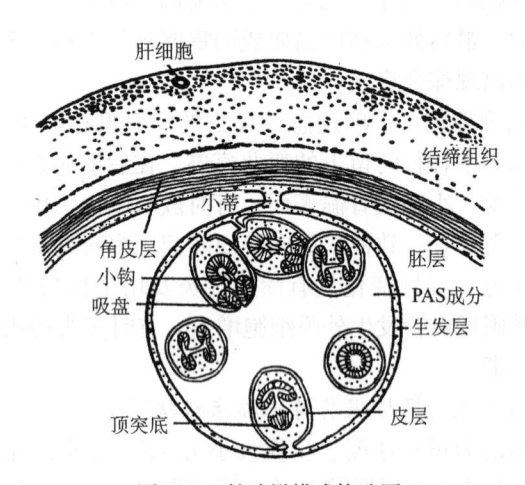

图9-40 棘球蚴模式构造图

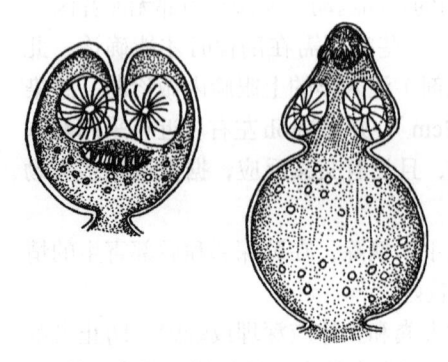

图9-41 内嵌及外翻的原头蚴

（1）人型棘球蚴（*E. hominis*） 囊包内含有液体和过碘酸希夫（PAS）成分［呈PAS反应（periodic acid Schiff's reaction）的糖原成分］，囊壁由三层构成。外层较厚是角质层；中层是肌肉层，含有肌纤维；内层很薄，叫作生发层。在生发层上可长出生发囊（brood capsule），在生发囊内壁上又可长出数量不等的原头蚴（protoscolex）（图9-41），有些生发囊脱离生发层，或有些头节脱离生发囊，游离在囊液中称"棘球砂"。

在囊壁的生发层上还可生长出第二代包囊称作

子囊。子囊可向原有囊包（又称母囊）腔中生长称"内生性子囊"，也可向母囊脏外生长称"外生性子囊"。在子囊的生发层上还可长出孙囊，子囊和孙囊具有和母囊相同的构造，在它们的生发层上长出生发囊，并形成头节。这样可能在一个棘球蚴囊内包含着很多子囊和孙囊。这种多见于人，家畜中仅见于牛。

（2）兽型棘球蚴（*E. veterinarum*）　它的构造与人体基本相似，不同点就是在生发层上不再长出子囊和孙囊。此型在绵羊体最常见。

（3）无头型棘球蚴（*E. acephalocysta*）　它的特点与上述各型完全不同，因囊内无生发层，不能长出头节、子囊和孙囊。此型最常见于牛。

细粒棘球绦虫很小，仅有2～7mm长，由头节和3～4个节片组成，头节上有4个吸盘，有顶突，小钩36～40个分两行排列。成节内含一套雌雄同体的生殖器官，睾丸数35～55个，生殖孔位于节片侧缘的后半部。最后1个节片为孕卵节片，其中仅有子宫，长度约占虫体全长的一半，子宫由主干分支许多袋形侧枝，子宫侧枝为12～15对，其中充满虫卵，虫卵大小为（32～36）μm×（25～30）μm，被覆着一层辐射状条纹的胚膜，内为六钩蚴。

生活史　终宿主为犬和狐等食肉兽，寄生在其小肠中，细粒棘球绦虫的孕卵节片随粪便排出体外，节片破裂，虫卵逸出，污染草、料和饮水，牛、羊等中间宿主吞食虫卵后而感染。在消化道的六钩蚴钻入肠壁经血流或淋巴散布到体内各处，以肝、肺最多。经6～12个月生长为具感染性的棘球蚴，它的生长可持续数年。有的直径可达20cm以上。犬等终宿主食用此种肝或肺等感染，棘球蚴在肠壁上经40～50d发育为成虫，在犬体内寿命为5～6个月。人可因食入虫卵而感染（图9-42）。

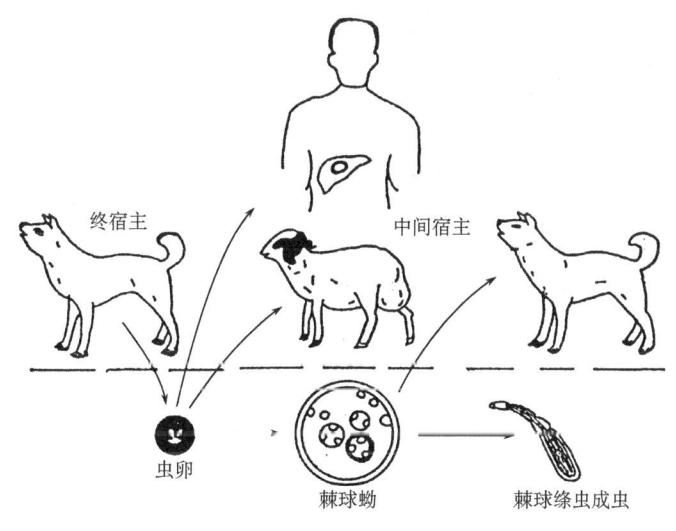

图9-42　棘球绦虫生活史

流行病学

1）细粒棘球蚴呈世界性分布，以牧区最多。我国以新疆为最严重，绵羊感染率在50%～80%，有的地区高达90.85%。其次在青海、宁夏、甘肃、内蒙古、四川等省（自治区）较严重。全国人体包虫病每年手术病例达2000例。

2）犬在本病的流行上有重要的意义。其流行可以有以下几种循环方式：①家畜之间的循环流行最普遍，即主要在犬及牛、羊之间流行；②野生动物之间的循环流行，即在野生的肉食兽和野生反刍兽之间循环；③犬与野生反刍兽之间的循环；④其他混合的循环方式。

3）动物和人细粒棘球蚴感染源，在牧区主要是犬，特别是野犬和牧羊犬。虫卵污染草原和生活环境，造成家畜和人的感染，猎人感染机会多，因其直接接触犬和狐狸的皮毛等。通过水果、饮水和生活用具，误食虫卵也可感染。当人屠杀牲畜时，往往随意丢弃感染棘球蚴的内脏或以其饲养犬，导致犬感染，因此加剧恶性流行。

4）细粒棘球绦虫的中间宿主范围广泛。流行病学上重要的是绵羊（成年羊），其感染率最高，因其本身是细粒棘球绦虫最适宜的中间宿主，同时放牧羊群经常与牧羊犬接触密切，吃到虫卵的机会多，而牧羊犬又常可吃到绵羊的内脏，因而极易造成本虫在绵羊与犬之间循环感染。

5）动物死亡多发于冬季和春季。

致病作用与症状 棘球蚴对动物的危害严重程度主要取决于棘球蚴的大小、数量和寄生部位。机械性压迫使周围组织发生萎缩和功能障碍。代谢产物被吸收后可引起组织炎症和全身过敏反应。绵羊表现为消瘦、被毛逆立、脱毛、黄疸、腹水、咳嗽、倒地不起，终因恶病质或窒息而死亡。牛与其相似，猪的症状不如牛羊明显。各种动物均可因囊泡破裂而产生严重过敏反应，突然死亡，对人危害尤其明显。

成虫对犬的致病作用不明显，寄生数千条也无临床表现。

诊断 生前诊断困难，剖检时才可以发现。结合症状及免疫学方法可初步诊断。国内已研制出10多种免疫诊断方法，多数用透析棘球蚴囊液作抗原，也有用亲和层析和聚丙烯酰胺凝胶电泳方法来浓集和分离抗原的，活的或死的原头蚴都能作为有效抗原。其中动物和人均可采用皮内变态反应诊断，敏感性高，但特异性差，一般准确率在70%左右。补体结合试验一般阳性率为50%～80%，有多种假阳性反应。间接血凝试验（IHA）快速简便，检出率为83.3%。酶联免疫吸附试验（ELISA）具有较高的特异性和敏感性。此外，还有酶联金黄色葡萄球菌A蛋白酶免疫吸附试验（PPA-ELISA）、斑点酶联免疫吸附试验（DOT-ELISA）、亲和素生物素酶联免疫吸附试验（ABC-ELISA）。由于这些试验均有不同水平的假阳性和阴性，因此建议将2～3种方法中出现阳性反应作为本病的诊断指标。有人曾对8种免疫诊断方法的比较，ELISA和ABC-ELISA敏感性最高，其次是IHA，琼脂糖凝胶扩散最差。特异性以酶标记对流免疫电泳最高。因此以上述三种方法结合应用是诊断和流行病学调查的可靠方法。另外，X射线、CT检出率较高。

治疗

1）绵羊棘球蚴可用丙硫苯咪唑和吡喹酮等。

2）人棘球蚴可用外科手术治疗，但注意囊液流出，可继发感染。也可用丙硫苯咪唑和吡喹酮。

预防

1）对犬进行定期驱虫，常用药物有氢溴酸槟榔碱和吡喹酮等。国内部分地区采取投放国内历经多年研制成功的、具有自主知识产权的吡喹酮咀嚼片进行驱虫，做到犬犬投药，月月驱虫，可以较好地控制犬体内的成虫。驱虫后特别应注意犬粪的无害化处理，或深埋或烧毁，防止病原的扩散。

2）对牧场上的野犬、狼、狐狸等食肉动物进行捕杀，根除感染源。

3）病畜的脏器不得随意喂犬，必须经过无害化处理。

4）经常保持畜舍、饲草、饲料和饮水卫生，防止犬粪的污染。

5）人与犬等动物接触，应注意个人卫生，养成良好的卫生和健康饮食习惯。

6）已有商品化的EG95亚单位疫苗在流行区用于牛羊免疫预防，保护率可达80%以上。

经过多年的摸索，国内部分地区采用"犬驱虫、羊免疫、健康教育和无害化处理"四位一体的综合防控模式，为有效切断包虫病传染源奠定了基础。

（二）多房棘球蚴病

多房棘球蚴又称为泡球蚴（alveococcus），是多房棘球绦虫（*Echinococcus multilocularis* 或 *Alveococcus multilocularis*）的中绦期，寄生于啮齿类包括麝鼠、田鼠、旅鼠、大沙鼠和小白鼠及人的肝脏。多房棘球绦虫寄生于狐狸、狼、犬、猫（较少见）的小肠中，是一种极为重要的人兽共患寄生虫病。

病原形态 泡球蚴为圆形或卵圆形的小囊泡，大小由豌豆到核桃大，被膜薄，半透明，由角质层和生发层组成，呈灰白色，囊内有原头蚴，内含胶状物。实际上泡球蚴是由无数个小的囊泡聚集而成的。

多房棘球绦虫很小，与细粒棘球绦虫颇相似，仅1.2～4.5mm长，由2～6个节片组成。头节上有吸盘，顶突上有小钩14～34个。倒数第2节为成节，睾丸14～35个，生殖孔开口于侧缘的前半部。孕节内子宫呈袋状，无侧支。虫卵大小为（30～38）μm×（29～34）μm。

生活史 狐狸、犬等将虫卵和孕节随粪便排至体外。虫卵对外界因素的抵抗力极强，如在2℃的水中可存活达两年之久，低温对六钩蚴几乎无作用，在-51℃的条件下，短时间内对它也无有害影响。田鼠等啮齿类吞食虫卵而受感染，在肝脏中发育快而凶猛。狐狸和犬等吞食含泡球蚴的肝脏而受感染，潜隐期为30～33d，成虫的寿命为3～3.5个月。

在牛、绵羊和猪的肝脏也可发现有泡球蚴寄生，但不能发育至感染阶段。

流行病学 多房棘球绦虫分布于北半球，特别在俄罗斯的西伯利亚、加拿大和美国的阿拉斯加冻土区广为流行。在我国的新疆、青海、宁夏、内蒙古、四川和西藏等省（自治区）也时有发生，以宁夏为多发区。

国内已证实的终宿主有沙狐、红狐、狼及犬；中间宿主有布氏田鼠、长爪沙鼠、黄鼠和中华鼢鼠等啮齿类。人感染泡球蚴是由于直接与狐狸或犬接触，误食了虫卵；或者因吞食了被虫卵所污染的水、蔬菜及浆果而引起。猎人在处理和加工狐狸或狼的皮毛过程中，易遭感染。

致病作用及症状 多房棘球蚴的危害远比细粒棘球蚴严重，它的生长特点是弥漫性浸润，形成无数个小囊泡，压迫周围组织，引起器官萎缩和功能障碍，如同恶性肿瘤一样，还可转移到全身各器官中。

病理变化 剖检可见葡萄状囊泡。

诊断 人可用B超或血清学诊断法诊断。

治疗 用外科手术法摘除，或用丙硫苯咪唑及甲苯咪唑治疗。

预防 多房棘球蚴是一种自然疫源性疾病，预防与控制尤为困难。对犬进行定期驱虫；防止用泡球蚴的动物尸体喂犬和毛皮动物；猎人在处理狐狸和狼的皮毛时应特别小心谨慎，注意个人卫生。

七、链尾蚴病

链尾蚴（strobilocercus）又名叶状囊尾蚴（*Cysticercus fasciolaris*），寄生于啮齿动物的肝脏内，特别常见于鼠类的肝脏。其寄生状态与细颈囊尾蚴相似，只是较小。成虫为寄生于猫小肠内的肥颈绦虫（*Taenia taeniaeformis* 或 *T. crassicollis* 猫绦虫）；又名带状带绦虫（*Taenia taeniaeformis*），亦称带状泡尾绦虫（*Hydatigera*）。分布极广，主要在鼠与猫之间循环感染。

病原形态　链尾蚴形似长链，约有20cm，头节裸露不内嵌，后接一假分节的链体状构造，后端有一小尾囊。成虫呈乳白色，体长15～60cm，头节外观粗壮，顶突肥大，上有小钩，4个吸盘向外侧突出，颈节极不明显。孕节子宫内充满着虫卵，子宫分支每侧为16～18对，虫卵直径为31～36μm（图9-43）。

生活史　孕节随猫粪排至体外，经常自行蠕动到草上或其他物体上，释出虫卵。当鼠类等吞食了含有虫卵的饲料或饮水后，六钩蚴钻入小肠壁，随血流至肝脏，经60d发育成链尾蚴，猫吞食了含有链尾蚴的鼠类而感染。经36～41d发育为成虫。在猫体内可存活两年。猫等吞食了带有链尾蚴的鼠类动物后，链尾蚴进入小肠，泡尾和假链体被消化，头节吸附在肠壁上，约经1个月发育为成虫。

流行病学　本虫在世界各地的流行形式主要有两种类型：一是在自然界通过野生动物肉食兽（野猫、狐等）和各种野生鼠类之间不断循环的流行形式；另一种则是家养猫、犬和家鼠之间的流行形式。人体也有偶然感染链尾蚴，是因为接触家猫和犬，误食虫卵而致。

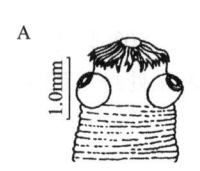

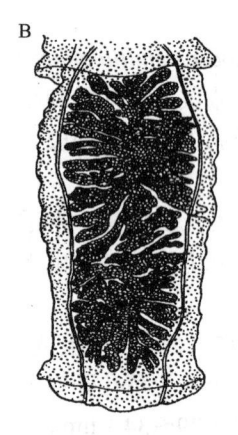

图9-43　带状带绦虫
A. 头节；B. 孕节

致病作用及症状　实验结果表明，幼虫对鼠类可引起肉瘤状肿瘤。

预防　对猫进行定期驱虫，注意灭鼠和处理好猫的粪便等。

第十章 线 虫 病

线虫病是由线虫纲（Nematoda）所属的各种寄生性线虫寄生于家畜、家禽和毛皮兽等动物所引起的一类蠕虫病。在人体和家畜的蠕虫病中，线虫病占一半以上，而且以土源性线虫病居多。因此，线虫病种类繁多，分布广泛，对家畜（禽）危害很大。

第一节 线虫的形态和生活史

一、线虫的形态

1. 线虫的一般形态 线虫虫体细长，通常为两侧对称的圆柱形或纺锤形，有的呈线状或毛发状。通常前端钝圆，后端较尖细。虫体大小差别很大，有的在1mm左右（如旋毛虫的雄虫），有的可达1m以上（如麦地那龙线虫的雌虫）。活体常为乳白色，吸血的虫体常带红色。动物寄生性线虫均为雌雄异体。雄虫较雌虫小，且后端有交合伞（copulatory bursa）或其他与生殖有关的构造，与雌虫有显著区别。虫体可明显分成头部、尾部、腹面、背面和侧面。有口、排泄孔（excretory pore）、肛门和生殖孔（genital pore）等天然孔。雄虫肛门和生殖孔合为泄殖腔（cloaca）（图10-1）。体壁由角质层（cuticular layer）、皮下组织（hypodermis）和肌层（muscular layer）组成。

角皮（cuticle）表面具有横纹，纹间距随种类不同而不同（图10-2）。有的表面光滑或有纵纹，是由皮下组织分泌形成。角皮延续为口囊（buccal capsule）、食道（oesophagus）、直肠（rectum）、排泄孔和生殖管末端的衬里。虫体的特殊构造如头泡（cephalic）、颈翼（cervical alae）、唇片（lip）、叶冠（leaf crown）、尾翼（caudal alae）、交合伞、乳突（papilla）等都有角皮参与形成的成分。这些构造有附着、感觉和辅助交配等功能。它们的形

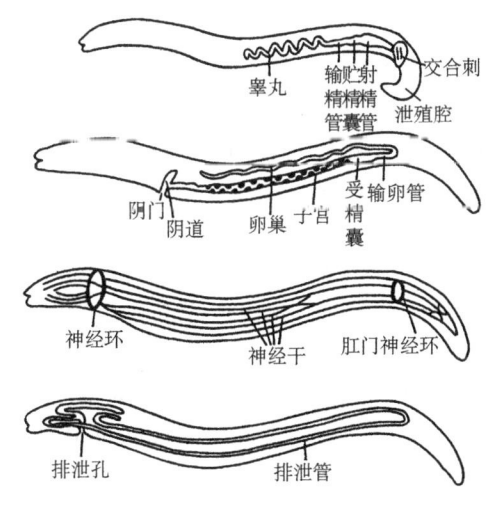

图10-1 线虫内部构造模式图

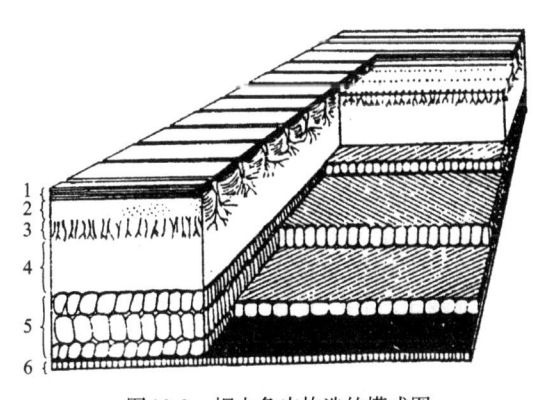

图10-2 蛔虫角皮构造的模式图
1. 外皮质层；2. 内皮质层；3. 原纤维层；
4. 均质层；5. 纤维层；6. 基底膜

状、位置和排列顺序是分类的主要依据。

皮下组织紧贴在角皮基底膜下面,是由一层合胞体(syncytium)细胞组成。位于背腹及两侧中央的皮下组织增厚,形成4条纵索(longitudinal chord),分别叫作背索(dorsal chord)、腹索(ventral chord)和侧索(lateral chord),皮下组织的细胞核均在这些索中。肌层位于皮下组织之下,由单层肌细胞组成;4条纵索将肌层分隔成4个区。由于线虫的种类不同,肌层的结构和肌细胞的形态也不同,一般来说有三种类型:少肌型(meromyarian type),肌细胞大而少,且不突入假体腔中,如蛲虫;多肌型(polymyarian type),肌细胞多而长,呈纺锤形,且突入假体腔,如蛔虫;全肌型[细肌型(holomyarian type)],肌层薄,肌细胞细而密,排列整齐,如鞭虫。线虫的体肌只有纵肌,肌纤维的收缩和舒张会使虫体运动。有一些辐射排列的环肌型(circomyarian type)肌纤维分布在食道和生殖器等内脏器官。前已述及线虫体壁是由角皮、皮下组织和肌层组成的,没有浆膜层。体壁内包着消化道、生殖腺和生殖管等内部器官。在体壁和内部器官之间为假体腔(pseudocoel),假体腔液中含有蛋白质、脂肪、葡萄糖和某些酶类物质,有些线虫体液中还含有血红蛋白。

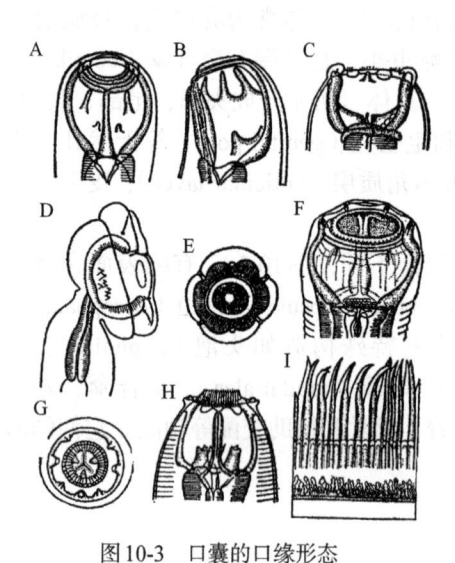

2. 消化系统 线虫的消化系统包括消化管和消化腺。消化管分为口唇、口腔、食道、中肠、直肠和泄殖腔,消化腺有食道腺和直肠腺。口常位于头部顶端,有的在亚腹位或亚背位。口周围有唇片围绕,唇片上有感觉乳突,有的唇片间有间唇。没有唇片的寄生虫常在该部位发育为叶冠、角质环,或有齿、板等构造。口通于口囊(buccal capsule)(图10-3)。许多虫体口囊内有齿、口针(stylet)或切板(cutting plate)。食道是肌质结构,管腔为三角形辐射状。食道的形状各异(图10-4),有的是圆柱状,有的是棍棒状等;有的食道后部膨大称食道球(oesophageal bulb),有的有两个食道球,分为中球和后球。食道壁内有消化腺(oesophageal glands),在背位和腹位处能分泌消化液。食道后部为肠,一般呈管状;有的线虫有伸向前端的肠盲囊(intestinal caecum)。肠的后端为直肠,直肠很短,以肛门开口于尾部腹面。雌虫肛门单独开口;雄虫的直肠与射精管(ejaculatory duct)合为泄殖腔。后者开口处有乳突,其数目、形状和排列随虫种不同而异。

图10-3 口囊的口缘形态
A、B. 角质环(撒篡钩刺线虫);C. 角质隆突(有齿冠尾线虫);D、E. 齿轮状突(气管比翼线虫);F. 齿片(羊夏柏特线虫);G、H. 叶冠(短尾三齿线虫);I. 叶冠部分(马圆形线虫)

3. 排泄系统 线虫的排泄系统由排泄管和腺体组成(图10-5)。营自由生活的线虫,其排泄器官是一个大的腺细胞,腺管开口于神经环附近的虫体腹面,腺细胞位于颈部和食道后的腹面,叫作颈腺或腹腺。营寄生生活的线虫,是由一个大核的细胞衍生成为左右两支侧管,埋藏于索内,形成一个排泄系统。在腹面近神经环处有一对亚腹腺(subventral gland),由横管与两个侧管相连接,前部合成中央管通向排泄孔。

小杆型线虫在"H"形的排泄管中,其中央有一对发达的亚腹腺;尖尾类线虫的亚腹腺退化,呈"H"形管状系统;蛔类线虫的横管前的纵管不发达,在左侧管与横管相连处,膨大为排泄窦(sinus),内有胞核,并有小孔通出排泄孔;有的线虫排泄管呈倒"U"字形。

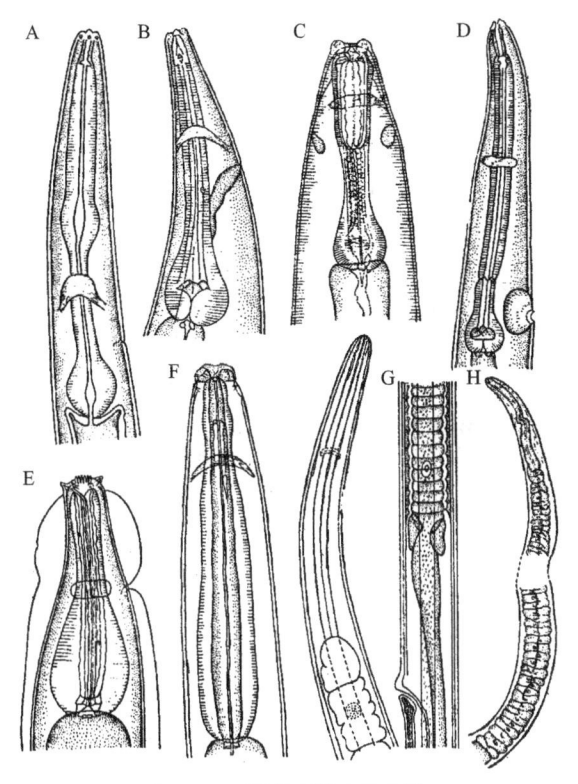

图10-4 不同类型线虫的食道

A. 小杆型；B～D. 类尾型（B. 鸡异刺线虫，C. 马尖尾线虫，D. 胎生普洛勃线虫）；
E. 圆线型（有齿食道口线虫）；F. 蛔型（鸡蛔虫）；G、H. 鞭虫型（G. 毛细线虫，H. 旋毛形线虫）

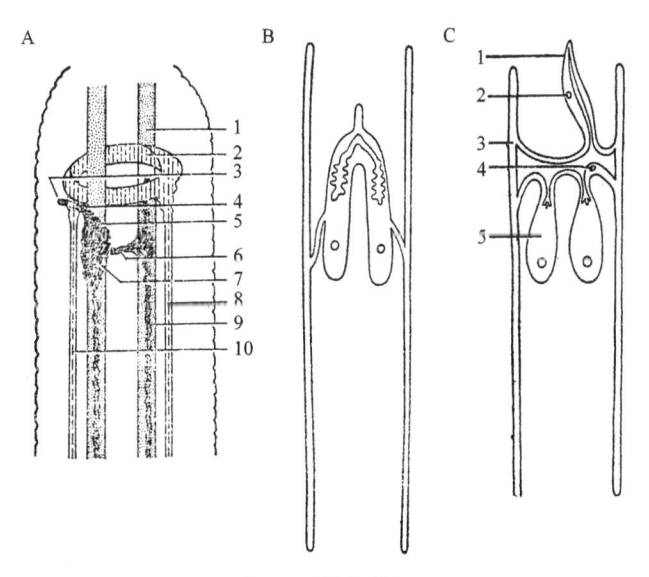

图10-5 排泄系统

A. 似蚓蛔虫的排泄系统：1. 皮下层；2. 神经环；3. 排泄孔；4. 顶端管；5. 排泄窦；6. 横管；
7. 肌肉；8. 背神经；9. 侧管；10. 腹神经。B. 有齿食道口线虫的排泄系统。
C. 后圆线虫的排泄系统：1. 排泄孔；2. 顶管核；3. 排泄管；4. 排泄窦核；5. 亚腹腺

4. 神经系统　　神经中枢即位于食道部的神经环,它是由神经纤维和神经节组成的(图10-6)。自神经环向前后各发出若干神经干,包括背神经干、腹神经干、侧神经干和亚背、亚侧神经干等。各神经干间还有横向联合。此外,虫体的各部还有神经节,由不同数目的神经细胞构成,通常在神经环前方发出6条乳突神经和2条化感器神经,在环后方由侧神经干发出神经通至颈乳突和尾感器等处,称为外周神经。通到内脏的神经称为内脏神经。

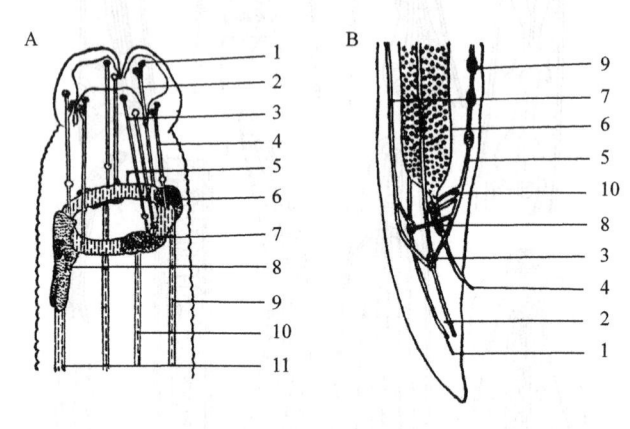

图10-6　线虫神经系统

A. 头部神经:1. 头乳突;2、4. 乳突神经;3. 化感器神经;5. 神经环;6. 背神经节;7. 侧神经节;8. 腹神经节;9. 背神经;10. 侧神经;11. 腹神经。B. 尾部神经:1. 尾感器;2. 尾神经;3. 腰神经节;4. 背-直肠神经;5. 腹神经干;6. 侧神经干;7. 背神经干;8. 背-直肠神经节;9. 肛前神经节;10. 直肠连合

5. 生殖系统　　线虫生殖系统是简单的弯曲管状结构,各部分均彼此相通,只是形态上略有差别(图10-7)。雄性生殖器官包括睾丸、输精管、贮精囊和射精管。精子经输精管入贮精囊。在雄性器官的末端部分常有交合伞(图10-8)、交合刺(spicule)、引器(gubernaculum)、副引器(telamon)等器官,它们起到辅助交配的作用。交合刺一般为两根,也有个别者为一根。交合刺位于交合鞘内,能伸、能缩,它的功能是在交配时掀开雌虫生殖孔。有些线虫具有引器(如毛圆科),能引导交合刺伸缩;有些线虫有副引器,能引导交合刺插入生殖孔;有些线虫有性乳突,其大小、数目、形状及排列对称与否都与线虫的种

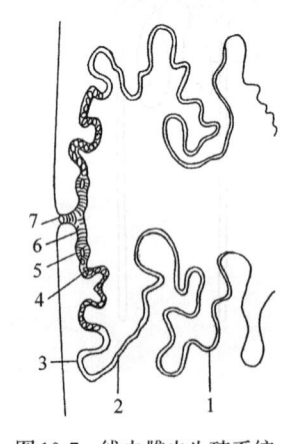

图10-7　线虫雌虫生殖系统

1. 卵巢;2. 输卵管;3. 受精囊;4. 子宫;5. 排卵器;6. 阴道;7. 阴门

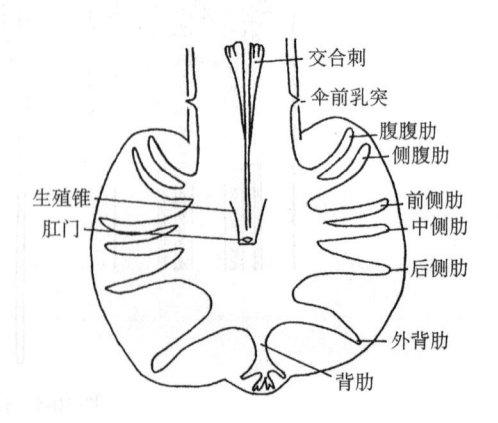

图10-8　圆形线虫雄虫交合伞构造

类有关；有些线虫（如圆线虫科）的末端有特殊的交合伞。此种交合伞为一种叶状膜，是由肌质的肋（ray）支撑着。肋一般对称排列，分为腹肋（ventral rib）、侧肋（lateral rib）和背肋（dorsal rib）。腹肋由两对组成，分别叫作腹腹肋和侧腹肋；侧肋由三对组成，分别叫作前侧（antero-lateral）肋、中侧（medio-lateral）肋和后侧（postero-lateral）肋；背肋组由一对外背（externo-dorsal）肋和一个背肋组成，背肋的远端又分为数支。在分类学上，交合刺、引器、副引器和交合伞等具有重要意义。雌性生殖器官由卵巢、受精囊、子宫、阴道和阴门等组成。其形状为双管型或单管型。双管型是由两组生殖器官，同时或分别起始于虫体前部或后部，最后由两条子宫汇成一条阴道。但有些线虫在子宫与阴道之间有排卵器。阴门的位置变化很大，可能在虫体前部、中部或后部，均位于肛门之前。呼吸系统和循环系统在线虫体内仍未出现。

二、线虫的生活史

1. 虫卵　　线虫大多数是雌雄异体，两性生殖（bisexual reproduction），少数为单性生殖（unisexual reproduction）。雌雄交配产卵，卵具有三层卵膜，内层是类脂层（lipid layer），中层是几丁质层（chitinous layer），外层是卵黄层（vitelline layer）。有些种类线虫，虫卵移行至子宫时，子宫壁分泌出蛋白质包裹在卵膜外形成不平滑的外壳，对化学物质具有抵抗力。不同种类线虫的虫卵，其形状和发育程度也不相同。线虫虫卵随种类不同而呈圆形或椭圆形，黄褐色、灰褐色或无色透明。虫卵的基本构造分卵壳及卵胚（或卵细胞）两部分。卵壳表面光滑或凸凹不平。由雌虫产出的新鲜虫卵卵壳内常含有未分裂的卵胚或已初步分裂的卵细胞。产生此类虫卵的线虫称为"卵生"。有些线虫的虫卵产出时便含有成形的幼虫，称为"卵胎生"；还有的线虫直接产出幼虫，则称为"胎生"。虫卵的大小随种类不同而异，小的长仅0.02mm，大的长可达0.25mm。

蛔虫型：虫卵圆形或短椭圆形，内含一个卵细胞。

鞭虫型：虫卵呈腰鼓状，两端具有栓塞，卵内为未分裂的单个胚细胞。

圆线虫型：卵呈椭圆形，卵壳薄而光滑，内含几个胚细胞。

尖尾虫型：卵呈卵圆形，左右不对称，两端光滑，内含幼虫。

旋尾虫型：卵呈椭圆形，卵壳薄而光滑，内含幼虫。

膨结虫型：卵呈椭圆形，卵壳厚，表面除两端外，具有小凹陷。

2. 线虫的生活史　　线虫的典型发育史都要经过5个幼虫期，4次蜕化，即第一期幼虫，蜕化变为第二期幼虫，以此类推，最后一次蜕化或第4次蜕化后变为第五期幼虫；只有发育到第五期幼虫，才能进一步生长发育为成虫。

第一期幼虫一般经两次蜕化后，即第三期幼虫才对终宿主有感染性（侵袭性）。如果感染性幼虫仍留在卵壳内而不孵出，则称为感染性虫卵；如果感染性幼虫从卵壳内孵出，生存于自然界中，则称为感染性幼虫。所谓蜕化是指幼虫新生一层新角皮，蜕去旧角皮的过程。有的幼虫在蜕化后旧角皮仍存留在身体上，这种情况称为披鞘幼虫。披鞘幼虫对外界环境的抵抗力较强，也很活跃。线虫的生活史根据在其发育中是否需要中间宿主，分为无中间宿主的线虫和有中间宿主的线虫。幼虫在外界环境中不需要中间宿主，在粪便和土壤中直接发育到成虫阶段，称为直接发育型或土源性线虫；幼虫需在中间宿主如昆虫和软体动物等体内才能发育到成虫阶段，称为间接发育型或生物源性线虫。

（1）不需要中间宿主的线虫发育

1）蛲虫型。雌虫在终宿主的肛门周围和会阴部产卵，并且在此处发育为感染性虫卵。

终宿主经口感染后，幼虫在小肠内孵化，然后在大肠内发育为成虫，如马的尖尾线虫。毛首线虫型虫卵随终宿主粪便排至体外，在粪便和土壤中发育为感染性虫卵。终宿主经口感染后，幼虫在小肠内孵化，然后在大肠内发育为成虫。

2）蛔虫型。虫卵随终宿主粪便排出体外，在粪便或土壤中发育为感染性虫卵。终宿主经口感染后，幼虫在终宿主小肠内孵化，然后在宿主体内移行，幼虫移行至肺，在肺内发育一段时间后，沿气管到咽，重返小肠内发育为成虫，如猪蛔虫。

3）圆线虫型。虫卵随终宿主的粪便排出体外，在外界发育为第一期幼虫，从卵壳内孵出后经两次蜕皮发育为感染性幼虫。感染性幼虫披鞘且在牧草和土壤中活动。遇到终宿主时经口感染后，幼虫在终宿主体内经过移行或不移行而发育为成虫。大部分圆线虫属于此类型发育。

4）钩虫型。虫卵随终宿主的粪便排出体外，在外界发育为第一期幼虫，经两次蜕皮变为感染性幼虫。幼虫披鞘在土壤和牧草上活动，通过终宿主皮肤感染。幼虫随血流到肺，进入肺泡，然后沿气管到咽部，再返回小肠发育为成虫。此类虫体也能经口感染，如犬钩虫。

（2）需要中间宿主的线虫发育

1）旋尾线虫型：雌虫产出含幼虫的卵或幼虫，在外界环境中被中间宿主摄食，或当中间宿主舔食终宿主的分泌物或渗出物时，一同将卵或幼虫摄入体内，幼虫在中间宿主体内发育至感染阶段。终宿主吞食含感染幼虫的中间宿主或中间宿主将幼虫输入终宿主体内而感染。幼虫在不同终宿主的不同部位发育为成虫，如旋尾类的多种线虫。

2）原圆线虫型：在终宿主体内雌虫已产出含幼虫的卵，随即孵出第一期幼虫。然后排到外界，第一期幼虫主动钻入中间宿主体内发育到感染阶段，然后被终宿主吞食。幼虫在终宿主肠内逸出，移行至寄生部位，发育为成虫，如绵羊呼吸道的原圆线虫。

3）丝虫型：雌虫产出幼虫入终宿主血液循环中，中间宿主吸血时将幼虫吸入；幼虫在中间宿主体内发育到感染阶段；当中间宿主吸食健康动物血液时，即将感染性幼虫注入健康动物体内。幼虫移行至寄生部位，发育为成虫，如丝状线虫。

4）龙线虫型：雌虫寄生于终宿主皮下组织中，通过一个与外界相通的小孔将幼虫产入水中。剑水蚤（中间宿主）将其摄入体内。幼虫在其体内发育到感染阶段。终宿主吞食剑水蚤而感染。幼虫移行至皮下组织而发育为成虫，如龙线虫。

5）旋毛虫型：旋毛虫发育史较特殊，同一宿主先是终宿主，后是中间宿主。以猪旋毛虫为例，雌虫在肠壁淋巴间隙中产幼虫；幼虫转入血液循环，然后进入横纹肌纤维中发育，形成幼虫包囊。这时猪已由终宿主转变为中间宿主，终宿主由于吞食了含有幼虫的肌肉而感染。当肌肉被消化后，幼虫逸出，便在小肠中发育为成虫。

第二节 蛔虫病

蛔虫病是动物中最常见的一种线虫病，分布于世界各地。蛔虫病主要危害幼年动物，常引起发育不良，生长停滞，严重时可导致死亡。动物蛔虫病的病原是蛔目中的蛔科（Ascaridae）、禽蛔科（Ascaridiidae）、弓首科（Toxocaridae）及异尖科（Anisakidae）的各种蛔虫。不同种的蛔虫各有其固有的宿主（专性宿主），如马副蛔虫只寄生于马、骡、驴；猪蛔虫只寄生于猪等。有时某种蛔虫可能误入非专性宿主体内，但不能发育为成虫。常见的动物蛔虫病有猪、马、牛、鸡和犬、猫的蛔虫病。

一、猪蛔虫病

猪蛔虫病是由蛔科蛔属（Ascaris）的猪蛔虫（Ascaris suum）寄生于猪的小肠内引起的。本病分布广泛，对养猪业的危害极为严重，尤其是在卫生条件较差的猪场和营养不良的猪群中，感染率很高，一般都在50%以上。患病仔猪生长发育不良，增重往往比同样条件下的健康猪降低30%左右。严重者生长发育停滞，甚至造成死亡。所以猪蛔虫病是仔猪常见多发的重要疾病之一，也是造成养猪业损失最大的寄生虫病之一。

病原形态 猪蛔虫是一种大型线虫。虫体呈中间稍粗、两端较细的圆柱状。新鲜虫体为淡红色或淡黄色，死后为苍白色。雄虫长15~25cm，宽为3mm。雌虫长20~40cm，宽约5mm。口孔由三个唇片呈"品"字形围成，背唇较大，两片腹唇较小，三个唇片内缘各有一排小齿。背唇外缘两侧各有一个大乳突；两腹唇外缘内侧各有一个大乳突，外侧各有一小乳突。雄虫尾端常向腹面弯曲，形似钓鱼钩，泄殖孔开口距尾端较近，有一对等长的交合刺，无引器，泄殖孔前后有许多小乳突；雌虫尾端较直，稍钝，阴门开口于虫体前1/3与中1/3交界处腹面中线上，肛门距虫体尾端较近。生殖器官为双管型，由后向前延伸，两条子宫汇合为一个短小的阴道。受精卵和未受精卵的形态有所不同。受精卵为短椭圆形，黄褐色，大小为（50~75）μm×（40~80）μm，卵壳厚，由四层组成，最外一层为凹凸不平的蛋白膜，向内依次为卵黄膜、几丁质膜和脂膜；刚随粪便排出的虫卵，内含一个圆形卵细胞，卵细胞与卵壳中间在两端形成新月形空隙。未受精卵呈长椭圆形，大小为90μm×40μm，壳薄，多数没有蛋白膜或很薄且不规则，内容物为很多油滴状的卵黄颗粒和空泡。

生活史 蛔虫发育不需要中间宿主。成虫在小肠产卵，刚产出的虫卵尚属单细胞期（图10-9）。随宿主粪便排至外界的虫卵，在适宜的温度、湿度和充足氧气环境中开始发育，如在28~30℃时，经10d左右即可在卵壳内发育形成第一期幼虫。再经不定期一段时间的生长和一次蜕化，变为第二期幼虫，幼虫仍在卵壳内，这时还没有感染能力，需在外界经过3~5周的成熟过程，才能达到感染性虫卵阶段。感染性虫卵被猪吞食后，在小肠内孵化，在孵化后的2h内，大多数幼虫即钻入肠壁并陆续进入血管，随血流通过门脉到达肝。少数幼虫随肠道淋巴液进入乳糜管，到达肠系膜淋巴结。此后它们或者钻出淋巴结，由腹腔进入肝；或者由腹腔再入门静脉进入肝；或者由胸导管经前腔静脉、右心，不经肝而进入肺部。一般在感染后9~10h，最多1~2d内，幼虫可出现于肝脏。在感染后4~5d，幼虫在肝脏进行第二次蜕化。肝脏内的第三期幼虫又随血流经肝静脉、后腔静脉进入右心房、右心室和肺动脉到肺部毛细血管，并穿破毛细血管进入肺泡。一般在感染后6~8d，在肺泡内即可发现少数第三期幼虫，在感染后第9天为最多，直至第12天还有幼虫进入肺泡。凡不能到达肺脏而误入其他组织器官的幼虫，都不能继续发育。幼虫在肺内经5~6d，即感染后12~14d，进行第三次蜕化。幼虫在肺内生长迅速，可比初进入时增大5~10倍，已能用肉眼看到。第四期幼虫离开肺泡，进入细支气管和支气管，在感染后12~14d到达得最多。在感染后14~21d，再上行到气管，随黏液一起到达口腔，再次被咽下，经食道、胃返回小肠。进入小肠后的幼虫成长甚速，在感染后21~29d进入第四次，即最后一次蜕化。其后幼虫逐渐长大变为成虫（雄虫和雌虫）。自感染性虫卵被猪吞食，到在小肠内发育为成虫，需

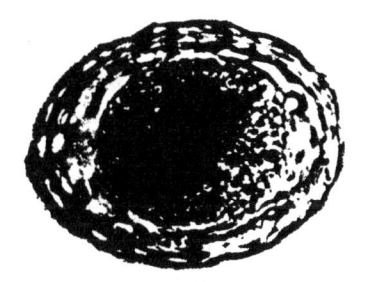

图10-9 猪蛔虫卵

2.0～2.5个月。猪蛔虫生活在猪的小肠内，它们并不固着于黏膜上，而是做与肠蠕动波呈反方向的弓状弯曲动作，并以其两端抵于肠壁上，以黏膜表层物质和肠内容物为食物。猪蛔虫在宿主体内寄生7～10个月后，即随粪便排出。如果宿主不再感染，在第12～15个月，可将蛔虫排尽。

流行病学 猪蛔虫主要寄生于猪，偶尔感染人。猪蛔虫病广泛流行于猪群中，其原因主要是蛔虫卵大量存在，每条雌虫每天可产卵10万～20万个，每条雌虫一生可产卵3000万个。因此，有蛔虫感染的猪场，地面受虫卵污染的情况是十分严重的。猪感染猪蛔虫主要是由于采食了被感染性虫卵污染的饮水和饲料。母猪的乳房也极易被污染，使仔猪于吸奶时感染。由于蛔虫病在各个季节都能感染，以致10～12月猪体内蛔虫的感染率和感染强度往往都是最高的，而夏初感染率降低。3～5月龄仔猪体内终年有蛔虫寄生，到6～7月龄，开始有排虫现象。轻中度感染猪的带虫现象，可维持1.5～2.0年。成年母猪也可能有1%～10%带虫者。

虫卵对各种环境因素的抵抗力很强，在一般消毒药内均可正常发育。只有10%克辽林、5%～10%石炭酸、2%～5%热（60℃）碱液及新鲜石灰乳等才能杀死虫卵。

干燥和高温（40℃以上）或夏季日光直射能使虫卵迅速死亡。冬季未发育的虫卵，绝大部分能够存活越冬。猪蛔虫卵对不良环境强大的抵抗力与猪蛔虫卵具有的卵壳膜有直接关系，蛋白膜被粪便染成黄色，有阻止紫外线透过的作用；几丁质颗粒膜有隔水作用，以保持内部不受干燥的影响；卵黄膜和脂膜能保护胚胎，不受化学物质的侵蚀。

虫卵的发育除要求一定的湿度外，以温度影响较大。28～30℃时，只需10d左右即可发育成为第一期幼虫。高于40℃或低于-2℃时虫卵停止发育；55℃时，15min死亡；在低温环境中，如在20～27℃，感染性虫卵须经3周才全部死亡。氧为虫卵发育的必要条件，缺氧时虫卵不能发育，但可存活，所以虫卵可在污水中（缺氧环境下）存活相当长的时间。

因此，由于猪蛔虫产卵多，虫卵又具有对外界环境强大的抵抗力，所以凡有蛔虫猪的猪舍、动物场及其放牧地区，自然有大量感染性虫卵汇集，构成猪蛔虫病感染和流行的疫源地。

猪蛔虫病的流行与饲养管理和环境卫生有密切的关系。在饲养管理不良、卫生条件恶劣和猪只过于拥挤的猪场，在营养缺乏，特别是缺少维生素和矿物质的情况下，3～5月龄的仔猪最容易大批地感染蛔虫，症状也较严重，并且常常发生死亡。

致病作用及症状 幼虫阶段和成虫阶段致病作用有所不同，其危害程度视感染强度而定。幼虫对猪的危害来源于其在体内移行时，造成所经器官组织的损害，其中以对肝和肺的危害较大。幼虫滞留在肝，特别是在叶间静脉周围的毛细血管中时，造成小点出血和肝细胞混浊肿胀，脂肪变性或坏死。幼虫由肺毛细血管进入肺泡时使血管破裂，造成大量的小点出血和水肿病变。严重感染病例，可伴发蛔虫性肺炎，引起咳嗽、气喘，持续1～2周；特别是饲料中缺乏维生素A时，瘦弱仔猪常因此而死亡。有些患隐性流行感冒、气喘病和猪瘟的病猪，可由于蛔虫幼虫在肺部的协同作用而病势转剧，造成死亡。

一般来说，蛔虫发育到性成熟时，致病作用明显减弱，但在严重感染及仔猪抵抗力降低时仍会造成死亡。成虫对宿主的致病作用主要表现在以下几方面：蛔虫体积较大，产卵量大，自然要消耗宿主许多营养物质，呈现消瘦；成虫的机械性刺激可以损伤小肠黏膜，为其他病原微生物侵入打开门户，造成继发感染；蛔虫有游走的习性，凡与小肠有管道相通的部位，如胃、胆管或胰管等均可被蛔虫窜入，引起胆管和胰管阻塞、呕吐、黄疸和消化障碍等病变和症状；寄生数量太多时，会造成肠阻塞，严重时可导致肠破裂、肠穿孔并继发腹膜炎引起死亡；蛔虫在寄生生活中所分泌的有毒物质和排出的代谢产物，可作用于宿主的中枢神经系统和血管，引起过敏症状，如阵发性痉挛、强直性痉挛、兴奋和麻痹等。

一般以3～6月龄的仔猪症状比较严重；成年猪往往有较强的免疫力，能耐受一定数量的虫体侵害，而不呈现明显的症状，但却是本病的传染来源。

仔猪在感染早期（约一周后），有轻微的湿咳，体温可升高到40℃左右。如感染轻微，又无并发症，则不至引起肺炎。幼虫移行期间，病猪可呈现嗜酸性粒细胞增多症，以感染后14～18d为最明显。较为严重的病猪，出现精神沉郁，呼吸及心跳加快，食欲缺乏或时好时坏，异嗜，营养不良，消瘦，贫血，被毛粗糙，或有全身性黄疸，有时病猪生长发育长期受阻，变为僵猪。严重感染时，呼吸困难，急促而不规律，常伴发声音沉重而粗糙的咳嗽，并有口渴、呕吐、流涎、拉稀等症状。此时多喜卧，不愿走动。可能经1～2周好转，或逐渐虚弱，趋于死亡。

蛔虫过多，阻塞肠道时，病猪表现疝痛，有时可能发生肠破裂而死亡。胆道蛔虫症也经常发生，开始时拉稀，体温升高，食欲废绝，以后体温下降卧地不起，腹部剧痛，四肢乱蹬，多经6～8d死亡。6月龄以上的猪，如寄生数量不多，营养良好，可不引起明显的症状。但大多数因胃肠机能遭受破坏，常有食欲不振、磨牙和生长缓慢等现象。

病理变化 初期有肺炎病变，肺组织致密，表面有大量出血点或暗红色斑点。肝、肺和支气管等处常可发现大量幼虫（用幼虫分离法处理）。在小肠内可检出数量不等的蛔虫，寄生少时，肠道没有可见的病变，多时可见卡他性炎症、出血或溃疡。肠破裂时，可见腹膜炎和腹腔内出血。因胆道蛔虫症死亡的病猪，可发现蛔虫钻入胆道，胆管阻塞。病程较长时，有化脓性胆管炎或胆管破裂，胆汁外流，胆囊内胆汁减少，肝黄染和变硬等病变。

诊断 生前诊断主要靠粪便检查法，多采用漂浮集卵法。1g粪便中，虫卵数达1000个时，可以诊断为蛔虫病。因蛔虫有强大的产卵能力，一般采用直接涂片法即可发现虫卵。如寄生的虫体不多，死后剖检时，须在小肠中发现虫体和相应的病变；但蛔虫是否为直接致死的原因必须根据虫体数量、病变程度、生前症状和流行病学资料及有无其他病原或继发疾病做综合诊断。

哺乳仔猪（2月龄内）的蛔虫病，因其体内尚无发育到性成熟的蛔虫，故不能用粪便检查法做出生前诊断。若为蛔虫病，剖检时，在患猪肺部见有大量出血点；将肺组织撕碎，用幼虫分离法处理时，可以发现大量的蛔虫幼虫。

防治 应在正确诊断的基础上，根据患猪健康状况采取综合性治疗措施，包括药物驱虫、改善饲养管理、防止再感染等。对于有较严重胃肠疾患或明显消瘦贫血的患猪，应在应用驱虫药之前，先进行对症治疗。

对猪蛔虫有效的驱虫剂很多，如伊维菌素（Ivermectin）、噻苯咪唑（Thiabendazole）、丙硫苯咪唑（Albendazole）、哌嗪（Piperazine）和左旋咪唑（Levamisole）等。预防本病须采取综合性措施，主要是消灭带虫猪，及时清除粪便，讲究环境卫生和防止仔猪感染。

在猪蛔虫病流行的地区，每年春秋两季，应对全群猪只各进行一次驱虫，特别是对断奶后到6月龄的仔猪，应进行1～3次驱虫（间隔1.5～2个月）。以后每隔1.5～2个月进行1次驱虫。这样可以有效降低仔猪体内的载虫量和减少外界环境中的虫卵污染，从而逐步控制仔猪蛔虫病的发生。保持圈舍清洁卫生，经常打扫，勤换垫草，土圈则铲去一层表土，垫以新土；对饲槽、用具及圈舍定期（每日1次）用20%～30%热草木灰水或3%～5%热碱水进行杀虫，均可收到防止感染的效果；猪粪及垫草要无害化处理，运到较远的场所堆积发酵，或挖坑沤肥以杀灭虫卵；在已控制或消灭本虫的猪场，引入猪只时，应先隔离饲养，进行粪便检查，发现患猪时，须进行1~2次驱虫后再并群饲养。此外，对断奶后仔猪要加强饲养管理，多给富含维生素和多种微量元素的饲料，可促进生长发育，增强对蛔虫病的抵抗能力。

二、马副蛔虫病

马副蛔虫病是由蛔科副蛔属（*Parascaris*）的马副蛔虫（*P. equorum*）寄生于马属动物的小肠内引起的（有时可见于胃内），是马属动物的一种普遍的寄生虫病，对幼驹危害很大。

病原形态　　本虫是马属动物体内最粗大的一种寄生性线虫。虫体近似圆柱形，两端较细，外形与猪蛔虫相似。黄白色。雄虫长15~28cm，雌虫长18~37cm。头端有三个发达的唇片，唇片之间有间唇，在唇片后方虫体稍狭窄，因而使头部显著膨大，故又称为大头蛔虫。雄虫尾端向腹面弯曲，有小侧翼；有肛后乳突7对，肛前乳突80~100对。两根交合刺等长。雌虫尾部直而末端钝圆，阴门开口于虫体前1/4部分腹面，阴门附近表皮形成一个特殊的环状构造。虫卵近似圆形；呈黄色或黄褐色；直径90~100μm；虫卵表面有不光滑的蛋白膜，卵壳厚，卵内含一圆形未分裂的卵胚。

生活史　　成虫在小肠内寄生。雌虫产出大量虫卵（每昼夜约产20万个）（图10-10）。卵随粪便排出体外，在适宜的温度、湿度和有充分氧气的条件下，经10~15d发育到感染性阶段。其在自然界的发育情况及所需条件均与猪蛔虫相似。马属动物在采食或饮水时吞食感染性虫卵而被感染。幼虫在体内移行基本同猪蛔虫幼虫的移行。自感染虫卵进入马体内，到发育为成虫，需2~2.5个月。

流行病学　　本病流行甚广，但以幼驹易感染性最强。据报道在放牧马群中，4~7月龄幼驹感染率为56.3%，1~1.5岁的为34.4%，3岁的为20%，4岁的则免于感染。但老马也有感染，多为带虫者，散布病原体。感染多发生

图10-10　马副蛔虫卵

于秋冬季。其感染率和感染强度和饲养管理有关，厩舍内的感染机会一般多于牧场，特别是把饲料任意散放在厩舍地面上让马采食时，更能增加感染的机会。

虫卵对外界不利因素抵抗力较强。虫卵发育所需的适宜温度为10~37℃，温度为39℃时虫卵停止发育并变性死亡；温度低于10℃时，虫卵发育停止，但较长时间保持活力。干燥对虫卵的生存不利。

致病作用　　本虫对宿主的危害主要如下。

1）机械性损伤。寄生于小肠的成虫和在肝、肺中移行的幼虫，对宿主引起一系列的刺激。成虫能引起卡他性肠炎，有时引起肠壁出血；严重时可发生肠阻塞，甚至肠破裂。有时虫体钻入胆管或胰管，并引起相应的病症。幼虫随血流移行时，可引起肝细胞变性，在肺脏时造成出血及炎症。

2）毒素作用。马副蛔虫的代谢产物及其他有毒物质，作用于黏膜时，可以引起炎症导致消化障碍；被吸收的（其中特别是幼虫的）有毒物质还往往对神经系统和造血机能产生严重影响。据报道，0.1ml马副蛔虫体腔液即能引起马匹的严重过敏性休克，甚至造成死亡。

3）幼虫钻进肠黏膜移行时，可能带入其他病原微生物，造成继发感染。

4）使幼驹生长发育受阻，使伴发的其他疾病加剧。

症状 主要危害幼驹。病初（幼虫移行期）可能出现程度不同和持续时间不等的咳嗽；常自鼻孔流出浆液或黏液性鼻液，有短暂的体温升高。以后（成虫寄生期）呈现肠炎症状，消化障碍，腹围增大，常有腹痛现象。严重感染的病例，有时发生阻塞或肠穿孔。病畜精神迟钝，易疲乏，毛粗干，发育停滞，黏膜苍白，红细胞及血红蛋白显著下降，白细胞增多。

防治 治疗采取综合性措施（同猪蛔虫）；驱虫可用噻苯咪唑、丙硫苯咪唑、哌嗪等药物。

预防 预防马副蛔虫病要做到：①注意厩舍内的清洁卫生工作。粪便应逐日清除并运到远离厩舍和草场的空地堆积发酵。定期对饲槽、水槽等消毒。②注意饲料及饮水的清洁卫生。饲草应放于饲槽或草架上饲喂，饮水最好用井水或自来水。③每年对马群进行1~2次预防性驱虫。驱虫后3~5d不要放牧，以便将排出的虫体及虫卵集中消毒处理。孕马在产前2个月施行驱虫。对幼驹应经常检查，发现蛔虫病应及时驱虫。④对放牧马群，有条件时，应分区轮牧，或与牛、羊畜群进行有计划的互换轮牧。

三、犊新蛔虫病

犊新蛔虫病的病原体为弓首科新蛔属的牛新蛔虫（*Neoascaris vitulorum*），寄生于初生犊牛（黄牛和水牛）的小肠内，引起肠炎、腹泻、腹部膨大和腹痛等症状。本病分布很广，遍及世界各地，我国多见于南方各省的犊牛，初生牛大量感染时可引起死亡，对养牛业危害甚大。牛新蛔虫近年来改称牛弓首蛔虫（*Toxocara vitulorum*）。

病原形态 虫体粗大，外形与猪蛔虫相似，但虫体表皮较薄，柔软，半透明且易破裂。淡黄色。雄虫长11~26cm，雌虫14~30cm。头端具三个唇片，食道呈圆柱形，后端有一个小胃与肠管相接，雄虫尾部呈圆锥形，弯向腹面，有3~5对肛后乳突，有许多肛前乳突，交合刺一对，等长或稍不等长。雌虫尾直，生殖孔开口于虫体前1/8~1/6处。虫卵近于球形，淡黄色，大小为（70~80）μm×（60~66）μm，壳厚，外层呈蜂窝状，内含一个胚细胞。

生活史 牛新蛔虫的生活史具有其特殊性，其感染取胎内感染和乳汁感染方式。成虫只寄生于5月龄以内的犊牛小肠内，雌虫产卵，随粪便排出体外，在适当的温度（27℃）和湿度下，经7~9d发育为幼虫，再经13~15d，在卵壳内进行一次蜕化，变为第二期幼虫，即感染性虫卵。母牛吞食感染性虫卵后，幼虫在小肠内逸出，穿出肠壁，移行至肝、肺、肾等器官组织，进行第二次蜕化，变为第三期幼虫，并停留在那些器官组织里，当该母牛怀孕8.5个月左右时，幼虫便移行至子宫，进入胎盘羊膜液中，进行第三次蜕化，变为第四期幼虫。由于胎盘的蠕动作用，幼虫被胎牛吞入肠中发育。至小牛出生后，幼虫在小肠内进行第四次蜕化，经25~31d变为成虫。成虫在小肠中可生活2~5个月，以后逐渐从宿主体内排出。另一途径是幼虫从胎盘移行到胎儿肝和肺，以后沿猪蛔虫幼虫移行途径转入小肠，引起生前感染，犊牛出生时小肠中已有成虫。还有一途径是幼虫在母体内移行到乳腺，经乳汁被犊牛吞食，因此犊牛可以出生后感染。

据汪溥钦人工感染犊牛实验证明，犊牛感染虫卵后，只能经小肠移行到肝、肺，然后幼虫穿破肺泡移行至支气管、气管、经食道至肠，随粪便排出，而不寄生在肠内发育。

流行病学 本病主要发生于5月龄以内的犊牛，在自然感染情况下，2周至4月龄的犊牛小肠中寄生有成虫；在成年牛，只在内部器官组织中寄生有移行阶段的幼虫，尚未见有成虫寄生的情况。虫卵对外界环境的抵抗力与猪蛔虫卵相似。

症状 受害最严重的时期是犊牛出生两周后，表现为精神不振、后肢无力、不愿走动、嗜睡；消化失调；吸乳无力或停止吸乳，消瘦腹胀，有疝痛症状；腹泻，排出稀糊样灰白腥臭粪便，有时排血便；呼出刺鼻的酸味气体，嗜酸性粒细胞显著增加（可达26%）。大量虫体寄生时，可引起肠阻塞或穿孔。犊牛患蛔虫病的死亡率很高。

诊断 依据临床症状及流行病学材料综合分析，确诊需在粪便中检出虫卵或虫体。检查粪便可用直接涂片法、沉淀法或漂浮法。

防治 采取综合性防治措施。驱虫可用哌嗪、左旋咪唑和丙硫苯咪唑等药物。

在本病流行的地区，犊牛应于10～30日龄进行预防性驱虫，因此时成虫寄生较多。对患病犊牛，早期治疗不仅对保护小牛健康有益，且可减少虫卵对环境的污染。注意保持牛舍和运动场的清洁，垫草和粪便要勤清扫，并发酵处理。有条件时，将母牛和小牛隔离饲养，减少母牛感染。

四、犬、猫蛔虫病

犬、猫蛔虫病是由弓首科弓首属的犬弓首蛔虫（*Toxocara canis*）、猫弓首蛔虫（*Toxocara cati*）和狮弓首蛔虫（*Toxascaris leonina*）寄生于肉食兽小肠内引起的常见寄生虫病。常引起幼犬和猫发育不良，生长缓慢，严重时可导致死亡。

病原形态

（1）犬弓首蛔虫　头端有三片唇，虫体前端两侧有向后延展的颈翼膜（图10-11A）。食道与肠管连接部有小胃。雄虫长5～11cm，尾端弯曲，有一小锥突，有尾翼。雌虫长9～18cm，尾端直，阴门开口于虫体前半部。虫卵呈亚球形，卵壳厚，表面有许多点状凹陷，大小为（68～85）μm×（64～72）μm。

（2）猫弓首蛔虫　外形与犬弓首蛔虫近似，颈翼前窄后宽，使虫体前端如箭头状（图10-11B）。雄虫长3～6cm，雌虫长4～10cm。虫卵大小为65μm×70μm，虫卵表面有点状凹陷，与犬弓首蛔虫卵相似。

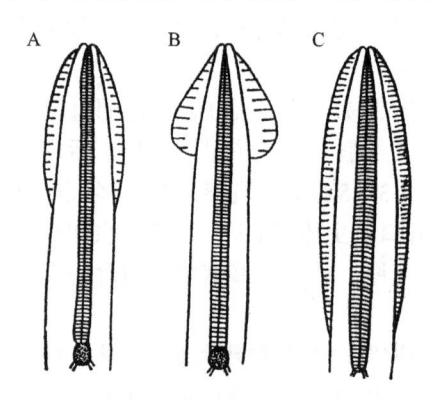

图10-11　犬弓首蛔虫（A）、猫弓首蛔虫（B）和狮弓首蛔虫（C）

（3）狮弓首蛔虫　头端向背侧弯曲，颈翼发达无小胃（图10-11C）。雄虫长3～7cm；雌虫长3～10cm，阴门开口于体前1/3与中1/3交界处。虫卵偏卵圆形，卵壳光滑，大小为（49～61）μm×（74～86）μm。

生活史

（1）犬弓首蛔虫　其生活史是蛔科线虫中最复杂的一种，传播方式多样。基本的生活史为典型的蛔虫生活史。虫卵随粪便排出体外，在适宜条件下，经10～15d发育为感染性虫卵。

1）含有第二期幼虫的感染性虫卵被犬吞入，在小肠内孵出幼虫。幼虫随血流经肝进入肺，第二次蜕皮后变为第三期幼虫。第三期幼虫进入气管，逆行到咽，被咽下进入食道、胃到达小肠，经两次蜕皮发育为成虫。共需时4～5周。此种感染方式一般只在3月龄以内的犬体发生。3月龄以上的犬幼虫经肝、肺、气管的迁移较少出现；6月龄的犬体内，此迁移过程则完全停止。第二期幼虫则迁移至广泛的组织,包括肝、肺、心脏、脑、骨骼肌和消化道壁形成包囊,但不继续发育(包囊幼虫被其他肉食兽摄食后,可发育为成虫)。

2)在妊娠母犬,出现产前感染。产前3周,母犬组织中的第二期幼虫活跃起来,迁移到胎犬肺部,出生前蜕皮变为第三期幼虫,产出的新生犬,第三期幼虫经气管逆行到咽最后被咽下到达小肠,最后经两次蜕皮变为成虫,完成生活史。一只母犬一旦感染犬弓首蛔虫,母犬组织内活动起来的幼虫少数不进入子宫,而在母犬体内完成正常的迁移过程,形成成虫,母犬在产仔后数周内,其粪便中虫卵数量明显增加。

3)哺乳的前几周内母乳内含有第三期幼虫,可感染幼犬,在其体内不经移行直接在小肠内发育为成虫。

4)啮齿类或鸟类吞食感染性虫卵后,第二期幼虫在它们的组织中保持存活,犬捕食到含有第二期幼虫的动物而被感染,直接在小肠内发育为成虫。幼犬出生后23~40d内小肠内已有成虫,粪便中含有大量虫卵。

(2)猫弓首蛔虫 虫卵在外界环境中发育为感染性虫卵,经口感染后,幼虫在体内移行的途径和猪蛔虫相似;鼠类可以作为它的转续宿主,也可经哺乳感染,这时幼虫在其体内无移行过程直接在小肠内发育为成虫。猫弓首蛔虫不出现产前(出生前)感染。

(3)狮弓首蛔虫成虫 寄生于小肠,虫卵在外界环境中发育为感染性虫卵。宿主吞食感染虫卵或鼠类组织中的幼虫被感染。其后的发育完全局限在肠壁和肠腔内,无体内移行过程。

流行病学 犬弓首蛔虫寄生于犬、狼、美洲赤狐、獾、啮齿类和人(引起人的内脏幼虫移行症)。猫弓首蛔虫主要宿主为猫,也寄生于野猫、狮、豹,偶尔寄生于人体。狮弓首蛔虫寄生于猫、犬、狮、虎、美洲狮、豹等猫科及犬科野生动物。幼虫可在人体内引起内脏幼虫移行症,但不能发育为成虫。这三种虫体均为世界性分布,在我国也十分普遍,是犬、猫及野生动物主要的寄生性线虫,也是重要的人兽共患寄生虫,与人类卫生关系密切。

致病作用及症状 成虫寄生时,可引起卡他性肠炎和黏膜出血。当宿主发热、怀孕、饥饿或饲料成分改变等因素发生时,虫体可能窜入胃、胆管或胰管。严重感染时,常在肠内集结成团,造成肠阻塞或肠扭转、套叠甚至破裂。幼虫移行时损伤肠壁、肺毛细血管和肺泡壁,引起肠炎或肺炎。其代谢产物对宿主有毒害作用,引起造血器官和神经系统中毒和过敏反应。动物表现为渐进性消瘦、食欲不振、黏膜苍白、呕吐、异嗜、消化障碍、下痢或便秘、生长发育受阻。

人体感染后主要引起内脏幼虫移行症,其特征是慢性的嗜酸性粒细胞增加,肝肿大并有肉芽性损害。肺部有细胞浸润,血液中球蛋白增加,特别是γ球蛋白增加。此外还有皮肤红疹。其他症状还有间歇性发热、食欲减退、体重减轻、咳嗽、肌痛及关节痛。幼虫最常侵害的器官是肝、肺、脑及眼部。幼虫侵入眼部,在视网膜上围绕幼虫形成芽肿,影响视力甚至失明。由于本病变与视网膜真性瘤极相似,医者常将眼球摘除。

诊断 根据临床症状和粪检中发现虫卵即可确诊。人体幼虫移行病诊断较为困难。可凭有关病史和与犬、猫等动物的密切接触史进行诊断。也可凭症状和体征,如持续性白细胞增多及嗜酸性粒细胞增加、γ球蛋白增加、肝肿大、肺部症状、眼疾等征候则怀疑为本病。

防治 动物的驱虫可用伊维菌素、哌嗪化合物、左旋咪唑、丙硫苯咪唑或甲苯咪唑等。对人的内脏幼虫移行症,必须在确诊的基础上采取相应的治疗措施。

犬、猫应定期驱虫。注意环境卫生和个人卫生,防止感染性虫卵污染环境,犬猫粪便及

五、熊猫蛔虫病

熊猫蛔虫病是蛔科蛔属的施氏蛔虫（*Ascaris schroederi*）[近年改称西氏贝蛔线虫（*Baylisascaris schroederi*）]寄生于大熊猫的小肠和胃内引起的寄生虫病。感染率可达100%，感染强度为2～2000条，雄虫长6.5～9.2cm，雌虫长7.9～11.6cm，具有蛔虫的一般特征。

虫卵在外界环境中发育为感染性虫卵，经口感染。患病熊猫精神沉郁，食欲减退，营养不良，消瘦腹泻，腹部下垂。严重时可引起肠梗阻、穿孔；虫体钻入胆管或胰管时引起胆道蛔虫病或胰腺炎。

通过粪便检查发现大量虫卵即可确诊。可用左旋咪唑、丙硫苯咪唑、哌嗪化合物等药物驱虫。对于饲养在动物园中的熊猫，应特别注意加强卫生管理，饲料和饮水必须保持清洁，严防粪便污染，及时清除粪便并堆积发酵以杀灭虫卵。

六、鸡蛔虫病

鸡蛔虫病是由禽蛔科禽蛔属（*Ascaridia*）的鸡蛔虫（*A. galli*）寄生于鸡的小肠内引起的。本病遍及全国各地，是一种常见的寄生虫病。在大群饲养的情况下，感染严重，影响雏鸡的生长发育，甚至引起大批死亡，造成严重损失。

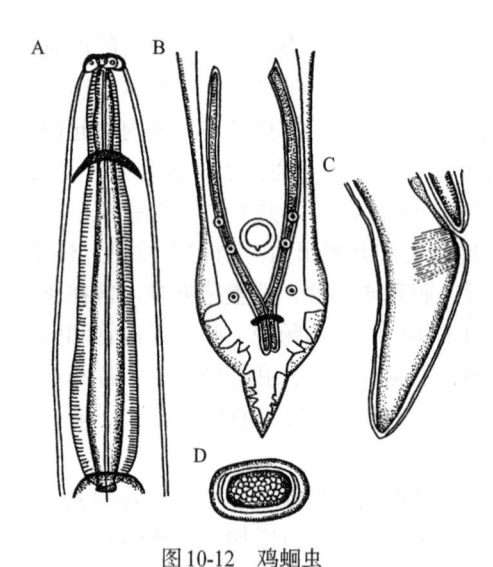

病原形态　　鸡蛔虫是寄生于鸡体内最大的一种线虫，呈白色（图10-12）。雄虫长26～70mm，雌虫长65～110mm。虫体表皮有横纹，头端有三个唇片。雄虫尾端有尾翼和10对尾乳突（肛前乳突3对，肛侧乳突1对，肛后乳突6对），有一个圆形或椭圆形的肛前吸盘，吸盘上有角质环，交合刺等长。阴门开口于虫体中部。虫卵呈椭圆形，深灰色。大小为（70～90）μm×（47～51）μm。壳厚而光滑，新鲜虫卵内含单个胚细胞。

生活史　　雌虫在小肠内产卵，卵随粪便排出体外。在有氧及适宜的温度和湿度条件下，经17～18d发育为感染性虫卵。鸡吞食了含有感染性虫卵的饲料和饮水而感染；蚯蚓也可吞食此种虫卵，当鸡啄食蚯蚓时也可感染鸡蛔虫病。感染性虫卵在腺胃和肌胃内孵出幼虫，进入十二指肠内停留9d，在此期间进行第二次蜕化变为第三期幼虫；而后钻入黏膜进行第三次蜕化变为第四期幼虫，再经17～18d重返肠腔，进行第四次蜕化变为第五期幼虫，继续发育为成虫。鸡蛔虫生活史无体内移行过程，因此自感染开始到发育为成虫只需35～50d。成虫在鸡体内可寄生9～14个月。

图10-12　鸡蛔虫
A. 头部；B. 雄虫尾部；C. 雌虫尾部；D. 虫卵

流行病学　　虫卵对外界环境和常用消毒药物抵抗力很强，但对干燥和高温（50℃以上）甚敏感，特别是在阳光直射、沸水处理和粪便堆沤等情况下，可迅速死亡。在荫蔽潮湿的地方，可生存很长时间。感染性虫卵在土壤里一般能保持6个月的生活力。虫卵在19～39℃和90%～100%的相对湿度时，容易发育到感染期；相对湿度低于60%时，即不易发育。温度高于39℃时，虫卵发育到感染期即行死亡。45℃时，虫卵在5min内死亡。在严寒季节，经3个月的冻结，虫卵仍不死亡。

3~4月龄的雏鸡易遭侵害，病情也较重，雏鸡只要有4~5条，幼鸡只要有15~25条成虫寄生即可发病。超过5个月的鸡抵抗力较强，一岁以上的鸡为带虫者。不同品种鸡抵抗力不同，肉用种较蛋用种抵抗力为高，本地种较外来种抵抗力为强。

饲养条件与易感性也有很大关系，饲料中含动物蛋白多、营养价值完全时，可使鸡有较强的抵抗力；含有足够维生素A和维生素B的饲料，也可使鸡具有较强的抵抗力，特别是维生素A与本病关系尤为密切。试验证明，当鸡只获得少量维生素时，其体内蛔虫数量较营养正常的雏鸡多，虫体也较大。因此，饲料中维生素含量适当，对预防本病具有重要意义。

致病作用　　幼虫侵入黏膜时，破坏黏膜及肠绒毛，造成出血和发炎，并易招致病原菌继发感染，此时在肠壁上常见有颗粒状化脓灶或结节形成。严重感染时，成虫大量聚集，相互缠结，可能发生肠阻塞，甚至引起肠破裂和腹膜炎。其代谢产物也是有害的，常使雏鸡发育迟缓，成年鸡产蛋力下降。

症状　　雏鸡常表现为生长发育不良，精神萎靡，行动迟缓，翅膀下垂，呆立不动，羽毛松乱，鸡冠苍白，黏膜贫血。消化机能障碍，食欲减退，下痢和便秘交替，有时稀粪中混有带血黏液，以后渐趋衰弱而死亡。成年鸡多属轻度感染，不表现症状，但也有重症感染的情况，表现为下痢、产蛋量下降和贫血。

诊断　　须进行粪便检查和尸体剖检。粪便检查发现大量虫卵（注意与异刺线虫卵相区别）或剖检发现大量虫体时才能确诊。

防治　　驱虫可用驱蛔灵、噻苯咪唑、丙硫苯咪唑、左旋咪唑和伊维菌素等药物。

预防应注意：①因为成年鸡多为带虫者，所以雏鸡、童鸡应与大鸡分群饲养，不使用公共运动场或牧地；②鸡舍和运动场上的粪便应逐日清除，集中起来进行生物热处理，动物场应每隔一段时间铲去表土，垫换新土，饲槽和饮水器应每隔1~2周沸水消毒一次；③在蛔虫流行的鸡场，每年至少应进行2次定期驱虫，雏鸡第一次驱虫在2月龄左右进行，以后每隔1.5~2个月进行1次驱虫；④加强饲养管理，应喂全价饲料，在饲料中添加维生素A、维生素B，在饮水中经常加入适量的驱虫药物，可防止或减轻鸡的蛔虫病。

七、异尖线虫病

异尖线虫病是异尖科的若干虫种，其中以异尖属（*Anisakis*）的线虫尤为普遍，寄生于鲸类、海狗和海豹等海洋哺乳类动物的胃和小肠内引起的蛔虫病。异尖属若干种的第三期幼虫寄生于许多海鱼体内，人因误食其体内的这类幼虫而患急腹症和内脏幼虫移行症，幼虫钻入胃、肠壁或肠外组织寄生，引起寄生部位疼痛、恶心、呕吐、血痢和发热，1959年在荷兰首次发现人感染异尖线虫的病例。

异尖线虫的常见种为简单异尖线虫（*Anisakis simplex*）。黄白色，体长60mm，宽2.5mm。异尖线虫的成虫寄生于海洋哺乳动物的胃和小肠内，卵随宿主粪便排到海水中后，在卵壳内发育形成幼虫，孵化或不孵化；幼虫被糠虾等甲壳类动物吞食后，再随之转入鱼类，如鲱鱼、黑线鳕、鲐鱼、鲑和狗鱼等体内。幼虫在鱼的肌肉、肝脏、卵巢、睾丸等处形成包囊；鱼死后，幼虫多移居肌肉内。人吃生的或半生的鱼肉时遭受感染。人感染后多寄生于胃壁，占65.2%，小肠次之。幼虫在人的胃壁或小肠壁内形成嗜酸性粒细胞肉芽肿，黏膜表面有溃疡和出血，并引起相应的症状，如胃痛、腹痛、下痢和呕吐，与消化系统溃疡或肿瘤的症状相似，或类似急腹症或急性阑尾炎。预防本病应改变生吃海鱼的习惯。

第三节 尖尾线虫病

尖尾线虫病是动物中较为常见的一种线虫病，分布于世界各地。病原是尖尾目中的尖尾科（Oxyuridae）、异刺科（Heterakidae）等的多种线虫，寄生于哺乳动物的消化道中。

一、马尖尾线虫病

马尖尾线虫病是由尖尾科尖尾属（*Oxyuris*）的马尖尾线虫（*O. equi*）寄生于马、骡、驴的大肠引起的。本病以尾臀发痒为特征，世界性分布，我国各地都有，为马属动物常见的线虫病。

病原形态 马尖尾线虫（又称马蛲虫）寄生于马属动物的盲肠和结肠内，而以寄生于大结肠为多。虫体头端有6个乳突，口孔呈六边形，由6个小唇片组成。口囊短浅。食道前部宽，中部窄，后部膨大形成食道球。雌雄虫的大小差异很大而且颜色也不同。雄虫白色，大小为（9~12）mm×（0.8~1）mm；有一根交合刺，呈大头针状，长120~160μm；尾端有外观呈四角形的伪囊，有两个大的和一些小的乳突。雌虫长约150mm，尾部细长而尖，有些雌虫尾部特别长（可达体部3倍）。未成熟时为白色，成熟后呈灰褐色；阴门位于体前部1/4附近，子宫为单管结构。虫卵呈长卵圆形，两侧不对称（一侧较平直），灰黑色，大小为（80~90）μm×（40~45）μm（图10-13）。虫卵一端有卵塞，新排出的虫卵内含一团卵细胞，但一般在肛门周围收集到的虫卵，多数已经发育，内含幼虫。

图10-13 马蛲虫卵

与马蛲虫同属尖尾目的丽尾科（Cosmocercidae）的胎生蛲虫[胎生普氏线虫（*Probstmayria vivipara*）]和蛲科（Syphaciidae）的羊蛲虫[绵羊斯克里亚宾线虫（*Skrjabinema ovis*）]也均见于我国。前者寄生于马属动物盲肠、结肠，雄虫长2mm，雌虫长2~3mm，子宫内常含有一体形相当大的幼虫，胎生，其致病力不详；后者寄生于绵羊、山羊等的结肠中，雄虫长3.1~3.45mm，雌虫长6.8~7.64mm。

生活史 雄虫交配后死亡，雌虫受精后移向直肠，经肛门到达会阴部，产出成堆的虫卵和黄白色胶样物质，将虫卵黏附于皮肤上，产完卵的雌虫，大多数落地死亡，部分雌虫能退缩到直肠内，继续生存。由于肛门具有适宜的温度、湿度和氧气等条件，虫卵能迅速发育，于24~36h在卵壳内形成第一期幼虫，经3~5d幼虫在卵内行第一次蜕皮成为感染性虫卵。由于卵块的干燥或马的擦痒等动作，卵块落入外界（初生的虫卵在外界环境中也可发育到感染性阶段），并沾污饲料、饮水和各种用具等；马因采食被虫卵污染的饲料、饮水及舔食被虫卵污染的场地、饲槽等都可感染。在小肠内，感染性幼虫从卵壳逸出。第三期幼虫寄居于腹侧结肠和盲肠的黏膜腺窝内。感染后3~10d形成第四期幼虫，并以大肠黏膜为食，此期幼虫常呈红褐色，有些研究者认为它们能吸取血液。并产生溶蛋白酶。大约在感染后第50天进行最后一次蜕皮，形成第五期幼虫。感染后5个月发育为成虫，寄生于大肠的肠腔内，以肠内容物为食。

流行病学 虫卵在潮湿环境中能生存数周。干燥时虫卵的寿命不超过12h即告死亡；

在冰冻条件下20h死亡。虫卵在外界环境中，26℃时经4昼夜，37℃时经2昼夜即可发育到感染阶段。本病多见于幼驹和老马，特别是卫生状况恶劣的厩舍中和不做刷拭、个体卫生不良的马匹，常普遍发生感染。

致病作用和症状 成虫寄生于大肠内时致病作用不强，危害不大。重剧感染时，第三期幼虫可引起肠黏膜腺窝的炎性浸润，第四期幼虫可分泌溶蛋白酶，使肠黏膜液化而作为食物，以致引起肠黏膜产生小溃疡，或引起大肠发炎。蛲虫的主要致病作用表现为雌虫在肛门周围产卵时分泌的胶样物质有强烈的刺激作用，能引起剧烈肛痒，会阴部发炎，甚至皮肤破溃，引起继发感染和深部组织损伤。发痒可使动物不安、采食不佳、精神萎靡、营养不良、身体消瘦。

诊断 可依据其特有症状经常摩擦尾部，损伤该部被毛及皮肤，肛门周围、会阴部有污秽不洁的卵块，即可建立印象诊断。对可疑病例进一步可用蘸有50%甘油水的药勺，刮取肛门周围和会阴部的卵块，在显微镜下检查，看是否有虫卵。粪便检查很难发现虫卵。严重感染时可在粪便中发现虫体。

防治 驱除马蛲虫比较容易，一般的驱线虫药均有显著效果，如噻苯咪唑、丙硫苯咪唑、左旋咪唑等。驱虫的同时，应用消毒液洗拭肛门周围皮肤，清除卵块，以防止再感染。马蛲虫病的预防主要是搞好厩舍及马体卫生，发现病马及时驱虫，并做好用具和周围环境的消毒、杀灭虫卵的工作。

二、兔栓尾线虫病

兔栓尾线虫病又名兔蛲虫病，是由尖尾科栓尾属的疑似栓尾线虫（*Passalurus ambiguus*）寄生于兔的盲肠和大肠内引起的。呈世界性分布，通常无致病性。

病原形态 虫体半透明，雄虫长4～5mm，尾端尖细鞭状，有由乳突支撑着的尾翼。雌虫长9～11mm，有尖细的长尾。虫卵壳薄，一边平直，一边圆凸，如半月形。大小为90～103μm，排出时已发育至桑葚期。

生活史 属直接型发育，虫卵在外界环境中发育为感染性虫卵，经口感染，幼虫侵入盲肠黏膜的隐窝中，经过一段时间发育为成虫。自吞入感染性虫卵到发育为成虫需56～64d。寿命约为106d。

诊断及防治 本虫常大量寄生于兔盲肠和大肠内，一般无致病性。在粪便中查到虫卵或剖检时发现虫体即可确诊。驱虫可用哌嗪化合物、丙硫苯咪唑或左旋咪唑等。

防治较为困难，因其虫卵排出后不久即有感染性。重点是搞好兔舍卫生，兔群中一旦发现本虫寄生，即应全群驱虫和消毒处理。

三、鼠蛲虫

鼠蛲虫病的病原体有尖尾目尖尾科无刺属的四翼无刺线虫（*Aspiculuris tetraptera*）和管线属隐匿管状线虫（*Syphacia obvelata*）两种，是犬、小鼠、仓鼠、大家鼠和田鼠的常见线虫，猴和人对此种虫体也有易感性。寄生部位主要为盲肠和结肠。

病原形态及生活史

（1）四翼无刺线虫 有宽的颈翼，雄虫长2～4mm，尾部呈圆锥形，有宽尾翼，无交合刺和引器。雌虫长3～4mm，阴门位于虫体前1/3处。卵壳薄，大小为（89～93）μm×（36～42）μm。发育属直接型。虫卵随粪便排出体外，在外界环境中发育到感染性阶段，鼠经口感染，幼虫初期发育于结肠后部，以后逐渐移向前部，大约在感染后23d，粪便中可见到虫卵。常和隐匿管状线虫混合寄生。

（2）隐匿管状线虫　　形态与前者相似，主要区别为颈翼窄，雄虫长1.1～1.5mm，尾向腹面弯曲，泄殖腔后急剧变细，有一细长的交合刺，有引器。雌虫长3.4～5.8mm，阴门位于虫体前1/6处。虫卵一边较平直，大小为（118～153）μm×（33～35）μm。发育属直接型。成熟雌虫从盲肠向肛门部移动，在肛门周围产卵，数小时后即发育到感染期，感染途径有直接从一感染动物肛门周围吃到虫卵；吃到污染虫卵的食物、饮水；或虫卵在肛门四周孵化为幼虫，从肛门爬入结肠内而遭受感染。

症状及防治　　一般感染无明显症状。严重感染隐匿管状线虫时，可影响增重和生长发育或引起胃肠机能紊乱，从粪便中或肛门周围发现虫卵或从盲结肠中发现虫体即可确诊。可用哌嗪化合物、丙硫苯咪唑、左旋咪唑等驱虫。消灭此两种线虫较为困难，经常清洁笼箱及剖腹取胎可取得较好效果。

四、异刺线虫病

异刺线虫病是由异刺科异刺属的鸡异刺线虫（*Heterakis gallinae*）寄生于鸡的盲肠内引起的。其他禽类和鸟类如鹅、石鸡、鹧鸪、鹌鹑、孔雀、环颈雉、赤麻鸭等均可被寄生。

病原形态　　鸡异刺线虫又名盲肠虫，虫体小，细线状，淡黄色或白色（图10-14）。雄虫长7～13mm；雌虫长10～15mm。头端有三个不明显的唇片围成的口孔，口囊圆柱状，食道末端有一膨大的食道球。雄虫尾直，末端尖细，交合刺两根不等长（左侧短粗，右侧细长），有一圆形的肛前吸盘，有几对性乳突。雌虫尾细长，阴门开口于虫体中部稍后方。卵呈椭圆形，灰褐色。大小为（65～80）μm×（35～46）μm。壳厚而光滑，内含未分裂的卵细胞。

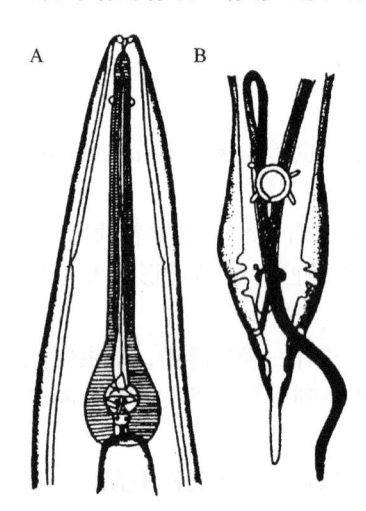

图10-14　鸡异刺线虫虫体前端（A）及雄虫尾部腹面（B）

生活史　　成虫在盲肠内产卵，随粪便排出体外，在潮湿和适宜的温度环境中（18～26℃），经7～12d发育成为感染性虫卵，鸡吞食此种虫卵而感染。有时感染性虫卵或感染性幼虫被蚯蚓吞食，它们能在蚯蚓体内长期生存，成为鸡的又一感染来源。感染性虫卵进入鸡的小肠内经12h，幼虫逸出并移行到盲肠，钻入黏膜内，经过一个时期的发育后，重返肠腔，发育为成虫。自吞食感染性虫卵至发育为成虫需24～30d。成虫寿命约为1年。虫卵对外界环境的抵抗力甚强，在阴暗潮湿处可保持活力10个月，在10%硫酸和0.1%升汞液中均能发育，能耐干燥16～18d。在既干燥又阳光直射下则很快死亡。

致病作用和症状　　鸡异刺线虫寄生时能引起肠黏膜损伤出血；其代谢产物可使机体中毒，幼虫寄生于盲肠黏膜时，可引起盲肠肿大，盲肠壁上形成结节，有时发生溃疡。病鸡主要表现食欲不振或废绝、贫血、下痢和消瘦。成年母鸡产蛋减少或停止，幼鸡生长发育不良，逐渐瘦弱死亡。

此外，异刺线虫又是黑头病（盲肠肝炎）的病原体火鸡组织滴虫（*Histomonas meleagridis*）的传播者。当同一鸡体内同时有异刺线虫和组织滴虫时，后者可侵入异刺线虫的卵内，并随之排出体外。组织滴虫得到异刺线虫卵壳的保护，即不致受到外界环境因素的损害而死亡。当鸡食入这种虫卵时，即同时感染异刺线虫和火鸡组织滴虫，导致鸡发生"盲肠肝炎"，极易引起死亡。

诊断 可应用饱和盐水漂浮法检查粪便中的虫卵，但须注意与鸡蛔虫卵相鉴别：鸡异刺线虫卵呈长椭圆形，小于鸡蛔虫卵，灰褐色，壳厚，内含未分裂卵细胞。死后剖检可见盲肠发炎，黏膜肥厚，其上有溃疡。肠内容物有时凝结成条，其中含有虫体。

防治 可参照鸡蛔虫病的措施。

第四节 类圆线虫病（杆虫病）

类圆线虫病是由杆形目类圆科类圆属（*Strongyloides*）的各种类圆线虫寄生于不同宿主肠道引起的，常侵害幼年动物。分布于世界各地，在我国各地均有报道，对幼畜危害很大，特别是仔猪和幼驹。常使幼畜消瘦，生长迟缓，甚至大批死亡。并有本病从患畜传染给人的报道，它们的幼虫能侵入人皮肤引起皮炎。

病原形态 寄生于动物体内的虫体均为寄生性行孤雌生殖的雌虫，未见有雄虫寄生的报道。雌虫虫体细小，呈乳白色，毛发状，口腔小，有两片唇，食道简单。阴门位于虫体后1/3与中1/3的交界处，并且稍突出。虫卵小，无色透明，壳薄，椭圆形，内含折刀样幼虫。类圆线虫种类甚多。下面仅介绍常见的5种：①兰氏类圆线虫（*S. ransomi*），虫体大小为（3.1～4.6）mm×（0.055～0.080）mm，虫卵大小为（42～53）μm×（24～32）μm。寄生于猪的小肠，主要在十二指肠黏膜内。②韦氏类圆线虫（*S. westeri*），虫体大小为（7.3～9.5）mm×（0.075～0.1）mm，虫卵大小为（40～51）μm×（30～40）μm。寄生于马属动物十二指肠黏膜内（图10-15）。③乳突类圆线虫（*S. papillosus*），虫体大小为（4.38～5.92）mm×（0.047～0.065）mm，虫卵大小为（42～60）μm×（25～36）μm。寄生于牛羊的小肠黏膜内。④粪类圆线虫（*S. stercoralis*），虫体大小为（2.0～2.5）mm×（0.03～0.07）mm，虫卵大小为（50～58）μm×（30～34）μm。主要寄生于人的小肠黏膜内，在其他灵长类、犬、狐和猫等的体内也很常见。在新鲜粪便中检出的常为逸出卵壳的杆虫型幼虫。⑤鸡类圆线虫（*S. axium*），虫体长约2.2mm，寄生于鸡、野生禽类的盲肠黏膜内。

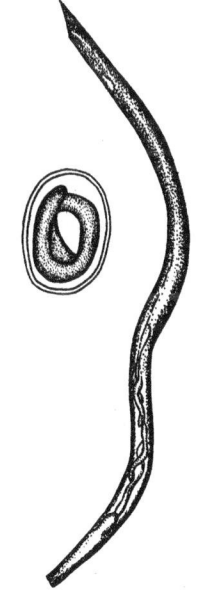

图10-15 韦氏类圆线虫（右）及虫卵（左）

生活史 杆虫的生活史比较特殊，是以世代交替的方式进行的（图10-16）。孤雌生殖的雌虫在终宿主肠道产出含有第一期幼虫的虫卵（一部分虫卵能在体内孵出幼虫）并随粪便排到外界。在外界（夏季5～6h）发育为杆虫型幼虫（食道短，有两个食道球）。杆虫型幼虫（第一期幼虫）的发育有直接和间接两种类型。直接发育多出现在不适宜的外界环境中，通常是在较低的温度（25℃）和不合适的营养环境条件下：第一期杆虫型幼虫直接发育为具有感染性的丝虫型幼虫（第三期幼虫，这种幼虫食道长，食道后端稍膨大）。间接发育多出现在适宜的外界环境条件下，通常是温度较高（25～30℃）与食物丰富时（另外不适宜的终宿主和季节的差异也可导致间接发育）：第一期杆虫型幼虫在48h内变为性成熟的自由生活的雌虫和雄虫，交配后，雌虫含有第一期杆虫型幼虫的虫卵，之后发育为具有感染性的丝虫型幼虫。只有丝虫型幼虫对动物具有感染性。动物是经皮肤（感染性幼虫主动钻入）或经口摄入

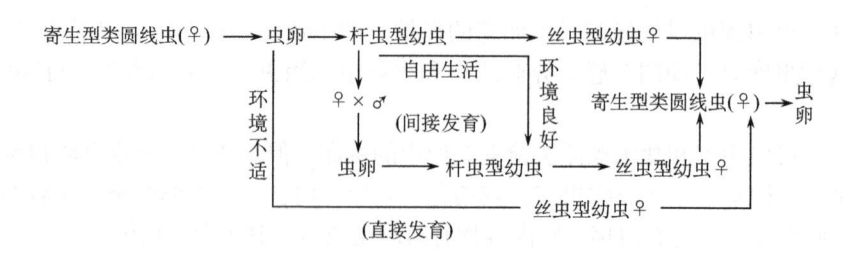

```
寄生型类圆线虫(♀) ─→ 虫卵 ─→ 杆虫型幼虫 ─────→ 丝虫型幼虫♀
环                        自由生活      环境            ┐        ─→ 虫
境          ♀×♂          (间接发育)    良好    寄生型类圆线虫(♀)    卵
不           ↓                          │
适          虫卵 ─────→ 杆虫型幼虫 ─────→ 丝虫型幼虫♀
                                        丝虫型幼虫♀
                       (直接发育)
```

图 10-16 类圆线虫发育图解

感染性幼虫而遭感染的。通过皮肤感染时，体内移行过程和钩虫相似，即通过血液循环到心脏、肺，然后通过肺泡到支气管、气管、咽，被吞咽后，到肠道发育为成虫。经口感染时，幼虫从胃黏膜钻入血管，以后的移行途径同前。从宿主感染开始到虫体成熟产卵需10～12d。虫体在宿主体内的寿命可达5～9个月。

幼虫有经母乳排出而致幼驹感染的报道，母马产后4～47d的乳汁中可查出幼虫；幼驹出生后2周，粪内可检出虫卵，出生后20～25周，其体内虫体自行消失。仔猪和幼犬也可从母乳中获得感染。出生后5～8d的乳猪粪便中即可检出虫卵。

直接发育和间接发育可以在外界的粪便或土壤中同时进行。两种发育型的虫卵、杆虫型幼虫和丝虫型幼虫的形态均相似。

遗传学的研究表明，孤雌生殖的雌虫产出的虫卵（含有幼虫）有3种不同的染色体：①三倍体型虫卵（triploid ova），直接发育为同型生殖（homogonic）丝虫型雌虫的幼虫；②单倍体型虫卵（haploid ova），产生异型生殖（heterogonic）或间接发育的自由生活的杆虫型雄虫；③二倍体型虫卵（diploid ova），产生异型生殖的或间接发育的自由生活的杆虫型雌虫。单倍体型的雄虫和二倍体型的雌虫交配后，产出三倍体型的幼虫。三倍体型的幼虫进入终宿主后发育为寄生性孤雌生殖的雌虫。

流行病学 主要在幼畜中流行，生后即可感染。常常是从厩舍的土壤中经皮肤感染和从母畜被污染的牛奶头经口感染。在夏季和雨季，畜舍的清洁卫生不良并且潮湿时，流行特别普遍。未孵化的虫卵能在适宜环境中保持其发育能力达6个月以上，感染性幼虫在潮湿的环境下可生存两个月。1月龄左右的仔猪感染最严重，2～3月龄后逐渐减少；春产仔猪较秋产仔猪的感染严重。

致病作用及症状 当幼虫经过皮肤进入宿主体内，能引起皮肤湿疹；进入肺引起支气管炎和胸膜炎；在肠内大量寄生时，能引起肠黏膜的剧烈炎症而发生腹痛、消瘦、腹部膨大、精神不振、腹泻甚至呕吐等。此外，当幼虫侵入时可能带入细菌如幼驹副伤寒杆菌，则使病情恶化，甚至导致死亡。小猪大量寄生时，小肠充血、出血和溃疡，最后多因极度衰竭而死亡，死亡率可达50%。

诊断 对具有可疑症状的动物，可检查刚排出的粪便，发现虫卵，方可确诊。还可用粪便培养法检查，将粪便装在玻璃杯中，用纸覆盖，置于30℃左右环境中，如粪便中有杆虫卵则在1～3d后，在杯壁上形成白霜状的幼虫"集落"，然后采集进行镜检。尸体剖检时，可用外科刀刮取小肠（十二指肠）黏膜置载玻片上镜检，可找到雌虫。

对仔猪的类圆线虫病除做虫卵检查法，往往结合病理剖检得出诊断。可见皮肤组织，特别是下腹部及乳腺部组织和肌肉点状出血，肺脏有溢血点或大片溢血，支气管炎，肠黏膜卡他性炎，有时还有点状或带状出血，有时有糜烂性溃疡。

防治 驱虫可用丙硫苯咪唑、噻苯咪唑和左旋咪唑等药物，预防措施同蛔虫病。

第五节 圆线虫病

动物圆线虫病是由圆线目许多科的寄生性线虫寄生于马、牛、羊、猪及家禽等动物的消化道、呼吸道和泌尿器官等部位所引起的线虫病总称。因此，这类病的病原种类很多，分布广泛，对家畜危害较严重的有下列各科线虫引起的疾病。

圆线科和毛线科线虫引起的马、骡肠道圆线虫病；羊肠道阔口圆线虫病（夏伯特线虫病）；牛、羊肠结节虫病（食道口线虫病）；猪结节虫病（猪食道口线虫病）；毛圆科线虫引起的牛、羊胃肠圆线虫病（毛圆线虫病）；网尾科、原圆科线虫引起的牛、羊肺虫病（网尾线虫病）、马肺线虫病（网尾线虫病），后圆科线虫引起的猪肺虫病（后圆线虫病）；钩口科线虫引起的牛、羊肠道钩虫病（仰口线虫病）及犬钩虫病；冠尾科线虫引起的猪肾虫病（冠尾线虫病）。

一、马圆线虫病

马圆线虫病包括消化道圆线虫病和肺圆线虫病。

马消化道圆线虫病是指由圆线科和毛线科的线虫寄生于马属动物盲肠和大结肠中所引起的线虫病。本病是马属动物的一种感染率最高、分布最为广泛的肠道线虫病。我国各地马匹的感染率平均为87.2%，在患马体内寄生的虫体最多可达10万条。本病常为幼驹发育不良的原因；在成年马则引起慢性肠卡他性炎症，使役能力降低，尤其是当幼虫移行时引起动脉瘤，血栓栓塞性疝痛，可导致马匹死亡。

病原形态 种类很多，在动物体内常混合寄生，可分为大型圆线虫和小型圆线虫两大类。大型圆线虫体型大，危害严重，主要有三种，即圆线科圆形属（*Strongylus*）的马圆线虫（*S. equinus*）、无齿圆线虫（*S. edentatus*）和普遍圆线虫（*S. vulgaris*）。小型圆线虫种类繁多，体型小，包括圆线科的三齿属（*Triodontophorus*）、盆口属（*Craterostomum*）和食道齿属（*Oesophagodontus*）的线虫；毛线科的毛线属（*Trichonema*）、盂口属（*Poteriostomum*）、辐首属（*Gyalocephalus*）和杯环属（*Cylicocyclus*）等的许多种线虫。

大型圆线虫（图10-17）：灰褐色，火柴杆样线虫，头端钝圆，有发达的几丁质口囊，口囊壁有一食道背腺管（也称背沟），口囊周围有叶冠环绕。有些种类口囊底有齿。雄虫尾端有发达的交合伞和两根细而等长的交合刺。寄生于马属动物的盲肠和结肠。①马圆线虫在

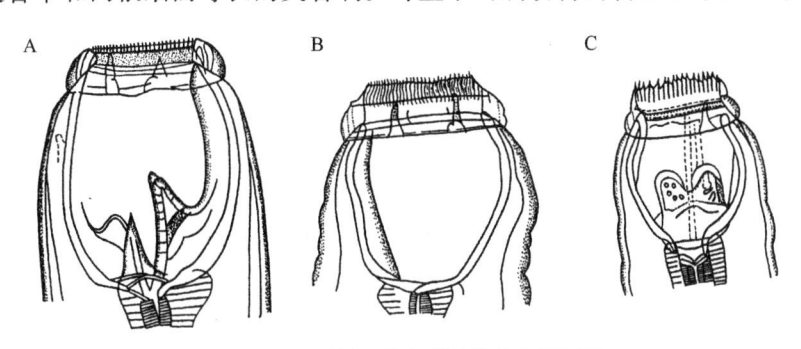

图10-17 马的三种大型圆线虫头部区别
A. 马圆线虫左侧面；B. 无齿圆线虫右侧面；C. 普通圆线虫腹面

我国各地均有分布。雄虫长25～35mm；雌虫长38～47mm。口囊基部背侧有一大型尖端分叉的大背齿，腹侧有两个亚腹齿。阴门开口于离尾端11.5～14mm处。虫卵呈椭圆形，卵壳薄，大小为（70～85）μm×（40～47）μm（图10-18）。②无齿圆线虫又名无齿阿尔夫线虫（*Alfortia edentatus*），世界性分布。雄虫长23～28mm，雌虫长33～44mm。形状与马圆线虫极相似，但头部稍膨大而显出颈部，口囊前宽后狭，内无齿为其特征。阴门距尾端9～10mm处。虫卵呈椭圆形，大小为（78～88）μm×（48～52）μm。③普通圆线虫又名普通戴拉风线虫（*Delafondia vulgaris*），世界性分布。虫体比前两种小，呈深灰色或血红色。雄虫长14～16mm，雌虫长20～24mm。其特点是口囊底部有两个耳状亚背侧齿；外叶冠边缘呈花边状构造。阴门距尾端6～7mm，虫卵椭圆形，大小为（83～93）μm×（48～52）μm。

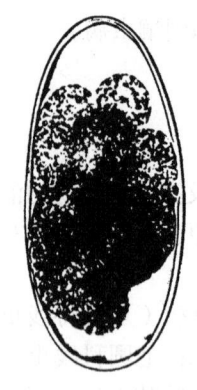

图10-18 马圆线虫卵

小型圆线虫：①三齿属，虫体长9～25mm，口囊呈半球形，口囊底部有三对齿。交合刺两根，细长，其末端有小钩。雌虫阴门距虫体末端很近。虫卵与圆形属的相似。②盆口属，形态与三齿属相似，但口囊底部无齿。雌虫阴门稍偏前方。③食道齿属，口囊呈杯状，食道漏斗内有三个齿，不伸达口囊内。④毛线属，虫体均较小，雄虫长4～17mm，雌虫长4～26mm。具内、外叶冠。口囊小而浅，无齿，背沟短小。交合刺末端具有小钩。阴门距肛门甚近。本属有30多种。⑤盂口属，与毛线属很相似。雄虫长9～14mm，雌虫长13～21mm。⑥辐首属，口囊甚浅，囊壁厚，无背沟。食道前端膨大，形成一个极为发达的半球形食道漏斗，内含构造复杂的角质板。最常见的是头似辐首线虫（*G. capitatus*），雄虫长7～8.5mm，雌虫长8.5～11mm。⑦杯环属，口囊壁后缘增厚成圆箍形。

生活史 马圆线虫的生活史可分感染前后两个阶段。在外界环境中（感染前）的发育大体相同，而其幼虫在马体内（感染后）则采取不同的移行途径，分别叙述如下。

（1）虫卵及幼虫在外界环境中的发育 成虫在大肠内产卵并随粪排出，在夏季遇有适当的温度、湿度并有充足的氧气时，于2～8d，虫卵中形成幼虫，再经十几小时后虫卵孵化，逸出第一期幼虫，20h后蜕化为第二期幼虫，第二期幼虫20h后蜕化为被有囊鞘的第三期幼虫（感染性幼虫）。如此，在外界环境条件适宜时，虫卵自畜体排出到发育为感染性幼虫需6～7d，如外界环境不适，这一发育时间可延长到15～20d。感染性幼虫主要附着于草叶、草茎上或积水中，第三期幼虫具有下列活动规律：幼虫有背地性，在适宜条件下，向牧草叶片上爬行；幼虫对弱光有向光性，常于清晨、傍晚或阴天爬上草叶；幼虫对温度有敏感性，温暖时活动力增强；幼虫必须在具有液面的草叶上爬行；幼虫具有鞘膜的保护，对恶劣环境抵抗力较强；落入水中的幼虫常沉于底部，可存活一个月或更久。因此，当马匹吃草或饮水吞食感染性幼虫而受感染，幼虫在肠内脱去囊鞘，开始移行。

（2）各种圆线虫幼虫在动物体内的移行发育 当马匹吃草或饮水吞食感染性幼虫而受感染后，幼虫在小肠中脱去囊鞘即按不同的移行途径发育。①普通圆线虫：关于此幼虫在体内移行路径问题，迄今存在着许多争论，一般认为其幼虫移行路径为被马属动物吞咽的幼虫钻入肠黏膜（主要是小肠后段、盲肠及腹结肠）进入肠壁小动脉，在其内膜下继续移行，逆血流向前移行到较大的动脉（主要为髂动脉、盲肠动脉及腹结肠动脉），约2周后达肠系膜根部，幼虫积集在肠系膜前动脉根部管壁；部分幼虫向前进入主动脉到达心脏，向后移行到肾动脉和髂动脉。普通圆线虫幼虫常在肠系膜动脉根部引起动脉瘤，并在其内发育为童虫；在盲肠及腹结肠壁上常见到含有童虫的结节。然后各自通过动脉的分支往回移行到盲肠和结肠的黏膜下，在此蜕化发育到第五期幼虫，最后返回肠腔成熟。其潜隐期为6个月（图10-19）。②无齿圆线虫：其幼虫的移行不同于普通圆线虫，它们移行远，时间长。幼虫钻入盲肠、大结肠黏膜后，经门脉进入肝脏，在到达肝韧带后沿腹膜下移行。故其童虫主要见于此处的特殊包囊中，再继续移行到达肠壁便形成典型的水肿病灶，然后进入肠腔，成虫吸着在腹结肠，少见于盲肠黏膜上，其整个发育需时11个月。③马圆线虫：其幼虫在腹腔脏器及组织内广泛移行，幼虫钻入盲肠和结肠黏膜下，之后入浆膜下层，并在该处形成结节。后经腹腔到达肝脏，然后到胰脏寄生，最后回到肠腔。成虫主要寄生于盲肠，少数在腹结肠前部，全部发育期为10个月。④小型圆线虫：其幼虫的发育过程较简单，只在肠壁移行，部分幼虫刺激黏膜形成结节，成虫多见于盲肠及结肠，但不吸着于肠壁。整个发育需时6~12个月。

此外，某种圆线虫的感染性幼虫，可能进入肠壁毛细血管，然后进入门脉系统和小循环，幼虫常在肝、肺内死亡，以致在幼虫周围形成寄生性结节。在盆腔、阴囊等处常发现移行的幼虫或童虫，在眼前房、脑脊髓等处也往往能见到圆线虫幼虫及其所引起的病变。

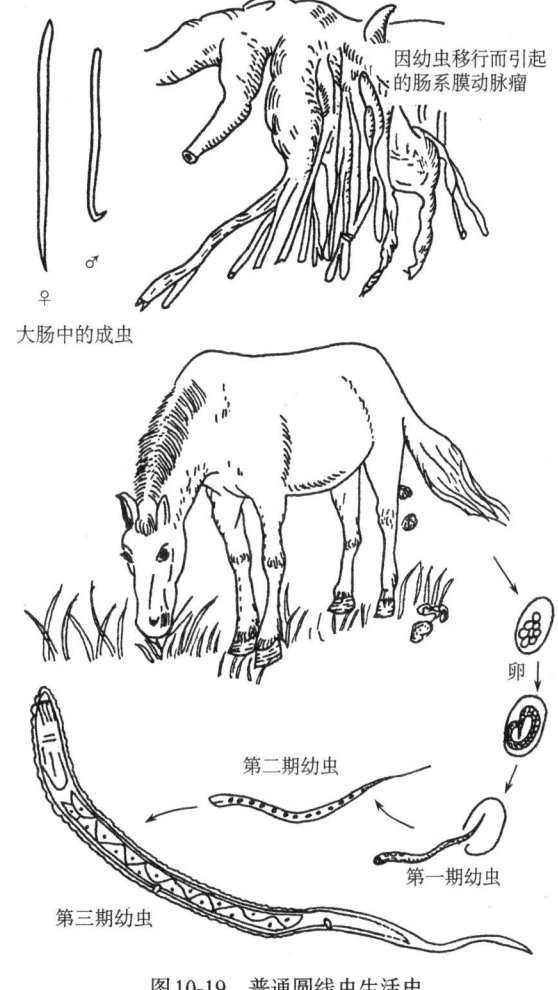

图10-19 普通圆线虫生活史

流行病学 未发育的虫卵，对0℃以下的低温抵抗力甚低，极易死亡；但如已发育到卵内形成幼虫，则对0℃以下的低温有较强的抵抗力，可存活数周之久。干燥对初产的虫卵有较大的杀灭力。发育到含幼虫的卵对干燥有较强的抵抗力。在低温下，卵内幼虫呈休眠状态，遇温度升高时，即在数分钟内孵化。如虫卵落入水中，在距水面3mm以下时，因氧气不足而不能发育。感染性幼虫的抵抗力很强，在含水分8%~12%的马粪中能存活一年以上，在青饲料上能保持感染力达两年之久，但在直射阳光下容易死亡。马匹感染圆线虫病主要发生于放牧的马群，特别是阴雨、多雾和多露的天气，清晨和傍晚放牧是马匹最易感染的时机。

致病作用 马体内常有多种圆线虫混杂寄生，它们有共同的致病特点，以三种大型圆线虫致病性最强，其成虫都是以吸血为生，以强大的口囊吸附于肠黏膜上引起出血性溃疡和炎症而导致贫血。成虫寄生时分泌毒素，已证实具有溶血素和抗凝血素等，可造成马匹失血。而其幼虫又具复杂的体内移行过程，在这一过程中引起一定的或十分严重的损害（以普通圆线虫为最重）。马圆线虫幼虫的移行阶段可导致肝和胰的损伤，肠壁结节和溃疡；无齿圆线虫幼虫在腹膜下移行时可引起腹膜炎，在腹膜形成大的出血性结节，可成为腹痛及贫血的原因；普通圆线虫的幼虫在动脉管特别是在肠系膜前动脉及其分支内，能引起剧烈的病变（尤其是动脉瘤）。幼虫有时移行到主动脉、髂动脉引起动脉炎。形成的动脉瘤、血栓的碎片，可能进入腹主动脉阻塞一侧或两侧髂动脉，甚至引起血管破裂。肠系膜前动脉发生病变后，供应肠管的血量不足，并压迫肠系膜神经丛引起反复发作的腹痛。如血管完全阻塞则能引起肠系膜血管栓塞，急性肠出血或肠段坏死。小型圆线虫、马圆线虫及无齿圆线虫的幼虫寄生时均能引起肠壁结节和溃疡，在结肠发生溃疡时，又易引起脾脓肿的发生。

症状 有成虫寄生引起的和幼虫移行引起的两种类型：①成虫寄生于肠管引起的疾病，多发生于夏末和秋季，更常在冬季饲养条件变差时转为严重。虫体大量寄生时，可呈急性发作，表现为大肠炎和消瘦。开始时食欲不振，易疲倦，异嗜；数星期后出现带恶臭的下痢，腹痛，粪便中有虫体排出；消瘦，浮肿，最后陷于恶病质而死亡。少量寄生时呈慢性经过，食欲减退，下痢，轻度腹痛和贫血，如不治疗，可能逐渐加重。②幼虫移行期所引起的症状，以普通圆线虫引起的血栓性疝痛最为多见，且最为严重。常在没有任何可被觉察原因的情况下突然发作，持续时间不等，但经常复发；不发时，表现完全正常。疝痛的程度，轻重不等。轻型者，开始时表现为不安，打滚，频频排粪，但脉搏与呼吸正常；数日后，症状自然消失。重型者疼痛剧烈，病畜作犬坐或四足朝天仰卧，腹围增大，腹壁极度紧张，排粪频繁，呼吸加快，体温升高，在不加治疗的情况下，多以死亡告终。马圆线虫幼虫的移行引起肝、胰损伤，临床表现为疝痛、食欲减退和精神抑郁。无齿圆线虫幼虫则引起腹膜炎、急性毒血症、黄疸和体温升高等。

病理变化 病畜消瘦、贫血、有腹水，全身水肿，恶病质。肠管内可见大量虫体吸附于黏膜上，被吸附的地方可见有小出血点、小齿痕或溃疡。肠壁上有大小不等的结节。普通圆线虫幼虫移行阶段，可在前肠系膜动脉和回盲结肠动脉上形成动脉瘤。动脉瘤呈圆柱形、菱形、椭圆形或其他不规则的形状，大小不等，最大者可达拳头到小儿头大，外层坚硬，管壁增厚，内层常有钙盐沉着，内腔含有血栓块，血栓块内包埋着幼虫。无齿圆虫幼虫所引起的病变为腹腔内有大量的淡黄—红色腹水；腹膜下可见有许多红黑色斑块状的幼虫结节。马圆线虫幼虫在肝内造成出血性虫道，引起肝细胞损伤，胰脏则由于肉芽组织的侵入而形成纤维性病灶。

诊断 根据临床症状和流行病学资料，可以对马圆线虫做初步诊断；粪便虫卵检查可以证实成虫肠内寄生型圆线虫病。由于这类线虫的广泛分布，几乎所有马的粪便中均有其虫卵存在，为了判断其致病程度，需先进行虫卵计数，确定感染强度，一般认为每克粪便中虫卵数在1000个以上时，即可看成必须治疗的圆线虫病。

检查幼驹粪便时，应注意到出生数天或数周的小马，其粪内虫卵可能是由于吞食母马粪便所致。一般认为在以下期间发现虫卵才能作为已遭受感染的根据：小型圆线虫，生后12～14周；普通圆线虫，生后26周；无齿圆线虫，生后55周。

幼虫寄生期的圆线虫诊断困难，只有依据症状来推测，如间歇性腹痛而粪中虫卵很多，有可能已发生动脉瘤等，只有尸体剖检才足以证实此类可疑病例。

治疗 对于肠道内寄生的圆虫成虫可用丙硫苯咪唑、噻苯咪唑、酒石酸甲噻嘧啶和伊维菌素等药物驱虫。对幼虫引起的疾病，特别是马的栓塞性疝痛，除采用一般的疝痛治疗方法外，尚可用10%樟脑（每次20～30ml）或苯甲酸钠咖啡因3.0～5.0g以升高血压，促使侧支循环的形成。还可以注射肝素（350kg马给500mg）等抗凝血剂以减少血栓的形成。

预防 由于圆线虫的成虫产卵能力很强，小型圆线虫每条雌虫每日约产卵100个，大型圆线虫则可达5000个。成年马匹体内寄生的虫数很多，每日从粪便中排出大量虫卵，如一匹患马每克粪便中含虫卵2000个，则每天约排出虫卵2500万个。感染性幼虫在牧地上生存时间也较长，因此都给防治工作带来困难。特别是按一般习惯幼驹和母马一同放牧，更使幼驹经常遭到感染。因为清除牧地上的幼虫，几乎是不可能的。所以许多学者推荐经常给马匹服用小剂量（1~2g）的硫化二苯胺可降低感染强度，此法尽管不能驱除成虫，但能抑制雌虫的产卵能力和虫卵的活力。如果第一次用治疗剂量，然后持续使用小剂量，数月后，可以使此病得到控制。也有人认为间隔8周定期使用哌嗪、二硫化碳、酚噻嗪合剂及噻苯咪唑、丙硫苯咪唑或左旋咪唑等，均有良好的预防作用。

牧场应避免载畜量过多，有条件可与牛羊轮牧；幼驹与成年马分群放牧；定期对马匹驱虫；搞好马厩卫生，粪便及时清理，堆积发酵。

二、夏伯特线虫病

夏伯特线虫病是由圆线科（Strongylidae）夏伯特属（*Chabertia*）线虫寄生于牛、羊、骆驼及其他反刍动物的大肠内引起的。本病遍及我国各地，而以西北、内蒙古、山西等地较为严重，有些地区羊的感染率高达90%以上。

病原形态 本属线虫有或无颈沟，颈沟前有不明显的头泡，或无头泡。口孔开向前腹侧。有两圈不发达的叶冠。口囊呈亚球形，底部无齿。雄虫交合伞与食道口属相近似；交合刺等长，较细，有引器。雌虫阴门靠近肛门。常见种有绵羊夏伯特线虫（*C. ovina*）和叶氏夏伯特线虫（*C. erschowi*）。

绵羊夏伯特线虫是一种较大的乳白色线虫（图10-20）。前端稍向腹面弯曲。有一近似半球形的大口囊；其前缘有两圈由小三角叶片组成的叶冠。腹面有浅的颈沟，颈沟前有稍膨大的头泡。雄虫长16.5~21.5mm。有发达的交合伞，交合刺褐色。引器呈淡褐色。雌虫长22.5~26.0mm，尾端尖，阴门距尾端0.3~0.4mm；阴道长0.15mm。虫卵椭圆形，大小为（100~120）μm×（40~50）μm。叶氏夏伯特线虫无颈沟和头泡，外叶冠小叶呈圆锥形；内叶冠小叶呈细长指状，尖端突出于外叶冠基部下方，雄虫长14.2~17.5mm，雌虫长17.0~25.0mm。

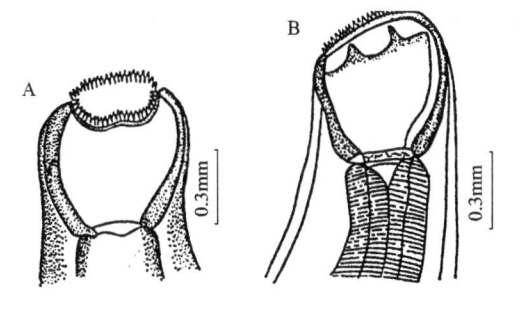

图10-20 羊夏伯特线虫头部腹面（A）及侧面（D）

生活史 虫卵随宿主粪便排到外界，在20℃下，经38~40h孵出幼虫，再经5~6d蜕化两次，变为感染性幼虫。宿主经口感染，感染后72h，可以在盲肠和结肠见到脱鞘的幼虫。感染后90h，可以看到幼虫附着在肠壁上或已钻入肌层。感染后6~25d，第四期幼虫在肠腔内蜕化为第五期幼虫。至感染后48~54d，虫体发育成熟，吸附在肠黏膜上生活并产卵。成虫寿命为9个月左右。

流行病学 卵在-12~-8℃时，可长期存活。干燥和日光直射时，经10~15min死亡。感染性幼虫在-23℃的荫蔽处，可长期耐干燥；外界条件适宜时，可存活1年以上。虫卵和感染性幼虫均能在低温下长期生存是夏伯特线虫流行的重要因素之一。1岁以内的羔羊最易感，发病较重，成年羊的抵抗力较强，发病较轻。

致病作用　　虫体以口囊吸附在宿主的结肠黏膜上，损伤黏膜，它们还经常更换吸附部位，使损伤更为广泛，其结果是引起黏膜水肿，如有细菌侵入则导致发生溃疡。血管损伤严重时，引起破裂和出血。幼虫吸血，故严重感染时引起贫血，红细胞减少，血红蛋白降低。肠黏膜上有大量黏液，可能和杯状细胞活动增强有关。

病理变化　　剖检时见虫体吸着于肠壁上，黏膜苍白，肿胀，有小点状出血和大量黏液。肠黏膜某些部位上皮脱落，有时有溃疡。

症状　　严重感染时，患畜消瘦，黏膜苍白，排出带黏液和血的粪便，有时下痢。幼畜生长发育迟缓，被毛干脆，食欲减退，下颌水肿，有时引起死亡。

诊断与治疗　　可结合临床症状做诊断性驱虫；或取病羊做尸体剖检，发现虫体即可确诊。驱虫可用左旋咪唑、丙硫苯咪唑、噻苯咪唑和阿维菌素等药物。

预防　　参阅捻转血矛线虫病。

三、毛圆线虫病

圆线科（Strongylidae）的许多种线虫，其分布遍及全国各地，引起反刍动物消化道圆线虫病，给畜牧业带来巨大损失。

寄生于反刍兽第四胃和小肠的毛圆科线虫，有血矛属（*Haemonchus*）、长刺属（*Mecistocirrus*）、奥斯特属（*Ostertagia*）、马歇尔属（*Marshallagia*）、古柏属（*Cooperia*）、毛圆属（*Trichostrongylus*）、细颈属（*Nematodirus*）和似细颈属（*Nematodirella*）的许多种线虫，它们在反刍动物体内多为混合寄生，其中以血矛属的捻转血矛线虫致病力最强，可以这样说，反刍动物毛圆线虫病主要是血矛线虫病。另外本科线虫在形态、生态和疾病的流行、病理及防治等方面都有许多相同点。因此，将以血矛线虫病为代表重点叙述。

病原形态

（1）捻转血矛线虫（*H. contortus*）　　呈毛发状，因吸血而呈淡红色（图10-21）。雄虫长15～19mm，雌虫长27～30mm。虫体表皮上有横纹和纵嵴。颈乳突显著，头端尖细，口囊小，内有一矛状角质齿。雄虫交合伞发达，背肋呈"人"字形为其特征；雌虫因白色的生殖器官环绕于红色含血的肠道周围，形成红白线条相间的外观，故称捻转血矛线虫，也称捻转胃虫，阴门位于虫体后半部，有一个显著的瓣状阴门盖。卵壳薄，光滑，稍带黄色，虫卵大小为（75～95）μm×（40～50）μm，新鲜虫卵含16～32个胚细胞。

另外，柏氏血矛线虫（*H. placei*）寄生于牛的雌虫阴门盖呈舌片状；寄生于羊的雌虫阴门盖呈小球状。似血矛线虫（*H. similis*）和捻转血矛线虫相似，只是虫体小，背肋较长，交合刺较短。

（2）指状长刺线虫（*Mecistocirrus digitatus*）（牛捻转胃虫）　　主要寄生于牛的真胃，少见于小肠，羊、猪也曾发现。虫体较前种大，形状类似（图10-22）。雄虫长25～31mm，交合伞的侧腹肋和前侧肋特别发达，背叶对称，交合刺细长。雌虫长30～45mm，阴门位于肛门附近，阴门部体形增宽。虫卵与前种相似而略大。

生活史　　毛圆科各属线虫生活史大致相同，都属直接发育的土源性线虫。捻转血矛线虫寄生于反刍动物的第四胃，偶见于小肠。雌虫产卵量很大，每天可排卵5000～10 000个。虫卵随粪便排出外界，在适宜条件下，一昼夜孵出幼虫，约一周经两次蜕皮发育为感

图10-21 捻转血矛线虫头部（A）、雌虫生殖部（B）和雄虫交合伞（C）

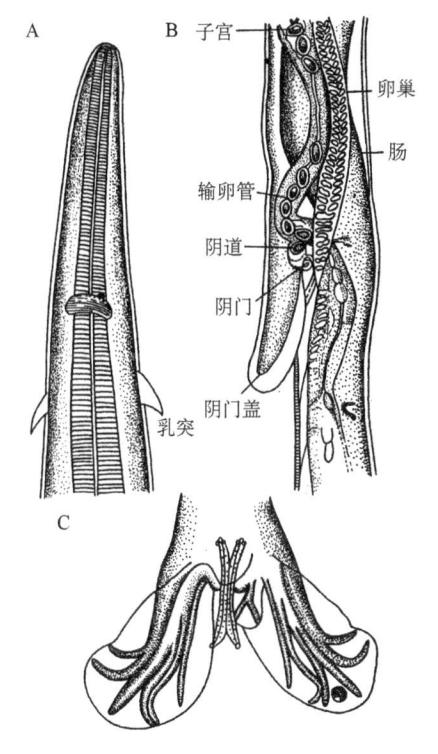

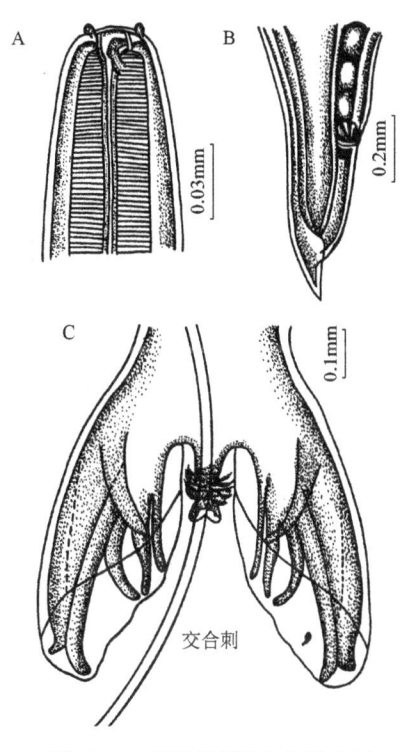

图10-22 指状长刺线虫头部（A）、雌虫尾部（B）和雄虫尾部（C）

染性幼虫（第三期幼虫），外被囊鞘。各期幼虫在外界环境中的生活习性如下：第一、二期幼虫生存于牛、羊粪土，牧草，水沟和湿土中，营腐物寄生，摄食细菌类生存。被有囊鞘的第三期幼虫不采食，依赖其肠细胞内贮存的养料而生存，当养料耗尽时，幼虫即死亡。第三期幼虫主要附着于草叶、草茎上或积水中，其活动规律有以下特点：①幼虫有背地性，在牧地适宜条件下，离开地面向牧草的叶片上爬行；②幼虫有趋弱光性，但畏惧强烈阳光，故仅于清晨，傍晚或阴天时爬上草叶，在日光强烈的白昼和夜晚爬回地面；③温暖时幼虫活动力增强，寒冷时进入休眠状态；④幼虫不能在干的叶面上爬行，必须在具有一层薄薄的水草叶上爬行；⑤幼虫有鞘膜的保护，对恶劣环境的抵抗力较强，但易被直射日光晒死，干燥也能使之致死，但草地上的幼虫感到湿度不适时，即钻入泥土中，以避开干燥之害；⑥落入水中的幼虫常沉于底部，可存活一个月或更久；⑦由于第三期幼虫不采食，故在温暖季节，幼虫活动量大，其寿命不超过3个月，反之，在潮湿的寒冷条件下，幼虫可存活一年以上。

牛、羊随吃草和饮水吞食第三期幼虫，幼虫在瘤胃内脱鞘，之后到真胃，钻入黏膜，开始摄食。感染后36h，开始第三次蜕皮，形成第四期幼虫，并返回黏膜表面。感染后3d，虫体出现口囊，并吸附于胃黏膜上。感染后12d，全部虫体进入第五期。感染后18d发育为成虫。成虫游离于胃腔内。感染后18~21d，宿主粪便中出现虫卵。感染后25~35d，产卵量达高峰。成虫寿命不超过一年（图10-23）。

流行病学 虫卵在0℃时不能发育，7.2℃时只有极少数可发育到孵化前期。从虫卵发育到第三期幼虫所需的时间为：11℃，15~20d；14.4℃，9~12d；21.7℃，5~8d；37℃，

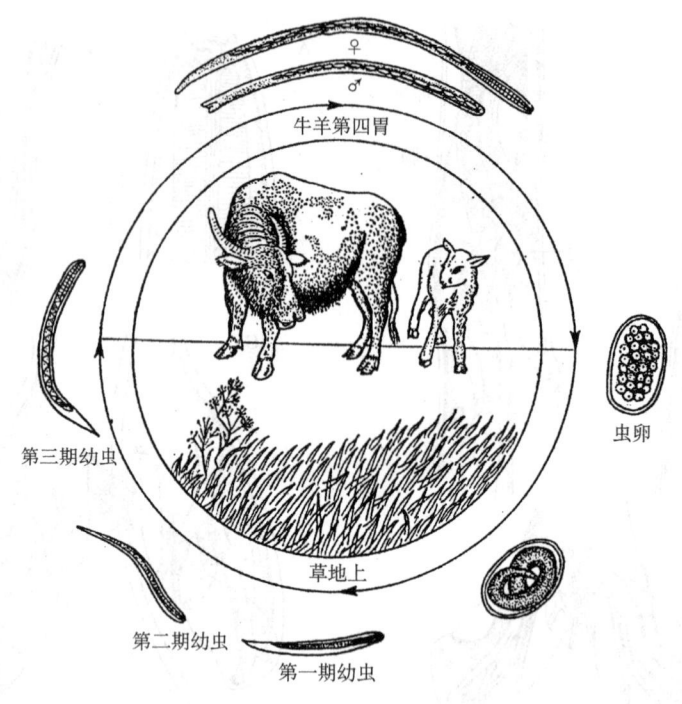

图10-23 捻转胃虫生活史

3~4d。低于5℃，虫卵在4~6d死亡。感染前期的幼虫，在40℃以上时迅速死亡；感染性幼虫带有鞘膜，在干燥环境中，可借休眠状态生存一年半。

据观察，低凹牧场的幼虫数量在放牧结束时达最高。对幼虫数量的影响，牧场小气候比大气候更为重要。在山地牧场，幼虫数量在夏季逐渐增高，8月最高，冬季低温抑制或延迟了幼虫的孵化，故牧草上几乎没有幼虫。

羊对捻转血矛线虫有"自愈"现象，这是初次感染产生的抗体和再感染时的抗原物质相结合所引起的一种过敏反应。在捻转血矛线虫，表现为真胃黏膜水肿，这种水肿造成对虫体不利的生活环境，导致原有的虫体被排除和不再发生感染。一个重要的特点是自愈反应没有特异性，捻转血矛线虫的自愈反应，既可以引起真胃其他线虫的自愈，还可以引起肠道线虫的自愈，这可能是由于它们有共同的抗原。

致病作用 于感染性幼虫进入宿主体内后，经第三次蜕皮，变为第四期幼虫即开始吸血。所以，宿主最重要的特征是贫血和衰弱。据实验，2000条虫体寄生于真胃黏膜时，每天吸血可达30ml（尚未将虫体离开后流失后的血液计算在内）。成虫以头端刺入真胃黏膜内引起黏膜损伤，由于大量吸血并分泌抗凝血酶，可引起宿主极度贫血，胃黏膜增厚，呈现出血性病灶。虫体分泌有毒物质，抑制中枢神经系统的活动，破坏消化与神经系统间的神经体液调节机能，致使消化吸收紊乱，动物表现极度消瘦，最后由于失血和血液再生能力降低、代谢障碍，以致真胃内容物的pH趋于中性，甚至成为碱性，从而带来一系列症状。

症状 一般情况下，毛圆科线虫病常表现为慢性过程，病畜日渐消瘦，精神萎靡，放牧时离群落后。严重时卧地不起，贫血，表现为下颌间隙及头部发生水肿，呼吸、脉搏加快，体重减轻，育肥不良，幼畜生长受阻，食欲减退，饮欲如常或增加，下痢与便秘交替，红细胞减少。严重感染捻转胃虫时，羔羊可在短时间内发生大批死亡，此时羔羊膘情尚好，但因极度贫血而死，这是由于短期内集中感染大量虫体。轻度感染时，呈带虫现象，但污染牧地，成为感染源。

诊断 反刍动物往往被多种圆线虫寄生，粪便虫卵区别困难，仅能判定其感染强度，因此对于捻转胃虫的诊断，可以根据当地流行情况、症状及剖检进行综合判断。现将胃肠道常见的线虫卵及其第三期幼虫的形态特征列为检索表，供诊断时参考。

虫卵检索表

1. 虫卵两端有"塞" ······ 毛首线虫、毛细线虫
   虫卵两端无"塞" ······ 2
2. 虫卵内已形成幼虫，虫卵的长度小于60μm ······ 乳突类圆线虫
   虫卵内未形成幼虫，虫卵长度大于60μm ······ 3
3. 虫卵长度小于85μm ······ 库氏古柏线虫、捻转血矛线虫、艾氏毛圆线虫、哥伦比亚食道口线虫
   虫卵长85～90μm ······ 蛇形毛圆线虫
   虫卵长度大于90μm ······ 4
4. 卵胚细胞4～8 ······ 5
   卵胚细胞16～32个 ······
   ······ 透明毛圆线虫、普通奥斯特线虫、马氏马歇尔线虫、微管食道口线虫、绵羊夏伯特线虫
5. 虫卵长90～100μm ······ 羊仰口线虫
   虫卵长度大于130μm ······ 细颈线虫（马氏马歇尔线虫）

第三期幼虫检索表

1. 幼虫无鞘 ······ 类圆线虫
   幼虫有鞘 ······ 2
2. 肠细胞8个 ······ 细颈线虫
   肠细胞16个 ······ 3
   肠细胞超过16个，有食道甲（oesophageal armature） ······ 7
3. 尾鞘短 ······ 4
   尾鞘长 ······ 6
4. 幼虫尾部有结节 ······ 毛圆线虫
   幼虫尾部无结节 ······ 5
5. 幼虫尾部尖 ······ 奥斯特线虫
   幼虫尾部圆 ······ 古柏线虫
6. 口囊呈球形，幼虫长650～750μm ······ 血矛线虫
   口囊很小，漏斗状，幼虫长514～678μm ······ 仰口线虫
7. 肠细胞16～24个，细胞呈三角形 ······ 食道口线虫
   肠细胞24～32个，细胞呈长方形 ······ 夏伯特线虫

防治 治疗胃肠线虫病的药物种类很多，如丙硫苯咪唑、噻苯咪唑、左旋咪唑、羟嘧啶、酒石酸甲噻嘧啶和伊维菌素等都可以用于驱虫。预防应做到：适时进行预防性驱虫，可根据当地流行病学资料做出规划。一般春秋季各进行一次，即在放牧前和放牧后；注意放牧和饮水卫生，夏季避免吃露水草，避免在低湿的牧地放牧，不要在清晨、傍晚或雨后放牧，

以减少感染机会；禁饮低洼地区的积水和死水，换干净的流水和井水；有计划地实行轮牧；加强饲养管理，合理补充精料，增加畜体的抗病力；加强粪便管理，将粪便集中在适当地点进行生物热处理，以消灭虫卵和幼虫。

> **附：寄生于反刍动物第四胃和小肠内毛圆科其他属的特点**
>
> （1）毛圆属　　本属虫体比较细小，呈淡红色或褐色。大多数寄生在牛、羊、骆驼的小肠前部，较少在第四胃及胰脏。本属主要线虫有蛇形毛圆线虫（*Trichostrongylus colubriformis*），是牛、羊体内最常见的种类。突尾毛圆线虫（*T. probolurus*）寄生于绵羊、骆驼和人的小肠。艾氏毛圆线虫（*T. axei*），寄生于牛、羊及其他反刍动物真胃和小肠，也寄生于马、猪和人等的胃。
>
> （2）奥斯特属　　本属又称棕色胃虫，寄生于牛羊及其他反刍动物的真胃和小肠。虫体中等大，长10～12mm。主要有环纹奥斯特线虫（*Ostertagia circumcincta*）和三叉奥斯特线虫（*O. trifurcata*）。
>
> （3）马歇尔属　　寄生于双峰骆驼、羊、牛等的真胃。本属线虫虫卵很大，和细颈线虫卵同为本类线虫虫卵中之最大。主要有蒙古马歇尔线虫（*Marshallagia mongolica*）。
>
> （4）古柏属　　本属线虫新鲜虫体呈红色或淡黄色，寄生于反刍动物小肠和胰脏，很少见于第四胃。主要虫种有等侧古柏线虫（*Cooperia laterouniformis*），寄生于水牛、黄牛的小肠和胰脏。叶氏古柏线虫（*C. erschovi*），寄生于黄牛的胰脏。
>
> （5）细颈线虫属　　本属线虫外观和捻转血矛线虫相似，但虫体前部呈细线状，而后部较宽。成虫寄生于牛羊的小肠。主要种有奥拉奇细颈线虫（*Nematodirus oiratianus*）。
>
> （6）似细颈属　　外形与细颈属线虫相似。雄虫交合伞特别长，可达虫体全长的一半。卵胎生。寄生于反刍动物的小肠。主要种有长刺似细颈线虫（*Nematodirella longispiculata*），雄虫呈螺旋状扭曲，子宫内的虫卵已含有幼虫。此外，甘肃、新疆等地尚有骆驼似细颈线虫（*N. cameli*）。
>
> 这些种类的线虫在动物体内多系混合寄生感染，其形态、生态和致病作用及主要症状、病理变化均与捻转血矛线虫相似。诊断及防治可参照捻转血矛线虫病。

四、钩口线虫病

1. 猪球首线虫病　　猪球首线虫病是由钩口科球首属（*Globocephalus*）的多种线虫寄生虫于猪的小肠内引起的。虫体短粗，口孔呈亚背位，口囊呈球形或漏斗状，外缘为一角质环，无叶冠和齿。靠近口囊基底通常有1对亚腹腺。背沟显著。交合刺纤细。雌虫尾端尖刺状。阴门位于虫体后部。虫卵为卵圆形灰色，卵壳薄，大小为（58.5～61.7）μm×（34～42.5）μm。常见的有如下几种。

（1）长尖球首线虫（*G. longemucronatus*）　　雄虫长7mm，雌虫长8mm。口囊内无齿。

（2）萨摩亚球首线虫（*G. samoensis*）　　雄虫长4.5～5.5mm，雌虫长5.2～5.6mm。口囊内有两个齿。

（3）椎尾球首线虫（*G. urosubulatus*）　　雄虫长4.4～5.5mm，雌虫长5～7.5mm（图10-24）。口囊内有两个亚腹齿。

生活史与致病力和其他钩虫相似。可引起贫血、卡他性肠炎，肠黏膜有时有出血点。严重感染时，可引起消瘦和消化紊乱。可用粪便检查法发现虫卵。怀疑有钩虫时，可给猪以轻泻性饲料或泻剂，

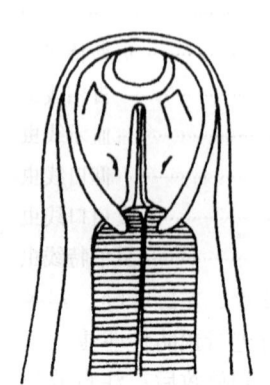

图10-24　椎尾球首线虫

拉稀时检查粪便，易于发现虫体。可用噻苯咪唑或伊维菌素等药物驱虫。预防应注意猪舍卫生，及时清扫粪便并保持饲料和饮水清洁。

2. 牛、羊仰口线虫病（钩虫病） 反刍动物仰口线虫病是由钩口科仰口属（*Bunostomum*）的羊仰口线虫（*B. trigonocephalus*）和牛仰口线虫（*B. phlebotomum*）引起的。前者寄生于羊的小肠，后者寄生于牛的小肠，主要是十二指肠。本病在我国各地普通流行，可引起贫血，对家畜危害很大，并可以引起死亡。

病原形态 本属线虫头端向背面弯曲，口囊大，口腹缘有一对半月形的角质切板。雄虫交合伞背叶不对称，雌虫阴门在虫体中部之前（图10-25）。

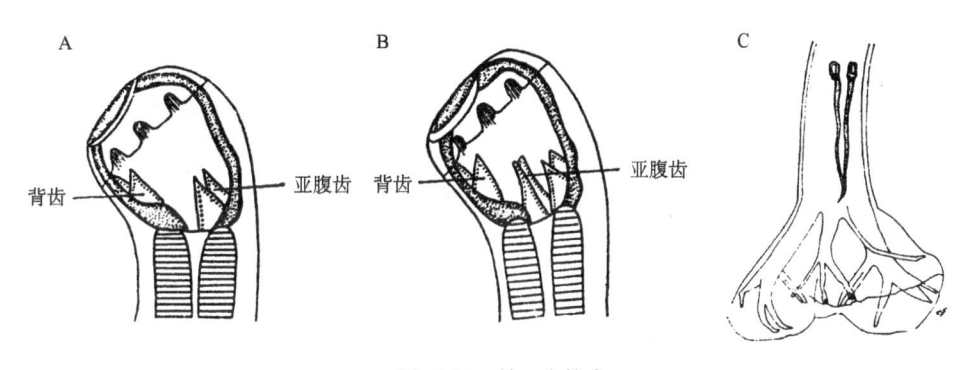

图10-25 羊、牛钩虫
A. 羊钩虫头部；B. 牛钩虫头部；C. 钩虫雄虫尾部

羊仰口线虫呈乳白色或淡红色。口囊底部的背侧生有一个大背齿，背沟由此穿出；底部腹侧有1对小的亚腹齿。雄虫长12.5～17.0mm。交合伞发达。背叶不对称，右侧外背肋比左面的长，并且由背干的高处伸出。交合刺等长，褐色。无引器。雌虫长15.5～21.0mm，尾端钝圆。阴门位于虫体中部前不远处。虫卵大小为（79～97）μm×（47～50）μm。两端钝圆，胚细胞大而数少，内含暗黑色颗粒。

牛仰口线虫的形态和羊仰口线虫相似，但口囊底部腹侧有两对亚腹齿。另一个区别是雄虫的交合刺长，为3.5～4.0mm，为羊仰口线虫交合刺的5～6倍。雄虫长10～18mm，雌虫长24～28mm。卵的大小为106μm×46μm，两端钝圆，胚细胞呈暗黑色。此外，我国南方的牛尚有莱氏旷口线虫（*Agriostomum vryburgi*），头端稍向背面弯曲，口囊浅，下接一个深大的食道漏斗，内有两个小的亚腹侧齿。口缘有4对大齿和一个不明显的叶冠。雄虫长9.2～11.0mm，雌虫长13.5～15.5mm。虫卵大小为（125～195）μm×（62～92）μm。

生活史 虫卵在潮湿的环境中，在适宜的温度下，可在4～8d形成幼虫；幼虫从壳内逸出，经两次蜕化，变为感染性幼虫。牛、羊是由于吞食了被感染性幼虫污染的饲料或饮水，或感染性幼虫钻进牛、羊皮而受感染。牛仰口线虫的幼虫经皮肤感染时，幼虫从牛的表皮缝隙钻入，随即脱去皮鞘，然后沿血流到肺，在那里发育，并进行第三次蜕化而成为第四期幼虫。之后上行到咽，重返小肠，进行第四次蜕化而成为第五期幼虫。在侵入皮肤后的50～60d发育为成虫。经口感染时，幼虫在小肠内直接发育为成虫。经口感染的幼虫，其发育率比经皮肤感染的要少得多；经皮肤感染时可以有85%的幼虫得到发育；而经口感染时只有12%～14%的幼虫得到发育（图10-26）。

流行病学 在夏季，感染性幼虫可以存活2～3个月；春季生活时间较长。在8℃时，

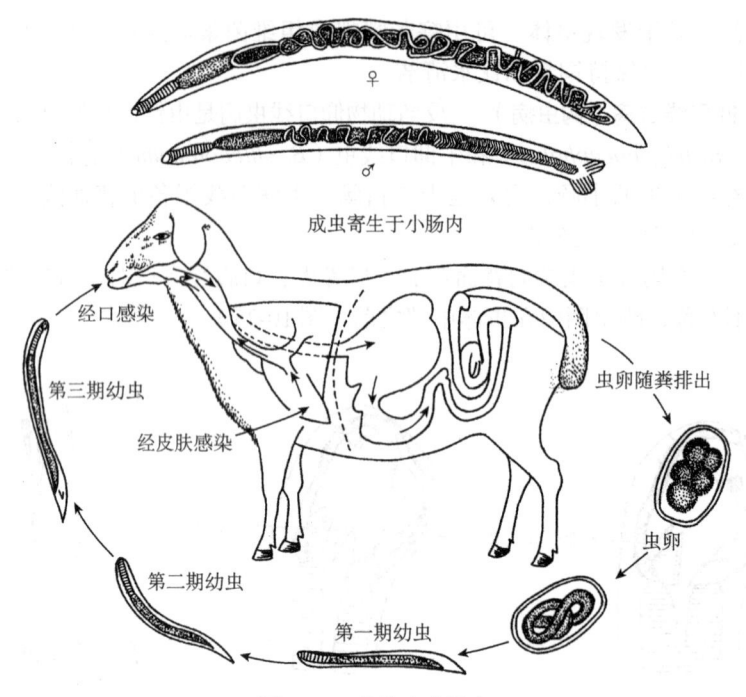

图10-26 羊钩虫生活史

幼虫不能发育；在35~38℃时，仅能发育到第一期幼虫。宁夏盐池地区，到夏季（8月），羔羊体内才开始出现虫体，此后数量逐渐增多。因此，该地区在7月以前，牧场上没有感染性幼虫。在有些地区，羊的全年荷虫量基本相近。

致病作用 仰口线虫的致病作用因虫体的发育期（皮肤侵入期、幼虫移行期和小肠寄生期）不同而不同。幼虫侵入皮肤时，引起发痒和皮炎，但一般不易察觉。幼虫移行到肺时引起肺出血，但通常无临床症状。引起较大危害的是小肠寄生期，成虫以口囊吸附于肠黏膜上，并以齿刺破绒毛，吸食流出的血液。虫体离开后，留下伤口，血液继续流失一定时间。失血带来铁的损失，100条虫体每天可吸血8ml，失去4μg铁。严重感染时，患畜骨髓腔内充满透明的胶状物。组织学检查，见生红细胞的血岛稀少，血岛周围为非细胞性物质，这种非细胞性物质的出现，表明红细胞生成作用已极度退化。所以患畜的死亡是由于红细胞的生成受到抑制，亦即进行性再生不全性贫血，而不是血细胞损失的贫血。据试验，羊体内有112条或162条虫体时，即足以危害羊的健康和妨碍发育。舍饲犊牛体内有1000条虫体时，即引起死亡。动物可以对仰口线虫产生一定的免疫力，产生免疫后，粪便中的虫卵数减少，即使放牧于严重污染的牧场，虫卵数也不增高。在幼虫侵入的局部，皮肤发生细胞浸润并形成痂皮。但似乎不能阻止幼虫穿过皮肤，在成虫寄生的小肠有嗜酸性粒细胞浸润。

症状与病理变化 患畜表现进行性贫血，严重消瘦，下颌水肿，顽固性下痢，粪带黑色。幼畜发育受阻，还有神经症状如后躯萎弱和进行性麻痹，死亡率很高。

尸体消瘦、贫血、水肿，皮下浆液性浸润。血液色淡，水样，凝固不全。肺有淤血性出血和小点出血。心肌软化，肝淡灰，质脆。十二指肠和空肠有大量虫体，游离于肠内容物中或附着在黏膜上。肠黏膜发炎，有出血点。肠内容物呈褐色或血红色。

诊断 根据临床症状、粪便检查发现虫卵和死后剖检发现多量虫体即可确诊。病尸消瘦、贫血，十二指肠和空肠有大量虫体；黏膜发炎，有小出血点和小齿痕。

治疗　可用噻苯咪唑、苯硫咪唑、左旋咪唑、丙硫苯咪唑或伊维菌素等驱虫。

预防　定期驱虫；舍饲时保持厩舍干燥清洁；饲料和饮水应不受粪便污染，改善牧场环境，注意排水。

3. 犬、猫钩虫病　犬、猫钩虫病是由钩口科钩口属（*Ancylostoma*）、板口属（*Necator*）和弯口属（*Uncinaria*）的多种线虫寄生于犬、猫等肉食兽的小肠，主要是十二指肠引起的。我国各地均有此病发生。本病是犬，尤其是特种犬（警犬）最严重的寄生虫病之一。

病原形态

（1）犬钩口线虫（*A. caninum*）　寄生于犬、猫、狐、浣熊、獾和其他肉食兽的小肠，偶尔寄生于人，虫体淡红色（图10-27）。前端向背面弯曲，口囊大，腹侧口缘上有3对大齿。口囊深部有1对背齿和1对侧腹齿。雄虫长9～12mm，交合伞的各叶及腹肋排列整齐对称；两根交合刺等长。雌虫长10～21mm。阴门开口于虫体后1/3前部，尾端尖细。虫卵钝椭圆形，无色，内含数个卵细胞，大小为60μm×40μm。

（2）狭头弯口线虫（*U. stenocephala*）　虫体淡黄色，两端稍细，口弯向背面，口囊发达，腹面前缘两侧各有一半月状切板。雄虫长6～11mm，交合伞叶、肋均对称，两根交合刺等长，末端尖。雌虫长7～12mm，尾端尖呈细刺状。虫卵和犬钩虫卵相似。

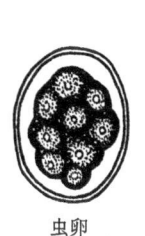

图10-27　犬钩虫头部及虫卵

（3）巴西钩口线虫（*A. braziliense*）　寄生于犬、猫、狐。虫体头端腹侧口缘上有1对大齿，1对小齿。虫体长6～10mm，卵大小为80μm×40μm。

（4）美洲板口线虫（*Necator americanus*）　寄生于人、犬。虫体头端弯曲背侧，口孔腹缘上有1对半月形板。口囊呈亚球形，底部有两个三角形亚腹齿和两个亚侧齿。背食道腺管开口于背锥的顶部。雄虫长5～9mm，雌虫长9～11mm，卵大小为（60～76）μm×（30～40）μm。

生活史　虫卵随犬粪便排到外界，在适宜的温度和湿度条件下发育孵化，幼虫经两次蜕化发育为感染性幼虫。感染性幼虫随饲料或饮水被犬类摄食或主动地钻进皮肤而造成感染，皮肤感染是感染性幼虫通过毛囊或薄嫩的皮肤侵入宿主体内。之后幼虫经血流到肺，穿破毛细血管和肺组织，移行到肺泡和小支气管、支气管、气管和喉咽返回肠腔，发育为成虫。经口感染时幼虫可能经肺移行，但多钻进胃壁或肠壁，经一段时间的发育重返肠腔发育为成虫。

致病作用和症状　犬钩口线虫致病力强，成年犬感染少量虫体时，不显症状。幼犬即使感染少量虫体，如营养不良或免疫力低下，仍可能发病。成虫吸着在肠黏膜上，不停地吸血，同时不停地从肛门排出血液，造成出血、溃疡。虫体还分泌抗凝素，延长凝血时间，便于吸血。虫体有变换吸血部位的习性，以致从伤口失血更多，由于慢性失血，宿主体内蛋白质和铁不断地消耗。虫体多时，宿主出现严重的缺铁性贫血。故主要症状为贫血和稀血症，黏膜苍白，极度消瘦，毛粗干，腹泻便秘交替发生，粪便带血。幼犬可导致死亡。剖检可见贫血和稀血症，小肠肿胀，黏膜上有出血点，肠内容物混有血液，可见多量虫体吸附于黏膜上。

诊断　根据临床症状和粪便检查时发现虫卵，即可确诊。剖检时发现虫体时可进行种别鉴定。

治疗　驱虫可用甲苯唑、左旋咪唑、碘化噻唑氰胺、二碘硝基酚、丙硫苯咪唑和伊维菌素等。

预防　对病犬及时驱虫，以防散布病原。犬运动场保持干燥，阻断钩虫的发育。犬粪应立即清除，用具应定期消毒。成年犬和幼犬分开饲养。

五、食道口线虫病

1. 牛、羊食道口线虫病　反刍动物食道口线虫病是食道口科食道口属（*Oesophagostomum*）几种线虫的幼虫和成虫寄生于肠壁与肠腔引起的。由于有些食道口线虫的幼虫阶段可使肠壁发生结节，故又名结节虫病。本病在我国各地牛、羊中普遍存在，并引发病变，有病变的肠管多因不适于制作肠衣而废弃。故结节虫给畜牧业造成极大的经济损失。

病原形态　本属线虫的口囊呈小而浅的圆筒形，其周围为一显著的口领。口缘有叶冠。有颈沟，其前部的表皮常膨大形成头囊。颈乳突位于颈沟后方的两侧。有或无侧翼，雄虫交合伞发达，有1对等长的交合刺，雌虫阴门位于肛门前方附近，排卵器发达呈肾形，虫卵较大（图10-28）。

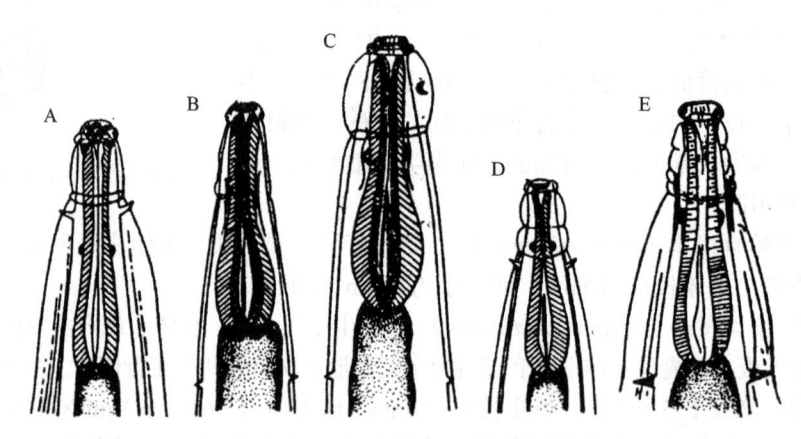

图10-28　食道口线虫前部
A. 哥伦比亚食道口线虫；B. 微管食道口线虫；C. 粗纹食道口线虫；D. 辐射食道口线虫；E. 甘肃食道口线虫

（1）哥伦比亚食道口线虫（*O. columbianum*）　主要寄生于羊，也寄生于牛和野羊的结肠。有发达的侧翼膜，致使虫体前部弯曲。头囊不甚膨大。颈乳突位于颈沟稍后方，其尖端突于侧翼膜之外。雄虫长12.0～13.5mm。交合伞发达。雌虫长16.7～18.6mm，尾部长。阴道短，横行引入肾形的排卵器（图10-29）。卵呈椭圆形，大小为（73～89）μm×（34～45）μm。

（2）微管食道口线虫（*O. venulosum*）　主要寄生于羊，也寄生于牛和骆驼的结肠。无侧翼膜。前部直，口囊较宽而浅；颈乳突位于食道后面。雄虫长12～14mm，雌虫16～20mm。

（3）粗纹食道口线虫（*O. asperum*）　主要寄生于羊的结肠。口囊较深，头囊显著膨大。无侧翼膜。颈乳突位于食道的后方。雄虫长13～15mm，雌虫长17.3～20.3mm。

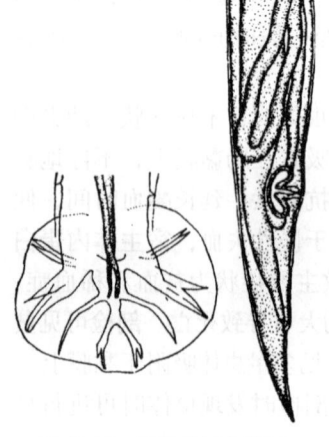

图10-29　哥伦比亚食道口线虫雌雄尾部

（4）辐射食道口线虫（*O. radiatum*）　寄生于牛的结肠，侧翼膜发达，前部弯曲。缺外叶冠，内叶冠也只是口囊前缘的一小圈细小的突起。头囊膨大，上有一横沟，将头囊区分为前后两部分。颈乳突位于颈沟的后方。雄虫长13.9～15.2mm，雌虫长14.7～18.0mm。虫卵大小为（75～98）μm×（46～54）μm。

（5）甘肃食道口线虫（*O. kansuensis*）　寄生于绵羊的结肠。有发达的侧翼膜，前部弯曲。头囊膨大。颈乳突位于食道末端稍突出于膜外。雄虫长14.5～16.5mm。雌虫长18～22mm。

生活史　成虫在寄生部位产卵，随粪便排出体外。虫卵在外界发育至感染性幼虫的过程及各期幼虫在外界环境中的习性与毛圆科线虫相似。宿主摄食了被感染性幼虫污染的青草和饮水而被感染。幼虫在胃肠内脱鞘，然后钻入小结肠和大结肠固有膜的深处，并在此形成包囊和结节（哥伦比亚食道口线虫和辐射食道口线虫在肠壁中形成结节），在其内进行两次蜕化，然后返回肠腔，发育为成虫。有些幼虫可不返回肠腔而自浆膜层移行到腹腔，可生活数日但不继续发育。此种虫体在肉品检验中有时遇到。自感染到排出虫卵需30～40d。

流行病学　低于9℃时虫卵不发育。当牧场上的相对湿度为48%～50%，平均温度为11～12℃时，可生存60d以上。第一、二期幼虫对干燥很敏感，极易死亡。第三期幼虫有鞘，在适宜条件下可存活几个月；冰冻可使之死亡。温度35℃以上时，所有幼虫均迅速死亡。在6个月以下的羔羊肠壁上不形成结节，而主要在成年羊肠壁上形成结节。

致病作用　幼虫阶段在肠壁上形成2～10mm的结节（图10-30），影响肠蠕动、食物的消化和吸收，结节在肠的腹膜破溃时，可引起腹膜炎，当肠腔面破溃时，引起溃疡性和化脓性结肠炎。成虫吸附在黏膜上虽不吸血，但可分泌有毒物质加剧结节性肠炎的发生，毒素还可以引起造血组织某种程度的萎缩，因而导致红细胞减少，血色素下降和贫血。

症状　本病无特殊症状，轻度感染不显症状，重度感染时特别是羔羊，可引起典型的顽固性下痢，粪便呈暗绿色，含有许多量黏液，有时带血。病羊弓腰，后肢僵直有腹痛感。严重者可因机体脱水、消瘦，引起死亡。

诊断　结节虫卵和其他圆线虫卵很难区别，所以生前诊断比较困难，应根据临床症状，结合尸体剖检进行综合判断。

防治　可参照捻转血矛线虫病。

2. 猪食道口线虫病　有齿食道口线虫（*Oe. dentatum*）虫体呈乳白色，口囊浅，头泡膨大。雄虫为（8～9）mm×（0.14～0.37）mm，交合刺长1.15～1.3mm。雌虫为（8～11.3）mm×（0.42～0.57）mm，尾长350μm。

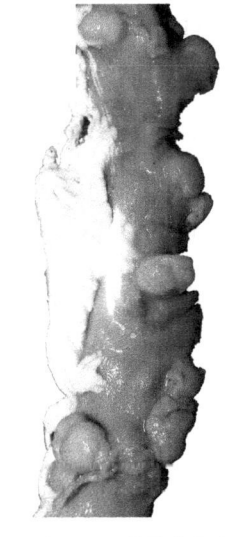

图10-30　羊结节虫病肠壁结节

长尾食道口线虫（*Oe. longicaudum*）虫体呈暗灰色，口领膨大，食道前端膨大，形如花瓶状，口囊较前种深宽。虫体大小为雄虫（6.5～8.5）mm×（0.28～0.40）mm，交合刺长0.9～0.95mm。雌虫为（8.2～9.4）mm×（0.40～0.48）mm，尾长400～460μm。

短尾食道口线虫（*Oe. brevicaudatum*）为小型虫体。虫体的大小雄虫为（6.2～6.8）mm×（0.31～0.45）mm，交合刺长1.05～1.23mm。雌虫为（6.4～8.5）mm×（0.31～0.45）mm，尾长仅81～120μm。

生活史　成虫在大肠内寄生，雌虫在大肠内产卵，卵经消化道排到体外，在适宜的条件下，经24～48h孵出幼虫；3～6d经两次蜕皮发育成为感染性幼虫。猪经口感染。幼虫在肠内蜕鞘，感染后24~48h，大部分幼虫在大肠黏膜下形成大小为1~6mm的结节；感染后6~10d，幼虫第三次蜕皮，成为第四期幼虫而返回肠腔，感染后5~7周发育为成虫。

致病作用 幼虫寄生时，在幼虫的周围发生局部性炎症，纤维细胞在病变周围形成包囊而成结节。结节感染细菌时，可能继发弥漫性大肠炎。成虫阶段的致病力轻微，有时可引起肠溃疡。

症状 症状表现的轻重取决于机体感染的程度。轻度感染时不表现临床症状，在严重感染时，才发生结节性肠炎。粪便中可见到脱落的黏膜，病猪腹痛，下痢，逐渐表现贫血，消瘦。由于继发感染，发生化脓性结节性大肠炎，严重时也能引起仔猪死亡。

诊断 可用漂浮法检查粪便中有无虫卵，或培养虫卵检查幼虫。还可以注意看粪便中自然排出的虫体。结合临床症状可以确诊。

治疗 轻度感染时无驱虫的必要，感染严重时应进行驱虫，可用下列药物驱虫：左旋咪唑和噻嘧啶等。以上几种药物对食道口线虫病均有良好的效果，用法用量参阅第四篇。

六、鲍杰线虫病

双管鲍杰线虫（*Bourgelatia diducta*）属毛线科，又称猪大肠线虫。寄生于猪的盲肠和结肠，南方大部分地区和河南有本虫的报道。口孔直向前方。无颈沟。口囊浅，壁厚，分前后两部分，后部和宽的食道漏斗内壁相连。有内外叶冠。交合刺等长。阴门靠近肛门。雄虫长9~12mm，雌虫长11.0~13.5mm。虫卵呈卵圆形，大小为（58~77）μm×（36~42）μm。灰色，卵壳薄，内含32个以上胚细胞。发育可能属直接型。对其致病力尚缺少研究。

七、网尾线虫病

1. 羊网尾线虫病 反刍动物肺线虫病的病原体为网尾科网尾属（*Dictyocaulus*），原圆科的缪勒属（*Muellerius*）、原圆属（*Protostrongylus*）、歧尾属（*Bicaulus*）、囊尾属（*Cystocaulus*）和刺尾属（*Spiculocaulus*）等属的许多种线虫，均寄生于反刍动物的肺部。网尾科的线虫较大又称为大型肺线虫；原圆科的线虫较小，又称小型肺线虫；我国反刍动物肺线虫病分布较广，危害很大，不仅造成生长发育障碍，畜产品质量降低，并能引起死亡。

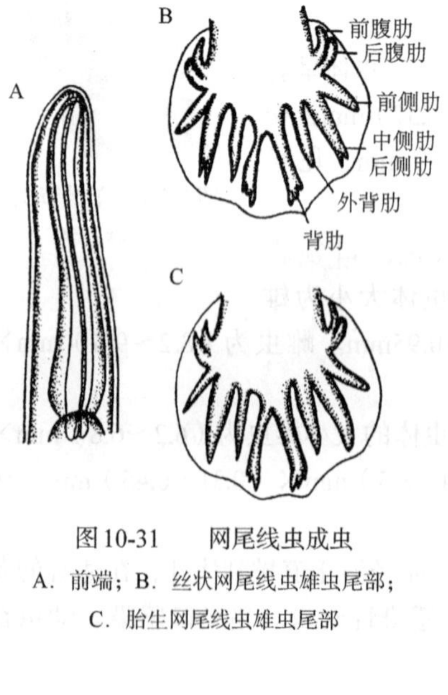

本病多见于潮湿地区，常呈地方性流行。主要危害羔羊，可引起严重的损失；对犊牛的危害较小。

病原体 网尾线虫呈线状（图10-31）。口囊很小，口缘有4个小唇片。交合伞的前侧肋是独立的；中侧肋和后侧肋合而为一，仅末端分开；外背肋是独立的；背肋为两个独立的支，每支末端分为2或3个小叉。交合刺等长，暗褐色，短粗，有引器。雌虫阴门位于体中部。

丝状网尾线虫（*D. filaria*）寄生于绵羊、山羊、骆驼和其他一些反刍动物的支气管，有时见于气管和细支气管。虫体呈细线状，乳白色，肠管好似一条黑线穿行体内（图10-32）。雄虫长30mm，交合伞发达，两个背肋末端有3个小分支。交合刺呈靴形，黄褐色，多孔状

图10-31 网尾线虫成虫
A. 前端；B. 丝状网尾线虫雄虫尾部；
C. 胎生网尾线虫雄虫尾部

结构。雌虫长35.0~44.5mm，阴门位于虫体中部附近。虫卵椭圆形，大小为（120~130）μm×（80~90）μm，卵内含第一期幼虫。

生活史 雌虫产卵于羊支气管内（卵胎生），羊咳嗽时，卵随黏液一起进入口腔，大多数被咽入消化道，部分随痰或鼻腔分泌物排至外界。卵在通过消化道的过程中，孵化为第一期幼虫，并随粪便排到体外。第一期幼虫头端钝圆，有一小的扣状结节，尾端细而钝，易于辨认。在外界适宜的温度（25℃）和湿度下，第一期幼虫在1~2d进行第一次蜕化，变为第二期幼虫，但不脱弃旧角皮。3~4d后，进行第二次蜕化，变为感染性幼虫，这时它们被有两层皮鞘；经12~48h之后，幼虫脱弃第一次蜕化的角皮，但仍保留第二次蜕化的角皮作为保护层。此时幼虫极为活跃。

羊吃草或饮水时，摄入感染性幼虫。幼虫在小肠内脱鞘。感染后2~5d，可在肠系膜淋巴结内发现大量幼虫，它们在该处蜕化，变为第四期幼虫。继而沿淋巴和血流经心脏到肺，最后通过肺泡到细支气管、支气管。感染后第8天，可在支气管内见到第四期幼虫。它们在该处进行最后一次蜕化。感染后18d达到成虫阶段，感染后26d开始产卵。成虫在羊体内的寄生期限，依羊只营养的好坏而不同，为两个月到一年。一般营养好的羊只，抵抗力较强，虫体寄生期短。抵抗力强的羊只，可以使其淋巴结内的幼虫的发育受到抑制，但宿主的抵抗力一旦下降时，幼虫仍然可以恢复发育。

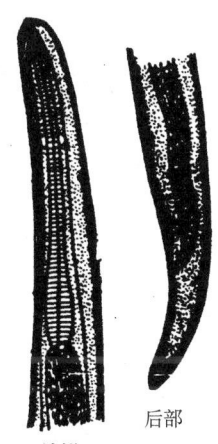

图10-32 丝状网尾线虫幼虫的前、后部

流行病学 丝状网尾线虫幼虫发育期间所要求的温度，比羊其他网尾线虫幼虫所要求的温度显然偏低。在4~5℃时，幼虫就可以发育，并且可以保持活力达100d之久。在21℃以上时，幼虫活力受到严重影响，而且许多幼虫在发育到感染期之前就发生了退行性变化。被雪覆盖的粪便，虽在−40~−20℃气温下，其中的感染幼虫仍不死亡。温暖季节对其极为不利，由于粪便的迅速干燥，其中早期幼虫的死亡率极高。干粪中幼虫的死亡率比湿粪中的大得多。冬季温度常在冰点以下，但感染性幼虫仍能生存。成年羊比幼年羊的感染率高。

致病作用 主要的病变是虫体在肺部引起的。虫体寄生在支气管和细支气管，由于刺激引起发炎，并不断地向支气管周围发展。大量虫体及其所引起的渗出物，可以阻塞细支气管和肺泡，从而引起肺膨胀不全。在膨胀不全的部位可能发生细菌感染，因而导致广泛性的肺炎；还可能在膨胀不全部分的周围发生代偿性肺气肿。

症状 病初患羊表现咳嗽，尤其在夜间和早晨出圈时更为明显。常咳出黏液团块，内含虫卵、幼虫间或有成虫。咳嗽发作时，呼吸音增强，并伴有啰音。严重感染时，呼吸浅表，急促而痛苦，特别是继发肺炎时，可能无咳嗽而有黏液性鼻汁，患畜不安和虚弱，迅速消瘦，体温升高，死于肺炎。病羊除消瘦外，被毛粗乱无光，贫血，头胸和四肢水肿。羔羊症状较重。感染轻微的羔羊和成年羊常为慢性，症状不明显。

病理变化 尸体消瘦，贫血。支气管中有脓性黏液，混有血丝的分泌物团块。有个别支气管发生阻塞。支气管扩张，管壁增厚，黏膜肿胀，充血并有小点出血；支气管周围发炎。有不同程度的肺膨胀不全和肺气肿，有大小不一的块状肝变。

诊断 根据临床症状，特别是羊咳嗽发生的季节（一般冬季发病），考虑有否肺线虫感染的可能。用幼虫检查法，在粪便、唾液或鼻腔分泌物中发现第一期幼虫，即可确诊。通过死亡羊的剖检发现虫体和相应的病变时也可确诊。

防治 可用丙硫咪唑、海群生、苯硫苯咪唑等药物驱虫。近年来有用X射线或Co-γ射线照射感染性幼虫以作寄生虫疫苗,具有预防网尾线虫感染的效果。

2. 牛网尾线虫病 本病是由网尾属的胎生网尾线虫（*D. viviparus*）寄生于牛的支气管和气管内引起的。有时也寄生于骆驼和各种野生反刍动物。我国西南的黄牛和西藏的牦牛多有本病，常呈地方性流行。牦牛常在春季大量地发病死亡，是牦牛春季死亡的重要原因之一。

病原 胎生网尾线虫虫体形态与丝状网尾线虫相似，雄虫长40～55mm，交合刺黄褐色多孔性结构，引器椭圆形，虫卵椭圆形，大小为85～51μm。内含幼虫，第一期幼虫长0.31～0.36mm，头端钝圆，其上无扣状结构，尾部短而尖。

生活史 基本同于丝状网尾线虫，从感染到雌虫产卵需21～25d，有时需1～4个月。牛肺线虫在牛犊体内的寄生期限取决于牛的营养状况。营养好、抵抗力强时，虫体的寄生时间短，否则寄生时间长。

致病作用与病理变化 幼虫移行到肺以前的阶段危害不大。幼虫和成虫所引起的肺损伤及其发病机制同羊网尾线虫病。病牛可能发生自愈现象，可参阅总论免疫部分。

症状 最初出现的症状为咳嗽，初为干咳，后变为湿咳。咳嗽次数逐渐频繁。有时发生气喘和阵发性咳嗽。流淡黄色黏液性鼻涕。消瘦，贫血，呼吸困难，听诊有湿啰音；可导致肺泡性和间质性肺气肿，可引起死亡。

诊断、治疗和预防 参考羊网尾线虫病。

3. 骆驼网尾线虫病 骆驼网尾线虫病的病原体是骆驼网尾线虫（*D. cameli*）。虫体呈线状，乳白色。雄虫长32～55mm，交合伞的中、后侧肋完全融合，仅末端稍膨大。外背肋短，背肋1对，粗大，末端有呈梯状的3个分支。交合刺构造和胎生网尾线虫相似，雌虫长46～68mm，寄生于单峰驼、双峰驼的气管和支气管。

4. 马肺线虫病 由网尾科网尾属的安氏网尾线虫（*D. arnfieldi*）寄生于马属动物支气管内引起。本病多见于北方，但一般寄生数量很少，仅在死后剖检时发现，或粪便检查时发现其幼虫。

病原 呈白色丝状，雄虫长24～40mm；雌虫长55～70mm，阴门位于虫体前部，虫卵椭圆形，大小为（80～100）μm×（50～60）μm，随粪排出时，卵内已含幼虫。

生活史及致病作用 成虫在支气管内产卵，卵随痰液进入口腔，进入消化道并随粪便排到体外，在外界，幼虫自卵内逸出，发育为第三期幼虫（感染性幼虫）。发育速度取决于外界环境温度和湿度，温度为25～28℃时，需72h；温度为10～20℃时，则需96h。马经口感染，幼虫钻入肠壁经淋巴或血液途径到达肺，感染后35～40d，可在肺内见到成虫。本病一般不引起严重的肺异常。但也有不同的报道，如Ershow（1956）报道过本虫引起小马死亡等。另外，驴可以寄生大量虫体，但没有任何症状（保虫宿主）。

诊断 根据临床症状和在粪便中发现虫卵或幼虫，或在死亡后剖检时在支气管内发现虫体和相应的病变而做出诊断。

防治 治疗可用乙胺嗪、丙硫苯咪唑、左旋咪唑和阿维菌素等驱虫。预防可参考消化道圆线虫病。

八、原圆线虫病

羊肺线虫病的另一类病原体属原圆科的缪勒属、原圆属、歧尾属、囊尾属和锐尾属，已如前述。在羊体内，此类线虫多为混合寄生，但分布较广，危害最大的为缪勒属和原圆属的线虫，兹以之为代表叙述如下。

此类线虫非常细小，有的肉眼刚能看到，故又称为小型肺线虫。雄虫交合伞不发达，背肋不分支或仅末端分叉或有其他形态变化。雌虫阴门靠近体后端。卵胎生。

病原形态
（1）毛样缪勒线虫（*Mullerius capillaris*） 是分布最广的一种，寄生于羊的肺泡、细支气管、胸膜下结缔组织和肺实质中。雄虫长11~26mm，雌虫长18~30mm。交合伞高度退化，雄虫尾部呈螺旋状蜷曲，泄殖孔周围有很多乳突；阴门距肛门甚近，虫卵呈褐色，大小为（82~104）μm×（28~40）μm，产出时细胞尚未分裂。

（2）柯氏原圆线虫（*Protostrongylus kochi*） 为褐色纤细的线虫，寄生于羊的细支气管和支气管。雄虫长24.3~30.0mm，雌虫长28~40mm。交合伞小，交合刺呈暗褐色。阴门位于肛门附近，虫卵大小为（69~98）μm×（36~54）μm。

生活史 中间宿主是软体动物中的陆地螺和蛞蝓。成虫在寄生部位产卵，发育孵化为第一期幼虫，沿细支气管上行到咽，转入肠道，随粪排到外界。随粪排出的幼虫长300~400μm，具有杆虫型食道，尾部呈波浪形。第一期幼虫钻入螺类的足部，在其体内蜕化两次，经18~49d发育为感染性幼虫。羊吃草时摄入受感染的螺后，在宿主消化酶作用下，螺被消化，幼虫逸出，钻入肠壁到淋巴结，进行第三次蜕化；以后沿循环系统到心，转至肺，进行第四次蜕化发育为成虫。从感染到发育为成虫的时间为25~38d。

流行病学 原圆科线虫的幼虫对低温和干燥的抵抗力均强。在干粪中可生存数周，在湿粪中的生存期更长。在3~6℃低温下，比在高温下生活得好。能在粪便中越冬，冰冻3d后幼虫仍有活力，12d后死亡。直射阳光可迅速使幼虫致死。幼虫通常不离开粪便移行，因为螺类以羊粪为食。幼虫感染螺类后，遇冰冻停止发育，遇适宜温度可迅速发育到感染期。螺体内的感染性幼虫，其寿命和螺体同长，为12~18个月。4月龄以上的羊，几乎都有虫体寄生，甚至数量很多。

致病作用和病理变化 原圆线虫寄生于小的细支气管，虫体刺激，引起局部炎症，炎性产物流入肺泡，并导致炎症过程向支气管周围组织发展。受害肺泡和支气管表皮脱落，阻塞管道，该处发生圆细胞（round cell）浸润和结缔组织增生，最后成为小的小叶性肺炎症，呈圆锥形轮廓，黄灰色。幼虫还经常能引起细胞反应，凡有幼虫的肺泡、支气管及其周围组织均发生细胞浸润，引起肺萎陷和实变；进而导致周围的肺组织发生代偿性气肿和膨大。缪勒线虫和原圆线虫的致病作用基本相近，不同之处是由虫卵引起的假结节规则地散布在整个肺内。胸膜上也有许多结节，结节初为黑色，渐变为绿色，最后为白色。结节被细菌侵袭时，则发生局部脓肿或脓毒性胸膜炎。

症状 轻度感染除引起咳嗽外，无其他明显症状。重症时叩诊肺部可发现较大的突变区，并有与网尾线虫感染同样的症状。

诊断 可用幼虫检查法检查粪便中有无第一期幼虫。剖检可在肺内见到大量的变性或钙化的结节。

防治 可用乙胺嗪、丙硫苯咪唑、伊维菌素等药物驱虫。注意防治中间宿主，尽可能避免在雾天和早晚螺最活跃时放牧。

九、猪后圆线虫病（猪肺线虫病）

本病是由后圆科后圆属（*Metastrongylus*）的线虫寄生于猪的气管、支气管内所引起的疾病，故又称为猪肺线虫病。在我国流行广泛，呈地方性流行，对仔猪危害很大。严重感染时引起肺炎，所以本病为猪的重要疾病之一。

病原形态 虫体呈乳白色或灰白色丝状，所以又称为肺丝虫。口囊小，口缘有一对三叶侧唇。

雄虫交合伞不发达，侧叶大，背叶小（图10-33）。雌虫阴门前有一角质膨大部（称为阴门球）。有的虫体后端向腹面弯曲（图10-34）。我国发现的有三种，常见的为野猪后圆线虫（*M. apri*）[又称长刺后圆线虫（*M. elongatus*）]和复阴后圆线虫（*M. pudendotectus*），萨氏后圆线虫（*M. salmi*）很少见。这三种线虫均寄生于猪和野猪的支气管，但通常在细支气管第二次分支的远端部位；野猪后圆线虫偶见于反刍动物和人。

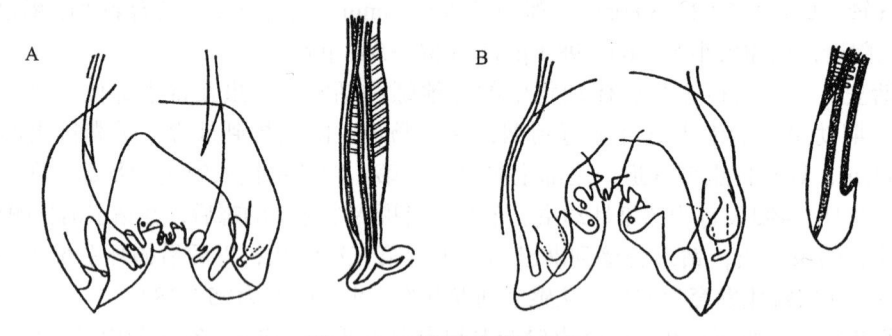

图10-33 后圆线虫雄虫尾部
A. 复阴后圆线虫交合伞（左）和交合刺末端（右）；B. 萨氏后圆线虫交合伞（左）和交合刺末端（右）

（1）野猪后圆线虫 雄虫长11～25mm，宽0.16～0.23mm（图10-35）。交合伞较小，前侧肋大，顶端膨大；交合刺两根，呈线状，长4～4.5mm，末端呈小钩状。雌虫长20～25mm，宽0.4～0.45mm。阴道长，超过2mm。尾长90μm，尾端稍弯向腹面，阴门前有角质膨大，呈半球形。

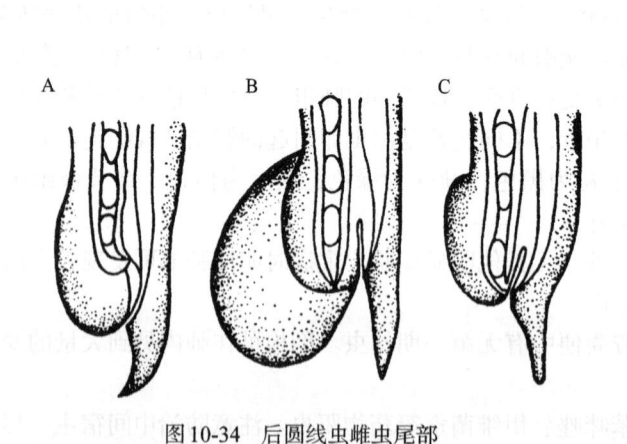

图10-34 后圆线虫雌虫尾部
A. 野猪后圆线虫；B. 复阴后圆线虫；C. 萨氏后圆线虫后部

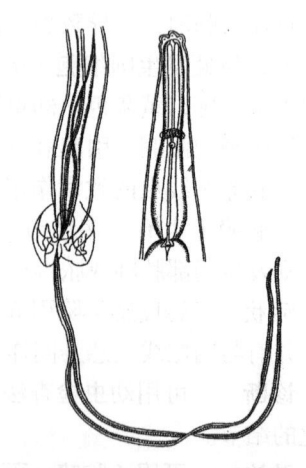

图10-35 野猪后圆线虫

（2）复阴后圆线虫 雄虫长16～18mm，宽0.27～0.29mm。交合伞较大，交合刺短，仅1.4～1.7mm，末端呈锚状双钩形，有导刺带。雌虫长22～35mm，宽0.35～0.43mm。阴道短，不足1mm。尾长175μm，尾端直，阴门前角质膨大，呈球形。

（3）萨氏后圆线虫 雄虫长17～18mm，宽0.23～0.26mm。交合刺长2.1～2.4mm，末端呈单钩状。雌虫长30～45mm，宽0.32～0.39mm。阴道长1～2mm。尾长95μm，尾端稍向腹面弯曲。

以上三种虫体虫卵相似，呈椭圆形，外膜稍显粗糙状。大小为（40～60）μm×（30～40）μm。卵胎生，卵内含有蜷曲的幼虫。

生活史 雌虫在宿主支气管内产卵（图10-36），卵和黏液混在一起，并随黏液转至口腔而被咽下（咳出的很少）进入消化道，再随粪便排到外界。虫卵在潮湿的土壤中能存活3个月，当被中间宿主蚯蚓吞食后，在其体内孵化（有时虫卵在外界孵出幼虫，幼虫被蚯蚓吞食）。孵出的幼虫多寄生于蚯蚓的食道壁、胃壁和大肠前段的肠壁中，仅少数进入心血管内，在此发育10～20d，而成感染性幼虫。幼虫在蚯蚓体内能活6个月，猪吞食此种蚯蚓而被感染。当蚯蚓死亡和被损伤，其体内的幼虫游离到外界环境中的土壤内还能生存2～4周。当猪吞食此种幼虫仍能感染本病。猪吞食感染性幼虫后，幼虫到肠道而侵入肠壁，然后钻入肠系膜淋巴结中发育，再沿淋巴系统进入心脏、肺。自感染后约24d，在肺实质、细支气管及支气管内发育成熟排出虫卵。成虫寿命约为1年（图10-37）。

图10-36 后圆线虫卵

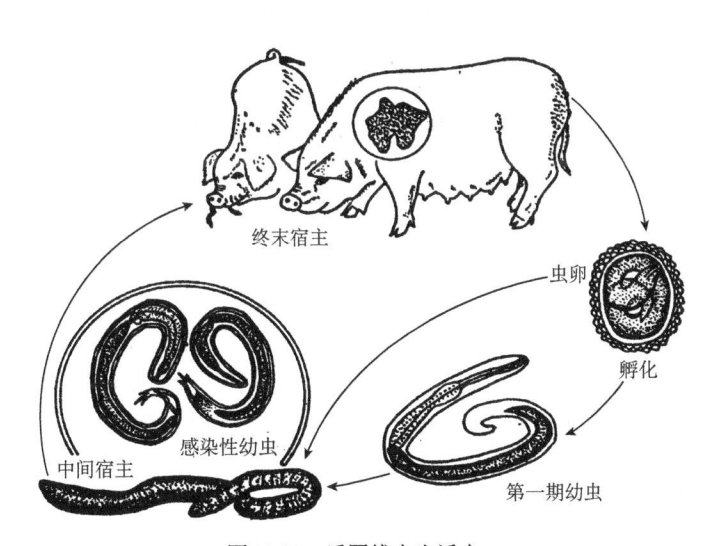

图10-37 后圆线虫生活史

流行病学 野猪后圆线虫是肺线虫病的主要病原体，流行广泛，感染率高、强度大，其主要因素有虫卵的生存时间长，第一期幼虫生活力也很强，在较干的猪舍内存活6～8个月，牧场上存活8～9个月，有灌木的牧场上存活9～13个月。秋季在牧场上产的卵，可度过结冰的冬季，生存达5个月以上。温度60℃时30s即死亡。

病原体对蚯蚓的感染率高，在其体内发育快，在蚯蚓体内的感染性幼虫保持感染性的时间也长。蚯蚓夏季的感染率可达71.9%，强度为208条。最高可达4000条。24～30℃时，仅8d即可发育到感染性阶段，幼虫寿命和蚯蚓一样长，可存活1年以上，最长可达6年。感染性幼虫有较强的抵抗力，-8～-5℃可存活2周。多种蚯蚓均可作为中间宿主。猪一般在夏季最易感染，冬春次之，多发生6～12月龄的猪。人也有感染的报道。

致病作用 幼虫移行时，不同程度地损伤肠壁、淋巴结和肺组织；当带入细菌时引起支气管肺炎。虫体大量寄生时，随虫体长大，可阻塞毛细支气管，发生小叶性肺泡气肿，常见于尖叶和膈叶面。虫体代谢产物能使猪体中毒，影响生长发育，降低抗病力。幼虫可传播猪流感病毒，使猪群暴发猪流感，其对气喘病的危害也有增强作用，猪瘟病毒在虫体和蚯蚓中均有保毒作用。

病理变化 主要见于肺，表面可见灰白色、有隆起呈肌肉样硬变的病灶，将肺切开，从支气管内流出黏稠分泌物和白色丝状虫体，有的肺小叶因支气管管腔堵塞发生局限性肺气肿，部分支气管扩张。

症状 体质健壮的猪少量感染，无明显症状，瘦弱的幼猪（2~3月龄）感染多量后圆线虫时可出现明显症状。如果有气喘病等合并感染，症状严重且有较高的死亡率。病猪表现为阵发性咳嗽，尤其是在早、晚时间，运动或遇冷空气刺激时更为显著。发展下去表现发育不良、消瘦、贫血、被毛干燥无光、鼻孔流出脓性分泌物、呼吸困难、肺部有啰音、体温升高。最后表现胸下、四肢和眼睑都浮肿，甚至极度衰弱死亡。

诊断 根据临床症状，参考流行情况，结合尸体剖检结果和找出虫体情况而最后确诊。

虫卵检查用饱和硫酸镁漂浮法可提高检出率。还可以用变态反应诊断：用病猪气管黏液作抗原，加入30倍生理盐水，再滴加30%乙酸溶液，直到稀释的黏液发生沉淀时为止，过滤，再徐徐滴加30%碳酸氢钠溶液中和，调到中性或微碱性，消毒后备用。以抗原0.2ml注射于被检猪耳背面皮内，在5~15min，注射部位肿胀超过1cm者为阳性。

本病应与仔猪肺炎、流感及气喘病相区别，一般仔猪肺炎和流感发病急剧、高热、频咳、呼吸急促，而本病较缓慢，阵咳显著，严重者才表现呼吸困难。

治疗 对本病的治疗，内服驱虫药可取得极佳效果，但对肺炎严重的猪，在用驱虫药的同时，应用青霉素、链霉素3d，有助于肺炎的痊愈。常用的驱虫药为左旋咪唑、氰乙酰肼、丙硫苯咪唑和海群生等。

预防 应采取综合性措施，猪场应建于干燥处，猪舍、运动场应铺水泥地面，防止蚯蚓生存繁殖。粪便不要乱堆积，对猪活动的地方，疏松泥土要夯实或换砂土，营造不适宜蚯蚓滋生的环境。流行地区可用30%草木灰水淋湿运动场地，可以杀灭虫卵，又能促使蚯蚓爬出，以便消灭它们。对猪群定期进行预防性驱虫。粪便堆积发酵以杀灭虫卵。

十、广州管圆线虫病

广州管圆线虫（*Angiostrongylus cantonensis*）是鼠类的肺线虫，属后圆科。寄生于肺动脉。其幼虫引起人的嗜酸性粒细胞增多性脑膜炎与脑膜脑炎。主要流行于我国南方各省和东南亚地区。

病原形态 虫体细长，乳白色，头端圆形，口孔周围有两圈小乳突。雄虫长15~26mm，交合伞对称，外观呈肾形，背肋为一短干，顶端有两缺刻。交合刺等长。雌虫长21~45mm。阴门靠近肛门；尾部呈斜锥形。

生活史 成虫寄生于鼠的肺动脉，产卵于肺动脉内。虫卵随血流进入肺毛细血管，发育为第一期幼虫。幼虫进入呼吸系统，再经气管上行至咽喉部，转入消化道随粪便排出体外。排出的第一期幼虫被中间宿主（多种软体动物——螺、蛞蝓）吞食或幼虫主动侵入中间宿主体内后，经两次蜕皮变为感染性幼虫。感染性幼虫进入终宿主消化道后，穿过肠壁，进入血管随血流经肝、心脏到肺，在肺内发育为成虫。

症状及防治 人因摄食带感染性幼虫的螺而遭受感染，幼虫的移行途径与在鼠体内相同，但在人体，幼虫多停留在中枢神经系统，少数在肺内发育。鼠类严重感染可导致死亡，轻度感染时不显症状。在人常引起嗜酸性粒细胞增多性脑膜炎与脑膜脑炎。可用酶联免疫吸附试验诊断。治疗可用甲苯咪唑、左旋咪唑、噻苯咪唑等药物驱虫。

十一、禽比翼线虫病

本病是由比翼科比翼属（*Syngamus*）的线虫寄生于鸡、雉、吐绶鸡、珍珠鸡、鹅和多种野禽的气管引起。病禽有张口呼吸的症状，故又称开口病。呈地方性流行，主要侵害幼禽，患鸡常因呼吸困难而导致窒息而死。据报道，成都流行斯克里亚平比翼线虫病时，幼鸡死亡率几乎可达100%，成年鸡很少发病和死亡。

病原形态 虫体红色。头端大，呈半球形。口囊宽阔，呈杯状，基底部有三角形小齿。雌虫比雄虫大，阴门位于体前部。雄虫细小，交合伞厚，肋短粗，交合刺小。雄虫以其交合伞附着于雌虫阴门部，永成交配状态，构成"Y"字形。

（1）斯克里亚平比翼线虫（*S. skrjabinomorpha*） 雄虫长2～4mm，雌虫长9～26mm，口囊底部有6个齿，卵呈椭圆形，大小为90μm×49μm。两端有厚的卵塞。

（2）气管比翼线虫（*S. trachea*） 雄虫长2～4mm，雌虫7～20mm。口囊底部有6～10个小齿（图10-38），虫卵大小为（78～100）μm×（43～46）μm，两端有厚的卵塞，内含16～32个卵细胞。

生活史 雌虫在气管内产卵，然后随气管黏液到口腔，被咽入消化道，随粪便排到外界。虫卵在适宜的温度（27℃左右）下经3d发育，成为感染性虫卵，也可孵化出感染性幼虫（外被囊鞘），感染性虫卵或幼虫被宿主吞食后，

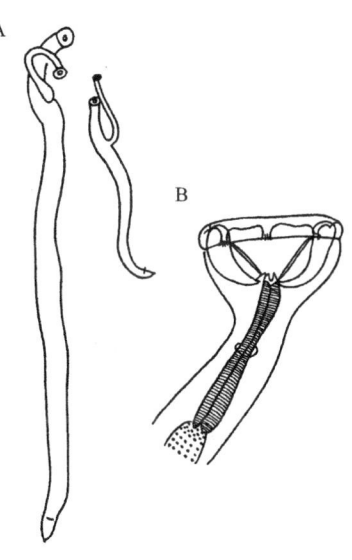

图10-38 气管比翼线虫
A. 雌、雄虫体支配状态；B. 虫体前端

卵内幼虫逸出，钻入十二指肠、前胃或食道壁，而后随血流到达肺，在肺内经两次蜕皮，于感染后14～17d移行到气管内发育为成虫。

带囊鞘的感染性幼虫也可被蚯蚓、蛞蝓、蜗牛、蝇类及其他节肢动物吞食，在其体内不进行发育而成为储运宿主，当鸡摄食此类动物而发生感染。

流行病学 宿主的感染主要发生于鸡舍、运动场、潮湿的草地和牧场。幼鸡往往普遍感染。

感染性幼虫在外界环境中抵抗力较弱，但在蚯蚓体内保持感染力能达4年之久，在蛞蝓和蜗牛体内可生活1年以上，野鸟、野禽体内排出的幼虫通过蚯蚓后，对鸡的感染力增强，有利于本病的流行和散布。

致病作用 严重感染时，由于幼虫的移行，损伤肺，引起肺溢血、水肿和大叶性肺炎。成虫寄生时，由于吸血对黏膜的损伤和虫体对黏膜的刺激，可能引发卡他性气管炎、黏液性气管炎。

症状 雏鸡寄生少量虫体便表现症状。病鸡伸颈，张嘴呼吸，将头左右摇甩，排出黏性分泌物，有时分泌物中有虫体。初期食欲减退继而废食，精神不振，机体消瘦，口内充满泡沫性唾液。最后引起呼吸困难，直到窒息死亡。幼虫移行时引起肺炎的症状是呼吸困难、

精神沉郁，但无张嘴呼吸的症状。

诊断　根据临床症状，结合粪便检查有无虫卵，或剖检病鸡，查气管黏膜有无虫体附着，也可打开口腔，观察喉头附近有无虫体，最后做出诊断。

治疗　可用噻苯咪唑、甲苯唑及丙硫苯咪唑等药物驱虫。

预防　鸡粪应堆积发酵杀灭虫卵；鸡舍尽可能改为舍饲，流行区域定期检查及时驱虫。

十二、猪冠尾线虫病（猪肾虫病）

本病是由冠尾科冠尾属（*Stephanurus*）的有齿冠尾线虫（*S. dentatus*）寄生于猪的肾盂、肾周围脂肪和输尿管壁等处所引起，故又称肾虫病。偶寄生于肺、肝、腹膜及膀胱等处。主要寄生于猪，也可寄生于黄牛、马、驴和豚鼠等动物。流行广泛，危害性大，常呈地方性流行，是热带和亚热带地区猪的主要寄生虫病。但近年来，在我国辽宁、吉林、河南等地也先后发现本病。本病严重影响猪的生长发育，造成公猪不能配种，母猪不孕或流产，常使养猪业蒙受很大损失。

病原形态　虫体粗壮，形似火柴杆样（图10-39）。新鲜虫体呈灰褐色，体壁较透明，隐约可见内部器官。口囊杯状，口缘肥厚，周围有一圈细小的叶冠和6个角质的隆起，口囊底部有6个小齿。雄虫长20~30mm，交合伞不发达，腹肋并行，其基部为一总干，侧肋基部也为一总干，前侧肋细小，中、后侧肋较大，外背肋细小，自背肋基部分出，后者粗壮，其远端分为4小枝，交合刺两根，等长或不等长。有引器和副引器。雌虫体长30~45mm，阴门靠近肛门。卵呈长椭圆形，较大，灰白色，卵壳薄，大小为（100~125）μm×（59~70）μm，内含32~64个圆形卵细胞。

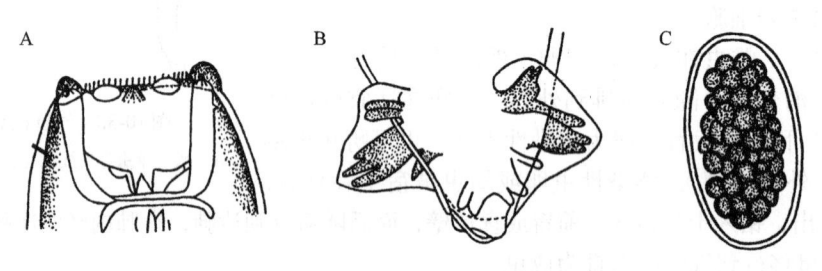

图10-39　有齿冠尾线虫头部（A）、尾部（B）及虫卵（C）

生活史　雌虫在肾或输尿管内产卵，虫卵经输尿管随尿液排出体外，虫卵在外界环境中，在适宜的温度、湿度和足够氧的情况下，24~36h后孵出幼虫，经4d发育成为感染性幼虫。感染性幼虫钻入猪的皮肤或被猪吞食而进入猪体。钻入皮肤的幼虫移行到腹肌，沿淋巴系统流入心脏，再随血流到达肝。被猪吞食的幼虫则在胃内侵入胃壁，经门脉系统进入肝。虫体在肝停留3个月以上。幼虫在肝内离开血管在肝实质中穿行直到肝包膜下，钻通包膜进入腹腔，在肾周围脂肪组织内停留下来，并钻通输尿管壁，然后在此处形成一个与输尿管相通的包囊，在此发育为成虫。从感染性幼虫侵入猪体至发育为成虫需6~12个月。移行到肺、心脏内的幼虫，有些在肺毛细血管壁形成包囊，或进入胸膜腔脏器内；有些幼虫钻入门脉、后腔静脉和肝、胃动脉的管壁，引起血管堵塞；移行到腹腔的幼虫有的可进入脾等处寄生，但都不能发育成虫，逐渐趋于死亡（图10-40）。

流行病学　猪冠尾线虫病的流行程度随着各地气候条件的不同而变化，在气候温暖（27~32℃）多雨的季节适于幼虫发育，这时感染机会多，容易流行；炎热（30~35℃）而

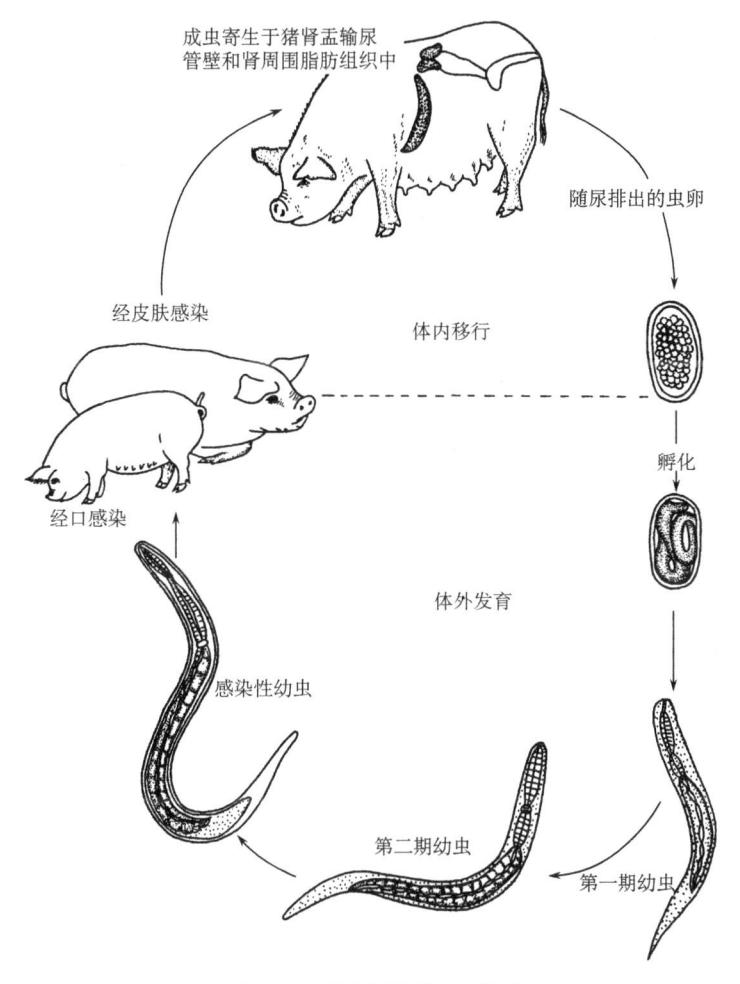

图10-40 有齿冠尾线虫生活史

干旱的季节，阳光强烈不适于幼虫发育，感染的机会少，就不容易流行。在我国南方，猪感染冠尾线虫，多在每年3～5月和9～11月。感染性幼虫多分布于猪舍的墙根和猪排尿的地方，其次是运动场的潮湿处。

致病作用 无论幼虫还是成虫寄生阶段，致病力都很强。幼虫钻入皮肤时，致皮肤创伤，发生红肿和小结节，常引起化脓性皮炎，在腹部皮肤最为常见。幼虫在体内移行时，能损伤各部位的组织。肝比较严重，常见肝小叶间组织增生、肝硬化和脓肿。在肺部的幼虫引起卡他性肺炎。有的幼虫进入腰椎部形成包囊，引起后躯麻痹。成虫在输尿管上寄生形成包囊，可导致输尿管穿孔，引起尿性腹膜炎而死亡。成虫寄生于肾，可造成肾盂肿大，结缔组织增生；如带入细菌，在肾门、肾脂肪等部位常形成脓肿、炎症和组织粘连等病变。由于虫体寄生产生有毒物质，可引起腰萎。

症状 初期幼虫钻入皮肤，出现皮肤炎症，皮下结节，体表淋巴结肿大。在寄生阶段，感染轻的病猪仅表现营养不良、受胎率降低、腰部痿弱、影响交配等症状。严重感染时，病猪弓背，后躯强拘甚至发生麻痹，站立困难，呈急性肾炎症状。尿液稠，含絮状物，尿中含有蛋白。幼猪发育受阻，母猪不发情、不孕或流产，即使产仔也往往缺奶或无奶。最后病猪多因极度衰弱而死亡。

病理变化　尸体消瘦，皮肤上可能有丘疹或小结节。解剖主要病变见于肝、肾周围组织。肝表面可见白色的弯曲虫道，切开时可能发现幼虫。肝肿大呈纤维素炎症，断面结缔组织增生，实质硬化出现灰白色圆形结节，有时形成脓肿。在肾盂或肾周围脂肪组织内可见核桃大的包囊和脓肿，其中常含有虫体。虫体多时引起肾肿大，输尿管肥厚变形，弯曲或被阻塞。在肺、脾或胸膜壁面等处均可见大小不同的结节。淋巴结发炎肿大。

诊断　根据临床症状，对可疑病猪进行尿中虫卵检查。应在早晨赶猪运动时采尿，于涂有液体石蜡的玻璃容器内（此虫卵富有黏性，涂油可防止虫卵粘在容器上），静置或离心后取尿沉渣镜检虫卵。

对死亡的病猪进行尸体剖检，观察肾脏、肝脏及输尿管周围脂肪内有无虫体，包囊和脓肿等病变情况，以便最后确诊。

治疗　确诊后应早期治疗，常用的驱虫药物有丙硫苯咪唑、左旋咪唑和海群生等，均有良好的疗效。

预防　应采取综合性预防措施，对有病情的猪场，应进行普查，将检出的病猪隔离治疗或肥育后屠宰，将原圈彻底消毒后，才能饲养健康猪群。对于一般猪群，搞好猪舍及运动场的卫生。猪舍地面、食槽及用具要经常打扫、消毒，可用1%漂白粉、1% NaOH、0.1%高锰酸钾或10%新鲜石灰乳进行消毒。加强饲养管理，特别注意补充维生素和矿物质，以增强猪对本病的抵抗力。

第六节　毛尾线虫病（毛首线虫病）

本病是由毛尾目（Trichurata）的毛尾科（Trichuridae）、毛形科（Trichinellidae）、毛细科（Capillariidae）的多种线虫寄生所引起的疾病。

一、毛尾线虫病（鞭虫病）

本病是由毛尾科毛尾属（*Trichuris*）的线虫寄生于家畜大肠（主要是盲肠）引起的。虫体前部呈毛发状，故又称毛首线虫；整个外形又像鞭子，前部细，像鞭梢，后部粗，像鞭杆，故又称鞭虫。我国各地都有报道。主要危害幼畜，严重感染时，可引起死亡，羊也有死亡的报道。

病原形态　呈乳白色。前部为食道部，细长，内含由一串单细胞围绕着的食道，后部为体部，短粗，内有肠和生殖器官。雄虫后部弯曲，泄殖腔在尾端，有1根交合刺，包藏在有刺的交合刺鞘内；雌虫后端钝圆，阴门位于粗细部交界处。卵呈棕黄色，腰鼓形，卵壳厚，两端有塞。

（1）猪毛尾线虫（*T. suis*）　雄虫长20～52mm，雌虫长39～53mm，食道部占虫体全长的2/3，虫卵大小为（52～61）μm×（27～30）μm（图10-41）。寄生于猪的盲肠，也寄生于人、野猪和猴。

（2）绵羊毛尾线虫（*T. ovis*）　雄虫长50～80mm，雌虫长35～70mm（图10-42）。食道部占虫体全长2/3～4/5。虫卵大小为（70～80）μm×（30～40）μm。寄生于绵羊、牛、长颈鹿和骆驼等反刍动物的盲肠。

（3）球鞘毛尾线虫（*T. globulosa*）　其大小和绵羊毛尾线虫相同，其交合刺鞘的末端膨大成球形。寄生于骆驼、绵羊、山羊和牛等反刍动物的盲肠。

（4）狐毛尾线虫（*T. vulpis*）　寄生于犬和狐的盲肠。

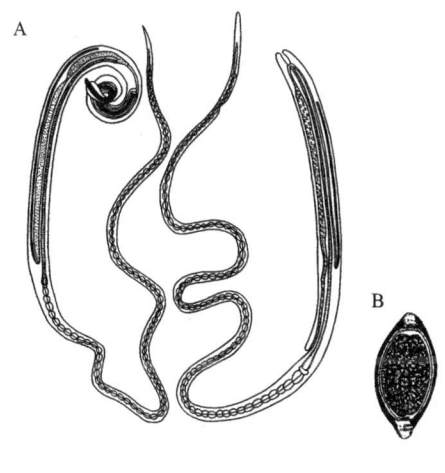

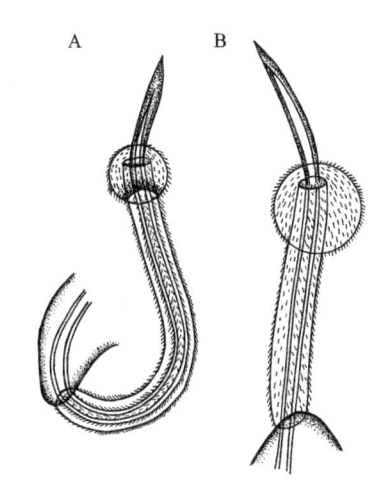

图10-41 猪毛尾线虫全形（A）及虫卵（B）　　图10-42 绵羊毛尾线虫（A）和球鞘毛尾线虫（B）

生活史　猪毛尾线虫的雌虫在盲肠内产卵，卵随粪便排出体外。卵在适宜的温度和湿度条件下，发育为壳内含第一期幼虫的感染性虫卵，宿主吞食了感染性虫卵后，第一期幼虫在小肠后部孵出，钻入肠绒毛间发育；到第8天后移行到盲肠和结肠内，固着于肠黏膜上；感染后30～40d发育为成虫。成虫寿命为4～5个月。绵羊毛尾线虫在盲肠内发育为成虫需12周。有的学者认为，毛尾线虫由第四期幼虫直接生长为成虫。

流行病学　幼畜寄生较多。一个半月的猪即可检出虫卵；4个月的猪，虫卵数和感染率均急剧增高，以后逐渐减少；14月龄猪极少感染。由于卵壳厚，抵抗力强，故感染性虫卵可在土壤中存活5年。一年四季均可感染，但夏季感染率最高，近年来研究者多认为人毛尾线虫和猪毛尾线虫为同种（*T. suis*为*T. trichiura*的同物异名），故有一定的公共卫生方面的重要性。

致病作用及病理变化　病变局限于盲肠和结肠。虫体头部深入黏膜，引起盲肠和结肠的慢性卡他性炎症。有时有出血性肠炎，通常是瘀斑性出血。严重感染时，盲肠和结肠黏膜有出血性坏死、水肿和溃疡，还有和结节虫病相似的结节。结节有两种：一种质软有脓，虫体前部埋入其中；另一种在黏膜下，呈圆形包囊状物。组织学检查时，见结节中有虫体和虫卵，并伴有显著的淋巴细胞、浆细胞和嗜酸性粒细胞浸润。其他部分的黏膜有虫体引起的特征性反应，即血管扩张、淋巴细胞浸润、水肿和过量黏液。年龄较大的实验感染猪，见肠腺呈包囊状，有卡他性炎症和结节，结节内有部分虫体和虫卵。

症状　轻度感染时，有人报道有时有间歇性腹泻，轻度贫血，因而影响猪的生长发育。严重感染时，食欲减退，消瘦、贫血，腹泻；死前数日，排水样血色便，并有黏液。

诊断　虫卵形态有特征性，易于识别。用粪便检查法发现大量虫卵或剖检时发现虫体即可确诊。

防治　治疗可用左旋咪唑、丙硫苯咪唑和羟嘧啶等药物驱虫。预防可参照猪蛔虫病。

二、旋毛虫病

旋毛虫病是由毛尾目毛形科的旋毛形线虫（*Trichinella spiralis*）引起的。成虫寄生于肠道，幼虫寄生于横纹肌。人、猪、犬、猫、鼠类、狐狸、狼、野猪等均能感染。人旋毛虫病可引起人的死亡，感染来源于摄食了生的或未煮熟的含旋毛虫包囊的猪肉或其他动物肉，所以肉品卫生检验中将旋毛虫检验列为首检项目。

病原形态 旋毛形线虫为一种很小的线虫，肉眼几乎难以辨认（图10-43）。虫体越向前端越细，较粗的后部占虫体一半稍多。前部为食道部，食道的前端无食道腺围绕，其后的全部长度均由一列相连的食道腺细胞所包裹。较粗的后部包含着肠管和生殖器官。生殖器官为单管型。雄虫大小为（1.4～1.6）mm×（0.04～0.05）mm，尾端有泄殖孔，其外侧为一对呈耳状悬垂的交配叶，内侧有2对小乳突，无交合刺。雌虫的大小为（3～4）mm×0.06mm。阴门位于虫体前部（食道部）的中央。胎生。成虫寄生于小肠，称为肠旋毛虫；幼虫寄生于横纹肌，称为肌旋毛虫。

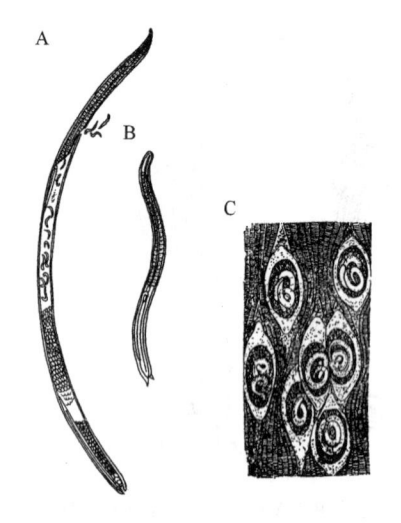

图10-43 旋毛虫雌虫（A）、雄虫（B）及肌旋毛虫寄生状态（C）

生活史 成虫与幼虫寄生于同一宿主，宿主感染时，先为终宿主，后变为中间宿主。宿主因摄食了含有包囊幼虫的动物肌肉而受感染，包囊在宿主胃内被溶解，释出幼虫，之后幼虫到十二指肠和空肠内，经两昼夜变为性成熟的肠旋毛虫。交配多在黏膜内进行，交配后不久，雄虫死去，雌虫钻入肠腺中发育，部分到黏膜下的淋巴间隙中发育。雌虫于感染后7～10d，开始产幼虫，幼虫产于黏膜中，有时直接产于淋巴管或肠绒毛的乳糜管中。一条雌虫可产1000～10 000条幼虫。雌虫在肠黏膜中的寿命不超过6周。雌虫所产幼虫，经肠系膜淋巴结进入胸导管，再到右心，经肺转入体循环，随血流被带至全身各处，但只有进入横纹肌纤维内的才能进一步发育。幼虫在活动量较大的肋间肌、膈肌、嚼肌中较多。血液中出现大量幼虫是在感染后第12天。刚产出的幼虫呈圆柱状，长为80～120μm，它们在到达肌纤维后开始发育；到感染后第30天，幼虫长大到1mm，宽35μm。幼虫在感染后第17～20d开始卷曲盘绕起来。包囊是从感染后第21天开始，到第7～8周完全形成。包囊内的幼虫似螺蛳椎状盘绕，充分发育了的幼虫，通常有2.5个盘转，此时幼虫已具感染性，并有雌雄之别；幼虫前端尖细，向后逐渐变宽，后端稍窄，后部体内包含着肠管、睾丸或卵巢。尾端钝。包囊是由于幼虫的机械性和化学性刺激作用于肌纤维，引起肿胀和肌纤维膜增生而形成的。开始包囊很小，最后可长达0.25～0.5mm，肉眼可见。包囊呈梭形，其长轴与肌纤维平行，有两层壁，其中一般含一条幼虫，但有的可达6～7条。约6个月后包囊壁增厚，囊内发生钙化，钙化先从两端开始，以后达于整个囊体。包囊钙化并不意味着囊内幼虫的死亡，除非钙化波及幼虫自身。钙化包囊内的幼虫虽未死亡，但其感染力大大降低。包囊幼虫的生存时间，随个体的不同，可能为数年至25年（图10-44）。

流行病学 旋毛虫病曾分布于世界各地，宿主主要包括人、猪、鼠、犬、猫、熊、狐、狼、貂和黄鼠等，几乎所有哺乳动物，甚至某些昆虫均能感染旋毛虫，因此旋毛虫的流行存在着广大的自然疫源性。由于这些动物互相捕食或新感染旋毛虫宿主排出的粪便（内含成虫和幼虫）污染了食物，便可能成为其他动物的感染来源。加之旋毛虫在不良因素下的抵抗力很强，肉类的不同加工方法，大都不足以完全杀死肌旋毛虫。低温−12℃可存活57d。盐渍和烟熏只能杀死肉类表层包囊里的幼虫，而深层的可存活一年以上。高温达70℃左右，才能杀死包囊里的幼虫。在腐败的肉尸里的旋毛虫能活100d以上，因此鼠类或其他动物腐败的尸体，可相当长期地保存旋毛虫的感染力，这种腐肉也成了感染源。

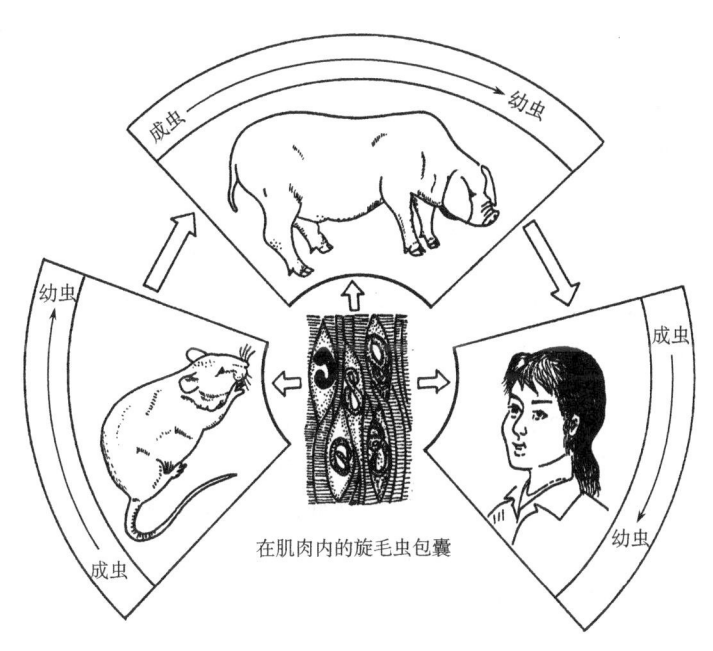

图10-44 旋毛虫生活史

猪感染旋毛虫主要是由于吞食了老鼠。鼠为杂食，且常互相残食，一旦旋毛虫侵入鼠群就会长期地在鼠群中保持平行感染。因此鼠是猪旋毛虫病的主要感染来源。对于放牧猪，某些动物的尸体、蝇蛆、步行虫，甚至某些动物排出的含有未被消化肌纤维和幼虫包囊的粪便物质都能成为猪的感染源。另外，用生的废肉屑和含有生肉屑的泔水喂猪也可以引起旋毛虫病的流行。

犬的活动范围广，吃到动物尸体的机会比猪大得多，对动物粪便的嗜食性也比猪强烈，因此许多地区犬旋毛虫的感染率比猪高许多倍。哈尔滨的犬有50%感染旋毛虫，而猪的感染率不到0.1%。

人感染旋毛虫多与生吃猪肉和食用腌制与烧烤不当的猪肉制品有关。云南西部和南部的食谱中，有生皮、剁生、酸肉等食品，做法虽不同，但均为生肉或未全熟，食用这种食品，自然容易感染旋毛虫病。西藏有喜食生肉和井锅肉的习惯，都谷易感染旋毛虫。所以这两个地区常因聚餐而集体暴发本病。在国外，特别是欧美，旋毛虫病的感染与流行也均和食用生猪肉及其制品或其他含有旋毛虫幼虫包囊的野生动物肉有关。此外，切过生肉的菜刀、砧板均可能偶尔黏附有旋毛虫的包囊，也可能污染食品，造成感染。

致病作用及症状 旋毛虫对猪和其他野生动物的致病力轻微，肠型旋毛虫对其胃肠的影响极小，往往不显症状。肌旋毛虫的致病作用主要是肌肉的变化，如肌细胞横纹消失、萎缩、肌纤维膜增厚等。无疑肉食兽中有死于旋毛虫病者，实验感染已证实这一点。

人感染旋毛虫则症状显著，但也与感染强度和人身体强弱不同有关。人的旋毛虫病可分为由成虫引起的肠型和由幼虫引起的肌型两种。成虫侵入黏膜时，引起肠炎，严重时有带血性腹泻，病变包括肠炎、黏膜增厚、水肿、黏液增多和瘀斑性出血。感染后15d左右，幼虫进入肌肉，出现肌型症状，其特征为急性肌炎、发热和肌肉疼痛；同时出现吞咽、咀嚼、行走和呼吸困难；脸特别是眼睑水肿，食欲不振，显著消瘦。病变主要见于横纹肌，偶尔有发生于肺、脑等处的。大部分患者感染轻微，不显症状；严重感染时多因呼吸肌麻痹、心肌及其他脏器的病变和毒素的刺激等而引起死亡。轻症者，肌肉中幼虫形成包囊，急性和全身症状消失，但肌肉疼痛可持续数月之久。

诊断 临床症状无特异性，单靠症状无法确诊。可利用间接血凝及酶联免疫吸附试验等诊断。

对怀疑猪、犬、猫等动物生前感染旋毛虫时，可剪一小块舌肌进行压片检查。

动物死亡后确诊的方法是在肌肉中发现旋毛虫幼虫，常用目检法、肌肉压片法和消化法。

目检法即用眼睛观察病肉检查旋毛虫的方法。自胴体两侧的横膈膜肌脚部各采样一块，记为一份肉样，其重量不少于100g，与胴体编成相同号码。如果是部分胴体，可从肋间肌、腰肌、咬肌、舌肌等处采样。

撕去膈肌的肌膜，将膈肌肉缠在检验者左手食指第二指节上，使肌纤维垂直于手指伸展方向，再将左手握成半握拳式，借助拇指的第一节和中指的第二节将肉块固定在食指上面，随即使左手掌心转向检验者，右手拇指拨动肌纤维，在充足的光线下，仔细视检肉样的表面有无针尖大、半透明乳白色或灰白色隆起的小点。检完一面后再将膈肌翻转，用同样方法检验膈肌的另一面。凡发现上述小点可疑为虫体。

肌肉压片法采集待检肉样同目检法。用剪刀顺肌纤维方向，按随机采样的要求，自肉上剪取燕麦粒大小的肉样24粒，使肉粒均匀地在加压玻片上排成一排（或用载玻片，每片12粒）；将另一加压片重叠在放有肉粒的加压片上，并旋动螺丝，使肉粒压成薄片，然后将压片放在低倍显微镜下，从压片一端的边沿开始观察，直到另一端为止。镜检判定标准如下。①没有形成包囊期的旋毛虫：在肌纤维之间呈直杆状或逐渐蜷曲状态，或虫体被挤于压出的肌浆中。②包囊形成期的旋毛虫：在淡蔷薇色背景上，可看到发光透明的圆形或椭圆形物，囊中是蜷曲的虫体。成熟的包囊位于相邻肌细胞所形成的梭形肌腔内。③钙化的旋毛虫：在包囊内可见到数量不等、浓度不均匀的黑色钙化物，或可见到模糊不清的虫体，此时启开压玻片，向肉片稍加10%盐酸溶液，待1~2min后，再行观察。④机化的旋毛虫：此时压玻片启开，平放桌上，滴加数滴甘油透明剂（甘油20ml，加双蒸水至100ml）于肉片上，待肉片变得透明时，再覆盖加压玻片，置低倍镜下观察，虫体被肉芽组织包围、变大，形成纺锤形、椭圆形或圆形的肉芽肿。被包围的虫体结构完整或破碎，乃至完全消失。

若检验冻肉，可用上述方法进行采样制成压片，然后对压片进行染色或透明。操作方法如下：在肉片上滴加1~2滴亚甲蓝（饱和亚甲蓝乙醇溶液5ml，加双蒸水至100ml）或盐酸水溶液（HCl 20ml，加双蒸水至100ml），浸渍1min，盖上加压玻片后镜检。用亚甲蓝染色法染色的肌纤维呈淡青色，脂肪组织不着染或周围具淡蔷薇色。旋毛虫包囊呈淡紫色、蔷薇色或蓝色。虫体完全不着染。用盐酸透明的肌纤维呈淡灰色且透明，包囊膨大具有明显轮廓，虫体清楚。

消化法即应用胃液对蛋白质消化的原理，肌纤维及包囊在胃液中可以被完全消化掉，而活旋毛虫仍可存活。

治疗 对于旋毛虫病的化学药物治疗，目前已取得突破性进展。丙硫苯咪唑及噻苯咪唑杀灭人畜体内旋毛虫幼虫的效力高达100%。其中丙硫苯咪唑已广泛用于我国人、兽医临床治疗旋毛虫病。

预防 流行地区，猪只不可放牧，不用生的废肉屑和泔水喂猪，猪舍内灭鼠；加强肉品卫生检验，发现病肉按肉品检验规程处理，加强宣传，改变不良的饮食习惯，不食生肉。

三、禽毛细线虫病

禽毛细线虫病是由毛细科毛细属（*Capillaria*）的多种线虫寄生于禽类消化道引起的。我国各地都有分布。严重感染时，可引起家禽死亡。

病原形态 虫体细小，呈毛发状；身体的前部短于或等于身体后部，并稍比后部为细；前部为食道部，后部包含着肠管和生殖管，其构造与毛尾线虫相似。阴门位于前后部分的相联处。雄虫有1根交合刺和1个交合刺鞘，有的没有交合刺而只有鞘。虫卵两端有卵塞。毛细线虫寄生部位比较严格，可以根据寄生部位对虫种做出初步判断。

（1）有轮毛细线虫（*C. annulata*） 前端有一个球状角皮膨大。雄虫长15～25mm，雌虫长20～60mm。虫卵大小为（55～60）μm×（26～28）μm。寄生于鸡的嗉囊和食道（图10-45）。

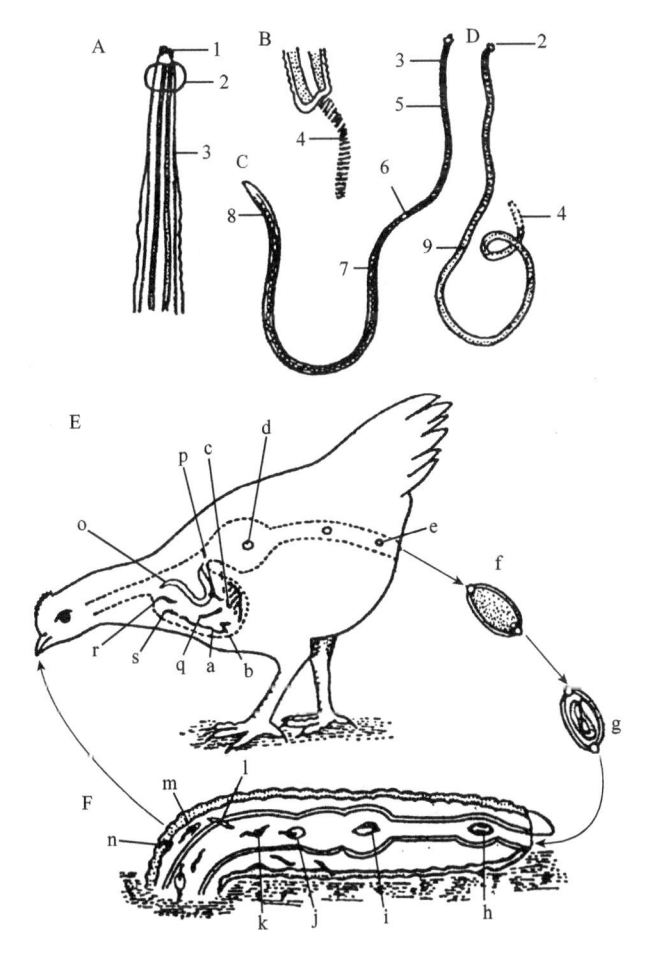

图10-45 鸡有轮毛细线虫及生活史

A. 成虫前部；B. 雄虫尾部；C. 雌虫成虫；D. 雄虫成虫；E. 终宿主鸡；F. 蚯蚓

1. 口孔；2. 角皮膨大；3. 肌质食道；4. 角质鞘；5. 腺细胞串；6. 阴门；7. 子宫；8. 卵巢；9. 睾丸。a. 嗉囊壁中的成虫；b. 虫卵；c. 脱落的黏膜；d. 虫卵通过肌胃；e. 虫卵通过小肠；f. 排出虫卵；g. 含蚴卵；h. 蚯蚓吞食虫卵；i. 虫卵被溶解；j. 幼虫逸出；k. 游离在肠中蜕化；l. 移行到肠壁；m. 第二次蜕化；n. 在组织内成囊具有感染性；o. 蚯蚓被消化；p. 幼虫逸出；q. 第三次蜕化；r. 第四期幼虫入嗉囊壁；s. 幼虫第四次蜕化发育为成虫

(2) 鸽毛细线虫（*C. columbae*）[封闭毛细线虫（*C. obsignata*）]　雄虫长8.6～10mm；交合刺长1.2mm，交合刺鞘长达2.5mm，有细横纹；尾部两侧有铲状的交合伞。雌虫长10～12mm。虫卵大小为（48～53）μm×24μm。寄生于鸽、鸡和吐绶鸡的小肠。

(3) 膨尾毛细线虫（*C. caudinflata*）　雄虫长9～14mm，食道部约占虫体的一半，尾部侧面各有一个大而明晰的伞膜。交合刺呈圆柱状，很细，长1.1～1.58mm。雌虫长14～26mm，食道部约占虫体的1/3，阴门开口于一个稍为膨隆的突起上，突起长50～100μm。虫卵大小为（43～57）μm×（22～27）μm。寄生于鸡、鸽的小肠。

(4) 鹅毛细线虫（*C. anseris*）　雄虫长10～13.5mm，雌虫长16～26.4mm。虫卵的大小为（42～51）μm×（22～26）μm。寄生于家鹅和野鹅小肠的前半部，也见于盲肠。虫体的构造和鸽毛细线虫很相似。

生活史　虫卵在外界发育很慢。有轮毛细线虫卵在28～32d，卵内才能形成第一期幼虫；鹅毛细线虫在22～27℃，需要8d；膨尾毛细线虫需11～13d。虫卵在外界能长期保持活力。膨尾毛细线虫卵在普通冰箱中可存活344d，未发育的卵较已发育的虫卵更为耐寒。毛细线虫的发育史有直接型和间接型两种。鸽毛细线虫属直接型发育。终宿主吞食了感染性虫卵后，幼虫进入十二指肠黏膜内发育，在肠腔内见到成虫是在感染后的20～26d。根据实验感染观察，这种线虫的寿命为9个月。有轮毛细线虫与膨尾毛细线虫需要蚯蚓作为中间宿主，卵在中间宿主体内孵化为幼虫，蜕皮一次，变为第二期幼虫，即具感染性。膨尾毛细线虫卵被蚯蚓吞食后的第9天，幼虫即对鸡有感染性；有轮毛细线虫卵是在蚯蚓吞食后的第14～28d才对鸡有感染性。禽啄食了含有第二期幼虫的蚯蚓后，蚯蚓被消化，幼虫逸出。有轮毛细线虫的幼虫在嗉囊和食道内钻入黏膜，于感染后19～26d发育到性成熟；膨尾毛细线虫的幼虫在小肠中钻入黏膜，于感染后22～24d达到性成熟。成虫寿命为10个月左右。

致病作用及病理变化　虫体在寄生部位掘穴，造成机械和化学性刺激。轻度感染时，嗉囊和食道壁只有轻微的炎症和增厚，严重感染时，则增厚和发炎变为显著，并有黏液性分泌物和黏膜溶解、脱落或坏死等病变；食道和嗉囊壁出血，黏膜中有大量虫体。在虫体寄生部位的组织中有不明显的虫道，淋巴细胞浸润，淋巴滤泡增大，形成伪膜，并导致腐败是常见的病变。

症状　食欲不振、消瘦，有肠炎症状。严重感染时，雏鸡和成年鸡均可发生死亡。鸽感染毛细线虫时由于嗉囊膨大，压迫迷走神经，可能引起呼吸困难、运动失调和麻痹而死亡。

诊断　观察临床症状，剖检病禽发现虫体和相应病变；粪便检查发现虫卵，综合三方面情况做出诊断。

治疗　可用左旋咪唑、甲苯唑、丙硫苯咪唑等药物驱虫。

预防　搞好日常卫生管理，及时清除粪便并进行发酵处理以杀灭虫卵。消灭禽舍内的蚯蚓。严重流行地区，可进行预防性驱虫。

第七节　旋尾线虫病

旋尾线虫病是由旋尾目（Spiruroidea）的寄生线虫所引起的线虫病。对家畜具有一定危害的有下列各科的几种虫体。

旋尾科（Spiruridae）线虫所致的马胃虫病（柔线虫病）；似蛔科（Ascaropsidae）和颚口科（Gnathostomatiidae）线虫所致的猪多种胃虫病；吸吮科（Thelaziidae）线虫所致的牛、马眼虫病（吸吮线虫病）。它们主要寄生于宿主的胃和眼睛内。

一、犬旋尾线虫病

犬旋尾线虫病是由狼旋尾线虫（*Spirocerca lupi*）寄生在犬、狐的食道壁及主动脉壁而引起的。由狼旋尾线虫引起的食道虫病，广泛地分布于热带、亚热带和温带。

病原　狼旋尾线虫的雄虫长30~54mm，雌虫长54~80mm，虫体的颜色呈淡血红色，虫体蜷曲成螺旋状，粗壮，口周围有两个分为三叶的唇片，咽短（图10-46）。雄虫的尾部有尾翼和许多乳突，有两根不等长的交合刺；雌虫的生殖孔开口于食道的后端。虫卵呈长椭圆形，大小为（30~37）μm×（11~15）μm，产出时已含幼虫。

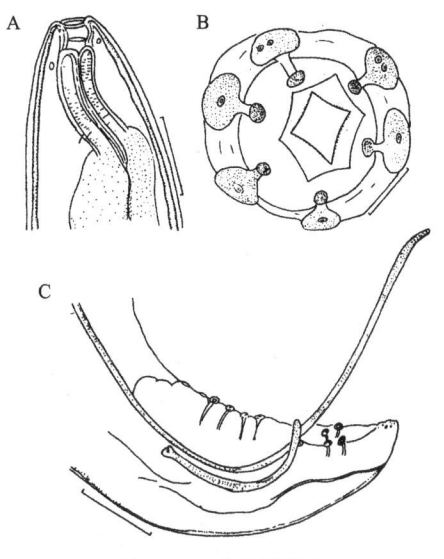

图10-46　狼旋尾线虫
A. 头端；B. 头顶；C. 雄虫尾部

生活史　随粪便或痰液排出的虫卵被中间宿主（食粪甲虫类等）吞食后，幼虫从卵中孵出，经过蜕皮后在其体内发育成感染性幼虫。犬、狐吞食了含感染性幼虫的甲虫而被感染。若甲虫被不适宜的动物如鸟类、两栖类、爬行类动物吞食，感染性幼虫即在这些动物的食道、肠系膜及其他脏器形成包囊，仍可作为犬、狐感染的来源。感染性幼虫钻入终宿主胃壁和肠壁中，随血液循环到达寄生部位，在此发育为性成熟的成虫。本虫在其寄生部位可引起典型的肉芽肿。

症状　感染食道虫的大多数犬都不表现临床症状。当食道病变已成为肉芽肿时，可压迫食道，阻碍食物通过，此时，病犬呈现吞咽困难、呼吸困难、呕吐和流涎等症状。以后由于病情的发展，病犬食欲减退、消瘦、后肢虚弱，有的病例伴发骨关节病。有时个别病例因动脉壁结节破裂，发生大出血，突然倒地而急性死亡。

病理变化　本虫的幼虫可侵入胃动脉后到达腹主动脉和胸主动脉的管壁中，并在其寄生之处引起肉芽肿。因此，本病特征病理变化是出现胸主动脉的动脉瘤，即在虫体周围发生大小不一的反应性肉芽肿，有时也可见后胸椎畸形性骨化性脊椎炎。食道虫的寄生所引起的病变可在犬的食道（约96%）、动脉（约2%）、胃（约2%）等，此外，在肺、支气管、胸腺、皮下、肾包膜下等处有时也可见到食道虫寄生病变。食道虫在食道等处壁内形成蚕豆甚至鸡蛋大的肿瘤状结节。结节中的虫体与脓样液体混在一起，结节的顶端有一小孔通向外部。

诊断　根据临床症状和检查粪便或呕吐物，若发现虫卵即可确诊。因虫卵不易检出，所以本病的生前确诊有困难。临床可用食道镜观察食道壁有无结节而定，如胸腔内有肉芽肿时，可用X射线诊断。

治疗　可用乙胺嗪、左旋咪唑、丙硫苯咪唑和六氯对二甲苯（血防-846）等驱虫。

预防　应采取综合性的防治措施，即通过驱虫消灭病原，通过杀灭中间宿主和媒介动物而断其传播途径，通过加强饲养管理以提高易感动物（犬）的抗病能力。

二、猪胃虫病

猪胃虫病是由似蛔科（Ascaropsidae）的似蛔属、泡首属、西蒙属，以及颚口科（Gnathostomatiidae）的颚口属线虫寄生于猪的胃内，常引起急慢性胃炎，小猪因此发育受阻的一类线虫病。本病分布于世界各地，我国各地均有发生，但危害不是很大。

病原形态

（1）圆形蛔状线虫（*Ascarops strongylina*）　又称螺咽胃虫（图10-47）。虫体淡红色，唇小，咽壁为螺旋形加厚组成，只在虫体左侧有颈翼膜。雄虫长10～15mm，右侧尾翼膜大于左侧约2倍，有4对泄殖孔前乳突和1对后乳突，位置不对称。交合刺左长右短。雌虫长16～22mm，阴门位于虫体中部稍前方。虫卵为（34～39）μm×20μm，深黄色，卵壳厚，外膜不平滑，两端呈条纹塞状，内含幼虫。

（2）有齿蛔状线虫（*A. dentata*）　又称有齿螺咽胃虫。虫体较前者大。雄虫长25mm，雌虫可达55mm。口腔前侧有齿1对，其他构造与前者相似。

（3）六翼泡首线虫（*Physocephalus sexalatus*）　又称环咽胃虫（图10-48）。虫体前端咽部角皮略为膨大，以后每侧有三个颈翼膜，颈乳突排列不对称，口小无齿，咽壁呈简单的弹簧状，中部为环形。雄虫长6～13mm，尾翼膜窄而对称，有泄殖孔前后乳突各4对。雌虫长13～22.5mm，阴门位于虫体中部的后方。虫卵大小为（34～39）μm×（15～17）μm，卵壳厚，内含幼虫。

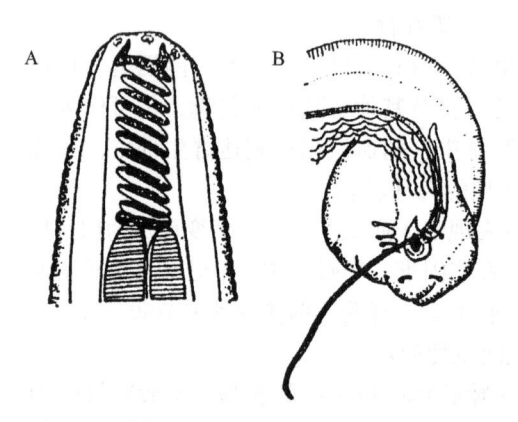

图10-47　螺咽胃虫头部（A）及雄虫尾部（B）

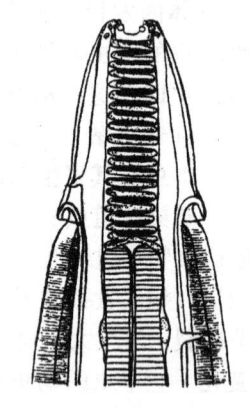

图10-48　六翼泡首线虫头部

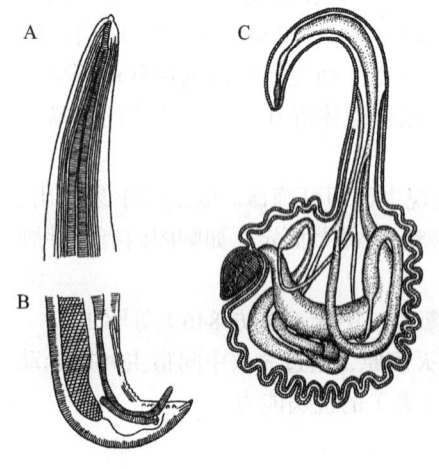

图10-49　奇异西蒙线虫头部（A）、雄虫尾部（B）及雌虫全形（C）

（4）奇异西蒙线虫（*Simondsia paradoxa*）　本虫的形态具有其独特性，特别是雌虫的体后半部呈球状，寄生于猪的胃壁小囊内，其细长的前部则突出于胃腔，怀卵雌虫长约15mm（图10-49）。其侧部有颈翼膜，口内背、腹侧各有一个大齿。虫卵呈卵圆形，长20～29μm。雄虫圆柱形，长12mm，尾部呈螺旋形蜷曲，游离寄生于胃腔中或部分埋置于胃黏膜内。

（5）刚棘颚口线虫（*Gnathostoma hispidum*）　此虫主要寄生于猪的胃壁引起肿瘤样结节，发生剧烈胃炎，偶见于人。新鲜虫体呈淡红色，表皮菲薄，可透见体内白色生殖器官。头端膨大呈球状，其上有9～12环小钩，头球顶端有二片大侧唇，每唇背面各有一对双乳突。虫体全身披有小棘。雄虫长15～

20mm，交合刺两根不等长。雌虫长30～40mm。虫卵椭圆形黄褐色，一端有帽状结构，长（72～74）μm×（39～42）μm，内含1～2个卵细胞。

（6）有棘颚口线虫（G. spinigerum） 雄虫长10～25mm，雌虫长10～31mm，头球上有6～11列小钩，体前2/3部小棘较密（图10-50）。虫卵75μm×48μm，椭圆形、透明，顶端有一透明塞，内含1～2个细胞。寄生于肉食动物胃内，有时见于人，可产生皮下颚口虫幼虫症，致使皮肤发生浮肿。

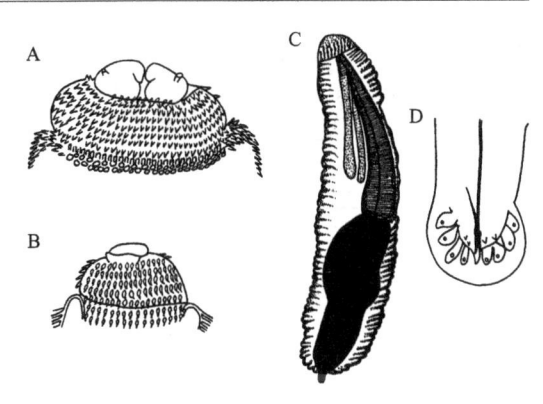

图10-50 有棘颚口线虫
A. 成虫头部；B. 幼虫头部；C. 幼虫全形；D. 雄虫尾部

（7）致痛颚口线虫（G. doloresi） 雄虫长10～12mm，雌虫长16～22mm，头球上有8～10列小钩，全身生有小棘，虫卵59μm×33μm，此虫为上述三种颚口虫中之最小者。寄生于猪、野猪胃内。

生活史 圆形蛔状线虫的虫卵随猪粪排出体外，被中间宿主食粪甲虫［蜉金龟属（Aphodius）、食粪属（Onthophagus）和侧裸蜣螂属（Gymnopleurus）等属的几种甲虫］所吞食，幼虫在甲虫体内发育到感染期，猪在觅食时吞食这些甲虫而被感染。虫体在猪体的寿命约10.5个月。

六翼泡首线虫的生活史与前种相似。其中间宿主食粪甲虫有金龟子属（Scarabeus）、显亮属（Phanaeus）、侧裸蜣螂属（Gymnopleurus）和食粪属（Onthophagus）等属的多种。含感染性幼虫的甲虫如被不适当的宿主（如鸟类）所吞食，幼虫即在其食道内形成包囊，但仍具感染力。在猪体内幼虫侵入胃黏膜内生长，6周后发育为成虫。

颚口线虫的虫卵在一般温度下可在水中经7～10d发育为含第二期幼虫的虫卵，并有少数幼虫逸出，此时无论虫卵或幼虫如被中间宿主剑水蚤所吞食，幼虫在其体内发育为感染性幼虫，猪在采食水生植物或饮水时而感染。含感染性幼虫的剑水蚤如被保虫宿主鱼类、两栖类、爬虫类等捕食，则幼虫可在其体内存活成为感染源。但据实验，鱼类感染后幼虫被组织包围而死亡，不致成为保虫宿主而感染猪只。感染性幼虫进入宿主胃内后，头部深钻入胃壁，逐渐发育为成虫。其幼虫也有移行至肝或其他器官的，但均不能发育而死亡（图10-51）。

据试验，刚棘颚口线虫的中间宿主以刘氏剑水蚤最为适合，其次为近邻剑水蚤、英勇剑水蚤等。

致病作用和症状 当轻度感染时，往往不呈症状，重症时由于虫体刺激胃黏膜或损伤胃壁而引起炎症和溃疡。例如，颚口线虫的头部、西蒙线虫的雌虫尾部均深埋于胃黏膜或胃壁内，形成小腔窦，使周围组织发炎，黏膜肥厚。病猪食欲不振、营养障碍、腹痛呕吐、渴欲增加、消瘦贫血，呈急慢性胃炎症状。

诊断 蛔状胃虫和颚口线虫的虫卵虽有一定的特异形态，但因虫卵数量一般不多，不易在粪检中发现，故生前确诊比较困难，只有根据临床症状结合尸体剖检从胃内找出成虫才能确诊。

防治 对蛔状胃虫病的防治可同猪蛔虫病，注意食粪甲虫和活动季节，采取必要的预防性驱虫。

对颚口线虫病的防治，除采用上述同类药物外，应禁止放牧的猪群至池塘边采食、饮

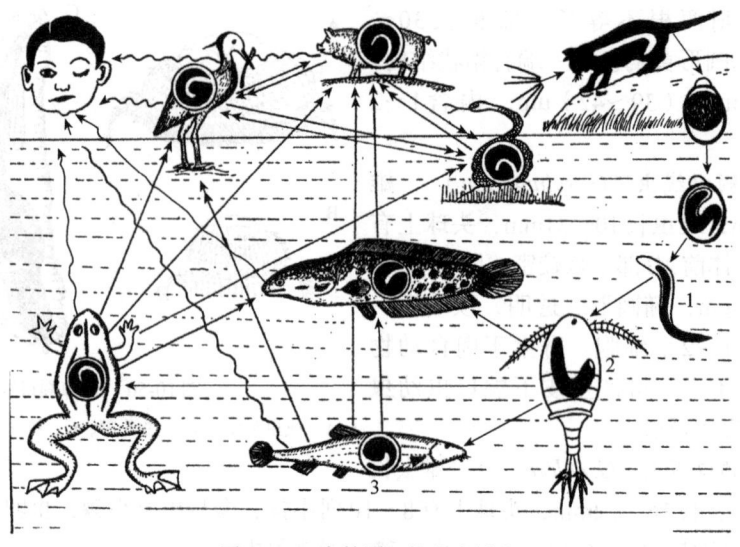

图10-51 有棘颚口线虫生活史
1. 水中第一期幼虫；2. 剑水蚤体内第二期幼虫；3. 第二中间宿主体内第三期幼虫

水，以防吞食剑水蚤。

三、马胃虫病

马胃虫病是由旋尾科柔线属的三种柔线虫（胃虫）所引起。可致马匹全身性慢性中毒、慢性胃肠炎、营养不良及贫血。有时发生寄生性皮肤炎（夏疮）及肺炎。本病分布于世界各地，马、骡、驴均易感。

病原形态

（1）大口胃虫（大口德拉西线虫）（*Drascheia megastoma*）　虫体白色线状，表皮有横纹，口孔周围有4个唇片，无齿（图10-52）。特征是咽呈漏斗状，唇部后方有明显的横沟与体部截然分开。雄虫长7～10mm，尾翼发达。雌虫长10～15mm。虫卵为半圆柱状，长40～60μm，宽8～17μm，常含有已成形的幼虫。寄生于胃腺部由虫体刺激而形成的瘤肿内。

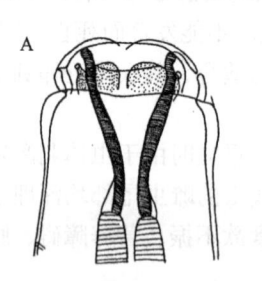

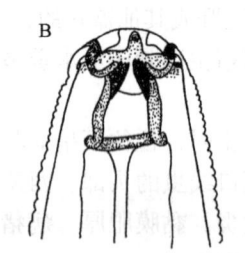

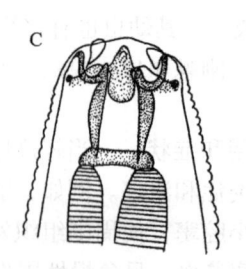

图10-52 三种马胃虫头部
A. 大口胃虫；B. 小口胃虫；C. 蝇胃虫

（2）小口胃虫（*H. microstoma*）　较少见，咽小呈圆柱状，口囊内有背齿和腹齿各一。雄虫长9～22mm，其尾翼不如前种发达，雌虫长14～27mm。虫卵大小为（40～60）μm×（10～16）μm，常在子宫中已孵出幼虫。

（3）蝇胃虫（*H. muscae*）　虫体呈浅黄白色，角皮有柔细的横纹，咽呈圆筒状，唇部与体部分界不明，有唇两片，每片再分三叶，无齿。雄虫长8～16mm，尾部常蜷曲，尾翼发达，有泄殖孔前乳突4对，后乳突1～2对；雌虫长13～23mm，阴门在虫体中央附近。虫卵圆柱状，稍弯曲，大小为（40～50）μm×（10～12）μm，内含幼虫，但在粪中常见已出壳的幼虫。

生活史 三种胃虫均以蝇类为中间宿主，大口胃虫和蝇胃虫的中间宿主为家蝇和厩螫蝇，小口胃虫的中间宿主为厩螫蝇。

雌虫在寄生部位（胃腺部）产出含有幼虫的虫卵（大口胃虫的卵能由瘤肿顶的开口进入胃腔），随粪便排出。家蝇和厩螫蝇在马粪堆里产卵，卵孵化为蝇蛆，蝇蛆采食马粪中的虫卵。胃虫卵便在蝇蛆肠内孵出第一期幼虫并与蝇蛆并行发育，在20～22℃条件下经13～15d发育成熟（经两次蜕皮成为第三期幼虫）。

第一期幼虫由蝇蛆肠管移行到马氏管，形成包囊，暂时停止发育。第4～5d第一次蜕皮成为第二期幼虫。第6～8d蝇蛆蛹化，第二期幼虫在蝇蛹的马氏管壁进行第二次蜕皮成为第三期幼虫。第10～12d蝇蛹羽化，胃虫幼虫在蝇体内由腹腔进入胸肌，然后到头部及口器内的唾腺管，成为感染性幼虫。其特点是尾端膨大，生有许多小的角质刺。

马匹采食或饮水时吞食带有感染性幼虫的蝇即感染。秋季的死蝇或者含有感染性幼虫的蝇飞落到马的唇、鼻孔或创口等处时，其体内幼虫可突破蝇的口器而逸出附留在马的唇、鼻孔等处，可自动爬入或随饲料饮水进入马体。感染性幼虫进入马胃内，经1.5～2个月达到性成熟期。蝇胃虫及小口胃虫以头端钻入胃腺腔内寄生；大口胃虫在腺部钻入胃壁深层，在形成的瘤肿内寄生。

在马匹出血性创伤上采食的蝇，能把蝇胃虫及大口胃虫的幼虫带入创伤内，而引起皮肤胃虫症（夏疮）。幼虫还可以从皮肤创伤进入血管到达肺，在细支气管中短时期寄生，但不能发育为幼虫。

致病作用 胃虫成虫在腺部寄生，侵害交感神经和迷走神经末梢，破坏胃的运动和分泌机能，引起慢性胃炎。虫体的毒性产物被吸收后机体发生次发性病理过程（心肌炎、肠炎、肝机能异常），造血机能受到影响，血液形态学、生化学常出现变化（红细胞、血红蛋白减少，嗜酸性粒细胞增多，血沉加快等）。

大口胃虫在胃壁引起纤维素性肿胀，胃腔中的病菌可经其开口进入而形成脓肿，如果脓肿向腹腔破溃则可继发腹膜炎。

幼虫侵入肺脏能引起结节性支气管周围炎；在创面寄生时可使创口扩大，久不愈合，并有颗粒性肉芽增生，创口周围变硬，故又称为颗粒性皮炎。

临床症状 胃虫病患马表现营养不良、贫血和胃肠炎症状。多数病例有定期的短时体温升高。粪便中有大量未消化的谷粒，胃肠能力减退，检查胃液初期酸度增多，有时有少量胆汁色素，以后胃酸正常或下降。

颗粒性皮炎是大口胃虫的幼虫在皮肤寄生所引起的慢性肉芽增生性较难治疗的皮肤病。常发于春末，夏季病势增进，秋季好转或治愈形成斑痕。常发于四肢、下腹部、颊部、背侧前胸、肘部及臀腰部、跗跖关节等处。初期皮肤面出现针头大到粟粒大结节，不久结节破溃出血，形成肉芽性增生性创面，常因蹭痒、嘴咬引起新的出血破溃致创面扩大，周围皮肤硬结。流出黏稠渗出液。可由病灶内检出长约3mm的幼虫。

诊断 根据临床症状，可怀疑为本病，确诊要靠找到虫卵或幼虫，但虫卵少，易于漏检。特别是在粪检中较难查出。抽取胃液离心后在沉渣中可以收集到蝇胃虫及小口胃虫成虫及虫卵，为此可查明60%～70%的病例。对皮肤胃虫症的确诊，可从创面采集病料观察有无幼虫（尾端有特异的刺束）。也可将刮屑或切下的小块病变皮肤放在1∶500的盐酸中，5min后检查液体中有无虫体。

防治 秋冬季进行预防性驱虫，防止疾病发展并减少虫卵对外界的污染；改善厩舍卫生，防蝇、灭蝇，夏、秋季注意保护马体皮肤创伤。

可用二硫化碳驱虫。对皮肤胃虫病可用台盼蓝或九一四甘油合剂进行治疗。丙硫苯咪唑及磷酸左旋咪唑可试用。

四、骆驼副柔线虫病

骆驼副柔线虫病是由旋尾目华首科（Acuariidae）副柔线属（*Parabronema*）的斯氏副柔线虫引起的；除骆驼以外，绵羊、山羊、牛及其他反刍动物也可患病；均寄生于第四胃。

病原形态 副柔线属线虫的头部有6个耳状悬垂物，两个在亚腹侧，两个在亚背侧，两侧各一个。角皮厚，有横纹，无侧翼。口孔由两个侧唇围绕；咽狭细。雄虫体长9.5～10.5mm，尾部呈螺旋状蜷曲。肛前乳突4对，有细长的蒂；肛后乳突2对，蒂短而粗。交合刺不等长，短的0.237～0.287mm，长的0.545～0.656mm。雌虫体长21～34mm，尾端向背面弯曲；阴门位于体前部。卵呈卵圆形，大小为（39～48）μm×（9～11）μm，内含幼虫。

生活史 某些吸血蝇在反刍动物粪便上产卵，卵孵化出幼虫；当吸血蝇的幼虫吞食了粪便中副柔线虫的卵后，副柔线虫的幼虫即在它们体内发育。在蝇蛆体内可以发现副柔线虫的第一期幼虫，在蛹体内可以发现副柔线虫的第二期幼虫，在成蝇体内可以发现感染性副柔线虫的幼虫。当骆驼经口食入含有副柔线虫的感染性幼虫的成蝇后，经消化使感染性幼虫释放出来。感染性幼虫便进入宿主真胃，钻入黏膜内继续发育，直至次年4～5月发育成熟。雌虫在整个夏季期间产卵，并随宿主粪便排出。卵产完后虫体死亡。每年6～12月，在宿主体内可同时寄生有副柔线虫的成虫和幼虫。

流行病学 骆驼感染副柔线虫主要是在夏季，因为只有这个时期才有携带副柔线虫感染性幼虫的吸血蝇类存在。6月前及9月后，蝇较少，动物感染较轻；7月中旬至8月中旬这种蝇最多，动物感染强度最高。自副柔线虫的感染性幼虫进入宿主体内到发育为性成熟的成虫约需11个月，虫体在宿主体内的寿命约为19个月。骆驼的感染强度较其他反刍动物为高，1岁的骆驼比2岁的高；其次是牛，再次为绵羊和山羊。

诊断 生前诊断仅适用于4～11月，因这时反刍动物的真胃内才有性成熟的虫体。副柔线虫的卵呈卵圆形，卵壳薄，卵内含有蜷曲的幼虫。死后剖检可在真胃幽门部发现副柔线虫的幼虫和成虫。

治疗 可试用丙硫苯咪唑、磷酸左旋苯咪唑及硫化二苯胺等药物。

预防

1）在春季（吸血蝇出现前）进行驱虫，一方面可收到治疗之效；另一方面可减少吸血蝇的感染。

2）将少量的硫化二苯胺与盐混合长期喂饲。

五、禽胃线虫病

1. 小钩锐形线虫病（禽胃线虫病） 禽胃线虫病是由旋尾目锐形科锐形属（*Acuaria*

和四棱科（Tetrameridae）四棱属（Tetrameres）的线虫寄生于禽类的食道、腺胃、肌胃和小肠引起的。我国各地都有分布。

病原形态 锐形属线虫的头部有4条饰带，通常不相吻合。小钩锐形线虫（*A. hamulosa*）的前部有4条饰带，两两并列，呈不整齐的波浪形，由前向后延伸，几达虫体后部，但不折回，也不相吻合。雄虫长9～14mm，肛前乳突4对，肛后乳突6对。交合刺1对，不等长，左侧的纤细，右侧的扁平，雌虫长16～19mm，阴门位于虫体中部的稍后方。卵的大小为（40～45）μm×（24～27）μm。寄生于鸡与火鸡的肌胃。

生活史 虫卵随宿主粪便排至外界，被中间宿主——蚱蜢（*Conocephalus saltator*）、赤拟谷盗（*Tribolium castaneum*）和象鼻虫（*Sitophilus oryzae*）吞食后，经20d左右的发育，成为感染性幼虫。终宿主是由于摄食了中间宿主而遭受感染的。幼虫被摄食后，在第一昼夜内钻入肌胃的角质层下面，在24d内蜕化两次，约在第35天移行到肌胃壁内，到第120天发育成熟。

致病作用与症状 虫体寄生在肌胃的角质层下面时引起黏膜的出血性炎症；以后在肌层形成干酪性或脓性结节，影响肌胃的机能，严重时偶见肌胃破裂。此外，虫体对宿主还呈现毒性作用。

轻度感染时不显致病力。严重感染时，有消瘦和贫血等症状。在大多数情况下危害性不大，但有引起幼鸡急性死亡的报道。

诊断与治疗 必须根据临床症状、粪便检查发现虫卵和病尸剖检发现虫卵或虫体，进行综合诊断才能确诊。可用噻苯咪唑或丙硫苯咪唑等药驱虫。

预防 做好禽舍的清洁卫生；对禽粪应堆积发酵；消灭中间宿主和对鸡进行预防性驱虫。

2. 旋锐形线虫病（禽线虫病）

病原形态 旋锐形线虫（*Acuaria spiralis*）的前部有4条饰带，由前向后，然后折回，但不吻合。雄虫长7～8.3mm。肛前乳突4对，肛后乳突4对，交合刺不等长，左侧的纤细，右侧的呈舟状。雌虫长9～10.2mm，阴门位于虫体后部。卵具有厚壳，大小为（33～40）μm×（18～25）μm，内含幼虫。本虫寄生于鸡、火鸡、鸽子等的前胃和食道，罕见于肠。

生活史 虫卵被中间宿主如等足类光滑鼠妇（*Porcellio laevis*）、粗糙鼠妇（*Armadillidum vulgara*）吞咽，经26d发育为感染性幼虫。禽类感染是由于吞食了含有感染性幼虫的中间宿主。雌虫发育到性成熟排卵约需27d。

致病作用 旋锐形线虫的致病作用和感染强度与宿主年龄和品种等因素有关。严重感染时，可在前胃见有深溃疡，虫体前端深藏在溃疡中；被寄生部位的腺体遭受破坏，其周围组织有明显的细胞浸润。

症状 严重感染时，特别是1个月左右的雏鸡有食欲消失、迅速消瘦、高度贫血和下痢（粪便稀薄呈黄白色）等症状。患鸡出现症状后数日内死亡。

诊断与治疗 与小钩锐形线虫相同。

预防 满1月龄的雏禽可试做预防性驱虫；防止禽群与中间宿主接触，尽量不要在潮湿的地方放牧。

锐形属线虫除上述两种外，还有钩形锐形线虫（*A. uncinata*），寄生于鸭、鹅和一些野生水禽的食道、前胃和小肠。每一对饰带的后端均互相连接。雄虫长8～10mm，雌虫长12～18.5mm。中间宿主为水蚤（*Daphnia pulex*）。患禽严重感染时可能引起死亡。治疗方法见小钩锐形线虫病，本病一般预防较难。

3. 四棱线虫病（禽线虫病）

病原形态　　四棱线虫无饰带；雌雄异形。雌虫近似球形，深藏在禽类的前胃腺内；雄虫纤细，游离于前胃腔中。美洲四棱线虫（*Tetrameres americana*）寄生于鸡和火鸡的前胃（图10-53）。雄虫长5～5.5mm。雌虫长3.5～4.5mm，宽3mm，呈亚球形，并在纵线部位形成4条深沟，其前端和后端自球体部突出，看上去好像是梭子两端的附属物。

生活史　　虫卵随粪便排出体外，被适宜的中间宿主——直翅类昆虫赤腿蚱蜢（*Melanoplus femurrubrum*）、长额负蝗（*Melanoplus differentialis*）和德国蜚蠊（*Blattella germanica*）吞食后孵化，经42d发育到感染阶段。禽类吞食了感染性幼虫的上述昆虫而遭受感染。幼虫在前胃腺体内发育，成熟的雌虫和雄虫亦在该处交配，交配后的雄虫离开腺体并死亡。感染后35d雌虫孕卵，3个月后雌虫膨大到最大程度。

致病作用　　虫体吸血，但最大的损害是发生在幼虫移行到前胃壁时，造成明显的刺激和发炎，这种情况可能引起鸡只死亡。在尸体剖检时，可从前胃的外面看到组织深处有暗黑色物体——成熟雌虫。

诊断与防治　　参阅小钩锐形线虫病。

图10-53　美洲四棱线虫雌虫侧面

六、吸吮线虫病

在黄牛、水牛的结膜囊、第三眼睑和泪管常有旋尾目吸吮科吸吮属的多种线虫寄生而引起牛眼病；在马的泪管里，有时有泪吸吮线虫（又被称为泪管线虫）寄生而引起结膜肿胀发炎。

1. 牛吸吮线虫病

病原形态

（1）罗德西吸吮线虫（*Thelazia rhodesii*）　　为最常见的一种，除牛外，山羊、绵羊及马都有发现（图10-54）。虫体为乳白色，表皮有明显的锯齿状横纹，本虫体头端细小，有一小而呈长方形的口囊。雄虫长9.3～13mm，尾端蜷曲，交合刺不等长。雌虫长14.5～17.7mm，尾部钝圆，尾端侧面上有一个突起，阴门开口于虫体前端腹面。

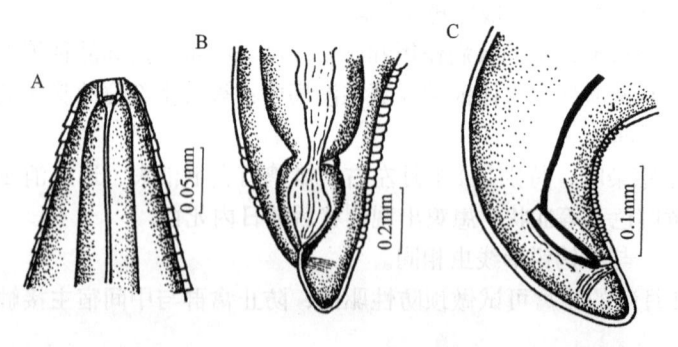

图10-54　罗德西吸吮线虫头部（A）、雌虫尾部（B）和雄虫尾部（C）

（2）斯氏吸吮线虫（*T. skriabini*）　　本虫寄生牛的第三眼睑的泪管内。雄虫长5～9mm，交合刺短，近于等长；雌虫长11～19mm。虫体表皮无横纹。

（3）大口吸吮线虫（*T. gulosa*）　　虫体表面有不明显的横纹，口囊呈碗状，雄虫长

6~9mm，两个交合刺不等长，有18对尾乳突，其中4对位于肛后。雌虫长11~14mm，阴门开口于食道末端处，开口处的体表平坦。

生活史 本虫的生活史必须有家蝇属的各种蝇类作为中间宿主参加才能完成。雌虫产出的幼虫存在于宿主的第三眼睑内，当蝇类等中间宿主舐食牛眼泪时，幼虫随同眼泪一同被蝇吞食，然后进入蝇的卵泡内发育，经30d左右达到感染期幼虫，该幼虫在蝇的腹腔内停留后移行至蝇的口器内，当该蝇再次舐食牛眼泪时，感染性幼虫便逸出而进入牛眼，使牛感染。这时幼虫在牛眼结膜囊内继续发育，经过15~20d变为成虫（图10-55）。

流行病学 由于本病的流行与蝇活动季节密切相关，温暖而湿度较高的季节，蝇的繁殖速度又快，所以这时常有大批牛只发病；相反，干燥而寒冷的冬季则本病少见。各种年龄的牛均受其害。

图10-55 吸吮线虫（眼虫）生活史

致病作用 吸吮线虫寄生于眼部，对结膜和角膜都会产生机械性损伤而引起角膜炎。如被细菌继发感染，可导致失明。角膜炎进一步发展，可引起角膜糜烂、溃疡甚至角膜穿孔，最终导致失明。当混浊的角膜发生崩解和脱落时，虽能缓慢地愈合，但在该处却留下永久性的白斑，影响视觉，使患畜食欲减退，身体瘦弱，生产力下降。

症状 病牛烦躁不安，磨蹭眼部、摇头，食欲不振、瘦弱；畏光、流泪，角膜混浊，结膜肿胀，常有脓性分泌物流出，使上下眼睑黏合，严重时可在角膜上形成血管翳而失明或角膜穿孔。

诊断 因为本病的中间宿主是家蝇属的各种蝇类，所以在多蝇的季节里牛患眼病，要考虑本病。当仔细检查病牛眼部，常可在结膜囊中检出虫体，可见虫体在眼球上呈蛇样运动，即可确诊。也可用3%硼酸水向第三眼睑内猛力冲洗，再吸取冲洗液检查虫体。

防治 在本病的流行季节，要大力灭蝇，经常打扫牛舍，搞好环境卫生，灭蛆、灭蛹、消灭蝇类滋生地；在每年的冬、春季节，对全部牛只进行预防性驱虫，在蝇类大量出现之前，再对牛只进行一次普遍的驱虫。

治疗本病可用如下药物：伊维菌素、四咪唑和左旋咪唑等。当病牛并发结膜炎或角膜炎时，可应用青霉素软膏或磺胺类药物治疗。

2. 马吸吮线虫病 我国甘肃、新疆、吉林均发现马寄生有泪管线虫（*Thelazia lacrymalis*），通常寄生在泪管里，很少发现于结膜囊，故平时不易发现。虫体呈乳白色，角皮上无横纹，虫体长8~15mm。头端细小，有一小而略呈长方形的口囊；食道短，呈圆柱形。雄虫尾部蜷曲，左右交合刺的形状相似。雌虫尾端腹面有1对突起，寄生数目多时，可引起结膜炎和角膜炎。

3. 孟氏尖旋线虫病 孟氏尖旋线虫（*Oxyspirura mansoni*）属吸吮科。常常寄生于鸡、火鸡和孔雀的瞬膜下，也可见于鼻窦。本病在世界的许多温暖地区存在，我国也有很多地区发生。

病原 虫体表皮光滑，口呈圆形，有一个6叶的角质环围绕着；有一个大体呈沙漏形的咽。雄虫长10～16mm，尾部向腹面弯曲，无尾翼，有4对肛前乳突和2对肛后乳突，交合刺不等长，左侧的纤细，长3.0～3.5mm，右侧的粗短，长0.2～0.22mm；雌虫长12～19mm，阴门位于虫体的后部。虫卵大小为（50～65）μm×（40～45）μm，虫卵产出时已含有第一期幼虫。

生活史 雌虫将卵产在瞬膜下，以鼻泪管到达鼻腔，被咽入消化道，随宿主的粪便排至体外，虫卵被中间宿主——蟑螂吞食，在其体内约经50d，发育为感染性幼虫。禽类在啄食了含有感染性幼虫的蟑螂而受感染。蟑螂被禽类啄食后，感染性幼虫从禽类的嗉囊里逸出，然后迅速地移行到食道，经咽、通过鼻泪管到达瞬膜下，这一过程，约20min即可完成。虫体大约在感染30d后发育成熟。

临床症状 临床症状的严重程度因虫体数量的多少而不同，虫体少时，病禽发生结膜炎，虫体多时可发生眼炎、失明和眼球的完全破坏。

诊断 在病禽的眼内发现虫体。

防治措施 对本病的治疗可用1%～2%克辽林溶液冲洗患部，可以杀死虫体；也可对眼部施行麻醉后，用手术方法取出虫体。本病的预防应着重于消灭蟑螂，此外还应采取定期清扫禽舍、定期消毒等一般的卫生措施。

七、筒线虫病

筒线虫属筒线科筒线属（*Gongylonema*）。常见的筒线虫有美丽筒线虫（*G. pulchrum*）和多瘤筒线虫（*G. verrucosum*）。美丽筒线虫多寄生于绵羊、山羊、黄牛、猪、牦牛和水牛，少见于马、骆驼、驴等。多瘤筒线虫则寄生于绵羊、山羊、牛和鹿。在禽类有嗉囊筒线虫（*G. ingluvicola*），寄生于禽类嗉囊的黏膜下。

病原形态

（1）美丽筒线虫 寄生于动物食道的黏膜中或黏膜下层，常回旋弯曲，状如锯刃（图10-56）。在反刍动物的第一胃有时可见。虫体前部有许多各种不同大小的圆形或椭圆形的表皮隆起，颈翼发达。本虫唇小，咽短。雄虫长约62mm，有稍不对称的尾翼膜，有许多排列不对称的尾乳突。左右交合刺长短粗细不相同。左交合刺纤细，长4～23mm；右交合刺粗短，长0.084～0.18mm，雌虫长约145mm，阴门开口于后部。虫卵的大小为（50～70）μm×（25～37）μm，内含成形的幼虫。

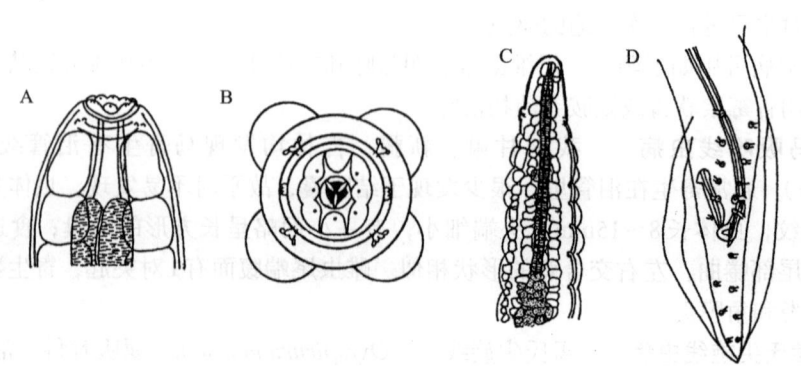

图10-56 美丽筒线虫
A. 头部侧面；B. 头部顶面；C. 前端腹面；D. 雄虫尾面

（2）多瘤筒线虫　　寄生于反刍动物的第一胃，颜色为淡红色，本虫有呈"垂花饰"状的颈翼膜，表面也有隆起，但仅见于虫体左侧。雄虫长32～41mm，左、右交合刺不同长，左交合刺长9.5～10.5mm，右交合刺长0.26～0.32mm，雌虫长70～95mm。

生活史　　筒线虫含有幼虫的卵随宿主粪便排出外界后，被中间宿主——食粪甲虫吞食后，幼虫孵化，并在其体内发育为感染性幼虫。当宿主吞食了含有感染性幼虫的甲虫后而被感染。在宿主的胃内，幼虫从中间宿主体内逸出，并迅速地向前移行，到达食道，钻入黏膜或黏膜下层。感染后3d左右，最早移行的幼虫可能进入口腔。10d以后，大部分幼虫分布于整个食道壁上。对牛来说，感染50～55d后，虫体即发育成熟。

症状及病理变化　　由于筒线虫的致病力不强，或者几乎无致病力，因此患有本病的家畜几乎无明显的临床症状。剖检时可在黏膜面上透视到呈锯刃形弯曲的虫体或盘曲的白色钮状物。

防治　　可试用哌嗪类药物及磷酸左旋咪唑。预防本病应着重于防止家畜摄食中间宿主。

八、猫泡翼线虫病

猫泡翼线虫病是泡翼科（Physalopteridae）泡翼属（*Physaloptera*）的包皮泡翼线虫（*P. praeputialis*）寄生于猫及野生猫科动物的胃中引起的。除猫外，还可寄生于犬、狼、狐等肉食兽。分布于中国、东印度、南美洲等地。包皮泡翼线虫的虫体坚硬，尾端的表皮向后延伸形成包皮样的鞘（图10-57）。有两个呈三角形的唇片，每个唇片的游离缘中部内面长有内齿，其外约同一高度处长有一锥状齿。雄虫长13～40mm，尾翼发达，在肛前腹面会合。肛前有4对带柄乳突和3对无柄乳突，肛后有5对无柄乳突，有两根不等长的交合刺。雌虫长15～48mm，受精后阴门处被环状褐色胶样物质所覆盖，卵生，卵呈卵圆形，壳厚，光滑，大小为（49～58）μm×（30～34）μm。

生活史　　属间接型，中间宿主为一些昆虫如德国黏蛩蠊和黑蟋蟀（*Gryllus assimilis*）等，终宿主吞食了含有感染性幼虫的昆虫而遭受感染。在终宿主体内经56～83d发育成熟。虫体牢固地附着在胃黏膜上吸血，常更换部位，留下许多小伤口，并持续出血，胃黏膜损伤和严重发炎。病猫消瘦，贫血，被毛粗乱，食欲缺乏。重症猫粪便呈柏油色。虎胃中常有大量虫体寄生。结合症状并从粪便中发现大量虫卵即可确诊。可用二硫化碳驱虫。

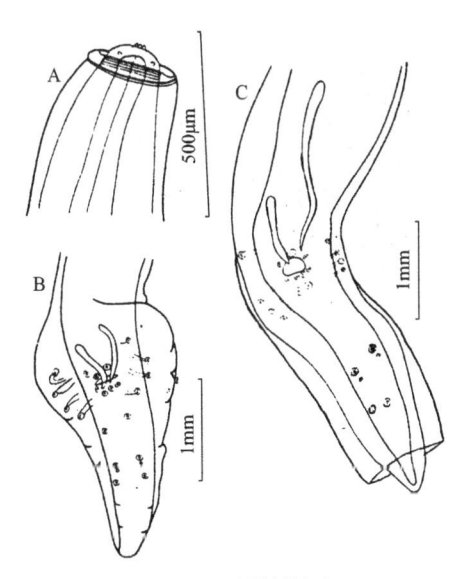

图10-57　泡翼属线虫
A. 稀有泡翼线虫头端；B. 稀有泡翼线虫雄虫尾部；C. 包皮泡翼线虫雄虫尾部

第八节　丝虫病

引起家畜丝虫病的病原是丝状科（Setariidae）和丝虫科（Filariidae）的各种虫体，这些虫体寄生于牛、马、羊等动物机体后引起丝虫病。其中常见的丝虫病是由丝状属（*Setaria*）的成虫引起的牛、马腹腔丝虫病，本虫的童虫所引起的马、羊脑脊髓丝虫病及浑睛虫病；副丝虫属（*Parafilaria*）成虫引起的马副丝虫病（血汗症）；盘尾丝虫属（*Onchocerca*）成虫所引起的马、骡盘尾丝虫病；恶丝虫属（*Dirofilaria*）成虫引起的犬恶丝虫病。

一、牛、马丝虫病

引起牛、马丝虫病的病原是丝状科丝状属的一些虫体，这些虫体主要寄生于牛、马的腹腔而引起相应的丝虫病，因此又称为牛、马腹腔丝虫病。由于腹腔是本属线虫的正常寄生部位，而且寄生虫体的数量往往又不多，因此致病力一般也就不显著。但有些种的幼虫，可寄生于非固有宿主的某些器官，引起如脑脊髓丝虫病和浑睛虫病等一些危害较为严重的疾病，给牧业生产造成一定的损失。

病原形态 丝状属的丝虫为较大型线虫，长数厘米至十余厘米，为乳白色，体壁较坚实，后端常蜷曲呈螺旋形。口孔周围有角质的环围绕，在背、腹面，有时也在侧面有向上的隆起，形成唇状。雄虫泄殖孔前后均有性乳突数对，交合刺两根，大小长短不等。雌虫较雄虫大，尾尖上常有结或小刺，阴门在食道部，雌虫产带鞘的微丝蚴，出现于宿主的血液中（图10-58）。

（1）马丝状虫（*S. equina*） 寄生于马属动物的腹腔，有时也可在胸腔、盆腔、阴囊等处发现虫体，呈粉丝状，围口环上的侧乳突较大（图10-59）。雄虫长40～80mm，交合刺两根，不等长。雌虫长70～150mm，阴门开口于食道部前端。尾端呈圆锥状。产出的微丝蚴长190～256μm。

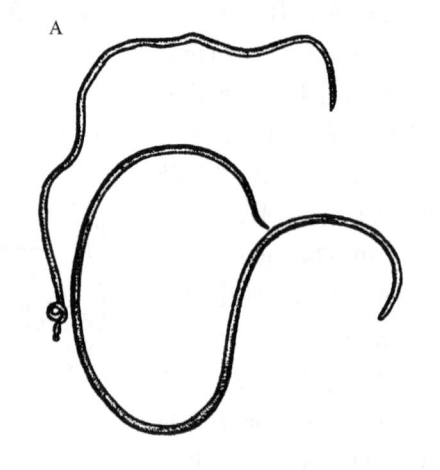

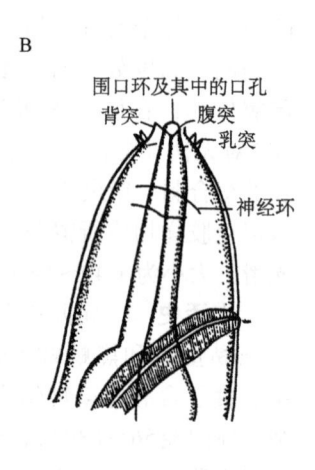

图10-58 马血液里的微丝蚴

图10-59 马丝状虫全形（A）及头部（B）

（2）指状丝虫（*S. digitata*） 寄生于黄牛、水牛、牦牛的腹腔（图10-60）。口孔呈圆形，背腹突相距60～75μm，雄虫长40～50mm。有性乳突15个，其分布为泄殖孔前方3对，侧方1对，前方正中1个，后方3对，靠近泄殖孔的两对相距很近，交合刺两根，不等长。雌虫长41.7～60mm。尾端呈简单的球形纽扣状，但也有不完全光滑而呈现乳突状表面的。微丝蚴长249～400μm。

（3）唇乳突丝虫（*S. labiatopapillosa*） 也称鹿丝虫（*S. cervi*），成虫寄生于牛、羚羊和鹿的腹腔，口孔呈长圆形。背、腹突较大相距120～150μm，雄虫长40～60μm，其尾部性乳突共17个（泄殖孔后方4对，其他同指状丝虫），交合刺两根，不等长。雌虫长60～120μm，尾端球形表面粗糙而由多数刺状乳突构成。尾部侧突距尾端100～140μm，微丝

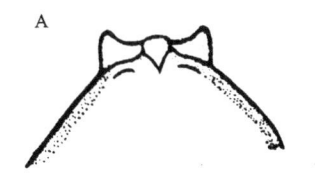

图10-60 指状丝虫
A. 头端侧面；B. 头端腹面；C. 雌虫尾部

蚴长240～260μm。

生活史 牛、马腹腔丝虫成虫的繁殖方式为胎生，成虫于腹腔内产出幼虫——微丝蚴，微丝蚴进入终宿主的血液循环，微丝蚴在终宿主外周血液中的出现具有周期性。当中间宿主——蚊类刺吸血液时，微丝蚴进入蚊体，在蚊体内经12～16d的发育而成为感染性幼虫，并移行到蚊的口器内，然后当此蚊再吸终宿主的血液时，感染性幼虫即进入终宿主体内，经8～10个月发育为成虫。成虫寄生于腹腔。现已证实马丝状虫的中间宿主为埃及伊蚊（Aedes aegypt）、奔巴伊蚊（A. pembaensis）及淡色库蚊（Culex pipiens）。指状丝虫的中间宿主为中华按蚊（Anopheles hyrcanus sinensis）、雷氏按蚊（A. lesteri）、骚扰阿蚊（Armigeres obturbans）和东乡伊蚊（Aedes togoi）。

致病作用 寄生在牛、马腹腔等处的虫体，其致病力不强，不呈现明显的致病作用，有时能引起睾丸的鞘膜积液，腹膜及肝包膜的纤维素性炎症。虽然如此，临床上一般不显症状。此外，有在牛的输卵管内发现指状丝虫的病例。牛、马腹腔丝虫的童虫均可相互引起浑睛虫病，引起马、羊的脑脊髓丝虫病。据报道，牛本身的固有虫种指状丝虫童虫也可致牛的脑脊髓丝虫病。

诊断 采取血液做微丝蚴检查，即可确诊。其方法是采新鲜血液一滴，置载玻片上，加少量生理盐水稀释后，加上盖玻片，在低倍镜下观察，如有微丝蚴存在，即可见其在血液中游动，也可用血液一大滴制作厚膜标本，自然干燥后置水中溶血之后趁湿镜检，如此检出率较高。

防治 给牛、马口服海群生，可杀死血中微丝蚴，但不能杀除成虫。在以273锑治疗耕牛血吸虫病时，曾发现该药有杀死腹腔丝虫的作用，但尚未实际应用于丝虫病。有人推荐用左旋咪唑或伊维菌素治疗。预防本病应包括防止吸血昆虫叮咬和扑灭吸血昆虫两个方面。

二、脑脊髓丝虫病

本病是由丝状科寄生于牛腹腔的指状丝虫（Setaria digitata）和唇乳突丝虫（S. labiatopapillosa）的晚期幼虫（童虫）迷路侵入马的脑或脊髓的硬膜下或实质中而引起的疾病（羊也可发生）。本病多发于东南亚及东北亚一些国家，我国曾多发于长江流域和华东沿海地区，东北、华北等地也有病例发生，给农牧业生产带来一定损失。

病原 马脑脊髓丝虫病的病原体是寄生于牛腹腔的指状丝虫（图10-61）和唇乳突丝虫的晚期幼虫（童虫），为乳白

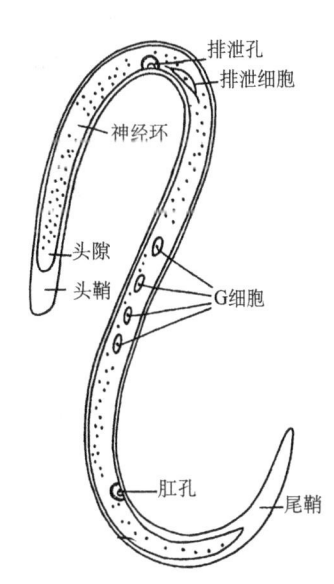

图10-61 指状丝虫微丝蚴模式图

色小线虫，长1.5~5.8cm，宽0.078~0.108mm，其形态特征已基本近似成虫；多寄生于脑底部，颈椎和腰椎膨大部的硬膜下腔、蛛网膜下腔或蛛网膜与硬膜下腔之间。

生活史 寄生于牛腹腔的指状丝虫的成虫产出初期幼虫（微丝蚴），微丝蚴在畜体外周血液中的出现具有周期性。当蚊子在牛体吸血时，将微丝蚴吸入体内经14d左右发育为感染性幼虫，集中到蚊子的胸肌和口器内，当带有此类虫体的蚊子到马体等吸血时，将感染性幼虫注入马体或羊体，甚至人体内时，可经淋巴血液循环侵入脑脊髓表面或实质内，发育为童虫，童虫长1.5~5.8cm，该童虫在其发育过程中，引起脑脊髓丝虫病，童虫的形态结构类似成虫，但不能发育至成虫。

流行病学 本病主要流行于东北亚和东南亚国家。我国的长江流域和华东沿海地区也流行本病。华北、东北有少数病例发生。就畜种来看，马比骡多发，驴未见报道；山羊、绵羊也常发生；牛本身有时也可因指状丝虫幼虫迷入其脑脊髓而发生本病。本病有明显的季节性，多发生于夏末秋初，其发病时间常比蚊子出现的时间晚1个月，因此，本病在7~9月多发，尤以8月为甚。本病的发病率与环境因素较为密切，凡低湿、沼泽、水网和稻田地区一般多发，因为这些环境均适合蚊子滋生。各种年龄的马匹均可发病，但饲养在地势低洼、多蚊、距牛圈近的马匹，比饲养在与此相反条件下的马匹，其发病率之比为4∶1。传播本病的蚊子为中华按蚊和雷氏按蚊。

临床症状 马感染牛丝虫以致发病，是由于虫体通过脑脊髓神经孔进入大脑、小脑、延脑、脑桥和脊髓等处引起的脑脊髓炎症和脑脊髓实质的破坏性病灶。因为幼虫是移行的，并无寄生定位，以致病情有轻重不同，潜伏期长短不一（平均为15d）。主要表现于腰髓所支配的后躯运动神经障碍，呈现痿弱和共济失调为常见，故通常称作"腰痿"或"腰麻痹"。本病也可突然发作，导致动物在数天内死亡。

马的症状 大体可分为早期症状及中晚期症状两类（图10-62）。

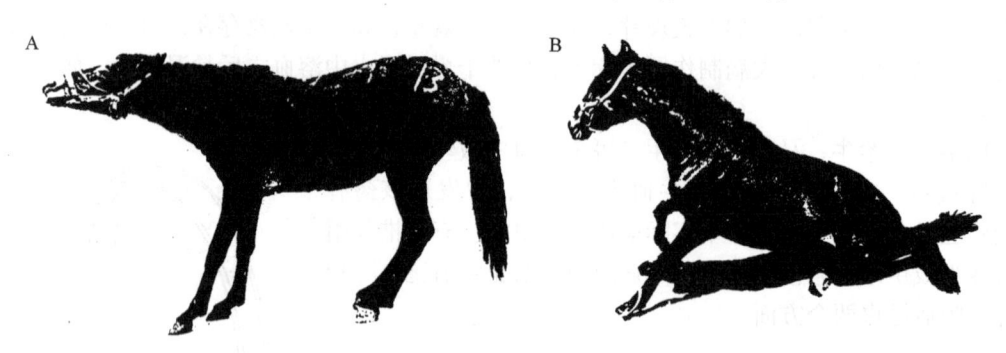

图10-62 马脑脊髓丝虫病症状
A. 早期；B. 中晚期

早期症状 主要表现一后肢或两后肢提举不充分，运动时，蹄尖轻微拖地。后躯无力，后肢强拘。久立后牵引时，后肢出现鸡伸腿样动作和黏着步样。从腰荐部开始，出现知觉迟钝，继而颈部两侧亦然。凹腰反应迟钝，整个后躯感觉也迟钝或消失。这时病马低头无神，行动缓慢。对外界反应降低，有的耳根、额部出汗。

中晚期症状 病马精神沉郁，有的意识障碍，出现痴呆样，磨牙，凝视，易惊，采食异常，尾力减退而欠灵活，不能驱赶蚊蝇；腰、臀、内股部针刺反应迟钝或消失；弓腰、腰硬，突然高度跛行。一般运步，两后肢外张，斜行，易打前失，或后肢出现木脚步样；强制小跑，步幅缩短，后躯摇摆；转弯，后退少步，甚至前蹄践踏后蹄。急退易坐倒，起立困难；站立时后坐瞌睡，后坐到一定程度，猛然立起；后坐时如果臀端倚靠墙柱，便导致上下反复磨损尾根，使尾根被毛脱落。随着病情加重，病马阴茎脱出下垂，尿淋漓或尿频，尿色呈乳状，重症者甚至尿闭、粪闭，须人工掏粪、导尿。

病马体温、呼吸、脉搏、食欲等均无明显变化；血液检查，常见嗜酸性粒细胞增多（23%），早期病例，可有一过性贫血及血沉加快，谷草转氨酶（GOT）稍升高，其他不见变化。

绵羊和山羊的症状：可分为急性型和慢性型。

急性型：羊在放牧时突然倒地不起，眼球上旋，颈部肌肉强直或痉挛或者颈部歪斜，呈兴奋、骚乱、空嚼及叫鸣等神经症状。此种急性抽搐过去后，如果将羊扶起，可见四肢强直，向两侧叉开，步态不稳，如醉酒状。当颈部痉挛严重时，病羊向斜侧转圈。

慢性型：此型较多见，病初患羊无力，步态跟跄，多发生于一侧后肢，也有两后肢同时发生的。此时体温、呼吸、脉搏无变化，患羊可继续正常存活，但多遗留臀部歪斜及斜尾等症状；运动时如履不平，容易跌倒，但可自行起立，继续前进，故病羊仍可随群放牧，母羊产奶量仍不降低。当病情加剧，两后肢完全麻痹，则患羊呈犬坐姿势，不能起立，但食欲精神仍正常。迄至长期卧地，发生褥疮才食欲下降，逐渐消瘦，以致死亡。

病理变化 本病的病理变化是随着丝虫幼虫逐渐移行进入脑脊髓发育为童虫的过程中而引起的寄生性、出血性、液化坏死性脑脊髓炎，并有不同程度的浆液性、纤维素性脑脊髓膜炎而展开的。病变主要是在脑脊髓的硬膜，蛛网膜有浆液性、纤维素性炎症和胶样浸润灶，以及大小不等的呈红褐色、暗红色或绛红色出血灶，在其附近有时可发现虫体。脑脊髓实质病变明显，以白质区为多，可见由于虫体引起的大小不等的斑点状、线条状的褐黄色破坏性病灶，以及形成大小不同的空洞和液化灶。膀胱黏膜增厚，充满絮状物的尿液，若膀胱麻痹则尿盐沉着，蓄积呈泥状。组织学检查，发病部的脑脊髓呈现非化脓性炎症，神经细胞变性，血管周围出血、水肿，并形成管套状变化。在脑脊髓神经组织的虫伤性液化坏死灶内，往往见有大型色素性细胞，经铁染色，证实为吞噬细胞，为本病的一个特征性变化。

诊断 当病马出现临床症状时，才做出诊断，为时已过晚，将难以治愈。因此，本病的早期诊断亟待解决。目前我国还在继续研究中。已制出牛腹腔丝虫提纯抗原，进行皮内反应试验。实践证明，对本病具有早期性和相当的特异性，可用于早期诊断。其方法为每马每次皮内注射抗原0.1ml，注后30min，测量其丘疹直径1.5cm以上的，为阳性反应；不足1.5cm的为阴性反应；丘疹呈卵圆形的，则取其纵横径之和的1/2为准。此反应出现的时机，可早于临床发病3～19d。

此外，在流行区，无论马、羊均须密切注意其运动情况，病初总是后肢强拘，提举伸扬不充分，蹄尖拖地，行动缓慢，甚至迈步困难，步样跟跄，斜行（羊）。马匹继则出现嗜睡、运动姿势特异及后坐等特征性症状，在排除流行性乙型脑炎、外伤、风湿、骨软症等疾病之后，即可初步判定为脑脊髓丝虫病。

防治 应在早期诊断的基础上，进行早期治疗。以免虫体侵害脑脊髓实质，造成不易恢复的虫伤性病灶。

可用治疗药物：海群生（Hetrazan）或丙硫苯咪唑等。

预防为主，对本病具有突出的意义。必须采取控制传染源，切断传播途径，在发病季节采用药物预防，对易感动物加强饲养管理等综合预防措施。

1）控制传染源：马厩、羊舍应设置在高燥、通风、远离牛舍（1～1.5km）的地方；在蚊虫季节尽量防止马、羊与牛接触。有条件时普查病源牛，对带微丝蚴牛可每隔日给予海群生50mg/kg体重，连服4次，可大大减少病原。

2）切断传播途径：大搞环境厩舍卫生，铲除蚊虫滋生地；采用杀蚊药物喷洒、烟熏，灭蚊驱蚊。

3）药物预防：对新马及幼龄马在发病季节可用海群生进行预防。

4）搞好饲养管理，增强马、羊机体抗病能力。

三、浑睛虫病

病原形态 引起马匹患浑睛虫的病原有牛腹腔丝虫——指状丝虫、鹿丝虫，间或有马丝状虫的童虫。本病发生于牛时则多为马丝状虫的童虫。马或牛的一个眼内，常寄生1～3条，游动于眼前房中，马、骡较牛为多发。虫体长1～5cm，其形态构造均近似各该虫的成虫。唯生殖器官尚未成熟。

生活史 按蚊、伊蚊、阿蚊都可作为相应虫种的中间宿主，这些蚊虫都是好吸家畜血液的，在吸血时，将相应的丝虫的幼虫——微丝蚴吸入体内，经14d左右发育为感染性幼虫，集中到蚊的口器内，当该蚊虫在吸家畜血液时，将感染性幼虫注入非固有宿主马、牛体内，可经淋巴血液循环而侵入眼前房内，发育为相应丝虫的童虫，引起浑睛虫病。

症状 病畜畏光、流泪、角膜和眼房液轻度混浊，眼睑肿胀，结膜和巩膜充血，瞳孔散大，视力减退。病畜时时摇晃头部或在马槽及桩上摩擦患眼，严重时可致失明。

诊断 根据临床症状，另外，马、牛患本病时，眼内常寄生1～3条虫体，由于虫体在眼前房液中游动，当对光观察时，可见虫体时隐时现，即可确诊。

防治 浑睛虫病的根本疗法是应用角膜穿刺术取出虫体。手术时，将病马行横卧或站立保定，确实保定头部，当虫体在眼前房游动时，用3%毛果芸香碱液点眼，使瞳孔缩小，防止虫体退至眼后房。再用5%普鲁卡因液点眼麻醉。开张眼睑，固定眼球，用固定0.3～0.5cm长度的小号尖头外科刀的刀尖或小宽针或静注用针头，在距角膜下0.2～0.3cm处，斜向角膜，即使刀与虹膜面平行（如用静脉注射针头时，斜面向内），待虫体正向术者方向游来时，迅速刺入眼房内，此时虫体便随眼房液流出。如虫体不随眼房液流出，可用小镊子将虫体取出。术后，将患畜静养于暗厩内，穿刺的创口一般可在一周左右愈合，术后如分泌物多时，可用硼酸液清洗和应用抗生素眼药水点眼。

预防本病应包括防止吸血昆虫叮咬和扑灭吸血昆虫两个方面。

四、副丝虫病（血汗症、皮下丝虫病）

马副丝虫病是由丝虫科（Filariidae）的多乳突副丝虫所引起的皮下丝虫病。因虫体寄生于马的皮下和肌肉结缔组织之间，并引起出血性肿胀、虫伤性皮肤出血——血汗（bloody sweat）为特征的疾病。在我国早有文献记载，称为血汗症。

病原形态 多乳突副丝虫（*Parafilaria multipapillosa*）为乳白色粉丝状，体质较柔软，常呈"S"状弯曲存在（图10-63）。雄虫体长2.5～3cm，体宽0.26～0.28mm。雌虫体长4～7cm，宽0.42～0.47mm。虫体表面布满环纹，但虫体前端部角皮横纹上出现一些隔断，使环纹形成一种不规则间隔的断断续续的外观，愈向前方隔断愈密而且愈宽，致使环纹颇似一环形的点线（或虚线），再向前方，那些圆形或椭圆形的小点逐步成为一些乳突状隆起，故称多乳突副丝虫。雌虫尾圆，肛门靠近后端，阴门位于口孔后不远。卵胎生，含有胚胎的卵大小为（50~55）μm×（25~30）μm。

生活史 多乳突副丝虫的发育过程需要吸血蝇类为其中间宿主。寄生于皮下组织中的成熟雌虫产卵时，用其头端穿破皮肤并损伤微血管，造成出血，随后产出含幼虫的卵于血滴中。卵经数分钟或数小时，孵出幼虫——微丝蚴。当吸血蝇类叮咬马匹时，随血液吞食了微丝蚴。微丝蚴在蝇体经10~15d发育成感染性幼虫，当含有感染性幼虫的吸血蝇类再去叮咬马匹时，就会将感染性幼虫注入马血液内，幼虫到寄生部位经一年时间发育为成虫。

临床症状 在本病的发生期间，在晴天中午前后，颈部、肩部及鬐甲部、体躯两侧皮肤流出汗珠样血液。仔细观察能发现出血部或其附近有0.6~2.0cm大小的肿胀，发展迅速，开始如球形，坚硬无痛，在其边缘稍有水肿，其上被毛逆立，是由血液蓄积在皮肤表层所形成，然后被虫体突破迅速减压，血液流出沿着被毛滴下或凝成极易发现的条斑。出血时间可持续20~30min，甚至2~3h。午后出血停止，血液凝成干痂，被毛纠结。当雌虫移行到附近部位，可再产生损伤，故第二天或数天后可重复发作。每匹病马体躯上出血部位数目不等，有时可达十余处，出血部皮肤敏感。有时这种出血部可因感染而发生化脓，并可发展至皮下脓疮。天气转凉后自愈，但第二年往往复发，多侵害3岁左右的消瘦的使役马骡。病马有时表现贫血。

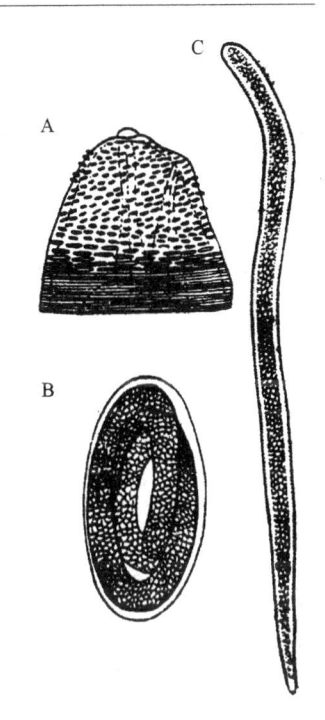

图10-63 多乳突副丝虫头部（A）、虫卵（B）及微丝蚴（C）

诊断 在流行地区，根据特殊的症状——血汗，容易诊断。触诊易患部位，常可摸到真皮肿胀，有助于诊断。但应区别于虻类昆虫叮咬后的出血。如果需要进一步确诊，可采取患部血液，或压破皮肤结节，在显微镜下检查虫卵和微丝蚴。微丝蚴大小为（220~230）μm×（10~11）μm，无鞘，在正常血液内极少。

防治 对本病的全身性治疗可试用海群生内服及酒石酸锑钾。局部可用1%~2%石炭酸溶液涂擦。

对本病的预防主要是保持畜舍及马体清洁，扑灭各种吸血昆虫，及时治疗病马，于吸血昆虫活跃季节，尽量选择高燥牧地放牧，避免遭受感染。

五、牛、马盘尾丝虫病

本病是由盘尾科（Onchocercidae）盘尾属（*Onchocerca*）的一些种线虫寄生于牛、马的肌腱、韧带和肌肉间引起的，在寄生部位常形成硬结。

病原形态 盘尾属的线虫为白色长丝状，口部构造简单；角皮上除有横纹外，尚可见有呈螺旋状的嵴，该嵴往往在虫体侧部中断。

（1）颈盘尾丝虫（*O. cervicalis*） 寄生于马的项韧带和鬐甲部；幼虫群栖于马的皮下组织（图10-64）。为白色丝状虫体，雄虫长60~70mm，有6对尾乳突，交合刺不等长，因至今未能采集到完整的雌虫标本，据估计雌虫长约300mm。头端有乳突8个，阴门开口于虫体前部，距头端650μm。微丝蚴长200~240μm。

（2）网状盘尾丝虫（*O. reticulata*） 寄生于马的屈肌腱和前肢的球节悬韧带上。雄虫长

270mm，交合刺不等长。雌虫长750mm，阴门开口距头端360～400μm。微丝蚴长330～370μm，具有长尾。

（3）吉氏盘尾丝虫（*O. gibsoni*） 寄生于牛的体侧和后肢的皮下结节内。雄虫长30～53mm，尾部向腹面蜷曲，有小尾翼，有6～9对尾乳突，交合刺不等长。雌虫长140～190mm，有人说最长可达500mm，阴门开口距头端0.5～1.0mm。微丝蚴长240～280μm，无鞘。

（4）喉瘤盘尾丝虫（*O. gutturosa*） 寄生于牛的项韧带和股胫韧带内，其幼虫常见于皮下，形成皮炎，间或有使皮肤增厚，形成橡皮病者。雄虫长28～33mm，交合刺不等长。雌虫长600mm以上，阴门开口于距头端0.5mm处。微丝蚴长200～260μm。

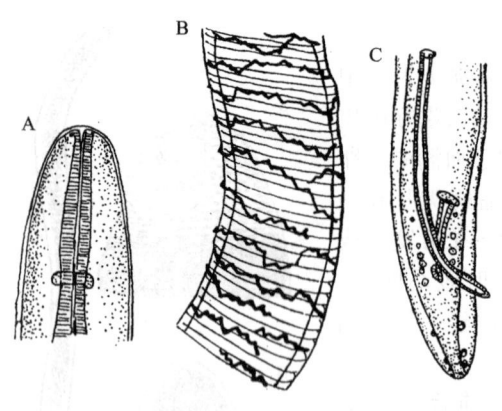

图10-64 颈盘尾丝虫
A. 头端；B. 示角皮横纹和脊；C. 雄虫尾部

生活史 盘尾丝虫的发育过程中，必须有一种吸血昆虫——库蠓、蚋或蚊作为中间宿主。已证实颈盘尾丝虫和网状盘尾丝虫的中间宿主是云斑库蠓（*Culicoides nubeculosus*），还有陈旧库蠓（*C. obsoletus*）和五斑按蚊（*Anopheles maculipennis*）等；吉氏盘尾丝虫的中间宿主是刺螫库蠓（*C. punctatus*）；喉瘤盘尾丝虫的中间宿主是饰蚋（*Simulium ornatum*）。虫体寄生于皮下结缔组织中，所产出的微丝蚴即分布于皮下的淋巴液中，不进入血管，当中间宿主吸取患畜牛、马血液时，幼虫即被吸入，进入中肠，而后到达胸肌，经21～24d后，发育为感染性幼虫，然后转入蠓、蚋的喙部，当它再次叮咬健康牛、马时，即造成新的感染。

症状 盘尾丝虫致病作用的轻重取决于感染虫体的强度和马、牛的健康状态，轻症时不表现临床症状，重症时被虫体寄生的组织由于受到机械的、毒素的作用，诱发炎性浸润，韧带、肌腱组织水肿、肥厚、纤维松散，在纤维束之间积聚多量浆液性和纤维素性渗出物，以后纤维崩解断裂，形成瘢痕，往往钙化而硬结。患部及周围的血管、淋巴管常受到侵害。如继发细菌感染（内源的或外源的），则患部变为化脓-坏死性炎症，出现脓肿或形成瘘管。

本病多呈慢性经过，在病马甲部、颈部或背部出现无痛的较硬固的肿胀，皮肤肥厚，境界不明显，皮肤与下层组织固着不能移动。在良性经过中，肿胀常能经1～2个月慢慢地消散。如因外伤或内源性感染，则患部变成有波动感的脓肿，久之破溃或逐渐形成瘘管，从中流出脓液，此种情况多见于鬐甲部及肩部。

盘尾丝虫病时，通常还可见到周期性跛行、骨瘤、腱鞘炎、滑液囊炎和周期性眼炎等病。

诊断 根据病变出现的特定部位和病变的性质，如皮下结节的形成，一般皮温正常，无明显的痛感，与周围组织无明显的界线，皮肤与皮下组织粘连，皮肤固着，后期化脓或形成瘘管等，可做出初步诊断。对本病的确诊主要依靠患部检出虫体或幼虫。为此可在患部剃毛消毒，将皮肤提起，剪取一小块皮肤，厚3～4mm，面积15～30mm²，放入试管内，加生理盐水，置37℃温箱内放置1～18h，取去皮肤，将液体进行离心分离取沉淀物镜检寻找微丝蚴。

防治 无临床症状者，一般不需要治疗。发现尚未破溃的皮下病变，切忌切开，可试用下列药物：海群生及1%碘溶液。对已出现化脓、坏死过程的病例，必须施行手术疗法，彻底切除坏死组织，术后按一般创伤处理，但必须特别注意护理，尽量防止患部活动。

因鬐甲部为经常活动的部位，以致影响创伤的愈合。预防本病的发生，可在吸血昆虫活跃季节，设法使家畜免受叮咬，如在畜体上喷洒杀虫剂，保持畜舍清洁、干燥和排除畜舍附近的污水等。彻底的措施是消除吸血昆虫的滋生地。

六、犬恶丝虫病

本病是由于丝虫科的犬恶丝虫（*Dirofilaria immitis*）寄生于犬心脏的右心室及肺动脉（少见于胸腔、支气管）引起循环障碍，呼吸困难及贫血等症状的一种丝虫病。除犬外、猫和其他野生肉食动物均可作其终宿主。本病分布甚广，全国各地几乎均有发现。人可偶被感染。

病原形态 犬恶丝虫的成虫呈微白色（图10-65）。雄虫体长12~16cm，末端有11对尾乳突，分为肛前5对，肛后6对，交合刺两根，不等长。雌虫体长25~30cm，尾端直，阴门开口于食道后端，约距头端2.7mm。微丝蚴无鞘，周期性不明显，但以夜间出现较多。犬恶丝虫的成虫常纠缠成几乎无法解开的团块，但也可能游离或被包裹而寄生于右心室和肺动脉中，也有个别的寄生于肺动脉支和肺组织中。此外，还见于皮下和肌肉间组织中。

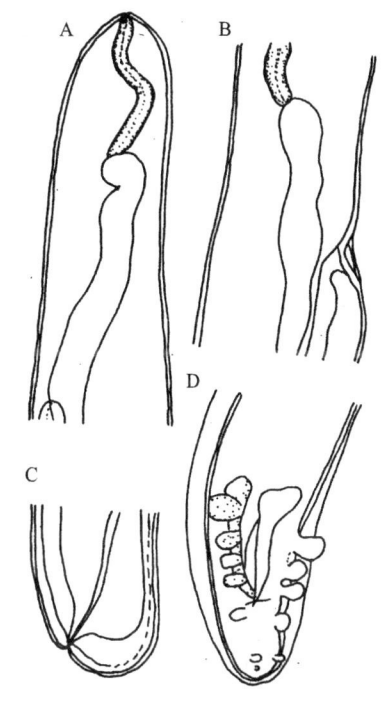

图10-65 犬恶丝虫
A. 头部；B. 阴门部；C. 雌虫尾部；D. 雄虫尾端

犬恶丝虫的幼虫多大量寄生于血液中，在新鲜血液中做蛇行或环行运动，经常与血细胞相碰撞。

生活史 寄生于右心室内的成虫，雌雄交配后，受精卵在雌成虫的子宫内发育和孵化，向体外排出长约0.3mm的幼虫——微丝蚴。微丝蚴释放入血液后可生存一年或一年以上，当中间宿主（中华按蚊、白蚊、伊蚊、淡色库蚊等，除蚊外，其微丝蚴也可在猫蚤与犬蚤体内完成发育）吸病犬体内的血液时微丝蚴进入中间宿主体内，约经2周发育成为对犬有感染能力、体长约1mm的成熟幼虫。当蚊等中间宿主叮咬犬体时，这些成熟幼虫即从其口器逸出，于最短时间内钻进皮孔中，在皮下结缔组织、肌间组织、脂肪组织和肌膜下发育，感染后3~4个月，体长可达3~11cm。然后进入静脉内，最后移行到右心室。移行到右心室的幼虫，如细丝一般，被称为未成虫。未成虫在右心室或肺动脉内继续发育3~4个月，便成为成熟的成虫。以上所述由微丝蚴经蚊等中间宿主感染犬体内发育为成虫需6~7个月。成虫寄生于右心室和后腔静脉、肝静脉、前腔静脉到肺动脉的毗连血管内，本虫有5~6年的寄生时间，并在此期间不断产生微丝蚴。

流行病学 犬恶丝虫在我国分布甚广，北至沈阳，南至广州均有发现。除犬外，在猫和其他野生肉食动物也可被寄生。由于该寄生虫的生活史中所需的中间宿主是吸血昆虫——蚊子等，因此，每年蚊子最活跃的6~10月为本病的感染期，其中感染最强期是7~9月。本病的感染率与经过的夏季成正比；大约经一夏的感染率为38%，经二夏的感染率为89%，经三夏的感染率为92%。犬的性别、被毛长短、毛色等与感染率无关；饲养环境与感染率有关，饲养在屋外的犬感染率高，饲养在屋内的犬感染率低。

临床症状 最早出现的症状是咳嗽，运动时加重，病犬运动时易疲劳，随病的发展，病犬出现心悸亢进，脉细而弱，心有杂音，肝肿大，肝触诊疼痛。腹腔积水，腹围增大，呼吸困难。末期贫血增进，逐渐消瘦衰弱至死。患本病的犬常伴发结节性皮肤病，以瘙痒和倾向破溃的多发性灶状结节为特征。皮肤结节显示血管中心的化脓性肉芽肿炎症，在化脓性肉芽肿周围的血管内常见有微丝蚴。

病理变化 解剖时可见心脏肿大，右心室扩张、瓣膜病、心内膜肥厚。肺贫血、扩张不全及肝变，肺动脉内膜炎和栓塞、脓肿及坏死等。肝有肝硬变及肉豆蔻肝。肾实质和间质均有炎症。后期全身贫血，各器官发生萎缩。

诊断 根据流行病学特征及临床症状的观察可做出初步诊断，最后确诊应在血液中找到犬恶丝虫的微丝蚴。该微丝蚴在新鲜血液中，进行蛇行和环行运动，经常与血细胞相碰撞。具体检查方法是：用血液1ml加7%乙酸溶液或1%盐酸溶液5ml，常速离心2～3min后，倾去上清液，取沉淀物镜检，都易找到微丝蚴。

防治措施
1）驱除成虫：可用硫砷酰胺钠。
2）驱除微丝蚴：可用锑波芬（或锑波芬钾）。预防本病还应包括防止吸血昆虫蚊、蚤等叮咬和扑灭蚊、蚤等两个方面。

七、猪浆膜丝虫病

猪浆膜丝虫（*Selofilaria suis*）为近年来在我国苏、鲁部分地区肉联厂发现的一种新的丝虫。本虫属双瓣科（Dipetalonematidae）的一个新种。

病原形态 虫体呈丝状，中等大小，雄虫长12～26.2mm，角质层有横纹，口简单无唇，头端有8个乳突排列为两圈，食道分为肌、腺两部，尾部向腹面弯曲，有3～6对肛前和肛后乳突，两根交合刺不等长，形状相似。雌虫长50.6～60mm，阴门位于食道腺体部分，不隆起，尾端两侧各有一个乳突，繁殖方式为胎生，微丝蚴有鞘，可在血液中发现。成虫寄生于猪的心脏，以及肝、胆囊、子宫和膈肌等浆膜淋巴管内。

生活史 猪浆膜丝虫的雄虫与雌虫交配后，雌虫产幼虫——微丝蚴，微丝蚴进入血液循环后，被传播媒介——蚊（三带喙库蚊是否为传播媒介的优势蚊种，有待进一步调查证实）吸血的同时进入蚊的体内，当该蚊吸食另一健康猪的血液时，将浆膜丝虫的幼虫注入其体内，本虫进入猪体后容易死亡钙化。

临床症状 患有浆膜丝虫的病猪，精神沉郁，离群独居，"五足落地"（四肢和吻突拱地），体温升高，眼结膜充血有黏性分泌物，食欲不振，行跛状，前肢有疼痛感，惊悸吼叫，剧烈湿咳。静卧时肌肉震颤，犬坐及俯卧姿势，呼吸困难。

病理变化 浆膜丝虫寄生心脏部位，以在左心部为最多，其次是在直行沟，再次为右心部与冠状沟，心耳与心尖部最少。在该处心肌内形成肉芽肿，内有死亡的虫体。有人在随机抽取200只病变猪心，仅在3只猪心中找见活虫，其他均见死亡钙化虫体。据某地屠宰检查，虫体死亡钙化的占98%以上，据此，证明成虫寿命较短，猪对此虫具有很强的抵抗力。浆膜丝虫常寄生于心外膜层淋巴管内，致使病猪心脏表面呈现病状，心外膜表面形成稍隆起的绿豆大，灰白色小泡状乳斑，或形成长短不一、质地坚实的迂曲的条索状物。陈旧病灶外观上为灰白色针头大钙化的小结节，呈砂粒状。病灶的数目，通常在一个猪心上仅见1～2处，但也有多达20多处的，散在地分布于整个心外膜表面，此种情况是比较常见的。

第九节 龙线虫病

国内已知的龙线虫有龙线科（Dracunculidae）的台湾鸟蛇线虫（*Avioserpens taiwana*）和麦地那龙线虫（*Dracunculus medinensis*）两种；前者寄生于鸭的皮下结缔组织，是流行区家鸭的常见多发病之一；后者寄生于人、犬和一些其他的哺乳动物，较少见。

一、鸭鸟蛇线虫病

鸭鸟蛇线虫病是由台湾鸟蛇线虫寄生于幼鸭皮下结缔组织中引起的线虫病。鸟蛇线虫病的病原体为龙线科的台湾鸟蛇线虫（图10-66），本虫寄生于鸟类皮下组织。1919年在我国发现于台湾省的台北地区，1949年后又见于福建、广西、广东、四川、云南和贵州等地。主要侵害雏鸭，染病率非常高，严重时常造成死亡，对农村养鸭威胁很大。

病原形态 虫体细长。角皮光滑，有细横纹；白色，稍透明。头端钝圆，口周围有角质环，其两侧各有1个大乳突，背乳突和腹乳突各为两个。食道由位于前方的短的肌质部和位于后方的长的腺质部组成。肌质部前端膨大，中后部呈圆柱状；腺质部和前部具有一个球形的膨大。雄虫体长6mm，宽0.128mm。尾部弯向腹面，后半部细小，呈指状。交合刺1对，左侧的长0.192mm，右侧的长0.14mm。引器呈三角形，大小为35μm×8μm。雌虫体长100～240mm，体中部宽0.56～0.88mm。

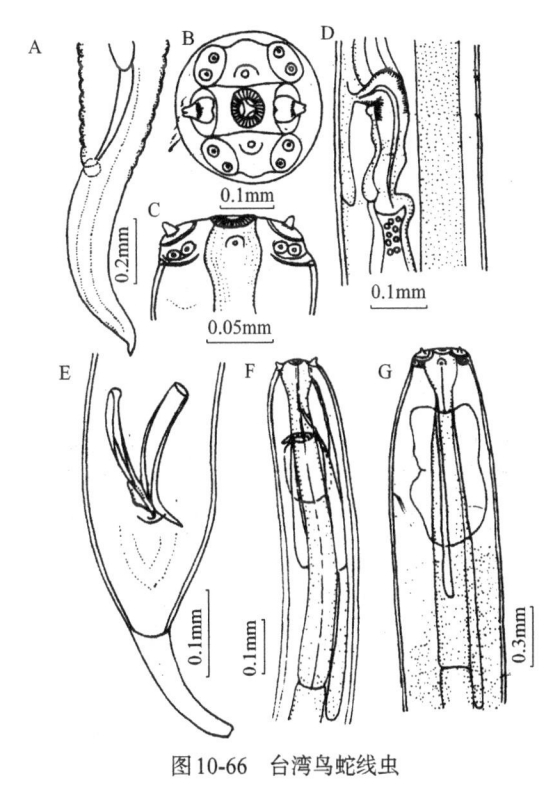

图10-66 台湾鸟蛇线虫
A. 雌虫尾部；B. 雌虫头顶面；C. 雌虫头端侧面；D. 雌虫阴门部；E. 雄虫尾部；F. 雄虫头部；G. 雌虫头部

尾部逐渐变为尖细，并向腹面弯曲，末端有一个小圆锤状的突起。虫体尚未完全成熟时，可见有生殖孔，位于虫体后半部，子宫向前后伸展；虫体充分成熟后，生殖孔即萎缩而不易察见；虫体内的大部分空间为充满幼虫的子宫所占据。幼虫纤细，白色，长0.39～0.42mm，身体的最宽部分为0.015～0.02mm。幼虫脱离雌虫身体后，迅速变为被囊幼虫。被囊幼虫长0.51mm，宽0.021mm，尾长占虫体的1/5，尾端尖。

生活史 属胎生型。成虫寄生于鸭的皮下结缔组织中，缠绕似线团，并形成如小指头至拇指头大小的结节。患部皮肤逐渐变得紧张菲薄，终于为雌虫的头端所穿破。当虫体的头端外露时，充满其中的满含胎虫的子宫便与表皮一起破溃，漏出乳白色液体，其中含有大量活跃的幼虫。鸭在水中游泳时，大量幼虫即进入水中。排出幼虫后的雌虫尸体残留在宿主皮肤的穿孔部，渐次变成暗色，最后自宿主的皮肤上脱落。进入水中的幼虫，被中间宿主——剑水蚤吞食后，即得以进一步发育。据福建的人工感染试验，作为中间宿主的剑水蚤有锯缘真剑水蚤（*Eucyclops serrulatus*）、鲁氏中剑水蚤（*Mesocyclops leuckarti*）、透明温剑水蚤（*Thermocyclops hyalinus*）和英勇剑水蚤（*Cyclops strenuus*）等种。幼虫穿过剑水蚤肠壁，移行至体腔内发育；经过一段时间之后，幼虫蜷曲，停止活动，发育至感染性阶段。当含有这种幼虫的剑水蚤被鸭吞咽后，幼虫即从蚤体内逸出，进入肠腔。经移行最终到达鸭的腮、咽喉部、眼周围和腿部等处皮下，逐渐发育成为成虫。

流行病学 本病是严重损害幼鸭的疾病，主要侵害3～8周龄的雏鸭，成年鸭未见有发病者。在被本虫污染的含有剑水蚤的稻田、池沼或沟渠中放养雏鸭时，即可造成感染。关于本病的流行季节不同地区，鸭发病的集中月份也不同，据贵州有关部门报道，在每年的8月发病最多，而据南宁市郊区的观察，每年的9、10月发病最多。总之，水温高，剑水蚤大量增生的季节发病率高。1月龄幼鸭感染率高，发病重剧，危害严重。雏鸭多在症状发生后10～20d（平均16d）死亡，死亡率为10%～40%。

致病作用 雏鸭患病时，在被寄生的部位长起小指头至大拇指头大小的圆形结节；结节逐渐增大，压迫腮、咽喉部及其邻近的气管、食道、神经和血管等，引起呼吸和吞咽困难，声音嘶哑；如寄生在腿部皮下，则引起步行障碍；危及眼时，可致失明，并因此采食不饱，逐渐消瘦，生长发育迟缓。严重的常可引起死亡。

症状 病鸭消瘦，生长缓慢，虫体多寄生于腭下的皮下结缔组织中，也见于眼周围、脸部、颈部、翅下和腿部，肿胀，初如黄豆大，以后逐渐增大，形如小指头至拇指状，甚至达鸽蛋或蚕茧大小，初时较硬，渐次柔软，触之有如橡胶的感觉，患部皮肤紧张，结节外壁菲薄，有时可在患部看到虫体脱出的痕迹或虫体脱出后遗留的虫体断片。病鸭呼吸、吞咽、潜水、觅食困难、行走缓慢，最后衰竭而死。

病理变化 尸体消瘦，黏膜苍白，患部呈青紫色。切开患部，流出凝固不全的稀薄血液和白色液体，镜检可见大量幼虫。早期病变呈白色，在结缔组织的硬结中，可见有缠绕成团的虫体。陈旧病变中的结缔组织已渐次吸收，留有黄褐色胶样浸润。

诊断 根据流行的季节和症状，在病变部位又发现虫体，一般可以做出诊断。

防治 早期治疗，可取得良好的效果。药物有1%敌百虫溶液、1%碘溶液、0.5%高锰酸钾溶液、5%氯化钠溶液等。按结节大小，局部注射1～3ml，可杀死虫体。结节在10d内可逐渐消失。

预防

1）加强雏鸭的饲养管理。在流行季节，不要到可疑有病原存在的稻田、河沟等处放养雏鸭。

2）在有中间宿主并遭受病原体污染的场所（如稻田、水沟等处），撒布石灰或石灰氮，以杀死中间宿主和幼虫。

3）坚持对病鸭的治疗。特别是早期（在虫体成熟前）治疗，既能阻止病程的发展，又能杀死虫体，减少对外界环境的污染。

4）左旋咪唑对鸟蛇线虫病预防有效率为100%。

二、麦地那龙线虫病

麦地那龙线虫（*Dracunculus medinensis*）属于龙线科龙线属（*Dracunculus*），成虫寄生于人体，引起麦地那龙线虫病。还可寄生于犬、猫、马、牛、狼、豹、猴、狐、水貂等动物。寄生于内脏或皮下结缔组织。

病原形态 本虫是已知最大的尾感器线虫之一，呈细长的圆柱形，具有白色光滑的角质层，前端钝圆，后端弯曲，头部隆起，口呈三角形，口周围有两个环形乳突（图10-67）。雄虫较小，完全发育时，体长12～29mm，宽0.4mm，病愈人体内的雄虫长40mm。虫体后端向腹面卷曲一至数圈，肛门位于末端，交合刺两根，近似等长。

充分发育的雌虫体长500～1200mm（平均600mm），宽0.9～2.0mm，细小的阴门位于虫体中部稍下方，胎生。

生活史 成熟的雌虫寄生于人体、犬或其他动物的皮下组织。虫体头端伸向皮肤表面，由于虫体及其幼虫分泌的毒性物质的刺激，宿主的皮肤表面形成水疱，继之水疱破裂，形成慢性溃疡，其中间有一小孔，当患部与水接触时，雌虫受刺激，虫体前端由小孔伸出体外，虫体破裂，部分子宫脱出并破溃将幼虫排入水中，每次宿主与水接触时，子宫就向外脱出一部分，当宿主离水时，雌虫又缩回皮下组织，直至虫体内的幼虫全部排完，雌虫即死亡，被

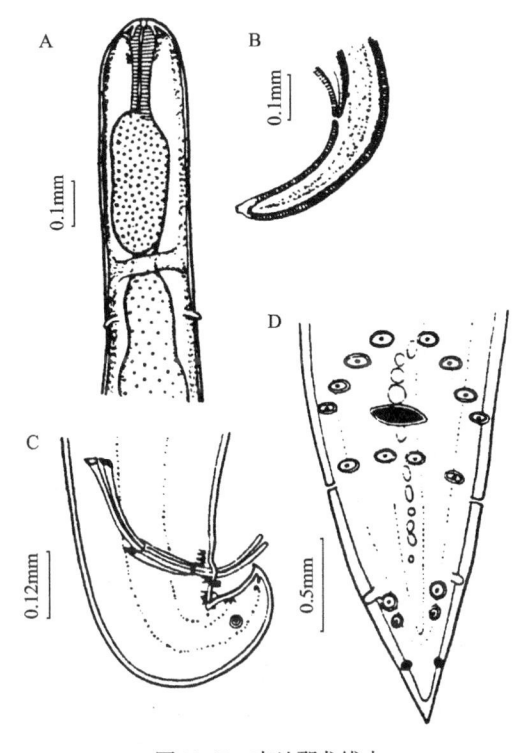

图10-67 麦地那龙线虫
A. 虫全前部；B. 雌虫尾部；C. 雄虫尾部侧面；
D. 雄虫尾部腹面

组织吸收。幼虫在水中游动，可存活4～7d，在泥泞或潮湿的土地可存活2～3周。中间宿主——剑水蚤吞食了幼虫，在一定的温度下，经一段时间，如25℃时，经12～14d后，剑水蚤体内的麦地那龙线虫的幼虫蜕皮两次，发育为感染性幼虫。含有感染性幼虫的剑水蚤被人、犬及其他动物食入后，经消化作用，感染性幼虫从剑水蚤体内逸出，钻入终宿主的肠壁，经移行（移行途径不明）21d到皮下结缔组织，感染后约20d进行第三次蜕皮，感染后第43天进行最后一次蜕皮，并逐渐发育成熟，感染后的3个半月内达到腋窝和腹股沟区。雌虫于感染后的3个月内受精。雄虫于感染后3～7个月死亡，成熟的雌虫于感染后第8～10个月移行至终宿主肢端的皮肤。此时雌虫子宫内的幼虫已完全发育成熟，即可向外排出幼虫。

流行病学 本病主要流行于非洲和南亚等热带地区，我国仅有犬感染的报告，本病在农村地区多发，并与缺乏水源及饮水不卫生有密切关系。人与动物感染本病是由于吞入含有感染性幼虫的剑水蚤。人既是终宿主也是贮存宿主，在人感染率很高的地区，家畜尤其是犬，也可能是贮存宿主。本病的发病季节以5～9月为高。

临床症状 体温升高，病犬烦乱，雄犬比雌犬易于感染，幼犬最敏感，病犬皮肤出现疹块和水疱。水疱破裂释放出血样分泌物。雌虫的成虫最常在四肢寄生，在此处用乙醇喷洒，乳白色的分泌物中含有活的麦地那龙幼虫。通过对实验感染犬的尸体剖检发现：未显露的成熟雄虫和不同发育阶段雌虫，一般见于食管后和肩胛下，其他部位如腹股沟、腋窝、脊柱、四肢、胸腹壁、心前脂肪、脑脊髓膜、头皮和心房、心室等处虫体很少。

诊断 在病畜体表发现特征性水疱、幼虫和成虫为确定感染本病的最可靠方法。

防治 用外科手术取出虫体或用甲苯咪唑促使虫体自行排出。改善供水条件，不饮生

水，避免与有中间宿主的水源接触或消灭水中的中间宿主是防止感染本病的重要措施。

第十节 犬肾膨结线虫病

犬肾膨结线虫病是由膨结目（Dioctophymata）膨结科（Dioctophymidae）膨结属（*Dioctophyma*）的肾膨结线虫（*Dioctophyma renale*）寄生于犬的肾脏或腹腔引起的。又称为肾虫病。也寄生于貂和狐，偶见于猪和人。

病原形态 虫体呈鲜红色，圆柱状，两端略细（图10-68）。口孔周围有两圈乳突。雄虫长13~45cm，雌虫长20~100cm，多寄生于右肾。虫卵呈椭圆形，为棕黄色，大小为（72~80）μm×（39~48）μm。卵壳厚，除两端外，表面有许多明显的小凹陷。

生活史 肾膨结线虫寄生于肾盂及和输尿管相通的脂肪组织的包囊内。因此，雌虫产生的虫卵能经输尿管排出体外。虫卵的发育甚慢，在水中和潮湿的土中约需6个月才能发育为含有第一期幼虫的卵。第一期幼虫大小为0.24mm×0.014mm。卵对外界环境抵抗力强，能生存5年。含有第一期幼虫的卵被第一中间宿主蛭形蚓科和带丝蚓科的寡毛环节动物[如蛭蚓（*Lumbriculus variegatus*）]吞食后，第一期幼虫在其肠内孵出，钻入体腔发育为第二期幼虫。当含有第二期幼虫的第一中间宿主被鱼类吞食后，第二期幼虫就移行到肠系膜，并在那里成囊，在囊内脱皮成第三期幼虫，再次蜕皮形成第四期幼虫。终宿主由于食用未煮熟的含有第四期幼虫的鱼而被感染。第四期幼虫在终宿主的十二指肠内脱囊，穿破肠壁侵入肾脏发育为成虫，由虫卵发育到成虫约需2年。

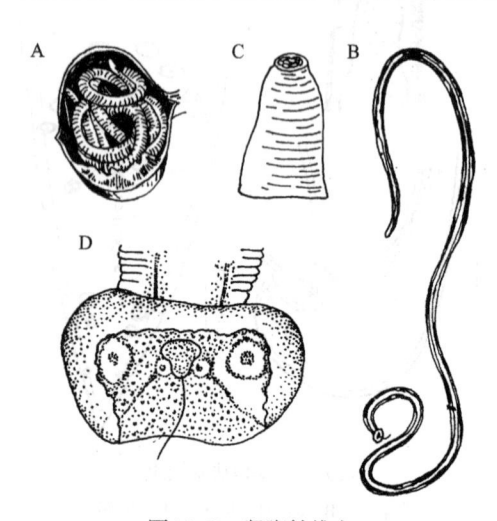

图10-68 肾膨结线虫
A. 肾中成虫；B. 雄虫全形；C. 头端；D. 雄虫尾端

据研究发现，完成本虫生活史所需的中间宿主只有寡毛环节动物一种，而鱼则是转续宿主，以感染的寡毛环节动物喂犬，结果犬获得了感染，幼虫在犬体内蜕皮移行至肾发育成熟。

症状 进入犬体内的肾膨结线虫的幼虫接近或达到成熟时才发生症状。病犬的体重明显减轻，在数周内体重减少1/3或1/2。病犬的尿液中带有白色黏稠的絮状物、脓液或血液等。病犬排尿次数增加，有时呈现肌肉震颤、贫血及腹痛。

病理变化 由于患有肾虫病而死亡的犬尸体消瘦，肝肿大变硬，切开肝内有包囊和脓肿，内含有幼虫。肝门静脉中有血栓存在，切开血栓内含有幼虫。肾盂有脓肿，肾盂内有肾膨结线虫寄生。输尿管的管壁增厚，并常有数量较多的包囊，在包囊内有成虫寄生。有时在膀胱的外围也有包囊，内有成虫寄生。

诊断 本病的确诊一是根据症状；二是在其体内发现该寄生虫或在虫卵检查时发现该寄生虫的虫卵。因此，具有本病的临床症状及在尿中发现肾膨结线虫的虫卵即可确诊。对死亡的病犬剖检肾脏及输尿管周围脂肪内有无脓肿、包囊及虫体等以便确诊。

防治 治疗需施行外科手术。也可用丙硫苯咪唑治疗。为切断本病的流行，一是定期给犬驱虫，以消灭病原；二是防止犬吞食生鱼或其他水生生物，以防感染。

第十一章 棘头虫病

棘头虫病是由棘头虫动物门（Acanthocephala）的寄生虫寄生于家畜、家禽等动物而引起的消化道蠕虫病。

第一节 棘头虫的形态和生活史

一、棘头虫的形态

1. 一般形态 棘头虫是一类雌雄异体，两侧对称，具有假体腔（pseudocoel），没有消化系统和循环系统的蠕虫。虫体呈椭圆形、纺锤形或圆柱形等不同形态。大小差别极大，小的约1.5mm，大的可长达650mm。虫体前端有1个形成嵌套构造的可以伸缩的吻突（proboscis），其上有小钩或小棘，故称为棘头虫。虫体分为短细的前体部（presoma）和粗长的躯干部（trunk）。主要寄生于鱼类、鸟类和哺乳类等脊椎动物的肠道内。

前体部由吻突和颈部所组成。吻突呈圆柱形、卵圆形或球形，可嵌入或伸出吻囊（proboscis sac）。吻突上的钩或棘是附着器官，可以附着于肠壁上。钩或棘大小不一，形状相似，排列多样。吻突后面的颈部一般较短，无钩无棘。

躯干部呈细长的圆柱状、稍扁的梭状、棒状、微弯曲螺旋形，或前面较宽、后面细长等多种形状。假体腔内含神经系统、生殖器官、排泄器官和体腔液等。体表光滑或有不规则的皱纹，或形成环纹状分节。虫体无固定颜色，因吸收宿主营养物质而呈乳白、黄、橙、棕褐和淡红色等。

2. 体壁 由5层固有体壁和两层肌肉组成，各层均由结缔组织支持和粘连着。

最外层为上角皮（epicuticle），由一层薄的酸性多糖（acid polysaccharide）组成；其下为角皮，由稳定的脂蛋白（lipoprotein）构成，上有来自第三层的许多小管的开口形成的小孔；第三层叫条纹层（striped layer），为均质构造，那些有角质衬里的小管通过这一层延伸到第四层；第四层叫覆盖层（felt layer），该层含许多空纤维索，还有线粒体、小泡等；第五层即固有体壁最深层，叫作辐射层（radial layer），内含少量纤维素、多量较大的腔隙状管及线粒体等，体壁的核也在此层中。辐射层内侧的原浆膜（plasma memberane）具有许多皱襞，皱襞的盲端部分里含有脂肪滴。原浆膜下即肌层，较薄，是一种合体构造，核的数目大体固定，由细胞质和原纤维构成肌纤维。肌层分为由结缔组织围绕着的外环肌层和内纵肌层，并有许多内质网。肌层的里面为假体腔，无腔膜。

角皮中的密集小孔具有吸取营养的功能。条纹层的小管作为运输营养物质的导管，将营养物质送到覆盖层的腔隙系统。条纹层和覆盖层的基质可能具有支架作用。辐射层中的线粒体、原浆膜及脂肪滴是体壁最具活力的部分，被吸收的化合物在那里进行代谢，原浆膜皱襞具有运送水和离子的功能。

3. 内部构造 虫体前体部的吻突之后，有一个吻囊（图11-1）。吻囊是由单层或双层肌肉构成的肌质囊，由肌鞘和吻突壁的内侧相连，悬在假体腔内，吻突和吻囊由一些特殊的肌带支配起作用。吻腺（lemniscus）呈长形，附着在吻囊两侧的体壁上，多种虫体吻腺游离于假体腔中。韧带囊（ligament sac）和韧带索（ligament strand）是棘头虫的一种特殊构造。韧带囊是结缔组织构成的空管状构造，是假体腔的隔离部分，从吻囊起穿行整个虫体内部，包裹着生殖器官。雌虫的韧带囊常随着性成熟而破裂，退化为一个带状物。韧带索是内胚层或中肠性质的一个有核的索状物，位于两个韧带之间或一个韧带囊的腹面，前端附着在吻囊的后部，后端与雄虫的生殖鞘或雌虫的子宫钟相连。

4. 神经系统 由神经节及其分支所组成。神经节是一个大的细胞团，周围有许多神经节细胞，包藏在吻鞘顶部腹侧壁的正中间。神经分支分布于吻突、颈部肌肉和感觉乳突及虫体躯干部的各组织上。雄虫阴茎部还有一对生殖神经节，两个神经节之间有环状联合。来自脑神经节的分支通过这一对生殖神经节，由此再生出分支，分布于阴茎和交合伞。雌虫无性神经节。

5. 排泄系统 由位于虫体生殖系统两侧的一对原肾组成。原肾是由附着在一个总干上的许多焰细胞和收集管构成的分支的团块。收集管通过原肾管汇合成一个单管通入排泄囊，然后再连接于雄虫的输精管或雌虫的子宫而与外界相通。

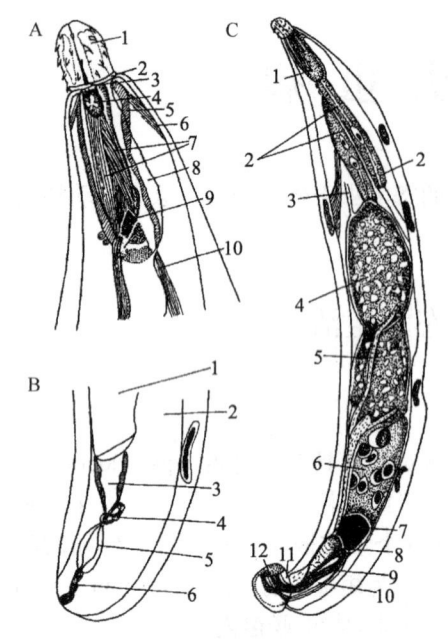

图11-1 棘头虫的内部构造

A. 头部：1. 吻突；2. 颈；3. 颈乳突；4. 头器；5. 肌鞘；6. 牵缩肌；7. 伸延肌；8. 吻腺；9. 吻神经节；10. 背韧带囊。B. 雌虫后部侧面：1. 腹韧带囊；2. 背吻牵缩肌；3. 子宫钟；4. 选择器；5. 子宫；6. 阴道。C. 雄虫侧面：1. 吻囊；2. 吻腺；3. 韧带索；4. 睾丸；5. 输出管；6. 黏液腺；7. 黏腺囊；8. 贮精囊；9. 黏腺管；10. 斯氏囊；11. 交合伞；12. 雄茎

6. 生殖系统 由卵巢、子宫钟、子宫、阴道和阴门组成。卵巢在背韧带囊壁上发育，以后逐渐崩解为卵球或浮游卵巢。子宫钟呈倒置的钟形，前端为一大的开口，后端的窄口与子宫相连；在子宫钟的后端都有侧孔开口在背韧带囊或假体腔。子宫后接阴道，末端为阴门。

二、棘头虫的生活史

交配时，雄虫以交合伞附着于雌虫后端，雄虫向阴门内射精后，黏液腺的分泌物形成黏液栓，封住雌虫生殖孔，以防精子逸出。卵细胞从破裂的卵球出来后受精；受精的卵在韧带囊或假体腔内发育。之后虫卵被吸入子宫钟，未成熟的虫卵通过子宫侧孔流回假体腔或韧带囊；成熟的虫卵由子宫钟入子宫，经阴道、阴门排出体外。成熟的卵中含有幼虫，称为棘头蚴（acanthor），一端有一圈小钩，体表有小刺，中央部有含小核的团块。中间宿主为甲壳类动物和昆虫。自然界中的虫卵被中间宿主吞食后，在肠内孵化，其后幼虫钻出肠壁，固着于体腔内发育，先发育为棘头体（acanthella），之后变为感染性幼虫——棘头囊（cystacanth）。终宿主因摄食含有棘头囊的节肢动物而被感染。在某些情况下，棘头虫的发育史中可能有搬运宿主或贮藏宿主，如蛙、蛇或蜥蜴等脊椎动物。也有的棘头虫需要第二中间宿主。

第二节 猪棘头虫病

猪棘头虫病是由棘头虫纲少棘吻目（Oligacanthorhynchida）少棘吻科（Oligacanthorhynchidae）巨吻属（Macracanthorhynchus）的蛭形巨吻棘头虫（M. hirudinaceus）（图11-2）寄生于猪小肠内引起的寄生虫病。以空肠为最多，也寄生于野猪、犬和猫，偶见于人，我国各地普遍流行。有些地区本病的危害甚至大于猪的蛔虫病，是很值得注意的一种蠕虫病。

病原形态 猪棘头虫为大型虫体，呈乳白色或粉红色，体表有明显的环状皱纹。前端粗，向后逐渐变细。头端有一个可伸缩的吻突，吻突上有5~6列强大向后弯曲的小钩。雌雄虫体差别很大。雄虫长7~15cm，雌虫长30~68cm。虫卵长椭圆形，深褐色，两端稍尖（图11-3）。卵壳由4层组成，外层薄而无色，易破裂；第二层呈褐色，有细皱纹，两端有小塞状构造，一端的较圆，另一端的较尖；第三层为受精膜；第四层不明显。虫卵内的棘头蚴头端有4列小棘，第一、二列较大，第三、四列较小。虫卵大小为（89~100）μm×（42~56）μm，平均为91μm×47μm，棘头蚴为26μm×58μm。

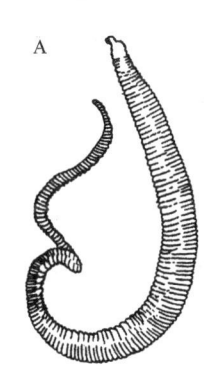

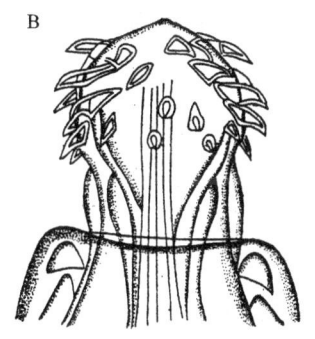

图11-2 蛭形巨吻棘头虫雌虫全形（A）及吻突（B）　　图11-3 棘头虫卵（构造示意）

生活史 猪感染棘头虫后2~3个月，即开始排出虫卵，因其繁殖能力极强，每天可产卵26万~68万个，持续时间可达10个月。虫卵对外界环境中各种不利因素的抵抗力很强，在土壤中能存活数月。中间宿主为鞘翅目的某些昆虫，国内已发现2种天牛、11种金龟子、1种水甲为中间宿主，如大牙锯天牛（Dorysthenes paradoxus）（辽宁）、曲牙锯天牛（D. hydropicus）（山东）、棕色鳃金龟子（Holotrichia titanis）（山东）、云斑鳃金龟子（Polyphylla laticollis）（山东、辽宁）、暗黑鳃金龟子（Holotrichia parallela）（辽宁）及长须水甲（Hydophilus acuminatus）（辽宁）。当甲虫的幼虫吞食棘头虫卵，棘头蚴即在其肠中发育，脱出卵膜逸出，棘头蚴以其吻部的钩穿过肠壁，游离于甲虫体腔中发育为棘头体，然后长齐吻突、吻钩，并缩入吻鞘内，此时体长3.5~4.4mm，宽1.5~1.6mm，为扁平白色具有感染能力的包囊状棘头囊（有人称此期为棘头体），肉眼可见。

当甲虫发育为蛹或成虫时，棘头囊仍留在体内，猪吞食甲虫的幼虫、蛹、成虫均可感染棘头虫病。棘头囊进入猪肠后，破囊而出，吻突固定于肠壁上，经2.5~4个月发育为成虫，虫体在猪肠内寿命为10~24个月。据报道，如果甲虫的幼虫在6月以前感染则经过3个多月即能发育为感染期棘头囊，如果在7月以后感染，则需要12~13个月才能发育为棘头囊。一个中间宿主体内可有几十个棘头囊，棘头囊在其体内可存活2~3年（图11-4）。

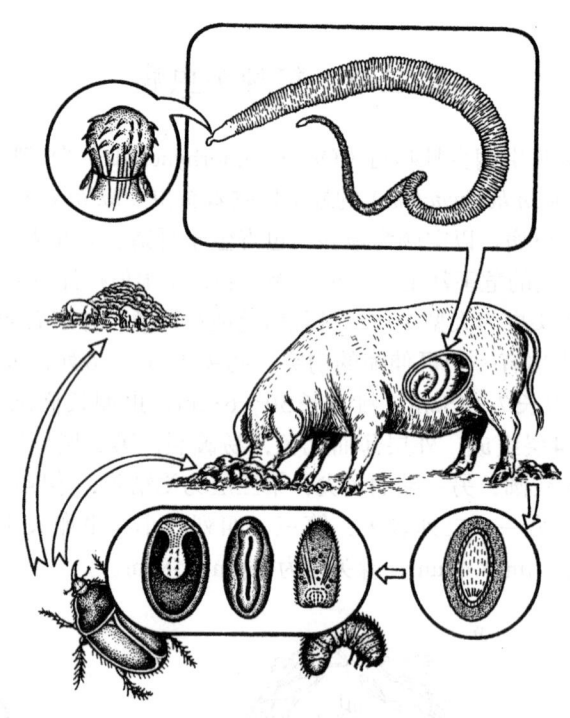

图11-4　蛭形巨吻棘头虫生活史

流行病学
1）呈地方性流行，8~10月龄猪感染率较高，严重流行地区其感染率可达60%~80%及以上。
2）棘头虫卵适宜于温暖潮湿的环境，45℃长时间不受影响；在干湿交替的土壤中（37~39℃）368d不至死亡，在5~9℃时，能生存551d，在-16~-10℃时能活140d。
3）甲虫是本病的感染来源，猪的感染时期及感染率与甲虫出现时间和分布有直接关系，一般为春夏季感染。放牧猪比舍饲猪感染率高；甲虫喜光易集中于强光灯下，故劳改农场因夜间照明多，猪发生本病也多。
4）据试验以大量成熟的虫卵人工感染蛴螬，结果从一个蛴螬得到2852个棘头囊，但自然情况下，一个蛴螬不超过400个棘头囊。猪体的感染强度一般约30条，但也有多达70条或200条的。

致病作用和症状　棘头虫以强有力的吻突及其小钩牢牢地叮着在肠黏膜上，引起肠黏膜炎症，肠壁组织严重损伤可以产生坏死和溃疡。侵害若达浆膜层，即产生小结节，呈坏死性炎症。观察炎症部位周围组织切片可见到嗜酸性粒细胞带，并有细菌存在。

症状表现随感染强度而不同。感染少量虫体，症状不显；严重感染时，在第三天即可见到食欲减退、下痢、腹痛、腹肌抽搐、刨地、粪便带血。病猪腹痛时表现为采食骤然停止，四肢撑开，肚皮贴地呈拉弓姿势，同时不断发出哼哼声（某些地区称哼哼病）。重剧者则突然倒在食槽旁，四蹄乱蹬，通常在1~3min后又逐渐恢复正常，继续采食。

当虫体固着部位发生脓肿或肠穿孔时，症状加剧，体温升高达41℃，患猪表现衰弱，不食，腹痛，卧地，多以死亡告终。一般感染时，因虫体吸收大量养料和虫体的有毒物质作用，患猪贫血、消瘦和发育停滞。

病理变化 尸体消瘦，黏膜苍白。在空肠和回肠的浆膜上见有灰黄或暗红色小结节，周围有红色充血带。肠黏膜发炎，严重的可见肠穿孔，吻突穿过肠壁吸着在附近浆膜上，形成粘连。肠壁增厚，有溃疡病灶。肠管充满虫体，有时因肠破裂而致死。

诊断 以直接涂片法和水洗沉淀法检查粪便中的虫卵，可确诊本病。棘头虫在人体内大部分不能发育至性成熟，在粪便中不易查见虫卵。

治疗 可用药物有左旋咪唑和丙硫苯咪唑等。

预防 对本病的预防在于消灭感染来源（对全圈猪进行普查1~2次，对病猪进行驱虫）；切断传播途径，粪便发酵处理；甲虫活动季节（5~7月），猪场内不宜整夜用灯光照明，避免招引甲虫；改进饲养管理，必要时改为舍饲。

第三节 鸭棘头虫病

鸭棘头虫病是由多形棘头虫和细颈棘头虫寄生于鸭、鹅、天鹅、野生游禽和鸡的小肠引起的疾病。

病原形态 主要有寄生于禽类肠道的多形科（Polymorphidae）多形属（*Polymorphus*）和细颈棘头属（*Filicollis*）的虫体。

（1）大多形棘头虫（*P. magnus*） 虫体呈橘红色，纺锤形，前端大，后端狭细（图11-5）。吻突上有小钩18个纵列，每行7~8个，每一纵列的前4个钩比较大，有发达的尖端和基部，其余的钩不很发达，呈小针形。雄虫长9.2~11mm，雌虫长12.4~14.7mm，宽1.3~2.3mm，虫卵呈长纺锤形，大小为（113~129）μm×（17~22）μm，在卵胚的两端有特殊的突出物。我国广东、四川、贵州存在。

（2）小多形棘头虫（*P. minutus*，同物异名 *P. boschadis*） 虫体较小，也呈纺锤形（图11-6）。雄虫长3mm，雌虫长10mm，新鲜虫体呈橘红色，吻突卵圆形，生有16纵列的钩，每列7~10个，前部的大，向后逐渐变小。虫卵纺锤形，有三层膜，大小为110μm×20μm，内含黄而带红色的棘头蚴。我国台湾省有其存在。

图11-5 大多形棘头虫雄虫（A）、雌虫（B）和虫卵（C）　　图11-6 小多形棘头虫雄虫

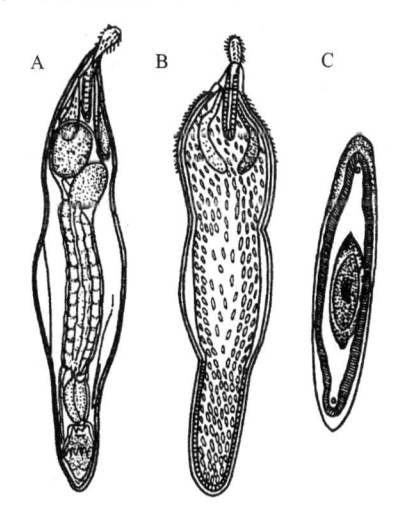

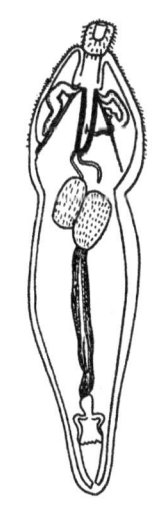

（3）腊肠状多形棘头虫（*P. botulus*） 发现于福建鸭的小肠。

（4）鸭细颈棘头虫（*F. anatis*）　本虫发现于贵州，虫体呈白色纺锤形，前部有小刺（图11-7）。雄虫大小为（4~6）mm×（1.5~2）mm。吻突呈椭圆形，具有18纵列的小钩，每列10~16个。雌虫呈黄白色，大小为（10~25）mm×4mm，前后两端稍狭小。吻突膨大呈球形，直径2~3mm，其前端有18纵列的小钩，每列10~11个，呈星芒状排列。虫卵椭圆形，大小为（60~70）μm×（20~25）μm。

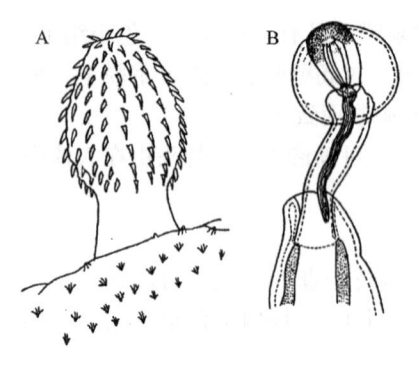

图11-7　鸭细颈棘头虫雄虫前部（A）和雌虫前部（B）

生活史　大多形棘头虫以甲壳纲端足目的湖沼钩虾为中间宿主；小多形棘头虫以蚤形钩虾、河虾和罗氏钩虾为中间宿主；腊肠状多形棘头虫以岸蟹为中间宿主；鸭细颈棘头虫以等足类的栉水虱为中间宿主。虫卵随粪便排出，被钩虾吞食经一昼夜孵化，棘头蚴固着于肠壁经4~5d钻入体腔；再经14~15d，发育成为椭圆形的棘头体，被厚膜包裹，游离于体腔内。感染25~27d可辨别雌雄，51~53d具有棘头虫特征性构造；再经5~10d，幼虫蜷缩、吻突缩入体腔，变成卵圆形的棘头囊，达到感染期。自中间宿主吞食虫卵起，经54~60d，即发育为感染性幼虫。鸭吞食含感染性幼虫的钩虾后，经27~30d发育为成虫。钩虾多分布于水边及水生植物较多的地方，以腐败的动植物为食。小鱼吞食含幼虫的钩虾后可成为多形棘头虫的贮藏宿主，鸭摄食这种小鱼仍能获致感染。

部分感染性幼虫可在钩虾体内越冬，湖沼钩虾可生活两年，蚤形钩虾可生活3年，其感染率最高达82%（夏季），故多形棘头虫的感染季节多为7~8月（图11-8）。

症状　主要症状为下痢、消瘦、生长发育受阻。幼鸭表现得明显，重症者死亡。

致病作用与病理变化　大、小多形棘头虫均寄生于小肠前段；鸭细颈棘头虫寄生于小肠中段。棘头虫以吻突钩牢固地附着在肠黏膜上，引起卡他性炎症，有时吻突穿达肠壁浆膜层，在固着部位出现溢血和溃疡。由于肠黏膜的损伤，容易造成其他病原菌的继发感染，引起化脓性炎症。大量感染，并且饲养条件较差时，可引起死亡。幼禽的死亡率高于成年禽类。剖检时，可在肠道浆膜上看到肉芽组织增生的小结节，大量橘红色虫体固着于肠壁上，并出现不同程度的创伤。

诊断　以离心沉淀法或离心浮集法检查粪便中的虫卵，或做病理剖检，寻找虫体。本病常呈地方性流行，可作为诊断的参考。

治疗　可用四氯化碳等。

预防　对发生本病的鸭场，应经常进行预防性驱虫，在驱虫10d后，转入安全池塘放养。雏鸭与成鸭分开。尽可能设法消灭中间宿主，如每年秋末冬初干塘一次。加强饲养管理，给以充足的全价饲料，增强抗病能力。

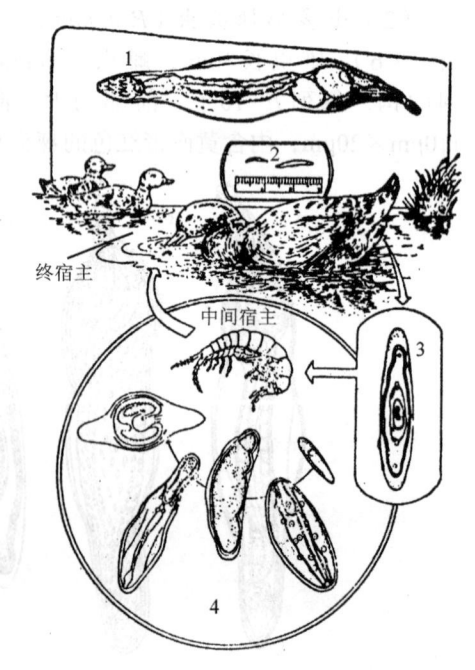

图11-8　多形棘头虫生活史
1, 2. 成虫；3. 虫卵；4. 在中间宿主体内发育的各期幼虫

第十二章　节肢动物病

节肢动物病学是研究寄生在家畜或家禽等动物体表或体内的一些节肢动物所引起的疾病的科学。同时也研究作为疾病传播者（媒介）的蜱螨、昆虫和它们所传播的传染病、寄生虫病之间的关系。因而它不仅是动物寄生虫病学的重要组成部分之一，也和流行病学、公共卫生学密切相关，是现代预防医学中不可缺少的一个组成部分。

第一节　节肢动物的形态、生活史和危害

节肢动物病是研究寄生于动物体表或体内的一些节肢动物所引起的疾病。蜱螨和昆虫都属于节肢动物门（Arthropoda），因此动物医学上蜱螨和昆虫的形态主要是指节肢动物形态。

一、节肢动物的形态和分类

节肢动物是动物界中最大的一门，有100余万种，分13纲，与动物医学有关的有4纲。其主要形态特征为：身体左右对称，由许多环节组成，每节有一对分节的肢。体壁硬化，俗称外骨骼，由类似皮革的一种鞣制蛋白组成，在其上有不同量的几丁质；体内也有几丁质棒或板而称为内骨骼；内、外骨骼都是横纹肌的附着器官。循环系统为开放式的，心脏呈长管状，位置在消化道的背侧，无血管，血液由心脏的侧孔入心，由前端的主动脉出心，直喷入体腔内，因此又称为血腔。呼吸系统由鳃或气门组成，鳃或气门具有呼吸作用，由气门相通的气管（或小气管）进入各器官的组织进行氧和二氧化碳的交换。消化器官分成三部分，前肠由口腔、咽、食道及前胃组成，用于磨碎和消化食物；中肠由胃构成，用于消化和吸收食物；后肠由结肠和直肠组成，用于累积和排泄粪便。中枢神经系统由神经环、神经节和神经干组成，神经环围绕食道，位于头部的背侧部分为"脑"，每个体节有成对的神经干和神经节，腹部的神经干和神经节位于消化道的下方。

与动物医学有关的4纲分别如下。

1. 蛛形纲（Arachnida）　体分为头胸部与腹部两部分，或头胸腹合为一体，成虫有足4对，无翅。有单眼或无眼，无触角。有螯肢及须肢。蛛形纲分为11亚纲，与动物医学有关的是蜱螨亚纲（Acari）。

2. 昆虫纲（Insecta）　体分头、胸、腹三部。胸部有足三对，典型昆虫有翅两对，分别生长于中胸及后胸，但有些昆虫后翅消失（如双翅目），有的前、后翅均消失（如虱目、蚤目）。有复眼、单眼，有触角一对，昆虫纲种类极多，在动物医学上具重要意义的有5目20科。

3. 甲壳纲（Crustacea）　多生活在水中，头胸融合成头胸部，有两对触角，体被是多壳的角质甲壳。个别有陆生或寄生的，其中水蚤为裂头绦虫、棘颚口线虫、麦地那龙线虫的中间宿主。蟹和虾是肺吸虫的第二中间宿主，虾还是肝吸虫的第二中间宿主。

4. 五口虫纲（Pentastomida）　寄生于脊椎动物体内。成虫体细长，呈蠕虫状，无肢，体表具有许多明显的环纹，口器简单，用体表进行呼吸。其幼虫很像螨类，有两对足，如锯齿舌形虫。

二、节肢动物的生活史

作为动物界中数量最庞大的类群,在自然史的演变过程中能生存并繁茂起来,与其在长期的进化历程中所形成的适应能力有关。通常所说的生活史,就是这种已经适应了的发育过程和不同种类所具有的发育特征。

个体发生(ontogenesis)的起点是受精卵。这是节肢动物发育的特征之一,也就是它们都是卵生,虽也有直接由母体产出的幼体——胎儿,但这个"胎儿"是卵在即将产出前在母体内孵化出来的。其发育过程归结如下。

1. 变态　昆虫从卵到成虫的发育过程中,均有形态上的变化,这种形态上的变化称为变态。根据幼虫到成虫各期的形态和饲食、居处等生活习性是否有极大差别或颇为相似而分为两类。

(1)完全变态　发育过程自卵开始,先后有幼虫、蛹、成虫三个时期,并且这三个时期的形态和生活习性彼此都有很大差别。蛹期体外有蛹皮包绕着,不动也不食。成虫由蛹内出来称为羽化,如双翅目昆虫。

(2)不完全变态　此类变态的昆虫无蛹期,其幼虫在形态和习性上都与成虫相似,只是大小不同,生殖器官尚未成熟。幼虫期除第一龄期为幼虫外,其余龄期都称为若虫,如虱目、食毛目昆虫等。

蜱、螨类的发育也属于不完全变态,有卵、幼虫、若虫和成虫4个时期。幼虫有的有前幼虫期,若虫有的仅一期,有的具有两期或两期以上,分别称第一期若虫、第二期若虫、第三期若虫等。

2. 蜕皮　因为昆虫体外具有几丁质外皮(外骨骼)的限制,幼虫的生长增大过程中必须蜕皮。由卵孵出的幼虫为一龄期,以后每蜕皮一次就是一个龄期。龄期的多少,各种昆虫有所不同。蜕皮与分泌激素有密切关系。

3. 滞育　滞育是一般节肢动物为了克服不良环境,停止活动,呈静止状态的一种重要的适应现象。例如,草原革蜱在秋季爬到宿主身上的雌虫,虽然叮附但并不吸血,直到翌年春季才开始吸食。

三、节肢动物的危害

(一)直接危害

节肢动物中有的是暂时性寄生虫,有的是寄生于畜禽等动物体表或体内的永久性寄生虫。由于它们叮咬或吸血可引起畜禽骚扰不安,影响采食和休息,降低生产力和畜产品质量。有的在吸血时还放出唾液,唾液都具有刺激性,可使皮肤红肿、发炎、剧痛或剧痒,甚至可引起发热等全身症状。

(二)间接危害

节肢动物是许多种病毒、细菌、立克次体、螺旋体、原虫和蠕虫的传播者(或称媒介)。由节肢动物传播的疾病称为虫媒病,节肢动物传播疾病的方式有下述两种。

1. 机械性传播　病原体在传播者体内既不发育也不繁殖,传播者仅起携带传递的作用,如虻、厩蛰蝇传播伊氏锥虫病。

2. 生物性传播 病原体在传播者体内有发育或繁殖的过程。对病原体来说这种发育或繁殖过程是必需的，因为它构成了病原体生活史中的一环。因此在大多数情况下，传播者取得了这些病原体之后必须经过一定的时间，待病原体在传播者体内发育或繁殖的循环完成后才有传染力。生物性传播是具有特殊性的，即只有某些种类的传播者才适合于某些病原体的发育和繁殖。根据病原体在传播者体内繁殖发育的不同，可分为4种不同形式。

（1）繁殖式 病原体在传播者体内经繁殖而数目增多，但在形态上并无可见的变化。例如，鼠疫杆菌在蚤体内繁殖，数量增多后，才能通过跳蚤使人感染。

（2）发育式 病原体在传播者体内只是发育完成其生活史循环，但并不繁殖。例如，微丝蚴在蚊体内经过发育，形态上虽有变化，但数目并不增多。

（3）发育繁殖式 病原体在传播者体内经发育及繁殖，不但形态变化，而且数目也增多。例如，泰勒虫必须在璃眼蜱体内发育繁殖才具有传染力。

（4）遗传式（经卵传递） 有些病原体不但在传播者体内发育繁殖，而且可侵入雌虫的卵巢，经卵传至下一代。甚至有些病原体遗传式是传染的唯一方式。例如，驽巴贝斯虫可经革蜱的卵传至下一代，由下一代的成蜱传病。

第二节 蜱螨类疾病

一、蜱类

蜱属于蜱螨亚纲蜱螨目蜱亚目，蜱分为三科：硬蜱科（Ixodidae）、软蜱科（Argasidae）和纳蜱科（Nuttalliellidae），其中最常见的、危害性最大的是硬蜱科，其次是软蜱科，而纳蜱科不常见也不重要。两科的区别如下。

硬蜱科：体部背面有几丁质的盾板，覆盖背面全部或前面一部分；假头位于躯体前端，从背面可见。

软蜱科：背面无盾板，均为革质表皮；假头位于躯体腹面前方，从背面看不见。

1. 硬蜱 硬蜱又称为壁虱、扁虱、草爬子、狗豆子等，是家畜的一种重要的外寄生虫。它呈红褐色或灰褐色，长卵圆形，背腹扁平，芝麻粒大到米粒大。雌虫吸饱血后，虫体膨胀可达蓖麻籽大。

（1）外部形态 硬蜱头、胸、腹愈合在一起，不可分辨，仅按其外部附器的功能与位置，区分为假头与躯体两部分。

假头：平伸于躯体的前端，由一个假头基、一对须肢、一对螯肢和一个口下板组成（图12-1）。假头基呈矩形、六角形、三角形或梯形。雌蜱假头基背面有一对椭圆形或圆形，由无数小凹点聚集组成的孔区。假头基背面外缘和后缘的交接处可因蜱种不同而有发达程度不同的基突。假头基腹面横线中部位常有耳状突。须肢分四节，第一节较短小，与假头基前缘相连接，第二、三节较长，外侧缘直或突出，第三节的背面或腹面有的有逆刺，第四节短小，嵌生在第三节腹面的前端，其端部具感毛称

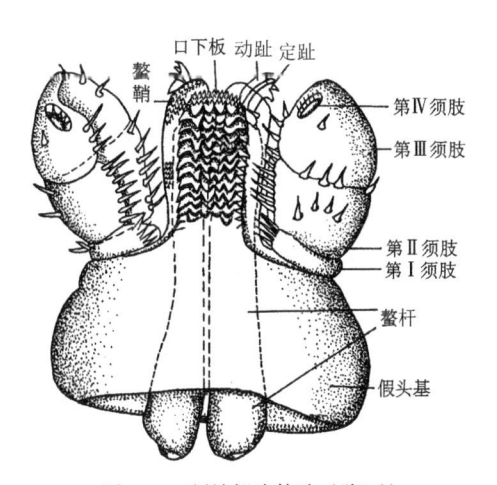

图12-1 硬蜱假头构造（腹面）

触须器（palpal organ）。螯肢位于须肢之间，可从背面看到，螯肢分为螯杆和螯趾，螯杆包在螯鞘内，螯趾分为内侧的动趾和外侧的定趾。口下板的形状因种类而异，在腹面有呈纵列的倒齿，每侧的齿列数常以齿式表示，端部的齿细小，称为齿冠。

躯体：硬蜱在躯体背面有一块盾板，雄虫的盾板几乎覆盖整个背面，雌虫、若虫和幼虫的盾板呈圆形、卵圆形、心脏形、三角形或其他形状，仅覆盖背面的前方。盾板前缘两侧具肩突。盾板上有一对颈沟和一对侧沟，还有大小、深浅程度和分布状态不同的刻点。躯体背面的后半部，在雄蜱及雌蜱都有后中沟和一对后侧沟。有些属硬蜱盾板上有银白色的花纹。有些属硬蜱有眼一对位于盾板的侧缘。有些属硬蜱躯体后缘具有方块形的缘垛，通常为11个，正中的一个有时较大，色淡而明亮，称为中垛。有些属硬蜱躯体后端突出，形成尾突。硬蜱躯体腹面前部正中有一横裂的生殖孔，在生殖孔两侧有一对向后伸展的生殖沟。肛门位于后部正中，除个别属有例外，通常有肛沟围绕肛门的前方或后方。腹面有气门板一对，位于第四对足基节的后外侧，其形状因种类而异，是分类的重要依据。有些属的硬蜱雄虫腹面尚有腹板，其板片数量、大小、形状和排列状况也常作为鉴别蜱种的特征（图12-2）。

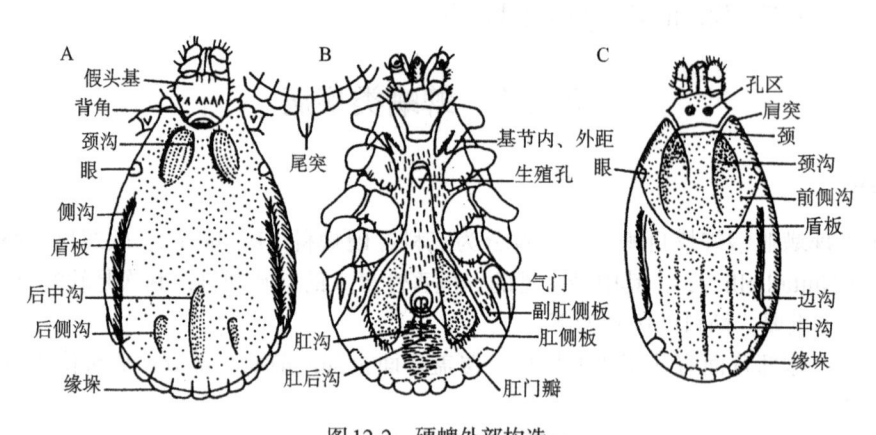

图12-2 硬蜱外部构造
A. 雄虫背面；B. 雄虫腹面；C. 雌虫背面

硬蜱的成虫和若虫有足四对，幼虫三对，足由6节组成，由体侧向外依次为基节、转节、股节、胫节、后跗节和跗节。基节固定于腹面，其后缘通常裂开，延伸为距，位于内侧的叫作内距，位于外侧的叫作外距，距的有无和大小是重要的分类依据。转节短，其腹面有的有发达程度不同的距；在某些属蜱第一对足转节背面有向后的背距。跗节上有环形假关节，其末端有爪一对，爪基有发达程度不同的爪垫。第一对足跗节接近端部的背缘有哈氏器（Haller's organ），为嗅觉器官，哈氏器包括前窝、后囊，内有各种感毛。

（2）内部构造　消化系统：包括前口腔、咽、食道、中肠、小肠、直肠囊、直肠和肛门（图12-3）。螯肢与口下板合拢形成前口腔，其后为一厚壁的长管状的咽。壁薄

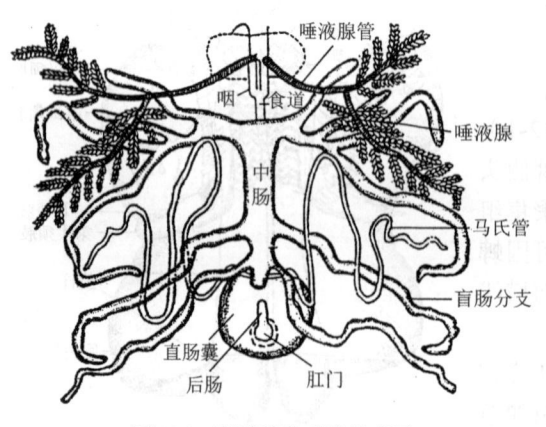

图12-3 硬蜱消化系统示意图

而细短的食道前连咽，后穿过神经节与中肠相连。中肠即胃，为一短小的囊袋，由此伸出许多根盲肠分支（中肠枝突），它们盘根错节，充满体腔。小肠是联结中肠与直肠囊的一个显著狭窄的部分，直肠囊经由细短的直肠（后肠）与肛门相通而开口于外界。直肠囊的两侧各有一根马氏管通入，马氏管呈半透明或乳白色，特别细长，其游离的一端盘绕在各器官间，营排泄作用。唾液腺一对，位于体前端两侧，由葡萄状的腺泡组成，由一对细管分别经过咽的两侧通入口腔的后方。饱食蜱的唾液腺比饥饿蜱大得多。

生殖系统：雌蜱有卵巢一个，为一彩花样长管状物，横位于直肠囊的前后，以两侧支向体前一直延伸至第二基节后缘水平，与输卵管相连。输卵管短而蜷曲，似串珠的链索，最后两根输卵管汇聚为一个总管，开口于阴道。硬蜱无子宫，但有一受精囊与阴道相通。还有一对管状附属腺也开口于阴道，它能分泌胶体物质，可促使卵从阴道经生殖孔顺利排出。在雌蜱还有一种为蜱类所特有的腺体，称为吉氏器（Gene's organ），它开口于盾板前缘之下和假头基后缘移行部的皮下，当蜱类产卵时，它能分泌一种蜡质物质，涂裹刚从生殖孔排出的卵粒外壳（图12-4）。

雄蜱有睾丸一对，呈长管形，从脑所在部位开始沿体腔两侧延伸，直至第四基节后缘，每个睾丸都从其前端伸出一根细的输精管，它们在邻近生殖孔前的一段合并成一个射精管，最后经生殖孔与外界相通，射精管后部管腔变粗，称为贮精囊。贮精囊两侧有叶状结构的附属腺数对，它们分泌黏液包裹精子而成精球。

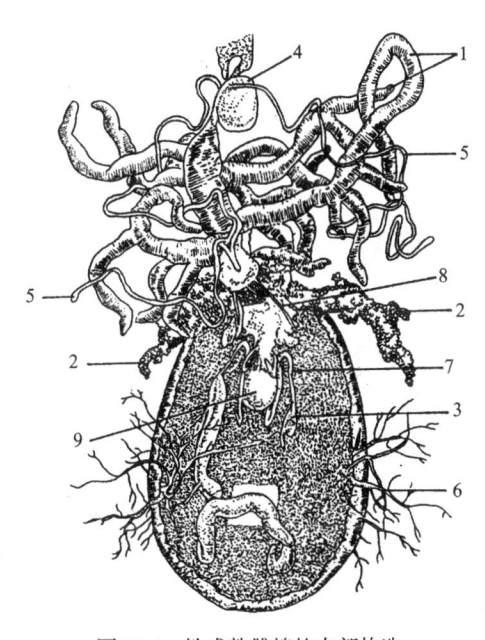

图12-4 性成熟雌蜱的内部构造
1. 肠支；2. 唾腺；3. 卵巢；4. 直肠囊；5. 马氏管；6. 气管；7. 输卵管；8. 简氏腺；9. 阴道

呼吸系统：若虫和成虫有较发达的气管系统，通过气门进行气体交换和调节体内的水分平衡。幼虫无气管系统，以体表进行呼吸。

循环系统：心脏约位于躯体前2/3处，呈亚三角形，后端有心门，血淋巴从此进入心脏。心脏向前连接主动脉，在前端包围着脑部形成围神经血窦。由心脏的搏动推动血淋巴的循环。

神经系统：蜱有一个中枢神经节（或称为脑）位于第一、二基节水平线上，肠管与生殖系统排出管的背面，并有食道由此斜穿过。蜱类有较发达的感觉器官，如体表的感毛、眼、哈氏器和触须器等。

（3）分类 我国已发现的硬蜱共100余种，包括9属：牛蜱属（*Boophilus*）、硬蜱属（*Ixodes*）、扇头蜱属（*Rhipicephalus*）、血蜱属（*Haemaphysalis*）、璃眼蜱属（*Hyaloma*）、革蜱属（*Dermacentor*）、花蜱属（*Amblyomma*）、盲花蜱属（*Aponomma*）和异扇蜱属（*Anomalohimalaya*）。其中前6属与兽医关系较为密切。前7属的简易鉴定方法可按下述步骤进行。

由于未饱血的雄蜱较易观察，可根据盾板的大小选择雄蜱进行鉴定（图12-5）。

第一步观察肛门周围有无肛沟，如无肛沟又无缘垛则可鉴定为牛蜱属；如有肛沟则继续观察。

第二步观察肛沟位置，如肛沟围绕肛门前方则为硬蜱属；如肛沟围绕肛门后方则继续观察。

第三步观察假头基形状，如假头基呈六角形（扇形）且有缘垛则为扇头蜱属；如假头基呈四方形、梯形等则继续观察。

第四步观察须肢的长短与形状，如须肢宽短，第二节外缘显著地向外突出形成角突，且无眼则为血蜱属（个别种类须肢第二节不向外侧突出）；如须肢不呈上述形状则继续观察。

第五步观察盾板是单色还是有花纹，眼是否明显，如盾板为单色，眼大呈半球形镶嵌在眼眶内，且须肢窄长则为璃眼蜱属；如盾板有色斑则继续观察。

第六步如见盾板有银白色珐琅斑，腹面基节Ⅰ～Ⅳ渐次增大，尤其雄蜱基节Ⅳ特别大，符合者为革蜱属。

第七步如见盾板也有色斑（少数种类无）；体形较宽，呈宽卵形或亚圆形；须肢窄长，尤其是第二节显著长，符合者为花蜱属（如无眼则为盲花蜱属，寄生于爬虫类）。

（4）生物学特性　蜱的发育需要经过卵、幼虫、若虫及成虫4个阶段。幼虫、若虫、成虫这三个活跃期都要在人畜及野兽（禽）身上吸血。在幼虫变为若虫及若虫变为成虫的过程中，都要经过蜕化（脱皮）。幼虫和若虫常寄生在小野兽和禽类的体表，成虫多寄生在大动物身上。有些种的蜱各个活跃期都以家畜为宿主。大多数硬蜱在动物体上进行交配，交配方式比较特殊，雄蜱爬到雌蜱体上腹面相对，雄蜱将口器伸入雌蜱的生殖孔内出入数次或经数小时，然后抽回口器，雄蜱向前移动，使生殖孔与雌蜱生殖孔相对，射出一只精球于雌蜱生殖孔上，然后身体后退，以口器将精球推入雌蜱生殖

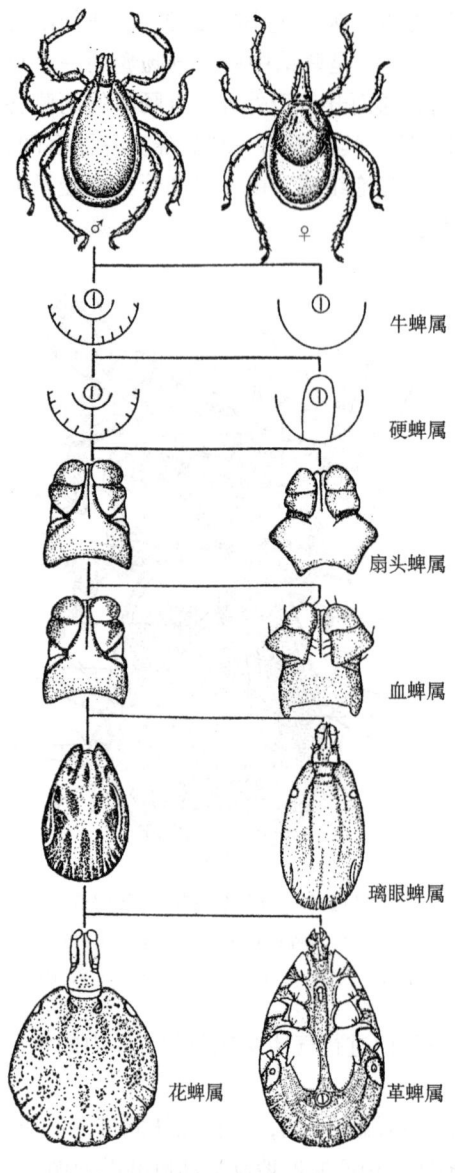

图12-5　硬蜱各属简易鉴定法

孔内。精球上有小孔，精子游出后顺阴道入内使雌蜱受精。交配后吸饱血的雌蜱离开宿主落地，爬到缝隙内或土块下静伏不动，一般经过4～9d待血液消化及卵发育后，开始产卵。产卵时，雌蜱假头向下弯曲，吉氏器凸出于假头背面，并分泌黏稠液体，由生殖孔产出的卵黏着黏液后，被须肢推到虫体的前端背面，因而整个蜱的前端被埋在一大团的卵里。硬蜱产卵，一次产完，雌蜱大多于产完卵后1～2周死亡。蜱的产卵量与蜱的种类和吸血量有关，可产千余个、数千个甚至万个以上，虫卵小，呈卵圆形，黄褐色。卵经2～3周或一个月以上孵出幼虫。幼虫无生殖孔、气门和孔区，经体表进行呼吸。幼虫爬到宿主体上吸血，经过2～7d吸饱血后，落于地面，经过蜕化变为若虫再侵袭各种动物，经3～9d吸饱血后落地，蛰伏数天至数十天蜕化变为性成熟的雌虫或雄虫。成虫吸血时间需用8～10d。蜱的吸血量很大，饱食后幼虫的体重增加10～20倍，若虫为20～100倍，雄虫为1.5～2倍，而雌虫可达

50~250倍。

蜱在吸食过程中有相当部分的血液被消化和吸收，并且排出大量的排出物，因此其总吸血量要比饱食时重量为多，幼虫为6.5~10倍，若虫为4~6倍，雌虫则为3~7.5倍。根据硬蜱更换宿主次数和蜕皮场所可分为下述三种类型（图12-6）。

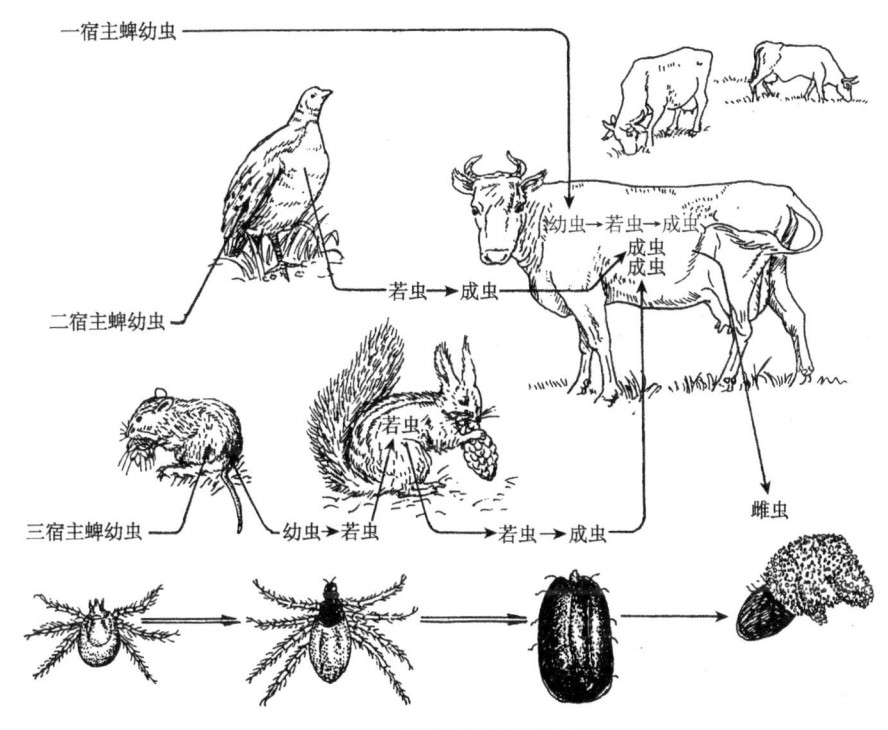

图12-6 硬蜱更换宿主类型图

一宿主蜱：蜱在一个宿主体上完成幼虫至成虫的发育，成虫饱血后才离开宿主落地产卵，如微小牛蜱。

二宿主蜱：蜱的幼虫和若虫在一个宿主体完成发育，而成虫在另一个宿主体吸血，饱血后落地产卵，如残缘璃眼蜱。

三宿主蜱：蜱的幼虫、若虫和成虫分别在三个宿主体寄生，饱血后都需要离开宿主落地进行蜕皮或产卵。例如，硬蜱属、血蜱属和花蜱属中的所有种，以及革蜱属、扇头蜱属中的多数种和璃眼蜱属中的个别种。

蜱完成其生活史所需时间的长短，随蜱的种类和环境条件而异。例如，微小牛蜱完成一个世代所需的时间仅50d，而青海血蜱则需3年。蜱类在各发育阶段不仅对温度、湿度等气候变化有不同程度的适应能力而且具有较强的耐饥能力，成蜱阶段的寿命尤长，曾有报道，微小牛蜱成虫在试管内耐饥5年，幼蜱耐饥达9个月。

蜱的分布与气候、地势、土壤、植被和宿主等有关。各种蜱均有一定的地理分布区，有的种类分布于森林地带，如全沟硬蜱；有的种类分布于草原，如草原革蜱；有的种类分布于荒漠地带，如亚洲璃眼蜱；也有的种类分布于农耕地区，如微小牛蜱。

蜱类的活动有明显的季节性，这是蜱类在漫长进化过程中形成的一种对环境周期性变化条件的适应能力，即对地理景观、生境植被、气候、光周期、宿主动物习性及其洞巢微小环境等变化过程的有规律性的适应。这就使蜱类有时处于滞育状态,有时处于积极活动状态。在季节变化分明的地区,蜱类通常都在一年中的温暖季节活动。在同一地区,不同种类的蜱活动季节各不相同;而同一种蜱在不同地区,由于气候和生境的不同,其活动时间的长短也有差别。

硬蜱的越冬场所因种类而异,有的在蜱的栖息场所越冬,有的则叮附在宿主体上越冬。越冬的虫期也因种类而异,有的各虫期均可越冬,如硬蜱属和血蜱属中的多数种及璃眼蜱属和扇头蜱属中的某些种;有的以成虫越冬,如革蜱属中所有的种及扇头蜱属和璃眼蜱属中的某些种;有的以若虫和成虫越冬,如血蜱属中的一些种类;有的则以若虫越冬如残缘璃眼蜱;还有的以幼虫越冬,如微小牛蜱等。

蜱的嗅觉锐敏,动物的汗臭和呼出的二氧化碳是吸引蜱的因素。当人、畜距离蜱15m时,蜱开始感受,10m时50%构成活动等候,5m时则活动等候可达100%。感受的距离与风向有关,一般对机械性的和声音的刺激无大影响。

(5)我国家畜体常见的硬蜱种类

1)微小牛蜱(*Boophilus microplus*),为小型蜱(图12-7)。形态特征为:无缘垛;无肛沟;有眼但很小;假头基六角形;须肢很短,第2、3节有横脊;雄虫有尾突;腹面有肛侧板与副肛侧板各一对。主要寄生于黄牛和水牛,有时也寄生于山羊、绵羊、马、驴、猪、犬和人等。一宿主蜱,整个生活周期仅需50d,每年可发生4~5代。在华北地区出现于4~11月。主要生活于农区,为我国常见种类,分布于辽宁、河北、河南、山西、山东、陕西、甘肃、湖南、湖北、安徽、江西、江苏、浙江、福建、广东、广西、贵州、四川、云南、西藏和台湾。

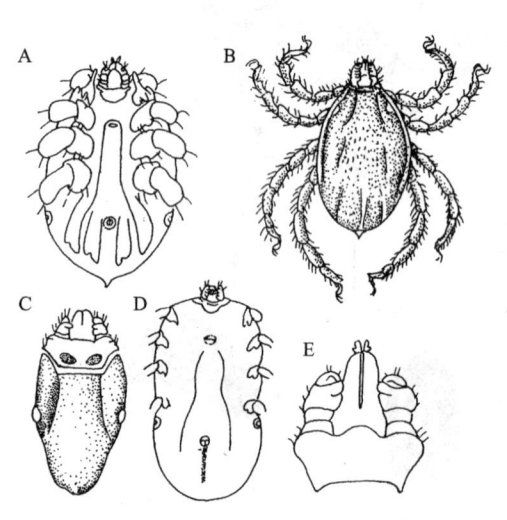

图12-7 微小牛蜱
A. 雄虫腹面;B. 雄虫背面;C. 雄虫假头及盾板;
D. 雌虫腹面;E. 雄虫假头背面

2)草原革蜱(*Dermacentor nuttalli*),为大型蜱(图12-8)。形态特征为:盾板有银白色珐琅斑;有缘垛;有眼;假头基矩形,基突短小;转节Ⅰ背距圆钝;基节Ⅳ外距不超出后缘;雄蜱气门板背突达不到边缘。成虫寄生于牛、马、羊等家畜及大型野生动物,幼虫和若虫主要寄生于啮齿动物和小型兽类。三宿主蜱,一年发生一代,成虫活动季节主要在3~6月,3月下旬至4月下旬最多,秋季也有少数成虫侵袭动物,但仅叮咬而不大量吸血,绝大多数以饥饿成虫在草原上越冬。为典型的草原种类,分布于黑龙江、吉林、辽宁、内蒙古、河北、陕西、甘肃、宁夏、新疆、青海、西藏。

3)森林革蜱(*D. silvarum*),为大型蜱(图12-9)。形态与草原革蜱相似,区别点为:雄蜱假头基突发达,长约等于其基部之宽,末端钝;转节Ⅰ背距显著突出,末端尖细;基节Ⅳ外距末端超出该节后缘;雄蜱气门板长逗点形,背突向背面弯曲,末端伸达盾板边缘。成虫寄生于牛、马等家畜,若虫、幼虫寄生于小啮齿类。一年发生一代,以饥饿成虫越冬。在吉林成虫出现于3月中旬(春分)到6月中旬(夏至),以4月中旬(谷雨)到5月中旬(小满)最多。常见于再生林、灌木林和森林边缘区。分布于黑龙江、吉林、辽宁、内蒙古、河北、陕西、新疆。

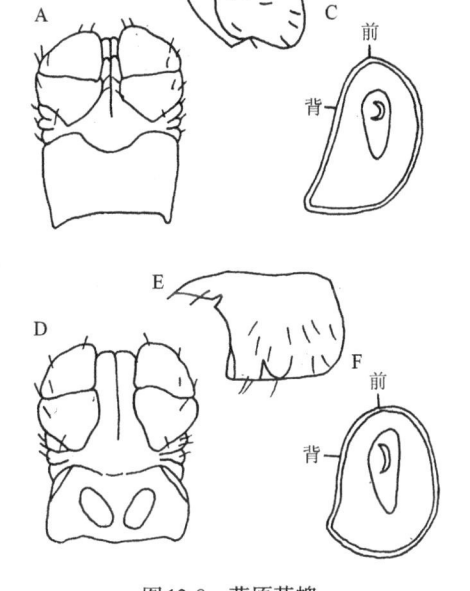

图12-8 草原革蜱

雄蜱：A. 假头背面；B. 转节Ⅰ；C. 气门板。
雌蜱：D. 假头背面；E. 基节Ⅳ；F. 气门板

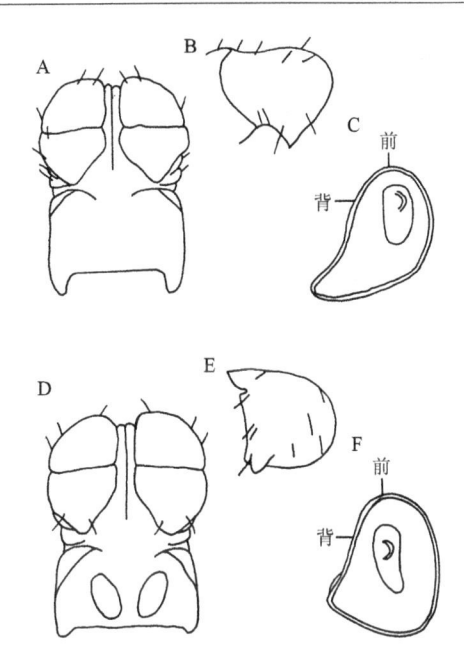

图12-9 森林革蜱

雄蜱：A. 假头背面；B. 转节Ⅰ；C. 气门板。
雌蜱：D. 假头背面；E. 基节Ⅳ；F. 气门板

此外，在新疆尚可见到银盾革蜱（D. niveus），形态特征为盾板银白色珐琅彩浓密；气门板背缘有几丁质的粗厚部。

4）残缘璃眼蜱（Hyalomma detritum），为大型蜱（图12-10）。形态特征为：须肢窄长，眼相当明显，呈半球形，位于眼眶内。足细长，褐色或黄褐色，背缘有浅黄色纵带，各关节处无淡色环带。雌蜱侧沟不明显，雄蜱中垛明显，淡黄色或与盾板同色；后中沟深，后缘达到中垛；后侧沟略呈长三角形；肛侧板略宽，前端较尖，后端圆钝，下半部侧缘略平形，内缘凸角粗短，比较明显；副肛侧板末端圆钝；肛下板短小；气门板大，曲颈瓶形，背突窄长，顶突达到盾板边缘。主要寄生于牛、马、羊、骆驼、猪等家畜。二宿主蜱。主要生活在家畜的圈舍及停留处，一年发生一代，在内蒙古地区成虫5月中旬至8月中旬出现，以6、7月数量最多，成虫在圈舍的地面、墙上活动，陆续爬到家畜体吸血，饱血雌蜱落地爬入墙缝内产卵，到8～9月幼虫由卵孵出，在圈舍内活动，陆续爬上宿主体吸血，蜕皮变为若虫，若虫仍叮附在宿主体上，经过冬季，到2～4月先后饱血落地，隐伏于墙缝等处蜕皮变为成虫，在华北地区也有一部分幼虫在圈舍墙缝附近过冬，到3～4月侵袭宿主。分布于黑龙江、吉林、辽

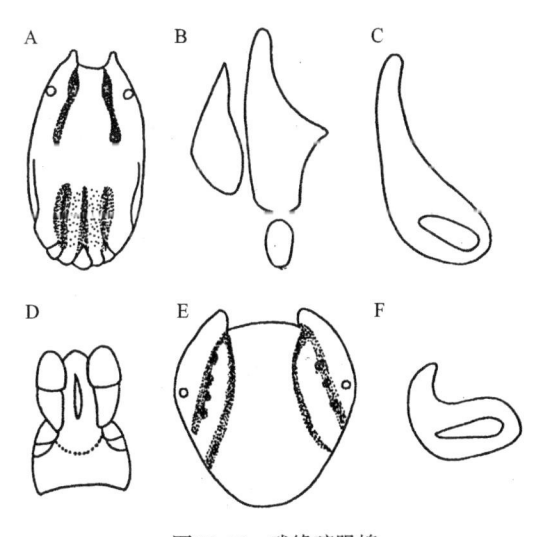

图12-10 残缘璃眼蜱

雄蜱：A. 盾板；B. 腹板；C. 气门板。
雌蜱：D. 假头背面；E. 盾板；F. 气门板

宁、河北、河南、山东、山西、内蒙古、陕西、甘肃、宁夏、新疆、湖北、江苏、贵州。

5）长角血蜱（*Haemaphysalis longicornis*），为小型蜱（图12-11）。无眼，有缘垛。假头基矩形。须肢外缘向外侧中度突出，呈角状；第三节背面有三角形的短刺，腹面有一锥形的长刺。口下板齿式5/5。基节Ⅱ～Ⅳ内距稍大，超出后缘。盾板上刻点中等大，分布均匀而较稠密。寄生于牛、马、羊、猪、犬等家畜。三宿主蜱。在华北地区，一年发生一代；成虫4～7月活动，6月下旬为盛期；若虫4～9月活动，5月上旬最多；幼虫8～9月活动，9月上旬最多；以饥饿若虫和成虫越冬。据报道有单性生殖和两性生殖两个种群，我国至今尚未发现单性生殖的种群。主要生活于次生林或山地。我国以往所报道的分布于北方的二棘血蜱（*H. bispinosa*）均应订正为长角血蜱。我国主要分布于黑龙江、吉林、辽宁、河北、河南、山西、山东、陕西、台湾等。

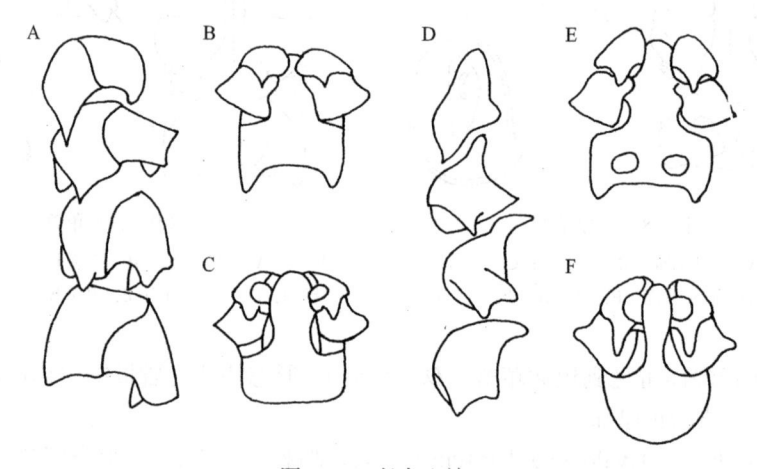

图12-11 长角血蜱
雄蜱：A. 基节；B. 假头背面；C. 假头腹面。雌蜱：D. 基节；E. 假头背面；F. 假头腹面

二棘血蜱与长角血蜱形态相当近似，区别点为二棘血蜱体型较小、盾板刻点细而较少，基节Ⅱ～Ⅳ内距较短。分布于东洋界。

6）青海血蜱（*H. qinghaiensis*）。本种蜱为我国发现的新种（图12-12），它的形态与日本血蜱（*H. japonica*）近似，区别点为本种蜱须肢外缘不明显突出，呈弧形而不呈角状；各跗节（尤其跗节Ⅳ）较粗短，气门板长逗点形（♂）或椭圆形（♀）。主要寄生于绵羊、山羊体上，其他动物如马、野兔也有寄生。三宿主蜱，一年一次变态，需三个整年才完成一个生活周期。一年两个寄生季节，无论成蜱、若蜱、幼蜱，在每个寄生季节均能饱血，但幼蜱以秋季为主，成蜱以春季为主，若蜱春秋均等。主要生活于半农半牧或农区。分布于四川、青海和甘肃。

7）血红扇头蜱（*Rhipicephalus sangui-neus*），为大型蜱（图12-13）。有眼，有缘垛。假头基宽短，六角形，侧角明显。须肢粗短，中部最宽，前端稍窄。须肢第1、2节腹面内缘刚毛较粗，排列紧密。雄蜱肛门侧板近似三角形，长为宽的2.5～2.8倍，内缘中部稍凹，其下方凸角不明显或圆钝，后缘向内略斜；副肛侧板锥形，末端尖细；气门板长逗点形。主要寄生于犬，也可寄生于其他家畜。三宿主蜱，整个生活周期约需50d，一年可发生三代。在华北地区活动季节为5～9月，以饥饿成虫过冬。生活于农区或野地。分布于辽宁、河北、河南、山西、山东、陕西、甘肃、新疆、江苏、福建、广东、台湾、四川、贵州、云南。

8）镰形扇头蜱（*R. haemaphysaloides*）。本种蜱的特征为雄蜱肛侧板呈镰刀形，内缘中

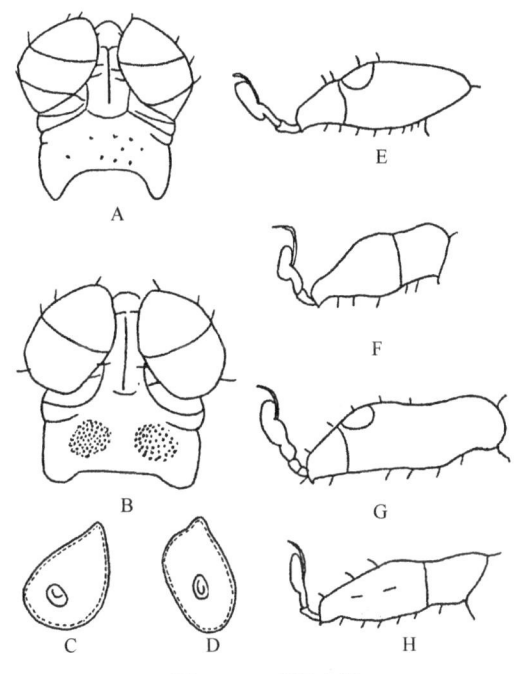

图12-12 青海血蜱

A. 雄蜱假头背面；B. 雌蜱假头背面；C. 雄蜱气门板；
D. 雌蜱气门板；E. 雄蜱跗节Ⅰ；F. 雄蜱跗节Ⅳ；
G. 雌蜱跗节Ⅰ；H. 雌蜱跗节Ⅳ

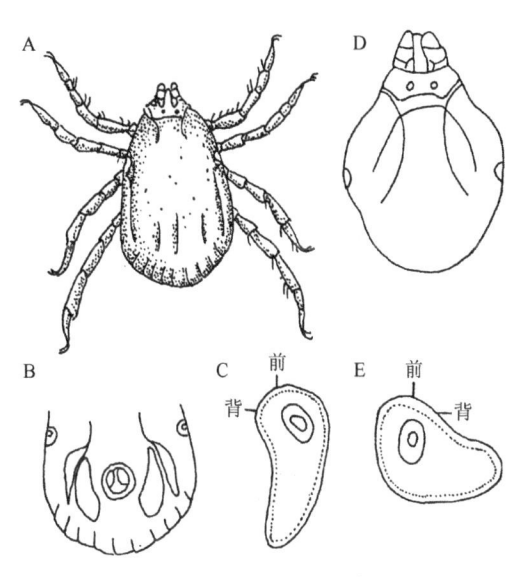

图12-13 血红扇头蜱

雄蜱：A. 背面；B. 腹面；C. 气门板。
雌蜱：D. 假头及盾板；E. 气门板

部强度凹入，其下方凸角明显，后缘与外缘略直或微弯；副肛侧板短小，末端尖细（图12-14）。寄生于水牛、黄牛、羊、犬、猪等家畜。三宿主蜱，3~8月在宿主体上发现成虫。常见于我国农区或山地。分布于江苏、浙江、福建、广西、广东、台湾、云南、湖北、河北、辽宁、西藏。

（6）危害　硬蜱不但吸食宿主大量血液，并且由于它的叮咬可使宿主皮肤产生水肿、出血、胶原纤维溶解和中性粒细胞浸润的急性炎性反应，在恢复

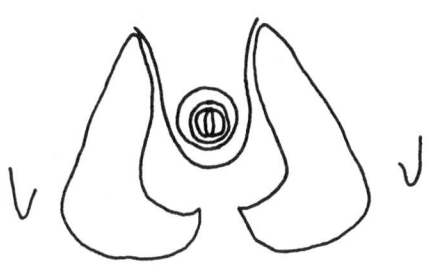

图12-14 镰形扇头蜱
雄蜱肛侧板

期，巨噬细胞、纤维母细胞逐渐代替中性粒细胞。对蜱有免疫性的宿主，其真皮处具有明显的嗜碱性粒细胞的浸润。蜱的唾腺能分泌毒素，可使家畜产生厌食、体重减轻和代谢障碍，但症状一般较轻。某些种的雌蜱唾液腺可分泌一种神经毒素，它抑制肌神经接头处乙酰胆碱的释放活动，造成运动性纤维的传导障碍，引起急性上行性的肌萎缩性麻痹，称为"蜱瘫痪"。

经蜱传播的疾病较多，已知蜱是83种病毒、14种细菌、17种回归热螺旋体、32种原虫，以及钩端螺旋体、鸟疫衣原体、霉菌样支原体、犬巴尔通氏体、鼠丝虫、棘唇丝虫的媒介或贮存宿主，其中大多数是重要的自然疫源性疾病和人兽共患病，如森林脑炎、出血热、Q热、蜱传斑疹伤寒、鼠疫、野兔热、布氏杆菌病等。硬蜱在兽医学上更具有特殊重要的地位，因为对家畜危害极其严重的梨形虫病和泰勒虫病都必须依赖硬蜱来传播。

（7）防治措施　由于蜱类寄生的宿主种类多、分布区域广，所以应在充分调查研究蜱

的生活习性（消长规律、滋生场所、宿主范围、寄生部位等）的基础上，发动群众，因地制宜地采取综合性防治措施。

1）消灭畜体上的蜱。

捕捉：在畜少、人力充足的条件下，可发动群众在每天刷拭、放牧、使役归来时检查畜体，发现蜱时将其摘掉，集中起来烧掉，摘蜱时应与动物皮肤呈垂直地往上拔出，否则蜱的假头容易断在畜体，引起局部炎症。这是一个较好的辅助方法，因为消灭畜体上一个雌蜱等于消灭地面成千上万个幼蜱。

药物灭蜱：可采用双甲脒、溴氰菊酯、碘硝酚、伊维菌素等。各种药剂的长期使用，可使蜱产生抗药性，因此杀虫剂应轮流使用，以增强杀蜱效果和推迟发生抗药性。

2）消灭畜舍的蜱。有些蜱类如残缘璃眼蜱通常生活在畜舍的墙壁、地面、饲槽的裂缝内，为了消灭这些地方的蜱类，应堵塞畜舍内所有缝隙和小孔，堵塞前先向裂缝内撒杀蜱药物，然后以水泥、石灰、黄泥堵塞，并用新鲜石灰乳粉刷厩舍。用杀蜱药液对圈舍内墙面、门窗、柱子做滞留喷洒。璃眼蜱能耐饥7～10个月，故在必要和可能的条件下，停止使用（隔离封锁）有蜱的畜舍或畜栏10个多月。

3）对引进的或输出的家畜均要检查和进行灭蜱处理，防止外来家畜带进或有蜱寄生的家畜带出硬蜱。

4）消灭自然界中的蜱。改变自然环境使不利于蜱的生长，如翻耕牧地、清除杂草灌木丛、在严格监督下进行烧荒等以消灭蜱的滋生地。捕杀啮齿类等野生动物对消灭硬蜱也有重要意义。

近年来国外研究了采用遗传防治和生物防治的灭蜱方法，前者是利用辐射或化学药品使雄蜱产生染色体易位，失去生殖能力，然后释放这种不育雄蜱促使自然种群不断衰减。后者是利用蜱的天敌进行防治，如膜翅目跳小蜂科（Encyrtidae）的寄生蜂，它们可在某些硬蜱、血蜱、璃眼蜱及扇头蜱的若虫体内产卵，待发育至成虫后始从蜱体内飞出，在一个若虫体内可寄生2～24个。蜱被寄生后不久即死亡。猎蝽科（Reduviidae）的昆虫能捕食蜱，它将吻穿入蜱的盾板下或假头基与躯体的相接处，引起蜱死亡。又如，烟曲霉（*Aspergillus fumigatus*）能引起实验室内培养的边缘革蜱及盾糙璃眼蜱死亡。

虽然遗传防治和生物防治目前尚停留于实验研究阶段，但却值得重视，将是今后发展应用的方向。

2. 软蜱 软蜱生活在畜禽舍的缝隙、巢窝和洞穴等处，当畜禽夜间休息时，即侵袭畜禽叮咬吸血，大量寄生时可使畜禽消瘦、生产力降低甚至造成死亡。

（1）形态 虫体扁平，卵圆形或长卵圆形，虫体前端较窄。未吸血前为黄灰色；吸饱血后为灰黑色。背面无盾板，腹面无几丁质板。表皮为革状，雄蜱的较厚而雌蜱的较薄，表皮结构因属或种不同，或为皱纹状或为颗粒状或有乳状突或有圆陷窝。背腹肌附着处所成的陷凹，称为盘窝。腹面前端有时突出称顶突。大多数无眼，如有眼，则位于第2～3对足基节外侧。气门板小，位于第4对足基节前外侧。生殖孔及肛门的位置与硬蜱相同。在生殖孔两侧向后延伸有生殖沟；肛门之前有肛前沟，肛门之后有肛后中沟及肛后横沟；后部体缘有背腹沟，沿基节内、外两侧有褶突，内侧有基节褶，外侧为基节上褶。假头隐于虫体前端的腹面（幼虫除外）。假头基小，近方形。须肢为圆柱状，游离而不紧贴于螯肢和口下板两侧，共分4节，可自由转动。须肢后内侧或具有一对须肢后毛。口下板基部有一对口下板后毛。足的结构与硬蜱相似，但基节无距，跗节背面有瘤突，第1、4对足的瘤突数目、大小为分类的依据。雌雄的形态极相似，雄蜱较雌蜱小，雄蜱的生殖孔为半月形，雌蜱为横沟状（图12-15）。

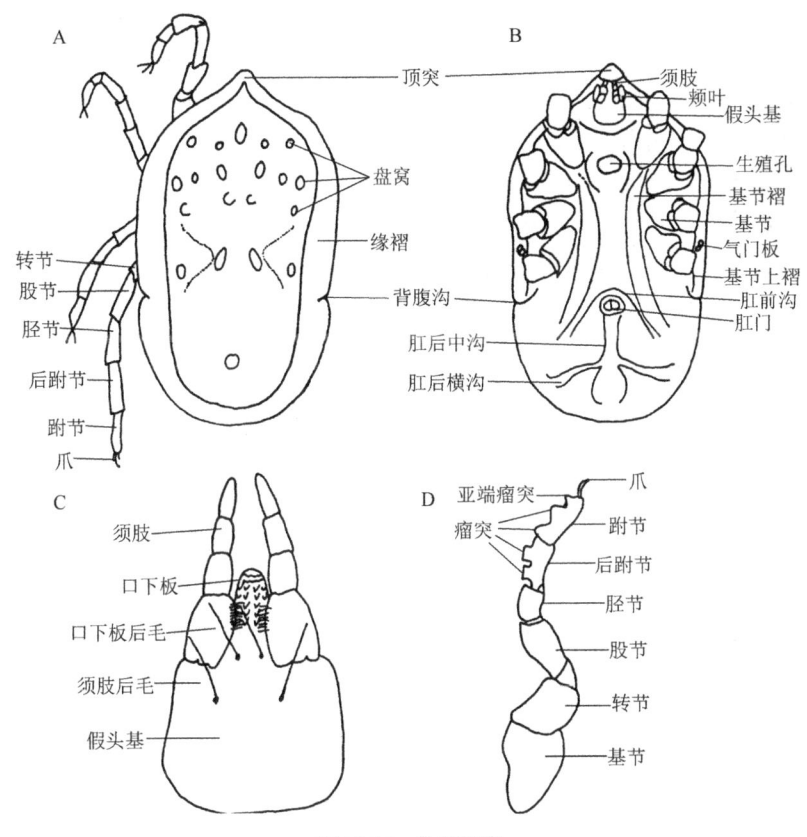

图 12-15 软蜱形态

雄蜱：A. 背面；B. 腹面；C. 假头；D. 足

（2）分类　软蜱科与兽医学有关的有2属，即锐缘蜱属（*Argas*）和钝缘蜱属（*Ornithodoros*），它们的主要特征如下。

1）锐缘蜱属。体缘薄锐，饱血后仍较明显。虫体背腹面之间，以缝线为界，缝线由许多小的方块或平行的条纹构成，如寄生于鸡和其他禽类的波斯锐缘蜱。

2）钝缘蜱属。体缘圆钝，饱血后背面常明显隆起。背面与腹面之间的体缘无缝线，如寄生于羊和骆驼等家畜的拉合尔钝缘蜱。

（3）生活习性　软蜱的发育也需要经过卵、幼虫、若虫及成虫4个阶段。软蜱一生产卵数次，每次吸血后和夏秋期间产卵，每次产卵数个至数十个，一生产卵不超过1000个。由卵孵出的幼虫，经吸血后蜕皮变为若虫，若虫蜕皮次数随种类不同而异（有2～7个若虫期）。软蜱只在吸血时才到宿主身上去，吸完血就落下来，藏在动物的居处。吸血多半在夜间，因此软蜱的生活习性和臭虫相似。软蜱在宿主身上吸血的时间一般为0.5～1h，但很多软蜱的幼虫吸血时间需要长些，如波斯锐缘蜱的幼虫，附着在鸡的身上达5～6d。成蜱一生可吸血多次，每次吸血后落下藏于窝中。从卵发育到成蜱需4个月到1年时间。软蜱寿命长，一般为6～7年，甚至可达15～25年。软蜱各活跃期均能长期耐饿，达5～7年，甚至15年。

（4）我国软蜱科常见的种类

1）波斯锐缘蜱（*Argas persicus*）。呈卵圆形，淡黄灰色，体缘薄，由许多不规则的方格形小室组成（图12-16）。背面表皮高低不平，形成无数细密的弯曲皱纹；盘窝大小不一，呈圆形或卵圆形，放射状排列。主要寄生于鸡，其他家禽和鸟类也有寄生，常侵袭人，有时在牛、羊身上也有发现。成虫、若虫有群聚性。白天隐伏，夜间爬出活动，在鸡的腿趾部无毛部分吸血，每次吸血只需0.5~1h。幼虫活动不受昼夜限制，在鸡的翼下无羽部附着吸血，可连续附着10余天，侵袭部位呈褐色结痂。成虫活动季节为3~11月，以8~10月最多。幼虫于5月大量出现活动。分布于吉林、辽宁、内蒙古、河北、山西、山东、陕西、甘肃、新疆、江苏、四川、福建、台湾。

另有一种翘锐缘蜱（*A. reflexus*），它与波斯锐缘蜱区别点为体缘微翘，其上有略为整齐的细密皱褶指向中部；主要寄生于家鸽和野鸽，家鸡和其他家禽及麻雀、燕子等鸟类也有寄生。也侵袭人。

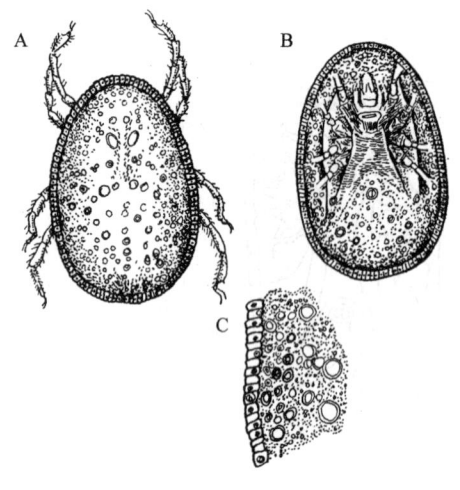

图12-16 波斯锐缘蜱雌蜱
A. 背面；B. 腹面；C. 背面体缘

2）拉合尔钝缘蜱（*Ornithodoros lahorensis*）。土黄色，体略呈卵圆形；前端尖窄，形成锥状顶突，在雄虫较为明显，后端宽圆。表皮呈皱纹状，遍布很多星状小窝。躯体前半部中段有一对长形盘窝，中部有4个圆形盘窝，后部两侧还有几对圆形盘窝。无肛后横沟。跗节Ⅰ背缘有2个粗大的瘤突和一个粗大的亚端瘤突（图12-17）。主要寄生在绵羊，在骆驼、牛、马、犬等家畜也有寄生，有时也侵袭人。主要生活在羊圈内或其他牲畜棚内（鸡窝内也曾发现）。幼虫通常在9~10月侵袭宿主，幼虫和前两期若虫在动物体上取食和蜕皮，长期停留。若虫在整个冬季都寄生，3月以后很少发现。成虫也在冬季活动，白天隐伏在棚圈的缝隙内或木柱树皮下或石块下，夜间爬出叮咬吸血。分布于新疆。

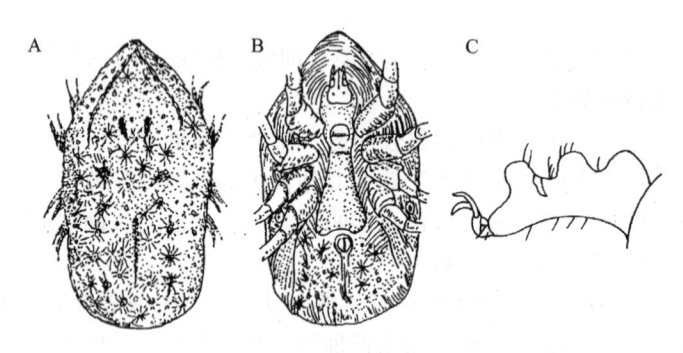

图12-17 拉合尔钝缘蜱雌蜱
A. 背面；B. 腹面；C. 跗节Ⅰ

还有一种乳突钝缘蜱（*O. papillipes*），它与拉合尔钝缘蜱区别点为顶突尖窄突出；有肛后横沟；跗节Ⅰ背缘微波状瘤突不明显。一般寄生于狐、野兔、刺猬等中、小型兽类，有时也在绵羊、犬等家畜上发现，也侵袭人。分布于新疆和山西。

（5）危害　软蜱吸血，可使宿主消瘦，生产力降低，甚至引起死亡，如波斯锐缘蜱大量侵袭鸡体时，使鸡消瘦、产蛋力降低，发生软蜱性麻痹。失血严重时，导致死亡。软蜱还能传播畜禽许多疾病，如羊泰勒虫病、边虫病、鸡螺旋体病、马脑脊髓炎、布氏杆菌病及野兔热等。

（6）防治措施　　参阅消灭畜舍内和畜体上硬蜱的方法。消灭鸡体上的波斯锐缘蜱时，应特别注意将药物涂擦于幼虫的主要寄生部位两翼下面。

国外应用苏云金杆菌（*Bacillus thuringiensis*）的制剂——内晶菌灵（Entobacterin）涂洒动物体表，对波斯锐缘蜱的致死率达70%~90%。这种杆菌细胞内形成一种毒性很高的结晶，当毒素随同食物进入蜱的肠道后，破坏其肠内pH的稳定性，使其消化紊乱，停止采食，虫体麻痹，进而使虫体内共生的其他微生物具有致病力，使蜱染病死亡。此外，白僵菌（*Beauveria bassiana*）、绿僵菌（*Metarhizium anisopliae*）和黄曲霉（*Aspergillus flavus*）等真菌也可引起软蜱的高死亡率。

二、螨类

螨类属于蜱螨亚纲，种类很多，几乎地球上任何地方，包括沙漠、草原、山顶、河流，甚至温泉、河底、空中等都有螨的踪迹。它们有的是营自由生活与人类毫无关系的种类；有的是寄生在植物上危害农作物及林木的种类；有的是在人类食物中繁殖危害仓库粮食及各种食品的种类。本节仅讨论寄生于畜禽的一些种类，其中有的是永久寄生虫如疥螨科、痒螨科和蠕形螨科的螨，它们引起畜禽的螨病；也有的是仅吸血时才与宿主接触，如革螨中的一些种类，有的仅在幼虫期才营寄生生活，如恙螨类，它们除了可因叮咬引起皮炎外，有的还可传播立克次体、病毒和细菌等引起的多种传染病。此外，有的螨还是裸头科绦虫的中间宿主，有的虽然营自由生活，如粉螨类和尘螨类，但可引起尘螨性哮喘、过敏性皮炎及过敏性鼻炎等变态反应性疾病。

1. 螨病　　螨病又叫作疥癣，俗称癞病，通常所称的螨病是指由于疥螨科或痒螨科的螨寄生在畜禽体表而引起的慢性寄生性皮肤病。剧痒、湿疹性皮炎、脱毛、患部逐渐向周围扩展和具有高度传染性为本病特征。

疥螨科与痒螨科中与兽医密切相关的共6属，其中以疥螨属最为重要。鉴别要点如下：

1（6）体近圆形；口器（颚体）短，基部背面有2个刺或刚毛；肢短圆锥形，后两对肢全部或几乎全部被遮于腹部下面；吸盘柄长，不分节；无肛吸盘和尾突··················疥螨科（Sarcoptidae）

2（3）肛门位于体背侧；体形较小；背部鳞片及棒状刺较少；雄虫1、2、4对肢，雌虫1、2对肢有吸盘···背肛螨属（*Notoedres*）

3（2）肛门位于体后端

4（5）背面中部有三角形鳞片及棒状刺；雄虫1、2、4对肢，雌虫1、2对肢有吸盘·················
··疥螨属（*Sarcoptes*）

5（4）背面无鳞片及棒状刺；雄虫每肢末端都有吸盘，而雌虫全无吸盘·····························
···膝螨属（*Knemidocoptes*）

6（1）体长圆形；口器长，基部背面无刺或刚毛；肢长圆锥形，前两对肢粗大，后两对肢细长突出体缘；体后缘有肛吸盘（生殖吸盘）和尾突各一对；吸盘柄长或短，分节或不分节·············
··痒螨科（Psoroptidae）

7（8）吸盘柄长，分节，雄虫1、2、4对肢，雌虫1、2、3对肢有吸盘，口器长圆锥形·········
···痒螨属（*Psoroptes*）

8（7）吸盘柄短，不分节

9（10）口器长宽约相等；雄虫每肢末端都有吸盘，而雌虫1、2、4对肢有吸盘···足螨属（*Chorioptes*）

10（9）雄虫每肢末端都有吸盘，而雌虫1、2对肢有吸盘；雌虫第4对肢极小，比第3对肢短3倍，不能伸出体边缘；雄虫尾突很不发达，每个尾突上有两长两短刚毛……………………耳痒螨属（Otodectes）

病原形态

疥螨：呈龟形，浅黄色，背面隆起，腹面扁平。雌虫（0.33～0.45）mm×（0.25～0.35）mm，雄虫（0.2～0.23）mm×（0.14～0.19）mm。腹面有4对粗短的肢；每对足上均有角质化的支条，第1对足上的后支条在虫体中央并成一条长杆，第3、4对足上的后支条，在雄虫是互相连接的。足上的吸盘呈钟形。雄虫的生殖孔在第4对足之间，围在一个角质化的倒"V"形的构造中，雌虫腹面有两个生殖孔，一个为横裂，位于后两对肢前的中央，为产卵孔；另一个为纵裂，在体末端为阴道，但产卵孔只在成虫时期发育完成。肛门为一小圆孔，位于体端，在雌螨居阴道的背侧。雄性疥螨的第1、2、4对肢的末端具有钟形吸盘，第3对肢末端具有长刚毛；而雌性疥螨第1、2对肢的末端具有钟形吸盘，第3、4对肢末端具有长刚毛（图12-18）。

疥螨的种类很多，差不多每一种家畜和野兽体上都有疥螨寄生。各种疥螨在形态上极为相似，多数学者认为只是一种疥螨（Sarcoptes scabiei），寄生各动物体上的都是变种，各变种虽然也可偶然传染给本宿主以外的其他动物，但在异宿主身上存留时间不长。

痒螨：呈长圆形，体长0.5～0.9mm，肉眼可见。体表有细皱纹。雌雄特征如属内所述。雄虫体末端的尾突上具长毛，腹面后端两侧有两个吸盘。雄性生殖器居第四肢之间，雌虫腹面前部正中有产卵孔，后端有纵裂的阴道，阴道背侧有肛孔。雌性第二若虫的末端有两个突起供接合用，在成虫无此构造（图12-19）。

各种动物都有痒螨寄生，形态上都很相似，但彼此不传染，即使传染上也不能滋生。因此，各种都被称为马痒螨的亚种（Psoroptes equi var.）。

足螨：形态特征如属内所述。牛足螨（Chorioptes bovis）寄生于尾根、肛门附近及蹄部；马足螨（C. bovis var. equi）寄生于四肢球节部；绵羊足螨寄生于蹄部及腿外侧；山羊足螨寄生于颈部、耳及尾根；兔足螨寄生于外耳道。

膝螨：形态特征如属内所述。雄虫（0.195～0.20）mm×（0.12～0.13）mm，卵圆形，足较长。雌虫（0.408～0.44）mm×（0.33～0.38）mm，近圆形，足极短。突变膝螨（Cnemidocoptes mutans）寄生于鸡和火鸡腿上无羽毛处及脚趾，引起石灰脚病。鸡膝螨（C. gallinae）比突变膝螨小，寄生鸡的羽毛根部，引起皮肤发红，羽毛脱落。

背肛螨：形态特征如属内所述，肛门位于背面，离体后缘较远，肛门四周有环形角质皱纹。猫背肛螨（Notoedres cati）寄生于猫头部；兔背肛螨（N. cati var. cuniculi）寄生于兔头部。

耳痒螨：形态特征如属内所述，犬耳痒螨（Otodectes cynotis var. canis）、猫耳痒螨（O. cati）寄生于犬、猫的耳内。

生活史　疥螨科和痒螨科的螨类全部发育过程都在动物体上度过，包括卵、幼虫、若虫、成虫4个阶段，其中雄螨为一个若虫期，雌螨为两个若虫期。

疥螨的口器为咀嚼式，在宿主表皮挖凿隧道，以角质层组织和渗出的淋巴液为食，在隧道内进行发育和繁殖。雌螨在隧道内产卵，每2～3d产卵一次，一生可产40～50个卵。卵呈椭圆形、黄白色，长约150μm，初产卵未完全发育，后期卵透过卵壳可看到发育的幼螨。卵经3～8d孵出幼螨。幼螨三对肢，很活跃，离隧道爬到皮肤表面，然后钻入皮内造成小穴，在其中蜕皮变为若螨。若螨似成螨，有4对肢，但体型较小，生殖器尚未显现。若螨有大小两型：小型的是雄螨的若虫，只有一期，约经3d蜕化为雄螨；大型的是雌螨的若虫，分为两期。雄螨蜕化出后在宿主表皮上与新蜕化出的雌螨进行交配，交配后的雄螨不久即死亡，受

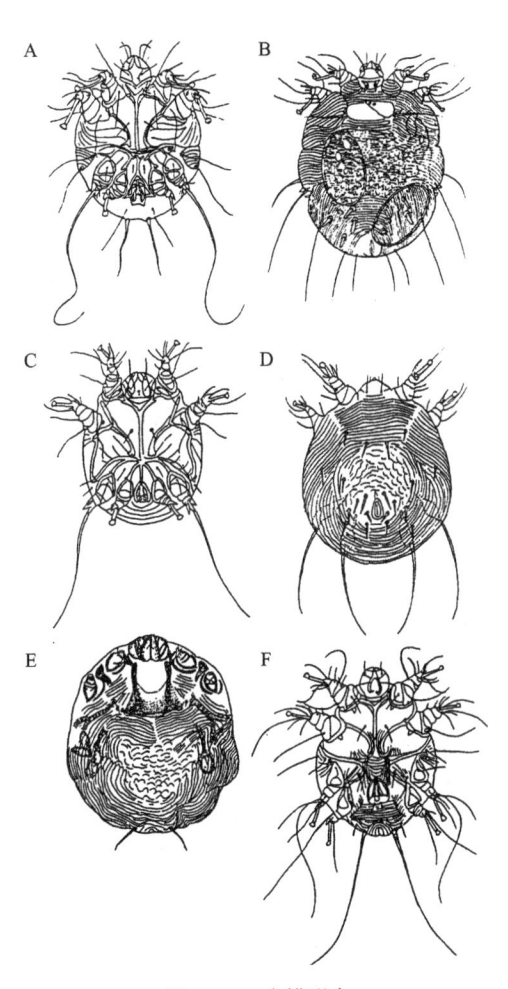

图12-18 疥螨形态
A. 疥螨雄虫腹面；B. 疥螨雌虫背面；C. 背肛螨雄虫腹面；
D. 背肛螨雌虫背面；E. 膝螨雌虫背面；F. 膝螨雄虫腹面

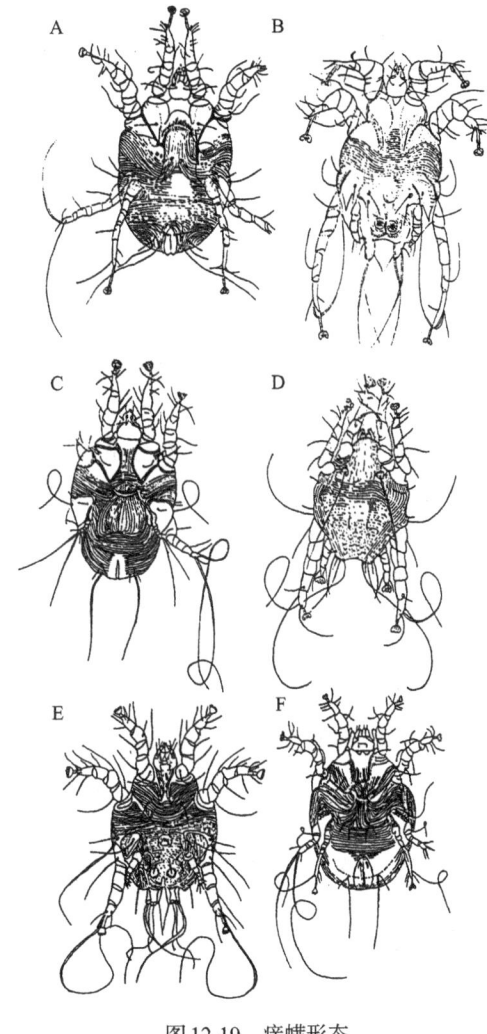

图12-19 痒螨形态
A. 痒螨雌虫；B. 痒螨雄虫；C. 耳痒螨雌虫；
D. 耳痒螨雄虫；E. 足螨雄虫；F. 足螨雌虫

精后的雌螨非常活跃，在宿主表皮找到适当部位以螯肢和前足跗节末端的爪挖掘虫道，经2～3d后开始产卵，产完卵后死亡，寿命为4～5周，疥螨整个发育过程为8～22d，平均15d。

痒螨的口器为刺吸式，寄生于皮肤表面，吸取渗出液为食。雌螨多在皮肤上产卵，约经3d孵化为幼螨，采食24～36h进入静止期后蜕皮成为第一若螨，采食24h，经过静止期蜕皮成为雄螨或第二若螨［"青春雌"（pubescent female）］。雄螨通常以其肛吸盘与第二若螨躯体后部的一对瘤状突起相接，抓住第二若螨，这一接触约需48h。但是由于第二若螨在变成雌成螨之前尚未形成交配囊，因此认为这两者是在进行交配的看法是错误的。第二若螨蜕皮变为雌螨，雌雄才进行交配。雌螨采食1～2d后开始产卵，一生可产卵约40个，寿命约42d。痒螨整个发育过程为10～12d。

足螨寄生于皮肤表面，采食脱落的上皮细胞如屑皮、痂皮等为生，其生活史可能与痒螨相似。

流行特点 疥螨在宿主体外的生活期限，随温度、湿度和阳光照射强度等多种因素的变化而有显著的差异。一般仅能存活3周左右，在18~20℃和空气湿度为65%时经2~3d死亡，而在7~8℃时则经15~18d才死亡。疥螨在动物体外经10~30d仍不失去侵袭特性。

痒螨具有坚韧的角质表皮，对不利因素的抵抗力超过疥螨，如6~8℃和85%~100%空气湿度条件下在畜舍内能活2个月，在牧场上能活35d，在-12~-2℃经4d死亡，在-25℃时约6h死亡。

螨病主要由于健畜与病畜直接接触或通过被螨及其卵污染的厩舍、用具、鞍挽具等间接接触引起感染。另外，工作上不注意，也可由饲养人员或兽医人员的衣服和手传播病原。

螨病主要发生于冬季和秋末春初，因为这些季节，日光照射不足，家畜毛长而密，特别是在厩舍潮湿、畜体卫生状况不良、皮肤表面湿度较高的条件下，最适合螨的发育繁殖。夏季家畜绒毛大量脱落、皮肤表面常受阳光照射、皮温增高，经常保持干燥状态，这些条件都不利于螨的生存和繁殖，大部分虫体死亡，仅有少数螨潜伏在耳壳、系凹、蹄踵、腹股沟部及被毛深处，这种带虫家畜没有明显的症状，但到了秋季，随着条件的改变，螨又重新活跃起来，不但引起症状的复发，而且成为最危险的传染来源。

症状

剧痒：这是贯穿整个疾病过程的主要症状。病势越重，痒觉越剧烈。为什么会发生剧痒呢？这是因为螨的体表长有很多刺、毛和鳞片，同时还能由口器分泌毒素，当它们在家畜皮肤采食和活动时能刺激皮肤神经末梢而引起痒觉。螨病病畜发痒有一个特点，即病畜进入温暖场所或运动后，痒觉增剧，这是由于螨随着周围温度增高而活动增强。剧痒使病畜不停地啃咬患部，并向各种物体上用力摩擦，因而越发加重患部的炎症和损伤，同时还向周围环境散布大量病原。

结痂、脱毛和皮肤肥厚：这也是螨病病畜必然出现的症状。在虫体的机械刺激和毒素的作用下，皮肤发生炎性浸润，发痒处皮肤形成结节和水疱，当病畜蹭痒时，结节、水疱破溃，流出渗出液。渗出液与脱落的上皮细胞、被毛及污垢混杂在一起，干燥后就结成痂皮。痂皮被擦破或除去后，创面有多量液体渗出及毛细血管出血，又重新结痂。随着病情的发展，毛囊、汗腺受到侵害，皮肤角质层角化过度，患部脱毛，皮肤肥厚，失去弹性而形成皱褶。

消瘦：由于皮肤发痒，病畜终日啃咬，摩擦和烦躁不安，影响正常的采食和休息，并使胃肠消化、吸收机能降低。加之在寒冷季节因皮肤裸露，体温大量放散，体内蓄积的脂肪被大量消耗，所以病畜日渐消瘦，有时继发感染，严重时甚至死亡。

各种动物螨病的特征。

（1）马痒螨病 最常发生的部位是鬃、鬣、尾、颌间、股内面及腹股沟。乘、挽马则常发于鞍具、颈轭、鞍褥部位。皮肤皱褶不明显。痂皮柔软，黄色脂肪样，易剥离。

（2）马疥螨病 先由头部、体侧、躯干及颈部开始，然后蔓延肩部、甲及至全身。痂皮硬固不易脱落，勉强剥落时，创面凹凸不平，易出血。

（3）马足螨病 很少见。特征是散发性的后肢系部屈面皮炎。

（4）绵羊痒螨病 危害绵羊特别严重，多发生于密毛的部位如背部、臀部，然后波及全身。本病在羊群中首先引起注意的是羊毛结成束和体躯下部泥泞不洁，而后看到零散的毛丛悬垂于羊体，好像披着棉絮样，继而全身被毛脱光。患部皮肤湿润，形成浅黄色痂皮。

（5）绵羊疥螨病 主要在头部明显，嘴唇周围、口角两侧、鼻子边缘和耳根下面也可发生。发病后期病变部位形成坚硬白色胶皮样痂皮，农牧民叫作"石灰头"病。

（6）山羊痒螨病　　主要发生在耳壳内面，在耳内生成黄色痂，将耳道堵塞，使羊变聋，食欲不振甚至死亡。

（7）山羊疥螨病　　主要发生于嘴唇四周、眼圈、鼻背和耳根部，可蔓延到腋下、腹下和四肢曲面等无毛及少毛部位。

（8）牛痒螨病　　初期见于颈部两侧，垂肉和肩胛两侧，严重时蔓延到全身。病牛表现奇痒，常在墙头、木柱等物体上摩擦，或以舌舐患部，被舐湿部位的毛呈波浪状。以后被毛逐渐脱落，淋巴渗出形成棕褐色痂皮，皮肤增厚，失去弹性。严重感染时病牛精神委顿，食欲大减，卧地不起，最终死亡。

（9）水牛痒螨病　　多发于角根、背部、腹侧及臀部，严重时头部、颈部、腹下及四肢内侧也有发生。体表形成很薄的"油漆起爆"状的痂皮，此种痂皮薄似纸，干燥，表面平整，一端稍微翘起，另一端则与皮肤紧贴，若轻轻揭开，则在皮肤相连端痂皮下，可见许多黄白色痒螨在爬动。

（10）牛疥螨病　　开始于牛的面部、颈部、背部、尾根等被毛较短的部位，病情严重时，可遍及全身，特别是幼牛感染疥螨后，往往引起死亡。

（11）猪疥螨病　　仔猪多发，初从头部的眼周、颊部和耳根开始，以后蔓延到背部、身体两侧和后肢内侧，患部剧痒，被毛脱落，渗出液增加，粘成石灰色痂皮，皮肤呈现皱褶或龟裂。

（12）骆驼疥螨病　　先开始于头部、颈部和身体两侧皮薄的部位，随后波及全身。痂皮粗厚，坚固不易脱落，患病皮肤往往还形成龟裂和脓疱。

（13）兔痒螨病　　主要侵害耳部，引起外耳道炎，渗出物干燥成黄色痂皮。堵塞耳道如纸卷样。病兔耳朵下垂，不断摇头和用腿搔耳朵。严重时蔓延至筛骨或脑部，引起癫痫症状。

（14）兔疥螨病　　先由嘴、鼻孔周围和脚爪部位发病。病兔不停地用嘴啃咬脚部或用脚搔抓嘴、鼻孔等处解痒，严重发痒时有前、后脚抓地等特殊动作。病兔脚爪上出现灰白色痂块，嘴唇肿胀，影响采食。

（15）犬疥螨病　　先发生于头部，后扩散至全身，小犬尤为严重。患部有小红点，皮肤也发红，在红色或脓性疱疹上有黄色痂，奇痒，脱毛，然后表皮变厚而出现皱纹。

（16）猫耳疥螨病　　由猫背肛螨引起，寄生于猫的面部、鼻、耳及颈部，可使皮肤龟裂和黄棕色痂皮，常可使猫死亡。

（17）突变膝螨病　　寄生于鸡胫部、趾部无羽毛部的鳞片下方，引起皮肤发炎，起鳞片状屑，随后皮肤增生而变粗糙、裂缝。剧痒，以致常继发患部的搔伤。由于病变部渗出液的干涸而形成灰白色痂皮，外观似涂上了一层石灰，故有"石灰脚"之称。可继发关节炎、趾骨坏死，甚至死亡。

（18）鸡膝螨病　　其隧道通常侵入羽毛的根部，以致诱发炎症，羽毛变脆、脱落，体表形成了赤裸裸的斑点，皮肤发红，上覆鳞片。抚摸时觉有脓疱。因其寄生部剧痒，病鸡啄拨羽毛，使羽毛脱落，故通常称脱羽痒症。病灶常见于背部、翅膀、臀部、腹部等处。

诊断　　对有明显症状的螨病，根据发病季节、剧痒、患部皮肤的变化等，确诊并不困难。但症状不够明显时，则需采取患部皮肤上的痂皮，检查有无虫体，才能确诊。除螨病外，钱癣、湿疹、马骡过敏性皮炎等皮肤病，以及虱与毛虱寄生时也都有皮炎、脱毛、落屑、发痒等症状，应注意鉴别。

(1)钱癣（秃毛癣） 由真菌引起，在头、颈、肩等部位出现圆形、椭圆形、境界明显的患部，上面覆盖着浅灰色疏松的干痂，容易剥脱，创面干燥，痒觉不明显，被毛常在近根部折断。在患部与健康部交界处拔取毛根或刮取痂皮，用10%苛性钾处理后，镜检可发现病原菌。

(2)湿疹 无传染性。痒觉不剧烈，而且在温暖场所也不加剧。

(3)虱和毛虱 发痒、脱毛和营养障碍同螨病相类似，但皮肤发炎、落屑程度都不如螨病严重，而且容易发现虫体及虱卵。

(4)马骡过敏性皮炎 由蠓叮咬引起，本病的发病地区和季节性与螨病不同，多发于南方夏季。冬季症状减轻，甚至自愈。一般从丘疹开始，而后形成散在的小干痂和圆形的秃毛斑，只有在剧烈摩擦后，才形成大片糜烂创面。镜检病料找不到螨。

防治

(1)治疗

1)局部用药或注射：对已经确诊的螨病病畜，应及时隔离治疗。治疗螨病的药物有很多种，可选用双甲脒、溴氰菊酯、碘硝酚和伊维菌素注射液等。

螨病有高度的接触传染性，遗漏一个小的患部，散布少许病料，都有可能造成继续蔓延。因此在应用药液喷洒治疗之前，应详细检查所有病畜，找出所有患部，以免遗漏。为使药物能和虫体充分接触，应将患部及其周围3～4cm处的被毛剪去（收集在污物容器内，烧掉或用消毒水浸泡），用温肥皂水彻底刷洗，除掉硬痂和污物，擦干后用药。

治疗螨病的药物，大多数对螨的虫卵没有杀灭作用。因此，对患有螨病家畜的治疗须进行2～3次（每次间隔5～7d），以便杀死新孵出的幼虫。在处理病畜的同时，要注意场地、用具等彻底消毒，防止散布病原，经过治疗的病畜应安置到已经消毒的厩舍内饲养，以免再感染。螨病多发生在寒冷的季节，因此用注射剂型的药物来治疗更为方便。

2)药浴疗法：最适用于羊，此法既可用于治疗螨病也可用于预防螨病。药浴可用木桶、旧铁桶、大铁锅或水泥浴池进行。应根据具体条件选用。山羊在抓绒后，绵羊在剪毛后5～7d进行。除羊，其他家畜在必要时也可进行药浴。药浴应选择无风晴朗的天气进行。老弱幼畜和有病羊应分群分批进行。药浴前让羊饮足水，以免误饮中毒。药浴时间为1min左右，注意浸泡羊头。药浴后应注意观察，发现羊只精神不好、口吐白沫，应及时治疗，同时也要注意工作人员的安全。如一次药浴不彻底，可过7～8d后进行第二次。药浴可用双甲脒、倍特、螨净等。药液温度应保持在36～38℃，药液温度过高对羊体健康有害，过低影响药效，最低不能低于30℃，大批羊只药浴时，应随时增加药液，以免影响疗效。药液的浓度要准确，大群药浴前应先做小群安全试验。

(2)预防

1)畜舍要宽敞，干燥，透光，通风良好；不要使畜群过于密集。畜舍应经常清扫，定期消毒（至少每两周一次），饲养管理用具也应定期消毒。

2)经常注意畜群中有无发痒、掉毛现象，及时挑出可疑患畜，隔离饲养，迅速查明原因。发现患畜及时隔离治疗。中小家畜无种用或经济价值者应予以淘汰。隔离治疗过程中，饲养管理人员应注意经常消毒，以免通过手、衣服和用品散布病原。治愈病畜应继续隔离观察20d，如未再发，再一次用杀虫药处理，方可合群。

3)引入家畜时，应事先了解有无螨病存在；引入后应详细做螨病检查；最好先隔离观察一段时间（15～20d），确定无螨病症状后，经杀螨药喷洒再并入畜群中去。

4）每年夏季剪毛后对羊只应进行药浴，这是预防羊螨病的主要措施。对曾经发生过螨病的单位尤为必要。

2. 蠕形螨病 蠕形螨病是由蠕形螨科中各种蠕形螨寄生于家畜及人的毛囊或皮脂腺而引起的皮肤病，本病又称为毛囊虫病或脂螨病。各种家畜各有其专一的蠕形螨寄生，互不感染。这些蠕形螨属蠕形螨科（Demodicidae）蠕形螨属（Demodex）。有犬蠕形螨（D. canis）（图12-20）、牛蠕形螨（D. bovis）、猪蠕形螨（D. pnylloides）、绵羊蠕形螨（D. ovis）（图12-21）、马蠕形螨（D. equi）等。犬和猪蠕形螨较多见，羊、牛也常有本病。寄生于人体的有毛囊蠕形螨（D. folliculorum）和皮脂蠕形螨（D. brevis）两种。

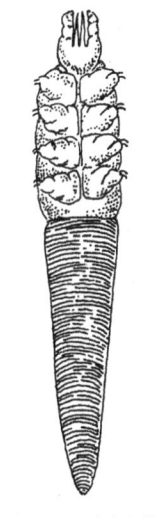

图12-20 犬蠕形螨

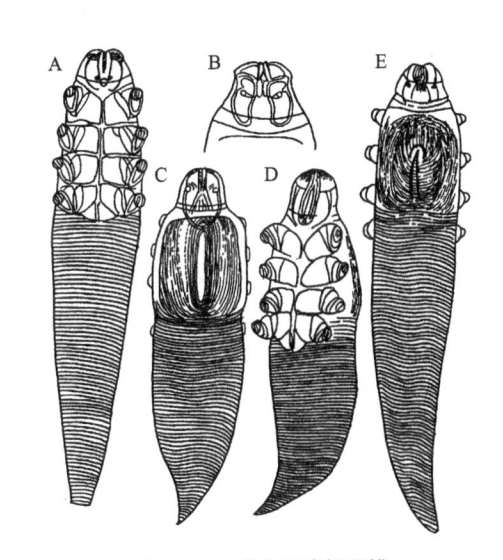

图12-21 绵羊和猪蠕形螨
A. 绵羊蠕形螨雌虫腹面；B. 假头；C. 猪蠕形螨雌虫背面；
D. 腹面；E. 猪蠕形螨雄虫背面

病原形态 虫体细长呈蠕虫样，半透明乳白色，一般体长0.17～0.44mm，宽0.045～0.065mm。全体分为颚体、足体和末体三个部分，颚体（假头）呈不规则四边形，由一对细针状的螯肢、一对分三节的须肢及一个延伸为膜状构造的口下板组成，为短喙状的刺吸式口器。足体（胸）有4对短粗的足，各足基节与躯体腹壁愈合成扁平的基节片，不能活动；其他各节呈套筒状，能活动，伸缩；跗节上有一对锚状叉形爪。末体（腹）长，表面具有明显的环形皮纹。雄虫的雄茎自足体的背面突出，雌虫的阴门为一狭长的纵裂，位于腹面第4对足的后方。

生活史 蠕形螨寄生在家畜的毛囊和皮脂腺内，蠕形螨的全部发育过程都在宿主体上进行。雌虫产卵于毛囊内，卵无色透明，呈蘑菇状，长0.07～0.09mm。卵孵化为3对足的幼虫。幼虫蜕化变为4对足的若虫，若虫蜕化变为成虫。据研究证明犬蠕形螨尚能生活在宿主的组织和淋巴结内，并有部分在此繁殖。它们多半先在发病皮肤毛囊的上部，而后在毛囊底部，很少寄生于皮脂腺内。本病的发生主要是由于病畜与健畜互相接触，通过皮肤感染，或健畜被患畜污染的物体相接触，通过皮肤感染。

虫体离开宿主后在阴暗潮湿的环境中可生存21d左右。

致病作用与临床症状 蠕形螨钻入毛囊皮脂腺内，以针状的口器吸取宿主细胞内含物，由于虫体的机械刺激和排泄物的化学刺激，组织出现炎性反应，虫体在毛囊中不断繁殖，逐渐引起毛囊和皮脂腺的袋状扩大和延伸，甚至增生肥大，引起毛干脱落。此外，由于腺口扩大，虫体进出活动，易使化脓性细菌侵入而继发毛脂腺炎、脓疱。有的学者根据受虫体侵袭的组织中淋巴细胞和单核细胞的显著增加，认为引起毛囊破坏和化脓是一种迟发型变态反应。

（1）犬蠕形螨病　本病多发于5~6个月的幼犬，主要见于面耳部，重症时躯体各部也受感染。初起时在毛囊周围有红润突起，后变为脓疱。最常见的症状是脱毛，皮脂溢出，银白色具有黏性的表皮脱落，并有难闻的奇臭。常继发葡萄球菌及链球菌感染而形成脓肿。严重时可因贫血及中毒而死亡。有时在正常的幼犬身上，可发现蠕形螨，但并不呈现症状。

（2）猪蠕形螨病　一般先发生于眼周围、鼻部和耳基部，而后逐渐向其他部位蔓延。痛痒轻微，或没有痛痒，仅在病变部位出现针尖、米粒甚至核桃大的白色的囊。囊内含有很多蠕形螨、表皮碎屑及脓细胞，细菌感染严重时，成为单个的小脓肿。有的患猪皮肤增厚，不洁，凹凸不平而盖以皮屑，并发生皱裂。

（3）牛蠕形螨病　一般初发于头部、颈部、肩部、背部或臀部。形成小如针尖至大如核桃的白色小囊瘤，常见的为黄豆大。内含粉状物或脓状稠液，并有各期的蠕形螨。也有只出现鳞屑而无疮疖的。

（4）羊蠕形螨病　常寄生于羊的眼部、耳部及其他部位，除对于皮肤引起一定损害外，也在皮下生成脓性囊肿。

病理变化　蠕形螨的病理变化主要是皮炎、皮脂腺-毛囊炎或化脓性急性皮脂腺-毛囊炎。

诊断　本病的早期诊断较困难，可疑的情况下，可切破皮肤上的结节或脓疱，取其内容物做涂片镜检，以发现病原体。犬蠕形螨感染时应与疥螨感染相区别，本病毛根处皮肤肿起，皮表不红肿，皮下组织不增厚，脱毛不严重，银白色皮屑具黏性，痒不严重。疥螨病时，毛根处皮肤不肿起，脱毛严重，皮表红而有疹状突起，但皮下组织不增厚，无白鳞皮屑，但有小黄痂，奇痒。

防治　发现患畜时，首先进行隔离，并对一切被污染的场所和用具进行消毒，同时加强对患畜的护理。治疗可采用下述药物：苯甲酸苄酯乳剂涂擦患部；伊维菌素皮下注射，间隔7~10d重复用药。对脓疱型重症病例还应同时选用高效抗菌药物，对体质虚弱患畜应补给营养，以增强体质及抵抗力。

3. 鸡皮刺螨病　皮刺螨属于革螨亚目皮刺螨科（Dermanyssidae）皮刺螨属（Dermanyssus）。鸡皮刺螨（D. gallian）寄生于鸡、鸽、麻雀等禽类的窝巢内，吸食禽血，有时也吸人血。

病原形态　虫体呈长椭圆形，后部略宽。体表密生短绒毛。饱血后虫体由灰白色转为淡红色或棕灰色。雌虫体长0.72~0.75mm，宽0.4mm（吸饱血的雌虫可达1.5mm）；雄虫体长0.6mm，宽0.32mm。体表有细纹与短毛。假头长，螯肢一对，呈细长的针状，用以穿刺宿主皮肤而吸取血液。足很长，有吸盘。背板为一整块，后部较窄。背板比其他角质部分显得明亮。雌虫的肛板较小，与腹板分离；但雄虫的肛板较大，与腹板相接（图12-22）。

生活史　皮刺螨属不完全变态的节肢动物，其发育过程包括卵期、幼虫期、2个若虫期和成虫期4个阶段。侵袭鸡只的雌螨在每次吸饱血后12~24h在鸡窝的缝隙、灰尘或碎屑中产卵，每次产10多粒。在20~25℃的情况下，卵经2~3d孵化为3对足的幼虫；幼虫可以

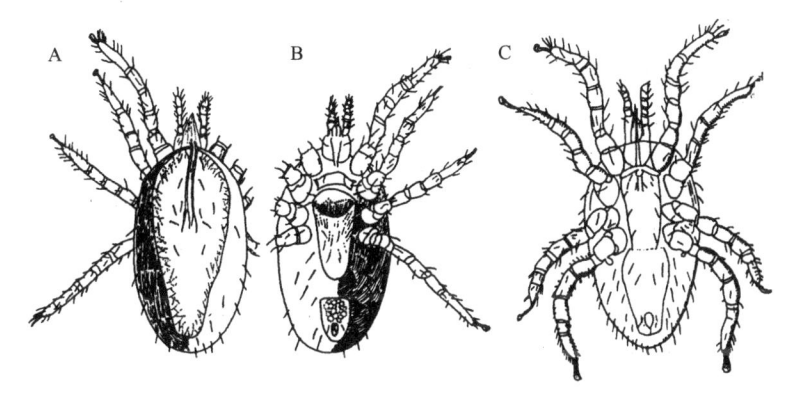

图12-22 鸡皮刺螨
A. 雌虫背面；B. 雌虫腹面；C. 雄虫腹面

不吸血，2~3d后，蜕化变为4对足的第一期若虫；第一期若虫经吸血后，隔3~4d蜕化变为第二期若虫；第二期若虫再经0.5~4d后蜕化变为成虫。本种螨是鸡、鸽或麻雀巢窝及其附近缝隙中的主要螨类之一，也是鸡、鸽的重要害虫；爬行较快，也能侵袭人和其他家畜。主要在夜间侵袭吸血，但鸡在白天留居舍内或母鸡孵卵时，也能遭受侵袭。皮刺螨还能在鸡窝附近爬行活动。

症状 受严重侵袭时，鸡只日渐衰弱，贫血，产蛋力下降，甚至引起死亡。侵袭人体时，皮肤上出现红疹。鸡皮刺螨还是鸡脑炎病毒圣路易脑炎的传播者和保毒宿主。

防治 可用杀螨药，如蝇毒磷、溴氰菊酯等，以杀灭鸡体上的螨。或使用这类药物的水乳剂对鸡舍进行消毒，对栖架、墙壁和缝隙等尤应做得彻底。房舍消毒，可用石灰水粉刷。产蛋箱要清洗干净，用沸水浇烫后，再在阳光下暴晒，以彻底杀灭虫体。

4. 鸡新棒恙螨病 鸡新棒恙螨病是恙螨亚目恙螨科（Trombiculidae）新棒属（Neoschongastia）的鸡新棒恙螨（N. gallinarum）的幼虫寄生于鸡及其他鸟类引起的。主要寄生部位是翅膀内侧、胸肌两侧和腿内侧皮肤上，尤以放饲后的雏鸡体表最易感染。分布于全国各地，为鸡的重要外寄生虫之一。

病原形态 鸡新棒恙螨又称为鸡新勋恙螨，其幼虫很小，不易发现，饱食后呈橘黄色，大小为0.421mm×0.321mm。分头胸部和腹部，有3对足；背板上有5根刚毛，感觉刚毛远端膨大呈球拍形。背刚毛排列为2、10、13、8、6、8、6、4、2（图12-23）。

生活史 恙虫在发育过程中，仅幼虫营寄生生活；成虫多生活于潮湿的草地上，以植物汁液和其他有机物为食。雌虫受精后，产卵于泥土上，约经两周时间孵出幼虫。幼虫遇到鸡或其他鸟类时，便爬至其体上，刺吸体液和血液；饱食时间，快者1d，慢者可达30余日。在鸡体上寄生时间可达5周以上。幼虫饱食后落地，数日后发育为若虫，再过一定时间发育为成虫。由卵发育为成虫需1~3个月。

症状 患部奇痒，出现痘疹状病灶，周围隆起，中间凹陷呈痘脐形，中央可见一小红点，即恙虫幼虫。大量虫体寄生时，腹部和翼下布满此种痘

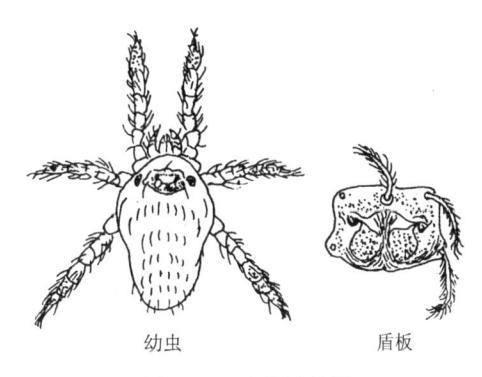

幼虫　　盾板

图12-23 鸡新棒恙螨

疹状病灶。病鸡贫血、消瘦、垂头、不食，如不及时治疗会引起死亡。

诊断 在痘疹状病灶的痘脐中央凹陷部可见有小红点，用小镊子取出镜检，见为虫体，即可确诊。

防治 可用杀虫药如蝇毒磷、溴氰菊酯等杀灭鸡体上的螨，也可在鸡体患部涂擦70%乙醇、碘酊或5%硫黄软膏，效果良好。涂擦一次，即可杀虫体，病灶逐渐消失，数日后痊愈。应避免在潮湿的草地上放鸡，以防感染。

5. 小鼠螨病 寄生在实验动物小鼠的螨种类很多，常见的有属于癣螨科（Myocoptidae）的鼠癣螨、罗氏住毛螨和肉螨科（Myobiidae）的鼷鼠肉螨、亲近雷螨。这些螨常混合寄生，采食上皮组织和组织液，使小鼠发生螨病，发育不良，鼠群中螨的污染常常是影响小鼠达到国家一级实验动物标准的原因之一。

病原形态

（1）鼠癣螨（*Myocoptes musculinus*） 是实验动物小白鼠最常见的寄生虫之一，为全球分布。虫体呈白色，雄虫六角形，长约0.2mm，第1、2、3对足与雌虫相似，第4对足特别大，无形态变异，体后端有2长2短两对后端毛。雌虫卵圆形，长约0.3mm，第1、2对足末端有带短柄的吸盘，第3、4对足形态变异，为握毛用，体后端两侧各有一根长的后端毛（图12-24）。卵呈狭椭圆形，大小为（189~210）μm×（49~53）μm，黏着在粗被毛的近基部。

（2）鼷鼠肉螨（*Myobia musculi*） 是实验动物小白鼠常见的一种寄生虫，为全球分布。虫体呈白色，形状为长椭圆形，中央稍宽，每对足之间的躯体边缘鼓出。口器小，须肢小而简单，螯肢呈匕首状。第1对足压缩变短，其余3对足跗节末端各有一根大的爪样构造。雄虫长约0.3mm，雌虫长约0.4mm。体后端有2根后端毛。雄虫两毛之间距离雌虫近（图12-25）。卵呈宽椭圆形，大小为（193~214）μm×（84~109）μm，黏着在细绒毛的近基部。

图12-24 鼠癣螨
A. 雌虫；B. 雄虫

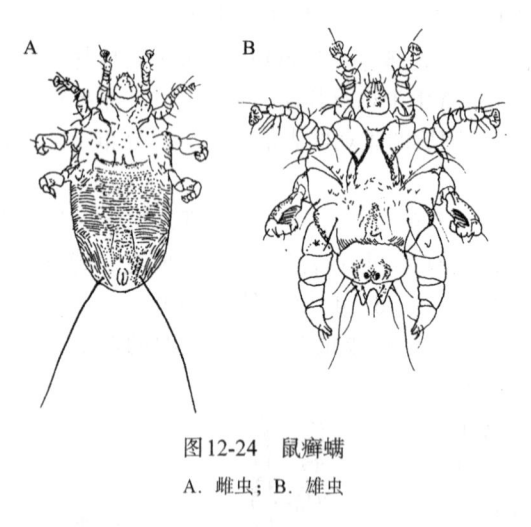

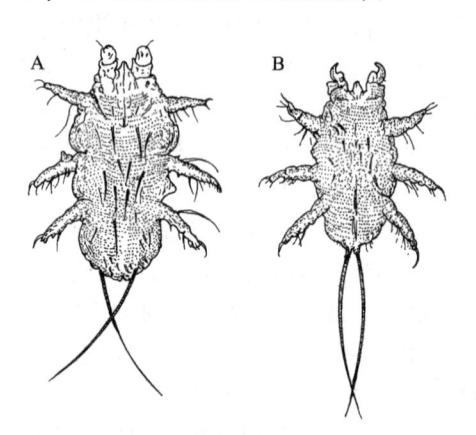

图12-25 鼷鼠肉螨
A. 雌虫；B. 雄虫

（3）罗氏住毛螨（*Trichoecius romboutsi*） 形态与鼠癣螨基本相似，区别点为雄虫后端有4根长的后端毛。

（4）亲近雷螨（*Radfordia affinis*） 其形态与鼷鼠肉螨相似，区别点为第2对足末端有1对真正的爪。

生活史与流行病学 鼠癣螨寄生于皮毛中，以皮脂样分泌物、皮垢为食物。生活史包括卵，幼虫，第一、二期若虫和成虫。卵经5d卵壳纵裂，孵出幼虫，完成全部生活史约需14d（也有报道为8d）。幼虫和第一期若虫均为3对肢，第二期若虫和成虫均为4对肢。鼠癣螨在生活史各期虫体均可感染新宿主，该螨可在死体上存活8～9d，离开宿主体后可存活3～5d。

鼷鼠肉螨以细胞外的组织为食物。雄螨、雌螨交配后，雌螨产卵，卵经7～8d，卵壳一端突出并变薄以环裂的方式孵出幼虫，幼虫经10d后蜕皮形成若虫，若虫蜕皮形成成虫。全部生活史约需23d。该螨主要是通过接触传播。在新发生的感染，螨的数量在8～10周内先有所增加。随后又减少以保持均衡。在死鼠体上，鼷鼠肉螨爬到毛尖部，并能存活4d。

罗氏住毛螨与亲近雷螨的生活史和致病作用尚不清楚。

症状 鼠癣螨及鼷鼠肉螨常混合感染，鼠癣螨首先感染腹股沟区域、腹部、背部、头部和颈部。鼷鼠肉螨则寄生于头的后部、颈部和背部。这些螨可造成小鼠脱毛、瘙痒和发生皮肤炎症。小鼠迅速消瘦及繁殖力下降，甚至引起死亡。据一些研究者的经验：寄生螨虫数量的多少不与小鼠的皮肤病变相一致，有的肉眼看起来似乎正常的小鼠，可能螨虫寄生数量还很多，相反，有时肉眼看起来小鼠的皮肤病变很严重，而螨虫的寄生数量却很少。

诊断 根据小鼠的临床症状和在被螨虫寄生的小鼠体表找到病原即可确诊。检查小鼠螨虫的方法很多，现介绍如下两种：①低倍镜（20～30倍）直接检查被毛和皮肤。首先将小鼠处死或麻醉，然后再检查。用强光灯直接照明，一边用解剖镜观察，一边用针或细棒将被毛分开，以观察皮肤表面，采用此法既可发现和收集体表活动的螨虫，又可检查和收集黏附在被毛上的虫卵，可用挑虫针或镊子挑取螨虫或拔带有虫卵的被毛以做进一步鉴定。也可用透明胶带黏附被毛，然后再将胶带置载玻片上镜检。②外寄生虫一般都有趋热性，当宿主死后，随着尸体的变凉，虫体即可爬出被毛离开宿主。根据这一原理，可将小鼠处死，1～4h后收集虫体，制片，直接检查鉴定。其做法是：先将小鼠处死，然后把死鼠放在黑纸上，上盖玻璃纸，黑纸周边贴上双面胶带，以防螨虫爬失，次日用低倍镜检查玻璃纸与黑纸上的螨。

防治

（1）预防 对小鼠螨病的防治应本着"以防为主，以治为辅，防重于治"的原则。对鼠群要经常检查，发现患有螨病的小鼠应立即淘汰，比较严重的污染群应全部淘汰，经彻底消毒后重新引进健康种，建立健康群。要坚持自繁自养的原则，如要引进小鼠，必须将引进的小鼠隔离观察15d以上，如无螨病症状出现，再经用杀螨药药浴后方可移入。搞好饲养场所的环境卫生，保持干燥，防止野鼠的窜入，定期用杀螨药清洗笼具、笼架、地面和墙脚，定期更换垫料。对螨病污染饲养场地、设施和用具等要进行彻底消毒。对不怕火的场地、设施和用具要用喷灯进行火焰消毒，对不怕水者，要用开水烫或用杀螨药液进行消毒。

（2）治疗 对小鼠螨病的治疗可采用杀螨药进行药浴，如敌百虫、杀螨灵、林丹、倍特等。

6. 蜂螨病 现在，在蜜蜂体和蜂巢内已发现的螨类有30多种。其中，在我国对养蜂业危害严重的是属于厉螨科（Laelapidae）的大蜂螨和小蜂螨。

病原形态

（1）大蜂螨（*Varroa jacobsoni*） 雄螨呈卵圆形，大小为0.88mm×0.72mm。雌螨呈横椭圆形，暗红褐色；背面有背板覆盖，具有网状花纹和浓密的刚毛，腹面有胸板、生殖板、肛板、腹股板和腹侧板等结构；口器为刺吸式，螯肢角质化，动指长，不动指退化短小；足4对，短粗，末端均有钟形爪垫。卵为卵圆形，呈乳白色。大小为0.6mm×0.43mm，卵膜薄而透明，产下时即可见卵内含有4对肢芽的若螨（图12-26）。前期若螨乳白色，体表有稀疏的刚毛，有4对粗壮的足，体形由卵圆形渐变成近圆形，大小由0.63mm×0.49mm增大为0.74mm×0.69mm，前期若螨蜕皮变为后期若螨，体形由心脏形变为横椭圆形，大小由0.80mm×1.00mm增大为1.09mm×1.38mm。

（2）小蜂螨（*Tropilaelaps clareae*） 雄螨呈卵圆形，淡黄色，大小为0.95mm×0.56mm，背板密生刚毛，腹面胸板与生殖板合并呈舌形，与肛板分离，肛板呈卵圆形。雌螨呈卵圆形，浅棕黄色，该螨前端略大，后端钝圆，大小为1.03mm×0.56mm（图12-27）。背板密生刚毛，腹面、胸板前缘平直，后缘极度内凹呈弓形，前侧角长，伸达1、2基节间，生殖板窄长条形，几乎达到肛板前缘，肛板钟形，肛门开口于中央。卵呈近圆形，卵膜透明，大小为0.66mm×0.54mm。前期幼螨为乳白色，呈椭圆形，体背有细小刚毛，大小为0.54mm×0.38mm，前期若螨蜕皮后为后期若螨，呈卵圆形，大小为0.9mm×0.61mm。

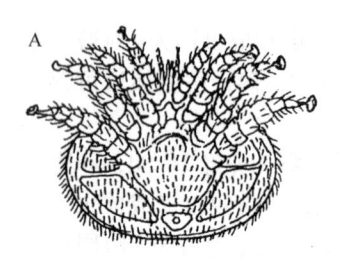

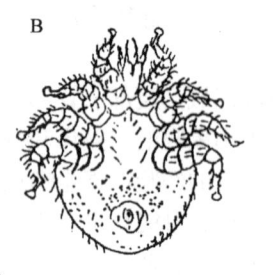

图12-26 大蜂螨
A. 雌虫；B. 雄虫

生活史与生活习性 大蜂螨的雌虫在蜜蜂幼虫即将封盖之前潜入蜂房内，当蜜蜂幼虫封盖以后，大蜂螨雌虫就依靠吸取蜜蜂幼虫的体液进行产卵繁殖。卵先孵化为若螨，大蜂螨的卵期1d，若螨期7d，之后进一步发育为成螨（一只雌螨每次可产卵1～3粒，产卵可持续1～2d），成螨随幼蜂出房时一起爬出巢房外。新成长的雌螨寄生在蜜蜂的胸部和腹部环节处，刺吸蜜蜂的体液，而雄螨不从蜂体上取食营养物，它在封盖的幼虫房中与雌螨交配后立即死亡。成螨寿命在繁殖期平均为43.5d，最长53d，越冬期可长达3个月以上。

小蜂螨的整个生活过程都寄生于蜂房子脾上，靠吸取蜜蜂幼虫的体液为生。雌螨潜入即将封盖的幼虫房内产卵繁殖。一个幼虫被寄生致死后，小蜂螨可从封盖房穿孔爬出来。重新潜入其他即将封盖的幼虫房内产卵繁殖。在封盖房内新成长的小蜂螨随着新蜂出房时一同爬出来，再潜入其他幼虫房内寄生和繁殖。小蜂螨整个发育过程仅需4～4.5d。

蜂群间的盗蜂和迷巢蜂是传播蜂螨的主要媒介。此外，养蜂人员随意调换子脾或调整蜂群时，也可引起蜂螨的传播。

症状 当蜜蜂被害以后，一个最明显的特征是在蜂箱巢门附近和在子脾上，可以见到衰弱、没有健全翅膀的畸形蜜蜂。蜜蜂幼虫受蜂螨为害死亡之后有臭味，挑取不拉丝。容易清除。蜂蛹受害死亡则保持原状，没有特殊气味，但其头部、胸部颜色变深，腹部颜色较浅，有时略显绿色，口器及足变黄。挑出死蛹，还可在巢房里观察到发育不同时期的蜂螨。成年蜜蜂被蜂螨寄生以后，会经常扭动身体，企图摆脱蜂螨，致使蜜蜂精疲力竭，加快老化。在许多情况

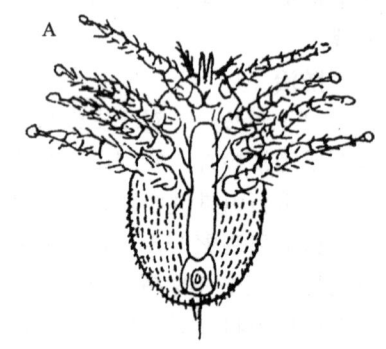

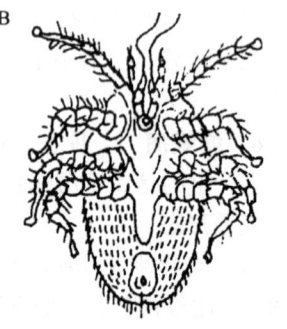

图12-27 小蜂螨
A. 雌虫；B. 雄虫

下，工蜂、雄蜂和蜂王从巢房里出来，表面上是正常的，但由于蜂螨的寄生，已经给它们带来了损害，蜜蜂寿命缩短，雄蜂不能交尾，蜂王不能授精，只产雄蜂卵。

诊断

（1）直接检验　　从蜂群中提出带蜂子脾，随机取样，抓取工蜂50～100只，逐个仔细检查其腹部和胸部有无蜂螨寄生。同时用眼科镊子揭开蜜蜂封盖巢房30～50个，用扩大镜观察蜜蜂蛹体上及巢房内有无蜂螨寄生。再根据检查的结果计算其寄生的百分率。小蜂螨的检验大致同大蜂螨的检验方法，由于小蜂螨都寄生于蜜蜂的幼虫房内，应着重检查封盖子脾。

（2）药剂熏蒸检验　　取一铁丝制蜂笼（10cm×10cm×10cm），从蜂群中提出一张带蜜蜂子脾，随意抓取50～100只工蜂装入蜂笼内，带回室内扣入大烧杯或玻璃钟罩内。同时放入一浸渍0.5～1ml乙醚的棉球，密闭熏蒸5～10min，待蜜蜂全部昏迷以后，蜂螨也随之被击落。再将蜜蜂还回原群的巢门外，蜜蜂苏醒后即回巢中。也可用二氧化碳气体，按上述方法处理蜜蜂获得蜂螨的寄生率。

防治

（1）综合防治法　　根据大蜂螨潜入蜜蜂封盖幼虫房内繁殖的生物学特性，采取人为的断子法，使蜂王停止产卵一段时期，蜂群内无封盖子脾，蜂螨全集中寄生于蜂体上，再用药物驱杀。使用的药物种类较多，其中以速杀螨（20%）效果最好，对蜜蜂安全。使用时避开采蜜期，按0.25‰～0.5‰兑水喷在蜂体上杀螨。或选用螨扑，按每平箱2片，分别悬挂在蜂群内第1与第2个巢脾及第7与第8个巢脾间的蜂路处3～4周，由于蜜蜂的活动，传递药效杀螨。

（2）提出封盖子脾，分群防治法　　根据大蜂螨寄生于蜂体，繁殖于蜜蜂封盖巢房的生物学特性，采取这一方法。在秋季，流蜜期结束，对蜂群进行调整，合并弱群或组成双王群的同时加继箱。然后将蜂群内的封盖子脾全部带蜂提到继箱内，巢箱内留下蜜蜂卵虫脾、粉蜜脾和加适当的空巢脾和蜂王。巢箱与继箱之间用纱盖隔开，分隔成治疗群（继箱群）和羽化群。处理完毕，对治疗群和羽化群立即用杀螨药剂（速杀螨和敌螨1号）喷蜂体治疗2～3次，每隔3～4d治1次。待羽化群内封盖子脾的幼蜂出房后，再按上述方法治螨2～3次，直至不见蜂螨为止，即可将上下两群合并进行繁殖。这种治螨效果比较彻底，适合空地养蜂采用，由于操作烦琐，目前多使用"螨扑"直接挂在蜂群里杀螨，操作简便多了。

（3）"一次性"治螨法　　这是我国20世纪80年代研究成果。防治前先将蜂群里的封盖子脾全部提出，放入空继箱内。每个继箱放7～8张封盖子脾，不带蜜蜂。然后在继箱底上垫一层塑料布，再在塑料布上放两层吸水纸，将10ml"强力"巢房杀螨剂（有效成分为甲酸）溶在吸水纸上，其余2或3箱可依次重叠放置。在22℃以上气温条件下，密闭熏治5h，杀螨效果达到98%以上。治螨完毕，将子脾还回原群。在上述治螨的同时，结合使用速杀螨喷蜂体，驱杀蜂体上的螨，防治效果更为彻底。新型的低毒、无三致（致癌、致畸、致突变）杀蜂螨药剂：溴螨酯，用其制成烟剂纸片，于傍晚蜜蜂回巢后，将烟剂纸片悬挂在蜂箱内的空巢框上，点燃发烟，密闭巢门15min，杀螨效果达到90%以上，对蜜蜂相对安全。国内有类似产品如杀螨剂3号。速杀螨为畜用杀螨剂，对杀蜂螨也有特效，仅用0.0025%喷蜂群，可百分之百地杀死蜂体上的大蜂螨。敌螨1号的用法、用量及杀蜂螨的效果与速杀螨相同，后者每周用药一次，连续用药2次以后，不仅杀除蜂体上的螨，还可杀死巢房内的蜂螨（内吸杀螨作用）。马扑立克为菊酯类杀螨药剂。每群蜂放2条，分别放在第1与第2及第7与第8张巢脾之间的蜂路上（悬挂固定），可连续放5～6周，杀螨效果达到98%以上。

无论使用哪种杀螨药剂，尤其是水剂或乳化剂，一定要避开采蜜期使用。在早春和晚秋，蜂群断仔期或蜂群长途转运之后进行治螨，效果较好。根据外界气温和蜂群势等不同情况，使用不同的药物。例如，在早春、晚秋气温较低时宜用熏烟剂，而在夏季气温高蜂群繁殖盛期，则以熏蒸剂为宜。敌螨熏烟剂是治疗大、小蜂螨的成药。剂量要准确，以防伤害幼蜂（详按说明书）。灭螨灵合成熏烟剂为灭螨新药，防治大、小螨效果尤佳，不伤幼蜂。烟碱（尼古丁）每次每群用0.5~0.6ml，滴在滤纸上，在傍晚放在箱底熏蒸，防治大、小蜂螨，效果均佳，且安全。用市售的含鱼藤酮2.5%或7.5%的鱼藤精乳剂，加水稀释成1500~2000倍后喷脾。每张脾喷3~4次，见蜂翅上略呈雾状即可。对大蜂螨较好，每隔2d左右喷1次，连治4次左右。蜂螨清（Bayvarol Strips）为德国拜耳药厂人工合成的杀螨剂，该药使用方便，每箱内悬挂两片蜂螨清，即可有效地控制蜂螨危害，对大、小蜂螨均有效，能在24h内迅速杀死大蜂螨，药效长达6周，安全性好，对人、畜均无害。

第三节　昆虫类疾病

双翅目是昆虫纲中的一大目，已知的种类有8万余种，其中有一些在医学和兽医学中极为重要。因为它们中有的是幼虫阶段长期寄生于家畜体内，成为蝇蛆病的病因；有的不但吸取人、畜血液，而且还是许多种疾病的传播媒介。

一、蝇蛆病

1. 胃蝇蛆病　马胃蝇蛆病是由于双翅目环裂亚目胃蝇科胃蝇属（*Gasterophilus*）的各种胃蝇幼虫寄生于马属动物胃肠道内所引起的一种慢性寄生虫病。由于幼虫寄生，患畜胃的消化、吸收机能被破坏，加之幼虫分泌的毒素作用，使宿主高度贫血、消瘦、中毒，使役能力降低，严重感染时可使马匹衰竭死亡。本病在我国各地普遍存在，尤其是东北、西北、内蒙古等地草原马感染率高达100%，常给养马业带来很大的损失。马胃蝇幼虫（蛆）除寄生于马、骡、驴等单蹄兽外，偶尔也寄生于兔、犬、猪和人胃内。我国常见的马胃蝇有四种：①肠胃蝇（*G. intestinalis*）（马胃蝇、普通胃蝇、大胃蝇）；②红尾胃蝇（*G. haemorrhoidalis*）（赤尾胃蝇、痔胃蝇、颊胃蝇、鼻胃蝇）；③兽胃蝇（*G. pecorum*）（穿孔胃蝇、东方胃蝇、牛胃蝇、黑腹胃蝇）；④鼻胃蝇（*G. nasalis*）（喉胃蝇、兽胃蝇、烦扰胃蝇）。

此外，还发现有红小胃蝇（*G. inermis*）（小胃蝇、无钩胃蝇）及黑角胃蝇（*G. nigricornis*）。

病原形态　马胃蝇成虫全身密布绒毛，形似蜜蜂。口器退化，两眼小而远离，触角短小，陷入触角窝内，触角芒简单，翅透明或有褐色斑纹，或不透明呈烟雾色。雄蝇尾端钝圆，雌蝇尾端具有较长的产卵管，并向腹面弯曲。虫卵呈浅黄色或黑色，前端有一斜卵盖。成熟幼虫（第三期幼虫）呈红色或黄色，分节明显，每节有1~2列刺，幼虫前端稍尖，有一对发达的口前钩，后端齐平，有一对后气孔（图12-28和图12-29）。

生活史　马胃蝇的发育属完全变态，全部发育期长约一年，成蝇不采食。在外界环境中仅能存活数天，雄蝇交配后很快死去，雌蝇产完卵后死亡。

肠胃蝇的雌蝇于炎热的白天飞近马体周围，将虫卵一个个地产于马的背部、背鬃、胸、腹及腿部被毛上，一生能产卵700个左右。经1~2周，卵内发育为幼虫。虫卵在任何机械作用下（如摩擦、啃咬）卵盖打开，幼虫爬出卵壳，即在马体上移动，引起发痒，马啃痒时，大量幼虫粘在牙、唇及舌上，然后钻入黏膜下或舌表层组织内移行3~4周，经第一次蜕化后，

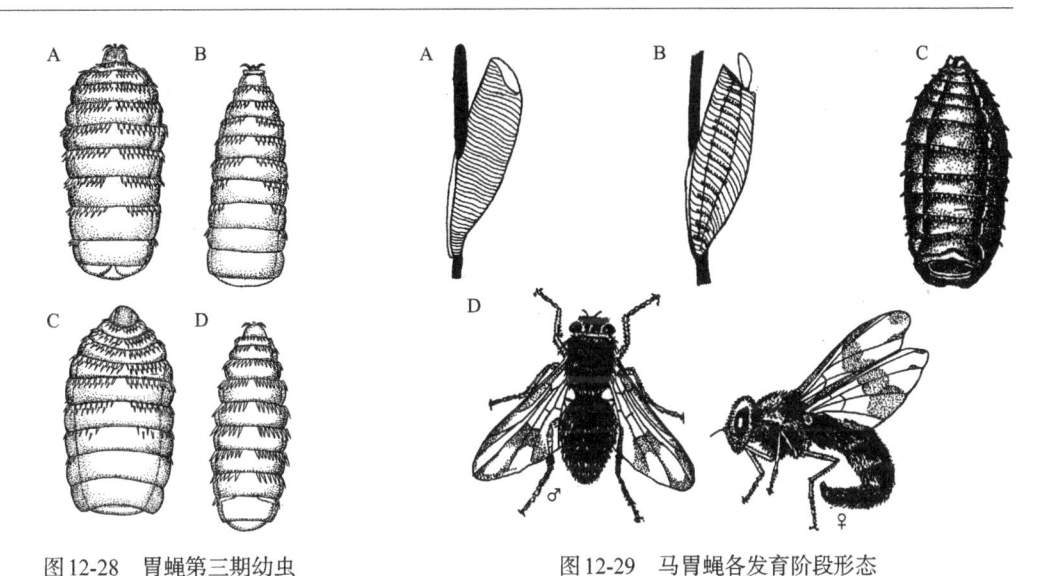

图12-28 胃蝇第三期幼虫
A. 肠胃蝇；B. 红尾胃蝇；C. 兽胃蝇；D. 鼻胃蝇

图12-29 马胃蝇各发育阶段形态
A. 卵；B. 第一期幼虫；C. 第三期幼虫；D. 成虫

第二期幼虫随吞咽进入胃肠道以口前钩固着在胃的贲门部或腺体部吸血，再经一次蜕化变为第三期幼虫。幼虫在胃壁上寄生的时间很长，为9~10个月，到第二年春天（3~4月）发育成熟后，自动脱离胃壁，随粪排到外界，钻入土中化蛹，经1~2个月，羽化为成蝇（图12-30）。

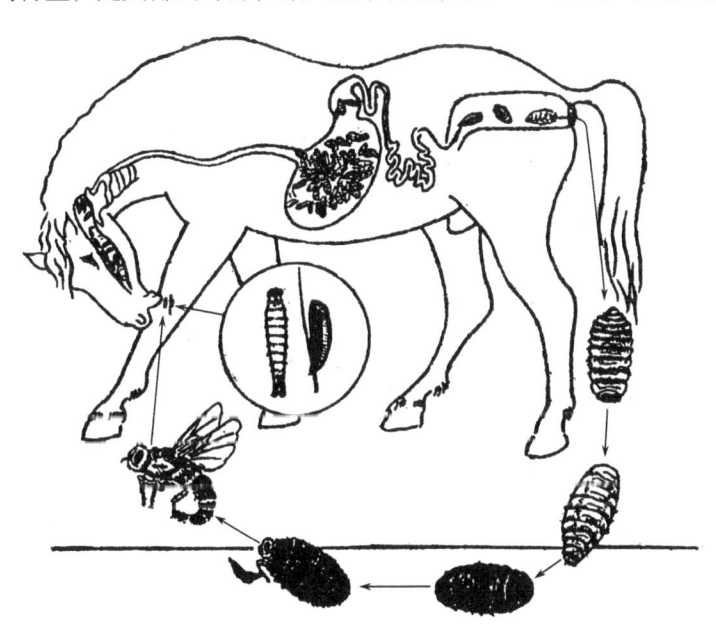

图12-30 马胃蝇生活史

红尾胃蝇产卵于口周围及颊部的短毛上，孵出幼虫后，钻入口腔黏膜，最后到达胃内继续发育为成熟幼虫，在它排出体外前，又在直肠黏膜上固着停留数日，然后排出体外。

兽胃蝇产卵在马蹄上或石块、植物上，经数日后发育为含幼虫卵，马匹采食时感染，在口腔内幼虫由卵逸出并钻入黏膜，寄生于咽喉部，以后移入胃内继续发育成熟。兽胃蝇幼虫在离开马体前，也要在直肠内停留一段时间。

鼻胃蝇产卵于马的下颌间隙和上颈部被毛上，经数日后幼虫主动由卵内逸出进入口腔，以后移行到胃的幽门部或十二指肠发育为成熟幼虫。

马胃蝇成虫出现于6月上旬到10月上旬，以7～8月最盛。干旱、炎热的气候和饲养管理不良、马匹消瘦都是有利于本病严重流行的条件。多雨和阴沉的天气对马胃蝇发育不利，因为不但成蝇在阴雨天气不飞翔产卵，而且蛹在高湿条件下易受真菌侵袭而死亡。

致病作用及症状　　马胃蝇幼虫在其整个寄生期间均有致病作用，但病的轻重与马匹的体质和幼虫的数量及虫体寄生部位有关。如果只有少数幼虫寄生在贲门部，马的体质好，则不出现症状。但是如果有多量幼虫（几百个至上千个）寄生在胃腺部，马的体质又差时，则出现严重的症状。初期，由于幼虫口前钩损伤齿龈、舌、咽喉黏膜而引起这些部位的水肿、炎症，甚至溃疡。病马表现咀嚼吞咽困难、咳嗽、流涎、打喷嚏，有时饮水从鼻孔流出。

幼虫移行到胃及十二指肠后，由于损伤胃肠黏膜，引起胃肠壁水肿、发炎和溃疡，常表现为慢性胃肠炎、出血性胃肠炎，最后使胃的运动和分泌机能障碍。幼虫吸血，加之虫体毒素作用，使动物出现营养障碍为主的症状，如食欲减退、消化不良、贫血、消瘦、腹痛等，甚至逐渐衰竭死亡。

被幼虫叮着的部位呈火山口状，伴以周围组织的慢性炎症和嗜酸性粒细胞浸润，甚至造成胃穿孔和较大血管损伤（致死性出血）及缺损组织继发细菌感染。有时幼虫堵塞幽门部和十二指肠。

有的幼虫排出前，还要在直肠寄生一段时间，引起直肠充血、发炎，病马频频排粪或努责，又因幼虫刺激而发痒，患畜摩擦尾根，引起尾根损伤、发炎、尾根毛逆立，有时兴奋和腹痛。

诊断　　因为本病无特殊症状，许多症状又与消化系统其他疾病相类似，所以在诊断本病时，要详细了解和检查以后再分析判断：①既往病史，马是否从流行地区引进的；②马体被毛上有无胃蝇卵；③夏秋季发现咀嚼、吞咽困难时，检查口腔、齿龈、舌、咽喉黏膜有无幼虫寄生；④春季注意观察马粪中有无幼虫，发现尾毛逆立、频频排粪的马匹，详细检查肛门和直肠上有无幼虫寄生；⑤必要时进行诊断性驱虫；⑥尸体剖检时，可在胃、十二指肠等部位找到幼虫。

有应用胃蝇幼虫无菌水浸液进行变态反应诊断的报道。

治疗　　可用药物二硫化碳、伊维菌素或阿维菌素注射液。

预防　　在本病严重流行地区，在每年秋、冬两季可用药物进行预防性驱虫，这样既能保证马匹的健康、安全度过冬春，又能消灭未成熟的幼虫，达到消灭病原的目的。精制敌百虫的剂量为30～40mg/kg体重，一次投服。伊维菌素和阿维菌素按0.2mg/kg体重，皮下注射，也有一定效果。

当幼虫尚位于口腔或咽部阶段时，可用5%敌百虫豆油（将敌百虫溶于豆油中）喷涂于虫体的寄生部位，也可将虫体杀死。

为了杀灭体表的第一期幼虫，可用1%～2%敌百虫水溶液，每6～10d重复一次，但药物对卵内的幼虫效果很差。

为了清除马毛上的虫卵，可重复用热醋洗刷，使幼虫提早脱离卵壳，并使卵上的黏胶物质溶解。也可以点着酒精棉球烧燎被毛上的虫卵。

在有条件的情况下，可采取夜间放牧，以防成蝇侵袭产卵。

在患马排出成熟幼虫的季节，应随时摘集附着在直肠黏膜上或肛门上的幼虫，予以消灭，撒放家禽啄食随马粪排出的幼虫，或以其他方法消灭之。

2. 牛皮蝇蛆病　牛皮蝇蛆病是由于双翅目环裂亚目皮蝇科皮蝇属（*Hypoderma*）的三期幼虫寄生于牛背部皮下组织所引起的一种慢性寄生虫病。由于皮蝇幼虫的寄生，可使皮革质量降低，患牛消瘦，发育不良，产乳量下降，造成国民经济巨大损失。本病在我国西北、东北和内蒙古牧区流行甚为严重。我国常见的有牛皮蝇（*H. bovis*）和纹皮蝇（*H. lineatum*）两种，有时常为混合感染。皮蝇幼虫寄生于黄牛、牦牛、水牛等，偶尔也可寄生于马、驴、山羊和人等。除上述两种外，我国尚有中华皮蝇（*H. sinense*）、鹿皮蝇（*H. diana*）、麝皮蝇（*H. moschiferi*）的报道。

病原形态　成虫外形似蜂，全身被有绒毛。头部具有不大的复眼和三个单眼。触角分三节，第3节很短，嵌入第2节内，触角芒无毛。口器退化不能采食。翅的腋瓣大。雌蝇产卵管常缩入腹内。

牛皮蝇成虫体长约15mm，头部被有浅黄色的绒毛，胸部前端部和后端部的绒毛为淡黄色，中间为黑色；腹部的绒毛前端为白色，中间为黑色，末端为橙黄色。

纹皮蝇成虫体长约13mm，胸部的绒毛呈淡黄色，胸背部除有灰白色的绒毛外，还有4条黑色纵纹，纹上无毛。腹部前段为灰白色，中段为黑色，后段为橙黄色。

成熟幼虫（第三期幼虫），体粗壮，柱状，前后端钝圆，长可达26～28mm，棕褐色。背面较平，腹面稍隆起，有许多疣状带刺结节，身体屈向背面。虫体前端无口钩；后端较齐，有2个气门板。

牛皮蝇第三期幼虫的最后2节背腹面均无刺，气门板向中心钮孔处凹入呈漏斗状。纹皮蝇第三期幼虫的倒数第2节腹面后缘有刺，气门板较平（图12-31）。

生活史　牛皮蝇与纹皮蝇的生活史基本相似，属于完全变态，整个发育过程须经卵、幼虫、蛹和成虫4个阶段。成蝇一般在夏季晴朗炎热无风的白天出现，飞翔交配或侵袭牛只产卵。成蝇不采食，在外界只能生活5～6d。牛皮蝇产卵于牛的四肢上部、腹部、乳房和体侧的被毛上；虫卵淡黄色、长圆形，后端有长柄附着于牛毛上；一根毛上只附着一个虫卵；一牛可产卵500～800个。纹皮蝇产卵于球节、前胸、颈下皮肤等处的被毛上；一根毛上可黏附数个至20个成排的虫卵，一生产卵400～800个。卵经4～7d孵出呈黄白色半透明的第一期幼虫，长约0.5mm，身体分节，密生小刺，前端有口钩，后端有一对黑色圆点状的后气孔。幼虫经毛囊钻入皮下，牛皮蝇的幼虫沿外围神经的外膜组织移行到椎管硬膜外的脂肪组织中（腰荐部椎管中），在此停留约5个月，然后从椎间孔爬出，到腰背部（个别的到臀部、肩部）皮下。整个移行从6月到次年的1月完成。纹皮蝇的幼虫钻入皮下后，沿疏松结缔组织走向胸、腹腔后到达咽、食道、瘤胃周围结缔组织中，在食道黏膜下停留约5个月，然后移行到背部前端皮下，由食道黏膜下钻出移行至背部皮下的幼虫为第二期幼虫，呈白色，长3～13mm，整个移行在5～12月完成。第二期幼虫经第二次蜕皮后变为第三期幼虫。皮蝇幼虫到达背部皮下后，皮肤表面呈现瘤状隆起，随后隆起处出现直径0.1～0.2mm的小孔，幼虫以其后端朝向小孔。皮蝇幼虫在背部

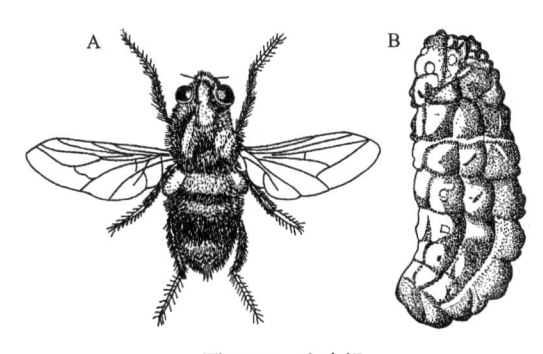

图12-31　牛皮蝇
A. 成蝇；B. 第二期幼虫

皮下停留2~3个月后，体积逐渐增大，颜色逐渐变深，随后由皮孔蹦出。落地后可缓慢蠕动，钻入松土内经3~4d化蛹。蛹形状同第三期幼虫，色变黑，外壳变硬。蛹期1~2个月，后羽化为成蝇。幼虫在牛体内寄生10~11个月，整个发育过程需1年左右。皮蝇成虫的活动季节因各地气候条件不同而有差异。在东北地区纹皮蝇出现较早，一般在4月下旬至6月，牛皮蝇出现较晚，大多数在5~8月。

致病作用与症状 皮蝇飞翔产卵时，发出"嗡嗡"声，引起牛只极度惊恐不安，表现蹴踢、狂跑等，因此不但严重地影响牛采食、休息、抓膘等，甚至可引起摔伤、流产或死亡。幼虫钻入皮肤时，引起皮肤痛痒，精神不安。幼虫在食道寄生时，可引起食道壁的炎症，甚至坏死。幼虫移行至背部皮下时，在寄生部位引起血肿或皮下蜂窝组织炎，皮肤稍隆起，变为粗糙而凹凸不平，继而皮肤穿孔，如有细菌感染可引起化脓，形成瘘管，经常有脓液和浆液流出，直到成熟幼虫脱落后，瘘管始逐渐愈合，形成瘢痕。皮蝇幼虫的寄生使皮张最贵重的部位（背、腰、荐部——所谓核心皮）大量被破坏，造成皮张利用率和价格降低30%~50%。幼虫在生活过程中分泌毒素，对血液和血管壁有损害作用，严重感染时，患畜贫血、消瘦、生长缓慢，产乳量下降，使役能力降低。有时幼虫进入延脑和脊髓，能引起神经症状，如后退、倒地、半身瘫痪或晕厥，重者可造成死亡。幼虫如在皮下破裂，有时可引起过敏现象，病牛口吐白沫、呼吸短促、腹泻、皮肤皱缩，甚至引起死亡。

诊断 幼虫出现于背部皮下时易于诊断，最初可在背部摸到长圆形的硬结，过一段时间后可以摸到瘤状肿，瘤状肿中间有一小孔，内有一幼虫，即可确诊。此外，流行病学资料包括当地流行情况及病畜来源等，对本病的诊断均有重要的参考价值。

防治 为阻断牛皮蝇成虫在牛体表产卵、杀死在牛体表的第一期幼虫，可用溴氰菊酯万分之一的浓度、敌虫菊酯万分之二的浓度，在牛皮蝇成虫活动的季节，对牛只进行体表喷洒，每头牛平均用药500ml，每20d喷一次，一个流行季节共喷4~5次。

消灭寄生于牛体内的牛皮蝇的各期幼虫，可以减少幼虫的危害，防止幼虫化蛹为成虫，对于防治本病具有极重要的作用。消灭幼虫可用化学药物或机械的方法。化学治疗多用有机磷杀虫药，可用药液沿背线浇注。在一年中的4~11月的任何时间进行。也可用倍硫磷臀部肌内注射，注射可在8~11月进行。伊维菌素或阿维菌素皮下注射对本病有良好的治疗效果。12月至翌年3月，因幼虫在食道或脊椎，幼虫在该处死亡后可引起相应的局部严重反应，故此期间不宜用药。少量在背部出现的幼虫，可用机械法，即用手指压迫皮孔周围，将幼虫挤出，并将其杀死，但需注意勿将虫体挤破，以免引起过敏反应。

3. 羊鼻蝇蛆病 羊鼻蝇蛆病也称为羊狂蝇蛆病。羊鼻蝇蛆病是由双翅目环裂亚目狂蝇科的羊鼻蝇（*Oestrus ovis*）幼虫寄生在羊的鼻腔及其附近的腔窦内引起的。本病表现为流脓性鼻漏、呼吸困难和打喷嚏等慢性鼻炎症状，病羊精神不安、体质消瘦，甚至死亡，严重影响养羊业的发展。本病在我国西北、东北、华北和内蒙古等地区较为常见，流行严重地区感染率可高达80%。羊鼻蝇主要危害绵羊，对山羊危害较轻，人的眼鼻也有被侵袭的报道。除羊鼻蝇外，我国尚报道有幼虫寄生于马属动物鼻腔的紫鼻狂蝇（*Rhinoestrus purpureus*）和阔额鼻狂蝇（*R. latifrons*）；幼虫寄生于骆驼鼻腔和咽喉的骆驼喉蝇（*Cephalopina titillator*）。

病原形态 羊鼻蝇成虫体长10~12mm，淡灰色，略带金属光泽，形状似蜜蜂。头大呈半球形，黄色；两复眼小，相距较远；触角短小呈黑色，口器退化，不能采食。头部和胸部具有很多凸凹不平的小结，胸部黄棕色，翅透明。腹部有褐色及银白色的斑点。

第一期幼虫呈黄白色，长约1mm，前端有2个黑色的口前钩，体表丛生小刺。第二期幼虫长20~25mm，体表的刺不明显。第三期幼虫（成熟幼虫）呈棕褐色，长约30mm。背面拱起，各节上具有深棕色的横带。腹面扁平，各节前缘具有数列小刺。前端尖，有两个强大的黑色口钩。虫体后端齐平，有两个黑色的后气孔（图12-32）。

生活史及习性 羊鼻蝇的发育是成虫直接产幼虫，经过蛹变为成虫。成蝇野居于自然界，不营寄生生活，也不叮咬羊只，只是寻找羊只向其鼻孔中产幼虫。成虫出现于每年5~9月，尤以7~9月最多。雌雄交配后，雄蝇死亡，雌蝇则栖息于较高而安静处，待体内幼虫发育后才开始飞翔，只在炎热晴朗无风的白天活动，阴雨天时，栖息于羊舍附近的土墙或栅栏上。雌蝇遇羊时，急速而突然地飞向羊鼻，将幼虫产在鼻孔内或鼻孔周围，每次可产出20~40个。一只雌蝇在数日内能产出500~600个幼虫，产完幼虫后死亡。幼虫爬入鼻腔内，以口前钩固着于鼻黏膜上，逐渐向鼻腔深部移行，在鼻腔、额窦或鼻窦内（少数能进入颅腔内）寄生9~10个月，经过两次蜕化变为第三期幼虫，侵入的幼虫仅10%~20%能发育成熟。第二年的春天，发育成熟的第三期幼虫由深部向浅部移行，当患羊打喷嚏时，幼虫即被喷落地面，钻入土内或羊粪内变蛹。蛹期1~2个月，羽化为成蝇。成蝇寿命为2~3周。在温暖地区一年可繁殖两代，在寒冷地区每年一代。

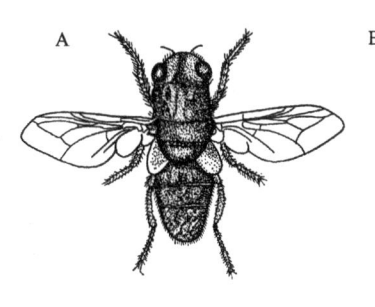

图12-32 羊鼻蝇
A. 成蝇；B. 第三期幼虫

致病作用及症状 当雌蝇突然冲向羊鼻产幼虫时，羊群惊恐不安，摇头或低头，或将鼻孔抵地或将头部藏于两羊之间，扰乱采食和休息，使羊只逐渐消瘦。

当幼虫在鼻腔及额窦内固着或爬行时，其口前钩和体表小刺损伤黏膜引起发炎，初为浆液性，以后为黏液性。患羊开始分泌浆液性鼻漏，后为脓性鼻漏，有时带血。鼻漏干涸在鼻孔周围形成硬痂，严重者使鼻孔堵塞而呼吸困难。患羊表现为打喷嚏、甩鼻子、摇头、磨鼻、眼睑浮肿、流泪和食欲减退、日益消瘦等症状。个别幼虫可进入颅腔，损伤脑膜，或因鼻窦发炎而波及脑膜，均能引起神经症状，即所谓"假旋回症"，表现为运动失调、旋转运动、头弯向一侧或发生痉挛麻痹症状。

诊断 根据症状、流行病学资料和死后剖检，在鼻腔、鼻窦、额窦、角窦找到幼虫即可确诊。如出现神经症状应与羊多头蚴病、莫尼茨绦虫病区别。

防治 防治羊鼻蝇蛆病，应以消灭羊鼻腔内的第一期幼虫为主要措施。可用碘硝酚注射液皮下注射，其是驱杀羊鼻蝇各期幼虫的理想药物。此外，可用伊维菌素或阿维菌素。

二、虱病

虱属于昆虫纲虱目，是哺乳动物和鸟类体表的永久性寄生虫，常具有严格的宿主特异性，虱体扁平，无翅，呈白色或灰黑色。虱体分头、胸、腹三部，头、胸、腹分界明显。头部复眼退化为一眼点或无眼，触角3~5节，具有刺吸型或咀嚼型口器；胸部有粗短的足3对。雄虱小于雌虱，雄虱末端圆形，雌虱末端分叉。发育属不完全变态。根据其口器构造和采食方式可分为虱目和食毛目两目。

1. 虱 虱目（Anoplura）昆虫以吸食哺乳动物的血液为主，故通称为兽虱。体背腹扁平，头部较胸部为窄，呈圆锥状。触角短，通常由5节组成。口器为刺吸式，不吸血时缩入咽下的刺器囊内。胸部3节，有不同程度的愈合；足3对，粗短有力，肢末端以跗节的爪与胫节的指状突相对，形成握毛的有力工具，腹部由9节组成（图12-33）。

寄生于家畜体表的吸血虱常见的有血虱科（Haematopinidae）血虱属（*Haematopinus*）的猪血虱（*H. suis*）、驴血虱（*H. asini*）、牛血虱（*H. eurysternus*）、水牛血虱（*H. tuberculatus*）；颚虱科（Linognathidae）颚虱属（*Linognathus*）的牛颚虱（*L. vituli*）、绵羊颚虱（*L. ovillus*）、绵羊足颚虱（*L. pedalis*）、山羊颚虱（*L. stenopsis*）、犬颚虱（*L. setosus*）和管虱属（*Solenopotes*）的牛管虱（*S. capillatus*）。

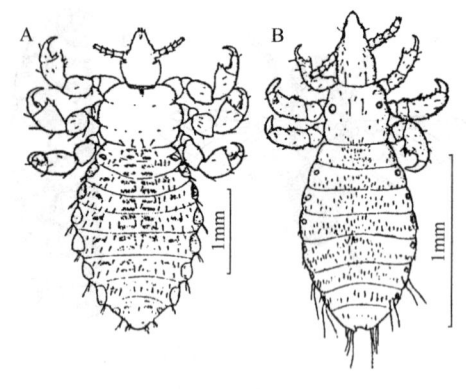

图12-33 虱
A. 牛血虱；B. 牛颚虱

各种吸血虱都有一定的宿主特异性，常以宿主的名称为其种名。它在宿主体上的寄生也有一定部位，如猪血虱多寄生于耳基部周围、颈部、腹下、四肢的内侧；绵羊足颚虱则寄生于足的近蹄处；牛管虱多寄生于尾部。

吸血虱为不完全变态，发育过程包括卵、若虫和成虫三个阶段，吸血虱终生不离开宿主，若虫和成虫都以吸食血液为生。雌虱交配后，经2～3d开始产卵，一昼夜产卵1～4枚。卵呈长椭圆形，黄白色，大小为（0.8～1.0）mm×0.3mm；有卵盖，有胶质黏着在毛上，卵经9～20d孵出若虫。若虫分3龄（第1龄期可称为幼虫），每隔4～6d蜕化一次，经3次蜕化后变为成虫。自卵发育到成虫需30～40d，每年能繁殖6～15个世代。雌虱一生能产50～80枚卵，产卵后死亡，雄虱于交配后死亡。吸血虱主要是通过直接接触感染，也可以通过混用的管理用具和褥草等传播。饲养管理和卫生条件不良的畜群，虱病往往比较严重。秋冬季节，家畜被毛厚密，皮肤湿度增加，有利于虱的生存和繁殖，因而常常促使虱病流行。

虱在吸血时，分泌有毒素的唾液，刺激神经末梢，引起皮肤发痒、病畜不安、啃痒或到处擦痒，造成皮肤损伤，有时还可继发感染。犊牛因常舐吮患部可能造成食毛癖，在胃内形成毛球。羊因虱寄生后，羊毛受损污染，脱落很多，影响羊毛产量和质量。由于虱的骚扰，影响家畜采食和休息，患畜消瘦，幼畜发育不良，降低对其他疾病的抵抗力。在畜体表面发现虱或虱卵即可确诊。

为了预防虱病，畜体应经常刷梳；畜舍要经常打扫、消毒，保持通风、干燥；垫草要勤换、常晒；护理用具要定期消毒。对畜群应经常检查，发现有虱，应及时隔离治疗；对新引入的家畜也必须检查，有虱者应先灭虱，然后合群。

防治虱病可用杀虫药喷洒畜体。常用药物有菊酯类（溴氰菊酯、氰戊菊酯等）、有机磷杀虫药（敌百虫、蝇毒磷、倍硫磷等）。此外，伊维菌素、阿维菌素、20%碘硝酚等皮下注射，也有很好的效果。应用药物灭虱要全面、彻底，畜体灭虱和外界环境灭虱相结合，只有这样，才能达到灭虱的目的。

2. 食毛虱 食毛虱的种类多数寄生于禽类羽毛上，故称为羽虱；少数寄生于哺乳动物的毛上，故称为毛虱（图12-34）。食毛虱营终生寄生生活，以啃食羽毛及皮屑为生。食毛虱体长0.5～1.0mm，体型有扁而宽短的，也有细长形的。头端钝圆，头部的宽度大于胸部。咀嚼式口器，头部有3～5节组成的触角。胸部分前胸、中胸和后胸，中、后胸常有不同程度的愈合，每一胸节上长着1对足，足粗短，爪不甚发达，腹部由11节组成，但最后数节常变成生殖器。

每一种毛虱或羽虱均有一定的宿主，具有宿主特异性；而一种动物又可寄生多种，每种又有其特定的寄生部位。

在畜体上常见的有毛虱科（Trichodectidae）的牛毛虱（*Damalinia bovis*）、马毛虱（*D. equi*）、绵羊毛虱（*D. ovis*）、山羊毛虱（*D. caprae*）、犬毛虱（*Trichodectes canis*）。

在鸡体上常见的有长角羽虱科（Philopteridae）（触角由5节组成）的广幅长羽虱（*Lipeurus heterographus*）、鸡翅长羽虱（*L. caponis*）鸡圆羽虱（*Goniocotes gallinae*）、鸡角羽虱（*Goniocotes gigas*），以及短角羽虱科（Menoponidae）的鸡羽虱（*Menopon gallinae*）。

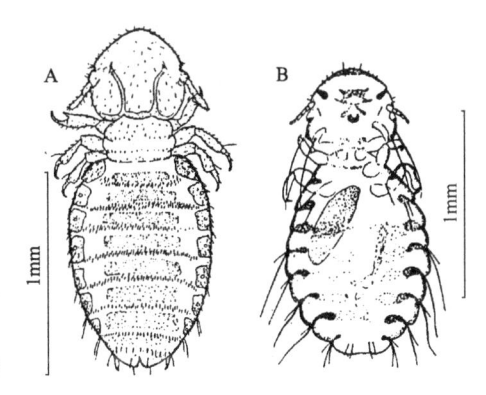

图12-34　食毛虱
A. 牛毛虱；B. 鸡圆羽虱

在鸭、鹅等也有多种羽虱寄生。

毛虱和羽虱的发育和传播方式和虱基本相似。它们在寄生时虽不刺吸血液，但也引起畜禽痒感，精神不安，特别是禽类，常啄食寄生处，引起羽毛脱落，食欲减退，生产力下降。犬毛虱又是复殖孔绦虫的中间宿主。

毛虱和羽虱的防治方法可参阅虱病。消灭鸡体羽虱可采用下列方法：在肉用鸡生产中，更新整个鸡群时，应对整个禽舍和饲养用具用蝇毒磷（0.06%）、甲萘威（5%）及其他除虫菊酯类药物进行灭虱。对饲养期较长的鸡，可在饲养场内建一方形浅池或设置砂浴箱，在每50kg细砂内加入2～2.5kg的马拉硫磷粉或5kg硫黄粉，充分混匀，铺成10～20cm厚度，让鸡自行砂浴。

三、蚤病

蚤目的昆虫一般称为跳蚤，是一类小型的外寄生性吸血昆虫。蚤的种类近千种，分属于17科，在我国已发现有100种以上。

1. 蠕形蚤　蠕形蚤属于蚤目蠕形蚤科（Vermipsyllidae），我国已发现的有2属4种，主要为蠕形蚤属的花蠕形蚤（*Vermipsylla alakurt*）和羚蚤属的尤氏羚蚤（*Dorcadia ioffi*）。我国甘肃、青海、宁夏、西藏和新疆等高寒地区普遍存在，主要寄生马、驴、牦牛、牛、绵羊及某些野生动物的体表。

蠕形蚤体型较大，深棕色，除具有左右扁平、无翅、3对发达的足等一般蚤类的外观外；还具有雌蚤体内虫卵成熟时，腹部会迅速增大的特点，有时腹部比黄豆还大，呈卵圆形、深灰色，由于其外形很像有条纹的蠕虫，所以叫作"蠕形蚤"。此外蠕形蚤还具有下唇须节数特别多、其长度超过前足胫节末端及雌雄蚤均有发达的节间膜等特征（图12-35）。

花蠕形蚤全身鬃毛均为黑色；下唇须10～15节（雄15节，雌14节）；后足胫节后缘有6组粗壮鬃；雄蚤体长3.9mm，雌蚤体长5.2mm，含卵雌虫的腹部特别膨大，呈深灰色。

尤氏羚蚤呈黄灰乃至红灰色，每腹节背面有黑色横带；下唇须节数变化较大，一般为16～20节，后足胫节后缘有4组粗壮鬃；含有成熟卵的雌蚤体长达16mm。

蠕形蚤属于完全变态昆虫，成虫前的各发育阶段是于夏季在地表面进行的，高山牧场上特有的温度、湿度条件对它们的发育有利。成虫于晚秋开始侵袭动物，冬季产卵，初春死

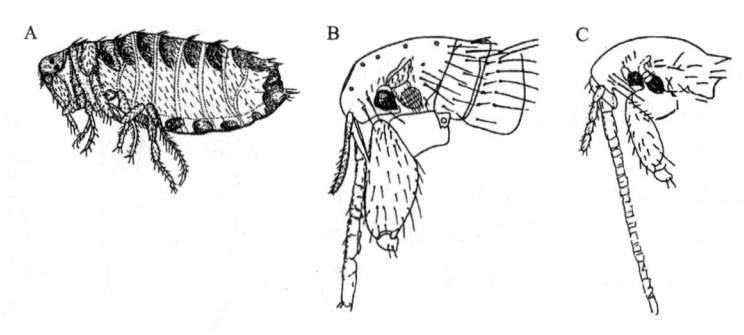

图12-35 蠕形蚤
A. 全形侧面；B. 花蠕形蚤；C. 尤氏羚蚤

亡。据在青海的观察，成虫从10月起，先后发现于灌木林、石头窝、石山缝及牛粪堆中，而在平滩则少见。以后即寄生于家畜与野兽（黄羊、野驴、野鹿）体上，以12月寄生最多，至次年青草长出时消失。

雌、雄蠕形蚤均不能跳跃，是典型的毛寄生蚤类，雄蚤在毛间行动较快，雌蚤行动较慢。在牦牛多寄生在颈部两侧和颈下面，其次是肩部、颊部、下颌部；在马主要寄生于头部、颈部及鬃毛下面，还有臀部、腿内侧及飞节上部；在羊多寄生于尾部、尾根，其次是臀部、颈部、股内侧、肩部和胸部等处。蠕形蚤吸取大量血液，引起家畜皮肤发炎和奇痒，并在寄生部位排出带血色的粪便和灰色虫卵，使被毛染成污红色或形成血痂，尤其白色被毛家畜更明显；严重感染时可引起家畜迅速贫血、水肿、消瘦、虚弱，甚至死亡。

在畜体发现虫体时，可用菊酯类、有机磷类或甲萘威等杀虫药喷洒杀虫，在流行地区，蚤的幼虫滋生场所，要清扫地面并喷洒杀虫药。防治办法请参阅虱病。

2. 栉首蚤 蚤目蚤科（Pulicidae）栉首蚤属（*Ctenocephalides*）的栉首蚤，常见的有犬栉首蚤（*C. canis*）和猫栉首蚤（*C. felis*）。其基本形态如前所述，但雌蚤吸血后腹部不膨大。跳跃能力极强。这两种栉首蚤无严格的宿主特异性，在犬、猫间相互流行，也可寄生于人体。生活史分卵、幼虫、蛹、成虫4个阶段，属完全变态。卵、幼虫、蛹三个阶段均在动物活动场所的地面或犬、猫的窝内完成。

蚤不仅咬啮宿主吸血，还为犬复孔绦虫的中间宿主，并能传播一些疾病。蚤作为人宠物犬、猫的寄生虫，可跳到人体引起瘙痒。

在其防治上可在犬、猫等畜体喷洒杀昆虫药物外，也可给犬、猫佩戴含有有机磷或甲萘威的"杀蚤药物项圈"。在杀灭犬、猫等畜体蚤类同时，要经常清扫、更换其睡卧处的铺垫物，地面喷洒杀虫药，如敌百虫、马拉硫磷等，搞好地面杀虫工作。

附：舌形虫病

舌形虫属于五口虫纲（Pentastomida）舌形虫科（Linguatulidae）。常见的为锯齿舌形虫（*Linguatula serrata*），全世界分布。成虫寄生于犬、狐狸、狼等犬科动物的鼻腔和呼吸道中，偶尔也见于马、绵羊和人。其幼虫寄生于马、牛、绵羊、山羊、兔、鼠类、猴类和人等；猫被认为是中间宿主而不是终宿主。

锯齿舌形虫的成虫呈半透明舌状，背面稍隆起，腹面扁平，体表约有90条明显的横纹。前端口孔周围有2对能收缩的钩。雌虫长80～130mm，宽10mm，灰黄色，沿体中线可见分布有橙红色的虫卵群。雄虫长18~20mm，宽3~4mm，白色。虫卵为卵圆形，大小为70μm×90μm，卵壳厚，内含一4足幼虫，虫卵被包含在一含有透明液体的薄膜外囊内（图12-36）。

虫卵随终宿主鼻液排出体外或被咽下后随粪便排至体外。附着在草上的虫卵被中间宿主摄取，在肠内孵出的幼虫移行到内脏，尤其是肠系膜淋巴结中，约经6个月，经过6~9次蜕皮后发育为感染性若虫。若虫的形态与成虫相似，白色，长4~6mm，宽1mm；体表有80~90条环纹，每个环纹的后缘有刺一排，前端有2对钩。若虫可在中间宿主体内存活2年以上。终宿主吞食了含有感染性若虫的内脏而被感染，若虫可以通过鼻孔进入鼻腔，也可以从咽腔和胃进入鼻腔。若虫到达鼻腔后，再蜕化一次变为成虫。有时动物自身肺部的若虫，也可以直接以气管移行至鼻腔内，发育为成虫。若虫变为成虫时，体表环纹上的小刺脱落。成虫在终宿主体内可存活2年，摄取鼻腔内的黏液、分泌物为生，偶尔采食血液。

被锯齿舌形虫寄生的犬，一般不呈现症状，但部分可发生严重的卡他性或化脓性鼻炎；有时表现不安、打喷嚏、呼吸困难，往往还引起嗅觉的敏感性减退或消失。

被锯齿舌形虫若虫寄生的中间宿主通常也不呈现症状，仅在剖检时在内脏可见有小的纤维化或钙化的结节。

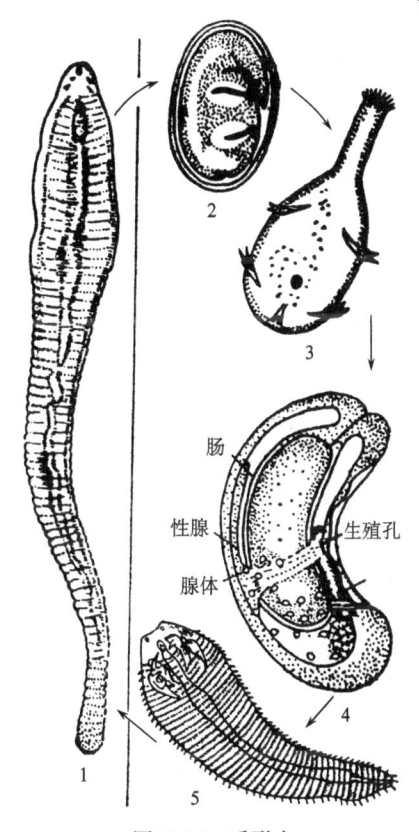

图12-36 舌形虫

1. 雌虫全形；2. 虫卵；3. 中间宿主脏器中的第一期幼虫；4. 第三期幼虫；5. 若虫

确诊本病可参考临床症状及鼻汁或粪中检出虫卵。由于虫卵的外囊有黏着性，常附着于其他物体上，用浮集法不易检出，因此在检查前需进行处理，具体方法为，取5%的苛性钠溶液50ml加5g粪便，放置3~6h后滤过，然后检查。

可采用向鼻腔内喷入含杀螨剂的气雾进行治疗，也可采用圆锯或其他外科手术摘除成虫的疗法。

四、其他昆虫

1. 虻 虻属于双翅目虻科（Tabanidae），它们是一些体粗壮、头大、足短和翅宽的大、中型吸血昆虫（图12-37）。全世界已知的虻类达3700余种，我国记载的虻类也已有280余种，分属于3亚科11属，其中以虻属（*Tabanus*）、斑虻属（*Chrysops*）和麻虻属（*Haematopota*）较为常见。

图12-37 虻

形态 虻大小不等，体长为6~30mm；体呈黑棕、棕褐、黄绿等色，有光泽，大多有较鲜艳的色斑；体表生有多数软毛。头部大，呈半球形，头部有两个很大的复眼，几乎占有头部的绝大部分。雄虫两复眼几乎相接，雌虫则为额带所分开。额带常有粉被和毛覆盖，额带的中部和基部大多生有骨质的胛（瘤），触角短，由3节组成，第3节末端上有4～5个环节。雌虫口器属于刀刺式，雄虫口器退化。胸部3节，前、中、后胸的界限不清晰，有翅一对和足3对。翅宽，有明显的翅瓣，翅透明或着色，或在翅的中部有大块色斑呈横带形，或在翅的全面具白色云雾状花纹。翅脉的特点是有一个长六边形的中室，5个后室和臀室封闭。

虻的腹部明显可见的有7节，背腹面都有一些或深或浅颜色不同的各种斑纹，其颜色和纹饰具有分类意义。

生活史及习性 虻的发育为完全变态。雌虻在中午或黄昏把卵产在水边的杂草、树叶、石头和地面上。刚产出的卵（1～2）mm×（0.2～0.4）mm，白色，1～2d后变为褐色或黑色。每次产卵百粒以上，卵或堆积成卵块或形成平平一层。

卵的孵化期为3～10d，孵出的第一期幼虫落于水面或湿地，0.5h内开始蜕皮，成为第二期幼虫，钻入泥土中滋生。幼虫以水生动物为食。成熟的幼虫长达3cm，圆柱状，两端尖细。幼虫表皮很厚，抵抗力很强，因此常以幼虫期越冬。幼虫生活期很长，为2个月至2年，一般为6～10月龄。幼虫期的长短随食物的多少及气温而定。当要化蛹时，幼虫爬出水面到泥土表层化蛹，蛹期很短（10～23d），蛹借尾端及腹部活动钻出地面羽化成虻。自卵发育至成虻需60～417d，平均326d。成虻的吸血活动多在燥热晴天进行。仅雌虻吸血，主要吸食牛、马等家畜和野兽的血液。虻有趋向黑色物体和追随家畜的习性。雄虻不吸血，只以树木汁液、花蜜为食。虻的寿命较短，约一周，少数可活10周。

危害 虻的吸血量较大，吸血量可达虻体重1～3倍，个别种可达4倍，据估计在虻发生高峰季节，被侵袭动物每天失血量可达56～352ml。而且虻在吸血时，先以强大的口器刺入并撕裂皮肤，注入唾液，待血液流出而舐食，使被侵袭动物有强烈的痛觉，伤口肿胀、痛痒和流血不止。因此虻对牲畜的骚扰危害极大。此外，虻还可以传播很多疾病，如马、牛、骆驼的伊氏锥虫病，马传染性贫血，牛边虫病，贝诺孢子虫病和炭疽病等。虻主要侵犯家畜，偶尔也吸人血。

防治 由于虻的滋生地广、飞翔力强、活动范围大，目前尚无切实可行有效的防治办法。在夏季虻大量活动季节，可早晚放牧，中午烈日时，将牛马赶入树荫下避虻，阴雨天虻不活动，一般无遭受侵袭之虞。在虻骚扰严重的地区，应尽可能结合农事，做好排水、改土等工作，如铲除田埂杂草，排除积水，填平洼地，清除沟渠、池塘和堤岸边的杂草及芦苇等，以减少虻的滋生。保护虻的天敌——黄胸黑卵蜂、赤眼蜂和蜻蜓等，也有助于消灭各种虻，因为它们有的是在虻体内产卵，有的捕食成虻。也可利用驱避剂、杀虫剂灭虻。

2. 螫蝇 螫蝇属于双翅目环裂亚目花蝇科螫蝇属。在国内常见的有三种，即厩螫蝇（*Stomoxys calcitrans*）、南螫蝇（*S. dubitalis*）和印度螫蝇（*S. indica*），其中以厩螫蝇最为普遍。螫蝇是夏、秋两季较为常见的吸血蝇类。

形态 厩螫蝇暗灰色，体长5～9mm，外形似家蝇。口器为刺吸式，缘细长而坚硬，向前方突出。触角芒只背侧有毛。胸部背面灰色，有4条黑色不完整的纵带。翅透明，腹部短而宽，灰色，腹部背面第2、3节各有3个黑点，一个居中，位于节的基部，2个居侧，位于节的后缘（图12-38）。

印度螫蝇形态与厩螫蝇近似。腹部背板无黑点，而在第3节和第4节腹背板后缘有完整的横带，正中纵带和它们相连。

南蝇的形态与印度螫蝇近似。腹背板后缘无完整的横带，仅在两侧有横斑点，正中纵带不和它们相连。

生活史及习性 螫蝇的发育属完全变态。雌蝇产卵成堆，卵产于牛、马、鸡等粪堆、垃圾堆、烂草及其他腐败植物上。在适宜条件下经2～5d孵出幼虫（蛆），幼虫经12～14d，进行两次蜕皮，发育成熟的幼虫钻入土内变蛹，蛹期6～25d，羽化为成蝇，成蝇寿命3～4周，也有的长达69d。以幼虫或蛹越冬。雌蝇、雄蝇均吸血。人畜均是它的吸血对象。成蝇一次吸血需2～5min才吸饱，在气候温暖时，血食消化很快，因此每天须吸血2次。厩螫蝇白天活动，喜欢集于畜舍附近有阳光的墙壁或栅栏上。在阴暗、下雨天或夜间，则飞入厩舍，成蝇的飞程很远。

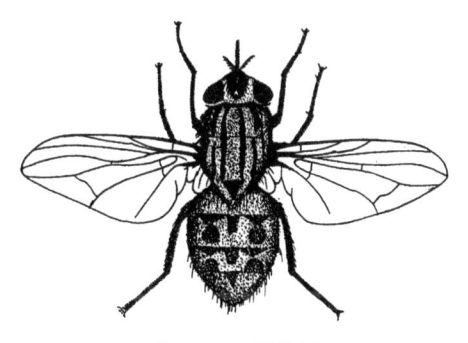

图12-38 厩螫蝇

危害 厩螫蝇除了骚扰人畜吸食血液外，还可传播马伊氏锥虫、鹿丝状线虫、马传染性贫血病病毒、炭疽杆菌等；另外厩螫蝇还是小口胃虫的中间宿主。

防治 经常保持畜、禽舍及周围环境的清洁；及时清除粪便、烂草及腐败植物，堆肥发酵，粪堆外需用泥糊封固，经2周左右，足以杀死全部蝇蛆和蛹。在螫蝇飞翔季节，可定期用杀虫药对畜舍内外、畜体及滋生地进行喷洒，对杀灭成蝇或蝇蛆都能取得良好的效果。

3. 虱蝇 虱蝇属于双翅目环裂亚目虱蝇科（Hippoboscidae），在国内常见的有蜱蝇属的羊蜱蝇（*Melophagus ovinus*）和虱蝇属的犬虱蝇（*Hippobosca capensis*）。

羊蜱蝇体长4～6mm。头部和胸部均为深棕色，腹部为浅棕色或灰色。体壁呈革质的性状，遍生短毛。头扁，嵌在前胸的窝内，与胸部紧密相接，不能活动。复眼小，呈新月形。触角短缩于复眼前方的触角窝内。额宽而短，顶部光滑；刺吸式口器。触须长，其内缘紧贴喙的两侧，形成喙鞘。无翅和平衡棍。足粗壮有毛，末端有一对强而弯曲的爪，爪无齿，前足居头之两侧。腹部不分节，呈袋状。雄虫腹小而圆，雌虫腹大，后端凹陷（图12-39）。

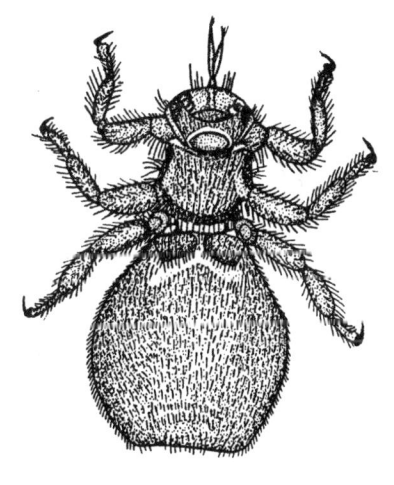

图12-39 羊蜱蝇

羊蜱蝇为绵羊体表的永久性寄生虫。雌蝇胎生。交配后10～12d开始产出成熟幼虫，幼虫呈白色圆形或卵圆形，黏着于羊毛上，不活动。雌蝇每次只产一个幼虫，隔7～8d产一次，一生可产5～15个幼虫。成熟幼虫排出后迅速变蛹，蛹呈红棕色卵圆形，长3～4mm。经2～4周，蛹羽化为成蝇。一年可繁殖6～10个世代。雌蝇可生活4～5个月。成蝇离开宿主只能活7d左右。主要通过直接接触感染。

羊蜱蝇寄生于羊的颈、肩、胸及腹部等处吸血。感染严重时，使绵羊不安，摩擦啃咬，因而损伤皮毛；有时给皮肤造成创伤，可能招致伤口蛆症，或造成食毛癖。羊毛干枯粗乱，易于脱落；被虱蝇粪便污染的羊毛，品质降低。羊虱蝇还能传播羊的虱蝇锥虫（*Trypanosoma melophagium*），其为绵羊的一种非致病性锥虫。羊虱蝇可叮咬人。

犬虱蝇的雄蝇体长约6.8mm，雌蝇体长约8mm。黄棕色。体壁革质，体表毛少。头部和胸部扁平。有两个大的复眼，触角短，呈球形，只有两节（第1~2节愈合），隐于窝内。触须长，内侧有槽居喙两侧作为喙鞘。翅发达，透明有皱褶，翅脉多集中于翅的前缘近基部处，静止时两翅重叠。足粗壮，有爪。腹部大，分节不明显，呈袋状。犬虱蝇主要侵袭犬，也可侵袭猫、狐狸、豹等，有时也咬人。雌蝇产成熟幼虫于墙缝中。成熟幼虫迅速变蛹，蛹呈黑色，经4~6周羽化为成蝇。成蝇出现于夏季，在有阳光的天气侵袭动物。成蝇飞翔力弱，只能飞几米远的距离。除犬虱蝇外，还有马虱蝇（*H. equina*）、牛虱蝇（*H. rufipes*）、驼虱蝇（*H. cameline*）等，它们的形态都很相似。

虱蝇危害家畜主要是刺螫吸血，还能机械地传播牛泰勒锥虫（*T. theileri*）和炭疽杆菌等。可应用药浴或撒粉等方法进行防治，具体方法参阅螨病，由于蛹的抗药力强，隔24~48d须进行第二次药浴。

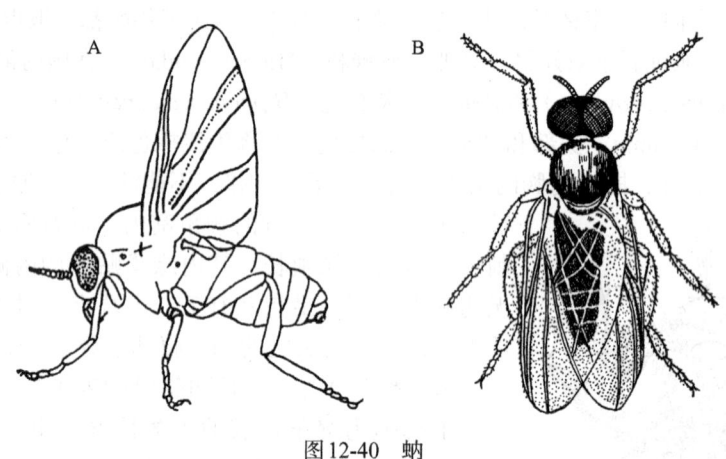

4. 蚋 蚋又名黑蝇、"挖背"，属双翅目蚋科（Simuliidae），全世界已知有1000余种，我国记载的有50余种。

形态 蚋是一种小型、粗短、背驼、翅宽大，呈褐色或黑色的吸血昆虫。成蚋体长1.5~5mm。头部呈半球形，复眼发达，触角短，触角由9~11节组成，口器为刺吸式，粗短、发达。胸背隆起，翅1对，宽阔透明，前缘域翅脉明显，其余翅脉不明显，翅静止时，斜覆于背面呈屋脊状。足粗短，腹部呈卵圆形，由11节组成，最后1~3节形成两性的尾器（图12-40）。

图12-40 蚋
A. 成虫侧面；B. 雄虫背面

生活史及习性 蚋的发育为完全变态，交配后的雌蚋将卵产于流水的水面或水内，卵黏附于水草上或沉于水底，经4~12d孵出幼虫，幼虫虫体两端膨大，中间较细。幼虫经3~10周，5~6次蜕化而成熟，成熟的幼虫体长4~15mm。以后化蛹，蛹属于半裸茧型，呈黄褐色，头部和胸部裸露在外，蛹期为2~10d，之后羽化为成虫。成蚋寿命，雌蚋为1~2个月，雄蚋为1周左右。成蚋自水中浮到水面，附着在水边的植物上，以植物的汁液或花粉为食。雄蚋不吸血，雌蚋涎腺发育形成后开始吸血。多数成蚋吸血无宿主选择性，人、畜、禽均为其攻击的对象，但也有些种类不吸血，血液为雌蚋卵巢发育所必需，吸血后经7~10d即可产卵。自卵至成虫全部生活周期一般需8~15周，蚋以卵或幼虫越冬。

蚋出现于春、夏、秋三季，蚋以夏季6~7月最多，蚋的活动多在白天。夜晚停息不动，以早晨日出后及傍晚日落前侵袭最厉害。但也有些种类的蚋无论在荫蔽处，还是在阳光下，全天都很活跃。蚋对深褐色物体有较大的亲和力。因此，深色动物较淡色动物被叮咬的机会多。雌蚋的飞翔能力极强，一般飞行距离为2~10km，有时可随风飞出30多千米。气温、风速对蚋的活动有一定影响，30℃以上时则很少活动，4~6级风时，蚋便停止侵袭。

危害 蚋的唾液中含有毒素，因此当雌蚋叮咬人、畜吸血时，人、畜不感疼痛，但吸血后则常在吸血部位引起红肿、剧痒、皮肤的柔嫩部发生水肿，有时出现水泡、发炎或溃烂。当蚋大量出现时，可引起畜、禽不安、痛苦、奔跑、消瘦、贫血甚至死亡。此外，有的种类的蚋还能作为牛的盘尾丝虫和鸡沙氏住白细胞虫的传播者。

防治 蚋的防治应考虑蚋的习性。当蚋大量滋生在水中时，可向水中投入倍硫磷或除虫菊酯类药物，以有效地杀死幼虫，修整土地，排除不必要的地面积水，以消灭蚋的滋生地。在蚋大量侵袭的地区，应避开白天放牧，或在畜群周围焚烧艾蒿、树叶等，以烟雾熏驱成蚋。驱避剂——邻苯二甲酸二甲酯涂擦体表，可在3~4h内防止蚋的侵袭。

5. 蠓 蠓俗称墨蚊、小咬，属于双翅目蠓科（Cerato-pogonidae），是一类极小的双翅目昆虫，全世界已知有4000种左右，分属90属，而有吸血习性叮咬动物的只有6属，我国兽医上有重要性的是库蠓属（*Culicoides*）、细蠓属（*Lepto-conops*），拉蠓属（*Lasiohelea*）也有少量存在。

形态 蠓是体小黑色的昆虫，体长1~4mm，头部近于球形，有一对发达的肾形复眼。刺吸式口器常与头长相等（图12-41）。触角细长，由12~14节组成，末端1~5节常变长。胸部发达稍隆起，翅短而宽，翅端钝圆，翅上无鳞片而密布细毛及粗毛，有的翅膜上有暗斑与白斑。有甚发达的足3对，前足不延长，中足较长，后足较粗。腹部细长，由10节组成，各节体表均着生有毛，雄蠓腹部较雌蠓略细，雌蠓末端有尾须一对。

生活史及习性 蠓的发育属于完全变态。因种的不同，雌蠓选择不同的环境产卵。雌蠓将卵产于水生植物上或潮湿的泥土中，有的种类产在树荫下、草丛边的腐烂土壤、青苔中。卵长0.4~0.7mm，呈椭圆形，颜色初为灰白色，很快变为暗色，卵经3~6d孵出幼虫，幼虫细长呈蠕虫状、毛虫状或蛆状。成熟时长5~6mm，头褐色，其余部分为浅色、橘红色。生活在水中、泥土表层或腐烂植物肥堆内。幼虫期因种类和外界条件而异，为3周到5个月，然后化蛹，蛹呈椭圆形，褐色，长2~5mm。

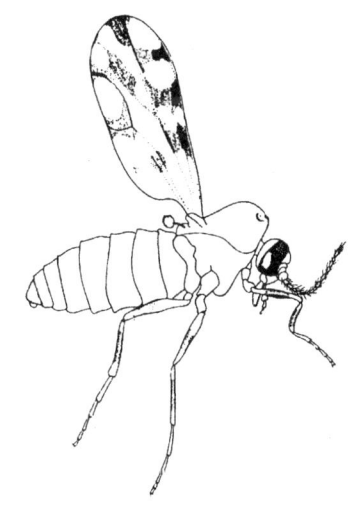

图12-41 蠓

蛹期短，一般为3~7d羽化为成虫。从卵到成虫一般需4~7周。雄蠓以吸食植物液汁为营养，雌蠓吸血。雌蠓对吸血对象一般无严格的选择性，但有偏嗜性，如虚库蠓喜食牛、马、猪血，嗜库蠓喜食禽血。成蠓寿命为1个月左右，每年可繁殖2代。雌蠓吸血后1~2周产卵，一次产卵50~150个（但个别种类也可不吸血，即可产卵）。一生可产卵数次，从卵到成虫一般需4~7周，每年可完成一至数代。成蠓一般在日出前及日落后各1h左右活动为甚，雌蠓、雄蠓即于此时群舞交配或吸血活动，但在阴天或密林中即使白天也可群出活动。温度、风速、光线对蠓类活动有一定影响。最适温度为13~25℃，30℃以上，活动受抑制。无风或风速在0.5m/s以下时，成蠓比较活跃，风速超过2m/s时，蠓即停止活动。蠓有一定的趋光性，微弱光线对蠓有一定引诱力，故可用灯光在夜间诱杀某些成蠓。蠓的飞翔力不强，多在200~300m半径范围内活动。

危害 雌蠓在白天和黄昏，在野外和舍内均能侵袭畜、禽，当蠓大量出现时，畜禽不安，被叮咬处红肿、剧痒，皮下水肿，有明显的皮炎症状。此外，蠓的一些种类还可以传播盘尾线虫、住白细胞虫和血变虫，是其中间宿主或终宿主。蠓是牛、羊蓝舌病的主要传播者。蠓还可传播多种病毒病和细菌病。

防治 在成蠓多时，可燃烧艾蒿、树叶，以烟熏驱除，防止蠓的危害，主要应消除蠓的滋生地，在幼虫滋生处喷洒杀虫药。

6. 蚊 蚊属双翅目蚊科（Culicidae），我国已记载的有300种以上，分属于3亚科14属。其中与兽医关系密切且常见的有按蚊属（*Anopheles*）、库蚊属（*Culex*）和伊蚊属（*Aedes*），此外阿蚊属（*Armigeres*）中少数种也具重要性（图12-42）。最常见的吸食人、畜血液的不过40种。蚊虫不仅吸食人、畜血液，还能传播人、畜的多种疾病。

形态 蚊是一种细长的吸血昆虫，体狭长，体长5~9mm。体分头、胸、腹三部分。头部略呈球形，有复眼一对；触角一对，细长，分为15节（雌蚊）或16节（雄蚊），呈鞭状，各基节有一圈轮毛，雄蚊轮毛长而密，雌蚊轮毛短而稀，刺吸口器由上唇咽、下咽、1对上颚、1对下颚和下唇组成，细长的食物管由上唇咽与下咽并拢而成。雌蚊吸血，雄蚊不吸血，而以露水、树汁、花蜜等为食。前、后胸退化，仅中胸发达，中胸背侧有翅1对，翅窄而长，翅脉上有鳞片，有3对细长的足。腹部由10节组成，通常只见8节，后两节转化为外生殖器。

生活史及习性 蚊的发育属于完全变态型，包括卵、幼虫、蛹、成虫4个阶段。雌蚊必须在吸血之后才能产卵，每次产几十个至几百个卵。卵产于水中，因蚊种不同，可能选择在静水、流水、清水、污水以及很小容积的水中（如树洞、水缸、竹筒等）。蚊卵必须在水中孵化，经4~8d孵出幼虫（孑孓），孑孓在水中生活，呼吸时浮至水面，约经3次蜕化（4龄）而成熟变蛹。蛹不食但能活动，蛹期1~3d羽化为成蚊。蚊的寿命随种类而异，雄蚊只能存活1~3周，雌蚊可存活一个月以上，如果产卵次数少，营养充足，气候适宜，则可活半年之久。蚊的活动时间与温度、湿度、光线及风力均有关系，伊蚊多在白天活动，库蚊和按蚊多在夜间或黄昏活动。蚊大多数以成蚊越冬（中华按蚊、致乏库蚊），也可以蚊卵（伊蚊）或幼虫（骚扰阿蚊）越冬。越冬场所多在潮湿阴暗的地方。

危害 雌蚊吸血，吸血的对象包括哺乳动物、鸟类、爬行类和两栖类。因蚊的种类不同，而有所偏好，这种宿主的偏好性及对病原体的适应性，成为其危害和传播疾病的重要因素。蚊可传播多种疾病，如各种丝虫病、乙型脑炎、马流行性脑脊髓膜炎、炭疽、禽疟疾、鸡痘、黄热病和登革热等。蚊虫的吸血，可在叮咬部位发生红肿、剧痒，使畜、禽不能很好地休息，影响健康。

防治 对蚊的危害必须采取综合性的防蚊措施。灭蚊须以消灭蚊幼虫滋生地为主，消灭成虫为辅。消灭蚊幼虫滋生地，要疏通沟渠，填平洼地，排除积水，铲除杂草，堵塞树洞、石穴等，改明沟为暗沟。可用间歇灌溉法，消灭稻田的蚊幼虫，即在可能情况下，每隔7~8d放干一次，经2~3d再引水入田可使蚊幼虫干涸死亡。也可养鱼养蛙，吞食蚊幼虫。或在水面养殖浮莲、日本水仙等水生饲料，盖满水面后，可使蚊幼虫窒息死亡。也可在水中喷洒杀虫剂。消灭成蚊可用马拉硫磷、倍硫磷等有机磷杀虫剂；也可在畜舍内焚烧蒿草、艾叶等熏死或驱走蚊虫；也可在畜舍内安装纱窗，在纱窗上喷洒长效接触性杀虫药（如吉利33），室内喷洒杀虫药气雾剂等；此外，还应保护壁虎、蝙蝠等捕食蚊虫的动物。

第十二章 节肢动物病

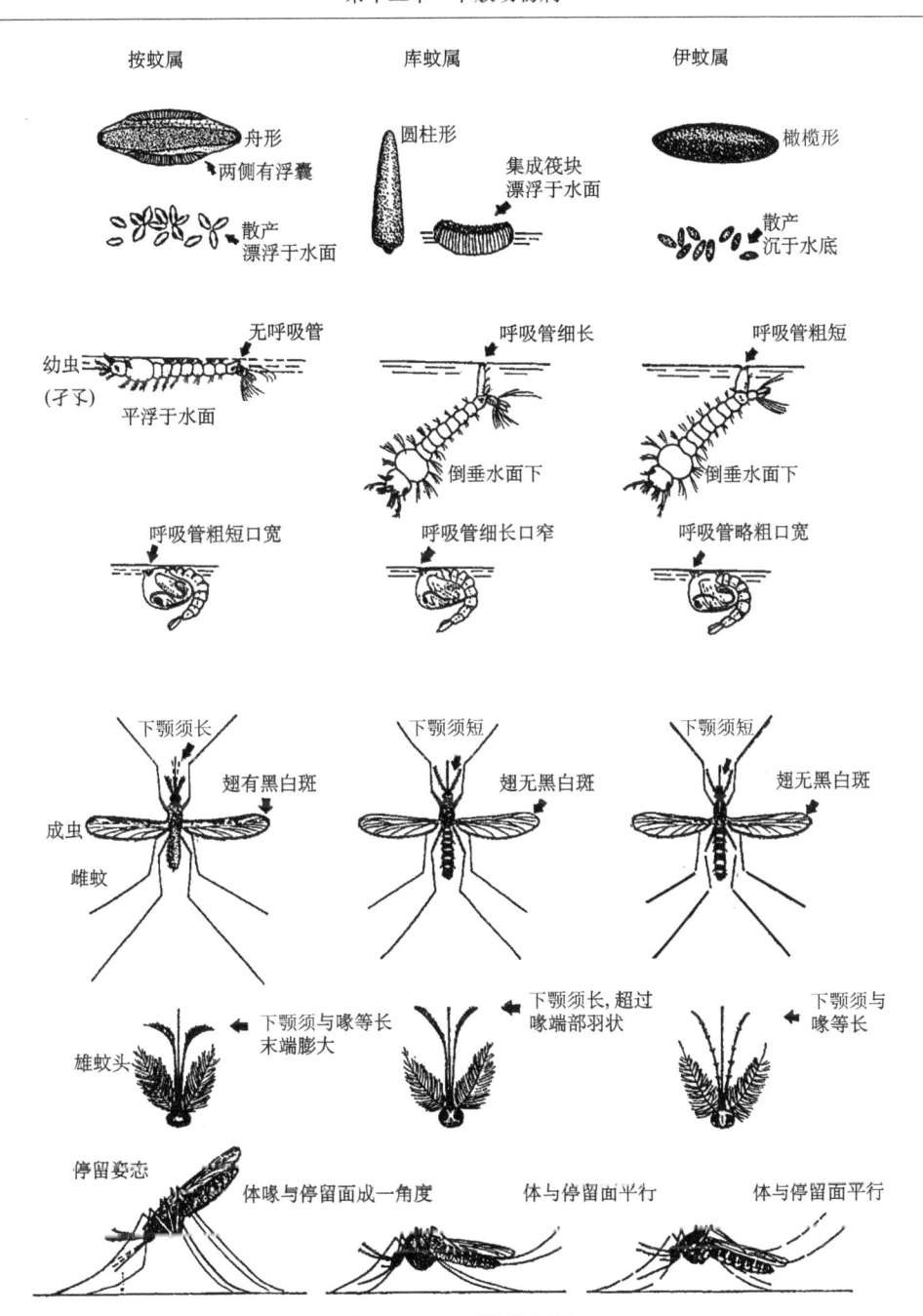

图 12-42 三属蚊类区别

第十三章 原 虫 病

原虫为属于原生动物亚界的单细胞真核生物。虽然原虫的整个机体由一个细胞构成，但这个细胞却具有执行生命活动的全部功能，如摄食、代谢、呼吸、排泄、运动及生殖等。绝大部分原虫营自由生活，广泛分布于地球表面的各类生态环境中，小部分原虫营共生生活或寄生生活。在本书介绍的仅是数十种寄生于家畜腔道、体液或内脏组织中的致病性原虫。这些原虫致病性较强，其所引起的疾病往往像传染病一样呈广泛地方流行病的形式，不仅严重地危害家畜的健康和使役，而且死亡率也很高，如锥虫病、梨形虫病、球虫病等，有些原虫病还是人兽共患的疾病，对人体健康有很大危害，如弓形虫病等。

第一节 原虫的形态和生活史

一、原虫的形态

原虫体积微小，为2~200μm。原虫形态随种类或发育阶段不同而有差异，呈柳叶状、长圆形或梨形等，有的原虫无固定形状，经常变形。原虫结构主要包括表膜（pellicle）、胞质（cytoplasm）及胞核（nucleus）三部分。

1. 表膜 表膜即细胞膜，位于虫体表面，由单位膜构成。电镜下可见单位膜分成外、中、内三层。内、外两层电子致密，中层透明。有的虫体只有一层单位膜，叫作质膜（plasmolemma）；有的虫体有一层以上单位膜。表膜主要成分是类脂分子，分子间镶嵌许多蛋白质分子，外层上结合有绒毛状的多糖分子。多糖分子一端游离在外，似绒毛，覆盖虫体表面，称为细胞被（cell coat）或表被（surface coat）。表膜的存在可以使虫体保持一定的形状，并参与虫体的摄食、排泄、感觉、运动等生理活动。表膜可不断更新并有很强的抗原性。

2. 胞质 胞质由基质（stroma）和细胞器（organelle）组成。

（1）基质 主要成分是蛋白质，电镜下基质呈颗粒状、网状或纤丝状。蛋白质分子互相联结成网状，网眼中有水分子和其他分子。此种结合是疏松的，易断裂也易再联合。蛋白质分子可以平等排列聚集成纤维丝。原虫的收缩性可能与这类纤维丝有关。胞质有外质、内质之分，外质呈凝胶状，内质呈溶胶状。内质中有各种各样的细胞器，执行各种生理机能。

（2）细胞器 有线粒体、内质网、高尔基体、核蛋白体、溶酶体、纤丝、微管和动基体等。细胞器因虫种不同而不同。

1）线粒体。是由两层单位膜包围形成的封闭结构。两层膜分别叫外膜和内膜。内膜可向内部突伸，形成管或崤，内、外膜间有腔。崤与崤间的腔称为崤间腔，其内充满线粒体基质，线粒体结构因虫体不同而不同，有的弯曲复杂，有的极为简单，线粒体内有多种酶参与细胞内物质的分解、代谢和高能磷酸物质的形成。

2）内质网。是由膜形成的网状结构，其数量、大小和形状均变化较大。其表面有或无核蛋白体附着，形成粗面或光面内质网。内质网的功能主要是合成和贮存蛋白质，对原虫的生长与生命活动起重要作用。

3）高尔基体。通常为4~8个单位膜形成的碟状扁囊重叠在一起构成，囊腔与内质网管道相通。蛋白质先由核蛋白体合成，再运输到高尔基体，并在此加工形成分泌颗粒。

4）核蛋白体。由蛋白质及核糖核酸构成，呈小的颗粒状，常附着在内质网的外缘，或聚集成小块分散在胞质中。它的功能是合成蛋白质。

5）溶酶体。是由一层单位膜包围而形成的囊状结构，形态、大小极不一致。囊内含有多种酸性水解酶，能对外源性食物或有害物质及细胞内衰老或破损的细胞器起分解作用。

6）纤丝。许多原虫的胞质中都有纤丝，它们和微管都是非膜相结构，电镜下测其直径为5~15nm，均匀分散或排列成堆。纤丝的功能是保持原虫的形态及伸缩运动。

7）微管。它是构成鞭毛、纤毛的亚单位。也有独立存在于胞质中的微管。在电镜下，其横切面呈管状。微管的"壁"由管蛋白（tubuline）构成。微管有一定的强度和弹性，其功能与支架作用有关，还可能是颗粒物质运输的"管道"。当它们构成鞭毛或纤毛时，则执行运动功能。

8）动基体。它是另一种有嵴的膜相结构。有两层膜，膜上无孔，内外膜间有间隙。内膜向内腔伸出少量的嵴，嵴为板状。内腔中有一束高度弯曲的DNA纤丝，与动基体的长轴平行。由于其基本结构与线粒体类似，故普遍认为它是一种特殊的线粒体。有时也称其为核样体（nucleoid）。一个原虫只有一个动基体，常位于鞭毛基部的后方。动基体能合成DNA，但与胞核的DNA是不同的。

9）伸缩泡。它是一种周期性收缩和舒张的泡状结构，具有调节细胞内水分的功能，寄生性原虫中仅纤毛虫有伸缩泡。

10）运动细胞器。有些种类的原虫有伪足、鞭毛或纤毛等细胞器。伪足是外质的暂时性突出部分，可呈叶状、树根状或网状。寄生性原虫多为叶状。鞭毛的数目少、较长，多集中在虫体前端；纤毛的数目多、较短，分布于虫体表面。但两者基本结构相似，每根毛均由从毛基体发出的轴丝和由表膜构成的鞘组成。超微结构显示一根鞭毛或纤毛有2根中央微管和9对外周微管及一层鞘膜，即典型的"9+2"结构。

有些种类的原虫还可见到有顶器（apicalomplex）的特殊构造（图13-1）。它是分类的重要依据，主要由下列各部组成。

1）极环（polar ring），位于虫体最前端，是一个电子密度大的环状物，数目有时超过一个，其功能可能分泌某种酶样物质或吸附作用。

2）类锥体（conoid），它是位于极环下方的圆锥形的中空结构，由一个或许多螺旋蜷曲的微管组成，功能尚未不清楚。

3）棒状体（rhoptry），是一种电子密度大的长管状结构，前段细长，穿过锥体直达极环，后段膨大成囊状，可能有分泌某种物质的功能，数目为两个或多个。

4）微线体（microneme），数目很多，呈杆状，与棒状体紧紧贴在一起，有支架作用。

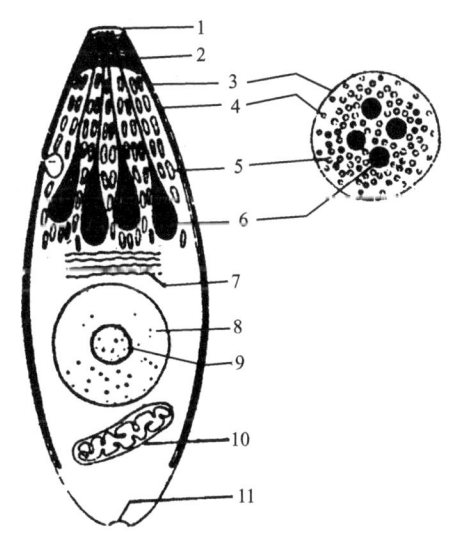

图13-1 顶器构造模式图

1. 极环；2. 类锥体；3. 薄膜；4. 膜下微管；
5. 微线体；6. 棒状体；7. 高尔基体；8. 核；
9. 核仁；10. 线粒体；11. 后环

5）膜下微管（subpellicular microtubule），位于细胞膜下由极环向后端延伸，有支架和运动的作用，可能有运送代谢物质的作用。

6）微孔（micropore），一个或多个，有吞食、吞饮的功能。

3. 胞核　　是原虫生存、繁殖的主要构造。多数原虫只有一个核，有些可有两个大小相仿或大小不同的核，甚至多核。胞核由核膜、核质、核仁及染色体组成，按结构可分为两型：泡状核和实质核。除纤毛虫外都为泡状核。核膜双层，上有核孔，故胞核与胞质可以互相交换。核仁含RNA，染色质含DNA及少量的RNA，均偏酸性，故可被碱性染料着染。一般的原虫只有在胞核分裂时染色质才浓集为染色体，在分裂期间，各种原虫的染色体缠绕程度不同，加之上述几种成分的比例有差别，当染色质数量少又不互相缠绕时，碱性染料染色后着色很浅，呈现为泡状核；反之，染色质数量多又互相缠绕，则着色很深，为实质核。

原虫借助鞭毛、纤毛、伪足进行运动。有的原虫（如孢子虫纲的一些虫体）虽无可见的运动细胞器，但仍能滑行（gliding），推测可能与膜下微管有关。

原虫有的通过表膜的渗透作用吸收营养，也有的以吞噬或胞饮作用摄取固体或液体食物。

二、原虫的生活史

一个原虫个体发育到一定大小和一定时间后，就开始繁殖。原虫的繁殖方式包括无性繁殖和有性繁殖两种类型。有的原虫以有性繁殖和无性繁殖相互交替进行，称为世代交替。

1. 无性繁殖　　原虫的无性繁殖也有多种方式。

（1）二分裂也称双分裂（binary fission）　　虫体核先分为两部分，然后细胞质也沿核分裂的垂直面或平行面分为两个子体，如锥虫为垂直面分裂，纤毛虫为平行面分裂。

（2）出芽生殖（budding）　　由母体中分裂出一个较母体稍小的仔体，并形成于母体的一侧面而后脱离，然后仔体再长到与母体大小相似，称为外出芽生殖，这种生殖方式在寄生性原虫少见。在寄生性原虫中内出芽生殖（internal budding）较多见。内出芽生殖又根据母细胞中芽体的数量分为内双芽生殖和多元内出芽生殖，前者是指在一个母细胞中形成两个芽，而后母体崩解，两个芽体走出，成为新个体；后者母体内产生的芽体在两个以上。

（3）裂体生殖（schizogony）　　也叫多分裂，这是顶复门的原虫常见的生殖方式。虫体的核先经过多次分裂，分成若干小核，分布于整个母细胞内，而后每个核与周围的胞质构成新的个体。母细胞称为裂殖体（schizont），而分裂后的子体称为裂殖子（merozoite），如泰勒焦虫在网状内皮细胞中的繁殖即如此。

2. 有性繁殖　　在寄生性原虫中，可见到的有性繁殖仅有两种：接合生殖（conjugation reproductio）和配子生殖（gametogony）。

（1）接合生殖　　两个虫体一时性地结合在一起，互相交换核质，然后分开，各自成为独立的个体，这一过程中虫体数量没有增加，但虫体却得到更新，如纤毛虫。

（2）配子生殖　　原虫经过一定的无性增殖后，变为配子体（gametocyte），配子体再发育为配子（gamete），如两个配子在形态上有显著差别则称为异形配子，大型的、无运动性的称为雌性配子或大配子，小型的、运动活泼的称为雄性配子或小配子。配子融合成为合子（zygote），有的合子有运动性，称为动合子（ookinete），有的合子形成后，在其表面形成坚实的被膜，称为卵囊（oocyst）。合子形成后，接着进行孢子生殖（sporogony），在其内形成孢子囊（sporocyst）。每个孢子囊内又形成不等量的子孢子（sporozoite）。含有成熟子孢子的合子即具有感染和繁殖能力。这一孢子形成的过程本身是一种无性繁殖。但多在配子生殖过程后出现，常作为配子生殖的后续部分。

原虫除了上述各种繁殖方式外，有一些原虫在其生活过程中，常常是虫体本身形成一层较厚的外膜，使虫体具有较强的抵抗力，即包囊（cyst）。处于包囊内的虫体，其生理上处于暂时的休止阶段，常成为可传播（感染）阶段。有时这些虫体在宿主体内，其外膜并非虫体自身所形成，而得自宿主，则称为假包囊（pseudocyst）。包囊中多数含有一个虫体，但也有包含多数虫体的时候。有时包囊内的虫体，尚可进行缓慢的增殖。

在生活期或运动期的虫体，特别是不断吸取外界营养而生长的虫体，称为滋养体（trophozoite）。

第二节 鞭毛虫病

一、伊氏锥虫病

伊氏锥虫病（又名苏拉病）是由锥虫科锥虫属（*Trypanosoma*）的伊氏锥虫（*T. evansi*）寄生于马、骡、牛、水牛、骆驼和犬等动物体内引起的。由吸血昆虫机械地传播。临床特征为高热、贫血、黏膜出血、黄疸和神经症状等。马、骡、驴等发病后常取急性经过，若不及时治疗，死亡率可达100%。牛和骆驼感染后大多数为慢性过程，有的呈带虫现象。

病原形态 伊氏锥虫为单型性虫体，长18～34μm，宽1～2μm，平均为24μm×2μm，呈卷曲的柳叶状，前端尖锐，后端稍钝。虫体中央有一个椭圆形的核，后端有1点状动基体（或称运动体），动基体由两部分组成，前方的小体叫作生毛体，后方的小体叫作副基体，鞭毛由生毛体生出，并沿虫体表面螺旋式地向前延伸为游离鞭毛，鞭毛与虫体之间有薄膜相连，虫体运动时鞭毛旋转，此膜也随着波动，所以称为波动膜。虫体的胞质内可见到空泡和染色质颗粒。在吉姆萨染色的血片中，虫体的细胞核和动基体呈深红色，鞭毛呈红色，波动膜呈粉红色，原生质呈淡天蓝色（图13-2）。

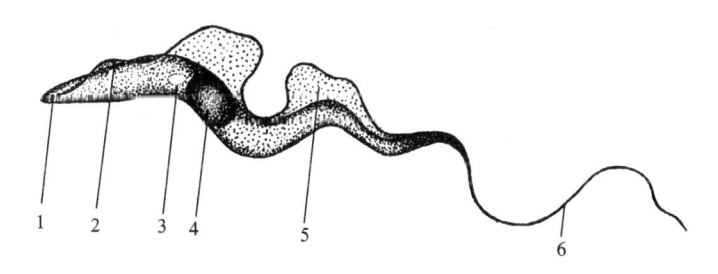

图13-2 伊氏锥虫形态构造
1. 动基体；2. 鞭毛；3. 空泡；4. 核；5. 波动膜；6. 游离鞭毛

用电镜观察，锥虫体的表面有一层厚15μm、由糖蛋白构成的表膜包住整个虫体和鞭毛。鞭毛深入细胞质的部分称为动基体（又称生毛体），呈筒形的构造，这种构造十分类似中心粒，在细胞分裂时也起中心粒的作用。此外，细胞质内尚有高尔基体、内质网、溶酶体、胞质体、脂肪空泡及分泌囊等结构。

生活史 伊氏锥虫主要寄生于血液内（包括淋巴液），并且随着血液进入脏器组织肝、脾、淋巴结等，在病的后期还能侵入脑脊液中。锥虫在宿主体内进行分裂增殖，一般沿虫体长轴纵分裂，由1个分裂成2个，有时也分裂成3或4个。分裂时先从动基体开始分裂为2，并从其中1个产生新的鞭毛。继而核分裂，新鞭毛继续增长，直至成为两个核和两根鞭毛，最后胞质沿体长轴由前端向后端分裂成两个新虫体。锥虫靠渗透作用吸收营养。

流行病学 伊氏锥虫有广泛的宿主群，马属动物对伊氏锥虫易感性最强；牛、水牛、骆驼较弱。各种试验动物如大白鼠、小白鼠、豚鼠、家兔和犬、猫等均有易感性，其中以小白鼠和犬易感性较强。很多种野生动物对此虫有易感性，国内曾有虎和鹿感染的报道。

本病的传染来源是带虫动物。包括隐性感染和临床治愈的病畜。此外，犬、猪、某些野生动物及啮齿类动物都可以作为保虫者。

传播途径主要由虻类和吸血蝇类机械性地传播。伊氏锥虫在这些昆虫体内不发育繁殖，只能短时间生存（在虻体内能生活22~24h，在厩蝇体内能生活22h）。已证实的传播媒介为虻属、麻蝇属、螫蝇属、角蝇属和血蝇属等。这些吸血昆虫吸食了病畜或带虫动物的血液，又去咬健畜时，便把锥虫传给健康动物（图13-3）。此外，实验证明伊氏锥虫能经胎盘感染。也有犬和虎等食肉动物由于采食带虫动物的生肉而感染的报道。在疫区给家畜采血或注射时，如不注意消毒也可传播本病。

伊氏锥虫的发病季节和流行地区与吸血昆虫的出现时间和活动范围相一致。主要流行于热带和亚热带地区。在牛和一些耐受性较强的动物，吸血昆虫传播后，动物常感染但不发病，待到枯草季节或抵抗力下降时才发病。

图13-3 伊氏锥虫传播途径

伊氏锥虫在外界环境中抵抗力很弱，干燥、阳光直射都能使其很快死亡。消毒水和自来水均能使虫体立即崩解。锥虫对热敏感，50℃经5min即被杀死。抗凝血中可生存5~6h，在−2~4℃条件下可生活1~4d。

致病作用 主要是锥虫毒素对机体的毒害作用。虫体侵入机体后，经淋巴和毛细血管进入血液和造血器官发育繁殖，虫体增多，同时产生大量有毒的代谢产物；而锥虫自身又相继死亡释放出毒素，这些毒素作用于中枢神经系统，引起机能障碍如体温升高和运动障碍；进而侵害造血器官——网状内皮系统和骨髓，使红细胞溶解和再生障碍，导致红细胞减少，出现贫血。随着红细胞溶解，不断游离出来的血红蛋白大部分积滞在肝脏中，转变为胆红素进入血流，引起黏膜和皮下组织黄染。心肌受到侵害，引起心机能障碍；毛细血管壁被侵害，通透性增高，导致水肿。由于肝功能受损，肝糖不能进行贮存，所以致病的后期出现低血糖和酸中毒。中枢神经系统被侵害，引起精神沉郁甚至昏迷等症状。

锥虫表面的可变糖蛋白（VSG）具有极强的抗原变异性。虫体在血液中增殖的同时，宿主的抗体也相应产生，在虫体被消灭时，却有一部分VSG发生变异的虫体，逃避了抗体的作用，重新增殖，从而出现新的虫血症高潮，如此反复使疾病出现周期性高潮。

症状 各种动物易感性不同症状也不同。

（1）马的症状　　马感染本病后，潜伏期为5~11d。病马体温突然升高到40℃以上，稽留数天（或持续数天的弛张热），然后经短时间的间歇，再度发热。在发热期间病马呼吸急促，脉搏增数，尿量减少，尿色深黄而黏稠。在间歇期间，各种症状缓解。但反复数次发热后，病马表现精神明显沉郁、食欲减退、逐渐消瘦、被毛枯焦、肠音沉衰、粪便干燥。体温变化是本病发病过程的重要标志，在发热期间不但症状明显，血液中锥虫数目也多，而且容易检出。一般在第一次体温升高时，末梢血液中即可检出虫体，体温下降后，虫体随之减少，甚至消失。体温再度升高时，虫体重新出现（图13-4）。但治疗后再发病的患畜，不呈这样的规律，在老疫区即使体温不高也可检出虫体。

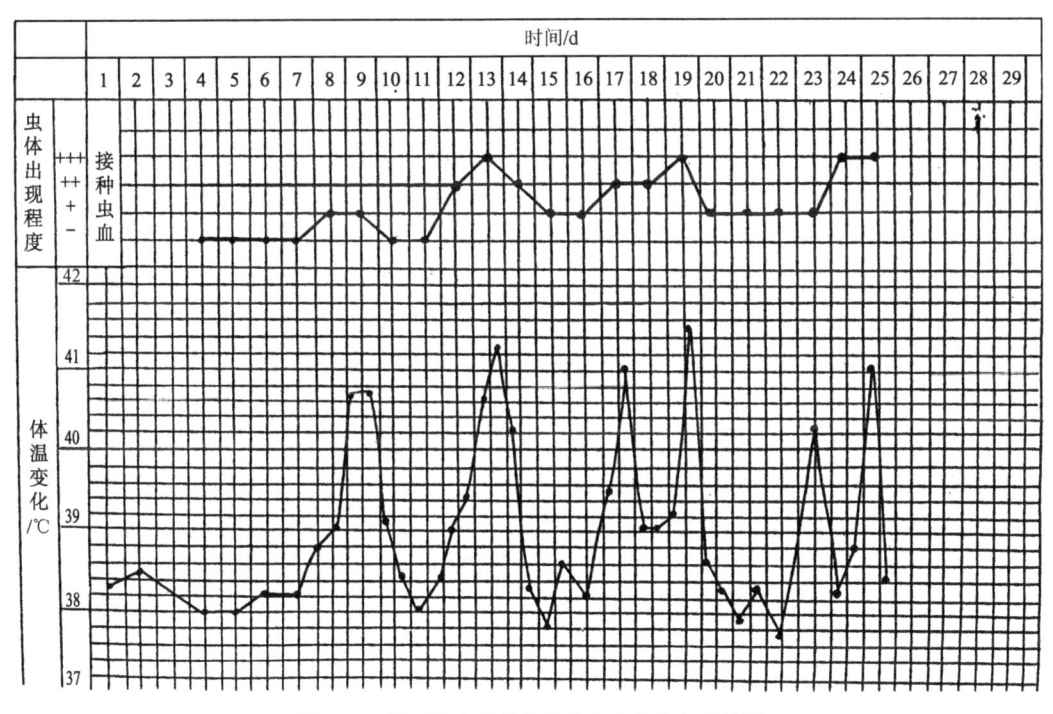

图13-4　伊氏锥虫病的体温变化和虫体出现关系

体表水肿为本病的常见症状之一，最早出现于发病后6~7d，起初发生于腹下和包皮，然后波及胸下，以后唇部、眼睑、下颌及四肢相继出现。有些病例病初出现一时性的荨麻疹、体表淋巴结轻度肿胀。

病马眼的症状也较明显，初期畏光流泪，结膜潮红，以后苍白黄染。结膜、第三眼睑上常出现粟粒大至绿豆大的鲜红色或暗红色出血斑，这种出血斑往往时隐时现，并不经常存在。随着病情发展，病马高度沉郁，嗜睡，行走时后躯无力，步样强拘，左右摇晃，食欲更加减少或废绝。肚腹卷缩，肛门松弛，心脏机能陷于衰竭，心动过速，出现缩期杂音。末期，出现各种神经症状，病马茫然伫立，目光凝滞，对周围事物反应迟钝，或无目的地向前猛冲，或做圆圈运动，死前突然倒地不起，呼吸极度困难。

血液变化：病马红细胞数随病情加重而急剧减少，最低可达200万，病畜经过治疗后红细胞数可作为判定病情、确定预后的一个依据。血红蛋白相应减少30%左右。血沉加快。白细胞数在第一次发热时显著增多，以后逐渐减少到正常水平以下。

(2) 牛的症状　　牛多呈慢性经过或带虫现象，少数呈急性经过。黄牛的抵抗力较水牛强。在同一地区，黄牛的感染率都较水牛低，潜伏期也较水牛长。黄牛为6～12d，水牛为6d。热型一般为不定型的间歇热，体温最高达40～41.6℃，持续1～2d后即下降，间歇2～6d再度上升。慢性病例很不规律，有的间歇1～2个月后突然升高1次，立即恢复正常，往往不被人发觉。体温升高时呈现鼻镜干燥等一般的热候。有的出现结膜炎，眼睑水肿，在结膜及瞬膜上出现时隐时现的出血斑或出血点。病牛渐渐消瘦，使役能力下降，腹下、四肢、胸前、生殖器等发生水肿，尤以腕关节和跗关节以下多见。有的病牛皮肤上有拇指大或巴掌大的坏死斑。耳、尾常发生干枯坏死，部分或全部脱落，角及蹄匣也有脱落的。个别急性病例体温突然升高到40℃以上，眼球突出，口吐白沫，呼吸急促，心律不齐，拉稀，多于数小时内死亡。

病理变化　　皮下水肿和胶样浸润为本病的显著病理变化之一，其部位多在胸前、腹下及四肢下部，生殖器官等部位皮下水肿，并有黄色胶样浸润。淋巴结肿大，充血，断面呈髓样浸润。胸、腹腔内积有大量液体。各脏器浆膜面有小出血点。脾脏急性病例时显著肿大，髓质呈软泥样；慢性者，脾较硬，色淡，包膜下有出血点。肝肿大，淤血，脆弱，切面呈淡红褐色或灰褐色肉豆蔻状，小叶明显。肾肿大，呈混浊肿胀，被膜易剥离，有出血点，心包液增多，外膜有出血点或斑，冠状沟及纵沟有胶样浸润并有出血点，心肌变性，心室扩张。有神经症状的患畜，脑室扩张，室液增量，软膜下有出血点，牛胃肠炎较严重，第三、四胃黏膜有出血点或斑；小肠也呈出血性炎症；直肠近肛门处常有条状出血。

诊断　　根据流行病学、症状、血液学检查、病原检查和血清学诊断进行判断，但以病原检查最为可靠。

(1) 流行病学诊断　　在流行区的多发季节，发现可疑病畜，应进一步考虑是否为本病。

(2) 临床检查　　应注意体温变化，每天早晚测温，并在体温升高时进行虫体检查。怀疑本病时可试用特效药物进行诊断性治疗，如用药后两三天内，症状显著减轻即可确诊。

(3) 病原检查　　在血液中查出病原是最可靠的诊断依据，但由于虫体在末梢血液中出现有周期性，且血液中虫体数量忽多忽少，因此即使病畜也必须多次检查才能发现虫体。方法有下列数种。

1) 压滴标本检查。耳静脉或其他部位采血一滴，于干净载片上，加等量生理盐水，混合后，加盖玻片于高倍镜下检查。如为阳性，可在红细胞间见到有活动的虫体。此法检查时，因血片未经染色，故采光时，视野应较暗，方易发现虫体。

2) 血片检查。按常规制成血涂片，用吉姆萨或瑞特染色后，镜检。

3) 试管采虫检查。采血于离心管中，加抗凝剂，以1500r/min离心10min，则红细胞下沉于管底，因白细胞和虫体较轻，故位于红细胞沉淀的表面，用吸管吸取沉淀的表层，涂片、染色、镜检，可提高虫体检出率。

4) 毛细管集虫检查。以内径0.8mm，长12cm的毛细管，先将毛细管以肝素处理，吸入病畜血液插入橡皮泥中，以3000r/min离心5min，然后将毛细管平放于载玻片上，检查毛细管中红细胞沉淀层的表层，即可见有活动的虫体。

(4) 血清学诊断　　诊断方法种类很多，但经实际推广应用的早期是补体结合试验，近年来多采用间接血凝试验。该法操作简单、敏感性高。此外还可用乳胶凝集试验、对流免疫电泳及酶联免疫吸附试验等。

(5) 动物接种试验　　用上述方法均不能确诊时，可用疑似动物的血液0.2～0.5ml，接种于实验动物（小白鼠、天竺鼠、家兔等）的腹腔或皮下。小白鼠和天竺鼠每隔1～2d采血检查1次，家兔每隔3~5d检查1次。如连续检查1个月以上（小白鼠半个月）仍不出现虫体，可判为阴性。大多数情况，如疑似病畜确属阳性，动物接种后一般均能出现虫体。

要注意和传染性贫血、梨形虫病相区别。

治疗 治疗时应注意：①治疗要早；②用药量要足；③观察时间要长，防止过早使役，一般临床治愈4~14周后，红细胞数才能恢复到正常，过早使役易复发。

治疗时可选用：①拜耳205（纳加诺、萘磺苯酰脲、苏拉灭）；②安锥赛（抗锥灵、喹嘧胺）；③贝尼尔（血虫净、三氮脒）；④氯化氮胺菲啶盐酸盐（沙莫林）。上述药物可单独使用，也可两种药物交替使用。

除使用特效药物外，还应根据病情，进行强心、补液、健胃缓泻等对症治疗，尤其是应加强护理，改善饲养条件，促进早日康复。治疗后应注意观察疗效，有复发可能时，应再次治疗。

预防 经常注意观察动物采食和精神状态，发现异常随即进行临床检查和实验室诊断，尽早确诊，及时治疗。

长期外出或由疫区调入的家畜，需隔离观察20d，确定健康后，方可使役和混群。改善饲养管理条件，搞好畜舍及周围环境卫生，消灭虻、蝇等吸血昆虫。准备进入疫区的易感动物，需进行预防注射。定时在家畜体表喷洒灭害灵等拟除虫菊酯类杀虫剂，以减少虻、蝇叮咬。药物预防常用安锥赛预防盐。

> **附：牛泰勒锥虫病**
>
> 泰勒锥虫（*Trypanosoma theileri*）是一种仅寄生于牛的大型锥虫。全世界广为分布，我国吉林、江苏、甘肃、陕西都曾有发现本虫的报道。一般认为它无致病力，仅在牛只处于饲养管理差、营养不良、使役过度等应激反应状态下，才引起发病，出现症状。据甘肃报道，当地黄牛发生的消瘦、贫血、黄疸、脱尾、干耳及四肢关节肿胀等症状的"脱尾疖"是由泰勒锥虫引起。此外，文献记载它还可引起"类炭疽""旋回症"、流产、奶量下降等各种症状。本虫仅可感染牛、水牛和瘤牛，对其他动物无易感性。
>
> 泰勒锥虫的形态特点为：体型大（长度为60~70μm，最长可达12μm，也有长25μm的较小者）；虫体后端尖而长，呈一个特殊的锥形；动基体不位于虫体末端，而稍偏于前方；波动膜和游离鞭毛明显。
>
> 已证明泰勒锥虫通过虻类（虻属、麻虻属）传播，它在虻的肠道内进行纵裂繁殖，形成短膜鞭毛型（epimastigote）虫体，此型虫体的动基体位于核的紧前方。鞭毛与波动膜由此开始。在牛体内，泰勒锥虫在淋巴结及其他组织内进行纵裂繁殖，形成短膜鞭毛型虫体，因此在牛血内有时可见到锥鞭毛型（trypomastigote，即常见的锥虫形）和短膜鞭毛型两种类型的虫体。
>
> 由于本虫在牛外周血液中较难查到，诊断常可依赖于血液的组织培养。它可在各种组织培养基上生长，在37℃培养时可见到有锥鞭毛型和短膜鞭毛型两种类型虫体，而在27℃时则仅有短膜鞭毛型。
>
> 据甘肃报道安锥赛硫酸甲酯与那加诺合用有较好的治疗效果。

二、马媾疫

马媾疫是由锥虫属（*Trypanosoma*）的马媾疫锥虫（*T. eguiperdum*）寄生于马属动物的生

殖器官而引起的慢性原虫病。世界上许多国家和地区均有流行。我国曾在西北、内蒙古、河南、安徽、河北等地发生。

病原形态 马媾疫锥虫与伊氏锥虫在形态上相同，但其生物学特性则不同。

流行病学 自然情况下，仅马属动物对媾疫锥虫有易感性。媾疫锥虫主要在生殖器官黏膜寄生，产生毒素。本病主要是健马与病马交配时发生感染，有时也可通过未经严格消毒的人工授精器械和用具等感染，故本病多发于配种季节之后。

马媾疫锥虫进入马体后，如果马匹抵抗力强，则不出现明显临床症状，而成为带虫马。带虫马匹是马媾疫主要的传染来源。驴、骡感染后，一般呈慢性或隐性型；改良种马常为急性发作，症状也较明显。

致病作用及症状 马媾疫锥虫侵入公马尿道或母马阴道黏膜后，在黏膜上进行繁殖，产生毒素，引起局部炎症。马匹在虫体及毒素的刺激下，产生一系列防御反应，如局部炎症和抗体形成等；如果马体抵抗力弱，锥虫乘机大量繁殖，毒素增多，被机体吸收，便出现一系列临床症状，特别是神经系统症状最为明显，因此认为马媾疫是一种多发性神经炎。

本病的潜伏期一般为8～28d，但也有长达3个月的，主要症状如下。

（1）生殖器官症状 公马一般先从包皮前端发生水肿，逐渐蔓延到阴囊、包皮、腹下及股内侧。触诊水肿部，无热，无痛，呈面团样硬度，大小不一，牵遛后不消失。尿道黏膜潮红肿胀，尿道口外翻，排出少量混浊的黄色液体。阴茎、阴囊、会阴部等部位皮肤上相继出现结节、水泡、溃疡及缺乏色素的白斑。在半放牧的马匹中，白斑常不明显或缺乏。有的病马阴茎脱出或半脱出，性欲亢进，精液质量降低。母马阴唇肿胀，逐渐波及乳房、下腹部和股内侧，阴道黏膜潮红、肿胀、外翻，不时排出少量黏液——脓性分泌物，频频排尿，呈发情状态。在阴门、阴道黏膜不断出现小结节和水泡，破溃后成为糜烂面，但能很快愈合，在患部遗留下缺乏色素的白斑。病马屡配不孕，或妊娠后容易流产。

（2）皮肤轮状丘疹 在生殖器出现急性炎症后的一个多月，病马胸腹和臀部等处的皮肤上出现无热、无痛的扁平丘疹，直径5～15cm，呈圆形或马蹄形，中央凹陷，周边隆起，界限明显。其特点是突然出现，迅速消失（数小时到一昼夜），然后再出现，因此不注意经常检查就不易发现，但也有见骡的皮肤轮状丘疹持续时间长达20多天者，经用贝尼尔治疗后才消失。

（3）神经症状 发病后期，随全身症状的加重，病马的某些运动神经被侵害，出现腰神经与后肢神经麻痹，表现步样强拘、后躯摇晃和跛行等，症状时轻时重，反复发作，容易误诊为风湿病。少数病马有面神经麻痹，如唇歪斜、一侧耳及眼睑下垂。

（4）全身症状 病初体温升高，精神食欲无明显变化。随着病势加重，反复出现短期发热，逐渐消瘦，精神沉郁，食欲减退。最后，后躯麻痹不能站立，可因极度衰竭而死亡。

诊断 马匹配种后如发现有外生殖器炎症、水肿、皮肤轮状丘疹、耳耷唇歪、后躯麻痹及不明原因的发热、贫血消瘦等症状时，可怀疑为本病，但应注意与鼻疽、马副伤寒、风湿病及脑脊丝虫病相区别。为了确诊，应进行虫体检查或血清学检查或动物接种试验。常用的血清学反应为琼脂扩散反应、间接血凝试验和补体结合试验等，如果不能进行实验室诊断，可依据流行特点及临床症状，用特效药物进行治疗性诊断，如果疗效显著，也可确诊。

治疗 治疗原则和方法同伊氏锥虫病。经过治疗的马匹要观察1年，即在治疗后10个月、11个月、12个月用各种诊断方法检查3次而无复发征象时，便可认为已治愈。

贝尼尔皮下注射，疗效很好，且对妊娠母马很安全。

预防　本病主要通过交配而感染。预防应抓住下面几个环节：①在疫区，配种季节前对公马和繁殖母马进行一次检疫，包括临床检查和血清学试验。对阳性或可疑母马进行治疗。发病公马一律阉割。对健康马和采精用的公马，在配种前用安锥赛预防盐进行注射。为了检出新感染的病马，在7~9月进行1次检疫，采血3次，做血清学诊断，每次间隔20d。②未发生过本病的单位，对新调入的种公马或繁殖母马，须进行严格的隔离检疫，每隔1个月1次，共3次。③大力开展人工授精，用具和工作人员的手及手套应注意消毒。④1岁以上或阉割不久的公马，应与母马分开饲养。没有种用价值的公马，应早日阉割。

三、利什曼原虫病

利什曼原虫病又称为黑热病，是由锥虫科利什曼属的杜氏利什曼原虫（*Leishmania donovani*）寄生于哺乳动物和人内脏引起的人兽共患的慢性寄生虫病。根据传染源不同，可将黑热病分为三种类型，即人源型、犬源型、野生动物源型。但有人研究发现，我国某些地方犬的杜氏利什曼原虫和人的利什曼原虫，无论在形态学或血清学方面，都可能是同一种。

病原形态　杜氏利什曼原虫寄生于病犬的血液、骨髓、肝、脾、淋巴结等网状内皮细胞中。在犬体内的虫体称为无鞭毛体（利杜体），呈圆形，直径2.4~5.2μm，有的呈椭圆形，大小为（2.9~5.7）μm×（1.8~4.02）μm。瑞特染色后，原生质呈浅蓝色，胞核呈红色圆形，常偏于虫体一端，动基体呈紫红色细小杯状，位于虫体中央或稍偏于另一端。

在传播媒介（白蛉）体内的虫体，称为前鞭毛体，呈细而长的纺锤形，长12~16μm，前端有一根与体长相当的游离鞭毛，在新鲜标本中，可见鞭毛不断摆动，虫体运动非常活泼。

生活史　当雌性白蛉吸食病犬（人）的血液时，无鞭毛体被摄入白蛉胃中，随后在白蛉消化道内发育成为前鞭毛体，并逐渐向白蛉的口腔集中，当白蛉再吸健康犬或其他哺乳动物血液时，成熟的前鞭毛体便进入健康犬体内，而后失去游离鞭毛成为无鞭毛体，随血液循环到达机体各部，无鞭毛体被巨噬细胞吞噬后，在其中分裂繁殖（图13-5）。

致病作用与症状　杜氏利什曼原虫侵入宿主机体后，在巨噬细胞内大量繁殖，使巨噬细胞大量被破坏和大量增生等而发生一系列病理变化。在受侵害的器官和组织内可见到大量的巨噬细胞被利什曼原虫寄生。同时胞质也大量增加。细胞增多是脾、肝、淋巴结肿大的主要原因，其中以脾肿大最为常见。

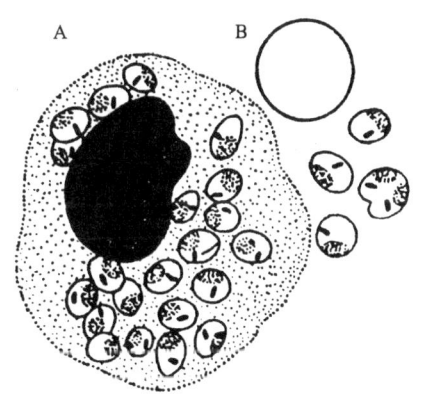

图13-5　利什曼原虫
A. 巨噬细胞中的虫体；B. 细胞外的虫体

本病的潜伏期为数周或数月乃至1年以上。病犬虫期都没有明显症状，有时在其鼻、眼间、耳壳上、背部或尾端有类似疥疮或脂螨样的症状，但毛根处皮肤正常，不痒，脱毛一般都不严重，但皮下层增厚而较软；如脱毛则其皮肤有皮脂外溢及白色鳞屑现象，以致皮肤增厚后形成结节或有溃疡。常伴有食欲不振、精神萎靡、消瘦、贫血及嗓音嘶哑等症状。

诊断　确定病犬是否患黑热病，必须以能否发现病原体为依据，常用的病原检查法有：①穿刺检查。穿刺骨髓、淋巴结，取抽出物做涂片镜检，是本病常用的检查方法。②皮肤活体组织检查。皮肤上有结节、疑似皮肤型黑热病时，可用注射针头刺破皮肤，挑取少许组织，或用手术刀切一小口，刮取少许组织，涂片染色镜检，若发现杜氏利什曼原虫即可确诊。

防治 在本病流行区，应加强对犬类的管理，定期对犬进行检查，发现病犬，除了特别珍贵的犬种进行隔离治疗外，其余病犬以扑杀为宜，并结合应用菊酯类杀虫药定期喷洒犬舍及犬体，以消灭白蛉。用葡萄糖酸锑钠治疗本病有良效。

四、牛胎毛滴虫病

牛胎毛滴虫病是毛滴虫科毛滴虫属（*Trichomonas*）的牛胎毛滴虫（*T. foetus*）寄生于牛的生殖器官而引起的。本病的主要特征是在乳牛群中引起早期流产、不孕和生殖系统炎症，给养牛业带来很大经济损失。本病为世界性分布。

病原形态 胎毛滴虫呈瓜子形、短的纺锤形、梨形、卵圆形、圆形等各种形态。虫体长9~25μm（平均为16μm），宽3~16μm（平均为7μm）；细胞核近似圆形，位于虫体前半部；簇毛基体位于细胞核的前方。由毛基体伸出4根鞭毛，其中3根向虫体前端游离延伸，即前鞭毛，长度大约与体长相等；另一根则沿波动膜边缘向后延伸，其游离的一段称后鞭毛。波动膜有3~6个弯曲。虫体中央有一条纵走的轴柱，起始于虫体前端部，沿虫体中线向后，其末端突出于虫体后端之后。原生质常呈一种泡状结构。虫体前端与波动膜相对的一侧有半月状的胞口。

在吉姆萨染色标本中，原生质呈淡蓝色，细胞核和毛基体呈红色，鞭毛则呈暗红色或黑色，轴柱的颜色比原生质浅。

胎毛滴虫形状可随环境变化而有所改变，在不良条件下为圆形，并失去鞭毛和波动膜，可根据虫体柠檬状外形和浓染的小颗粒与上皮细胞和白细胞区别，白细胞通常着色很淡，其颗粒也不明显。

生活史 牛胎毛滴虫主要寄生在母牛的阴道、子宫，公牛的包皮腔、阴茎黏膜及输精管等处，重症病例，生殖器官的其他部分也有寄生；母牛怀孕后，在胎儿的胃和体腔内、胎盘和胎液中，均有大量虫体（图13-6）。牛胎毛滴虫主要以纵分裂方式进行繁殖，以黏液、黏膜碎片、微生物、红细胞等为食物，经胞口摄入体内，或以内渗方式吸收营养。

图13-6 牛胎毛滴虫

流行病学 本病常发生在配种季节，主要是通过病牛与健康牛的直接交配，或在人工授精时使用带虫精液或沾染虫体的输精器械而传播。此外，也可通过被病畜生殖器官分泌物污染的垫草和护理用具及家蝇搬运而散播。据报道，牛胎毛滴虫能在家蝇的肠道中存活8h。本病虽多发生于性成熟的牛，但犊牛与病牛接触时，也有感染的可能。放牧及供给全价饲料（特别是富含维生素A、维生素B和矿物质的饲料）时，可提高动物对本病的抵抗力。

牛胎毛滴虫对高温及消毒药的抵抗力很弱，在50~55℃时经2~3min死亡；在3%双氧水内经5min、在0.1%~0.2%甲醛溶液内经1min，40%大蒜液内经25~40s死亡。在20~22℃室温中的病理材料内可存活3~8d，在粪尿中存活18d。能耐受较低温度，如在0℃时可存活2~18d，能耐受-12℃低温达一定时间。在家蝇肠道内能存活8h。

致病作用 侵入母牛生殖器的毛滴虫，首先在阴道黏膜上进行繁殖，继而经子宫颈到子宫，引起炎症。当与化脓菌混合感染时，则发生化脓性炎症，于是生殖道分泌物增多，影响发情周期，并造成长期不育等繁殖机能障碍。牛胎毛滴虫在怀孕的子宫内，繁殖尤其迅速，先在胎液中繁殖，以后侵入胎儿体内，经数日至数周即导致胎儿死亡并流产。侵入公牛生殖器内的虫体,首先在包皮腔和阴茎黏膜上繁殖,引起包皮和阴茎炎,继而侵入尿道、输精管、前列腺和睾丸,影响性机能,导致性欲减退,交配时不射精。

症状　母牛感染后,经1~2d,阴道即发红肿胀,1~2周后,开始有带絮状物的灰白色分泌物自阴道流出,同时在阴道黏膜上出现小疹样的毛滴虫性结节。探诊阴道时,感觉黏膜粗糙,如同触及砂纸一般。当子宫发生化脓性炎症时,体温往往升高,泌乳量显著下降。怀孕后不久,胎儿死亡并流产;流产后,母牛发情期的间隔往往延长,并有不孕等后遗症。

公牛于感染后12d,包皮肿胀,分泌大量脓性物,阴茎黏膜上发生红色小结节,此时公牛有不愿交配的表现。上述症状不久消失,但虫体已侵入输精管、前列腺和睾丸等部位,临床上不呈现症状。

诊断　可根据临床症状、流行病学材料和病原检查建立诊断。临床症状主要注意有无生殖器炎症、黏液(脓性分泌物)、早期流产和不孕。流行病学材料应着重注意牛群的历史,母牛群有无大批早期流产的现象及母牛群不孕的统计。对可疑病畜应采阴道排出物、包皮分泌物、胎液、胎儿的胸腹腔液和第四胃内容物等做病原检查。具体方法参阅技术篇。

治疗　可用0.2%碘溶液、1%钾肥皂、8%鱼石脂甘油溶液、2%红汞液或0.1%黄色素溶液洗涤患部,在30min内,可使脓液中的牛胎毛滴虫死亡。此外,1%大蒜乙醇浸液,0.5%硝酸银溶液也很有效。在5~6d,用上述浓度的药液洗涤2~3次为1个疗程。根据生殖道的情况,可按5d的间隔,再进行2~3个疗程。治疗公牛,要设法使药液停留在包皮腔内相当时间,并按摩包皮数分钟。隔日冲洗一次,整个疗程为2~3周。在治疗过程中禁止交配,以免影响效果及传播本病。

预防　在牛群中开展人工授精,是较有效的预防措施。应仔细检查公牛精液,确证无毛滴虫感染方可利用。对病公牛应严格隔离治疗,治疗后5~7d,镜检其精液和包皮腔冲洗液两次,如未发现虫体,可使之先与健康母牛数头交配。对交配后的母牛观察15d,每隔1d检查1次阴道分泌物,如无发病迹象,证明该公牛确已治愈。尚未完全消灭本病的不安全牧场,不得输出病牛或可疑牛。对新引进牛,须隔离检查有无毛滴虫病。严防母牛与来历不明的公牛自然交配。加强病牛群的卫生工作,一切用具均须与健康牛分开使用,并经常用来苏儿和克辽林溶液消毒。

五、组织滴虫病

组织滴虫病又叫盲肠肝炎或黑头病,是由火鸡组织滴虫(*Histomonas meleagridis*)寄生于禽类盲肠和肝脏引起的。目前,有人将其分类归为双核内阿米巴科(Dientamoebidae)组织滴虫属(*Histomonas*)。多发于火鸡和雏鸡,成年鸡也能感染。孔雀、珍珠鸡、鹌鹑、野鸭也有本病的流行。本病的主要特征为盲肠发炎、溃疡和肝表面具有特征性的坏死病灶。

病原形态　火鸡组织滴虫为多形性虫体,大小不一,近似圆形和变形虫样,伪足钝圆(图13-7)。无包囊阶段,有滋养体。在盲肠中的数量不多,其形态与在培养基中相似,直径5~30μm,常见有一根鞭毛,做钟摆样运动,核呈泡囊状。在组织细胞内的虫体,足有动基体,但无鞭毛,虫体单个或成堆存在,呈圆形、卵圆形或变形虫样,大小为4~21μm。

生活史与流行病学　组织滴虫进行二分裂法繁

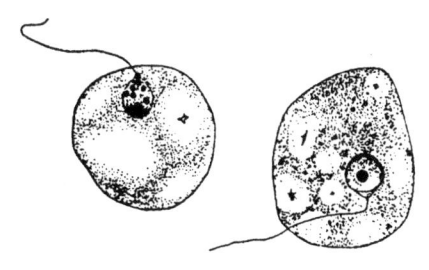

图13-7　火鸡组织滴虫

殖。寄生于盲肠内的组织滴虫，可进入鸡异刺线虫体内，在卵巢中繁殖，并进入其卵内。异刺线虫卵到外界后，组织滴虫因有卵壳的保护，故能生存较长时间，成为重要的感染源。本病通过消化道感染，在本病急性暴发流行时，病禽粪便中含有大量病原，污染饲料、饮水、用具和土壤，健禽食后便可感染。蚯蚓吞食土壤中的异刺线虫卵时，火鸡组织滴虫可随虫卵生存于蚯蚓体内，当雏鸡吃了这种蚯蚓后，就被滴虫感染，因此蚯蚓在传播本病方面也具有重要作用。

2周龄至4月龄的幼火鸡对本病的易感性最强，患病后死亡率也最高；8周龄至4月龄的雏鸡也易感；成年鸡感染后症状不明显，常成为散布病原的带虫者。

本病的发生无明显季节性，但在温暖潮湿的夏季发生较多。

本病常发生在卫生和管理条件不良的鸡场。鸡群过分拥挤，鸡舍和运动场不清洁，通风和光照不足，饲料缺乏营养，尤其是缺乏维生素A，都是诱发和加重本病流行的重要因素。

症状　　潜伏期15～21d，最短5d。病鸡表现精神不振、食欲减少甚至停止进食，羽毛粗乱，翅膀下垂，身体蜷缩，怕冷，下痢，排淡黄色或淡绿色粪便。严重的病例粪中带血，甚至排出大量血液。有的病雏不下痢，在粪便中常可发现盲肠坏死组织的碎片。发病末期，由于血液循环障碍，鸡冠呈暗黑色，因而有黑头病之名。病程一般为1～3周，病愈康复鸡的体内仍有滴虫，带虫可达数周到数月。成鸡很少出现症状。

病理变化　　本病的病变主要局限在盲肠和肝脏，一般仅一侧盲肠发生病变，不过也有两侧盲肠同时受害的。在最急性病例中，仅见盲肠发生严重的出血性炎症。肠腔中含有血液，肠管异常膨大。典型的病例可见盲肠肿大，肠壁肥厚坚实，盲肠黏膜发炎出血、坏死甚至形成溃疡，表面附有干酪样坏死物或形成硬的肠芯。这种溃疡可达到肠壁的深层，偶尔可发生肠壁穿孔，引起腹膜炎而死亡，在此种病例，盲肠浆膜面常黏附多量灰白色纤维素性物，并与其他内脏器官相粘连。

肝肿大并出现特征性的坏死病灶。这种病灶在肝表面呈圆形或不规则形，中央凹陷，边缘隆起，病灶颜色为淡黄色或淡绿色。病灶的大小和多少不一定，自针尖大、豆大至指头肚大，散在或密发于整个肝脏表面。

诊断　　可根据流行病学、临床症状及特征性病理变化进行综合性判断，尤其是肝与盲肠病变具有特征性，可作为诊断的依据；还可采取病禽的新鲜盲肠内容物，以加温（40℃）生理盐水稀释后做成悬滴标本镜检虫体。

本病在症状和部检变化上与鸡盲肠球虫病极相似。鉴别点在于本病检查不到球虫卵囊，盲肠常一侧发生病变及后者无本病所见的肝病变。但这两种原虫病有时可以同时发生。

防治　　可选用药物卡巴肿等。

另外，注意幼鸡与成年鸡分群喂养，并定期对鸡群进行鸡异刺线虫的驱虫。鸡舍应经常定期用苛性钠消毒。鸡应与火鸡隔离饲养。

六、贾第虫病

贾第虫病是由贾第属（*Giardia*）的一些原生动物寄生于肠道引起的疾病。本属原虫形态很相似，但具有宿主特异性，因此，根据不同的宿主分为不同的种，如牛贾第虫（*G. bovis*）、山羊贾第虫（*G. caprae*）、犬贾第虫（*G. canis*）、蓝氏贾第虫（*G. lamblia*）（人）等。

病原形态　　虫体有滋养体和包囊两种形态（图13-8）。滋养体形如对切的半个梨形，前半部呈圆形，后部逐渐变尖，长9～20μm，宽5～10μm，腹面扁平，背面隆突。腹面有两个吸盘。有两个核。4对鞭毛，按位置分别称为前、中、腹、尾鞭毛。体中部尚有一对中体（median rod）。包囊呈卵圆形，长9～13μm，宽7～9μm，虫体可在包囊中增殖，因此可见囊内有2个核或4个核，少数有更多的核。

生活史 贾第虫的包囊被人或动物吞食，到十二指肠后脱囊形成滋养体。其寄生在十二指肠和空肠上段，偶尔也可进入胆囊，靠体表摄取营养，以纵二分裂法繁殖。当肠内干燥或排至结肠后，滋养体即变为包囊，并在囊内分裂或复分裂，随宿主粪便排至外界。一般在正常粪便中只能查到包囊，在腹泻粪便中可查到滋养体。包囊对外界抵抗力强，在冰水里可存活数月；0.5%氯化消毒水内可存活2～3d。在蝇类肠道内存活24h；在粪便中活力可维持10d以上。但在50℃或干燥环境中很容易死亡。

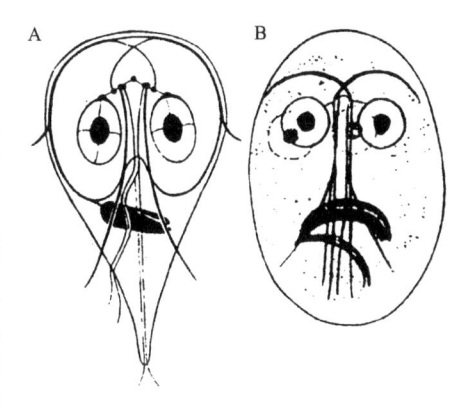

图13-8 贾第虫
A. 贾第虫滋养体；B. 牛贾第虫包囊

症状 人和动物感染本虫后，其症状基本相同，但在不同宿主间，感染过程可能差异很大。

据报道，犬、猫、大鼠、小白鼠、牛、羊、猿猴和人均可感染发病。在犬以1岁以内幼犬症状比较明显，呈现伴有黏液和脂肪的腹泻、厌食、精神不振和生长迟缓等症状，严重者可导致死亡。猫的主要症状为体重减轻，排稀松黏液样粪便，粪便中含有分解和未分解的脂肪组织。人患本病可呈现全身症状，胃肠道症状，胆囊、胆道症状。全身症状为失眠、神经兴奋性增高、头痛、眩晕、乏力、眼发黑、出汗；由于长期腹泻导致贫血、发育不良、体重下降，此类症状儿童常见。胃肠道症状以腹泻、腹痛、腹胀、厌食等多见。本虫寄生于胆管系统，可引起胆囊炎或胆管炎，呈现上腹部疼痛、食欲不振、发热、肝肿大等症状。

诊断 可根据临床症状及粪便检查结果确诊。粪便检查时，用新鲜粪便加生理盐水做成抹片，镜检可见活动的虫体，如以硫酸锌漂浮法，可查到包囊。

治疗 治疗可用阿苯达唑、硝唑尼特等。

预防 处理好人和动物的粪便；避免人和动物接触；发现患者及患病动物及时治疗。

第三节 梨形虫病

家畜梨形虫病（旧称焦虫病）是由孢子虫纲梨形虫亚纲梨形虫目中的巴贝斯科（Babesiidae）和泰勒科（Theileriidae）的多种原虫所引起的血液原虫病。

梨形虫病是一种传染病，但不同于某些传染病，不能直接感染，必须通过适宜的蜱作为传播者才能将病原传播出去，蜱的活动具有明显的季节性，因而梨形虫病的流行也有明显的地区性和季节性。

梨形虫的宿主特异性很强，各种动物各有其特定的病原体，彼此不互相感染；最近的研究证实这种宿主特异性并非绝对的，如牛的双芽巴贝斯虫可隐性感染绵羊、山羊和马；人特别是摘脾或脾功能缺陷的人，曾有感染牛巴贝斯虫等的病例报道。一种动物体内可以有几种病原体同时寄生，引起混合感染，使病情加剧。

梨形虫的形态学和生物学 梨形虫呈圆形、梨形、杆形或阿米巴形等各种形状，因此，梨形虫为多形性虫体，即使是一种梨形虫也有各种形状，但各种梨形虫都有一种固有的形态（典型虫体），如双芽梨形虫的双梨籽形、马巴贝斯虫的十字形虫体、泰勒虫的石榴体等。吉姆萨液染色后，虫体的原生质呈淡蓝色，染色质呈暗紫红色。梨形虫寄生于红细胞内，泰勒虫还寄生于网状内皮系统的组织细胞内。梨形虫以渗透的方式吸取营养。梨形虫没有伪足、鞭毛运动器官，靠虫体的弯曲和滑行而运动。

梨形虫在发育过程中需要两个宿主：一个是家畜或其他脊椎动物；另一个是蜱。整个发育史需经历裂殖生殖、配子生殖和孢子生殖3个阶段。

不同种类的梨形虫在家畜体内的繁殖方式不尽相同，巴贝斯科的梨形虫进入宿主红细胞内，以二分裂或出芽生殖法进行繁殖；当红细胞破裂之后，虫体逸出，再侵入新的细胞内重复其分裂繁殖。泰勒科的梨形虫则首先侵入网状内皮系统的组织细胞内，以裂殖生殖法进行繁殖，经过若干世代的裂殖生殖后，形成有性型虫体（配子体），即侵入红细胞不再繁殖。

在硬蜱体内，梨形虫进行有性生殖（配子生殖）和无性生殖（孢子生殖）后，虫体聚集于其唾液腺内，吸血时即可传播本病。

硬蜱传播梨形虫的方式主要有两种。

（1）经卵传播（transovarian transmission）　梨形虫随雌蜱吸血进入蜱体内发育繁殖后，转入蜱的卵巢内经卵传给蜱的后代，之后由蜱的幼虫、若虫或成虫进行传播。梨形虫可随蜱的传代，长期在其体内生存，即使该种蜱已若干代并未在对该种梨形虫有易感性的哺乳动物身上吸过血。

（2）期间传播（stage to stage transmission）　幼蜱或若蜱吸食了含有梨形虫的血液，可传递给它的下一个发育阶段——若蜱或成蜱进行传播，即在蜱的同一世代内传播，泰勒科原虫是以这种方式进行传播的。此外，雄蜱在传播过程中也起重要作用。

梨形虫病的免疫　带虫免疫是常见的现象，家畜耐过梨形虫病后，体内虫体不完全消失，还残留一部分在体内，使家畜对再度感染有抵抗力。这是机体防御力和梨形虫间处于暂时的平衡状态，当病畜或带虫者由于营养不良、使役过度、环境突变等而致机体抵抗力下降时，即可破坏这种平衡，使病复发，同时还可遭受重复感染。因此，带虫免疫并非稳定的长久免疫。梨形虫的免疫具有种和株的差异，没有交叉免疫现象。

在我国的马、牛、羊、犬中，至今已发现10多种梨形虫病原体，见表13-1。

表13-1　我国已发现的主要梨形虫病原体

动物	巴贝斯科	泰勒科
牛	双芽巴贝斯虫 牛巴贝斯虫 卵形巴贝斯虫	环形泰勒虫 瑟氏泰勒虫
马	驽巴贝斯虫	马泰勒虫
羊	莫氏巴贝斯虫	山羊泰勒虫 绵羊泰勒虫
犬	吉氏巴贝斯虫	

一、巴贝斯虫病

1. 双芽巴贝斯虫病　牛双芽巴贝斯虫病是一种经蜱传播的急性发作的季节性血液原

虫病。临床上常出现血红蛋白尿，故又称为血尿热（redwater fever），又因最早出现于美国得克萨斯州，故又称为得克萨斯热（Texas fever）或称为蜱热（tick fever）。黄牛、水牛和瘤牛均易感，常造成死亡，是热带、亚热带地区牛的重要疾病之一，我国已有14个省（自治区、直辖市）报道有本病存在，主要流行于南方各省（自治区、直辖市）。

病原形态 双芽巴贝斯虫（*Babesia bigemina*）寄生于牛红细胞中，是一种大型的虫体，虫体长度大于红细胞半径；其形态有梨籽形、圆形、椭圆形及不规则形等。典型的形状是成双的梨籽形，尖端以锐角相连。每个虫体内有两团染色质块。虫体多位于红细胞的中央，每个红细胞内虫体数目为1~2个，很少有3个以上的（图13-9）。红细胞染虫率为2%~15%。虫体经吉姆萨染色后，胞质呈浅蓝色，染色质呈紫红色。虫体形态随病的发展而有变化，虫体开始出现时以单个虫体为主，随后双梨籽形虫体所占比例逐渐增多。

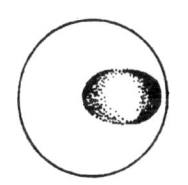

图13-9 红细胞内不同数量的双芽巴贝斯虫

生活史 Rick（1964）详细研究了双芽巴贝斯虫在微小牛蜱体内的发育、繁殖情况（图13-10），当含有虫体的红细胞被吸入蜱的肠管后，大部分虫体被破坏，仅一小部分可以继续发育，此时可见到的虫体有三种形态：第一种是直径为3~5μm含一大空泡的球形虫体，胞质在空泡周围，有一个核位于胞质边缘；第二种不常见，长4~7μm，宽1~2μm，有3~4个分散的染色质小点，Rick认为这一种可以分裂为长形（钉形）的虫体；第三种为双核的球形虫体，一个核为长形，围绕在空泡化的胞质周围，另一个核为圆形，位于相对的一侧。Rick认为第三种为前两种联合而成，是否代表部分的配子生殖有待进一步研究。虫体进入蜱体内24h后，可在肠管内见到长8~10μm，宽3.5~4.5μm的雪茄形虫体。24~48h后虫体进入肠上皮细胞中发育，形成不规则的、纺锤形的虫体，单个的核略位于中央，虫体进行迅速的复分裂，形成许多卵圆形或球形，直径为3.2~6.5μm的虫体。72h发育为成虫样体（vermicule），长9~13μm，宽2~3μm，由肠上皮细胞移入血淋巴内。96h后，虫体进入马氏管，经复分裂后移居蜱卵内。当幼蜱孵出发育时，则进入肠上皮细胞再进行

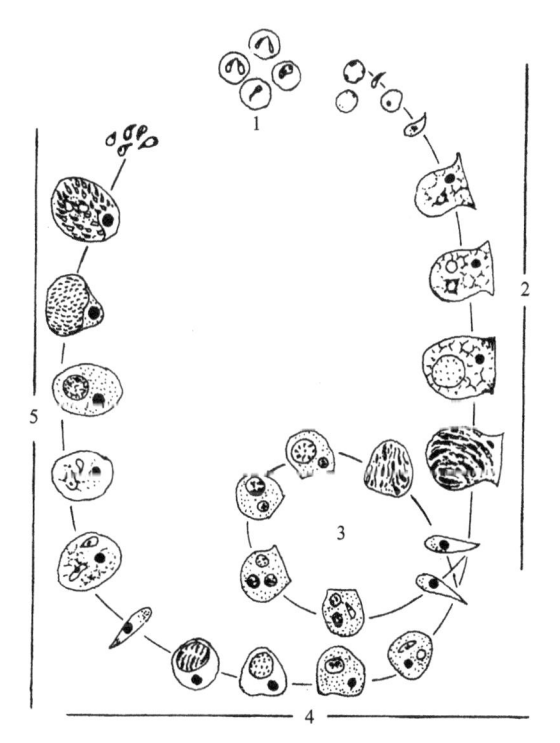

图13-10 双芽巴贝斯虫在微小牛蜱体内的发育
1. 牛红细胞内的虫体；2. 成蜱肠上皮细胞的发育；3. 马氏管和血淋巴内的发育；4. 卵和幼蜱肠上皮细胞内的发育；
5. 若蜱唾腺细胞内的发育

复分裂，形成许多虫样体。上皮细胞破裂后，虫样体进入肠管和血淋巴。当幼蜱蜕化为若蜱时，可在若蜱的唾液腺内见有（2~3）μm×（1~2）μm的梨籽形虫体（与牛红细胞中的虫体相似）。因此，可认为双芽巴贝斯虫在媒介体内发育到感染阶段系幼蜱蜕化为若蜱的时期。双芽巴贝斯虫在牛体内以"成对出芽"方式进行繁殖（图13-11）。

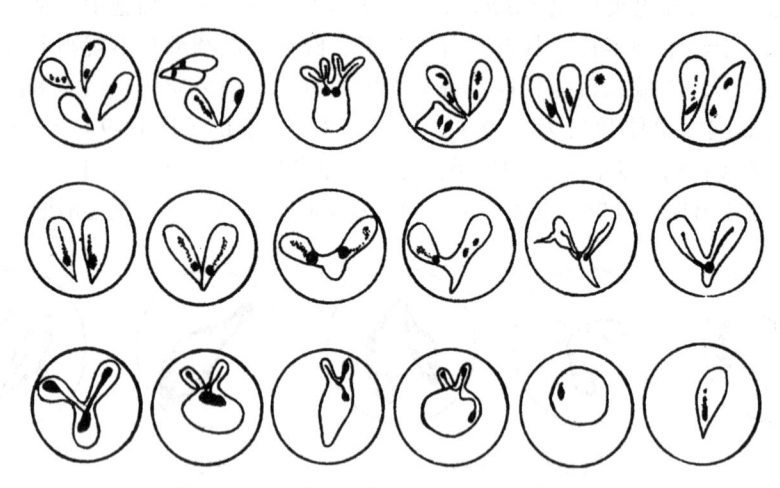

图13-11　双芽巴贝斯虫在牛红细胞内的发育

流行病学　　文献记载有5种牛蜱、3种扇头蜱、1种血蜱可以传播双芽巴贝斯虫。我国已查明微小牛蜱为双芽巴贝斯虫的传播者，以经卵传播方式，由次代若虫和成虫阶段传播，幼虫阶段无传播能力。已证实双芽巴贝斯虫在牛蜱体内可继代传递3个世代之久。双芽巴贝斯虫也可经胎盘垂直传播。微小牛蜱是一种一宿主蜱，主要寄生于牛，每年可繁殖2~3代。本病在一年之内可以暴发2~3次。从春季到秋季以散发的形式出现，在我国南方本病主要发生于6~9月。由于微小牛蜱在野外发育繁殖，因此本病多发生在放牧时期，舍饲牛发病较少。在一般情况下，两岁以内的犊牛发病率高，但症状轻微，死亡率低；成年牛发病率低，但症状较重，死亡率高，特别是老、弱及劳役过重的牛，病情更为严重。当地牛对本病有抵抗力，良种牛和由外地引入的牛易感性较高，症状严重，病死率高。

症状　　潜伏期12~15d。病牛首先表现为发热，体温升高到40~42℃，呈稽留热型。脉搏及呼吸加快，精神沉郁，喜卧地。食欲减退或消失。反刍迟缓或停止，便秘或腹泻，有的病牛还排出黑褐色、恶臭带有黏液的粪便。乳牛泌乳减少或停止，怀孕母牛常可发生流产。病牛迅速消瘦，贫血，黏膜苍白和黄染。最明显的病状是由于红细胞大量破坏，血红蛋白从肾排出而出现血红蛋白尿，尿的颜色由淡红变为棕红色乃至黑红色。血液稀薄，红细胞数降至100万~200万，血红蛋白量减少到25%左右，血沉加快10余倍。红细胞大小不均，着色淡，有时还可见到幼稚型红细胞。白细胞在病初正常或减少，以后增至正常的3~4倍；淋巴细胞增加15%~25%；中性粒细胞减少；嗜酸性粒细胞降至1%以下或消失。重症时如不治疗可在4~8d死亡，死亡率可达50%~80%。慢性病例，体温波动于40℃上下持续数周，减食及渐进性贫血和消瘦，需经数周或数月才能康复。幼年病牛，中度发热仅数日，心跳略快，食欲减退，略现虚弱，黏膜苍白或微黄，热退后迅速康复。

病理变化　　尸体消瘦，贫血，血液稀薄如水。皮下组织、肌间结缔组织和脂肪均呈黄色胶样水肿状。各内脏器官被膜均黄染。皱胃和肠黏膜潮红并有点状出血。脾肿大，脾髓软化呈暗红色，白髓肿大呈颗粒状突出于切面。肝肿大，黄褐色，切面呈豆蔻状花纹。胆囊扩张，充满浓稠胆汁。肾肿大，淡红黄色，有点状出血。膀胱膨大，存有多量红色尿液，黏膜有出血点。肺呈淤血、水肿。心肌柔软，黄红色；心内外膜有出血斑。

诊断 首先应了解疫情，当地是否发生过本病；有无能传播本病的蜱及病牛是否来自疫区。在发病季节，如牛呈现高热、贫血、黄疸和血红蛋白尿等症状时，应考虑是否为本病。血液涂片检出虫体是确诊本病的主要依据。体温升高后1~2d，耳尖采血涂片检查，可发现少量圆形和变形虫样虫体；在血红蛋白尿出现期检查，可在血涂片中发现较多的梨籽形虫体，如在病牛体上抓到蜱时，可对其进行鉴定，确认是否为微小牛蜱。

近年来陆续报道了许多种免疫学诊断方法用于诊断梨形虫病，如补体结合试验（CFT）、间接血凝试验（IHA）、胶乳凝集（CA）、间接免疫荧光抗体试验（IFAT）、酶联免疫吸附试验（ELISA）等，其中仅间接免疫荧光抗体试验和酶联免疫吸附试验可供常规使用，主要用于染虫率较低的带虫牛的检出和疫区的流行病学调查。

治疗 应尽量做到早确诊，早治疗。除应用特效药物杀灭虫体外，还应针对病情给予对症治疗，如健胃、强心、补液等。常用的特效药有咪唑苯脲（Imidocarb, Imizol）、三氮脒（Diminazene，贝尼尔Berenil）、锥黄素（吖啶黄，Acriflavine）和喹啉脲（Quinuronium，阿卡普林）等。

预防

1）预防的关键在于灭蜱，可根据流行地区蜱的活动规律，实施有计划、有组织的灭蜱措施；使用杀蜱药物消灭牛体上及牛舍内的蜱；牛群应避免到大量滋生蜱的牧场放牧，必要时可改为舍饲。

2）应选择无蜱活动季节进行牛只调动，在调入、调出前，应做药物灭蜱处理。

3）当牛群中已出现临床病例或由安全区向疫区输入牛只时，可应用咪唑苯脲进行药物预防，对双芽巴贝斯虫和牛巴贝斯虫分别产生60d和21d的保护作用。

目前国外一些地区已广泛应用抗巴贝斯虫弱毒寄生虫疫苗和分泌抗原寄生虫疫苗。

2. 牛巴贝斯虫病 牛巴贝斯虫（*B. bovis*）常和双芽巴贝斯虫一起广泛存在于有牛蜱的北纬32°至南纬30°的世界各地，两者常混合感染。牛巴贝斯虫各虫株之间致病性互有差异，澳大利亚株和墨西哥株致病性强，这两地牛巴贝斯虫的重要性超过双芽巴贝斯虫。我国本病的分布不如双芽巴贝斯虫病广，已发现于贵州、安徽、湖北、湖南、陕西及河南；水牛巴贝斯虫病发现于福建、江苏、江西、安徽、湖北和湖南。

牛巴贝斯虫寄生于牛红细胞内，是一种小型的虫体，长度小于红细胞半径；形态有梨形、圆形、椭圆形、不规则形和圆点形等。典型形状为成双的梨籽形，尖端以钝角相连，位于红细胞边缘或偏中央，每个虫体内含有一团染色质块。每个红细胞内有1~3个虫体。牛巴贝斯虫红细胞染虫率很低，一般不超过1%，有的学者认为这是由于寄生牛巴贝斯虫的红细胞黏性很大，使其易黏附于血管壁，致使外周血涂片中观察到的感染红细胞很少，而在脑外膜毛细血管中堆集有大量感染红细胞（图13-12）。

图13-12 红细胞内牛巴贝斯虫感染情况

牛巴贝斯虫生活史尚未完全清楚，与双芽巴贝斯虫基本相似。但有的学者认为，牛巴贝斯虫进入牛体后，在进入红细胞前，有一个红细胞外的裂体增殖阶段，即虫体随蜱的唾液进入牛体后，首先侵入血管内皮细胞发育为裂殖体，裂殖体崩解后，破内皮细胞而出，有的再度侵入血管内皮重复其分裂过程，有的被白细胞吞噬而消灭，有的则进入红细胞内，以"成对出芽"方式进行繁殖。

文献记载有2种硬蜱、2种牛蜱和一种扇头蜱可以传播牛巴贝斯虫。我国已证实微小牛蜱为牛巴贝斯虫的传播者，以经卵传播方式，由次代幼虫传播，次代若虫和成虫阶段无传播能力。本病多发生于1~7月龄的犊牛，8个月以上者较少发病，成年牛多系带虫者，带虫现象可持续2~3年。

引起我国水牛巴贝斯虫病的病原体形态与牛巴贝斯虫相似，但水牛巴贝斯虫病的传播媒介为镰形扇头蜱，以经卵传播方式由次代成虫传播。在水牛巴贝斯虫病流行区未见有黄牛发病，用感染水牛巴贝斯虫的镰形扇头蜱叮咬黄牛或用患病水牛染虫血液给黄牛皮下注射，均未出现任何临床症状，仅在感染后10~12d外周血液中出现少量不典型的虫体，持续3~5d后消失。

本病潜伏期为4~10d，症状与双芽巴贝斯虫病相似，主要为高热稽留、沉郁、厌食、消瘦、贫血、黄疸、呼吸粗粝、心律不齐、便秘、腹泻及血红蛋白尿等。

诊断、治疗和预防可参阅双芽巴贝斯虫病。

3. 卵形巴贝斯虫病　据报道寄生于牛的巴贝斯虫有7种，我国除双芽巴贝斯虫、牛巴贝斯虫外，还有一种大型的巴贝斯虫（白启，1987）。依据虫体形态特征、媒介蜱种类、临床症状及间接免疫荧光抗体试验结果，认为本虫与发现于日本、朝鲜的卵形巴贝斯虫（*B. ovata*）为同一种。

本虫寄生于牛红细胞中，是一种大型的虫体，虫体长度大于红细胞的半径，呈梨籽形、卵形、卵圆形、出芽形等。形态特征为虫体中央往往不着色，形成空泡，双梨籽形虫体较宽大，位于红细胞中央，两尖端成锐角相连或不相连（图13-13）。

图13-13　红细胞内卵形巴贝斯虫的发育过程

卵形巴贝斯虫的传播媒介为长角血蜱。以经卵传播方式，由次代幼虫、若虫和成虫传播。雄虫也可传播病原。长角血蜱也是牛瑟氏泰勒虫的传播媒介，因此两者常混合感染。

卵形巴贝斯虫具有一定的致病性，可引起试验牛食欲减退、体温升高、贫血、黄疸、血红蛋白尿、腹泻、呼吸粗粝和心跳加快等严重症状。未摘脾试验牛，临床症状较轻。

诊断、治疗和预防可参阅双芽巴贝斯虫病。

4. 驽巴贝斯虫病　驽巴贝斯虫（旧名马焦虫）寄生于马的红细胞，引起以高热、贫血、黄疸、出血和呼吸困难等急性症状为特征的血液原虫病。必须通过硬蜱传播，因此本病的流行具有一定的地区性和季节性。在我国，本病主要流行于东北、内蒙古东部及青海等地。

病原形态 驽巴贝斯虫（*Babesia caballi*）为大型虫体，虫体长度大于红细胞半径。其形状为梨籽形（单个或成双）、椭圆形、环形等，偶尔也可见到变形虫样。典型的形状为成对的梨籽形虫体以尖端连成锐角，每个虫体内有两团染色质块。在一个红细胞内通常只有1~2个虫体。偶见3或4个，红细胞的感染率为0.5%~10%（图13-14）。

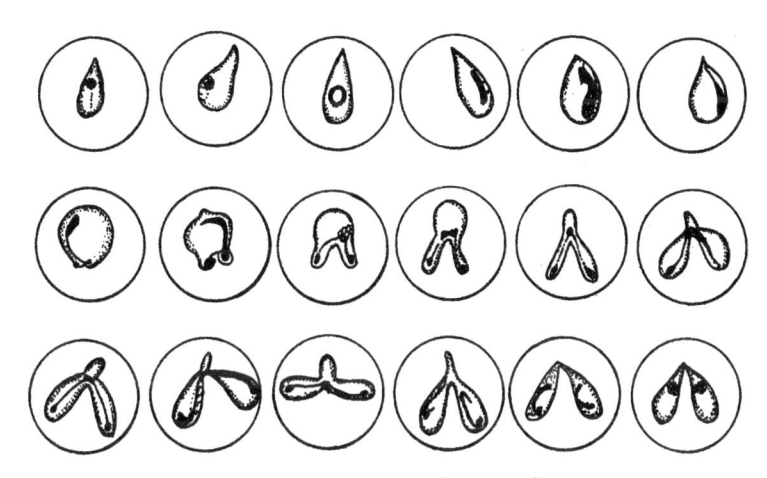

图13-14　红细胞内驽巴贝斯虫的发育过程

生活史　与双芽巴贝斯虫相似。Holbrook（1968）描述了驽巴贝斯虫在闪光革蜱体内的发育情况。成蜱吸血时，把含有驽巴贝斯虫的红细胞吸入肠内，大部分虫体被破坏，一部分在肠内容物中释出，为直径4~6μm的微小球体，后变为(10~14)μm×(4~6)μm的棍棒形虫体，它们发育长大为直径12~16μm的球形虫体，随后分裂为长8~12μm，宽2~4μm的蠕虫样虫体（vermicule）。它们钻入肠壁和蜱的其他细胞。在马氏管、血淋巴和卵巢中，经过复分裂形成新一代蠕虫样虫体。侵入蜱卵的蠕虫样虫体在幼蜱体内也经历类似的复分裂过程。形成的蠕虫样虫体侵入唾液腺，继续复分裂产生大量长为2.5~3μm的卵圆形或梨籽形的虫体。当若蜱或蜱吸血时，虫体随着唾液接种入马体，侵入马红细胞的驽巴贝斯虫，以二分裂或成对出芽方式进行繁殖。

流行病学　文献记载驽巴贝斯虫的媒介蜱有3属14种。我国已查明草原革蜱、森林革蜱、银盾革蜱、中华革蜱是驽巴贝斯虫的传播者。草原革蜱是蒙古草原的代表种；森林革蜱是森林型的种类，但也适于生活在次生灌木林和草原地带，因此，它们是东北及内蒙古驽巴贝斯虫的主要媒介。银盾革蜱仅见于新疆，是新疆数量较多、分布较广的蜱类之一，因此是新疆驽巴贝斯虫的主要传播者。我国已发现的血红扇头蜱、囊形扇头蜱、图兰扇头蜱，虽文献记载是驽巴贝斯虫的传播者，但在我国尚未证实它们的传播作用。

革蜱以经卵方式传播驽巴贝斯虫。实验证明次代革蜱的幼虫、若虫和成虫阶段都具有传播驽巴贝斯虫的能力。但由于革蜱为三宿主蜱，仅成虫阶段寄生于马匹等大型哺乳动物，因此，在自然条件下，次代成虫起传播作用。除经卵传播外，还有经蜱期间传播和经胎盘垂直传播的报道。

革蜱一年发生一代，以饥饿成虫越冬。成蜱出现于春季草刚冒尖出芽时。驽巴贝斯虫病一般从2月下旬开始出现，3、4月达到高潮，5月下旬逐渐停止流行。

马匹耐过驽巴贝斯虫病后，带虫免疫可持续达4年。疫区的马匹由于经常遭受蜱的叮咬，反复感染驽巴贝斯虫，因此一般不发病或只表现轻微的临床症状而耐过。由外地进入疫区的新马及新生的幼驹由于没有这种免疫性，容易发病。驽巴贝斯虫与马巴贝斯虫之间无交叉免疫反应。

驽巴贝斯虫可在革蜱体内通过经卵传递，经若干世代而不失去感染能力。因此，在发病牧场，即使把全部马匹转移到其他地区，这种牧场在短期内也不能转变为安全场，因为带虫的蜱能依靠吸食其他家畜及野生动物的血液而生存；而且蜱类还有很强的耐饿力，短时间内不采食也不至于死亡。

致病作用 虫体代谢产物是一种剧烈的毒性物质，它使调节内脏及整个机体活动的中枢神经系统和植物性神经系统紊乱。首先表现为体温升高，抑郁和昏迷。驽巴贝斯虫病发生的贫血主要为溶血性贫血；骨髓造血机能受害不大，能在一定程度上补充血液质量的缺损，使红细胞减少不超过25%（患马巴贝斯虫病时骨髓造血机能受到一定损害，因而可使细胞数减少50%，同时恢复也较缓慢）；因红细胞破坏游离出来的血红蛋白，一部分被健康红细胞利用（变成色素过多红细胞，色指数超过1以上），大部分血红蛋白蓄积于内脏，主要是在肝内转化成胆汁色素。大量胆汁色素（胆红素）进入血流，最后引起黏膜、腱膜及皮下蜂窝组织的黄染。在患驽巴贝斯虫病时黄疸比贫血明显。黄疸着染的程度取决于溶血程度，也取决于肝和肾的健康状况。红细胞的减少引起机体所有组织供氧不足，造成正常的氧化还原过程破坏，因而病马表现代偿性的呼吸和脉搏增数。心肌营养障碍和血液内钙量降低，引起严重的心脏衰弱。稀血症、组织缺氧及血液中特异性和非特异性毒素的作用使毛细血管壁通透性增加，呈现溢血现象。心脏衰弱、血管系统紧张度降低及稀血症，所有这些与全身代谢和酸碱平衡的障碍（酸中毒）导致机体内淤血现象和水肿的发生。小循环内的淤血现象通常导致发绀和呼吸困难（肺水肿）。大循环的淤血首先影响肝的活动，肝机能障碍促进胃肠道病理过程发生（胃肠卡他、臌气、便秘和腹泻）。肝的解毒机能破坏促进了毒素的形成和蓄积，加剧了对大脑皮层功能的损害（抑郁、昏迷）；肝糖代谢功能障碍，表现为病势剧烈时，血糖量显著下降。肾由于血液循环障碍、缺氧和中毒引起肾小管上皮的原发性退行性变化，表现为少尿及蛋白尿。

据报道，驽巴贝斯虫病发病时，病马凝血系统参数的变化证明虫体可激活激肽原酶［血管增渗酶（kallikrein）］。激肽原酶产物可使血管通透性增高和血管舒张，从而导致微循环障碍和休克。

症状 病初体温稍升高，精神不振，食欲减退，结膜充血或稍黄染。随后体温逐渐升高（39.5~41.5℃）呈稽留热型，呼吸、心跳加快，精神沉郁，低头耷耳，恶寒战栗，皮温不整，躯体末梢发凉，食欲大减，饮水量少，口腔干燥发臭，病情发展很快，各种症状迅速加重。最令人注目的症状是黄疸现象，结膜初潮红黄染，以后呈明显的黄疸。其他可视黏膜，尤其是唇、舌、直肠、阴道黏膜黄染更为明显。有时黏膜上出现大小不等的出血点。食欲逐渐减退甚至废绝，舌面布满很厚的黄色苔。常因多日不食不饮而陷入脱水状态，肠音微弱，排粪迟滞，粪球小而干硬，表面附有多量黄色黏液。排尿淋漓，尿黄褐色、黏稠。心跳节律不齐，甚至出现杂音，脉搏细速。肺泡音粗糙，呼吸促迫，常流出黄色、浆液性鼻汁。妊马发生流产或早产；有些妊马伴发子宫大出血而死亡。后期病马显著消瘦，黏膜苍白黄染；步样不稳，躯体摇晃，最后昏迷卧地；呼吸极度困难，潮式呼吸，由鼻孔流出多量黄色带泡沫的液体。病程为8~12d，不经治疗而自愈的病例很少。血液变化为红细胞急剧减少（常降到200万左右），血红蛋白量相应减少，血沉快（初速达70度以上）；

白细胞数变化不大,往往见到单核细胞增多。幼驹症状比成年马重剧,红细胞染虫率高,常躺卧地面,反应迟钝,黄疸明显。

诊断 对于马梨形虫病的诊断,首先应详细了解当地疫情,确定驻地是否发生过本病,有无能传播本病的蜱等,掌握了这些情况以后,才能做到胸中有数,如疫区或来自疫区的马匹,在本病的发病季节,突然出现高热、黄疸等症状时,就应该考虑是否为梨形虫病。再进行血液检查以发现虫体,根据虫体的典型形态确诊为驽巴贝斯虫病还是马巴贝斯虫病。

虫体检查一般在病马发热时进行,但有时体温不高也可检出虫体。一次血液检查未发现虫体,不能立即肯定不是梨形虫病,应反复检查或改用集虫法检查。在没有条件进行血液检查时,可按梨形虫病进行诊断性治疗,如注射台盼蓝后,体温下降,病情好转,可认为是驽巴贝斯虫病;治疗无效时则改用锥黄素试治,如疗效明显,可认为是马巴贝斯虫病。

若病马血液中确实发现了虫体,而应用特效药物治疗两次,效果也不明显的,就应考虑是否为马梨形虫病与传染性贫血或其他疾病混合感染。对这种病马应继续隔离进行传贫检疫或采取其他方法进行全面诊断。

国内外文献陆续报道了许多种血清学诊断马梨形虫病的方法如补体结合试验、荧光抗体法、琼脂扩散反应、间接血凝试验、乳胶凝集反应、毛细管凝集试验及酶联免疫吸附试验等。但这些方法没有一种能胜过直接检出虫体的方法。

治疗 可用如下药物:咪唑苯脲和三氮脒等。

预防 参阅双芽巴贝斯虫病。

5. 吉氏巴贝斯虫病 引起犬的巴贝斯虫病的病原共有3种,我国已见报道的为吉氏巴贝斯虫。本病在我国江苏和河南的部分地区呈地方性流行,对良种犬,尤其是军、警犬和猎犬危害严重。

吉氏巴贝斯虫（*B. gibsoni*）虫体很小,多位于红细胞边缘或偏中央,呈环形、椭圆形、圆点形、小杆形,偶尔可见十字形的四分裂虫体和成对的小梨籽形虫体,以圆点形、环形及小杆形最多见。圆点形虫体为一团染色质,吉姆萨染色呈深紫色,多见于感染的初期。环形虫体为浅蓝色的细胞质包围一个空泡,带有1或2团染色质,位于细胞质的一端,虫体小于红细胞直径的1/8。偶尔可见大于红细胞半径的椭圆形虫体。小杆形虫体的染色质位于两端,染色较深,中间细胞质着色较浅,呈巴氏杆菌样。在一个红细胞内可寄生有1~13个虫体,以寄生1~2个虫体者较多见(图13-15)。

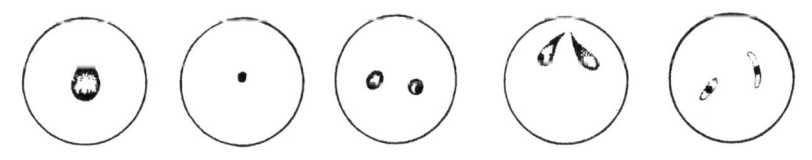

图13-15 红细胞内的吉氏巴贝斯虫

吉氏巴贝斯虫的传播媒介为长角血蜱、镰形扇头蜱和血红扇头蜱,以经卵传播或期间传播方式进行传播。

吉氏巴贝斯虫病常呈慢性经过。病初精神沉郁,喜卧厌动,活动时四肢无力,身躯摇晃。发热(40~41℃),持续3~5d后,有5~10d体温正常期,呈不规则间歇热型。渐进性贫血,结膜、黏膜苍白,食欲减少或废绝,营养不良,明显消瘦。触诊脾肿大,肾(双侧或单侧)肿大且疼痛,尿呈黄色至暗褐色,少数病犬有血尿。轻度黄疸。部分病犬呈现呕吐、鼻漏清液、眼有分泌物等症状。

可应用下述特效药治疗吉氏巴贝斯虫病：硫酸喹啉脲、三氮脒、咪唑苯脲和氧二苯脒（Phenamidine，Ganaseg）等。

同时应对症治疗：大量输血以抗贫血；应用广谱抗菌药以防继发或并发感染；补充大量体液、糖类及维生素，预防严重脱水及衰竭。

诊断、预防参阅双芽巴贝斯虫病。

6. 莫氏巴贝斯虫病 国内仅四川甘孜州有本病报道。文献记载寄生于羊的巴贝斯虫共有4种。其中3种为小型虫体，一种为大型的称莫氏巴贝斯虫（*B. motasi*）。

甘孜病羊红细胞中所见到的虫体有双梨籽形、单梨籽形、椭圆形和眼镜框形等各种形状，其中双梨籽形占60%以上，椭圆形和眼镜框形较少（图13-16）。根据梨籽形虫体大于红细胞半径（2.5~3.5μm），虫体有两块染色质，双梨籽虫体以锐角相连和位于红细胞中央等特点，可确认为莫氏巴贝斯虫。

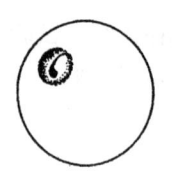

图13-16 红细胞内的莫氏巴贝斯虫

在甘孜，本病每年发生于4~6月和9~10月。文献记载囊形扇头蜱、刻点血蜱、耳部血蜱和森林革蜱为莫氏巴贝斯虫的传播者。但甘孜一带无上述各种蜱，仅发现青海血蜱、微小牛蜱和阿坝革蜱，其中以青海血蜱在羊体上数量最多。当地的这三种蜱在羊体上的出没规律和本病的发生是一致的，但是何种蜱起传播作用，有待试验证明。

本病的临床特点为：体温升高至41~42℃，呈稽留热，可视黏膜贫血，黄疸，血液稀薄，红细胞减少到400个/mm³以下，红细胞大小不均，血红蛋白尿，有的病例出现兴奋，无目的地狂跑，突然倒地死亡。

剖检的主要变化为可视黏膜及皮下组织贫血、黄疸，心内外膜有出血点，肝、脾肿大，表面也有出血点，胆囊肿大2~4倍，充满胆汁，第二胃塞满干硬的食物。

黄色素、贝尼尔对本病均有治疗效果。

二、泰勒虫病

泰勒虫病是指由泰勒科泰勒属（*Theileria*）的各种原虫寄生于牛、羊、马和其他野生动物巨噬细胞、淋巴细胞和红细胞内所引起的疾病的总称。其中，文献记载寄生于牛的泰勒虫共有5种，我国共发现2种：环形泰勒虫和瑟氏泰勒虫。

1. 环形泰勒虫病 环形泰勒虫病是一种季节性很强的地方性流行病，流行于我国西北、华北和东北的一些省（自治区、直辖市）。多呈急性经过，以高热、贫血、出血、消瘦和体表淋巴结肿胀为特征，发病率高，病死率大，使养牛业遭受严重的损失。

病原形态 环形泰勒虫（*Theileria annulata*）寄生于红细胞内的虫体称为血液型虫体（配子体），虫体很小，形态多样。有圆环形、杆形、卵圆形、梨籽形、逗点形、圆点形、十字形、三叶形等各种形状。其中以圆环形和卵圆形为主，占总数的70%~80%，染虫率达高峰时，所占比例最高，上升期和带虫期所占比例较低。杆形的比例为1%～9%；梨籽形的为4%～21%；其他形态所占比例很小，最高不超过10%，一般维持在5%左右，甚至更小（图13-17）。

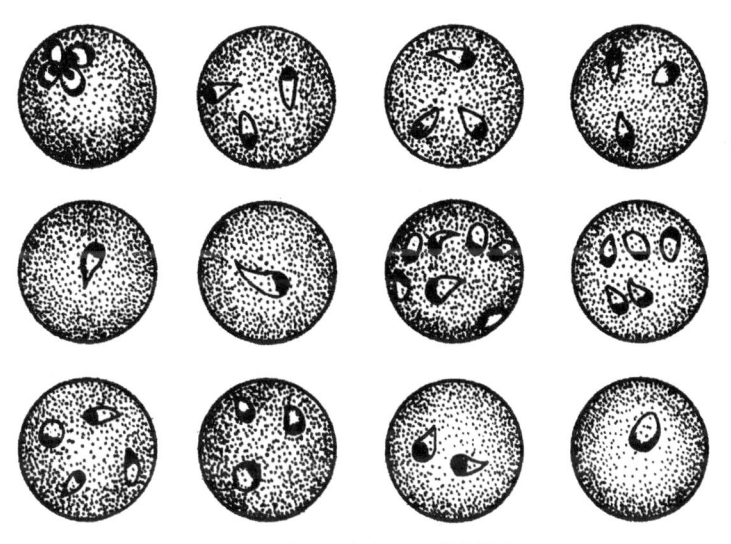

图13-17 红细胞内的环形泰勒虫

寄生于巨噬细胞和淋巴细胞内进行裂体增殖所形成的多核虫体为裂殖体[或称石榴体，或柯赫蓝体（Koch's blue body）]。裂殖体呈圆形、椭圆形或肾形，位于淋巴细胞或巨噬细胞胞浆内或散在于细胞外。用吉姆萨染色，虫体胞质呈淡蓝色，其中包含许多红紫色颗粒状的核。裂殖体有两种类型，一种为大裂殖体（无性生殖体），体内含有直径为0.4～1.9μm的染色质颗粒，并产生直径为2～2.5μm的大裂殖子；另一种为小裂殖体（有性生殖体），含有直径为0.3～0.8μm的染色质颗粒，并产生直径为0.7～1.0μm的小裂殖子（图13-18）。

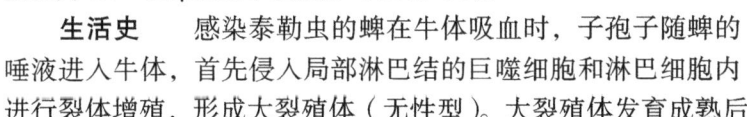

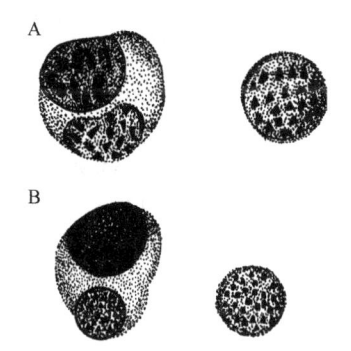

图13-18 环形泰勒虫裂殖体
A. 大裂殖体；B. 小裂殖体

生活史 感染泰勒虫的蜱在牛体吸血时，子孢子随蜱的唾液进入牛体，首先侵入局部淋巴结的巨噬细胞和淋巴细胞内进行裂体增殖，形成大裂殖体（无性型）。大裂殖体发育成熟后，破裂为许多大裂殖子，又侵入其他巨噬细胞和淋巴细胞内，重复上述的裂体增殖过程。伴随虫体在局部淋巴结反复进行裂体增殖的同时，部分大裂殖子可循淋巴和血液向全身播散，侵袭脾、肝、肾、淋巴结、皱胃等各器官的巨噬细胞和淋巴细胞进行裂体增殖。裂体增殖反复进行到一定时期后，有的可形成小裂殖体（有性型）。小裂殖体发育成熟后破裂，里面的许多小裂殖子进入红细胞内变为配子体（血液型虫体）。Schein等（1977）通过超微结构的研究认为环形泰勒虫的血液型虫体有两型：逗点型可能为小配子体，卵圆形可能为大配子体。

幼蜱或若蜱在病牛身上吸血时，把带有配子体的红细胞吸入胃内，配子体由红细胞逸出并变为大小配子，二者结合形成合子，进而发育成为棍棒形的能动的动合子。动合子穿入蜱的肠管及体腔等各处。当蜱完成其蜕化时，动合子进入蜱唾腺的腺泡细胞内变圆为合孢体[母孢子（sporont）]，开始孢子增殖，分裂产生许多子孢子。在蜱吸血时，子孢子被接种到牛体内，重新开始其在牛体内的发育和繁殖（图13-19）。

流行病学 环形泰勒虫病的传播者是璃眼蜱属的蜱，我国主要为残缘璃眼蜱，它是一种二宿主蜱，主要寄生在牛。璃眼蜱以期间传播方式传播泰勒虫，即幼虫或若虫吸食了带虫的血液后，泰勒虫在蜱体内发育繁殖，当蜱的下一个发育阶段（成虫）吸血时即可传播本病。泰勒虫不能经卵传播。这种蜱主要在牛圈内生活，因此本病主要在舍饲条件下发生。在内蒙古及西北地区，本病于6月开始发生，7月达最高潮，8月逐渐平息。病死率为16%～60%。在流行地区，1～3岁牛发病者多，患过本病的牛成为带虫者，不再发病，带虫免疫可达2.5～6年。但在饲养环境恶劣、使役过度，或其他疾病并发时，可导致复发，且病程比初发为重。由外地调运到流行地区的牛，其发病不因年龄、体质而有显著差别。当地牛一般发病较轻，有时红细胞染虫率虽达7%～15%，也无明显症状，且可耐过自愈。外地牛、纯种牛和改良杂种牛则反应敏感，即使红细胞染虫率很低（2%～3%），也出现明显的临床症状。

发病机理 环形泰勒虫子孢子进入牛体后，侵入局部淋巴结的巨噬细胞和淋巴细胞内反复进行裂体增殖，形成大量的裂殖子，在虫体对细胞的直接破坏和虫体

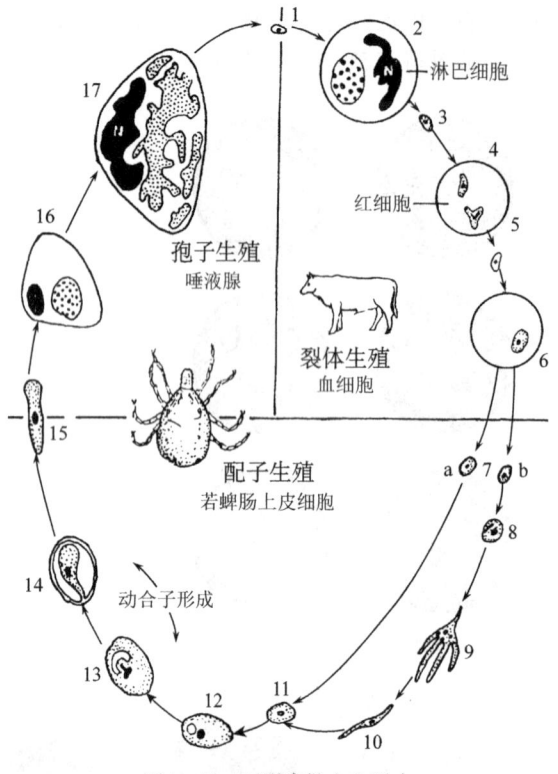

图13-19 环形泰勒虫生活史
1. 子孢子；2. 在淋巴细胞内裂体生殖；3. 裂殖子；4，5. 红细胞内裂殖子的双芽增殖分裂；6. 红细胞内裂殖子变成球形的配子体；7. 在蜱肠内的大配子（a）和早期小配子（b）；8. 发育着的小配子；9. 成熟的小配子体；10. 小配子；11. 受精；12. 合子；13. 动合子形成开始；14. 动合子形成接近完成；15. 动合子；16，17. 在蜱唾腺细胞内形成的大的母孢子，内含无数子孢子

毒素的刺激下，使局部淋巴结巨噬细胞增生与坏死崩解，引起充血、渗出等病理过程。临床上局部淋巴结呈现肿胀、疼痛等急性炎性症状。

泰勒虫在局部淋巴结大量繁殖时，部分虫体随淋巴和血液散播至全身各器官的巨噬细胞和淋巴细胞中进行同样的裂体增殖，并引起与前述相同的病理过程，在淋巴结、脾、肝、肾、皱胃等一些器官出现相应的病变，临床上呈现体温升高、精神不振、食欲减退等前驱期症状。

病牛由于大量细胞坏死和出血所产生的组织崩解产物及虫体代谢产物进入血液，导致严重的毒血症，临床上呈现高热稽留、精神高度沉郁、贫血、出血等症状。重症病例通常在这些症状出现5～7d，由于重要器官机能进一步紊乱和全身物质代谢严重障碍而死亡。

牛患环形泰勒虫病时，病牛发生严重的贫血，关于其发病机制，Rad（1976）认为裂殖体和红细胞型虫体二者都可促使贫血的发生，但裂殖体的作用更大些。贫血主要是由于自身免疫机制，自身血凝素抗体是由裂殖体触发产生的。Dhar等（1979）通过对实验感染环形泰勒虫犊牛的研究后，也认为贫血是自身免疫机制促使循环血液中红细胞被大量吞噬的结果，并指出贫血是大细胞低色素性的。

症状 潜伏期为14～20d，常取急性经过，大部分病牛经3～20d趋于死亡。病初体温升高到40～42℃，为稽留热，4～10d维持在41℃上下。少数病牛呈弛张热或间歇热。病牛随体温升高而表现沉郁，行走无力，离群落后，多卧少立。脉弱而快，心音亢进有杂音。呼吸增数，肺泡音粗粝，咳嗽，流鼻漏。眼结膜初充血肿胀，流出多量浆液性眼泪，以后贫血黄染，布满绿豆大溢血斑。可视黏膜及尾根、肛门周围、阴囊等薄的皮肤上出现粟粒乃至扁豆大的、深红色、结节状（略高出皮肤）的溢血斑点。有的在颌下、胸前、腹下、四肢发生水肿。病初食欲减退，中后期病牛喜啃土或其他异物，反刍次数减少甚至停止，常磨牙，流涎，排少量干而黑的粪便，常带有黏液或血丝；病牛往往出现前胃弛缓。病初和重病牛有时可见肩肌或肘肌震颤。体表淋巴结肿胀为本病特征。大多数病牛一侧肩前或腹股沟浅淋巴结肿大，初为硬肿，有痛感，后渐变软，常不易推动（个别牛不见肿胀）。病牛迅速消瘦，血液稀薄，红细胞减少至300万～200万/mm³，血红蛋白降至30%～20%，血沉加快，红细胞大小不均，出现异形红细胞。后期食欲、反刍完全停止，溢血点增大、增多，濒死前体温降至常温以下，卧地不起，衰弱而死。耐过的病牛成为带虫动物。

病理变化 全身皮下、肌间、黏膜和浆膜上均可见大量的出血点和出血斑。全身淋巴结肿胀，切面多汁，有暗红色和灰白色大小不一的结节。皱胃病变明显，具有诊断意义。皱胃黏膜肿胀、充血，有针头至黄豆大、暗红色或黄白色的结节。结节部上皮细胞坏死后形成糜烂或溃疡。溃疡有针头大、粟粒大乃至高粱米大，其中央凹下呈暗红色或褐红色；疡缘不整稍隆起，周围黏膜充血、出血，构成细窄的暗红色带。小肠和膀胱黏膜有时也可见到结节和溃疡。脾肿大，被膜有出血点，脾髓质软呈紫黑色泥糊状。肾肿大、质软，有圆形或类圆形粟粒大暗红色病灶。肝肿大、质软，呈棕黄或棕红色，有灰白和暗红色病灶。胆囊扩张，充满黏稠胆汁。

诊断 本病的诊断与诊断其他梨形虫病相同，包括分析流行病学资料、观察临床症状和镜检血片中有无虫体；此外，还可做淋巴结穿刺检查石榴体。

治疗 至今对环形泰勒虫尚无特效药物，但如能早期应用比较有效的杀虫药，再配合对症治疗，特别是输血疗法及加强饲养管理可以大大降低病死率。可试用磷酸伯氨喹啉（Primaquine）（PMQ）、三氮脒等。

为了促使临床症状缓解，还应根据症状配合给予强心、补液、止血、健胃、缓泻、疏肝利胆等中西药物及抗生素类药物。

对红细胞数、血红蛋白量显著下降的牛可进行输血。每天输血量，犊牛不少于2000ml，成年牛不少于1500ml，每天或隔2日输血一次，连输3～5次，直至血红蛋白稳定在25%左右不再下降为止。

预防 预防关键是消灭牛舍内和牛体上的璃眼蜱。在本病流行区可应用牛泰勒虫病裂殖体胶冻细胞苗对牛进行预防接种。接种后20d即产生免疫力，免疫持续期为一年以上。此种寄生虫疫苗对瑟氏泰勒虫病无交叉免疫保护作用。

2. 瑟氏泰勒虫 瑟氏泰勒虫（*T. sergenti*）寄生于红细胞内的虫体，除有特别长的杆状形外，其他的形态和大小与环形泰勒虫相似，也具有多型性，有杆形、梨籽形、圆环形、卵圆形、逗点形、圆点形、十字形和三叶形等各种形状（图13-20）。它与环形泰勒虫的主要区别点为各种形态中以杆形和梨籽形为主，占67%～90%；但随着病程不同这两种形态的虫体比例有变化。在上升期杆形为60%～70%，梨籽形为15%～20%；高峰期，杆形和梨籽形均为35%～45%；下降期和带虫期，杆形为35%～45%，梨籽形为25%～40%。圆环形和卵

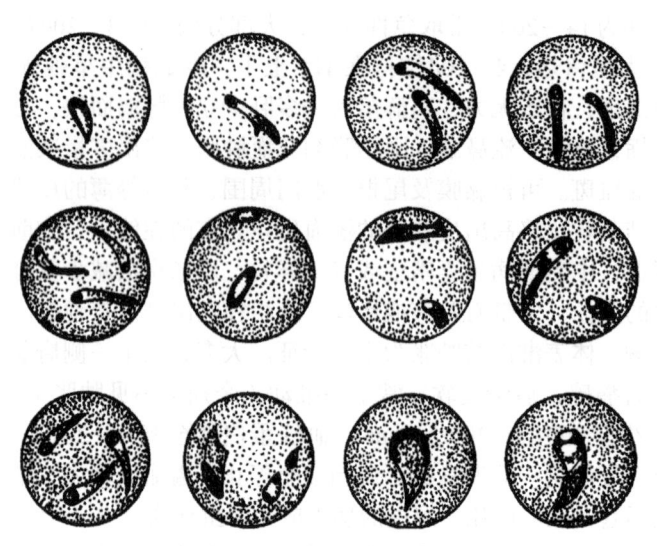

图13-20 红细胞内的瑟氏泰勒虫

圆形虫体在染虫率高峰期略高，但最高均不超过15%。其余形态的虫体在下降期和带虫期稍有增加，但所占比例较小。

瑟氏泰勒虫病的传播者是血蜱属的蜱，我国已发现的传播者为长角血蜱；青海牦牛瑟氏泰勒虫病的传播者为青海血蜱。长角血蜱为三宿主蜱，幼蜱或若蜱吸食带虫的血液后，瑟氏泰勒虫在蜱体内发育繁殖，当蜱的下一个发育阶段（若蜱或成蜱）吸血时即可传播本病。瑟氏泰勒虫不能经卵传播。长角血蜱生活于山野或农区，因此本病主要在放牧条件下发生。据河南报道，本病始发于5月，终止于10月，6～7月为发病高峰。吉林省本病流行情况基本与此相似。

瑟氏泰勒虫病的症状基本与环形泰勒虫病相似。特点是病程较长（一般10d以上，个别可长达数10d），症状缓和，死亡率较低，仅在过度使役、饲养管理不当和长途运输等不良条件下促使病情迅速恶化。

瑟氏泰勒虫病时，虽然体表淋巴结也肿胀，但淋巴结穿刺检查时较难查到石榴体，而且在淋巴细胞内的石榴体更少，所见到的往往为游离于胞外的石榴体。治疗和预防参阅环形泰勒虫病。预防重点要消灭血蜱。

3. 羊泰勒虫病 文献记载寄生于羊的泰勒虫有两种：山羊泰勒虫（*T. hirci*）和绵羊泰勒虫（*T. ovis*），两者血液型虫体的形态相似，并均能感染山羊和绵羊。两者的区别点为山羊泰勒虫致病性强，所引起的疾病称为羊恶性泰勒虫病，病死率高。山羊泰勒虫红细胞染虫率高；绵羊泰勒虫红细胞染虫率低，一般都低于2%。山羊泰勒虫在脾、淋巴结涂片的淋巴细胞内常可见到石榴体，其直径为8～20μm，内含1～80个直径为1～2μm的紫红色染色质颗粒，绵羊泰勒虫的石榴体形态与山羊泰勒虫相似，但只见于淋巴结中，而且要多次检查才能发现。

羊泰勒虫病在我国四川、甘肃和青海省陆续发现，呈地方性流行，可引起羊只大批死亡。有的地区发病率高达36%～100%，病死率高达13.3%～92.3%。

我国羊泰勒虫病的病原为山羊泰勒虫。形态与牛环形泰勒虫相似，有环形、椭圆形、短杆形、逗点形、钉子形、圆点形等各种形态，以圆形最多见。圆形虫体直径为0.6～1.6μm。

一个红细胞内一般只有一个虫体，有时可见到2~3个。红细胞染虫率0.5%~30%，最高达90%以上。裂殖体的形态与牛环形泰勒虫相似，可在淋巴结、脾、肝等的涂片中查到。

我国羊泰勒虫病的传播者为青海血蜱。幼蜱或若蜱吸食了含有羊泰勒虫的血液，在成蜱阶段传播本病。已证实本病不能经卵传播。

本病发生于4~6月，5月为高峰。1~6月龄羔羊发病率高，病死率也高，1~2岁羊次之，3~4岁羊很少发病。

潜伏期为4~12d。病羊精神沉郁，食欲减退，体温升高到40~42℃，稽留4~7d，呼吸促迫，反刍及胃肠蠕动减弱或停止。有的病羊排恶臭稀粥样粪，混有黏液或血液。个别羊尿液混浊或有血尿。结膜初充血，继而出现贫血和轻度黄疸。体表淋巴结肿大，有痛感。肢体僵硬，以羔羊最明显，有的羊行走时一前肢提举困难或后肢僵硬，举步十分艰难；有的羔羊四肢发软，卧地不起。病程6~12d。

病理剖检特点为尸体消瘦、血液稀薄、皮下脂肪胶胨样、有点状出血。全身淋巴结呈不同程度肿胀，以肩前、肠系膜、肝、肺等处较显著；切面多汁、充血，有一些淋巴结呈灰白色，有时表面可见颗粒状突起。肝、脾肿大。肾呈黄褐色，表面有结节和小点出血。皱胃黏膜上有溃疡斑，肠黏膜上有少量出血点。

根据临床症状、流行病学资料和尸体剖检可做出初步诊断，在血片和淋巴结或脾脏涂片上发现虫体即可确诊。

治疗可用三氮脒、咪唑苯脲或硫酸喹啉脲。

预防首先要做好灭蜱工作。在发病季节对羔羊可应用三氮脒、咪唑苯脲进行药物预防。

4. 马泰勒虫病 马泰勒虫病病原为马泰勒虫（*Theileia equi*），旧名马巴贝斯虫（*B. equi*）。主要流行于新疆、内蒙古西部地区及南方各省（自治区、直辖市）。

马泰勒虫为小型虫体，虫体长度不超过红细胞半径。呈圆形、椭圆形、单梨籽形、纺锤形、钉子形、逗点形、短杆形、边虫形及降落伞形等多种形态（图13-21）。典型的形状为4个梨籽形虫体以尖端相连构成十字形，每个虫体内只有一团染色质块。梨籽形较少见，偶尔可见一个红细胞内存有两个梨籽形虫体，但不构成角度而是以相反或相同的方向，互相平行排列。根据发病过程不同，虫体大小可分为三种类型：大型（大小等于红细胞半径），多出

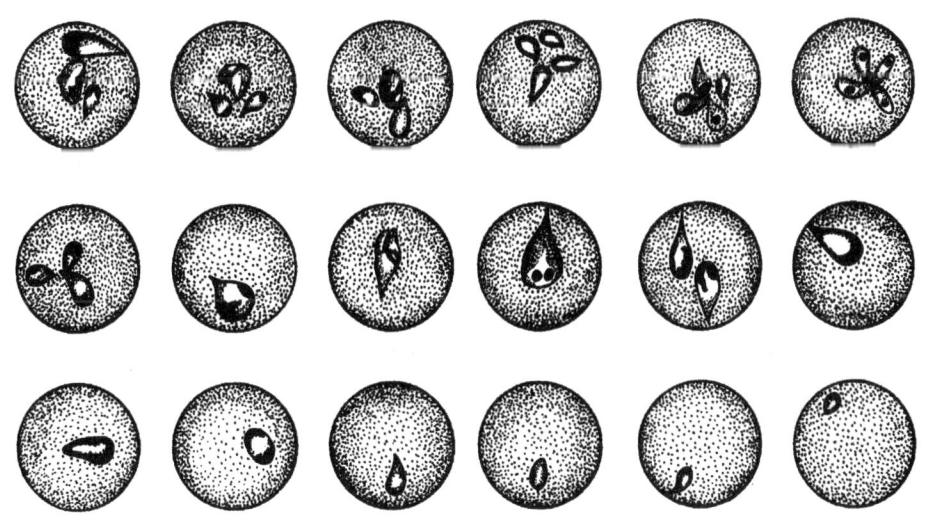

图13-21 红细胞内的马泰勒虫

现于病的初期；中型（大小等于红细胞半径1/2），多出现于病的发展中；小型（大小小于红细胞半径1/4），多出现于病马治愈期和带虫期。但并非一定时期只有一种类型的虫体，而仅是这种类型的虫体占优势。马泰勒虫存在红细胞外的裂体增殖阶段，在活体和试管培养中都已看到大裂殖体、小裂殖体和裂殖子侵入红细胞的各个发育阶段。

文献记载有3属17种蜱可传播马泰勒虫。我国已查明草原革蜱、森林革蜱、银盾革蜱、镰形扇头蜱是马泰勒虫的传播者。

马匹耐过马泰勒虫病后带虫免疫可长达7年。

马泰勒虫病急性型热型多为间歇热型或不定热型。病马常出现血红蛋白尿和肢体下部水肿。慢性型临床上不容易发现，体温正常或出现黄疸症状时稍高于常温，病马逐渐消瘦，贫血，病程能持续3个月，然后病势加剧或转为长期的带虫者。

诊断、治疗、预防参阅牛泰勒虫病。

第四节 孢子虫病

一、球虫病

球虫病（coccidiasis）是由孢子虫纲真球虫目艾美耳科中的各种球虫所引起的一种原虫病。家畜、野兽、禽类、爬虫类、两栖类、鱼类和某些昆虫都有球虫寄生。家畜中，马、牛、羊、猪、骆驼、犬、兔、鸡、鸭、鹅等都是球虫的宿主。球虫病对畜禽危害严重，尤其是幼龄动物，常可发生本病的流行和大批死亡。

球虫为细胞内寄生虫，通常寄生于肠道上皮细胞，有的种类寄生于胆管或肾脏上皮细胞内。球虫对宿主和寄生部位有严格的选择性，即各种动物都有其专性寄生的球虫，而不能相互感染，且各种球虫只能在宿主的一定部位发育。在兽医学上，重要的有2属，即艾美耳属（*Eimeria*）和等孢属（*Isospora*）。艾美耳属的特点是每个卵囊内的胚孢子形成4个孢子囊，每个孢子囊内含有2个子孢子；寄生于牛、绵羊、山羊、兔、猪、马、鸡、鸭、鹅等动物。等孢属的特点是卵囊内的胚孢子形成2个孢子囊，每个孢子囊内含4个子孢子；通常寄生于人、犬、猫及其他肉食动物（图13-22）。

艾美耳球虫的生活史属于直接发育型，不需要中间宿主，须经过三个阶段：①无性生殖阶段，在其寄生部位的上皮细胞内以裂殖生殖法进行。②有性生殖阶段，以配子生殖法形成雌性细胞（大配子）及雄性细胞（小配子）。两性相互结合为合子，这一阶段也是在宿主上皮细胞内进行的。③孢子生殖阶段，是指合子变为卵囊后，在卵囊内发育形成孢子囊和子孢子；含有成熟子孢子的卵囊称为感染性卵囊。裂殖生殖和配子生殖在宿主体内进行，称为内生性发育；孢子生殖在外界环境中完成，称为外生性发育。当家畜（禽）吞食感染性卵囊污染的饲料和饮水后，感染性卵囊在宿主消化液的作用下，释放出子孢子，这个脱囊过程是在十二指肠段进行的。释放出的子孢子迅速侵入肠上皮细胞，变为圆形的裂殖体。裂殖体的核进行多次分裂成为许多小核，小核连同其周围的原生质形成裂殖子（图13-23）。经过裂体增殖产生大量的裂殖子，使被寄生的上皮细胞破坏，裂殖子逸出，又侵入新的上皮细胞，同样进行裂体生殖，如此进行了3或4个世代后，裂殖子侵入上皮细胞形成配子体即大配子体和小配子体，进而形成大配子和小配子，小配子钻入大配子内融合成合子。合子周围迅速形成一层被膜即成为卵囊。卵囊由上皮细胞进入肠管随动物粪便排出体外。在外界环境适宜时

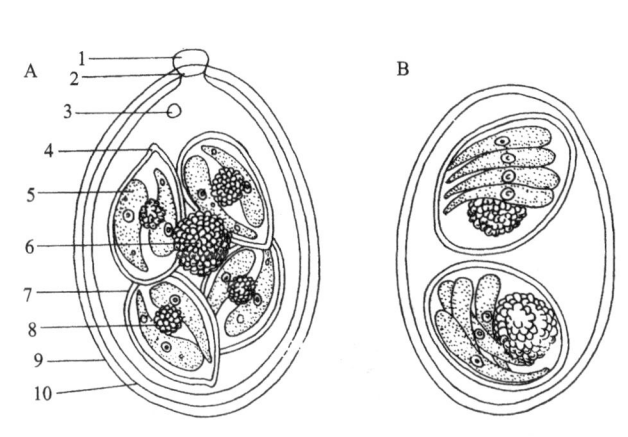

图13-22 艾美耳球虫（A）和等孢属球虫（B）卵囊

1. 极帽；2. 卵膜孔；3. 极粒；4. 斯氏体；5. 子孢子；6. 卵囊残体；7. 孢子囊；8. 孢子囊残体；9. 卵囊壁外层；10. 卵囊壁内层

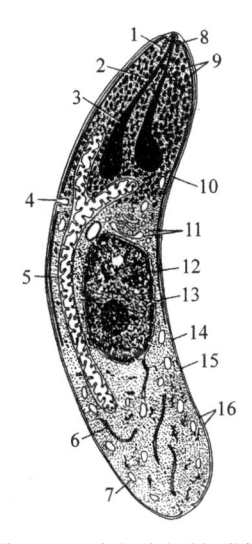

图13-23 球虫裂殖子超微结构

1. 锥体；2. 棒状体管；3. 棒状体；4. 微孔；5. 线粒体；6. 内质网；7. 支链淀粉颗粒；8. 极环；9. 微线；10. 微管；11. 高尔基体；12. 核被膜；13. 核孔；14. 内膜；15. 外膜；16. 表膜

（温度、湿度和充足氧气），经数天发育为孢子化卵囊，被动物吞食后，重新开始在动物体内进行裂殖生殖和配子生殖。

柔嫩艾美耳球虫的生活史为7d，包括两代或两代以上的无性繁殖和一代有性繁殖，从宿主排出的卵囊必须在孢子化（第7天）后才具有感染性（图13-24）。

球虫病的生前诊断，可采用饱和盐水漂浮法检查粪便中有无卵囊；根据卵囊种类、数量及临床症状和流行病学的资料进行综合分析判定，必要时，可做活体或尸体剖检进行诊断。

球虫是否是引起动物发病，取决于球虫种类、致病力强弱、感染的数量、宿主的年龄、抵抗力、饲养管理条件及其他外界环境因素。

1. 鸡球虫病 鸡球虫病是由艾美耳科艾美耳属（*Eimeria*）的球虫寄生于鸡的肠上皮细胞内所引起的一种原虫病。本病在我国普遍发生，特别是从国外引进的品种鸡。10~40日龄的雏鸡最容易感染，受害严重，死亡率可达80%以上。病愈的雏鸡，生长发育受阻，长期不易复原。成年鸡多为带虫者，但增重和产卵能力降低。

病原形态 寄生于鸡的艾美耳球虫，全世界报道的有14种，但为世界公认的有9种。这9种在我国均已见报道，即柔嫩艾美耳球虫（*E. tenella*）、巨型艾美耳球虫（*E. maxima*）、堆型艾美耳球虫（*E. acervulina*）、和缓艾美耳球虫（*E. mitis*）、早熟艾美耳球虫（*E. praecox*）、毒害艾美耳球虫（*E. necatrix*）、布氏艾美耳球虫（*E. brunetti*）、哈氏艾美耳球虫（*E. hagani*）和变位艾美耳球虫（*E. mivati*）。其中以柔嫩艾美耳球虫和毒害艾美耳球虫致病性最强。对于球虫种类的鉴别传统上依据以下5个方面：卵囊特征（包括卵囊形状、大小及颜色，极粒的形状、位置及数目，孢子囊的形状及大小，内外残体的有无）；潜隐期（从感染到排出卵囊所需的时间）；卵囊的孢子化时间；寄生部位；肉眼病变。现在将分子生物学技术引入球虫种类的鉴别，在基因水平上对球虫进行分类。9种鸡球虫的病原形态特征见表13-2。

生活史 鸡球虫只需要一个宿主就可完成其生活史。在发育过程中均经历外生性发育

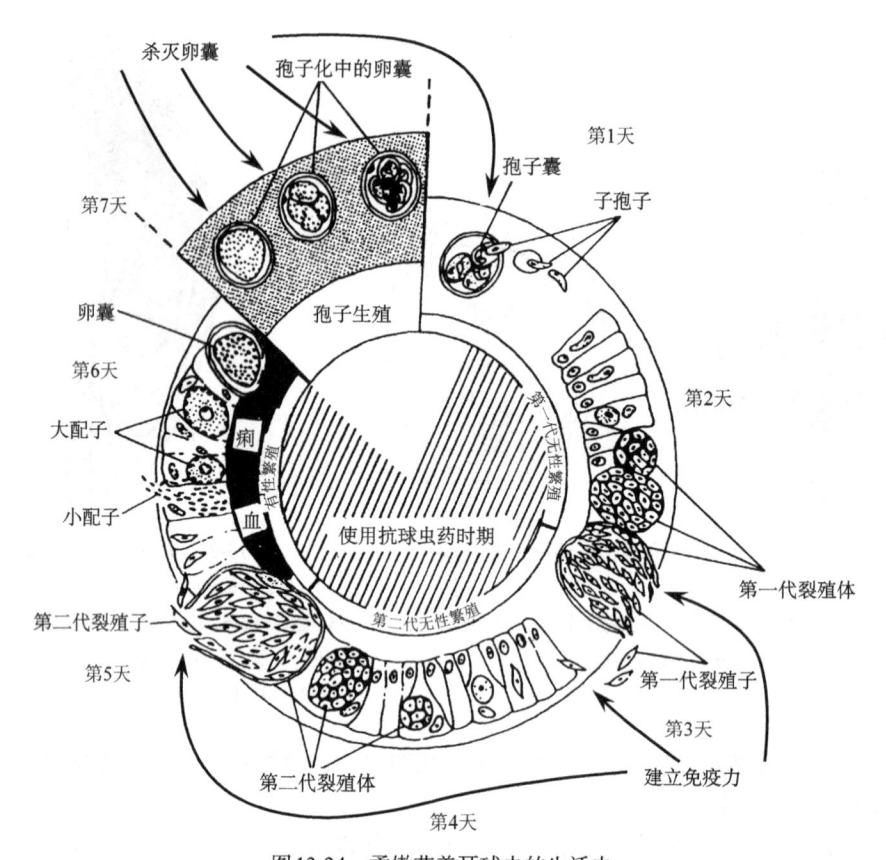

图13-24　柔嫩艾美耳球虫的生活史

柔嫩艾美耳球虫的7d生活史，包括两代或两代以上的无性繁殖和一代有性繁殖，从宿主排出的卵囊必须在孢子化（第7天）后才具有感染性

（孢子生殖）与内生性发育（裂体生殖和有性生殖）两个阶段。鸡食入感染性卵囊（孢子化卵囊）后，囊壁被消化液所溶解，子孢子逸出，钻入肠上皮细胞，发育为圆形的裂殖体，裂殖体经过裂殖生殖形成许多裂殖子，裂殖子随上皮细胞破裂而逸出；又重新侵入新的未感染的上皮细胞，再次进行裂殖生殖，如此反复，使肠上皮细胞遭受严重破坏，引起疾病发作。鸡球虫可以在肠上皮细胞中进行多达4次裂殖生殖，不同虫种裂体生殖代数不同，经过一定代数裂殖生殖后产生的裂殖子进入上皮细胞后不再发育为裂殖体，而发育为配子体进行有性生殖，先形成大配子体和小配子体，继而再形成大配子和小配子。小配子为雄性细胞，大配子为雌性细胞，大小配子发生接合过程融合为合子，合子迅速形成一层被膜，即成为平常粪检时见到的卵囊。卵囊排入外界环境中，在适宜的温度、湿度和有充足氧气条件下，卵囊内形成4个孢子囊，每个孢子囊内有2个子孢子，即成为感染性卵囊（孢子化卵囊）。

流行病学

1）鸡感染球虫的途径和方式是食入孢子化卵囊。凡被病鸡或带虫鸡粪便污染过的饲料、饮水、土壤、用具等都有孢子化卵囊存在。其他种鸟类、家畜、昆虫及饲养管理人员均可机械性地传播卵囊。

2）发病与品种年龄的关系，各种鸡均可感染，但引入品种鸡比土种鸡更为易感，多发生于15~50日龄，3月龄以上鸡较少发病。成年鸡几乎不发病。

表 13-2 9 种鸡球虫的病原形态特征

种类	大小/μm 范围	大小/μm 平均	卵囊 形状	卵囊 颜色	形成子孢子需要的时间/h(25℃)	从子孢子进入宿主体内到卵囊出现的时间/d	寄生部位	病变	致病力
柔嫩艾美耳球虫	(20～25)×(15～20)	22.62×18.05	卵圆	囊壁淡绿原生质浅褐	19.5～30.5，平均27	7	盲肠	盲肠高度肿大，出血	++++
巨型艾美耳球虫	(21.75～40)×(17.5～33)	30.76×23.90	卵圆	黄褐	48	6	小肠	肠壁增厚，肠道出血	++
堆型艾美耳球虫	(17.5～22.5)×(12.5～16.75)	18.8×14.5	卵圆	无色	19.5～24	4	十二指肠小肠前段	肠壁增厚，肠道出血	+
和缓艾美耳球虫	(12.75～19.5)×(12.5～17)	15.34×14.3	近于圆形	无色	23.5～26.0，平均24～24.5	5	小肠前段	不明显	+
早熟艾美耳球虫	(20～25)×(17.5～18.5)	21.75×17.33	椭圆	无色	23.5～38.5	4	小肠前1/3段	不明显	+
毒害艾美耳球虫	20.1×16.9	20.4×17.2	长卵圆	无色	—	7	小肠中1/3段	肠道增厚，坏死，肠道出血，浆膜层有圆形白色斑点	++++
布氏艾美耳球虫	(20.7～30.3)×(18.1～24.2)	26.8×21.7	卵圆	无色	—	7	小肠下段，盲肠	小肠有既点状出血，黏液增多	+++
哈氏艾美耳球虫	(15.5～20)×(14.5～18.5)	17.68×15.78	宽卵圆	无色	23.5～27	6	小肠前段	肠黏膜卡他性炎，肠壁浆膜有针头大的出血点	++
变位艾美耳球虫	(11.1～19.9)×(10.5～16.2)	15.6×13.4	椭圆宽卵圆	无色	—	4	小肠前段（延伸到直肠盲肠）	灰白色圆形卵囊斑，严重感染斑块融合，肠壁肥厚	++

注：++++致病性很强；+++致病性强；++致病性中等；+有致病性；—目前尚不明确

3）本病多发生于温暖潮湿的季节，但在规模化饲养条件下全年都可发生。

4）卵囊对外界不良环境及常用消毒药抵抗力强大。在土壤中可生存4～9个月，在有树荫的运动场可生存15～18个月。卵囊对高温、低温冰冻及干燥抵抗力较小，55℃或冰冻可以很快杀死卵囊。常用消毒药物均不能杀灭卵囊。

5）饲养管理不良时促进本病的发生，当鸡舍潮湿、拥挤、饲养管理不当或卫生条件恶劣最易发病，往往波及全群。

致病作用 裂殖体在肠上皮细胞中大量增殖时，破坏肠黏膜，引起肠管发炎和上皮细胞崩解，使消化机能发生障碍，营养物质不能吸收。由于肠壁的炎性变化和血管的破裂，大量体液和血液流入肠腔内（如柔嫩艾美耳球虫引起的盲肠出血），导致病鸡消瘦、贫血和下痢。崩解的上皮细胞变为有毒物质，蓄积在肠管中不能迅速排出，使机体发生自体中毒，临床上出现精神不振、足和翅轻瘫和昏迷等现象。因此可以把球虫病视为一种全身中毒过程。受损伤的肠黏膜是病菌和肠内有毒物质侵入机体的门户。

症状 急性型病程为数天至2～3周。病初精神不好，羽毛耸立，头卷缩，呆立一隅，食欲减少，泄殖孔周围羽毛被液体排泄物所污染、粘连。以后由于肠上皮的大量破坏和机体中毒的加剧，病鸡出现共济失调，翅膀轻瘫，渴欲增加，食欲废绝，嗉囊内充满液体，黏膜与鸡冠苍白，迅速消瘦。粪呈水样或带血。在柔嫩艾美耳球虫引起的盲肠球虫病，开始粪便为咖啡色，以后完全变为血便。末期发生痉挛和昏迷，不久即死亡，如不及时采取措施，死亡率可达50%～100%。

慢性型 病程为数周到数日。多发生于4～6个月的鸡或成年鸡。症状与急性型相似，但不明显。病鸡逐渐消瘦，足翅轻瘫，有间歇性下痢，产卵量减少，死亡的较少。

病理变化 鸡体消瘦，鸡冠与黏膜苍白或发青，泄殖腔周围羽毛被粪、血污染，羽毛逆立凌乱。体内变化主要发生在肠管，其程度、性质与病变部位和球虫的种别有关。柔嫩艾美耳球虫主要侵害盲肠，在急性型，一侧或两侧盲肠显著肿大，可为正常的3～5倍，其中充满凝固的或新鲜的暗红色血液，盲肠上皮增厚，有严重的糜烂甚至坏死脱落，与盲肠内容物、血凝块混合，形成坚硬的"肠栓"。

毒害艾美耳球虫损害小肠中段，可使肠壁扩张、松弛、肥厚和严重的坏死。肠黏膜上有明显的灰白色斑点状坏死病灶和小出血点相间杂。肠壁深部及肠管中均有凝固的血液，使肠外观上呈淡红色或黑色。

堆型艾美耳球虫多在十二指肠和小肠前段，在被损害的部位，可见有大量淡灰白色斑点，汇合成带状横过肠管。

巨型艾美耳球虫损害小肠中段，肠壁肥厚，肠管扩大，内容物黏稠，呈淡灰色、淡褐色或淡红色，有时混有很小的血块，肠壁上有溢血点。

布氏艾美耳球虫损害小肠下段，通常在卵黄蒂至盲肠连接处。黏膜受损，凝固性坏死，呈干酪样，粪便中出现凝固的血液和黏膜碎片。

早熟艾美耳球虫与和缓艾美耳球虫致病力弱，病变一般不明显，引起增重减少，色素消失，严重脱水和饲料报酬下降。

诊断 成年鸡和雏鸡带虫现象极为普遍，所以不能只根据在粪便和肠壁刮取物中发现卵囊就确诊为球虫病。必须根据粪便检查、临床症状、流行病学材料和病理变化等方面因素加以综合判断。鉴定球虫种类可依据卵囊形态做出初步鉴定。

防治

（1）治疗　治疗球虫病的时间越早越好，因为球虫的危害主要是在裂殖生殖阶段，若不晚于感染后96h，则可降低雏鸡的死亡率。治疗药物有如下几种：磺胺二甲基嘧啶（SM$_2$）、磺胺喹噁啉（SQ）、氨丙啉（Amprolium）、磺胺氯吡嗪（Esb3，商品名为三字球虫粉）、百球清（Baycox）等。

（2）预防　使用抗球虫药物预防球虫病是防治球虫病重要手段之一，它不但可使球虫的感染处于最低水平，而且可使鸡保持一定的免疫力，这样可确保鸡球虫病免于暴发。目前，世界上许多国家（欧盟国家除外）仍采用"自雏鸡1日龄起即在饲料中添加抗球虫药至出栏前休药期止整个生长阶段"的预防方案。预防用的抗球虫药物有如下几种：氨丙啉、尼卡巴嗪（Nicarbazinum）、球痢灵（Zoalene）、氯羟吡啶（Clopidol）、氯苯胍（Robenidine）、常山酮（Halofuginone）、地克珠利（Diclazuril）、莫能菌素（Monensin）、拉沙洛菌素（Lasalocid）、盐霉素（Salinomycin）、那拉菌素（Narasin）和马杜拉霉素（Maduramycin）等。

在生产中，任何一种药物在连续使用一段时间后，都会使球虫对它产生抗药性，为了避免或延缓此问题的发生，可以采取以下两种用药方案：一是轮换用药，即在一年的不同时间段里交换使用不同的抗球虫药。例如，在春季和秋季变换药物可避免抗药性的产生，从而可改善鸡群的生产性能。二是穿梭用药，即在鸡的一个生产周期的不同阶段使用不同的药物。一般来说，生长初期用效力中等的抑制性抗球虫药物，使雏鸡能带有少量球虫以产生免疫力，生长中后期用强效抗球虫药物。

为了避免药物残留对人类健康的危害和球虫的抗药性问题，现已研制多个种类的球虫活疫苗，一类是利用少量强毒的活卵囊制成的活疫苗（商品名Coccivac或Immucox），包装在藻珠中，混入饲料或饮水中。另一类是连续传代选育的早熟虫株制成的疫苗（如Paracox），并已在生产上推广。目前，我国已有商品化的多价鸡球虫活卵囊疫苗用于生产实际。

2. 鸭球虫病　鸭球虫病是常见的球虫病，其发病率为30%～90%，死亡率为29%～70%，耐过的病鸭生长受阻，增重缓慢，对养鸭业危害巨大。

病原形态　文献记载家鸭球虫有8种，分属3属，对鸭具有致病力的球虫有两种：①毁灭泰泽球虫（*Tyzzeria perniciosa*），寄生于小肠。卵囊小，短椭圆形，呈浅绿色，无卵膜孔。大小为（9.2～13.2）μm×（7.2～9.9）μm，平均为11μm×8.8μm，卵囊指数为1.2。孢子化卵囊中不形成孢子囊，8个香蕉形子孢子游离于卵囊中。有一个大的卵囊残体。②菲莱氏温扬球虫（*Wenyonella philiplevinei*），寄生于小肠。卵囊较大，卵圆形。有卵膜孔。卵囊的大小为（13.3～22）μm×（10～12）μm，平均为17.2μm×11.4μm。卵囊指数为1.5。孢子化卵囊内有4个呈瓜子形的孢子囊，每个孢子囊内含4个子孢子。无卵囊残体（图13-25）。

流行病学　本病的发生和气温及雨量密切相关，北京地区流行于4～11月，以9～10月发病率最高。各种年龄鸭均有易感性，以2～6周龄由网上饲养转为地面饲养的雏鸭发病率高，死亡率高。

症状　本病急性型于感染后第4天出现精神委顿，缩颈，喜卧不食，渴欲增加，排暗红色

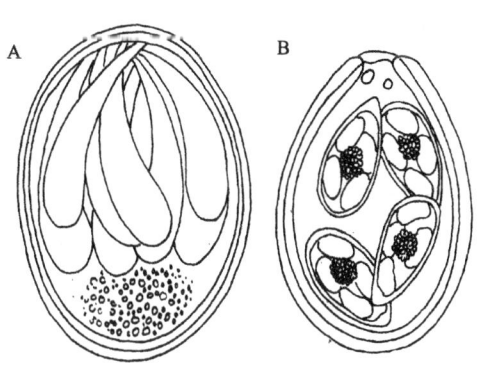

图13-25　鸭球虫
A. 毁灭泰泽球虫；B. 菲莱氏温扬球虫

血便等，此时常出现急性死亡。第6天后病鸭逐渐恢复食欲，死亡停止。耐过的病鸭，生长受阻，增重缓慢。慢性型一般不显症状，偶见有拉稀，成为散播鸭球虫病的病源。

病理变化 毁灭泰泽球虫引起的病变严重，肉眼可见小肠呈广泛性出血性肠炎，尤以小肠中段更为严重。肠壁肿胀，出血；黏膜上密布针尖大小的出血点，有的黏膜上覆盖着一层麸糠样或奶酪状黏液，或有淡红色或深红色胶冻状血样黏液，但不形成肠芯。

菲莱氏温扬球虫致病性不强，仅在回肠后部和直肠呈现轻度充血，偶尔在回肠后部黏膜上有散在的出血点，直肠黏膜红肿。

诊断 成年鸭和雏鸭带虫现象极为普遍，所以不能仅根据粪便中有无卵囊做出诊断。必须依据临床症状、流行病学材料和病理变化等进行综合判断。急性死亡病例可根据病理变化和镜检肠黏膜涂片做出诊断。以病变部位刮取少量黏膜，制成涂片，可在显微镜下观察到大量裂殖体和裂殖子。用饱和硫酸镁溶液漂浮可发现大量卵囊。

防治 在本病流行季节，当雏鸭由网上转为地面饲养时，或已在地面饲养2周龄时，可用磺胺甲基异噁唑（SMZ）、磺胺间甲氧嘧啶（SMM）或杀球灵（Diclazuril）混入饲料，连喂4～5d。当发现地面污染的卵囊过多时，或有个别鸭发病时，应立即对全群进行药物预防。

3. 鹅球虫病 文献记载的鹅球虫有15种，其中以截形艾美耳球虫（*Eimeria truncata*）致病力最强，寄生于肾小管上皮，使肾组织遭到严重损伤。3周至3月龄的幼鹅最易感，常呈急性经过。病程2～3d，死亡率较高。其余14种球虫均寄生于肠道，致病力不等，有的球虫如鹅艾美耳球虫（*E. anseris*）可引起严重发病；另一些种类单独感染时，相对来说致病力轻微，但混合感染时可能严重致病。

症状 肾球虫病在3～12周龄的鹅通常呈急性，表现为精神不振、极度衰弱和消瘦、食欲缺乏、腹泻、粪带白色、眼迟钝和下陷、两翅下垂。幼鹅的死亡率可高达87%。

肠道球虫可引起鹅的出血性肠炎，临床症状为食欲缺乏、步态摇摆、虚弱和腹泻，甚至发生死亡。

病理变化 在尸体剖检时，可见到肾的体积肿大至拇指大，由正常的红褐色变为淡灰黑色或红色，可见到出血斑和针尖大小灰白色病灶或条纹。这些病灶中含有尿酸盐沉积物和大量卵囊，涨满的肾小管中含有将要排出的卵囊、崩解的宿主细胞和尿酸盐，使其体积比正常增大5～10倍。病灶区还可出现嗜酸性粒细胞和坏死。

患肠球虫的病鹅，可见小肠肿胀，其中充满稀薄的红褐色液体。小肠中段和下段卡他性炎症严重，在肠壁上可出现大的白色结节或纤维素性肠炎。在干燥的假膜下有大量卵囊、裂殖体和配子体。

诊断 参考鸭球虫病。

防治

1）多种磺胺药均已用于治疗鹅球虫病，尤以磺胺间甲氧嘧啶和磺胺喹啉值得推荐，用量可参照鸭球虫病。

2）幼鹅与成鹅分群饲养。在小鹅未产生免疫力之前，应避开靠近水的、含有大量卵囊的潮湿地区。

4. 兔球虫病 兔球虫病是家兔中最常见而且危害严重的一种原虫病，分布于世界各地，我国各地均有发生。4～5月龄的幼兔对球虫的抵抗力很弱，其感染率可达100%，患病后幼兔的死亡率也很高，可达80%左右，耐过的兔长期不能康复，生长发育受到严重影响，一般可减轻体重12%～27%（图13-26）。

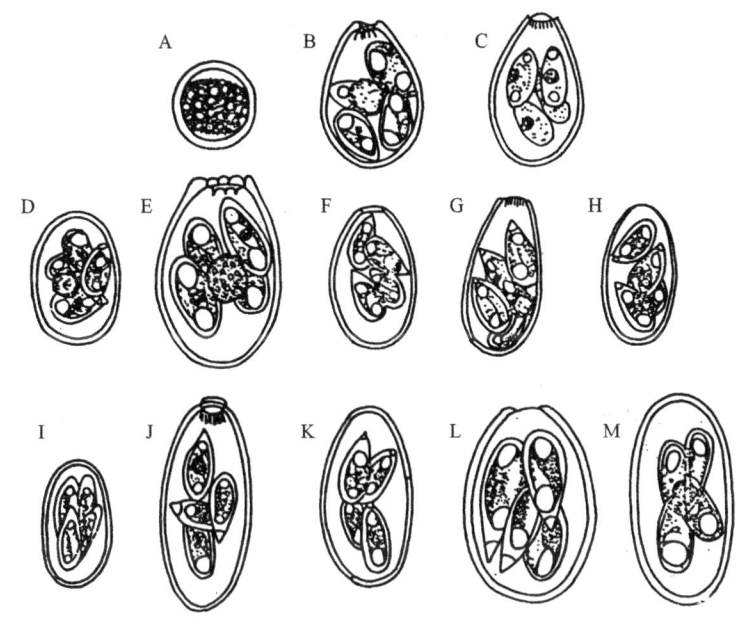

图13-26 主要兔球虫卵囊

A. 小型艾美耳球虫；B. 肠艾美耳球虫；C. 梨形艾美耳球虫；D. 穿孔艾美耳球虫；E. 大型艾美耳球虫；
F. 松林艾美耳球虫；G. 盲肠艾美耳球虫；H. 中型艾美耳球虫；I. 那格浦尔艾美耳球虫；J. 长形艾美耳球虫；
K. 斯氏艾美耳球虫；L. 无残艾美耳球虫；M. 新兔艾美耳球虫

病原形态 文献记载兔的球虫共有17种，均属艾美耳属。这17种艾美耳球虫中除斯氏艾美耳球虫寄生于肝脏胆管上皮细胞外，其余各种都寄生于肠黏膜上皮细胞内。各种兔球虫的形态特征见表13-3。

表13-3 各种兔球虫的鉴别特征及寄生部位

种类	形态	颜色	卵囊平均大小/μm	微孔	内残体	外残体	孢子化时间/h	潜隐期	寄生部位	致病性
斯氏艾美耳球虫	长卵圆	淡黄	38.4×20.5	有	有	无	72	14	肝脏胆管	+++
穿孔艾美耳球虫	长圆	无色	25.5×15.5	不明显	有	有	48	6	空肠回肠	±
大型艾美耳球虫	卵圆	橙黄	37.3×24.1	有	有	有	48~72	7~8	空肠盲肠	
无残艾美耳球虫	卵圆	淡黄	38×26	有	有	无	48~72	9~10	空肠	+
中型艾美耳球虫	长圆	橙黄	25.4×15.3	有	有	有	48	5~6	空肠十二指肠	++
微小艾美耳球虫	亚球形	无色	14×13	不明显	无	无	28	8	肠道	±
梨形艾美耳球虫	梨形	淡黄	29×18	有	有	无	48	9	小肠大肠	±

续表

种类	形态	颜色	卵囊平均大小 /μm	微孔	内残体	外残体	孢子化时间 /h	潜隐期	寄生部位	致病性
新兔艾美耳球虫	长圆	淡黄	39×20	有	有	无	48~72	11~14	回肠盲肠	±
盲肠艾美耳球虫	长圆	淡黄	32.5×18.6	有	有	有	72	7~9	盲肠	+
肠艾美耳球虫	卵圆	浅黄褐	27×18	有	有	有	24~48	9	小肠（十二指肠除外）	+++
那格浦尔艾美耳球虫	椭圆	黄褐色	23×13	无	有	无	48	—	肠道	±
长形艾美耳球虫	长椭圆	灰褐色	36.8×19.1	有	有	无	40	—	肠道	

注：+++为致病性强；++为致病性中等；+为有致病性；± 为致病性可疑；—目前尚不明确

生活史 兔艾美耳球虫的生活史可分为三个阶段，即裂殖生殖、配子生殖和孢子生殖阶段。前两个阶段是在胆管上皮细胞（斯氏艾美耳球虫）或肠上皮细胞（大肠和小肠寄生的各种球虫）内进行的，后一发育阶段是在外界环境中进行的。

家兔在采食或饮水时，吞入孢子化卵囊，卵囊在肠道中，在胆汁和胰酶作用下，子孢子从卵囊内逸出；并主动钻入肠（或胆管）上皮细胞，开始变为圆形的滋养体。而后经多次分裂变为多核体，最后发育为圆形的裂殖体，内含许多香蕉形的裂殖子。上述过程为第一代裂殖生殖。这些裂殖子又侵入新的肠（或胆管）上皮细胞，进行第二代、第三代，甚至第四代或第五代裂殖生殖。如此反复多次，大量地破坏上皮细胞，致使家兔发生严重的肠炎或肝炎。在裂殖生殖之后，部分裂殖子侵入上皮细胞形成大配子体，部分裂殖子侵入上皮细胞形成小配子体。由大配子体发育为大配子；小配子体形成许多小配子。大配子与小配子结合形成合子。合子周围形成囊壁即变为卵囊。卵囊进入肠腔，并随粪便排到外界。在适宜的温度（20~28℃）和湿度（55%~60%）条件下，进行孢子生殖，即在卵囊内形成4个孢子囊，在每个孢子囊内形成2个子孢子。这种发育成熟的卵囊称为孢子化卵囊，具有感染性（图13-27）。

流行病学 各种品种的家兔对球虫均有易感性，断奶后至3月龄的幼兔感染最为严重，死亡率也高；成年兔发病轻微。本病的感染主要是通过采食和饮水。仔兔主要是由于吃奶时食入母兔乳房上污染的卵囊而感染。此外，饲养员、工具、老鼠、苍蝇也可机械性地搬运卵囊而传播球虫病。成年兔多为带虫者。一般在温暖多雨季节流行，如兔舍温度经常保持在10℃以上时，则随时可发生球虫病。

致病作用 球虫对上皮细胞的破坏、有毒物质的产生及肠道细菌的综合作用是致病的主要因素。病兔的中枢神经系统不断地受到刺激，使之对各个器官的调节机能发生障碍，从而呈现各种临床症状。胆管和肠上皮受到严重破坏时，正常的消化过程陷于紊乱，从而造成机体的营养缺乏、水肿，并出现稀血症和白细胞减少。肠上皮细胞的大量崩解，造成有利于细菌繁殖的环境，导致肠内容物中产生大量的有毒物质，被机体吸收后发生自体中毒，临床上表现为痉挛、虚脱、肠膨胀和脑贫血等。

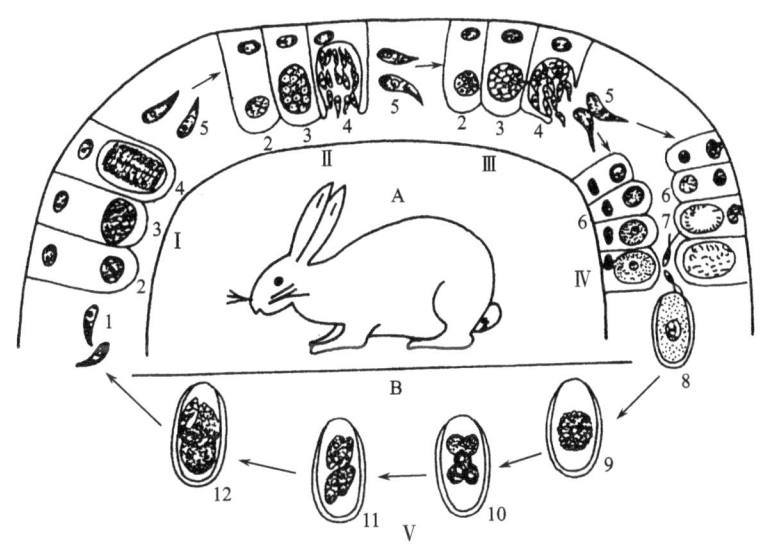

图13-27 中型艾美耳球虫在兔肠上皮细胞内的发育（A）及在外界环境中的发育（B）

Ⅰ．第一代裂殖生殖；Ⅱ．第二代裂殖生殖；Ⅲ．第三代裂殖生殖；Ⅳ．配子生殖；Ⅴ．孢子生殖。
1．子孢子；2～4．裂殖体发育的各个阶段；5．第一代、第二代、第三代裂殖子；6．大配子及小配子发育的各个阶段；7．大配子和小配子正待结合；8．合子；9．未孢子化卵囊；10，11．卵囊的孢子化过程；12．孢子化卵囊，内含4个孢子囊，每个孢子囊内含有2个子孢子

症状 按球虫的种类和寄生部位不同，将球虫病分为三型，即肠型、肝型和混合型，临床上所见的多为混合型。其典型症状是食欲减退或废绝，精神沉郁，动作迟缓，伏卧不动，眼鼻分泌物增多，口腔周围被毛潮湿，腹泻或腹泻和便秘交替出现。病兔尿频或常作排尿姿势，后肢和肛门周围为粪便所污染。病兔由于肠膨胀、膀胱积尿和肝肿大而呈现腹围增大，肝区触诊有痛感。病兔虚弱消瘦，结膜苍白，可视黏膜轻度黄染。在发病的后期，幼兔往往出现神经症状，四肢痉挛，麻痹，多因极度衰竭而死亡。死亡率一般为40%～70%，有时可达80%。病程为10余天至数周。病愈后长期消瘦，生长发育不良。

病理变化 尸体外观消瘦，黏膜苍白，肛门周围污秽。

肝球虫病时，肝表面和实质内有许多白色或黄白色结节，呈圆形，如粟粒至豌豆大，沿小胆管分布。取结节做压片镜检，可以看到裂殖子、裂殖体和卵囊等不同发育阶段的虫体。陈旧病灶中的内容物变稠，形成粉粒样的钙化物质。在慢性肝球虫病时，胆管周围和小叶间都有结缔组织增生，使肝细胞萎缩，肝体积缩小（间质性肝炎）。胆囊黏膜有卡他性炎症，胆汁浓稠，内含有许多崩解的上皮细胞。肠球虫病的病理变化主要在肠道，肠道血管充血，十二指肠扩张、肥厚，黏膜发生卡他性炎症，小肠内充满气体和大量黏液，黏膜充血，上有溢血点。在慢性病例，肠黏膜呈淡灰色，上有许多小的白色结节，压片镜检可见大量卵囊，肠黏膜上有时有小的化脓性、坏死性病灶。

诊断 根据流行病学资料、临床症状及病理剖检结果，可做出初步诊断。

用饱和盐水漂浮法检查粪便中的卵囊；或将肠黏膜刮取物及肝脏病灶结节制成涂片镜检球虫卵囊、裂殖子或裂殖体等。如在粪便中发现大量卵囊或在病灶中发现大量不同发育阶段的球虫，即可确诊为兔球虫病。

治疗 兔发生球虫病时，可用下列药物进行治疗：磺胺六甲氧嘧啶（SMM）、氯苯

胍、地克珠利、莫能菌素和盐霉素等。

预防

1）兔场应建于干燥向阳处，保持干燥、清洁和通风。

2）幼兔与成兔分笼饲养，发现病兔立即隔离治疗。

3）加强饲养管理，保证饲料和饮水不被粪便污染。

4）使用铁丝兔笼，笼底有网眼，使粪尿全流到笼外，不被兔所接触。兔笼可用开水、蒸汽或火焰消毒，或放在阳光下暴晒以杀死卵囊。

5）合理安排母兔繁殖，使幼兔断奶不在梅雨季节。

6）在球虫病流行季节，对断奶仔兔，将药物拌入饮料中预防。

5. 牛球虫病 牛球虫病是由艾美耳科艾美耳属的球虫寄生于牛的肠道内所引起的一种原虫病。本病以犊牛最易感，且发病严重。主要特征为急性或慢性出血性肠炎，临床表现为渐进性贫血、消瘦和血痢，常以季节性地方性流行或散发的形式出现。

病原形态 文献报道寄生于牛的球虫有25种，寄生于家牛的有14种，国内有关资料报道的有11种，即牛艾美耳球虫（*E. bovis*）、加拿大艾美耳球虫（*E. canadensis*）、邱氏艾美耳球虫（*E. zurnii*）、柱状艾美耳球虫（*E. cylindrica*）、皮利他艾美耳球虫（*E. pellita*）、椭圆艾美耳球虫（*E. ellipsoidalis*）、亚球艾美耳球虫（*E. subspherica*）和阿拉巴艾美耳球虫（*E. alabamensis*）（图13-28）。

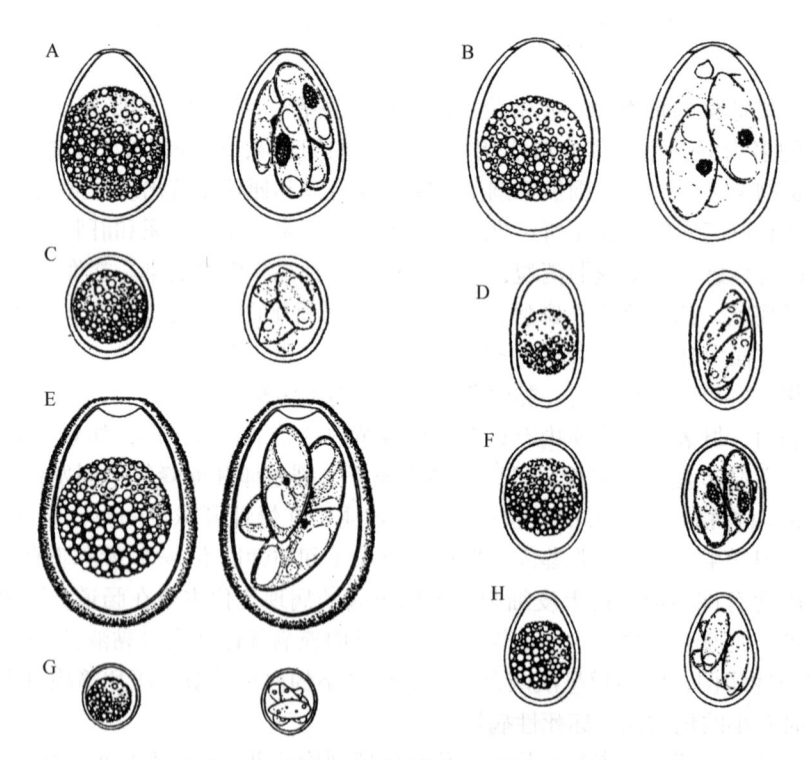

图13-28 牛的各种未孢子化与孢子化球虫卵囊

A. 牛艾美耳球虫；B. 加拿大艾美耳球虫；C. 邱氏艾美耳球虫；D. 柱状艾美耳球虫；E. 皮利他艾美耳球虫；F. 椭圆艾美耳球虫；G. 亚球艾美耳球虫；H. 阿拉巴艾美耳球虫

这些球虫中以邱氏艾美耳球虫和牛艾美耳球虫致病力最强，且最为常见。

邱氏艾美耳球虫致病力最强，寄生于整个大肠和小肠，可引起血痢。卵囊为亚球形或卵圆形，光滑，大小为18μm×15μm。

牛艾美耳球虫致病力较强，寄生于小肠和大肠。卵囊卵圆形，光滑，大小为（27～29）μm×（20～21）μm。

生活史 牛球虫的发育史，与其他艾美耳属的球虫相同，可参阅鸡、兔球虫。

流行病学 牛球虫病多发生于春、夏、秋三季，特别是多雨连阴季节，在低洼潮湿的地方放牧，以及卫生条件差的牛舍，都易使牛感染球虫。各品种的牛都有易感性，两岁以内的犊牛发病率较高，患病严重。成年牛患病治愈或耐过者，多呈带虫状态而散播病原。牛患其他疾病或使役过度及更换饲料时其抵抗力下降易诱发本病。

致病作用 裂殖体在牛肠上皮细胞中增殖，破坏肠黏膜，黏膜下层出现淋巴细胞浸润，并发生溃疡和出血。肠黏膜破坏之后，造成有利于腐败细菌生长繁殖的环境，其所产生的毒素和肠道中的其他有毒物质被吸收后，引起全身中毒，导致中枢神经系统和各种器官的机能失调。

症状 潜伏期为15～23d，有时多达1个多月。发病多为急性型，病期通常为10～15d，个别情况下有在发病后1～2d引起犊牛死亡的。病初精神沉郁，被毛粗乱无光泽，体温略高或正常，下痢，母牛产乳量减少。约7d后，牛精神更加沉郁，体温升高到40～41℃。瘤胃蠕动和反刍停止，肠蠕动增强，排带血的稀粪，内混纤维素性薄膜，有恶臭。后肢及尾部被粪便污染。后期粪呈黑色，或全部便血，甚至肛门哆开，排粪失禁，体温下降至35～36℃，在恶病质和贫血状态下死亡。慢性型的病牛一般在发病后3～6d逐渐好转，但下痢和贫血症状持续存在，病程可能拖延数月，最后因极度消瘦、贫血而死亡。

病理变化 尸体消瘦，可视黏膜苍白，肛门松弛，外翻，后肢和肛门周围被血粪所污染。牛直肠病变明显，直肠黏膜肥厚，有出血性炎症变化；淋巴滤泡肿大突出，有白色和灰色小病灶，同时在这些部位常常出现直径4～15mm的溃疡。其表面覆有凝乳样薄膜。直肠内容物呈褐色，带恶臭，有纤维素性薄膜和黏膜碎片。肠系膜淋巴结肿大发炎。

诊断 根据流行病学、临床症状和病理剖检等方面做出综合诊断，取粪便或直肠刮取物镜检，发现球虫卵囊即可以确诊。

诊断本病应注意与牛的副结核性肠炎相区别。后者有间断排出稀糊状或稀液状混有气泡和黏液的恶臭粪便的症状，病程很长，体温常不升高，且多发于较老的牛。此外，还应与大肠杆菌做鉴别诊断。大肠杆菌病多发于出生后数天内的犊牛，而球虫病多发于1月龄以上的犊牛；大肠杆菌病的病变特征是脾肿大。

治疗 可用磺胺类（如磺胺二甲基嘧啶，磺胺六甲氧嘧啶）等。此外，对症治疗，在使用抗球虫药的同时应结合止泻、强心、补液等对症方法。贫血严重时应考虑输血。

预防 采取隔离、卫生和治疗等综合性措施。成年牛多为带虫者，故犊牛应与成年牛分群饲养。放牧场地也应分开。勤扫圈舍，将粪便等污物集中进行生物热处理。定期清查，可用开水、3%～5%热碱水消毒地面，牛栏、饲槽、饮水槽，一般一周1次。母牛乳房应经常擦洗。球虫病往往在更换饲料时突然发生，因此更换饲料应逐步过渡。药物预防：氨丙啉以5mg/kg体重混饲，连用21d；或用莫能菌素以1mg/kg体重混饲，连用33d。

6. 羊球虫病 羊球虫病是由艾美耳科艾美耳属的球虫寄生于羊肠道所引起的一种原虫病，发病羊只呈现下痢、消瘦、贫血、发育不良等症状，严重者导致死亡，主要危害羔羊。本病呈世界性分布。

病原形态 寄生于绵羊和山羊的球虫种类很多，文献记载有15种。我国报道的有12种，分别是阿撒他艾美耳球虫（*E. ahsata*）、阿氏艾美耳球虫（*E. arloingi*）、槌形艾美耳球虫（*E. crandallis*）、颗粒艾美耳球虫（*E. granulosa*）、浮氏艾美耳球虫（*E. faurei*）、刻点艾美耳球虫（*E. punctata*）、错乱艾美耳球虫（*E. intricata*）、袋形艾美耳球虫（*E. marsica*）、雅氏艾美耳球虫（*E. ninakohlyakimovae*）、小型艾美耳球虫（*E. parva*）、温布里吉艾美耳球虫（*E. weybridgensis*）、爱缪拉艾美耳球虫（*E. aemula*）和绵羊艾美耳球虫（*E. ovina*）。有人认为苍白艾美耳球虫（*E. pallida*）是小型艾美耳球虫的同物异名。寄生于羊的各种球虫中，以阿撒他艾美耳球虫和温布里吉艾美耳球虫的致病力比较强，而且最为常见（图13-29）。

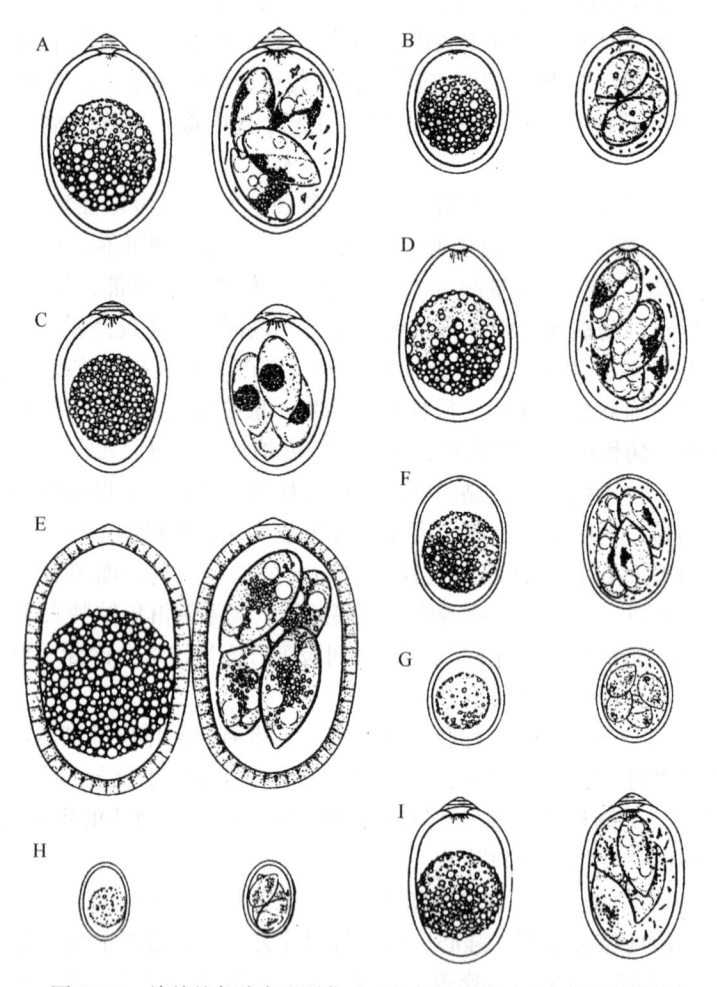

图13-29 绵羊的各种未孢子化（左）与孢子化（右）球虫卵囊
A. 阿撒他艾美耳球虫；B. 槌形艾美耳球虫；C. 颗粒艾美耳球虫；D. 浮氏艾美耳球虫；E. 错乱艾美耳球虫；F. 雅氏艾美耳球虫；G. 小型艾美耳球虫；H. 苍白艾美耳球虫；I. 绵羊艾美耳球虫

流行病学 各种品种的绵羊、山羊对球虫均有易感性，但山羊感染率高于绵羊；1岁以下的感染率高于1岁以上的，成年羊一般都是带虫者。据调查在内蒙古牧区和河北农区，1~2月龄春羔的粪便中，常发现大量的球虫卵囊。流行季节多为春、夏、秋三季。感染率和强度依不同球虫种类及各地的气候条件而异。冬季气温低，不利于卵囊发育，很少发生感染。

症状 人工感染的潜伏期为11~17d。本病可能依感染的种类、感染强度、羊只的年龄、抵抗力及饲养管理条件等不同而取急性或慢性过程。急性经过的病程为2~7d，慢性经过的病程可长达数周。病羊精神不振，食欲减退或消失，体重下降，可视黏膜苍白，腹泻，粪便中常含有大量卵囊。体温上升到40~41℃，严重者可导致死亡，死亡率常达10%~25%，有时可达80%以上。

病理变化 小肠病变明显，肠黏膜上有淡白、黄白圆形或卵圆形结节，如粟粒至豌豆大，常成簇分布，也能从浆膜面看到。十二指肠和回肠有卡他性炎症，有点状或带状出血。尸体消瘦，后肢及尾部污染有稀粪。

诊断 根据临床表现、病理变化和流行病学情况可做出初步诊断，最终确诊需在粪便中检出大量的卵囊。

防治 参照牛的球虫病防治。磺胺类如磺胺喹恶啉（SQ）和磺胺二甲基嘧啶（SM_2）等具有良好的防治效果。

7. 猪球虫病 猪球虫寄生于肠上皮细胞内，可引起仔猪严重的消化道疾病。成年猪多为带虫者，是本病的传染源。

病原形态 文献记载的猪球虫16种。国内报道的猪球虫分2属共8种，即粗糙艾美耳球虫（Eimeria scabra）、蠕孢艾美耳球虫（E. cerdonis）、蒂氏艾美耳球虫（E. debliecki）、猪艾美耳球虫（E. suis）、有刺艾美耳球虫（E. spinosa）、极细艾美耳球虫（E. perminuta）、豚艾美耳球虫（E. porci）和猪等孢球虫（Isospora suis）（图13-30）。其中以猪等孢球虫的致病力最强。猪等孢球虫卵囊呈球形或亚球形，囊壁光滑，无色，无卵膜孔。卵囊的大小为（18.5~23.9）μm×（16.9~20.1）μm，囊内有2个孢子囊，每个孢子囊内有4个子孢子，子孢子呈腊肠形。孢子化最短时间为63h。潜隐期为10~12d。

流行病学 孢子化卵囊污染了饲料及饮水，猪食入孢子化卵囊而感染。各种品种猪均有易感性，1~5月龄猪感染率较高，发病严重，6月龄以上的猪很少感染。成年猪多为带虫者，是本病的传染来源。

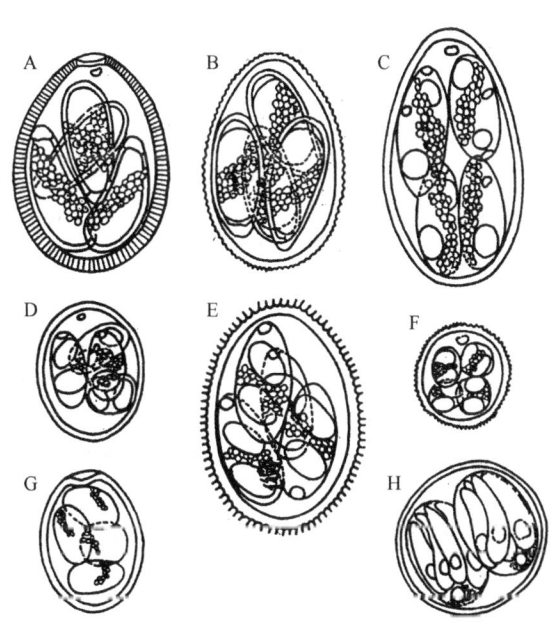

图13-30 猪的各种孢子化球虫卵囊

A. 粗糙艾美耳球虫；B. 蠕孢艾美耳球虫；C. 蒂氏艾美耳球虫；D. 猪艾美耳球虫；E. 有刺艾美耳球虫；F. 极细艾美耳球虫；G. 豚艾美耳球虫；H. 猪等孢球虫

仔猪出生后即可感染。本病多发生于气候温暖、雨水较多的夏秋季节。患其他传染病和肠道线虫病的猪，抵抗力降低，易感染球虫病。

症状 病猪排黄色粪便，初为黏性，1~2d后排水样稀粪，腹泻可持续4~8d，导致仔猪脱水、失重，在其他病原体协同作用下往往造成仔猪死亡，死亡率可达10%~50%。存活的仔猪生长发育受阻。寒冷和缺奶等因素能加重病情。病程经过与转归，取决于摄入的球虫种类及感染性卵囊的数量。仔猪球虫病主要是由猪等孢球虫引起的。

病理变化 病变主要在空肠和回肠，肠黏膜上常有异物覆盖，肠上皮细胞坏死并脱落。在组织切片上可见肠或绒毛萎缩和脱落，还见到不同内生性发育阶段的虫体（裂殖体、配子体等）。

诊断 根据临床症状、流行病学资料和病理剖检及粪便检查结果进行综合判断。对于15日龄以内的仔猪腹泻，即应考虑到仔猪球虫病的可能性。在粪便中发现大量球虫卵囊即可确诊。剖检时做小肠黏膜涂片镜检，见到大量裂殖体、配子体和卵囊也可做出诊断。

防治 用呋喃类、磺胺类或氨丙啉配合健胃药及维生素进行治疗。

在有本病流行的猪场，可在产前产后15d内母猪饲料中，添加抗球虫药物如氨丙啉、癸喹酸酯及磺胺类以预防仔猪感染。猪舍应勤清扫，将猪粪及垫草进行堆积发酵处理；地面可用热水冲洗，可用含氨和酚的消毒液喷洒，并保留数小时或过夜，然后用清水冲去消毒液，这样可降低仔猪的球虫感染率。

8. 犬、猫球虫病 犬、猫球虫病均是由艾美耳科等孢属的球虫寄生在肠上皮细胞内引起出血性肠炎为特征的原虫病。近年来，发现等孢球虫发育过程中有组织囊形成，有文献将其分类为住肉孢子虫科（Sarcocystidae）囊等孢球虫属（*Cystoisospora*），但囊等孢球虫与其他成囊球虫明显不同。本病广泛传播于犬群中，幼犬特别易感，在环境卫生不良和饲养密度较大的养犬场常可发生严重流行。病犬和带虫成年犬是本病的传染源，猫也如此，人也可被寄生。

病原形态

（1）犬等孢球虫（*I. canis*） 寄生于犬的大肠和小肠，具有轻度至中度的致病力。卵囊呈椭圆形至卵圆形，大小为（32~42）μm×（27~33）μm，囊壁光滑，无卵膜孔，孢子发育时间为4d。

（2）俄亥俄等孢球虫（*I. ohioensis*） 寄生于犬小肠，通常无致病性。卵囊呈椭圆形至卵圆形，大小为（20~27）μm×（15~24）μm，囊壁光滑，无卵膜孔。

（3）猫等孢球虫（*I. felis*） 寄生于猫的小肠，有时在盲肠，主要在回肠的绒毛上皮细胞内，具有轻微的致病力。卵囊呈卵圆形，大小为（38~51）μm×（27~39）μm，囊壁光滑，无卵囊孔。孢子发育时间为3d。潜隐期7~8d。

（4）芮氏等孢球虫（*I. rivolta*） 寄生于猫的小肠和大肠，具有轻微的致病力。卵囊呈椭圆形至卵圆形，大小为（21~28）μm×（18~23）μm，潜隐期6d。

生活史 和其他动物的球虫相似。猫、犬是由于食入含孢子化卵囊的食物和饮水而感染；卵囊进入消化道后，子孢子在小肠内脱囊并侵入上皮细胞变为圆形的滋养体；以后核多次分裂进入裂殖生殖期。裂殖体成熟后，裂殖子逸出并侵入正常的上皮细胞继续进行裂殖生殖或形成雄配子、雌配子而进行配子生殖。雄配子有两根鞭毛，能运动，当其游近雌配子时即进入受精形成合子，而后形成卵囊。卵囊进入肠腔，随粪便排出体外。在外界环境中进行孢子生殖变为有感染能力的孢子化卵囊。

症状 1~2月龄幼犬和幼猫感染率高，感染后3~6d，出现水泻或排出泥状粪便，有时排带黏液的血便。轻度发热，精神沉郁，食欲不振，消化不良、消瘦、贫血、脱水，严重者衰竭而死。耐过者，感染后3周症状消失，自然康复。

病理变化 整个小肠出现卡他性或出血性肠炎，但多见于回肠段尤以回肠下段最为严重，肠黏膜肥厚，黏膜上皮脱落。

诊断 根据临床症状（下痢）和在粪便中发现大量卵囊，便可确诊。

治疗 可用药物磺胺六甲氧嘧啶、呋喃唑酮和硝唑尼特等。

预防 搞好犬、猫的环境卫生，用具经常清洗消毒。此外，尚可用磺胺类药物预防。

9. 马球虫病 在马属动物粪便中，很少见到球虫卵囊。临床上病例尤为罕见。已发现的马球虫有3种。鲁氏艾美耳球虫（*E. leuckarti*），卵囊呈卵圆形，大小为（75~88）μm×（50~99）μm，囊壁为深黄色，半透明，有颗粒。卵膜孔明显，卵囊内无外残体。孢子囊的大小为（30~42）μm×（12~14）μm，有内残体。子孢子长约35μm。在20~22℃时孢子化时间为21d。严重感染时，病驹可出现下痢、消瘦等症状，甚至造成死亡。剖检时小肠内有炎性病变。卵囊比重较大，需用糖溶液漂浮进行浮集。

单指兽艾美耳球虫（*E. solipedum*），卵囊呈圆形，亮黄、淡黄色，直径为15~28μm，无卵膜孔，无外残体。孢子囊为椭圆形或卵圆形，大小为5μm×3μm，子孢子为梨形。寄生于马和驴。生活史和致病性不详。

单蹄兽艾美耳球虫（*E. uniungulati*），卵囊卵圆形，亮黄色，大小为（15~24）μm×（12~17）μm。无卵膜孔，无外残体。孢子囊的大小为（6~11）μm×（4~6）μm，有内残体。寄生于马和驴，生活史和致病性不详。

对马属动物球虫病的防治可参阅牛球虫病。

10. 隐孢子虫病 隐孢子虫病是由孢子虫纲真球虫目隐孢科隐孢属（*Cryptosporidium*）的虫体引起的一种人兽共患原虫病。现有文献将其分类为类锥体纲（Conoidasida）隐簇虫目（Cryptogregarinorida）隐孢子虫科（Cryptosporidiidae）隐孢子虫属。各种家畜和实验动物、鸟类及人均可感染隐孢子虫，临床上以腹泻或呼吸困难为特征。我国许多地区相继报道了人、畜、禽的隐孢子虫病。

病原形态 隐孢子虫是Tyzzer（1907）在小鼠胃腺组织切片中首先发现并将其命名为鼠隐孢子虫。此后，人们相继在多种动物体内发现了本虫。由于最初认为隐孢子虫具有宿主特异性，所以迄今为止已命名的隐孢子虫有效种已达40多个，另有120多个基因型。其中有19种和4个基因型为人兽共患。

寄生于人小肠黏膜上皮细胞的隐孢子虫主要有人隐孢子虫（*Cryptosporidium hominis*）和微小隐孢子虫（*Cryptosporidium parvum*），后者除感染人外，在其他哺乳动物常发现尤其是犊牛和羔羊，卵囊呈圆形或卵圆形，大小为5.0μm×4.5μm。感染禽类、鸟类的火鸡隐孢子虫（*C. meleagridis*）和贝氏隐孢子虫（*C. baileyi*），卵囊呈卵圆形或圆形，前者大小为（4.5~6.0）μm×（4.2~5.3）μm，平均5.2μm×4.6μm，寄生于小肠和直肠；后者大小为（6.0~7.5）μm×（4.8~5.7）μm，平均为6.6μm×5.0μm，寄生于泄殖腔、腔上囊和呼吸道各部位。寄生于热带鱼的为鼻隐孢子虫（*C. nasorum*），寄生于爬虫类的为响尾蛇隐孢子虫（*C. serpentis*）。隐孢子虫卵囊均无色，卵囊壁光滑，有裂缝，无卵膜孔、孢子囊和极粒。每个卵囊内含有4个香蕉形的子孢子和1个残体（图13-31）。经电子显微镜观察发现，虫体寄生于宿主黏膜上皮细胞表面微绒毛刷状缘内带虫空泡中，带虫空泡来源于宿主上皮细胞的微绒毛，带虫空泡直接与

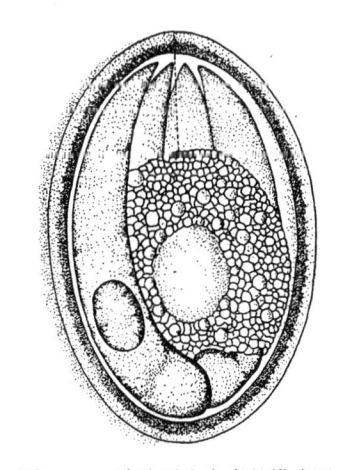

图13-31 隐孢子虫卵囊的模式图
卵囊壁为两层，囊壁上有裂缝。卵囊内有4个香蕉形的子孢子和1个颗粒状的残体

宿主细胞的胞浆膜相连。上皮细胞与虫体紧密结合，致使虫体与宿主细胞相融合。融合区的电子致密度较高，位于基部的虫体表膜反复折叠形成板层状的外观，称此为营养器，因此隐孢子虫的寄生部位是在宿主上皮细胞的细胞膜内和细胞浆膜外。

生活史 隐孢子虫生活史和其他球虫相似，全部生活史需经三个发育阶段（图13-32）。

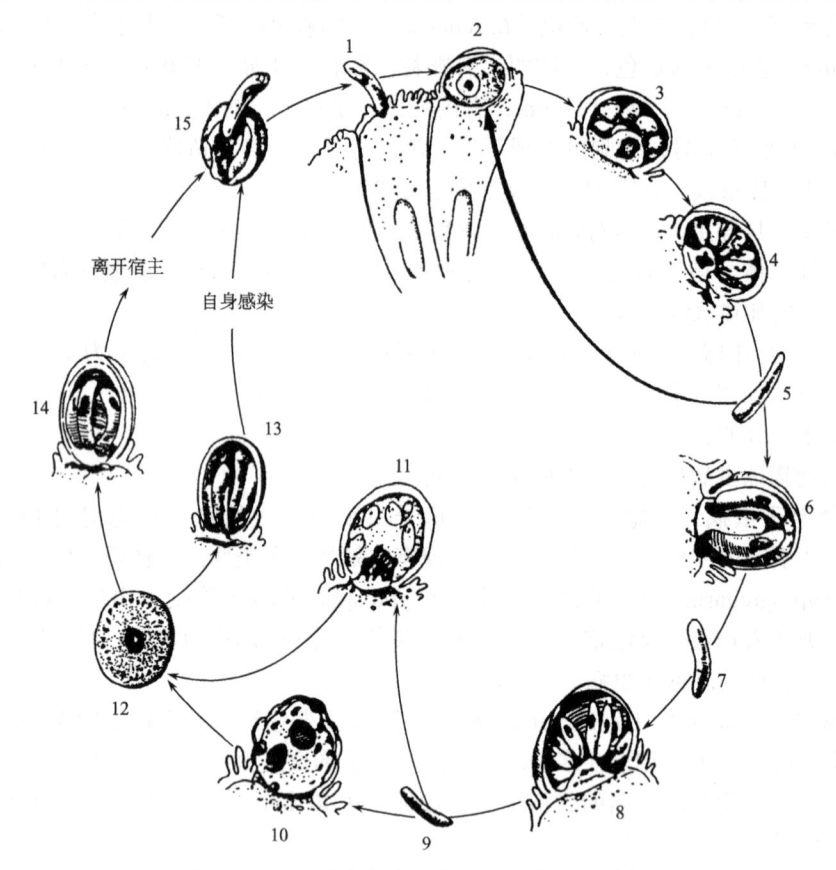

图13-32 贝氏隐孢子虫（C. baileyi）的生活史
1. 子孢子；2. 滋养体；3. 第1代早期裂殖体；4. 第1代发育成熟的裂殖体；5. 第1代裂殖子；6. 第2代裂殖体；7. 第2代裂殖子；8. 第3代裂殖体；9. 第3代裂殖子；10. 大配子体；11. 小配子；12. 合子；13. 薄壁型卵囊；14. 厚壁型卵囊；15. 子孢子自卵囊中脱出

（1）裂殖生殖　孢子化卵囊被吞入后，由于温度作用其内部子孢子活力增强，引起子孢子的运动和位置改变，卵囊壁上的裂缝扩大，子孢子即从裂缝中钻出，以其头端与黏膜上皮细胞表面接触后，发育为球形滋养体。滋养体经核分裂后形成裂殖体。隐孢子虫共有三代裂殖生殖，第1、3代裂殖体内含8个裂殖子，第2代裂殖体内含4个裂殖子。

（2）配子生殖　第3代裂殖子进一步发育为雌、雄配子体。成熟的小配子体含16个子弹形的小配子和1个大残体，小配子无鞭毛。小配子附着在大配子上授精，在带虫空泡中变为合子。合子外层形成囊壁后即发育为卵囊。

（3）孢子生殖　孢子生殖过程也是在带虫空泡中完成的。在宿主体内可产生两种不同类型的卵囊，即薄壁型卵囊（thin walled oocyst）和厚壁型卵囊（thick walled oocyst）。前者占20%，在宿主体内自行脱囊，从而造成宿主的自体循环感染；后者占80%，卵囊随粪便和痰液排至体外，污染周围环境，造成个体间的相互感染。但在众多学者的体外细胞培养和鸡胚培养中，未能观察到薄壁型卵囊。

从感染到排出卵囊所需时间（潜隐期），在不同宿主体内为2～9d，而卵囊排出期（显露期）可持续数天至数周。

流行病学 本病呈世界性分布。近年来，我国多地先后报道了人、畜、禽的隐孢子虫感染病例。隐孢子虫的宿主范围极广，除已报道的人体感染外，尚有黄牛、水牛、马、绵羊、山羊、猪、犬、猫、鹿、猴、兔、小白鼠、鸡、鸭、鹅、鹌鹑、鸽、鱼类和爬虫类等40多种动物均可感染本虫。隐孢子虫寄生于宿主黏膜上皮细胞微绒毛刷状缘带虫空泡中。在哺乳动物，除胃肠道外，也可见于其他器官如胆道、胆囊、胰管、扁桃体等。鸟类常见于泄殖腔、腔上囊和呼吸系统各部位，也见于唾液腺、食道腺、肠、肾脏、结膜囊、输尿管、血管、睾丸及卵巢等部位。

经口吃入卵囊是隐孢子虫的主要感染途径；家禽可经呼吸道感染；以卵囊对仔猪进行气管内注射或结膜囊接种也成功；鸡也有经鸡胚感染的报道。

致病机理及症状 隐孢子虫的致病机理尚未完全阐明，早期报道多作为一种偶然寄生物而非致病因子，直到20世纪70年代中期之后，随着研究的深入，证实隐孢子虫可单独致病，导致黏膜上皮细胞的广泛损伤及微绒毛萎缩。此外，隐孢子虫常作为条件性致病因素，与其他病原体如轮状病毒、冠状病毒、细小病毒、牛腹泻病毒、大肠杆菌、沙门氏菌、禽腺病毒、呼肠孤病毒、新城疫病毒、传染性法氏囊病毒、支原体及艾美耳球虫等同时存在，使病情复杂化。

各种动物和人，尤其是新生或幼龄动物，对隐孢子虫呈高度易感性，但并非所有感染都引起急性发病。正常机体常呈自身限制性或亚临床感染或无症状感染。但在免疫功能低下或受损患者，可迅速繁殖，使病情恶化，成为死因。

家畜隐孢子虫病在临床上常表现为间歇性水泻、脱水和厌食，有时粪便带血。发育滞缓，进行性消瘦和减重，严重者可导致死亡。本病主要危害幼龄家畜，其中以犊牛、羔羊和仔猪发病较为严重。犊牛常发生于1～4周龄，最早为4日龄，最晚为30日龄，病程2～14d，死亡率可达16%～40%。绵羊多发生于5～12日龄，山羊多发生于5～21日龄，病程2～7d，死亡率可达40%。

鸟类和家禽隐孢子虫病的主要临床症状为精神沉郁、呼吸困难、有啰音、咳嗽、打喷嚏、流黏性鼻液。眼排浆液性分泌物。食欲锐减或废绝，体重减轻甚至死亡，有时可见腹泻、便血等症状。隐性感染时，虫体多局限于腔上囊和泄殖腔。

病理变化 尸体消瘦，脱水，肛周及尾部被粪便污染。肠道或呼吸道寄生部位呈卡他性及纤维素性炎症，严重者有出血点。病理组织学变化为上皮细胞微绒毛肿胀、萎缩变性甚至崩解脱落，肠黏膜固有层中淋巴细胞、浆细胞、嗜酸性粒细胞和巨噬细胞增多，在病变部位发现大量的隐孢子虫各阶段虫体。

诊断 由于病史、症状和剖检变化都缺乏明显特征，非病原性诊断还不完善，因此粪检和尸检发现不同发育阶段的虫体是确诊的依据。

（1）黏膜涂片查活虫 在动物死前或死后6h尸体尚未发生自溶之前，取相应器官黏膜涂片，加生理盐水于室温下镜检观察各发育阶段虫体。

（2）黏膜及粪便涂片染色法 在动物死前或死后36h内，取相应器官黏膜涂片或用新鲜稀粪涂片，自然干燥后用甲醇固定10min，然后以改良齐-尼氏染色法或改良抗酸染色法染色，染色后隐孢子虫卵囊在蓝色背景下为淡红色球形体，外周发亮，内有红褐色小颗粒。

（3）粪便漂浮法　取待检粪便加下列漂浮液——饱和蔗糖溶液、饱和白糖溶液、饱和碘化钾溶液、饱和硫酸锌溶液，离心漂浮，取液面膜检查卵囊。

（4）组织切片染色法　在动物生前或死后6h内，取相应器官组织，按常规方法取材，固定和HE染色，于光镜下在黏膜上皮细胞表面的微绒毛层边缘查找虫体。

治疗　目前尚无特效方法。在人医和兽医临床上，曾试用200多种药物，包括广谱抗生素、磺胺类、抗球虫药、抗疟药及抗蠕虫药等，但是大多药物对隐孢子虫治疗效果不佳。2002年，经美国食品药品监督管理局批准硝唑尼特可用于治疗人的隐孢子虫感染，具有较好效果。目前在动物方面已有一些应用报道。此外，有人认为螺旋霉素及高免乳汁可减轻艾滋病患者由隐孢子虫所引起的腹泻症状。盐霉素、磺胺喹噁啉可减少牛粪中的卵囊。由于免疫功能健全宿主的隐孢子虫感染是自身限制性的，因此在无其他病原存在时，采取包括止泻、补液及补充大量丢失的维生素、电解质等的对症疗法和应用免疫调节剂、提高机体非特异免疫力的支持疗法是可行的。

预防　由于目前尚缺乏治疗隐孢子虫病的特效药物，不少人提出采取消毒隔离措施来控制隐孢子虫，但是隐孢子虫卵囊抵抗力很强，在不同实验室保存条件下保存的粪便中的卵囊可保持活力6个月以上，只有在冰冻或65℃加热30min才可杀死卵囊。卵囊对各种消毒剂具有强大的抵抗力，目前所知，只有在5%氨水和10%甲醛溶液中作用18h才死亡。这些方法对集约化饲养业来说缺乏实际意义。尽管如此，用热水处理畜禽饮食器具，采取全进全出制度，饲养场撒布生石灰、石灰乳或用热蒸汽进行彻底消毒及其他环境消毒和卫生防护措施，对防止合并感染或继发感染及控制本病都是必要的和有益的。

二、弓形虫病

弓形虫病是刚地弓形虫（*Toxoplasma gondii*）引起的。这一病原体于1908年由Nicolle和Manceaux在北非突尼斯的啮齿类梳趾鼠（*Ctenodactylus gondii*）体内发现，并正式命名。几乎同时，Splendole也于1908年在巴西一个实验室的家兔体内发现了弓形虫。自此以后，陆续在世界各地的人和动物中发现弓形虫病。我国于20世纪50年代由恩庶氏首先在福建猫、兔等动物体内发现了本病病原体，但直至1977年后才陆续在上海、北京等地发现过去所谓的"无名高热"是由弓形虫引起的，并引起普遍的重视。目前各省（自治区、直辖市）均有本病的存在。

弓形虫病是一种人兽共患病，宿主种类十分广泛，人和动物的感染率都很高。据国外报道，人群的平均感染率为25%~50%，有人推算全世界约1/4的人感染弓形虫。猪暴发弓形虫病时，可使整个猪场发病，死亡率高达60%以上。其他家畜如牛、羊、马、犬和实验动物等也都能感染弓形虫。因此本病给人类健康和畜牧业发展带来很大危害和威胁。

病原形态　弓形虫属真球虫目弓形虫科弓形虫属。目前，大多数学者认为发现于世界各地人和动物的弓形虫都是同一种，但有不同的虫株。

弓形虫在全部生活史中可出现数种不同的形态。

（1）滋养体（trophozoite）　又称速殖子（tachyzoite），呈香蕉形或半月形，一端较尖，一端钝圆（图13-33）。一边较扁平，一边较弯曲。大小为（4~7）μm×（2~4）μm。用吉姆萨染色后可看到胞质呈浅蓝色，有颗粒，核呈深蓝紫色，偏于钝圆一端。用苏木素染色时可见到核膜和核仁。滋养体主要发现于急性病例，在腹腔渗出液及血流中，单个或成对排列，在有核细胞内（单核细胞、内皮细胞、淋巴细胞等）还可见到正在繁殖的虫体，其形状是多样的，有圆形、卵圆形和正在出芽的不规则形状等，有时在宿主细胞的胞质里，许多滋养体簇集在一个囊内称为假囊（pseudocyst）或速殖体。

（2）包囊（cyst，又称组织囊、慢殖体）　呈圆形或椭圆形，外面有一层富有弹性的囊壁，囊内有数个至数千个缓殖子（bradyzoite），故包囊直径大小差别很大，小的仅50μm，大的可达100μm。缓殖子的形态与速殖子相似，仅核的位置稍偏后。电镜下可见整个包囊内的缓殖子之间充满着颗粒状物，包囊多见于脑、眼、骨骼肌、心肌和其他组织内，是虫体在宿主体内的休眠阶段，见于慢性病例。

（3）裂殖体　在终宿主猫的肠绒毛上皮细胞内，早期可见其含有多个细胞核，

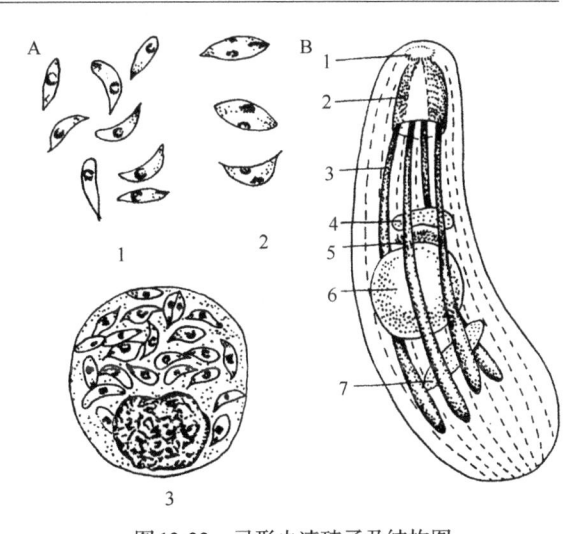

图13-33　弓形虫速殖子及结构图

A.速殖子：1.游离于体液；2.在分裂中；3.寄生于细胞内。B.速殖子结构图：1.极环；2.锥体；3.微线；4.高尔基体；5.高尔基附加体；6.细胞核；7.线粒体

成熟时则含香蕉形的裂殖子，前端较尖，大小为4.9μm×1.5μm，其数目不定，有4~29个，但以10~15个居多，呈扇形排列。

（4）配子体　在猫肠细胞内进行的有性繁殖期虫体，有雄配子体和雌配子体。雄配子体呈圆球形，直径约10μm。用吉姆萨染色后，核呈淡红色而疏松，细胞质呈淡蓝色。发育成熟的雄配子体可形成12~32个雄配子，新月形，长约3μm。雌配子体呈圆形，成熟后称为雌配子，在生长过程中形态变化不大，仅体积增大，可达15~20μm。染色后可见核深红色，较小而致密，细胞质充满深蓝色颗粒。

（5）卵囊　出现于猫肠道中，随粪便排到外界。呈卵圆形，有双层囊壁，表面光滑，大小为（11~14）μm×（9~11）μm，平均为12μm×10μm。孢子化卵囊内含有两个卵圆形的孢子囊，其大小约为8μm×6μm，每个孢子囊内含有4个长形弯曲的子孢子，大小约为8μm×2μm，有残体。在电镜下子孢子构造和滋养体相似。

生活史　弓形虫的整个发育过程需两个宿主，在中间宿主体内的为肠外或组织内循环，属无性生殖。在终宿主体内的为肠上皮细胞内循环，包括无性及有性生殖两个阶段（图13-34）。

（1）在猫体内的发育　成熟的卵囊、包囊或假囊被终宿主吞食后，囊壁被消化，其中的子孢子或滋养体被释放出来，部分可穿入肠壁小血管，在组织细胞中与在中间宿主体内相似，进行内双芽生殖。但更主要的是侵入猫小肠上皮细胞内进行无性生殖和配子生殖。寄生部位可遍及整个小肠，但主要集中在回肠绒毛尖端的上皮细胞。虫体进入细胞后迅速生长，变成椭圆形。继而核反复分裂，至一定数目后即趋向于排列在虫体的边缘，随后胞质也分裂并与每个核结合成为裂殖子，此时称为成熟的裂殖体。裂殖体破裂后，裂殖子散出又可侵入另一个上皮细胞，反复进行裂殖生殖。感染后3~15d，部分裂殖子侵入上皮细胞并发育为配子体。配子体分雌雄两种。雄的数量较少，占全部配子体的2%~4%。雄配子成熟后核即分裂并移向周围，最后形成小配子而脱离母体。小配子借鞭毛自由运动。雌配子体发育过程中形态变化不大，成熟后成为雌配子。雄配子游近雌配子接合而受精为合子，合子发育为卵囊

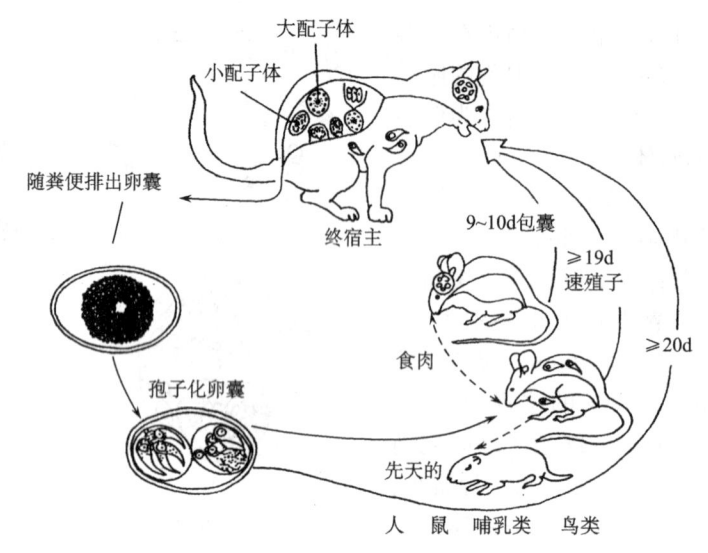

图13-34 弓形虫生活史

随猫粪便排出体外。在外界环境中，在适宜的温度、湿度和充足氧气条件下，2~4d发育为感染性卵囊。

（2）在中间宿主（其他动物）体内的发育　弓形虫的滋养体可以通过口、鼻、咽、呼吸道黏膜和伤口处侵入各种动物和人的体内，如当动物吃到另一动物的肉或乳中的滋养体或包囊而感染。更为普遍的感染途径是动物食入了感染性卵囊污染的食物、饲草、饮水等。弓形虫卵囊中的子孢子主要是通过淋巴、血液循环带到全身各处，钻入各种类型的细胞内进行繁殖。在感染的急性阶段，尚可在腹腔渗出液中找到游离的滋养体。当感染进入慢性阶段时，在动物细胞内形成包囊。包囊有较强的抵抗力，在动物体内可存活数年之久。

流行病学　本病分布于世界各地。动物的感染很普遍，但多数为隐性感染。感染的动物已知有猫、犬、猪、羊、牛、兔、鸽、鸡等40余种。弓形虫病的流行取决于下列因素。

（1）传染来源　主要为病畜和带虫动物，因为它们体内带有弓形虫的速殖子、包囊。已证明病畜的唾液、痰、粪、尿、乳汁、腹腔液、眼分泌物、肉、内脏、淋巴结及急性病例的血液中都可能含有速殖子，如果外界条件有利其存在，就可能成为传染来源。

病猫排出的卵囊及被其污染的土壤、牧草、饲料、饮水等也是重要的传染来源，吞食了患弓形虫病的动物特别是鼠类尸体的猫，经3~20d的潜隐期后，便从粪便中排出大量的卵囊，每天排出10万~100万个，并持续5~14d。这些卵囊在外界短期发育，产生感染各种动物（包括猫）的能力。卵囊抵抗力很强，在低温情况下，未成熟卵囊的存活时间在4℃为90d，-5℃为14d，-20℃为1d。成熟（孢子化）卵囊-5℃为120d，-20℃为60d，-80℃为20d。干燥对卵囊损害很大，相对湿度82%时，孢子化卵囊30d失去感染力，21%时为3d。

弓形虫对消毒剂抵抗力很强，在4℃环境中，滋养体和包囊在下列药品中［0.1%皂、0.01%甲醛、50%乙醇、10%碳酸氢钠、5%石炭酸（包囊）、0.1石%碳酸（滋养体）］可存活15min。

昆虫如蝇类、蟑螂等可机械携带本虫而起传播作用。

（2）感染途径　①经口感染是本病最主要的感染途径。人、各种动物吞入猫粪中的卵囊或带虫动物的肉、脏器，以及乳、蛋中的速殖子、包囊都能引起感染。②经胎盘感染。孕妇及怀孕的母畜感染弓形虫后，通过胎盘使其后代发生先天性感染。③经皮肤、黏膜感染。速殖子可通过损伤的黏膜、皮肤进入人、畜体内。有人认为速殖子经口感染时，也是由损伤的消化道黏膜进入血流或淋巴而感染的。

（3）发病季节　　一般来说，弓形虫病流行没有严格的季节性，但秋冬季和早春发病率最高，可能与动物机体抵抗力因寒冷、运输、妊娠而降低及此季节时外界条件适合卵囊生存有关。据调查，猫在7～12月排出的卵囊较多，温暖潮湿地区感染率也高。

国外一些学者在世界各地对家畜血清阳性率调查结果如下：牛10%～53%，山羊6.2%～60%，绵羊9%～75.3%，猪28%～71%，犬26.3%～85%。

症状

（1）猪　　猪感染3～7d后症状与猪瘟相类似，体温升高到40.5～42℃，呈稽留热型。病猪精神沉郁，食欲废绝或减退，呼吸困难，呈明显的腹式呼吸，呈犬坐式姿势，流浆液性鼻液。皮肤发绀，在嘴部、耳部、下腹部及下肢皮肤出现红紫色的斑块或间有小出血点。有的病猪耳壳上形成痂皮，甚至耳尖发生干性坏死。结膜充血，有眼屎。粪干，以后拉稀；仔猪感染后，临床上常见腹泻，尿少，呈黄褐色。有的病猪出现癫痫样痉挛等神经症状。怀孕母猪感染后，病原体通过胎盘进入胎儿体内，使母猪流产或新生仔猪出现先天性弓形虫病而死亡。

（2）绵羊　　大多数成年羊呈隐性感染，仅有少数有中枢神经和呼吸系统症状。有的母羊无明显症状而流产，流产常出现于正常分娩前4～6周，也有些足月产后死亡的。

（3）牛　　牛弓形虫病较少见。犊牛感染时出现呼吸困难、咳嗽、发热、头震颤、精神沉郁和虚弱等症状，常于2～6d死亡，成年牛在初期极度兴奋，其他症状与犊牛相似。

（4）马　　多为无症状的隐性感染。

（5）犬　　以小犬最严重，但成年犬也有死亡的。症状类似犬瘟热，体温升高，精神沉郁，食欲减退，咳嗽，呼吸困难，眼和鼻有分泌物，黏膜苍白，体质虚弱，运动失调和下痢，早产和流产。

（6）猫　　猫的症状和犬相似。急性病例有持续高热和呼吸困难（肺炎）。据报道猫有脑炎症状和流产的。

（7）人　　多数是无症状的隐性感染。临床上弓形虫病可分为先天性和后天性两类。先天性感染只发生在妇女孕期，即怀孕妇女感染后，虫体经胎盘感染胎儿，可引起流产、死产或产后婴儿出现弓形虫病症状。常见的有脑积水、小脑畸形、脑钙化灶、精神障碍、眼球畸形、脉络膜网膜炎和肝脾肿大合并黄疸等。后天性感染最常见，表现为淋巴结肿大、较硬、有橡皮样感，伴有长时间的低热、疲倦、肌肉不适，部分患者暂时性脾肿大，偶尔出现咽喉肿痛、头痛和皮肤出现斑疹和丘疹。如果弓形虫侵入其他器官则出现相应症状，如心肌炎、肺炎、脑炎等。

病理变化

（1）猪　　肺炎、肺水肿、胸腔积液，肝有坏死点，全身淋巴结髓样肿胀并有坏死点，肠黏膜潮红、糜烂、肥厚，并有出血点、出血斑。有的病例在盲肠和结肠有少数散在的豆大溃疡灶。肾呈黄褐色，常见针尖大的出血点和坏死灶。脾肿大或萎缩，脾髓泥状，滤泡、脾小梁看不清楚，常可见少量粟粒大丘状出血点及灰白色小坏死灶。

（2）牛、绵羊　　可在各组织中发现虫体。

（3）犬　　肺炎病灶，肝肿大并有灰色坏死灶。口腔、胃及肠黏膜可能有溃疡，还能看到淋巴结炎、肾炎、胰腺炎和阴道炎，胸腹腔积水。

（4）猫　　脑有组织学变化，包括脑膜炎症、毛细血管周围淋巴细胞浸润和坏死灶。

诊断　　弓形虫病临床症状、剖检变化与很多疾病相似，在临床上容易误诊。为了确诊需采用病原检查和血清学诊断。

（1）病原检查　　①脏器涂片检查。取肺、肝、淋巴结作涂片，干燥、固定，然后染色镜检；生前血涂片检查；淋巴结穿刺液涂片检查。②集虫法检查。取肺及肺门淋巴结研碎加10倍生理盐水滤过，500r/min离心3min，取上清液再1500r/min离心10min，取沉渣涂片，染色镜检。③动物接种。将受检材料接种于试验动物后，再在试验动物体内找虫体的方法来诊断，以小白鼠做腹腔接种较为方便。

（2）血清学诊断　　①染色试验。取自小白鼠腹水或组织培养所得的游离弓形虫，分别放在正常血清和待检血清中，经1～2h后，取出虫体各加碱性亚甲蓝染色。正常血清中的虫体染色良好，而待检血清中的虫体染色不良则为阳性。这是因为阳性血清中含有抗体，使虫体的胞质性质有了改变，以致染不上色。这个试验要倍比稀释血清，1∶16稀释度认为有诊断意义。本法可用于早期诊断，因为在感染后两周就呈阳性反应，且持续多年。②间接血凝试验。本法简单，易于推广，适合大规模流行病学调查用。猪于发病后一周抗体明显上升，发病后16～21d达高峰，一个月后，抗体逐渐下降，但在4个月后仍可检出阳性反应。③间接免疫荧光抗体试验。与染色试验符合率较高，反应灵敏，制备的抗原可长期保存，操作也较简便，是一种较好的诊断方法。此外，还有补体结合试验、皮内反应、酶联免疫吸附试验及中和试验等均可采用。

防治　　对本病的治疗主要是采用磺胺类药物，大多数磺胺类药物对弓形虫病均有效。应注意在发病初期及时用药，如果用药较晚虽可使临床症状消失，但不能抑制虫体进入组织形成包囊，结果使病畜成为带虫者。此外，乙胺嘧啶、二磷酸氯喹啉和磷酸伯氨喹啉效果也很好。

搞好预防，畜舍保持清洁，定期消毒。阻断猫及鼠粪便污染饲料及饮水。流产胎儿及其他排泄物，包括流产的场地均需进行严格消毒处理。对死于本病的和可疑的动物尸体严格处理，防止污染环境，禁止用上述物品喂猫、犬或其他动物。人特别是孕妇应避免和猫接触，以防感染。

三、肉孢子虫病

肉孢子虫病是由真球虫目肉孢子虫科肉孢子虫属（*Sarcocystis*）的各种肉孢子虫寄生于动物肌肉组织内所引起。其广泛寄生于多种动物如马、牛、羊、猪、兔及鸟类、爬行类和鱼类，偶尔也可寄生于人。家畜（马、牛、羊、猪）感染肉孢子虫后，通常不表现临床症状，即使严重感染，病情也很轻微，但由于大量虫体的寄生，使局部肌肉变色而降低肉品的利用价值，甚至不能食用。

病原形态　　已报道的肉孢子虫已有100种以上，其中常见的有猪肉孢子虫（*S. miescheriana*）、牛肉孢子虫（*S. fusiformis*）、羊肉孢子虫（*S. tenella*）、马肉孢子虫（*S. bertrami*）、兔肉孢子虫（*S. cuniculi*）、鼠肉孢子虫（*S. muris*）及人肉孢子虫（*S. lindemanni*）。过去对肉孢子虫的分类主要根据宿主的种类、囊壁构造和囊体大小。经深入研究发现肉孢子虫并无严格的宿主特异性，可相互感染。同一种虫体寄生于不同宿主中，其形态大小有显著的差异。因此，目前提出的种名，仅是为了方便和习惯，并无确切依据。

通常见到的虫体是寄生于动物肌肉组织间的，与肌纤维平行的包囊状物［称为米氏囊（Miescher's tube）］，呈纺锤形、圆柱状或卵圆形等形状，颜色灰白至乳白；包囊大小差别很大，大的长径可达5cm，横径可达1cm，通常其长径约1cm或更小，小的需在显微镜下才能看到。其大小、色泽与宿主种类、寄生部位、虫体和虫龄有关。囊壁由两层构成，内壁向囊内延伸，构成很多中隔，将囊腔分成若干小室。发育成熟的包囊，小室中含有许多肾形或香蕉形的缓殖子（滋养体），又称为雷尼氏小体（Rainey's corpuscle），长10～12μm，宽4～9μm，一端稍尖，一端偏钝（图13-35）。

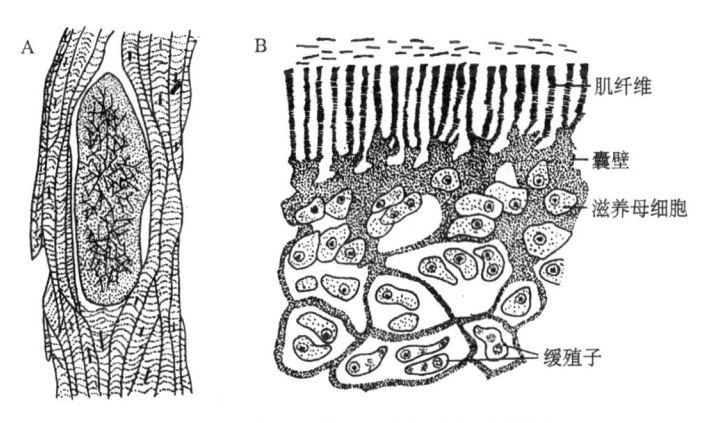

图13-35 寄生牛体内的肉孢子虫详细结构
A. 整体结构（纵切面）；B. 详细结构

生活史 一般认为孢子虫生活史简单，只有无性繁殖期，以二分裂法或裂殖法进行繁殖，后经许多学者的实验研究，发现其生活史与弓形虫类似，发育中必须更换宿主，中间宿主是爬虫类、禽类、啮齿类、草食兽及某些杂食兽等，终宿主是肉食动物如猫、犬、狼、狐、热带蛇及人等。寄生于中间宿主肌肉的"米氏囊"中的缓殖子被终宿主吞食后，在小肠内越过裂殖生殖期，直接发育为有性阶段进行配子生殖，形成大、小配子，进而结合为合子，合子形成卵囊，卵囊在肠壁进行孢子化，每个孢子化卵囊内含有两个孢子囊，其内各形成4子个子孢子。卵囊壁薄而脆弱，常在终宿主肠内自行破裂，因此粪便中常见的为含子孢子的孢子囊。孢子囊被中间宿主吞食后，子孢子经血循环到达各脏器，在血管内皮细胞进行裂殖增殖，裂殖体常见于肾小球，其次为肾上腺、脑、肝、胰腺、脾、淋巴结、小肠及骨骼肌等。进行一代或几代裂殖生殖后，产生的裂殖子再侵入肌纤维内形成"米氏囊"。

流行病学 各种家畜肉孢子虫的感染情况，国内外均有不少报道，但其感染率差异很大。猪的感染情况为广州6.72%，山东60%，甘肃75.1%，河南51.25%；牛的感染情况为河南82.5%，湖南水牛几乎为100%；羊的感染情况为河南53.3%，新疆绵羊64.8%～90.7%。总的流行情况是越是交通发达、家畜及其产品流动量大的地区，其感染率越高。丘陵地区较山区高发，平原地区较丘陵地区高发。

致病作用 对肉孢子虫的致病作用目前尚无一致的权威意见。一般认为致病性非常低。但近来研究证实，犊牛、猪及羔羊经口感染犬粪中相应种类的肉孢子虫的孢子囊后，出现一定的临床症状。例如，用枯氏肉孢子虫感染犊牛，可引起厌食、发热、贫血、恶病质和体重减轻等急性症状，犊牛可以在虫体裂殖增殖期内死亡。猪肉孢子虫对猪有较强的致病力，可致猪腹泻、肌炎、发育不良和跛行。绵羊肉孢子虫可引起羔羊厌食、虚弱甚至死亡，使孕羊呈现高热、共济失调和流产等症状。有的绵羊出现呼吸困难，甚至死亡。

肉孢子虫能产生一种毒素——肉孢子虫毒素，注射0.005mg/kg即能使家兔迅速死亡。有人证实肉孢子虫是引起心脏及其传导系统继发性疾病的原因。感染肉孢子虫的牛、猪和羊肉对小白鼠、家兔有毒性，毒力最强的是牛肉和猪肉，中等毒的是羊肉。

人作为终宿主时，可出现厌食、恶心、腹痛和腹泻，有时有呕吐、腹胀及呼吸困难；人作为中间宿主感染时症状轻微，有时有肌肉疼痛、发热等症状。

病理变化 主要在骨骼肌和心肌，特别是后肢、侧腹及腰部肌肉。严重感染时，肉眼可见大量顺肌纤维方向着生的白色条纹。显微镜下可见肌肉中有完整的包囊，而不伴有炎性反应。包囊内可见到大量缓殖子。

诊断 死后诊断比较容易，可根据在肌肉组织中发现米氏囊而确诊。肉眼可见与肌纤维平行的白色带状包囊。制作涂片时可取病变肌肉压碎，在显微镜下检查香蕉状的缓殖子。近年有人应用枯氏肉孢子虫作为抗原，进行间接血凝诊断牛肉孢子虫病，血清滴度超过1∶162认为是特异性的。

防治 目前尚无特效治疗药物。有人试验伯氨喹加乙氯喹与伯氨喹加乙胺嘧啶交替使用于病牛获得成功。此法可在临床上试用。预防措施主要是在屠宰时将寄生有肉孢子虫的肌肉、脏器和组织剔除烧毁，不使猪和肉食动物有摄食的机会。

四、贝诺孢子虫病

贝诺孢子虫属真球虫目肉孢子虫科贝诺孢子虫属（*Besnoitia*）。其包囊寄生于草食动物的皮下、结缔组织、浆膜和呼吸道黏膜等处。本属中以寄生于牛的贝氏贝诺孢子虫（*B. besnoiti*）的危害性最大，引起皮肤脱色、增厚和破裂，因此称为厚皮病，本病不但降低皮、肉质量，严重时能引起死亡，还可引起母牛流产和公牛精液质量下降，严重威胁养牛业的发展。本病是我国东北和内蒙古地区牛的一种常见病。

病原形态 贝氏贝诺孢子虫的包囊呈近圆形，灰白色的细砂粒样，散在、成团或串珠状排列。包囊直径100～500μm。包囊壁厚，由两层构成，外层厚，呈均质而嗜酸性着色；内层薄，含有许多扁平的巨核；囊内无中隔。包囊中含有大量缓殖子。缓殖子大小为8.4μm×1.9μm，呈新月形或梨籽形，其构造与弓形虫相似。

在急性病牛的血液涂片中有时可见到速殖子［或称内殖子（endozoite）］，其形状、构造与缓殖子相似，大小为5.9μm×2.3μm。

生活史 贝氏贝诺孢子虫生活史和弓形虫相似，终宿主是猫，自然感染的中间宿主是牛、羚羊；实验感染的中间宿主有小鼠、地鼠、兔、山羊、绵羊等。

猫吃了牛体内的包囊而被感染。包囊内的缓殖子在小肠的固有层和肠上皮细胞中变为裂殖体，进行裂殖生殖和配子生殖，最后形成卵囊随粪便排出。在外界适宜条件下，卵囊进行孢子化，形成含有两个孢子囊，每个孢子囊内含有4个子孢子的孢子化卵囊。

牛食入了含有孢子化卵囊的饲料和饮水而感染。在消化道中，卵囊内子孢子逸出，并进入血液循环，在血管内皮细胞，尤其是真皮、皮下、筋膜和上呼吸道黏膜等部位进行内双芽生殖。速殖子由破裂的细胞中逸出，再侵入细胞继续产生速殖子。速殖子消失后，在结缔组织中形成包囊。

本病的流行有一定的季节性，春末开始发病，夏季发病率最高，秋季逐渐减少，冬季少发。吸血昆虫可作为传播媒介。

症状 本病的发生无一定的地区性。初期病牛体温升高到40℃以上；因怕光而常躲在阴暗处。被毛松乱，失去光泽。腹下、四肢，有时甚至全身发生水肿，步伐僵硬，呼吸、脉搏增数。反刍缓慢或停止，有时出现下痢，常发生流产；肩前和股前淋巴结肿大。流泪，巩膜充血，角膜上布满白色隆起的虫体包囊。鼻黏膜鲜红，上有许多包囊，有鼻漏，初为浆液性，后变浓稠，带有血液，呈脓样。咽、喉受侵害时发生咳嗽。经5～10d后，转入脱毛期，病牛主要出现皮肤病变。皮肤显著增厚，失去弹性，被毛脱落，有龟裂，流出浆液性血样液体。病牛长期躺卧时，与地面接触的皮肤发生坏死。晚期，在肘、颈和肩部发生硬痂，水肿消退，此期可能出现死亡。如不死，这一病期持续半个月至1个月，转入后期出现干性皮脂溢出，在发生水肿的部位，被毛大都脱落，皮肤上生一层厚痂，有如象皮和患疥癣病的样子。淋巴结肿大，其内含有包囊。病牛极度消瘦，如饲养管理不当容易发生死亡。在种公牛可发生睾丸炎，初期肿大，后期萎缩，精液质量下降。母牛可发生流产，奶牛产奶量下降。牛群的发病率为1%～20%，死亡率约10%。据有关资料报道，华北、东北的一些省（自治区、直辖市），牛贝诺孢子虫病自然感染率达10.5%～36%，但多数为轻度感染，临床症状不明显，仔细检查，有些病牛眼巩膜上有包囊，有些病牛四肢下部水肿，不愿行动。

诊断 对重症病例，可根据临床症状和皮肤活组织检查便可确诊。在病变部位取皮肤表面的乳突状小结节，剪碎压片镜检，发现包囊或滋养体即可确诊。对轻症病例，可详细检查眼巩膜上是否有针尖大白色结节状的包囊。为了进一步确诊，可将病牛头部固定好，用止血钳夹住巩膜结节处黏膜，用眼科剪剪下结节，压片镜检。这一方法简便易行，检出率高。

防治 目前尚无有效的治疗药物，有人报道用1%锑制剂有一定疗效。氢化可的松对急性病有缓解作用。国外利用从羚羊分离到的虫株，用组织培养制成疫苗可用于免疫。消灭吸血昆虫有助于预防疾病的发生。

五、血孢子虫病

1. 禽住白细胞虫病 鸡住白细胞虫病是由血孢子虫亚目住白细胞虫科住白细胞虫属（*Leucocytozoon*）的原虫寄生在鸡的白细胞（主要为单核细胞）和红细胞内引起的一种血孢子虫病。本病在我国南方及河南、河北、北京比较多发，呈地方性流行，对雏鸡和童鸡危害严重，症状明显，常可引起大批死亡，有时死亡率达91%。对成年鸡危害较轻，发病率低，但能引起贫血和产蛋率下降。

病原形态 我国已发现的鸡住白细胞虫有两种，即卡氏住白细胞虫（*L. caulleryi*）和沙氏住白细胞虫（*L. sabrazesi*）。在北方（河南、河北、北京）发现的是卡氏住白细胞虫。

卡氏住白细胞虫在鸡体内的配子生殖阶段分为5个时期。

第一期：在血液抹片或组织涂片中，虫体游离于血浆中，呈紫红色圆点或似巴氏杆菌两极着色，也有3～7个或更多成堆排列着，大小为0.89～1.45μm。

第二期：其大小、形状和颜色与第一期相似，不同点为虫体已侵入宿主红细胞内，多位于宿主细胞核一端的胞质中，每个红细胞内多为1～2个虫体。

第三期：常见于组织涂片中，虫体明显增大，其大小为10.87μm×9.43μm，呈深蓝色近圆形，充满宿主白细胞的整个胞浆，把细胞核挤在一边，虫体的核大小为7.97μm×0.53μm，中间有一个深红色的核仁，偶有2～4个核仁。

第四期：已可区分出大小配子体。大配子体呈圆形或椭圆形，大小为13.05μm×11.6μm，胞质丰富，呈深蓝色；核居中，较透明，呈肾形、菱形、梨形、椭圆形，大小为5.8μm×

2.9μm，核仁多为圆点状。小配子体呈不规则圆形，大小为8.9μm×9.35μm，较透明，呈哑铃状、梨状，核仁紫红色，呈杆状或圆点状，被寄生的宿主细胞也增大（17.1μm×20.9μm）呈圆形，细胞核被挤压成扁平状。

第五期：其大小和染色情况与第四期没有多大区别，不同点为宿主细胞核与胞质均消失。此期在末梢血液涂片中容易找到。

沙氏住白细胞虫的成熟配子体为长形，大小为24μm×4μm。大配子的大小为22μm×6.5μm，着色深蓝，色素颗粒密集，褐红色的核仁明显。小配子的大小为20μm×6μm，着色淡蓝，色素颗粒稀疏，核仁不明显。宿主细胞呈纺锤形，大小约67μm×6μm，细胞核呈深色狭长的带状，围绕于虫体的一侧。

生活史 鸡住白细胞虫的生活史包括3个阶段：裂殖生殖、配子生殖及孢子生殖。裂殖生殖和配子生殖的大部分在鸡体内完成。配子生殖的一部分及孢子生殖，卡氏住白细胞虫在库蠓体内完成；沙氏住白细胞虫在蚋体内完成。

（1）裂殖生殖 感染卡氏住白细胞虫的库蠓，在鸡体上吸血时，随其唾液把虫体的成熟子孢子注入鸡体内。首先在血管内皮细胞繁殖，形成裂殖体，于感染后第9～10d，宿主细胞被破坏，裂殖体随血液转移到其他寄生部位，主要是肾、肝和肺，其他如心脏、脾、胰脏、胸腺、肌肉、腺胃、肌胃、肠道、气管、卵巢、睾丸及脑部等也可寄生。裂殖体在这些组织内继续发育，到第14～15d，裂殖体破裂，释放出球形的裂殖子。这些裂殖子可以再次进入肝实质细胞形成肝裂殖体；被巨噬细胞吞食而发育为巨型裂殖体；进入红细胞或白细胞开始配子生殖。其肝裂殖体和巨型裂殖体可重复繁殖2～3代。

（2）配子生殖 成熟的裂殖体释放出裂殖子侵入红细胞和白细胞内，形成大配子体和小配子体。当库蠓吸血时，吸入大、小配子体，在其胃壁迅速形成大、小配子。大、小配子结合形成合子，逐渐增长为平均21.1μm×6.87μm的动合子，继而形成卵囊。

（3）孢子生殖 卵囊在消化管内完成孢子化过程，子孢子破囊而出，移行到蠓的唾液腺中，一旦有机会便随唾液进入鸡的血液中，鸡便会发生感染。从大、小配子体进入蠓体内具有感染性的卵囊需2～7d。形成子孢子的最适温度是25℃，在此温度下，2d即可形成。

流行病学 卡氏住白细胞虫的传播者为库蠓，卡氏住细胞虫病的流行和库蠓的活动密切相关。一般气温20℃以上时，库蠓繁殖快，活力强，本病流行也就严重，沙氏住白细胞虫的传播者为蚋，其发病规律也和蚋活动密切相关。鸡住白细胞虫病发病和年龄有一定关系，1～3月龄鸡死亡率最高，随年龄增长，死亡率降低；成年鸡或1年以上的种鸡，虽感染率较高，但发病率不高，血液中虫数较少，大多数呈无病的带虫者。本地土种鸡对本病有一定的抵抗力。

症状 自然病例潜伏期为6～12d，雏鸡和童鸡的症状明显。病初体温升高，食欲不振，精神沉郁，流涎，排白绿色稀粪，突因咯血、呼吸困难而死亡。有的病鸡出现贫血，鸡冠和肉垂苍白。生长发育迟缓，羽毛松乱，两翅轻瘫，活动困难。病程一般数天，严重者死亡。成年鸡主要表现为贫血和产蛋率降低。

病理变化 尸体消瘦，血液稀薄，全身肌肉和鸡冠苍白，肝和脾肿大，有时有出血点；肠黏膜有时有溃疡。

诊断 根据发病季节、临床症状及剖检特征做出初步诊断，再结合血片检查发现虫体时即可确诊。取病料检查，在胸肌、心脏、肝、脾、肾等器官上看到灰白色或稍带黄色的、针尖至粟粒大小与周围组织有明显分界的小结节，将这些小结节挑出压片染色，可看到许多裂殖子。切片检查，取病鸡的肾、脾、肺、肝、心脏、胰、腔上囊、卵囊切片，HE染色镜检，可发现圆形大裂殖体存在部位、数量与眼观病变程度一致。裂殖体直径最大可达408μm。

防治　扑灭传播者——蚋和蠓。在流行季节，对鸡舍内外，每隔6或7d喷洒杀虫剂以减少其侵袭。治疗可用磺胺喹噁啉、磺胺间甲氧嘧啶等。药物治疗和预防应在感染早期进行，最好在疾病即将流行或正在流行的初期进行，可取得满意的效果。

2. 鸡疟原虫病　鸡疟原虫（*Plasmodium gallinaceum*）属血孢子虫亚目疟原虫科（Plasmodiidae），由库蚊、伊蚊传播。在蚊体内的发育过程与鸽血变原虫相似。蚊吸血时，子孢子进入鸡体内，先在皮肤巨噬细胞进行两代裂殖生殖；而后第2代裂殖子侵入红细胞和内皮细胞，分别进入裂殖生殖；红细胞裂殖子也可以进入另外的红细胞内重复裂殖生殖，也可进入内皮细胞进行红细胞外的裂殖生殖；同样内皮细胞中所产裂殖子也可以转为红细胞内的裂殖生殖。最后裂殖子在红细胞内形成大、小配子体；蚊吸食血液时，将带有配子体的红细胞吸入体内，在肠道内形成大配子和小配子，两者结合形成动合子；进而发育为卵囊，卵囊经孢子生殖形成子孢子，子孢子经移行到达蚊的唾液腺内，当再次吸血时，使鸡感染（图13-36）。

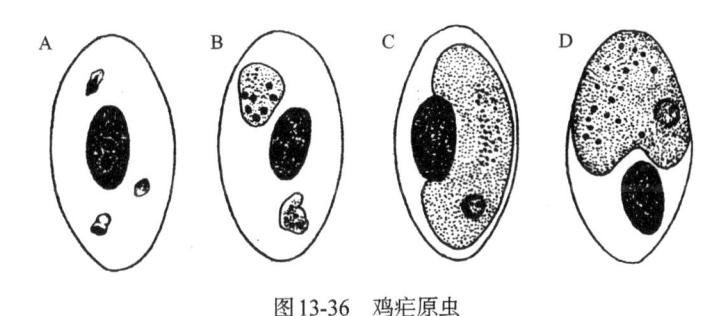

图13-36　鸡疟原虫
A. 滋养体；B. 幼年裂殖体；C. 大配子母细胞；D. 小配子母细胞

3. 鸽血变原虫病　鸽血变原虫（*Haemoproteus columbae*）属血孢子虫亚目疟原虫科，是鸽的血液原虫。配子体寄生于鸽的红细胞内。除鸽外也可感染斑鸠。本病为世界性分布。

病原形态　成熟的配子体为腊肠型或新月状，位于红细胞核的侧方，有的两端呈弯曲状，部分围绕红细胞核，吉姆萨染色后，大配子体胞质呈深蓝色，核为紫红色，色素颗粒为黑褐色，10～46粒，散布于虫体的胞质内，胞质内常有空泡出现。虫体大小为（11～16）μm×（2.5～5.0）μm，核呈圆形或半弧形，位于虫体中部。小配子体形状和大配子体一样，吉姆萨染色后，胞质淡蓝色，大小为（11～24）μm×（2～3.5）μm，核粉红色，疏松（图13-37）。

生活史　其生活史中需两个不同的宿主，其有性生殖包括配子生殖和孢子生殖，在媒介昆虫——虱蝇体内进行。无性生殖在鸽体内进行。

虱蝇在吸食病鸡血液时，将带有配子体的红细胞吸入体内，配子体在消化道中发育为大配子和小配子，两者结合为动合子；动合子移行至中肠壁内形成卵囊，卵囊内直接形成子孢子，并移行至唾液腺。带有子孢子的虱蝇吸血

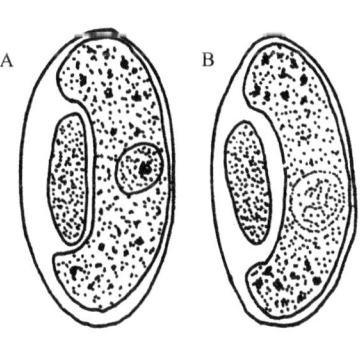

图13-37　鸽血变原虫
A. 红细胞内的雌配子体；B. 红细胞内的雄配子体

时，子孢子随唾液进入鸽血液，并侵入肺、肝、脾、肾等器官的血管内皮细胞中进行裂殖生殖；随后，裂殖子侵入红细胞，变为大、小配子体。

致病作用及症状 其致病性和感染强度有密切关系，轻度感染时症状不明显。严重感染时（血细胞染虫率达50%），可引起贫血，食欲下降，肺、肝、脾炎症充血、肿大。此外，还出现肠炎、腹泻，严重时可导致死亡。

诊断 根据临床症状再结合血片检查发现虫体时即可确诊。

防治 在流行季节，应用菊酯类杀虫剂杀灭虱蝇可有效地防止本病的流行。

六、兔脑原虫病

兔脑原虫病是由兔脑原虫（*Encephalitozoon cuniculi*）引起的一种慢性病，通常呈隐性感染。本病在很多兔场中广泛流行，发病率为15%～17%。在野兔中也有发生兔脑原虫病的报道。

病原形态 兔脑原虫病是在1917年Bull首次发现的，其病原体在1922年由Wright和Craihead检查，1923年Levadit定名为脑原虫（*E. cuniculi*）。1960年Linson等发现它与微粒子虫属（*Nosema*）非常相似，故改名为*Nosema*。1972年Benirschke等对*Encephalitozoon*和*Nosema*进行了对比研究，发现两者的生活史不同，而且超微结构也不同，故又重新恢复使用*Encephalitozoon*这一属名。

兔脑原虫在分类上属微孢子虫纲微孢子虫目微粒子虫科。成熟的孢子呈卵圆形或杆形，长1.5～2.5μm，内有一核及少数空泡。囊壁厚，两端或中间有少量空泡；一端有极体，由此发出极丝，沿内壁盘绕。极丝常自然伸出。孢子可用吉姆萨、革兰氏、郭氏（Goodpasture）石炭酸品红染色。

生活史 目前尚未完全阐明。初步认为，传染性单位是孢子原浆（sporoplasm），其从孢子中释出的部位是极丝末端，孢子原浆进入宿主细胞后即进行增殖，并发育为孢子。随着孢子的成熟和分离，最后宿主细胞破裂，释出孢子，开始新的生活周期。

症状 本病主要通过传染性排泄物传播，也可通过胎盘传播。通常为隐性感染，在运输、气候变化或使用免疫抑制剂时就可出现临床症状。病兔逐渐衰弱，体重减弱，出现尿毒症；严重者呈现神经症状，如惊厥、颤抖、斜颈、麻痹和昏迷。病兔常出现蛋白尿。病的末期出现下痢，后肢的被毛常被污染，引起局部湿疹，在3～5d死亡。

病理变化 病变特征为肉芽肿性脑炎和肉芽肿性肾炎。脑上分布有不规则的肉芽肿病灶，病灶的中心区坏死，周围有淋巴细胞和浆细胞等的浸润。非化脓性脑炎，特别是脑损害相邻区域的非化脓性脑膜炎是本病的特征之一。在肾表现有很多散乱的针尖状白点，或在皮质表现有小的灰色凹陷区。如肾广泛受累及，则表面呈颗粒样外观。显微病变为间质有不同程度的淋巴细胞和浆细胞浸润，同时伴有纤维化及肾小管的变性及扩张，瘢痕常从皮质表面延伸至髓质。虫体常位于髓质部的肾小管细胞内或游离于管腔中。

诊断 由于本病无特征性临床症状，故只能根据病理剖检做出大致诊断。用病理组织学方法在肾发现肉芽肿肾炎和在脑发现肉芽肿性脑炎，并在病变部位找到虫体即可确诊为脑原虫病。

防治 有人用烟曲霉素（fumagillin）治疗本病有效。由于对脑原虫病的传播方式尚缺乏了解，故对本病的控制也缺乏有效的措施。加强一般卫生防疫措施，及时淘汰受感染的幼兔，将有助于本病的预防。

七、卡氏肺孢子虫病

卡氏肺孢子虫病是由卡氏肺孢子虫（Pneumocystis carinii）寄生于肺脏引起的一种原虫病。本病是一种人兽共患病，它既能感染人，也能感染多种动物，如大鼠、小鼠、兔、马、羊、猪、猫、犬及灵长类，动物的感染常是隐性的，没有明显的临床症状和病变，但在使用大量的免疫抑制剂如可的松之后，即可出现临床症状。

病原形态 卡氏肺孢子虫的分类地位尚无定位，在病畜肺组织的涂片和切片上，小滋养体呈圆形或椭圆形，直径大约为1μm，有一个核，胞膜薄而光滑；大滋养体形状不规则，有伪足，具有活动力，胞膜表面较粗糙。包囊前期呈圆形，具单核，壁较厚，体内有散在的染色质团块，大小为5～12μm，含有8个不规则分散的或呈玫瑰花结形排列的小体，可能是子孢子。

生活史 尚未完全阐明，据推测当孢子囊被宿主吞食后，子孢子即逸出，穿过肠壁侵入上皮细胞。在患病动物的肺泡及小支气管的泡沫状分泌物中即可见到卡氏肺孢子虫，体小、单核，呈圆形或长圆形，以二分裂法繁殖，最后形成8个子孢子，这种8核包囊即诊断上的重要依据。

流行病学 本病是以直接传播的方式传播的。有人用患肺孢子虫的患者和病兔的肺组织经鼻内感染健康兔而获得成功，由此证明本病可通过呼吸道感染。也有人报道本病可通过子宫传播，动物的隐性感染也可能是通过胎盘感染的。

症状 动物的卡氏肺孢子虫病的症状不明显。曾有人对大鼠使用可的松后出现了呼吸困难等症状；但另据报道，对兔使用可的松后未出现明显的临床症状。本病多流行于早产儿、婴幼儿及营养不良者，且可出现高热、气促、干咳和呼吸困难等症状，并发生死亡。

诊断 主要依靠对肺细胞的涂片和切片进行检查，当发现肺中有包囊和滋养体时即可确诊。在医学上，可用针头做肺穿刺进行活组织检查，或以患者的气管冲洗物和肺组织作抗原，进行补体结合试验及间接免疫荧光抗体试验。

防治 由于其传播途径未明，故尚缺乏预防措施。有人认为使用磺胺嘧啶和乙胺嘧啶效果很好。但这种疗法可导致骨髓中粒细胞的成熟受到阻碍。可通过补充叶酸素抵抗这种副作用。单独使用任何一种药物效果都不佳。在医学上，用戊烷脒治疗人的卡氏肺孢子虫病有效。

八、猪小袋纤毛虫病

猪小袋纤毛虫是由纤毛虫纲小袋科小袋属的结肠小袋纤毛虫（Balantidium coli）寄生于猪大肠内所引起的原虫病。多见于仔猪，呈现下痢、衰弱、消瘦等症状；严重者可导致死亡。除猪外，也可感染人、牛、羊等，因此本病为一种人兽共患原虫病。本病呈世界性分布，多发于热带和亚热带，在我国的河南、广东、广西、吉林、辽宁等15个省（自治区、直辖市）均有人体感染的病例报道。

病原形态 虫体在发育过程，有滋养体和包囊两种形态。滋养体呈卵圆形或梨形，大小为（30～150）μm×（25～120）μm。身体前端有一略为倾斜的沟，沟的底部为胞口，向下连接一管状构造，以盲端终止于胞浆内。身体后端有肛孔，为排泄废物之用。有一大的腊肠样主核，位于体中部，其附近有一小核。胞质内尚有空泡和食物泡等结构。全身覆有纤毛，胞口附近纤毛较长，纤毛做规律性摆动，使虫体以较快速度旋转向前运动。包囊不能运动，呈球形或卵圆形，大小为40～60μm，有两层囊膜，囊内有一个虫体，在新形成的包囊内，可清晰见到滋养体在囊内活动，但不久即变成一团颗粒状的细胞质，包囊内虫体含有一个大核和一个小核，还有伸缩泡、食物泡。有时包囊内有2个处于接合过程的虫体（图13-38）。

生活史　散播于外界环境中的包囊污染饲料及饮水，被猪或人吞食后，囊壁在肠内被消化，囊内虫体逸出变为滋养体，进入大肠内寄生，以淀粉、肠壁细胞、红细胞和白细胞及细菌作为食物，然后以横二分裂法繁殖，即小核首先分裂，然后大核分裂，最后细胞质分开，形成两个新个体。经过一定时期的无性繁殖之后，虫体进行有性的接合生殖，然后又进行二分裂繁殖。在不利的环境或其他条件下，部分滋养体变圆，分泌坚韧的囊壁包围虫体成包囊，随宿主粪便排出体外。滋养体也可以随宿主粪便排出体外后，在外界环境中形成包囊。

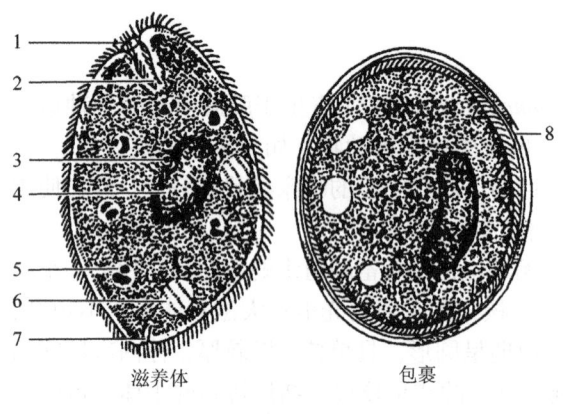

图13-38　结肠小袋纤毛虫
1. 胞口；2. 胞咽；3. 小核；4. 大核；5. 食物泡；
6. 伸缩泡；7. 胞肛；8. 囊壁

包囊抵抗力较强，在-28～-6℃能存活100d，在18～20℃可存活20d。在尿液内可生存10d，高温和阳光对其有杀害作用。包囊在2%克辽林、4%甲醛溶液、10%漂白粉液内均能保持其活力。

致病作用及症状　虫体以肠内容物为食，少量寄生对肠黏膜并无严重损害，但如宿主的消化功能紊乱或肠黏膜有损伤时，小袋纤毛虫就可乘机侵入，破坏肠组织，形成溃疡。溃疡主要发生在结肠，其次是盲肠和直肠。在溃疡的深部，可以找到虫体。

本病多发于冬春季节。常见于饲养管理较差的猪场，呈地方性流行。临床上主要见于2～3月龄的仔猪，往往在断乳期抵抗力下降时，暴发本病。

潜伏期5～16d。病程有急性和慢性两型。急性型多突然发病，可于2～3d死亡。慢性型可持续数月或数周。两型的共同表现是精神沉郁、食欲废绝或减退，喜欢卧地，有颤抖现象，体温有时升高；由于虫体深深地侵入肠壁、腺体间和腺腔内，致使肠黏膜显著肥厚、充血、发生坏死，组织崩溃，发生溃疡；所以临床上病猪常有腹泻，粪便先为半稀，后水泻，带有黏膜碎片和血液，并有恶臭。重剧病例可引起猪死亡。成年猪常为带虫者。

已知有33种动物能感染小袋纤毛虫，其中以猪最为严重，感染率为20%～100%。人感染结肠小袋纤毛虫时，病情较为严重，常引起顽固性下痢，病灶与阿米巴痢疾所引起的相似，结肠和直肠的深层发生溃疡。

诊断　粪便中查到结肠小袋虫滋养体或包囊，结合临床症状即可确诊。尸体剖检时可刮取肠黏膜涂片查找虫体，黏膜上的虫体比内容物上的多。

防治　治疗可用奥硝唑等硝基咪唑类药物，以及土霉素、四环素、金霉素和阿奇霉素等药物。预防应加强饲养管理，保持饲料、饮水卫生，处理好粪便。定期消毒。饲养管理人员也应注意手的清洁卫生，以免遭受感染。猪发病时，及时隔离治疗。

九、新孢子虫病

新孢子虫病是最近发现的一种致死性原虫病。它是由球虫目新孢子虫属的犬新孢子虫

（*Neospora caninum*）寄生于宿主体内而引起的一种原虫病。本病宿主范围广，除犬外，牛、山羊、鹿等多种动物及实验动物均可感染。已发现20多个国家有关于本病的报道。我国目前未见有报道。

病原形态 犬新孢子虫速殖子：卵圆形、月牙形或球形，含1～2个核。在犬体内大小为（4～7）μm×（1.5～5）μm，寄生于神经细胞、血管内皮细胞、室管膜细胞和其他体细胞中。组织包囊圆形或椭圆形，大小不等。一般为（15～35）μm×（10～27）μm，有的长达107μm。组织包囊壁平滑，厚1～2μm，感染时间久厚可达4μm。组织包囊内含缓殖子，大小为（6.0～8.0）μm×（1.0～1.8）μm。包囊壁PAS染色呈嗜银染色，缓殖子间常有管泡状结构。主要寄生于脊髓和大脑中。

生活史 发育过程尚不完全清楚。已知其组织包囊和速殖子能在神经细胞和上皮细胞内发育。胎盘传播是唯一被证实的感染方式。犬新孢子虫组织包囊4℃保存14d仍存活，−20℃ 1d失去感染力。

致病作用及症状 隐性感染的母犬发生死胎或流产。幼犬表现为后肢持续性麻痹、僵直、肌肉无力、萎缩、吞咽困难，甚至心力衰竭。表现脑炎、肌炎、肝炎和持续性肺炎病变。其他动物的症状和病变与此相似。

诊断 犬新孢子虫与弓形虫形态学及临床症状相似，因此通过症状及病原学检查难以区分。目前，主要通过下列方法确诊：①间接免疫荧光抗体试验（IFAT）；②免疫组织化学法；③组织包囊检查，在光镜下新孢子虫的组织包囊仅在神经组织中出现，囊壁厚达4μm，弓形虫的组织包囊可在许多器官中出现，囊壁厚度不到1μm；④超微结构检查。

防治 由于新孢子虫生活史尚不清楚，因此无有效防治办法。可用复方新诺明、乙胺嘧啶等试治。

第三篇

动物寄生虫病实验室诊断技术

动物寄生虫病实验室诊断技术包括病原学、免疫学和分子生物学等诊断技术。其中病原学诊断技术在动物寄生虫感染诊断中发挥重要作用，包括从动物粪便、血液、体表、尿液等病料中查出虫卵（或卵囊、滋养体）、幼虫或成虫等虫体，它是动物寄生虫感染确诊的重要依据。此外，随着现代生物技术的发展，一些免疫学和分子生物学检测技术也用于动物寄生虫感染的检测，可作为寄生虫感染确诊的重要辅助手段。

第十四章　病原学诊断技术

由于多数寄生虫病的症状缺少特异性，仅仅依据临床症状很难做出诊断，剖检变化也是如此，所以很大程度上需依赖于实验室的检查，应用各种检查方法在被检动物的病料（粪、尿、血液等）中，寻找虫卵、虫体或虫体碎片，并依据所发现病原的特征鉴定种类，依据发现病原的数量确定感染强度。一般来说，实验室检查发现寄生虫只能肯定有某种寄生虫感染，还不能确认为致病原因。正确的诊断需要根据临床症状、流行病学特征、病理变化和实验室检查结果综合分析后做出。

第一节　蠕虫病诊断技术

一、粪便检查

多数蠕虫寄生于消化道或与消化道相通的器官（如肝、胰）中，它们的虫卵、幼虫、虫体、虫体节片（碎片）可随宿主粪便排出；即使是那些寄生于呼吸道的蠕虫，它们的虫卵和幼虫随痰液到口腔又被动物咽下也随粪便排出；甚至一些寄生于血液的蠕虫，它们的虫卵也可随血流到达肠壁，并进入肠腔而随粪排出。因此粪便检查在蠕虫病的诊断中具有重要的意义。供粪检的粪便必须是新鲜的而未被污染的，最好由直肠直接采取。

1. 粪便的初检　采用各种镜检方法之前，必须观察粪便的颜色、稠度、气味、黏液多少、有无血液、饲料消化程度，特别应仔细观察有无虫体、幼虫、绦虫的体节等。

2. 粪便中虫体的检查　肉眼检查多用于绦虫和寄生于消化道后部的寄生虫的检查，也可用于测定驱虫药对消化道寄生虫的驱虫效果。

为了发现大型虫体和较大节片，先检查粪便的表面，然后轻轻拨开粪便检查。较小的虫体或节片，可将粪便置于较大的容器中（如玻璃缸、金属桶或塑料桶），加入5~10倍水（或生理盐水），彻底搅拌后静置10min，然后倾去上层透明液，重新加入清水搅拌静置，如此反复数次，直到上层液体透明为止。最后倾去上层透明液，将少量沉淀物放在黑色浅盘（或衬以黑色纸片或黑布的玻璃）中检查，必要时可用放大镜或解剖镜检查，发现虫体用解剖针或毛笔挑出，以便进行鉴定。

3. 粪便中虫卵的检查

（1）**直接涂片法**　首先在载玻片上加50%甘油水或自来水数滴，再以火柴梗或小木棒取粪便少许，与载玻片上的甘油水混合均匀，去掉大块粪渣，将粪液涂成薄膜，其厚度以能透视书报上的字迹为度，然后加盖玻片，置显微镜下检查，检查时应顺序地查遍盖玻片下所有部分。此法简便易行，但检出率低。在虫卵数量不多时，每份粪样必须做3~5片进行检查，才可收到比较好的效果。

（2）**集卵法**　集卵法是利用虫卵和粪渣中的其他成分的比重差别，将较多粪便中的虫卵集聚于小范围内，易于检出，故检查的阳性率比直接涂片法高。集卵法又分沉淀法和漂浮法。

1）沉淀法。利用虫卵比重大于水的特性，取5~10g粪便置于烧杯或其他容器内，先加少量水，充分搅拌将粪捣成糊状，再加自来水适量继续搅拌，通过粪筛或双层纱布滤到另一容器内然后加满自来水，静置15~20min，再倾去上清液。如此反复用水洗沉淀数次，直到上层液体透明为止。最后倾去上清液，用胶头滴管吸取沉淀于载玻片上，加盖玻片镜检。此法可用于比重较大的吸虫卵和棘头虫卵的检查。

2）漂浮法。利用比重大于虫卵的溶液与粪混匀，静置30min，使虫卵集中于液面。液面虫卵可用直径5mm以内的铁丝环蘸取，或静置前即以载玻片或盖玻片与液面接触，静置后取下，镜检。如先用粪筛除去粗渣，再行漂浮效果更好。容器要求口小而深，容积不可过大。取粪量视容器大小而定，漂浮液约为粪量的10倍。在实际工作中应用广泛的漂浮液为饱和食盐溶液（沸水100ml中加食盐38g，使溶解，以纱布过滤冷却后，如有结晶析出即成饱和溶液，其比重为1.18）。线虫卵（后圆线虫卵除外）均可使用这种漂浮。但对比重较大的吸虫卵和棘头虫卵效果较差。为了提高漂浮法的检出效果，用于漂浮的其他漂浮液尚有：饱和硫代硫酸钠溶液（100ml水中溶解175g，溶液保存于15℃以上温度中，当温度为15~18℃时比重为1.370~1.390；20~26℃时比重为1.410）；饱和硫酸镁溶液（100ml水中溶解92g，比重为1.294，可以漂浮后圆线虫卵）；硝酸铅溶液（100ml水中溶解65g，比重为1.50；溶解60g，比重为1.30~1.40）。此外，糖和硝酸钠可根据需要配成多种比重的溶液。现将常见虫卵及漂浮液的比重列于表14-1。

表14-1 常见虫卵及漂浮液的比重

虫卵比重		漂浮液比重		
虫卵种类	比重	漂浮液的种类	100ml水中加入试剂/g	比重
猪蛔虫卵	1.145	饱和盐水	38	1.170~1.190
钩虫卵	1.085~1.090	硫酸锌溶液	33	1.300
猪后圆线虫卵	1.200以上	氯化钙溶液	44	1.250
肝片吸虫卵	1.200以上	硫代硫酸钠溶液	175	1.370~1.390
姜片吸虫卵	1.200以上	饱和硫酸钠溶液	92	1.294
华支睾吸虫卵	1.200以上	饱和硫酸钠	100	1.200~1.400
双腔吸虫卵	1.200以上	甘油		1.226

漂浮法可使虫卵高度浓集，但除特殊需要外，采用比重过大的溶液是不适宜的，因为随溶液比重加入，粪渣浮起增多影响检出，而且由于液体黏度增加，虫卵浮起速度减慢。以上沉淀法或漂浮法，均为使粪液静置等其自然下沉或上浮。如欲节约时间，可将粪便置于离心管内，在离心机内离心，可加速其沉或浮的速度。

3）锦纶筛兜集卵法。用孔径小于虫卵的化学纤维（尼龙、锦纶等）筛绢做成网兜。取几克至10g粪便，加水搅匀，先经粪筛滤去粗渣，滤液再在网兜中淘洗，沥干，以除去色素及其他可溶性物和小于网孔的粪渣。取兜内物涂片镜检。此法操作迅速、简便，适用于体积较大的虫卵（如肝片吸虫卵）的检查。

（3）虫卵计数法　　虫卵计数法可以用来粗略推断动物体内某种或某些蠕虫的感染强度，也可用以判断药物的驱虫效果，虫卵计数的结果常以每克粪便中的虫卵数（EPG）表示。常用的计数方法如下。

1）斯陶尔氏法（Stoll's method）。此法适用于吸虫卵、线虫卵、棘头虫卵和球虫卵囊的计数。在56ml和60ml处有刻度的小锥形瓶或大试管内，先加入0.4%氢氧化钠溶液至56ml

刻度处，再加入被检粪便约4g，使液面上升到60ml刻度处，再放入一些玻璃珠，塞紧容器口，用力振荡，使粪完全散开，然后立即吸取0.15ml粪液，滴于2～3张载玻片上，加盖玻片，在显微镜下顺序统计各种或某种虫卵数。因0.15ml粪液中实际含原粪量为0.15×4/60＝0.01g，因此检出的虫卵数乘100，即每克粪便中的虫卵数（EPG）。

2）麦克马斯特氏法（McMaster's method）。此法先要用两片载玻片做成虫卵计数器，即在一较狭的载玻片上刻长宽各1cm的方格，每一方格内再刻平等线数条，两载玻片间填上1.5mm厚的玻片条，并以黏合剂黏合（图14-1）。

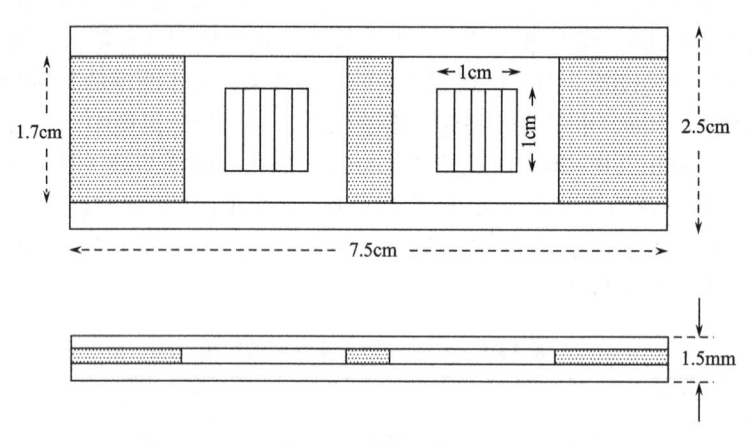

图14-1 虫卵计数室

计数时取粪便2g置研钵中，先加入10ml水，搅匀，再加饱和盐水50ml，混匀后立即吸取粪液充满两个计数室，静置1～2min，镜检计数两个计数室的虫卵数。计数室容积为1×1×0.15＝0.15ml，0.15ml内含粪2÷60×0.15＝0.005g，两个计数室则为0.010g，故数得的虫卵数乘100即每克粪便中的虫卵数（EPG）。此法较为方便，但仅能用于线虫卵及球虫卵囊。

3）片形吸虫虫卵计数法。片形吸虫卵在粪便中数量少、比重大，因此要求采用特殊的方法，而牛、羊又有所不同。

在羊，称取羊粪10g，置于300ml的容量瓶中。加入少量1.6%氢氧化钠溶液，静置过夜。次日，将粪块搅碎，再加入1.6%氢氧化钠至300ml刻度处。再摇匀，立即吸取7.5ml粪液注入离心管内，在离心机内以1000r/min离心2min，倾去上层液体，换加饱和盐水，再次离心后，再倾去上层液体，再换加饱和盐水，如此反复操作，直到上层液体完全清澈为止。倾去上层液体，即将沉渣全部分别滴于数张载玻片上，检查全部的载玻片上的虫卵并计数，以总数乘4，即每克粪便中的肝片吸虫虫卵数。

在进行牛肝片吸虫虫卵计数时，操作步骤同上，但用粪量改为30g。加入离心管中的粪液量为5ml，因此最后计得虫卵总数乘2，即每克粪便中的虫卵数。虫卵计数时应收集24h排出的全部粪便混匀后采样。求出每克粪便中虫卵数乘24h粪量，即全天排卵总数，若再知道每虫每天排卵数就可推算出体内寄生虫体大约数。

虫卵计数的结果常可作为诊断寄生虫病的参考。在马，当线虫卵数量达到500枚/g时为轻感染；800～1000枚/g时为中感染；1500～2000枚/g时为重感染。在羔羊还应考虑感染线虫种类，一般2000～6000枚/g时应认为是重感染；每克粪便中虫卵数达1000枚时，即认为应予驱虫。牛每克粪便中虫卵数为300～600枚时，即应驱虫。在肝片吸虫，牛每克粪便中虫卵数达100~200个时，羊达到300~600个时即应考虑其致病性。

4. 幼虫检查法　有些寄生虫（如网尾科线虫），其虫卵在新排出的粪便中已变为幼虫；类圆属线虫的卵随粪便排出后，在外界温度较高时，经5~12min后即孵出幼虫。对粪便中幼虫的检查虽可用直接涂片或其他虫卵检查法，但若采用下述方法，则检出率可以高得多。

（1）漏斗幼虫分离法　也称贝尔曼法（Baermann's technique）。取粪便15~20g，放在漏斗内的金属筛上，漏斗下接一短橡皮管，管下再接一小试管（图14-2）。

将粪便放于漏斗内铜筛上，不必捣碎，加入40℃温水到淹没粪球为止，静置1~3h。此时大部分幼虫游走于水中，并沉于试管底部。拔取底部小试管，取其沉渣制成涂片显微镜下检查。

（2）平皿法　特别适用于球状的粪便，取粪球3~10个，放于培养皿内或表面玻璃上，加少量40℃温水。10~15min后取出粪球，将留下的液体在低倍镜下检查。

用以上两种方法检查时，可见到运动活泼的幼虫，如欲致其死亡以做较详细的观察，可在有幼虫的载玻片上，滴加卢戈氏碘液，则幼虫很快死去，并染成棕黄色。

5. 粪便内虫卵培养　圆形线虫目虫卵的形态都很相似。有时为了区别这些线虫的种类，常将含有虫卵的粪便加以培养，待其发育为幼虫后，根据幼虫形态加以鉴别。具体方法是将新鲜粪便或水洗沉淀后所收集的粪渣放入培养器内加入适量木炭末及水，拌成糊状，堆成山峰状，使顶部稍高于培养器的边缘，然后加盖，使盖的顶部与粪相接触。置25~30℃条件下，经常保持器内湿度（每天滴加清水），待5~7d后，吸取器盖上的水或器内的水镜检，或用贝尔曼氏装置收集幼虫。

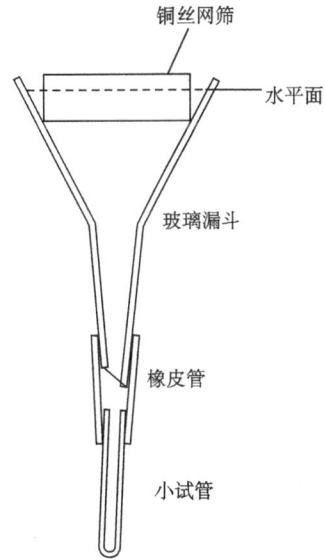

图14-2　贝尔曼幼虫分离装置

镜检新鲜的幼虫，可在载玻片上滴加卢戈氏碘液进行观察，应注意下列各点：幼虫的大小、长宽，虫体某部和整个体长的比例，如食道的长度、尾部的长度和它们的构造（如体细胞的排列、数目、形状等）加以区别。

附：测微法

各种虫卵和幼虫，常有恒定的大小，测量虫卵或幼虫的大小，可作为确定某一种虫卵或幼虫的依据。虫卵和幼虫的测量需要用测微器。

测微器由目镜测微尺和物镜测微尺组成。目镜测微尺是一个可放于目镜中隔环上的圆形玻片，其上有50~100刻度的小尺。使用时，将目镜的上端旋开，将此测微尺放于镜头即可看到一清晰的刻度尺。此刻度并不具有绝对长度意义，而必须通过物镜测微尺换算。物镜测微尺是在一载玻片上，其中央封有一标准刻度尺，一般是将1mm均分成100小格，亦即每小格的绝对长度为10μm。使用时，将其放于显微镜载物台上，调节显微镜使能清楚地看到镜台测微尺上的刻度，移动镜台测微尺，使与目镜测微尺重合，此时即可确定在固定目镜、物镜和镜筒长度的条件下，目镜测微尺每格所表示的长度。其测算方法是：将目镜测微尺和物镜测微尺的零点对齐，再寻找目镜测微尺和物镜测微尺上较远端的另一重合线，算出目镜测微尺的若干格相当于镜台测微尺的若干格，从而计算出目镜测微尺上每格的长度。例如，在用10倍目镜、40倍物镜，镜筒不抽出的情况下，目镜测微尺

> 的44格相当于物镜测微尺的15格（即150μm），即可算出目镜测微尺的每格长度。
>
> 150μm÷44＝3.409μm
>
> 在测量具体虫卵时，可将物镜测微尺移去，只用目镜测微尺量度，如量得某虫卵的长度为24格，则其具体长度为3.409μm×24＝81.816μm，但应注意，以上算得的目镜测微尺换算长度只适用于一定的显微镜、一定的目镜、一定的物镜等条件。更换其中任一因素，其换算长度必须重新测算。

6. 毛蚴孵化法 本法为诊断分体吸虫病特用的方法。在诊断日本分体吸虫病时，诊断工作应在春、夏、秋各季进行，为了提高诊断的可靠性，应采用三粪六检（每头牛采粪3次，每次粪样检查2次）。

在工作前应准备用水。洗粪和孵化用水应选取未经工业污染或化肥、农药污染的，pH在6.8～7.2的水。河水、池水、井水常含有大量水虫，水质较浑，使用前应先杀水虫（加温60℃以上或加漂白粉后待其放出余氯）与澄清（每千克水中加明矾0.06～0.1g）。

取新鲜牛粪100g，置500ml容器内，加水调成糊状，通过40～60目铜筛过滤，收集滤液。在有260目的锦纶筛兜时，可将滤液倒入其内，加水充分淘洗，直到滤出液变清为止，其内粪渣供孵化用。

在没有锦纶筛兜时，可将滤液收集于500～1000ml的量杯中，加水静置20min，待虫卵下沉后，倾去上层液再换入清水；此后每隔15min换水一次，直到水清澈为止。当水温在15℃以上时，第一次换水后，应改用1.0%食盐水洗粪，当水温在18℃以上时，全部改用1.0%食盐水，以抑制毛蚴过早孵出。

将粪渣倒入500ml三角烧瓶内，加入温水（不可用盐水）进行孵化。孵化时外界温度以22～26℃为宜，室温为20℃以上时，即无需加温。孵化时应有一定光线。

样品孵化后，经1h、3h、5h各检查1次，看有无毛蚴在瓶内出现。毛蚴为灰白色、折光性强的菱形小虫，多在距水面4cm以内的水中做水平的或略斜向的直线运动。应在光线明亮处，衬以黑色背景用肉眼观察，必要时可借助放大镜。观察时应与水虫相区别，毛蚴大小较一致，而水虫则大小不一，一般略大于毛蚴。显微镜下观察，毛蚴呈前宽后狭的三角形，前端有一突起，水虫多呈鞋底状。

二、肛门周围刮下物检查

这是诊断马尖尾线虫病的特有方法，采用牛角药匙，蘸取50%甘油水溶液，轻刮肛门周围、尾底和会阴部皮肤表面，将刮下物直接涂布于载玻片上，即可镜检。

三、血液内蠕虫幼虫的检查

有些丝虫目线虫的幼虫可在血液中出现，这些病的诊断就依靠血液中幼虫的发现。检查血中的幼虫可用下列方法。

1）取新鲜血液一滴于载玻片上，覆以盖玻片在低倍镜下检查，可见微丝蚴在其中活动。

2）如血中幼虫量多，可推制血片，按血片染色法染色后检查。

3）如血中幼虫较少，可采血一大滴，在载玻片上略加涂布，待其自然干燥，使结成一层厚血膜，然后将此玻片反转，血膜面向下，斜浸入一小杯蒸馏水中，待其完全溶血，取出晾干，再浸入甲醇中固定10min，晾干后以明矾苏木素染色，待白细胞的核染成深紫色，取出以蒸馏水冲洗1~2min，显微镜下检查。如见染色过深，则应以0.42%盐酸褪色约30s。如染色适度则用自来水冲10min，再以1%伊红染0.5~1min，水洗2~5min，镜检。明矾苏木素由甲乙二液合成：甲液以苏木素1.0g，无水乙醇12ml配成；乙液以明矾1.0g溶于240ml蒸馏水内。使用前以甲液2~3滴加入乙液数毫升中即成。

4）如血中幼虫很少，可采血于离心管中，加入5%乙酸溶液以溶血。待溶血完成后，离心，取沉渣检查。

四、尿液检查

寄生于泌尿系统的寄生虫（如有齿冠尾线虫），其虫卵常随尿液排出，可收集尿液进行虫卵检查。最好采取清晨排出的尿液，收集于小烧杯中，沉淀30min后，倾去上层尿液，在杯底衬以黑色背景，肉眼检查即可见杯底粘有白色虫卵颗粒。虫卵黏性大，如欲将其吸出检查比较困难，须用力冲洗，方能冲下。

第二节 螨病的实验室诊断技术

一、病料的采取

疥螨、痒螨等大多寄生于家畜的体表或皮内，因此应刮取皮屑，置于显微镜下，寻找虫体或虫卵。

刮取皮屑时，应选择患病皮肤与健康皮肤交界处，这里的螨较多。刮取前先剪毛，而后用外科刀，使刀刃与皮肤表面垂直，刮取皮屑，直到皮肤轻微出血为止。为了避免风将刮下的皮屑吹去，可根据所采用检查方法不同，在刀上先蘸一些水、煤油或5%氢氧化钠溶液，这样皮屑就黏附于刀上，将皮屑收集于平皿内即可带回实验室检查。

患蠕形螨病时可用力挤压病变部位，挤出脓液，将脓液涂于载玻片上加盖玻片后镜检。

二、检查方法

1. 直接检查法 在没有显微镜的条件下，可将刮下的干燥皮屑，放于平皿或黑纸上，在日光下暴晒或用热水或炉火等对皿底或底面加热，这时可看到白色虫体在黑色背景上移动。此法仅适用于体形较大的螨（如痒螨）。

2. 显微镜检查法 刮下的皮屑少许，放于载玻片上，滴加煤油或甘油水，加盖玻片后置显微镜下检查。

3. 虫体浓集法 为了在较多的病料中检出其中较少的虫体，提高检出率，可采用此法。先取病料大量于试管内，加入10%氢氧化钠溶液浸泡过夜或于酒精灯上煮沸3~5min，使皮屑溶解。而后待其自然沉淀或离心沉淀，虫体即沉于管底，弃上层液，吸取沉渣，制成涂片镜检。

第三节 原虫病的实验室诊断技术

寄生于动物的病原原虫，根据其寄生部位不同，可分为血液原虫、生殖道原虫、消化道原虫和组织内原虫，它们的病料采集与检查方法也各有不同。

一、血液原虫检查

用消毒过的针头自耳静脉或颈静脉采取血液。本法适用于检查寄生于血液中的伊氏锥虫、梨形虫和住白细胞虫。血液采取后的检查方法有下列各种。

1. 鲜血压滴标本检查 将采出的血液滴于载玻片上,加等量生理盐水,混合均匀后,加盖玻片,立即放显微镜下用低倍镜检查,发现有运动的可疑虫体时,可再换高倍镜检查。冬季室温过低,应先将玻片在酒精灯上或炉旁略加温,以保持虫体的活力。由于虫体未染色,检查时应使视野中的光线弱些。本法适用于检查伊氏锥虫。

2. 涂片染色标本检查 采血,滴于载玻片的一端,按常规推制成血片,并使晾干。滴甲醇2~3滴于血膜上,使其固定,然后使用吉姆萨染色法或瑞特染色法。染后用油浸镜头检查。本法适用于各种血液原虫。

(1) 吉姆萨染色法 取市售吉姆萨染色粉0.5g,中性纯甘油25.0ml,无水中性甲醇25.0ml。先将吉姆萨染色粉置研钵中,加少量甘油充分研磨,再加再磨,直到甘油全部加完为止。将其倒入60~100ml容量的棕色小口试剂瓶中;在研钵中加少量的甲醇以冲洗甘油染液,冲洗液仍倾入上述瓶中,再加再洗再倾入,直至25ml甲醇全部用完为止。塞紧瓶塞,充分摇匀,然后将瓶置于65℃温箱中24h或室温内3~5d,并不断摇动,此即原液。

染色时将原液2.0ml加到中性蒸馏水100ml中,即染液。染液加于血膜上染色30min,后用水洗2~5min,晾干,镜检。

(2) 瑞特染色法 以市售的瑞特染色粉0.2g,置棕色小口试剂瓶中,加入无水中性甲醇100ml,加塞,置室温内,每日摇4~5min,一周后可用。如需急用,可将染色粉0.2g置研钵中,加中性甘油3.0ml,充分摇匀,然后以100ml甲醇,分次冲洗研钵,冲洗液均倒入瓶内,摇匀即成。

本法染色时,血片不必预先固定,可将染液5~8滴直接加到未固定的血膜上,静置2min(此时作用是固定),其后加等量蒸馏水于染液上,摇匀,过3~5min(此时为染色)后,流水冲洗,晾干,镜检。

3. 虫体浓集法 上法虽然可以查到血液中的原虫,但血液中的虫体较少时,则不易查出虫体。为此,常先进行集虫,再进行制片检查。其操作过程是,在离心管中加2%柠檬酸钠生理盐水3~4ml,再加病畜血液6~7ml,混匀后,以500r/min离心5min,使其中大部分红细胞沉降;然后将含有少量红细胞、白细胞和虫体的上层血浆,用吸管移入另一离心管中,并在该血浆中补加一些生理盐水,将此管以2500r/min的速度离心10min,可得到沉淀物。取此沉淀物制成抹片,按上述染色法染色检查。本法适用于伊氏锥虫病和梨形虫病。其原理是锥虫和感染有梨形虫的红细胞比重较小,所以在第一次沉淀时,正常红细胞下降,而锥虫和感染有梨形虫的红细胞尚悬浮于血浆中。第二次离心沉淀时,则将其浓集于管底。

二、生殖道原虫检查

1. 牛胎儿毛滴虫检查

(1) 病料采集 牛胎儿毛滴虫存在于病母牛的阴道与子宫的分泌物、流产胎儿的羊水、羊膜或其第4胃内容物中,也存在于公牛的包皮鞘内,应采取以上各处的病料寻找虫体。由于虫体的鉴定,常以能见到运动活泼的虫体为准,故在采集病料时必须尽可能地避免污染,以免其他鞭毛虫混入病料造成误诊。采集用的器皿和冲洗液等应加热使接近体温,否则虫体骤然遇冷会失去活动力或死亡。冲洗液应采用以玻璃蒸馏装置制备的蒸馏水配制生理盐水，以保证冲洗液中不含金属离子，减少金属离子对虫体的影响。病料采集后应尽快地进行检查。

由母畜采集病料，是取阴道分泌的透明液体，以直接自阴道内采取为好。建议用一根长45cm、直径1.0cm的玻璃管，在距一端的12cm处，弯成一150°角，消毒备用。使用时将管的"短臂"插入受检畜的阴道，另一端接一橡皮管并抽吸，少量阴道黏液即可吸入管内。取出玻璃管，两端塞以棉球，带回实验室检查。

收集公牛包皮冲洗液，应先准备100~150ml加温到30~35℃的生理盐水，用注射器注入包皮腔。用手指将包皮口捏紧，用另一手按摩包皮后部，然后放松手指，将液体收集于广口瓶中待查。

流产胎儿，可取其第4胃内容物、胸水或腹水检查。

（2）检查法　　应将收集到的病料立即放于载玻片上，并防止材料干燥。对浓稠的阴道黏液，检查前最好以生理盐水稀释2~3倍，羊水或包皮洗涤物最好先以2000r/min的速度离心沉淀5min，之后以沉淀物制片检查。未染色的标本主要检查活动的虫体，在显微镜下可见其长度略大于一般的白细胞，能清楚地看到波动膜，有时尚可看到鞭毛，在虫体内部可见含有一个圆形或椭圆形的有强折光性的核。波动膜的发现常作为本虫与其他一些非致病性鞭毛虫和纤毛虫在形态上相区别的依据。

以上收集到的标本，也可以固定染色制成永久性标本，制片方法很多，现介绍其中一种吉姆萨染色法。此法简便，步骤如下：①取含虫的阴道分泌物制成抹片；②尚未干时立即用20%甲醛蒸气固定，需1h左右（即用一培养皿，皿内放些加有20%甲醛的棉花，用两个玻璃棒架于棉花上，将涂片抹面向下，置玻璃棒上）；③取下玻璃片，待干后，用甲醇固定2min；④用吉姆萨染色法染色；⑤水洗，晾干，检查。

2. 马媾疫锥虫检查法　　马媾疫锥虫在末梢血液中很少出现，而且数量也少，因此血液学检查在马媾疫诊断上的用处不大。检查材料主要应采取浮肿部皮肤或丘疹的抽出液，尿道及阴道的黏膜刮取物，特别在黏膜刮取物中最易发现虫体。

采取病料时，浮肿液和皮肤丘疹液用消毒的注射器抽取，为了防止吸入血液发生凝固，可于注射器内先吸入适量2%柠檬酸钠生理盐水。马阴道黏膜刮取物的采取，用阴道扩张器扩张阴道，再用长柄锐匙在其黏膜有炎症的部位刮取，刮时应稍用力，使刮取物微带血液，则其中容易检到锥虫。采取公马尿道刮取物时，应先将马保定，左手伸入包皮内，以食指插入龟头窝中，徐徐用力以牵出阴茎。当阴茎牵出困难时，可用普鲁卡因在坐骨切迹部做阴内神经的传导麻醉，即先以触诊法在肛门下，通过会阴部的软组织确定坐骨结节及阴茎脚间隙的位置，然后用手指将尿道和通过脚间隙的阴茎血管推向侧方，将注射针头于会阴中线侧方直对触知的坐骨切迹缘刺入，如术者站立右侧，则针头由上向下及由右向左地与会阴表面呈60°~70°角刺入，深度一般不超过2.5cm，如此，针头正好避开血管在两阴茎脚间直达坐骨切迹中央，然后注入30%普鲁卡因液20ml，经5min后，阴茎即由包皮内脱出，此时可用消毒的长柄锐匙插入尿道中，刮取病料。

以上所采的病料均可加适量的生理盐水，置载玻片上，覆以盖玻片，制成压滴标本检查；也可以制成抹片，用吉姆萨染液染色后检查，方法与血液原虫检查时所用者同。

也可用灭菌纱布以生理盐水浸湿，用敷料钳夹持，插入公马尿道或母马阴道擦洗后，取出纱布，洗入无菌生理盐水中，将盐水离心沉淀，取沉淀物检查，方法同上。

三、消化道原虫检查

1. 球虫卵囊检查　　一般情况下，采取新排出的粪便，按蠕虫虫卵的检查方法，或直接做成抹片检查，或经过浓集法处理后检查，以提高检出率。应注意，卵囊较小，利用锦纶筛兜浓集时，卵囊能通过筛孔，故应留取滤下的液体，待其沉淀后，吸取沉渣检查。

有时需观察孢子形成后的卵囊，以对不同种的球虫进行区别。为此可将浓集后的卵囊加2.5%重铬酸钾溶液，在25℃温箱中培养，待其孢子形成。

2. 隐孢子虫检查　　标本的采集与球虫相似，但本虫卵囊较小，仅（5～8）μm×（4.5～5.6）μm，因此，常加以染色，以便识别。今介绍抗酸染色法如下。

（1）试剂　　溶液A：石炭酸复红染色液。碱性复红4g、95%乙醇20ml、苯酚8ml、蒸馏水100ml。

溶液B：10%硫酸溶液。纯硫酸10ml、蒸馏水90ml。

溶液C：0.2%孔雀绿水溶液。孔雀绿0.2g、蒸馏水100ml。

（2）操作步骤　　做粪便抹片，待干燥后，滴加溶液A于粪膜上5～10min后水洗，滴加溶液B适量10～25min后水洗，滴加溶液C适量1min后水洗，干燥后油镜检查。

（3）结果　　卵囊呈玫瑰红色，背景为蓝绿色，多呈圆形，染色5～10min，脱色5～10min，可见子孢子，但排列多不规则，而且大多数卵囊呈环状，周围染色，中央淡染，内部结构不明显，多数卵囊壁不能显示。

3. 结肠小袋纤毛虫检查　　当猪等动物患结肠小袋纤毛虫病时，在粪便中可查到活动的虫体。检查时取新排出的粪便一小团，在载玻片上和1～2滴加温的生理盐水混合，挑去粗大的粪粒，覆以盖玻片，在低倍显微镜下检查，即可见到活动的虫体。也可以滴加碘液进行染色。碘液是以碘片2.0g、碘化钾4.0g和蒸馏水100ml配成，虫体经碘液染色后，细胞质呈淡黄色，虫体内含有肝糖呈暗褐色，核则透明。也可用检查毛滴虫时所采用的苏木素染色法染粪抹片，封片保存。

四、组织内原虫检查

有些原虫可以在动物身体的不同组织寄生。一般在死后剖检时，取一小块组织，以其切面在载玻片上做成抹片、触片，或将小块组织固定后做成组织切片，染色检查，抹片或触片可用瑞特染色法或吉姆萨染色法染色。

泰勒原虫病的病畜常呈现局部的体表淋巴结肿大，采取淋巴结穿刺物进行显微镜检查以寻找病原体对本病的早期诊断很有帮助。其法是：首先将病畜保定，用右手将肿大的淋巴结稍向上方推移，并用左手固定淋巴结，局部剪毛，消毒，以10ml注射器和较粗的针头刺入淋巴结，抽取淋巴组织，拔出针头，将针头内容物推挤到载玻片上，涂上抹片，固定，染色（同血片染色法），镜检，可以找到柯赫蓝体。

家畜患弓形虫病时，除死后可在一些组织中找到包囊体和滋养体外，生前诊断可取腹水，检查其中是否存在滋养体。收集腹水，猪只可采取侧卧保定，穿刺部位在白线下侧脐的后方（公畜）或前方（母畜）1～2cm处。穿刺时局部先消毒，将皮肤推向一侧，针头以略倾斜的方向向下刺入，深度为2～4cm，针头刺入腹腔后会感到阻力骤减，随后有腹水流出。有时针头被网膜或肠管堵住，可用针芯消除此障碍。取得腹水可在载玻片上抹片，以瑞特染液或吉姆萨染液染色后检查。

第十五章 寄生虫病的免疫诊断技术

寄生虫作为病原体，其在宿主体内生长、发育和繁殖过程中的代谢产物和虫体死亡崩解产物，都在宿主体内具有抗原作用，从而刺激宿主机体产生相应的抗体。利用抗原抗体间产生的反应，我们便可对寄生虫病或寄生虫感染做出诊断。

寄生虫的免疫反应类似于细菌、病毒及其他病原微生物的免疫反应，不同发育阶段的寄生虫均可产生具有抗原作用的物质，但由于寄生虫虫体结构、寄居部位及发育过程等比较复杂，寄生虫感染的免疫过程也十分复杂，加之抗体形成时间、抗原抗体作用方式、抗原抗体结合的最适时间和条件等均未完全弄清楚，因此以免疫反应作为寄生虫病的诊断手段，就不如借发现病原体来诊断寄生虫病那么可靠。但是当在生前无法证实家畜体内的病原体存在或寻找病原体比较困难的情况下，免疫反应仍被视为诊断寄生虫病或寄生虫感染的有效办法。

尽管寄生虫的免疫反应比较复杂及对寄生虫的免疫研究尚处于初级阶段，但科学技术，特别是免疫学的发展，推动和促进了寄生虫免疫研究的进展。微生物学中所采用的免疫反应和血清学诊断方法，均或多或少地被引用到寄生虫病的工作中来，并建立了染色试验、环卵沉淀反应、环蚴沉淀反应等寄生虫病所特有的免疫诊断方法。一些免疫学研究的新方法、新技术，如体外培养、抗原提纯、酶标记技术、单克隆抗体技术等在寄生虫免疫研究中的应用，更为寄生虫病的免疫诊断研究和应用创造了有利条件。目前，用于寄生虫病免疫诊断的方法已有数十种，其中有些方法已在某些寄生虫病的生前诊断及流行病学调查中得到较为广泛应用。现将对人畜危害较大的寄生虫病的常用免疫诊断方法概述如下。

第一节 皮内试验

皮内试验是利用宿主的速发型变态反应，将特异抗原液注入皮内，观测皮丘及红晕反应以判断有无特异性抗体（IgE）存在的试验。皮内试验使用的抗原多为酸溶性蛋白抗原。本法在棘球蚴病、弓形虫病、旋毛虫病、片形吸虫病、肺吸虫病、血吸虫病、多头蚴病、猪囊虫病、冠尾线虫病、后圆线虫病、蛔虫病、马脑脊髓丝虫病、锥虫病等曾有试用的介绍，具有敏感性高、操作简便、反应和读取结果快速、不需要特殊仪器设备、适宜现场应用等优点。但由于所用抗原不纯等原因，皮内试验存在较严重的假阳性反应和交叉反应，致使本法在寄生虫病诊断中的应用受到限制。近年有人试用纯化抗原做皮试，可望提高本法的特异性。以下为棘球蚴病皮内试验（Casoni试验）方法。

以无菌抽取、过滤的棘球蚴囊液作抗原，动物皮内（最好是颈部）注射0.1～0.2ml，注射后5～10min（最迟不超过1h）在注射部位出现红肿，红肿面积直径达5～20mm者即阳性。试验的同时，在距注射部位一定距离处用等量生理盐水同法注射作对照。在收集的囊液抗原中加入0.5%氯仿防腐，密封保存于冷暗处，可延长抗原使用期，保存期可达6个月。

第二节 沉淀试验

宿主感染寄生虫后，其血清中即含有特异性抗体，此抗体与病原体的抗原相结合而产生沉淀，可由此测定家畜体内是否存在抗体以判定家畜是否感染某种寄生虫。

一、免疫扩散沉淀试验

免疫扩散沉淀试验的原理是当可溶性抗原与其相应的抗体在溶液或凝胶中彼此接触时所产生的抗原抗体复合物，可成为肉眼可见的不溶性沉淀物。可据此进行抗原、抗体的定性及定量分析。但在寄生虫病临床诊断中，多采用已知抗原测抗体以判定被检者血清中是否含有抗体或被某种寄生虫感染。

免疫扩散沉淀试验虽可在玻璃管或毛细玻璃管中进行，但目前大多在凝胶平板中进行。已在寄生虫病诊断上采用的免疫扩散沉淀试验有单相单扩散、单相双扩散、双相单扩散、双相双扩散、琼脂扩散抑制试验、对流免疫电泳和酶标记对流免疫电泳等。

免疫扩散沉淀试验一般都具有比较简单、方便、易行且准确、可靠、重复性好等优点。曾被介绍可以用免疫扩散沉淀试验做诊断的寄生虫病有马媾疫、伊氏锥虫病、巴贝斯虫病、冠尾线虫病、旋毛虫病、片形吸虫病、血吸虫病等。现将家畜锥虫病琼脂扩散试验介绍如下。

1. 材料准备

1）抗原。用液体伊氏锥虫抗原或伊氏锥虫的补体结合反应抗原的原液。

2）标准阴性和阳性血清。用生物制品厂生产的标准锥虫马阴性和阳性血清。

3）被检血清。即受检马血清，使用前不必灭活和稀释。

4）琼脂凝胶平板的制备。取精制琼脂粉1.2g，氯化钠0.9g，蒸馏水100ml，1%硫柳汞1ml（0.01g）及1%甲基橙液4~15滴，放入三角烧瓶内，沸水中加热溶化后即成为1.2%的生理盐水琼脂凝胶。把放凉到50~60℃的凝胶小心地倒在平皿内，使成约5mm厚的琼脂层，即凝胶平板。制凝胶平板时尽量一次倒成，使表面平整，厚薄均匀。待琼脂层凝固后，以直径5~8mm的打孔器在琼脂平板上打孔，周孔距中央孔5~6mm。打孔后，用尖头镊子或解剖针挑出孔中的琼脂块。将平板在酒精灯上不停转动，适当加热，使底部凝胶溶化，封闭孔底即成。暂时不用的平板，保存于普通冰箱中半年有效。

2. 操作方法与结果判定　将平板上各孔编号，用移液管吸取抗原注入中央孔内；然后向周围4孔分别加入待检血清；留下2孔分别加标准阳性和阴性血清。各孔滴加量以加满但不溢出为宜。将平板放在室温（22℃以上）或25~30℃恒温箱中，24h后检查，在抗原孔与被检血清孔之间出现白色沉淀线者为阳性反应，无沉淀线者为阴性反应。

二、活体沉淀试验

活体沉淀试验是寄生虫病所特有的免疫诊断方法。将寄生虫的活幼虫或虫卵放于被检血清内，如果在幼虫或虫卵周围或某一部位形成沉淀，则表示被检者血清内已含有抗体或被检者已受该寄生虫感染。目前，采用这一原理进行寄生虫病诊断的方法有血吸虫病环卵沉淀试验、尾蚴膜反应、蛔虫环幼沉淀试验等。

1. 血吸虫病环卵沉淀试验　血吸虫病环卵沉淀试验是以血吸虫整卵为抗原的特异免疫血清学试验。卵内毛蚴或胚胎分泌排泄的抗原物质经卵壳微孔渗出，与试样血清内的特异抗体结合，可在虫卵周围形成特殊的复合物沉淀。试验时，在载玻片或凹玻片上滴加被检血清一滴，挑取适量鲜卵或干卵（100~150枚，从感染动物肝脏分离）混于血清中，覆以盖玻片，四周用石蜡密封，置37℃恒温24~48h后，低倍镜下检查结果。典型的阳性反应为泡状、指状、片状或细长弯曲状的折光性沉淀物，边缘整齐，与卵壳牢固粘连。阴性反应必须看完全片。阳性者，根据反应卵的百分率和反应强度分别判定：（＋），卵周出现泡状、指状沉淀物的面积小于卵周面积的1/4，片状沉淀物小于1/2，细长曲带状沉淀物不足卵的长径；（＋＋），泡状、指状沉淀物总面积大于卵周面积1/4，片状沉淀物大于1/2，曲带状沉淀物相当或超过卵的长径；（＋＋＋），泡状、指状沉淀物大于卵周面积的1/2，片状沉淀物面积等于或超过卵的大小，曲带状沉淀物超过卵长径数倍。

血吸虫干卵制备方法：取人工感染日本血吸虫的兔肝，捣碎后，经分层过滤，离心沉淀或以胰酶消化肝组织；将所得虫卵悬液加甲醛溶液醛化后，减压低温干燥即成。

2. 尾蚴膜反应 尾蚴膜反应是以尾蚴为抗原的一种血吸虫感染血清反应。试验时，先在载玻片或凹玻片上滴加被检者血清0.05～0.1ml，用细针挑取活尾蚴（逸出10h内）5～20条置于血清中，加盖玻片密封。置湿盒内20～25℃孵育24h后，低倍镜下观察尾蚴表膜是否有膜状免疫复合物形成。被检血清保存4d以上应加入0.1ml补体和适量青霉素。应用冻干尾蚴（室温可保存4～5周）也可获得类似结果。反应结果分级判定：（－），尾蚴体表无胶膜反应，口部或表膜周围可见泡状或絮状沉淀物；（＋），尾蚴体表的全部或局部形成一层不明显的、平滑而有折光的胶状薄膜；（＋＋），尾蚴体表形成一层较厚、有皱褶的透明胶膜或套膜。由于尾蚴的活动，有时可见游离的空套膜。本试验有较高的敏感性和特异性，阳性率可达95%以上，有早期诊断价值。

3. 蛔虫环幼沉淀试验 用人工感染蛔虫的小白鼠，6d后自肺内分离幼虫，经生理盐水洗净后放于数滴被检血清中，置37℃温箱中24h后，如在蛔虫幼虫口部和肛门等处出现泡沫状或颗粒状沉淀物则判为阳性。本法可用于诊断蛔虫幼虫移行期所致的寄生虫性肺炎。

第三节 凝集试验

凝集反应是原生动物等颗粒抗原或表面覆盖抗原的颗粒状物质（如聚苯乙烯胶乳、炭素等），与相应抗体在电解质存在下的成团作用而引起的。在原虫等颗粒性抗原与相应抗体所产生的凝集反应中，参与反应的抗原称凝集原，抗体称为凝集素。

凝集反应的种类很多，但用于寄生虫病免疫反应诊断的凝集试验主要包括直接凝集试验和间接凝集试验，其共同特征是操作简便、反应快速、敏感性高；缺点是容易发生非特异性反应。所以在做凝集试验时，必须设置阴性血清、阳性血清和生理盐水等对照，以排除非特异性凝集。

一、直接凝集试验

直接凝集反应是颗粒性抗原与凝集素直接结合而产生的凝集现象。在寄生虫病直接凝集试验中，所用抗原多为微小原生动物活的虫体，所以也称为活抗原凝集试验。活抗原凝集试验在马、牛伊氏锥虫病，牛胎儿毛滴虫和弓形虫病中曾有应用。以下为伊氏锥虫病活抗原凝集试验的方法。

自感染有伊氏锥虫的实验动物采血，在血液中见有大量虫体时，将所采血以改良阿氏液（葡萄糖2.05g、柠檬酸钠0.8g、氯化钠0.42g、柠檬酸0.055g、蒸馏水100ml）稀释。以在显微镜下450～600倍放大时，每个视野中含虫体30～50个，并见虫体运动活泼，无自然团集现象为准。取被检血清1滴于载玻片上，再加入1滴上述活虫，混匀，置37℃恒温箱中，20～30min后取出镜检。虫体后端相互靠拢，呈菊花状排列，但虫体仍保持活动者即阳性反应。

二、间接凝集试验

间接凝集试验是将可溶性抗原吸附于某些载体表面,在电解质存在的条件下,这些吸附抗原的载体颗粒与相应抗体发生凝集反应。由于是抗原与相应抗体的结合使载体颗粒发生凝集,故称为间接凝集,又称为被动凝集。红细胞是一种常用的抗原载体。用红细胞作抗原载体的凝集反应称为间接血凝试验。如果将抗体吸附于红细胞表面检测抗原则称为反向间接血凝试验,而以定量已知抗原液与血清样本充分作用后测定其对红细胞凝集的抑制程度,则称为间接血凝抑制试验。除红细胞外,聚苯乙烯乳胶、活性炭、皂土、卡红、火棉胶、胆固醇-卵磷脂等,也可用作可溶性抗原的载体,其试验可分别以载体命名,即胶乳凝集试验、碳素凝集试验、皂土凝集试验等。

用间接凝集试验做诊断的寄生虫病有弓形虫病、旋毛虫病、猪囊虫病、血吸虫病、疟疾、锥虫病、肺吸虫病、华支睾吸虫病、棘球蚴病和蛔虫幼虫内脏移行症等。特别是近年来,一些表面带有化学功能基团的载体颗粒的应用,大大提高了凝集试验的稳定性、敏感性和特异性,从而使其应用更加广泛。现分别以某种寄生虫为例,将间接血凝试验、胶乳凝集试验介绍如下。

1. 弓形虫病间接血凝试验

(1)材料准备

1)抗原。用兰州兽医研究所生产的弓形虫间接血凝试验冻干抗原。用于检测人和动物血清或滤纸干血滴中的弓形虫抗体,效价不低于1:1024。用前按标定毫升数用灭菌蒸馏水稀释摇匀,1500~2000r/min离心5~10min,弃去上清液,加等量稀释液摇匀,置4℃左右24h后使用。稀释后称诊断液,4℃左右保存,10d内效价不变。

2)标准阳性和阴性血清。用兰州兽医研究所生产的弓形虫标准阳性血清(效价不低于1:1024)和标准阴性血清。

3)被检血清,即受检的人或动物血清,测定前56℃灭活30min。

4)96(12×8)孔V型有机玻璃(聚苯乙烯)微量血凝反应板。

5)稀释液配制。先配含0.1%叠氮化钠的pH 7.2、0.15mol/L磷酸盐缓冲液(PBS):磷酸氢二钠19.34g,磷酸二氢钾2.86g,氯化钠4.25g,叠氮化钠1.00g,双蒸水或无离子水加至1000ml,溶解后过滤分装,115℃ 15min高压灭菌。

配稀释液:取含0.1%叠氮化钠的PBS 98ml,56℃灭活30min的健康兔血清2ml,混合,无菌分装,4℃保存备用。

(2)操作方法

1)加稀释液在96孔V型反应板上,用移液器每孔加稀释液0.075ml。定性检查时,每个样品加4孔,定量加8孔。

每块板上无论检几个样品,均应设阳、阴性血清对照。对照均加8孔。

2)加样品血清,阳、阴性对照血清,第一孔加相应血清0.025ml。

3)稀释。定性检查时稀释至第3孔,定量检查与对照均稀释至第7孔。定性的第4孔、定量和对照的第8孔为稀释液对照;按常规用移液器稀释后,取0.025ml移入相应的第二孔内,如法依次往下稀释,至最后一孔,稀释后弃去0.025ml。每个孔内的液体仍为0.075ml。

4)加诊断液。将诊断液摇匀,每孔加0.025ml,加完后将反应板置微型振荡器上振荡1~2min,直至诊断液中的细胞分布均匀。取下反应板,盖上一块玻璃片或干净纸,以防落入灰，置22～37℃下2～3h后观察结果。

5）判定。在阳性对照血清滴度不低于1∶1024（第5孔），阴性对照血清除第1孔允许存在前滞现象（＋）外，其余各孔均为（－），稀释液对照为（－）的前提下，对被检血清进行判定。

（3）判定标准

（＋＋＋＋）：100%红细胞在孔底呈均质的膜样凝集，边缘整齐、致密。因动力关系，膜样凝集的红细胞有的出现下滑现象。

（＋＋＋）：75%红细胞在孔底呈膜样凝集，不凝集的红细胞在孔底中央集中成很小的圆点。

（＋＋）：50%红细胞在孔底呈稀疏的凝集，不凝集红细胞在孔底中央集中成较大圆点。

（＋）：25%红细胞在孔底凝集，其余不凝集的红细胞在孔底中央集中成大的圆点。

（－）：所有的红细胞均不凝集，并集中于孔底中央呈规则的最大的圆点。

以被检血清抗体滴度达到或超过1∶64判为阳性，判（＋＋）为阳性终点。

附：滤纸干血滴检查法

1）滤纸干血滴的制作。将被检者的鲜血滴在经0.1%叠氮化钠浸泡后阴干的滤纸上，血纸片面积为10mm×10mm，自然干燥后，打直径3mm的圆纸片4片。

2）加稀释液。被检排加4孔，阴、阳性血清对照排各加8孔。被检排第1孔加0.075ml，其余各孔加0.025ml。阴、阳性血清对照排各孔均加0.075ml。

3）加血纸片、对照血清。将4片血纸片放入相应的第1孔内，3～5min后，在微型振荡器上振荡1～2min，用眼科镊子将洗脱后的纸片取出弃去。第1孔内的液体被纸片吸收0.025ml，还剩下0.05ml。阴、阳性对照血清0.025ml加入相应的第1孔内。

4）稀释。方法同血清检测法。被检排稀释至第3孔，阴、阳性血清对照稀释至第7孔。被检第4孔，对照第8孔为稀释液对照。

5）加诊断液。振荡、温度、时间同血清检测法。

6）判定。对照血清的要求同血清检测法。被检排从第2孔起出现（＋＋）以上判为阳性，但凝集颗粒较血清检测法为粗大。

为慎重起见，用血纸片法检出的恰好在第2孔出现（＋＋）者须用血清法复检，以免误判。

判定标准同血清检测法。

---

2. 旋毛虫病免疫微球（胶乳）凝集试验

（1）材料准备

1）虫体抗原的制备。取人工感染旋毛虫的大白鼠，35～40d剖杀，取其横纹肌用绞肉机绞碎，置人工胃液中39℃消化4～6h，网筛过滤，生理盐水充分洗涤，自然沉降得纯净虫体，冷冻干燥。取冻干虫体100g加5ml 0.1mol/L、pH 7.40 PBS于玻璃组织研磨器内充分研磨，破碎物反复冻融3次，超声波裂解，4℃冰箱过夜。4℃ 15 000r/min高速离心1h，上清液加0.1%叠氮化钠－20℃保存备用。凯氏微量定氮法测蛋白质含量。用时以0.1mol/L、pH 7.40 PBS调整蛋白质浓度。

阳性血清：人工感染旋毛虫35～40d后，采血分离的猪或大白鼠血清。

阴性血清：压片法和消化法检查均未发现旋毛虫寄生的猪或大白鼠血清。

被检血清：宰前采血分离的猪血清。

2）免疫微球（胶孔抗原）的制备。

载体微球的合成：以苯乙烯为单体，在其乳液聚合过程中引入丙烯酸单体，得到表面带有羧基官能团的聚苯乙烯微球。

微球衍生物的制备：于4℃通过碳化二亚胺反应把ε-氨基己酸的氨基与微球表面上的羧基相连接，成为末端带有羧基的微球衍生物。

3）旋毛虫抗原与微球衍生物的偶联。于4℃通过碳化二亚胺反应把旋毛虫抗原的氨基与微球衍生物末端的羧基偶联，经离心洗涤后稀释成一定浓度的悬液，就得到带有旋毛虫抗原的免疫微球诊断试剂（胶乳抗原）。

如上制得的胶乳抗原，在普通冰箱4℃保存5个月，12～15℃保存10d，血清抗体反应的敏感性无显著变化。

（2）操作方法　　先用牙签或火柴棒蘸取待检血清1小滴（4～8μl），置黑底玻璃片上，再滴加1滴（40～50μl）胶乳抗原悬液。用牙签或火柴棒将血清和胶乳抗原悬液搅拌混合成直径2cm左右的圆圈，轻轻旋转摇动玻璃片1～2min，使其充分混合均匀。在10min内，以肉眼观察凝集反应的程度来判定结果。

（3）判定标准　　在判定时间内，呈现明显而清晰可见的凝集颗粒者为阳性；未见凝集颗粒出现，仍为均匀一致乳液状态者为阴性。

每次试验均应用已知阳性和阴性血清作对照。

第四节　酶联免疫吸附试验

酶联免疫吸附试验是应用固相载体的非均质酶标记检测技术，用已知抗原或抗体定性或定量测定特异性抗体或抗原，具有敏感性高、特异性强、稳定可靠、重复性好、成本低、操作简便、适用现场大规模调查等优点。目前，本法已广泛用于旋毛虫病、猪囊虫病、血吸虫病、疟疾等多种寄生虫病的免疫学诊断。

酶联免疫吸附试验的基本原理是通过化学的或免疫学的方法，将酶与抗原或抗体结合起来，使其保持免疫学和生物化学的特性，然后与抗原或抗体反应，形成酶标记免疫复合物。结合在免疫复合物上的酶在遇到相应的底物时，催化其水解、氧化或还原等反应，使生成有色物质，从而示踪被检测的免疫活性物质。酶降解底物的量与显色速率和强度呈正相关，由此即可反应样本中被检测的抗原、抗体的量，从而可定性地，也可定量地检测抗原或抗体。具双重功能的酶结合物既参与高度的免疫反应，又起着生物催化放大作用，使酶联免疫吸附试验获得高敏感的特性；其特异性则取决于所用抗原或抗体的质量与纯度。根据检测要求，试验可分为多种类型，常用的有用于检测抗体的间接法、检测IgM的双抗夹心法、检测抗原的抗体夹心法、以固相抗体检测抗原的竞争抑制法等，现将旋毛虫病酶联免疫吸附试验（间接法测抗体）的方法介绍如下。

一、材料准备

1. 旋毛虫抗原的制备

（1）肌幼虫可溶性粗抗原　　取人工感染旋毛虫40d左右的大鼠或幼猪横纹肌，用绞肉机绞碎后，加入人工胃液（胃蛋白酶0.2%，活性1∶30 000；盐酸0.7%）于40℃消化12～

15h，40目和120目双层筛过滤，用生理盐水洗下12目筛上的虫体于烧杯中，再用生理盐水反复沉淀洗涤获得纯净脱囊肌幼虫。

将虫体悬浮于适量PBS（pH 7.2、0.1mol/L）中于低温冰箱内反复冻融5次，速冻速融；或用CPS-IA型超声波粉碎机间隙超声波粉碎6～10min。所得肌幼虫匀浆置4℃冷浸过夜，次日于4℃ 1000r/min离心沉淀1h，取其上清液即旋毛虫肌幼虫可溶性粗抗原。

抽样部分可溶性粗抗原用PBS适当稀释后，用紫外分光光度计测定蛋白质含量。

抗原内滴加适量（0.1%～0.2%）叠氮化钠，分装于小瓶内置4℃或-20℃保存备用。

（2）抗原的凝胶层析

1）凝胶处理。取SephadexG-200 5g，悬浮于1000ml生理盐水或pH 7.2 PBS中，浸泡3d，中间换液或搅拌，或在沸水中煮沸3～5h，倾去上清液和细粒，补充PBS至原体积，反复进行数次，以达到平衡凝胶。

2）装层析柱。取2.5cm×100cm或3.0cm×60cm层析柱，垂直固定。上接漏斗，下接细塑料管（口径约1.5mm），管口提高到离柱上端10～20cm处。倾去膨胀凝胶上清液，在柱内先加1/3柱高的PBS，在下端PBS自由流出的情况下，将膨胀凝胶小心倒入柱内，逐步装填凝胶至离柱上端5cm左右。

通过蠕动泵输送缓冲液过柱，平衡18h左右。也可将缓冲液瓶放置适当高度，一般高出柱上端15cm左右，以保持稳定的压力和流速。

在装柱过程中，流动通过的PBS量应不少于柱床体积的2倍，流速约为20ml/h。

3）加样洗脱。平衡好的柱床，待PBS即将流至柱面临界处时，将8ml旋毛虫肌幼虫可溶性粗抗原加入凝胶床面（注意不能搅动）。待抗原浸入凝胶床后，用PBS加压洗脱，使粗抗原经凝胶分子筛过滤。分管接收洗涤液，每筛接样3～5ml。流速为12ml/h或6～7滴/min。

4）测蛋白含量。按峰收集各管洗脱液，装入渗透带中，用40%聚乙二醇（分子量为6000～12 000的聚乙二醇409，加蒸馏水至100ml）浓缩后，测定各峰的蛋白质含量。取"B"峰即"B"抗原，加入0.02%叠氮化钠后分装，于-20℃保存备用。

2. 酶复合物的制备

（1）兔抗猪IgG

1）健康猪IgG。

A. 硫酸铵盐析。取健康猪血清30ml，用生理盐水稀释成60ml；搅拌情况下逐滴加饱和硫酸铵60ml，放4℃冰箱过夜。次日，以3000r/min于4℃离心沉淀25min，弃上清，沉淀物再用生理盐水悬浮至30ml。加入饱和硫酸铵15ml室温静置20min，如上离心沉淀，重复2次。弃上清，沉淀物用生理盐水悬浮至5ml，装入透析袋，在电磁搅拌下于4℃对生理盐水透析24h。

B. 交联葡聚糖（Sephadex）G-25脱盐。将透析后的粗提IgG经交联葡聚糖G-25凝胶层析柱洗脱。洗脱过程中，不断用20%磺基水杨酸（磺基水杨酸2g，加蒸馏水至10ml）检查洗脱液，见有白色沉淀时，立即用三角烧瓶接取至无沉淀时为止。将接取的蛋白质溶液放4℃冰箱中备用。若蛋白质的体积过大，可将蛋白质移入透析袋中，置40%聚乙二醇溶液中浓缩；或直接放4℃冰箱中浓缩至10ml左右为宜。将浓缩后的蛋白质液放4℃冰箱中备用。

C. 二乙氮乙基（DEAE）纤维素提纯。将浓缩处理的粗提IgG加入DEAE纤维素层析管内，用pH 7.4、0.01mol/L PBS液洗脱（方法同脱盐法）。洗脱的蛋白质溶液用紫外分光光度法测其蛋白质含量。若蛋白质含量太低，可浓缩至5mg/ml分装，置-20℃冰箱中保存备用。

2）免疫家兔。用弗氏完全佐剂乳化或直接用IgG溶液，采用掌部或背部肌肉多点注射的方法，免疫接种1.5～2.5kg体重的健康白兔3～5只。共免疫4次，间隔7～14d。免疫剂量可从2ml增至20ml。

3）检测效价。免疫动物于最后一次注射8～10d后，从耳静脉采血。用琼脂扩散沉淀试验测其血清效价。等到效价达1∶16以上时，从心脏或颈静脉放血，分离血清，提取抗体。

4）提取兔抗猪IgG。其程序同健康猪IgG的制备方法。

（2）酶标记方法（采用过碘酸钠法） 取辣根过氧化物酶（HRP）5mg，用0.4ml 0.25mol/L、pH 7.8的PB溶解，搅拌情况下加入3%甲醛水溶液（含36%～38%的分析纯甲醛1ml，加蒸馏水11ml）0.1ml，混匀后置室温10min。

加入0.08mol/L过碘酸钠水溶液（过碘酸钠0.085 59g，加蒸馏水5ml）0.5ml，混匀后于4℃放置30min。加入0.4mol/L乙二醇水溶液（精取乙二醇0.1259ml，加蒸馏水至5ml）0.5ml，室温避光放置30min。加入18% NaCl溶液（分析纯NaCl 0.9g，加蒸馏水5ml溶解）0.2ml，于4℃放置10min。加入冰冷无水乙醇6.0ml，混匀后1000r/min离心10min，倾去上清液。加入80%冷乙醇10ml左右混悬沉淀，离心倾去上清液。加入pH 9.6、0.05mol/L碳酸盐缓冲液1ml溶解沉淀物。加入兔抗猪IgG溶液1ml（含IgG 8mg），放置4℃，3～5h。

装入透析袋内于4℃过夜。次日离心去沉淀，加入新鲜配制的KBH_4溶液0.5ml（5mg/ml），放4℃ 18h。加入0.25mol/L KH_2PO_4溶液（分析纯KH_2PO_4 0.17g，加蒸馏水至5ml）0.2ml调pH，按10ml总体积加入30%的甘油，然后加pH 7.2、0.01mol/L PBS至10ml，分装小瓶保存于−20℃备用。

（3）酶复合物稀释度的选择 固定其他条件，将酶复合物作系列倍比稀释进行ELISA。以阳性血清OD值为1.0以上，而阴性血清在0.5以下时的酶复合物稀释度为最适宜稀释度。

（4）酶联葡萄糖A蛋白（HRP-SPA） 可用商品化的HRP-SPA代替酶联第二抗体。

3. 阴性血清 经活组织检查或ELISA测试血清为旋毛虫阴性的健康猪血清。

4. 阳性血清 间隔7d共4次感染肌旋毛虫的小猪，初次感染后40～80d采血分离血清。

5. 底物及终止液 所采用辣根过氧化物酶的底物为磷苯二胺（OPD）-H_2O_2。终止液为2mol/L H_2SO_4（分析纯液H_2SO_4 11.8ml，加蒸馏水至100ml）。

二、试验步骤

用pH 9.6 0.05mol/L碳酸盐缓冲液将层析"B"峰抗原稀释为5μg/ml，包被40孔聚苯乙烯塑料板，每孔0.2ml，放入湿盒中置4℃过夜达18h。

次日取出反应板，甩去抗原液，加入洗涤液，静置3～5min后甩去洗涤液，再加入洗液洗涤3次后，加入1∶200稀释的被检血清及阳、阴性对照血清0.2ml，放入37℃孵育1h。

如上洗涤后加入底物0.2ml，放入37℃孵育30min。

加入0.05ml 2mol/L H_2SO_4溶液中止反应，肉眼观察反应液中的色泽后测定OD值。

三、结果判定

1. 肉眼观察 在反应终止后，于白色背景上肉眼观察各反应孔中所呈现的色泽，并与阴性及阳性对照血清孔做比较。凡试验血清凹孔中颜色明显深于阴性对照血清孔，呈鲜艳棕黄色者为阳性反应，反之为阴性反应。以能产生阳性反应的血清最高稀释度为该份血清的终点滴度。

2. 测定OD值 将反应板置于酶联免疫检测仪上，直接测每份血清的492nm波长的OD值。凡被检血清OD值高于阴性对照血清平均OD值2倍以上者即阳性反应。

附：试剂配制

1）包被液（pH 9.6、0.05mol/L碳酸盐缓冲液）：取碳酸钠1.59g，碳酸氢钠2.93g，溶于1000ml蒸馏水中即成。

2）洗涤液、稀释液（pH 7.2、0.05%吐温20的PBS）：磷酸氢二钠（$Na_2HPO_4 \cdot 12H_2O$）2.9g，磷酸二氢钾0.2g，氯化钠8g，氯化钾0.2g，吐温20 0.5ml，溶于1000ml蒸馏水中即成。

3）底物液（pH 5.0磷酸盐-柠檬酸缓冲液）：由0.1mol/L柠檬酸液（柠檬酸21.8g，加蒸馏水至1000ml溶解）24.3ml与0.2mol/L磷酸氢二钠液（$Na_2HPO_4 \cdot 12H_2O$ 717g，加蒸馏水至1000ml）25.7ml混合而成。临用前将40mg邻苯二胺溶于此缓冲液中，并加入30% H_2O_2 0.15ml。

4）pH 7.2、0.01mol/L PB。

甲液：0.2mol/L磷酸二氢钠。取$NaH_2PO_4 \cdot 2H_2O$ 31.2g，加水至1000ml。

乙液：0.2mol/L磷酸二氢钠。取$Na_2HPO_4 \cdot 12H_2O$ 71.6g，加水至1000ml。

取甲液28ml加乙液72ml，再加蒸馏水至2000ml即pH 7.2、0.01mol/L PB。

5）pH 7.4、0.01mol/L PB：取甲液19ml加乙液81ml，加蒸馏水至2000ml即成。

6）pH 7.2、0.01mol/L PB：由甲液28ml和乙液72ml加NaCl 15.2g，再加蒸馏水至2000ml混合溶解而成。

7）pH 7.8、0.25mol/L PB：取0.5mol/L NaH_2PO_4溶液（分析纯NaH_2PO_4 0.34g，加蒸馏水5ml溶解）0.74ml加0.5mol/L磷酸氢二钠溶液（$Na_2HPO_4 \cdot 12H_2O$ 1.254g，加蒸馏水至7ml溶解）6.43ml，再加蒸馏水7.14ml混匀即成。

第五节 补体结合试验

目前，许多血清学技术已用于巴贝斯虫病的诊断，如补体结合（CF）试验等。CF试验在一些国家中被作为进口马检疫的首选试验。由于CF试验不可能检出所有感染的动物，尤其是对经治疗的动物，而且一些血清会产生抗补体反应，所以目前还采用间接免疫荧光试验作为辅助试验。

一、抗原制备

用等量的阿氏液作为抗凝剂。从有一定反应（驽巴贝斯虫血症达3%~7%，马巴贝斯虫血症达68%~85%）的马采血。当红细胞沉到瓶底时移去血浆和抗凝剂混合物的上清液及淡黄色的液体，收集红细胞，用冷的巴比妥缓冲液洗涤数次，并使之破裂。将溶解物经过30 000g离心30min后，收集抗原。

所收集的抗原用冷巴比妥液离心（20 000g，15min）洗涤数次。加入聚烯吡酮（1%~5%质量体积比）作为稳定剂，然后在磁性搅拌器上混合30min，用两层无菌纱布过滤，分装成2ml/瓶，冻干保存。抗原在-50℃以下可保存数年。

二、试验步骤

1）每批抗原应该用已知特异性和效力的标准抗血清作特异性和效力检测，用初步棋盘滴定法测定抗原的最适稀释度。

2）待检血清60℃下灭活30min（驴和骡血清62℃灭活35min），并在1∶5～1∶5120的浓度下进行试验。试验用稀释溶液采用巴比妥缓冲液。

3）用分光光度计测定50%溶血量（CH_{50}），以制备补体。试验采用补体为$3.125CH_{50}$溶血系统，包含3%绵羊红细胞悬液和等量的含有5个最小溶血量（MHDS）的溶血素（介体）的巴比妥液。

4）试验在微量滴定板上进行，试验总体积为0.125ml，其中包含等份的（0.025ml）抗原、补体（$3.125CH_{50}$）和稀释血清。在37℃下孵育30min。

5）加入双份（0.05ml）溶血系统，37℃振荡培育30min。

6）将反应板于200g离心1min，然后在镜面上读数。

7）50%的红细胞溶解计为血清阳性，50%红细胞溶解时的血清最高稀释度即血清滴度，将1∶5的血清滴度定为阳性。每次试验都应设对照（阳性和阴性血清），同时对照抗原应来自正常（未感染）马的红血球。

发生抗补体反应的样品用间接免疫荧光试验检测。驴血清常发生抗补体反应。

第六节　间接免疫荧光试验

间接免疫荧光试验已成功地用于马巴贝斯虫和驽巴贝斯虫感染的鉴别诊断。对强阳性反应的判定比较简单，但对弱阳性和阴性反应之间的鉴别，则需有很丰富的实际操作经验。

一、抗原制备

制备抗原的血液从虫血症正在加剧（理想的含虫量是2%～5%）的马采集。带虫动物由于已产生抗体，不适合制造抗原。血液（约15ml）收集在235ml、pH 7.2的PBS液中。红细胞用冷的PBS冲洗3次（4℃，1000g离心10min），去掉上清液和白细胞层。末次洗涤后，沉积红细胞用含4%牛血清白蛋白成分的PBS配制成正常体积。例如，初始沉积红细胞体积为30%，1/3为红细胞，如初始红细胞体积为15ml，那么5ml沉积红细胞加10ml 4%牛血清白蛋白，组成抗原。混匀后，抗原用加样器或注射器加到制成的玻璃板孔内。或者将红细胞均匀地涂在载玻片上，保持适当厚度。干燥后，用软纸包好，放入塑料袋并密封或用铝箔包好，−20℃贮存，可保存一年。

二、试验步骤

1）每一份血清样品都用经巴贝斯虫和马巴贝斯虫两种抗原检测。

2）用前，从−20℃取出抗原涂片，37℃孵育10min。

3）从保护物中取出抗原片，用冷的丙酮（−20℃）固定1min。

4）涂片制备好后，划成小方块（数量为14～21块，2～3排，每排7块）。

5）试验时，阳性和阴性对照血清用PBS液从1/80～1/1280依次稀释，每次试验设阴性和阳性对照。

6）向玻璃板抗原片上的不同方块中滴加适当稀释度的血清（每孔10μl），37℃孵育30min，用PBS液洗涤数次，最后用水洗1次。

7）玻璃板上滴加结合了异硫氰酸盐荧光素的兔抗马免疫球蛋白，孵育和洗涤条件同前。

8）最后一次洗涤后，用50%甘油PBS液2滴封片，加上盖玻片。

9）对玻璃板做荧光性寄生虫检查。1∶80或以上稀释的血清出现强烈荧光时，判为阳性。同时设阴性和阳性对照，观察时，要考虑对照的荧光强度。

第七节 染色试验

染色试验是弓形虫病所特有的免疫血清反应诊断方法，其原理是弓形虫在与阴性血清作用后仍能被碱性亚甲蓝染液所深染，但与阳性血清（抗体）作用后则不着色或着色很淡。这种抗体称为胞质改变抗体，其在辅助因子参与下，可使弓形虫胞质中本来可以被着色的成分消失，据此便可判断被检者血清中是否含有弓形虫抗体。本法的优点是特异性强，感染后数天即可出现这种抗体，可用于早期诊断。但本法所用抗原为活虫，欠安全，并且辅助因子的获得较困难。

一、材料准备

1. 抗原制备 采取人工感染弓形虫72h后的小白鼠腹水，加生理盐水反复离心洗涤2～3次（3000r/min，10min/次）后，用生理盐水混悬稀释至400～600倍镜检时，每个视野含虫体30～40个，即每毫升混悬液含弓形虫约500万个。

2. 辅助因子 辅助因子即健康人血清。并非每个健康人的血清都含有这种辅助因子，须预先经过测试，大约6个人中有一个人适用。测试方法是取上述抗原0.12ml，加待测血清0.08ml，混合后于37℃水浴中作用1h，冷却，加入碱性亚甲蓝液0.1ml，混匀，静置10min，吸出镜检100个游离虫体，若90个以上虫体着色则该血清可用。

3. 碱性亚甲蓝溶液 亚甲蓝饱和乙醇溶液（约为1.48%）1份，加pH 11的缓冲液9份混合即成［pH 11的缓冲液为0.53%碳酸钠（Na_2CO_3）溶液97.3ml，加1.91%硼砂（$Na_2B_4O_7 \cdot 10H_2O$）溶液2.7ml］。

4. 被检血清 采血分离的待检动物血清，用前置56℃水浴中30min灭活。

二、试验步骤

将被检血清用生理盐水做倍比稀释至1∶256，然后各取0.1ml分别置试管内，各加辅助因子（健康人血清）0.2ml，再加抗原0.1ml。置37℃温箱中12h，取出待冷；加碱性亚甲蓝溶液2～4滴，振荡5～6min后，分别镜检计数各管内100个游离虫体的着色与未着色的比例，判定结果。另设阳性对照和阴性对照管，前者以阳性血清代替被检血清并同样稀释，后者以生理盐水代替被检血清。

三、判定标准

在阳性对照虫体全部不着色、阴性对照90%以上虫体着色的情况下，对被检血清管进行判定。以未着色虫体在60%以上为阳性，40%～59%为可疑；39%以下为阴性。对猪弓形虫病，当1∶（16～32）呈阳性时为可疑，1∶64为阳性时判定该猪为已受感染。

附：寄生虫标本的采集、制作和保存

1. 吸虫的采集、固定与制片

（1）采集　吸虫宜用弯头针、弯头镊、毛笔挑取，小型的可以吸管吸取，不可以镊子夹取，以免损伤虫体，影响观察。体表附着的污物应该放在生理盐水中以毛笔轻轻刷去，或于密闭容器中开口充分振荡，除去污物。吸虫的肠内容物过多时，可在生理盐水内放置过夜，待其食物消化或排出。这种洗净而尚未固定的虫体是半透明的，应先镜检观察。

（2）固定　在制作染色封片标本之前，须先把虫体压薄、固定。常用的固定方法如下几种。

1）饱和升汞乙酸溶液固定法。将放在生理盐水中伸张好的吸虫，放入加温至60~70℃的饱和升汞乙酸溶液（饱和升汞98ml，加冰醋酸2ml）中，固定后将虫体移入50%乙醇中，洗去升汞液。然后再移入75%含碘乙醇液中。2~3h后，再换到70%乙醇中长期保存。

2）劳氏摇动法固定。此法适用于小型吸虫，将小型吸虫放入盛满生理盐水的试管中，摇动3min，使虫体下沉，倒去一半盐水，加入等量饱和升汞乙酸液，再摇1min，移入纯饱和升汞液中15~30min，再移入75%含碘乙醇液中，至不褪色，然后放入70%乙醇中长期保存。

3）甲醛固定法。将洗净、伸张好的吸虫放于两玻璃片之间，稍加压力压平，玻璃片两端用胶皮圈缚住，不可过紧，以免压坏虫体。放入10%甲醛溶液中3~7d，然后移入30%甲醛溶液中长期保存。小型虫体可不通过10%甲醛溶液，直接放入30%甲醛溶液中。

（3）制片　吸虫标本的形态观察，常需制成整体染色装片标本或切片标本。整体装片标本的制法如以下两种。

1）德氏苏木素染色法。取保存于70%乙醇内的虫体逐步通过50%、30%乙醇各0.5h。置蒸馏水内0.5h。放入德氏苏木素染液内2~24h。用蒸馏水换洗后依次移入30%、50%、70%乙醇中各0.5h。用含2%盐酸、70%乙醇的溶液褪色至全部构造清晰。用70%乙醇换洗两次，如加碱性溶液于乙醇中，标本呈蓝色。依次移入89%、90%、100%乙醇中各0.5h。再移入冬青油与无水乙醇各半的混合液内0.5h。然后移入冬青油或木馏油中透明。透明后用阿拉伯树胶封片。

德氏苏木素染液配制：苏木素1g溶于10ml无水乙醇中，然后加入100ml饱和氨明矾液，放于日光下14~28d，再加入25ml甘油、25ml甲醇，置3~4d后过滤即成。使用时用蒸馏水冲淡10~15倍。

2）硼砂洋红染色法。将保存于甲醛溶液中的虫体先用蒸馏水冲洗数次，依次移入30%、50%、70%乙醇中各0.5~1h。将虫体移入硼砂洋红染液中30min至数小时（视虫体大小而定）。移入含2%盐酸的70%乙醇溶液中褪色适宜为止。再依次移入80%、90%、100%乙醇中脱水1~2h。置于无水乙醇与冬青油各半混合液中0.5~1h。然后移入冬青油中透明、封片。

硼砂洋红染液配制：4%硼砂水溶液100ml，加入洋红1g。煮沸溶化，再加70%乙醇100ml，24h后过滤即成。

2. 绦虫的采集、固定与制片

（1）采集　绦虫的挑取和洗净方法同吸虫，但由于头节易断离，动作宜轻。如果绦虫头节附着在肠壁上很牢，应将附有绦虫的肠段连同虫体一起剪下，浸入生理盐水中数小时，头节会自行脱离肠壁。

（2）固定　绦虫肌肉发达，伸缩力强。节片还要压薄后固定。大型绦虫一般只切取头节、若干成节和孕节制成封片标本。若准备做瓶装陈列标本，则应预先将虫体绕在一玻璃瓶上，再连瓶浸入盛有固定液的更大的瓶内固定。在固定前应放于两玻璃片间夹平，压紧投入秦氏液或波氏液，也可用70%热乙醇或10%~50%甲醛溶液固定。幼虫固定前用手将头节挤出或在活体时用消化液孵出，洗净，压平后固定24h，然后依次移入30%、50%、70%乙醇中，最后放于新的70%乙醇中保存。

（3）制片　　固定、保存好的标本可用德氏苏木素染液或明矾洋红染液染色。染色、脱水、透明、封片等方法与吸虫相同。

洋红染液配制：洋红4g，盐酸2ml，水15ml，85%乙醇95ml。先将洋红溶解在盐酸与水中，煮沸后加85%乙醇95ml，加热片刻，滴入氨液数滴中和盐酸，过滤即成。

明矾洋红染液配制：2.5%氨明矾水溶液100ml，加洋红1g，煮沸20min，冷却后过滤即成。

3. 线虫的采集、固定与制片

（1）采集　　线虫成虫多寄生于消化道、呼吸道、体腔及循环系统，幼虫多见于肌肉或各器官系统组织中。采集时用小镊子或解剖针挑取，肺部的线虫和丝虫目的线虫易破裂，应略加洗净后立即放入固定液中固定。

（2）固定　　线虫的固定可用70%乙醇或3%～5%甲醛生理盐水，或10ml甲醛溶液、10ml冰醋酸和80ml生理盐水配成的甲醛冰醋酸固定液。

大型线虫用生理盐水洗净后保存于5%甲醛溶液内。小型线虫取出后计数，用生理盐水洗净，保存于巴氏液或甘油乙醇内，微小虫体计数后放于巴氏液中固定。

对腹腔丝虫及肺丝虫最好直接放在热的5%甲醛溶液中固定，以免破碎。

固定时应先将固定液加热至70～80℃（皿底出现小气泡），然后将洗净的活虫体挑入固定液中。这样虫体伸直，便于观察。固定后的虫体最好移入甘油5～10ml与70%乙醇90～95ml的甘油乙醇溶液中保存。

线虫一般不做成染色封片标本，以便滚动虫体，能从不同的侧面进行观察。新鲜的虫体比较透明，很多结构清晰可见。透明的方法有如下几种。

1）甘油透明法。将保存于甘油乙醇溶液中的虫体，连同保存液一起倒入平皿中，置温箱或水浴中，使乙醇和水逐渐蒸发，最后只留下甘油和已透明的虫体，就可进行观察了。

2）乳酚液透明法。乳酚液由乳酸、石炭酸、甘油和蒸馏水按1∶1∶2∶1的比例混合而成。由保存液中取出的虫体先移至乳酚液与水的等量混合液中0.5h，再移至乳酚液中，数分钟后即可透明。

3）石炭酸透明法。自保存液取出的虫体放入含水10%的石炭酸中，可很快透明。若过度透明，可滴1滴无水乙醇在覆有虫体的盖玻片边缘。乳酸和石炭酸不能长期浸渍虫体，观察后应立即移入保存液中；用石炭酸透明后的虫体须换3次保存液，充分除去石炭酸，否则虫体会变成褐色，变烂。如因需要将线虫做成封片标本时，不必染色，只需通过各级乙醇脱水后，以水杨酸甲酯或二甲苯透明，再以加拿大树胶封固即成。不同脏器取出的虫体应分别计数和保存，并用铅笔书写标签，写明动物种类、虫体类别、寄生部位、编号等。

巴氏液：甲醛30g，食盐7.5g，水1000ml。

甘油乙醇：70%乙醇95ml，甘油5ml。

4. 蠕虫虫卵标本的采集与保存

（1）虫卵采集　　可用漂浮法、沉淀法或筛兜集卵法从粪中采集，也可将活虫置生理盐水中令其产卵后收集，或破坏虫体后取其含卵部分研碎。但后两种方法采得的虫卵往往颜色淡于粪中采得者。

（2）固定　　虫卵的固定可用下列各种溶液。

甲醛100ml、95%乙醇30ml、甘油10ml、蒸馏水56ml的混合液或10%甲醛溶液。若甲醛浓度低于5%时，则应加热到约80℃固定，加热可杀死虫卵，以免继续发育。

（3）封片标本　虫卵一般不做成封片标本，直接以新鲜的或已固定的虫卵吸置载片上，加盖玻片后镜检。若欲制封片标本，可用甘油明胶或洪氏液。

封片前，应先使已固定的虫卵通过低浓度乙醇至含甘油5%的70%乙醇中，揭开瓶盖，置温箱内，使乙醇和水分逐渐蒸发，只留下甘油。取此材料少量置载玻片上，加上述封固剂1滴，盖上盖玻片即成。

甘油明胶：明胶20g、蒸馏水125ml、甘油100ml和石炭酸2.5g配成。

洪氏液：鸡蛋白50ml、甲醛40ml、甘油10ml混合均匀后，置干燥器内吸去水分，至体积为原容量的1/2为止。

5. 蜱螨昆虫标本的采集与保存

（1）采集

1）寄生于畜禽体表或体内无翅寄生昆虫的采集。在畜体体表寄生的昆虫如血虱、虱蝇、毛虱、羽虱、蚤等，可用手或小镊子采集或将附有这些虫体的毛或羽毛剪下，再用小镊子取虫，收集于皿内或小瓶内。

在畜体上采集硬蜱时，蜱可能叮得很牢，应滴上煤油、乙醚或氯仿，再轻轻用镊子夹住其假头部，与家畜的皮肤呈垂直，然后向外拔，务必将假头部拉出皮肤。

畜体上螨类标本的采集可参考第十二章第二节。

寄生于牛皮下的牛皮蝇成熟幼虫，当其移行到背部皮下时，用手摸之，可感到有隆起，隆起上可见有小孔。用双手挤压隆起部，幼虫即可自孔中迸出。

羊狂蝇幼虫寄生在羊鼻腔内，生前采集比较困难，只能在死后将鼻腔剖开，在鼻腔、鼻窦、额窦中采集幼虫。

马胃蝇幼虫寄生在马属动物的胃内，大量采集只有宰后剖开胃进行收集。少量胃蝇幼虫常可在其成熟时随粪便排出，可在此时由粪中采集。

2）在畜体吸血的有翅昆虫的采集。在畜体表面有许多有翅的昆虫。采集小型有翅昆虫（如蚊、库蠓、蚋等），可用大试管罩住捕取或用特制的吸蚊管吸捕。采集体型较大的昆虫如牛虻、厩蝇等可用手捕捉或用广口瓶罩住捕取。其幼虫、蛹、卵可在相应的滋生地寻找。有些蜱可在畜舍、禽舍的墙壁缝隙中找到。牧地上的蜱则以毛皮做成旗状，在草上或灌木间拖动，使蜱附着在旗上收集。

（2）保存　根据种类和需要，可将采得的蜱螨和昆虫制成浸渍标本、干燥标本或封片标本。

1）浸渍标本保存。浸渍标本供陈列用，也可用以观察外形和体表较大的结构用。本法适用于无翅昆虫如虱、虱蝇、蚤和蜱，以及各种昆虫的幼虫和蛹等。但在固定之前，应先将饱食的虫体（主要是吸血的蜘蛛昆虫）存放一段时间，待其食物消化吸收后再固定。

固定液可用80%乙醇或5%~10%甲醛溶液，保存用80%乙醇加5%甘油，也可用苦味酸-氯仿-乙酸固定液（95%乙醇120ml中溶解苦味酸12g，再加氯仿20ml和冰醋酸10ml），活的或死的标本在该溶液中过夜，然后保存于70%乙醇中（含5%甘油）。软体的昆虫可保存于10%甲醛溶液或甲醛生理盐水中。也可用潘氏液，其由冰醋酸4ml、甲醛6ml、蒸馏水30ml和95%乙醇15ml配成。浸渍标本保存于标本瓶或标本管内，每瓶中的标本约占瓶容量的1/3，保存液则应占瓶容量的2/3，加塞密封。

2）干燥标本保存。适用于有翅昆虫的成虫。采集到的有翅昆虫应先放入毒瓶中杀死。毒瓶的制备如下：用250ml广口瓶或长10cm、直径3cm的标本管在底部放压碎的氰化钾或氰化钠约半厘米厚；再放干石膏粉盖在氰化物上压平，厚约半厘米；再浇入以水调成糊状的石膏于其上，厚约半厘米。开盖过夜。也可在瓶或管底放入约占瓶或管高1/5的碎橡皮块，注入氯仿至淹没橡皮块制成氯仿毒瓶或毒管，用软木塞塞紧过夜。以吸水纸或滤纸剪成瓶或管底大小，紧铺于石膏或橡皮块上即成。氯仿用完后，应将圆纸片取出，再注入氯仿。使用时，将活的昆虫移入瓶或管内，每次每瓶或每管放入昆虫不宜过多，昆虫入毒瓶或毒管后5~7min死亡。死后，将昆虫取出保存。

干燥标本保存又分针插保存和瓶装保存。

针插保存：对虻、蝇等较大昆虫可用2号或3号昆虫针，自虫体背面、中胸偏右处插入，使3/4的针长度插到虫体下面。以针或小镊子将足和翅等整理成活时状态，插上硬纸片制成的标签，再插于木板上，经1~3d使标本干燥。已充分干燥的标本可放入标本盒内，盒的四角插有樟脑块。盒口涂上含有杀虫剂的油膏，放阴凉干燥处保存。

如果为蚊、蚋等小型昆虫，则以00号昆虫针插穿一长15mm×5mm硬纸片的一端，使针的1/2以上穿过纸片，再以此针向昆虫腹面第二对足之间插入，但勿穿透。纸片的另一端从相反方向插入一个3号昆虫针，再插于软木板上干燥。小型昆虫也可将长片纸剪成高8mm、底边宽4mm的等腰三角形，三角形纸片的顶端蘸少许加拿大树胶再粘住昆虫胸部侧面，纸片的另一端朝下插入一个3号昆虫针，再插于软木板上干燥。

瓶装保存：若大量同种标本不必逐个针插时，可将毒死的昆虫放入一平皿内干燥后，再放入广口瓶内保存。广口瓶底部放一层樟脑粉，盖一层棉花，再铺一层滤纸。昆虫要逐个放入，每放入一定量后，放一些软纸片，以使虫体互相隔开。最后塞紧瓶口，以含杀虫药的油膏封口。在瓶内和瓶外应分别加标签。

3）封片标本保存。适用于较小的蜘蛛昆虫，也可将虫体的局部制成封片标本。制作的过程是先将虫体放在10%氢氧化钾溶液中浸泡若干小时或煮沸若干分钟，使内部组织溶解。取出虫体，放入加有数滴乙酸的水中约1h，再水洗几次，务求将体内外的氢氧化物洗净。然后经各级乙醇脱水。一般不必染色。脱水后再透明、封固。

封片标本的另一制作方法是聚乙烯醇-乳酸酚封片法。标本不需要透明、脱水。封固剂配法：先配聚乙烯酸（PVA）20%的水溶液，配时将水和PVA一道加热、过滤。以此液56份加石炭酸和乳酸各22份即成。另一种半永久封片标本可用氯醛胶封固。氯醛胶有许多种配方，培利氏的配法为：阿拉伯树胶15g（研成粉状），加蒸馏水20ml，在水浴锅中加热溶解，如溶液混浊，可用保温漏斗过滤。较透明或经氢氧化钠处理过的虫体不必脱水透明，可直接封固，如在盖玻片四周用漆环封，防止水分过度蒸发，可延长保存时间。

6. 原虫标本的采集和制作　粪中原虫卵囊和包囊可在粪液中加入10%甲醛溶液长期保存。组织中的原虫，可连同组织制成组织切片或浸泡标本（浸于5%~10%甲醛溶液）。肉孢子虫可连同少量组织夹于两玻璃片间，浸于甲醛或70%乙醇中。至于以培养或动物接种等保存原虫的方法，这里从略。

第十六章　分子生物学诊断技术

新近发展的寄生虫分子生物学诊断技术是指对寄生虫的基因或核酸进行诊断的技术,具有高度的敏感性和特异性,同时具有早期诊断和确定现症感染等优点。每种寄生虫都有其特定的核酸序列(基因片段),检测其特有的核酸序列与检测虫体具有类似的诊断价值,可以作为确诊的重要参考依据。本项技术主要包括DNA探针(DNA probe)和聚合酶链反应(polymerase chain reaction,PCR)等技术。

第一节　DNA探针技术

DNA探针技术在寄生虫学领域的研究主要有两个方面:一是分类学探针,进行虫体种株鉴定;二是诊断性探针,用于寄生虫感染的诊断或流行病学调查。

DNA探针就是指经同位素、生物素等标记的特定DNA片段。主要分为基因组DNA探针、重组DNA片段探针和人工合成寡核苷酸探针三大类。具有特异性高、敏感性强、稳定性好和没有虫发育期特异性等特点。其原理是以DNA互补链的变性和复性反应为基础。DNA分子的两股互补链在强碱或强酸或加热作用下,氢键破坏,双股链完全分离。当条件缓慢改变为中性或降温时,双股链氢键又恢复形成互补结构。探针分子杂交就是将样本DNA分子通过一定条件(如强碱)处理使之变性成为单链状态,固定在载体上(NC膜),与小分子标记的DNA探针单链分子混合,给以复性条件使它们互补杂交结合起来。洗脱不互补杂交的成分,示踪物质显示,即可观察到结果。目前常用的示踪物质多为α-^{32}P和生物素-HRP系统。

一、基因组DNA探针的制备

1)虫体染色体基因组DNA:参照分子克隆技术结合具体虫体而定。

2)非染色体DNA,以CsCl超离心方法离心分离线粒体(动基体)DNA,但回收要选择小于染色体DNA的"卫星"DNA带。

3)取1.5ml小离心管加入虫体基因组DNA 5μg,10×限制性内切核酸酶缓冲液2μl,相应限制性内切核酸酶(选择*Sau*3A或*Eco*RⅠ或*Bam*HⅠ等)10~50单位,加灭菌水至20μl。

4)37℃保温2h。

5)取2μl上样电泳观察酶切完后,加入等体积苯酚抽提。

6)氯仿抽提。

7)2倍冷无水乙醇沉淀。

8)TE溶解DNA片段,置-20℃保存待标记。

注意:①选择限制性内切核酸酶很重要,酶切DNA片段以0.4~8kb为佳,片段过小,结合的标记物少,敏感性差;片段过大易引起非特异性交叉杂交。②该探针既可用于分类和诊断,也可用于基因文库的筛选。

二、重组DNA探针的制备

1)挑取LB培养板上单菌落,接种于5ml含相应抗生素的LB培养液中,37℃振荡过夜。

2）按1%量接种于500ml同样培养液中，37℃振荡培养至OD_{600}=0.8~1.0，加氯霉素至75μg/ml。

3）37℃振荡培养过夜。

4）8000r/min、4℃离心10min。

5）弃上清，加5ml ST（50mmol/L葡萄糖、10mmol/L EDTA、25mmol/L Tris，pH 8.0）混悬，追加溶菌酶50mg，置室温下10min。

6）加10ml裂解液（0.2mol/L NaOH，1% SDS）混匀，冰浴10min。

7）加8ml 3mmol/L乙酸钾（pH 4.5）混匀，冰浴10min后，4℃、12 000r/min离心20min。

8）收集上清，加2倍体积冷无水乙醇沉淀，风干后用5ml TE溶解。

9）加RNase 50μg/ml，37℃，2h。

10）加等体积苯酚、氯仿抽提。

11）冷无水乙醇沉淀并洗涤，DNA沉淀溶于200μl TE溶液中，−20℃保存。

12）取微量样品上样电泳观察提纯情况及比色荧光强度，确定浓度或用紫外分光光度仪测定OD_{260}/OD_{280}值。

13）质粒DNA 10μg，加10×RE缓冲液5μl，20~50单位相应限制性内切核酸酶，加水至50μl，37℃温育2h。

14）电泳回收插入DNA片段。

15）回收的插入DNA片段置−20℃保存，以备标记。

三、DNA探针的标记方法

（一）同位素α-^{32}P的切口平移标记

1）在无菌1.5ml小离心管中分别加入：探针DNA 1μg，1mol/L二硫苏糖醇（DTT）5μl，1mg/ml BSA 5μl，100mmol/L dNTP（含4种，各100mmol/L）2μl，α-^{32}P dATP（或dCTP）5μl，加水至80μl，加DNase I 40pg。

2）室温1.5min，加DNA聚合酶I 10μl。

3）室温3.5h后加0.25mol/L EDTA 10μl终止反应。

4）纯化标记探针：Sephadex G-50柱层析，10mmol/L Tris-HCl，1mmol/L EDTA于30cm柱上洗脱上述标记液，以于提式放射性检测器监测洗脱液，收集放射活性第一峰即标记探针；也可以直接加入2倍冷无水乙醇，离心沉淀DNA标记物，弃上清，用1ml水溶解沉淀即可；另取10μl标记探针点样于滤纸上，在液闪计数仪上测定放射性单位（cpm/μg）应达到（1~4）×10^7cpm/μg DNA以上为佳。

注意：①另可选用随机引物法标记。但该引物多以哺乳动物和人普遍性引物序列为标准，虫体基因不一定合适。②操作中要安全使用和处理放射性反应物，并且注意α-^{32}P dNTP半衰期为2周，探针寿命一般为2周。③探针纯化一定不要残留琼脂糖，影响标记结果。④DNA酶活力差别较大，一般活力高所得探针分子量小，比活性高；活力差时，探针较长，但比活性低。

（二）生物素标记DNA探针

1）方法同α-^{32}P标记，只将α-^{32}P dNTP换为生物素-11-dUTP即可。

2）收集标记探针不可用乙醇沉淀，只能以Sephadex G-50过柱层析。

四、印渍膜制备

（一）斑点印渍膜制备

1）取适当大小的硝酸纤维素膜，划格后用微量移液器吸取样本DNA若干量（视DNA探针敏感性而定），点样于膜上。

2）空气中干燥，转置0.5mol/L NaOH饱和的滤纸上浸润10min变性。

3）取下放在干净滤纸上吸干。

4）移至1.5mol/L NaOH、0.5mol/L Tris溶液饱和的滤纸上中和10min。

5）重复步骤3）。

6）置2×SSC（0.3mol/L NaOH、30mmol/L柠檬酸三钠，pH 7.0）饱和的滤纸上浸润5min。

7）室温干燥1h，80℃烘烤2h，保鲜膜封存于－20℃备用。

（二）Southern印渍膜制备

按Southern印渍膜常规方法进行，此处略。

五、分子杂交

1）将杂交硝酸纤维素膜浸入预杂交液（50%甲酰胺、2.5×Denhardt液、5×SSC、20μg/ml变性鲑鱼精子DNA），37℃、3h预杂交。

2）标记DNA探针用前于100℃、10min变性，速入冰浴降温。

3）1μl DNA探针加入10ml预杂交液中，将上述硝酸纤维素膜放入，37℃杂交过夜。

4）小心取出杂交膜用洗液Ⅰ（0.1% SDS、2×SSC），室温洗30min。重复3次。

5）改用洗液Ⅱ（0.1% SDS、0.1×SSC），55℃ 30min，重复3次。

6）室温下空气中干燥1h，封入保鲜膜中。

7）装置X线片显影夹、高速增感屏、医用X线片，在暗室中操作。

8）－70℃中放射自显影12～48h。

9）暗室中取出X线片，用显影液显影，酸性定影液定影。

10）风干X线片，观察杂交阳性斑点。

注意：①杂交液、预杂交液不可太少，一般20cm×20cm膜用20ml，可同时放置多张硝酸纤维素膜入杂交液中。②注意放射性物质的处理。③洗涤温度可以调整，温度越高，背影越低，但阳性强度也相应降低。④洗涤过程中切不可让硝酸纤维素膜干燥，否则无法观察结果。⑤杂交时间和自显影时间均可根据探针反应强度调整长短。⑥配制100×Denhardt液，配方为10g聚乙烯吡咯烷酮（PVP）、10g BSA、10g Ficoll 400，加水至500ml；配制20×SSC，配方为3mol/L NaCl、0.3mol/L柠檬酸三钠，pH 7.0。⑦生物素检测系统显影：洗涤后的杂交膜用3% BSA和TBS封闭（pH 7.5、0.1mol/L Tris-Cl、0.1mol/L NaCl、0.1%吐温20），于37℃下10min，加入1μg/ml亲和素-碱性磷酸酶，室温30min；TBS洗涤2h后，加底物NBT（硝基蓝四氮唑）0.3mg/ml和BCIP（5-溴-4-氯-3-吲哚磷酸盐）0.2mg/ml，避光显色，37℃，30min；加0.1mol/L EDTA终止反应，观察硝酸纤维素膜上的显色斑点。⑧杂交膜一定要事先做好不对称标记,特别是同位素标记探针杂交时,否则无法找到起始点。

六、DNA探针在寄生虫方面的应用

DNA探针目前已用于锥虫、丝虫、血吸虫、巴贝斯虫、旋毛虫、隐孢子虫、弓形虫、棘球蚴、猪带绦虫、肝片吸虫和猪囊虫等的虫种鉴定和所引起疾病的诊断。

第二节 聚合酶链反应技术

聚合酶链反应（polymerase chain reaction，PCR）技术是近年来分子生物学领域迅速发展和广泛应用的新技术,其基本原理是依温度的变化在体外控制DNA的解链、退火（引物与模板结合）,在引物的启动和DNA聚合酶的催化下,合成两引物特定区域的DNA链,典型的一套三个步骤：DNA解链、引物与模板退火、引物延伸,称为一个循环,通过20~30次循环,特定区段DNA的量至少可以增加10^5倍。

一、PCR系统的组成

（1）模板DNA 已知序列的任何双链线状或环状DNA,或反转录自mRNA的cDNA首链均可,只要求不含DNA聚合酶抑制剂,不需要特殊纯化,理论上,单拷贝DNA的量即可扩增。

（2）引物 引物的序列是根据所希望合成的DNA片段而设计的,通常是位于需合成的DNA片段两端,即引物互补于所需合成DNA片段的两端,使DNA片段的合成及扩增是限定于特定部位的。引物的长度约为20个核苷酸,以A＋T与C＋G的比例接近1的组成为宜,避免引物自身形成发夹结构和引物对之间形成互补双链。3′端应与模板序列完全匹配,5′端的设计常可为PCR后的目的服务,按应用目的可设计带有不同特点的引物,如5′端带有限制酶识别位点的引物。

（3）原料dNTP（dATP、dCTP、dGTP、dTTP） 提供能量和相应的核苷酸掺入延伸合成新的DNA链。

（4）辅助剂和保护剂 首要者为Mg^{2+},它是维持DNA聚合酶活性所必需的。

（5）DNA聚合酶 在建立PCR技术时所需的聚合酶是Klenow片段,由于它对热不稳定,PCR的每一循环都要添加酶,给PCR技术带来极大不便。近年来发现并采用了水栖耐高温菌（*Thermus aquaticus*）的DNA聚合酶,简称 *Taq* DNA聚合酶,解决了上述问题,从而促进PCR技术迅速发展。复旦大学也从水栖耐高温菌中分离到同类的酶,称为FD酶,为在国内开展与普及PCR技术提供了极为有利的条件。

二、PCR循环的三个步骤

（1）DNA解链（变性） 理论上,94℃左右能使DNA双链之间的所有氢链断开,完全分离成为单链。在中性pH下,单链DNA的完整性仍能很好保存。PCR正是利用DNA分子的这一特性使DNA双链分离,以单链状态存在于反应溶液中,以便于下一步骤与引物结合,不同物种的DNA由于碱基组成的差异,解链所需温度也不尽相同。

（2）DNA单链与引物结合（退火） DNA聚合酶催化的DNA合成过程,需要有DNA模板及与之结合的引物启动DNA的聚合,反应液中的单链DNA分子在退火温度下重新结合成双链。在PCR过程中，温度的降低控制在恰好能允许两条互补的单链结合，而不允许非特异性的结合，而且在PCR过程中，也不希望两条互补的模板单链结合在一起，而是希望启动DNA合成的引物与单链模板DNA结合，形成模板-引物复合物。为达此目的，DNA引物的量应大大超过DNA模板的量（分子个数比例），竞争性地与单链模板结合，使引物-模板复合物的形成在数量上绝对超过两条互补模板DNA链的结合。

（3）引物的延伸（DNA的合成）　　在DNA聚合酶的作用下，dNTP为原料并提供能量，单核苷酸按照与模板序列互补的顺序，结合到引物的3'-OH基团（引物的末端），使引物从5'→3'延伸到另一引物的5'端，形成新的双链核苷酸，引物本身也是新生DNA链的一部分。重复上述解链、退火、引物延伸三个步骤，使DNA的合成不断扩增。理论上，反应每增加一个循环，新生DNA分子数增加一倍，导致DNA量以几何级数增加。但实际上真正的放大效应低于几何级数的增加，这与酶的反应动力学有关。

三、PCR技术的发展

PCR技术与其他技术联用，使PCR技术的应用得到充分的发展，目前已常用的有以下几种。

（1）PCR/ASO探针法　　PCR与等位基因特异性寡核苷酸（allele specific oligonucleotide，ASO）探针联用。

（2）PCR-RFLP（restriction fragment length polymorphism，限制性片段长度多态性）法　PCR扩增产物用适当的限制性内切核酸酶消化后检测其多态性。

（3）PCR-SSCP（single strand comformation polymorphism，单链构象多态性）法　　基因的多态性往往由点突变所致，PCR扩增产物之间的差异只是某个核苷酸的不同，可将其变成单链后进行电泳，单链构象的差异影响其电泳行为，可鉴别不同的等位基因，已成功地应用于虫种等的分型。

四、PCR技术在寄生虫病方面的应用

PCR技术已用于多种寄生虫病的诊断及种株分析，包括弓形虫、巴贝斯虫、旋毛虫、锥虫、隐孢子虫、贾第虫、猪带绦虫等。

分子生物学技术对寄生虫病诊断的影响是深远的，已有的研究不仅限于此，必须指出的是，高技术在现场应用上还有诸多问题。总之，高技术的出现对寄生虫学家是个挑战，要求我们努力掌握这些技术，将寄生虫学推向一个新时代。有条件的院校和科研单位，应重视核酸探针和PCR等分子技术的研究。

第四篇

抗寄生虫药物

抗寄生虫药物在防治动物寄生虫病中发挥重要作用。近年来,由于抗寄生虫药物的研发投入较大、周期较长,因此新的抗寄生虫药物问世较少。一些传统的抗寄生虫药物仍然在兽医临床上使用。由于抗寄生虫药物的种类较多和作用机理不尽相同,因此临床上应根据各种不同抗寄生虫药物的特点合理使用。

第十七章 抗寄生虫药物概论

抗寄生虫药物（antiparasitics）是用来驱除或杀灭动物体内及体表寄生虫的一类药物。早期抗寄生虫药物多数是植物性制剂，如绵马、土荆芥油、山道年、槟榔等。但是这些药物来源少、成本高、毒性大，效果又不好。目前应用在动物寄生虫病防治上已很少见，取而代之的是以化学合成的有机化合物。随着科学技术的不断进步，防治寄生虫的药物也相继被生产出来并应用于实践。使用有效的抗寄生虫药物进行定期驱（杀）虫，在防治动物寄生虫病的实践中具有重要的意义。为了保证抗寄生虫药物使用过程中安全有效，应注意以下几点。

第一，安全。抗寄生虫药物不仅对寄生虫有强大毒性，对宿主也有不同程度的副作用和损害。所以在选药时应选择对虫体毒性大，对宿主毒性小的药物。一般来说安全指数（中毒量/有效量）要大于3才有临床应用意义。

第二，高效。高效的抗寄生虫药物应当是对成虫、幼虫，甚至虫卵都有较高的驱杀效果。高效驱虫药应在使用单剂一次投服时，其驱净率在60%～70%及以上。驱净率=（完全驱虫动物数/试验动物总数）×100%。

第三，广谱。动物寄生虫病大多都是混合感染，特别是不同类别的混合感染，如吸虫、绦虫、线虫同时寄生。所以，只对单一种或少数几种寄生虫有效的药物已经远远不能适应生产实践的需要，要求代之能驱杀多种不同类别虫体的药物，这样可免除使用多种药物，多次给药。

第四，剂量小。驱虫药剂量小，使用方便，便于大规模驱虫使用。一般大动物用量在10mg/kg体重以内，中、小动物在20mg/kg体重以内，若应用剂量太大会给使用带来麻烦。

第五，适口性好。驱虫药以无特殊异味、溶于水为理想，使用时将药物溶于水或混入饲料，让动物饮入或食入，防止拒食。这样可以避免捕捉动物，节约人力而提高工作效率。

第六，价格低廉。在防治寄生虫病时，必须要考虑经济核算问题。特别是大规模饲养地区，应该有一个适宜的价格，在畜牧业生产实践中才能有可行性。

第一节 抗寄生虫药物的种类及作用机理

一、抗寄生虫药物的种类

抗寄生虫药物是用来预防和治疗寄生虫病的化学物质，根据其药理作用和寄生虫的种类不同，可分为：①抗蠕虫药（驱虫药），根据蠕虫的种类又可分为驱线虫药、驱吸虫药和驱绦虫药。②抗原虫药，根据原虫的种类可分为抗锥虫药、抗梨形虫药和抗球虫药。③杀虫药，用于杀灭昆虫和蜱螨。

二、抗寄生虫药物的作用机理

目前使用的抗寄生虫药物的作用机理可归纳为两类：一类是药物刺激和麻痹虫体的神经肌肉装置，使虫体麻痹或痉挛而失去吸附能力；另一类是抑制虫体内某些酶类物质的活性或是阻断虫体内生化反应，使物质代谢障碍，从而使虫体活动和吸附能力显著下降，随之而被宿主排出体外。

第二节 抗寄生虫药物的应用方法及注意事项

一、抗寄生虫药物的应用方法

虽然抗寄生虫药物种类不断增加，但仍不能满足生产实践的需要。尤其是许多药物使用方法不够方便，在实际使用过程中受到一定限制。科学家一方面在继续广泛地寻求、研制新的抗寄生虫药物；另一方面对现有抗寄生虫药物的应用方法进行不断改进。

（1）联合用药　　根据蠕虫病混合感染的特点，打破单一用药的常规，采用两种或两种以上的驱虫药进行联合应用，既能扩大驱虫范围，又节省时间、节省人力，有利于提高工作效率。

（2）饮水给药　　如噻咪唑等药物溶于水，给大群动物投服，通过饮水给药，安全、可靠、方便。

（3）拌料给药　　如硫双二氯酚等，可以混于饲料中进行集体驱虫。

（4）气雾方法　　如噻咪唑以气雾方法集中治疗羊的肺线虫病。

（5）熏蒸方法　　对羊鼻蝇蛆病可用熏蒸方法进行治疗。

（6）药浴　　对动物体外寄生虫病常采用此法，能达到完全彻底消灭体外寄生虫，把药浴后的液体喷洒于厩舍内，还可以杀死许多寄生虫的虫卵。

（7）肌内注射　　某些药物可以制成针剂，对个别患寄生虫病的动物进行肌内注射驱虫。

二、应用抗寄生虫药物注意事项

（1）合理使用抗寄生虫药物　　这是防治寄生虫病的重要环节，在用药过程中应正确认识处理好药物、寄生虫和宿主三者之间的关系。熟悉药物理化性质，采用合理剂型剂量和疗程。

（2）注意耐药性　　小剂量反复或长期使用某些抗寄生虫药物，虫体会产生耐药性，也可能会出现同一类药物的交叉耐药现象。应经常更换使用不同类型的抗寄生虫药物，避免或减少耐药性的产生。

（3）减少公害　　某些抗寄生虫药物在动物体内残留时间长，对公共卫生关系非常重要。含有某种残留量的肉、蛋、乳等对人体有害。所以某些动物在使用抗寄生虫药物后，在一定时期内不允许食用。例如，注射咪唑苯脲后，动物体内有蓄积作用，用药后2～3个月内不得屠宰供食用，以免对人体造成不利影响。

第十八章 常用抗寄生虫药物

抗寄生虫药物包括驱除或杀灭动物体内线虫、吸虫和绦虫等蠕虫的抗蠕虫药；杀灭体内锥虫、梨形虫、球虫和其他原虫的抗原虫药；杀灭动物体表或体外寄生虫的杀虫药。由于各种抗寄生虫药的作用不同、用法与用量等存在差异，因此临床上应根据不同寄生虫的特点选择药物合理使用。

第一节 抗蠕虫药

抗蠕虫药是指杀灭或驱除动物体内寄生虫的药物，也称驱虫药。根据主要作用对象的不同分为驱线虫药、驱吸虫药和驱绦虫药。但这种分类也是相对的，有些抗蠕虫药兼有驱吸虫和驱绦虫的作用。

一、驱线虫药

（一）敌百虫（Metrifonate，Dipterex，Neguvon，Trichlorfon，Chlorophos）

兽用敌百虫为精制品，为白色结晶或结晶性粉末，在空气中易吸湿结块或潮解。易溶于水、乙醇、醚、酮及苯，在汽油、煤油中微溶。在25℃时，于水中的溶解度是15.4%。水溶液显酸性反应，性质不稳定，宜现配现用。遇碱不稳定，生成毒性更强的敌敌畏。

1. 作用与用途 本品为广谱驱虫药，对多数消化道线虫和部分吸虫（姜片吸虫、血吸虫）有效，也可杀灭外寄生虫，如杀灭蝇蛆、螨、蜱、蚤、虱等。敌百虫的驱虫机理是能与虫体内胆碱酯酶结合导致乙酰胆碱蓄积，而使虫体肌肉先兴奋、痉挛，后麻痹直至死亡。

马：对马副蛔虫、尖尾线虫、胃蝇蛆有良好驱除效果，对圆形线虫效果不稳定。

牛：对血矛属线虫、辐射食道口线虫、仰口线虫、古柏线虫、艾氏毛圆线虫及奥斯特线虫有效；对水牛血吸虫（每天15mg/kg，极量4.5g，连用5d）也有较好的效果，但对黄牛效果不佳。

羊：对血矛线虫、仰口线虫、毛首线虫、细颈线虫、夏伯特线虫及羊鼻蝇第一期幼虫效果较好；对奥斯特线虫、食道口线虫需用高剂量方有效，但可致个别羊只中毒，应慎用。

猪：对蛔虫、毛首线虫、食道口线虫和姜片吸虫均有显著驱除作用；对猪肾虫效果不好。

犬：对弓首蛔虫、钩虫和蛲虫等效果良好。

2. 应用注意

1）家禽对本品最敏感，易中毒，不宜应用；黄牛、羊较敏感，水牛更敏感，慎用；马、犬、猪比较安全。不要随意加大剂量。

2）推荐给药途径是内服，其他途径不用为宜。本品的水溶液应现配现用，且禁止与碱性药物或碱性水质配合应用。

3）动物用药前后，禁用胆碱酯酶抑制药（如新斯的明、毒扁豆碱）、有机磷杀虫剂及肌松药（如琥珀胆碱），否则毒性大大增强。孕畜及胃肠炎的患畜禁用。

4）产奶牛、羊不得用本品驱虫，动物的休药期不得少于7d。

3. 用法与用量 常用量：内服，一次量，马30～50mg/kg，牛20～40mg/kg，绵羊50～100mg/kg，山羊50～70mg/kg，猪80～100mg/kg。极量（最大用量）：内服，一次量，马20g，牛15g。

另外，敌百虫属低毒的有机磷化合物（小鼠内服LD_{50}＝450mg/kg），但其安全范围窄，容易引起中毒。中毒剂量为：马100～200mg/kg，牛100mg/kg，羊90mg/kg，家禽对敌百虫最敏感，鸡、鸭内服LD_{50}分别为46.4mg/kg和44.8mg/kg，此外，注射给药较内服反应大，粗制品较精制品毒性大，雌性较雄性动物敏感。因此在大群驱虫时应特别注意。

解毒可应用阿托品或胆碱酯酶复活剂。一般轻度和中度中毒时单用阿托品（0.5～1mg/kg）即可，严重时与解磷定（15mg/kg）合用，并反复使用，效果较好。

（二）左旋咪唑（Levamisole，左咪唑，左噻咪唑）

本品为噻咪唑的左旋异构体，常用其盐酸盐或磷酸盐。均为白色结晶，易溶于水。

1. 作用与用途 左旋咪唑为广谱、高效、低毒驱线虫药。

牛：左旋咪唑对牛主要的真胃寄生虫（捻转胃虫、奥斯特线虫）、小肠寄生虫（古柏线虫、毛圆线虫、钩虫）、大肠寄生虫（结节虫）、胎生肺虫有极佳的驱虫效果；虽对多数寄生虫幼虫的作用效果稍差，但对鞭虫、胎生肺虫、古柏线虫幼虫仍有良好驱除作用；0.5%～1%溶液点眼，能治牛眼虫病。

羊：对羊的驱虫谱与牛相似。

猪：对猪蛔虫、兰氏类圆线虫、猪肺虫有极佳驱虫效果，对结节虫、红色猪圆虫、螺咽胃虫、环咽胃虫效果良好，对猪肾虫、猪鞭虫效果不定。

鸡：对鸡蛔虫、鸡盲肠虫、毛细线虫的成虫、幼虫及未成熟虫体均有良好驱除效果。内服或10%溶液点眼能杀灭孟氏眼虫。

犬、猫：对犬蛔虫、狮蛔虫、犬钩虫、狭头钩虫效果良好，严重感染的犬需重复用药。

2. 应用注意 给牛注射2倍治疗量的磷酸左旋咪唑，可引起2/3的牛出现轻度沉郁、流涎和舐唇等反应，在治疗后1h内这些症状消失；猪服用3倍治疗量的左旋咪唑，有时引起呕吐。寄生有猪肺虫成虫的猪，用治疗量时，出现呕吐与咳嗽，这是排虫反应，可在数小时内消失。鸡对左旋咪唑耐受性极好，LD_{50}为2.75g/kg体重，应用治疗剂量，对产蛋量、受精率、孵化率均无不良影响。左旋咪唑对马较敏感，且对马大型或小型圆虫驱虫效果较差，故慎用。左旋咪唑不适于给骆驼应用，因其治疗量与中毒量很接近。由于乳汁中不容许残留，繁殖期乳畜以不用为宜；肉用动物屠宰前7d停药。

3. 用法与用量 盐酸左旋咪唑片（或磷酸左旋咪唑片）每片25mg、50mg。内服、混饲或混入饮水投给，牛、羊、猪8mg/（kg体重·次），犬猫10mg/（kg体重·次），禽类25mg/（kg体重·次）。禽类混饮时，应溶于半量的饮水中在12h内饮完；水溶液保存12日药效不失。

猪耳根部皮肤涂擦，1～1.2ml/（10kg体重·次）。

（三）丙硫苯咪唑（Albendazole，阿苯唑，抗蠕敏）

本品为苯并咪唑类药物之一，为白色或类白色粉末，不溶于水。

1. 作用与用途 其是国内兽医使用最广泛的广谱、高效、低毒的驱虫药，对动物线虫、吸虫、绦虫均有驱除作用。

牛：对牛大多数胃肠道线虫成虫及幼虫均有良好效果，如对毛圆线虫、古柏线虫、钩虫、类圆线虫、捻转胃虫的成虫及幼虫均有极佳的驱虫效果。高限剂量对结节虫、细颈线虫、胎生肺虫、肝片吸虫、莫尼茨绦虫也有良效。通常对小肠、真胃未成熟虫体效果优良，但对盲肠及大肠未成熟虫体效果较差。丙硫苯咪唑对肝片吸虫童虫效果不稳定。

羊：低剂量对捻转胃虫、毛圆线虫、奥斯特线虫、细颈线虫、古柏线虫、结节虫、圆虫、丝状肺虫、莫尼茨绦虫成虫均有良好效果，高限剂量对多数胃肠线虫幼虫、丝状肺虫未成熟虫体及肝片吸虫成虫也有明显驱除效果。

马：对马的大型圆虫，小型圆虫的成虫及幼虫，马尖尾线虫均有高效。

猪：对猪蛔虫、结节虫、环咽胃虫有良好效果；高限剂量对螺咽胃虫、刚棘颚口线虫、猪肺虫有效。无论是口服（20mg/kg体重3次给药）还是肌内注射（60mg/kg体重1次给药）对猪囊虫的杀虫率可达100%或接近100%。

犬、猫：每天20mg/kg体重连用3d，对犬蛔虫、犬钩虫及犬绦虫均有高效。对卫氏肺吸虫的猫每天50～100mg/kg体重，连服14～21d效果良好。

家禽：对鸡蛔虫成虫及未成熟虫体有良好效果，对赖利绦虫成虫也有较好效果。但对鸡盲肠虫、扭状胃虫、毛细线虫作用很弱。25mg/kg体重对剑带绦虫、棘口吸虫疗效为100%，50mg/kg体重对鹅裂口线虫有高效。

2. 应用注意 马较敏感，切忌连续应用大剂量。牛用本品的致死量为300mg/kg体重，羊为200mg/kg体重。牛、羊妊娠45d内禁用。牛、羊屠宰前，应停药14d。

3. 用法与用量 内服，牛10～20mg/（kg体重·次），羊、犬20mg/（kg体重·次），禽10～25mg/（kg体重·次）。本品适口性差，混饲给药时应少添多喂丙硫苯咪唑片25mg、50mg、200mg、500mg。

（四）磺苯咪唑（Oxfendazole，砜苯咪唑，奥芬达唑，苯亚砜苯咪唑）

本品为新型苯并咪唑类驱虫药，为白色粉末，不溶于水。本品无致畸作用。

1. 作用与用途

牛、羊：对反刍动物消化道线虫的成虫和幼虫有显著疗效，尤其对肺线虫的作用更强，对鞭虫及线虫也有良好的效果。对吸虫无效。

猪：对猪蛔虫、结节虫、类圆线虫、猪肺虫等均有较强的驱除作用。对囊尾蚴无效。

马：对马的大型圆虫、小型圆虫、尖尾线虫、蛔虫均有较好的效果。

犬：以15mg/kg体重剂量给犬一次口服，可以驱净泡状带绦虫和复孔绦虫，且无任何临床不良反应出现。

2. 应用注意 本品可用于有病和疲倦的动物。绵羊可耐受20倍治疗剂量。马用10倍治疗剂量也不会引起明显中毒反应。禁用于妊娠早期母羊。动物屠宰前应停止喂药14d，奶废弃时间为3～5d。

3. 用法与用量 内服，马10mg/（kg体重·次），牛、羊5mg/（kg体重·次），猪3mg/（kg体重·次），骆驼4.5mg/（kg体重·次），犬15mg/（kg体重·次）。

（五）丙氧苯咪唑（Oxibendazole）

本品为新型苯并咪唑类驱虫药，为白色结晶粉末，不溶于水。本品优点为无致畸作用，但驱虫谱不及丙硫苯咪唑广，仅对多数胃肠线虫有效。

1. 作用与用途

牛、羊：可驱除捻转胃虫、奥氏属、毛圆属、细颈属、古柏属、钩虫、结节虫等多种胃肠道线虫的成虫和幼虫（结节虫幼虫除外）。

猪：对猪蛔虫、结节虫有极佳驱虫效果，对鞭虫效果不稳定。

鸡：对鸡蛔虫成虫、幼虫及鸡盲肠虫有效。

马：对马大多数胃肠道线虫成虫及幼虫均有疗效，如大型圆虫、小型圆虫、蛔虫、蛲虫、类圆线虫等。

2. 应用注意 本药毒性极低，治疗量不引起任何不良反应。种公牛一般禁用本品。羊肉和羊奶上市前停药时间，分别为4d和3d。

3. 用法与用量 内服，马、牛10~20mg/(kg体重·次)，羊5~15mg/(kg体重·次)，猪10mg/(kg体重·次)，禽40mg/(kg体重·次)，野生动物10~20mg/(kg体重·次)。

（六）硫苯咪唑（Fenbendazole，苯硫苯咪唑）

本品为苯并咪唑类驱虫药，为白色粉末，不溶于水。

1. 作用与用途 本品不仅对多种动物的大多数线虫及其幼虫有较强的驱除作用，并具有杀虫卵作用，高限剂量对绦虫、吸虫也有效。

2. 应用注意 本品最大的优点是适口性好，加药饲料也易被厌食动物摄取。本品毒性低，可用于有病和疲倦的动物。对牛最小致死量为750mg/kg体重，大于治疗量100倍，犬可耐受250mg/kg体重，连用30d。牛、羊屠宰上市前，停药14d，乳品废弃时间为3d。

3. 用法与用量 内服，羊5~8mg/(kg体重·次)，牛7~9mg/(kg体重·次)，猪3~6mg/(kg体重·次)连用3d，犬20mg/(kg体重·次)连用3d（各种线虫），马5mg/(kg体重·次)。

（七）阿维菌素（Avermectin，虫克星）

本品由阿佛曼链霉菌经液体发酵产生，是新型大环内酯抗生素类驱虫药，主含阿维菌素B1a（约占80%）和B1b（约占20%）两种成分。本品为低毒、高效、广谱的驱线虫药，对节肢动物螨、蜱、虱及蝇幼虫等亦有杀灭作用。本品无驱除吸虫、绦虫作用。本品特点为不易使寄生虫产生抗药性；对抗性寄生虫同样有效。

1. 应用注意 通常用药一次即可，必要时每隔7~9d可用药2~3次。驱虫作用较缓慢，对某些虫种，甚至需数天到数周才能彻底杀灭。用药后28d内所产牛、羊乳不得供人饮用；宰前28d停药。

2. 用法与用量 阿维菌素注射液皮下注射，马、牛、羊、禽0.2mg/(kg体重·次)，猪0.3mg/(kg体重·次)，犬0.2~0.4mg/(kg体重·次)。

阿维菌素内服马、牛、羊、猪0.3mg/(kg体重·次)。

（八）伊维菌素（Ivermectin，害获灭，伊福丁，灭虫丁）

本品为阿维菌素B1a、B1b混合物加氢后的还原产物。用途、用量、用法同阿维菌素。

（九）多拉菌素（Doramectin，都林霉素，商品名为"通灭"）

多拉菌素又名都林霉素，是由阿维链霉菌的基因工程菌发酵生产的一种阿维菌素类抗生素。多拉菌素一般是以环己氨羧酸为前体进行合成，由两种组分组成，其中主组分为B1a，次组分为B1b。本品颜色大多数为白色或淡黄色，无味，结晶粉末，易溶于有机溶剂，如乙酸乙酯等。

本品一般使用剂型为注射液，给药方式为肌内注射，对多种动物的消化道线虫、肺线虫等体内寄生虫，以及猪疥螨、犬疥螨、犬蠕形螨、牛皮蝇幼虫、羊鼻蝇蛆等体外寄生虫均有预防和治疗作用，主要用于猪、犬、牛、羊等哺乳动物。本品在200～300μg/kg体重的临床使用剂量范围内是安全的。

二、驱吸虫药

（一）碘硝酚（Disophenol，二碘硝基酚）

商品制剂为黄色黏稠的20%含量的注射液，本品优点为对严重感染寄生虫的动物给药时不需要禁食，不会引起应激反应，并可用于极年幼的犬和猫。

本品主要用于驱除犬、猫的各种吸虫，对犬的螨病也有良好的治疗效果。对羊胃肠道线虫及蜱、螨、羊鼻蝇幼虫等体内外寄生虫均有良好的驱杀效果。对火鸡的气管比翼线虫也有显著的驱除作用，还可用于豹、狮等野生猫科动物的板口线虫和颚口线虫的驱杀。

1. 应用注意 同其他驱吸虫药一样，对亲组织的幼虫无效，因此应间隔1～2周后重复治疗。

超过治疗量时，成犬和幼犬可发生不同程度的晶体混浊。一般不严重，在7d内可以恢复。给药3个月后的羊方可屠宰，给药3个月内的羊奶不得供人食用。

2. 用法与用量 20%注射液（溶媒为水-聚乙烯二醇）皮下注射，犬、猫10mg/(kg体重·次)，羊10～20mg/(kg体重·次)。

内服，火鸡7.7mg/(kg体重·次)，以胶囊剂1次内服或混饲给药连用5d；豹、狮6.6mg/(kg体重·次)。

（二）氯氰碘柳胺钠（Closantel sodium，佳灵三特，富基华）

本品为微黄色粉末，不溶于水。

本品对肝片吸虫、胃肠道线虫、节肢动物及其幼虫阶段有驱杀活性。主要用于防治牛、羊肝片吸虫、胃肠道线虫、羊鼻蝇幼虫、痒螨和疥螨；防治猪蛔虫、结节虫、肺虫、肾虫、鞭虫、类圆线虫、疥螨及血虱；防治犬蠕形螨、犬虱和蛔虫。

1. 应用注意 屠宰前28d停药；用药后28d内产的奶不得供饮用。

2. 用法与用量 5%氯氰碘柳胺钠注射液皮下（肌内）注射，牛2.5～5mg/(kg体重·次)、羊5～10mg/(kg体重·次)。

5%氯氰碘柳胺钠悬浮液口服，牛5mg/(kg体重·次)，羊10mg/(kg体重·次)。氯氰碘柳胺钠片（0.5g）口服剂量同悬浮液。

（三）碘醚柳胺（Rafoxanide，重碘柳胺）

本品为白色结晶性粉末，不溶于水。

1. 作用与用途 据报道本药的规定剂量可以杀灭99%以上的肝片吸虫成虫和98%的6周龄童虫,还可以杀灭50%以上的4周龄童虫。本药还可驱除90%以上的捻转胃虫的成虫和6日龄以上的幼虫,可以杀灭98%以上的羊鼻蝇各期幼虫,对矛形双腔吸虫也有一定效果。

2. 应用注意 泌乳期和28d内屠宰的牲畜不能用。

3. 用法与用量 内服,牛、羊7～12mg/(kg体重·次)。

皮下注射,羊3mg/(kg体重·次)。

(四)硝氯酚(Niclofolan,拜9015)

本品为黄色结晶性粉末,不溶于水。

1. 作用与用途 本品对牛、羊肝片吸虫的成虫有很强的杀灭作用,具有高效、低毒、用量小等特点。对肝片吸虫未成熟虫体虽然也有效,但需用较大剂量,且不安全。例如,羊用2.7mg/kg体重剂量对肝片吸虫成虫已有效,而驱杀6周龄的童虫需用6mg/kg体重剂量,驱杀4周龄的童虫需用8mg/kg体重剂量,然而给羊应用6mg/kg体重时,即可出现不良反应,如发热、呼吸促迫、出汗等,个别羊可导致死亡。牛应用3mg/kg体重剂量可有效地驱除肝片吸虫的成虫,并能为幼牛、孕牛或病牛所耐受,但驱除童虫则需16～20mg/kg体重剂量,此时,出现类似羊的不良反应。牛经口给药效果不如注射给药好,因为瘤胃内容物能使本品降解减效。注射剂有刺激性,应深层肌内注射。

2. 应用注意 治疗量一般不出现不良反应,过量引起中毒症状时(发热、精神沉郁、肌肉震颤、呼吸困难、窒息、转氨酶值升高)可用毒毛旋花子苷、维生素C等治疗。用药后9d内的牛乳及15d内的肉食品不宜供人食用。

3. 用法与用量 内服,黄牛3～5mg/(kg体重·次),水牛1～3mg/(kg体重·次),鹿3～7mg/(kg体重·次),羊3～4mg/(kg体重·次),猪3～6mg/(kg体重·次)。

硝氯酚注射液肌内注射,牛、羊0.5～1mg/(kg体重·次)。

(五)双酰胺氧醚(Diamphenethide,Coriban)

本品为白色结晶性粉末,不溶于水。

1. 作用与用途 本品特点为对肝片吸虫童虫有高效,而对成虫只有70%以下的杀灭作用。是一种预防羊肝片吸虫病的有效药物。一次内服治疗量对1～4周龄、5～8周龄、9～12周龄童虫的灭虫率分别为100%、88%和68%。由于本品对10周龄以上虫体作用极差,可间隔8周再用药一次;或与碘醚柳胺等其他杀片形吸虫成虫药并用。

2. 应用注意 供食用家畜屠宰前应停药7d。本品毒性很低,对受精率、妊娠率均无影响。

3. 用法与用量 内服,羊100mg/(kg体重·次)。

(六)三氯苯唑(Triclabendazole,Fasinex,肝蛭净)

本品为白色粉末,不溶于水。

本品为新型苯并咪唑类驱虫药,对各种日龄的肝片吸虫均有明显杀灭效果。

1. 作用与用途 本品低剂量(5mg/kg体重)仅对成虫有高效。10mg/kg体重对绵羊1～12周龄肝片吸虫均有99%杀灭效果。剂量增至15mg/kg体重,对1日龄虫体有效率为

98%。

2. 应用注意　牛、羊宰前28d应停药。

3. 用法与用量　内服，牛12mg/（kg体重·次），羊、鹿10mg/（kg体重·次）。

（七）溴酚磷（Bromophenophos，Acedist，蛭得净）

本品为类白色结晶性粉末。

1. 作用与用途　本品不仅对牛、羊肝片吸虫成虫有良好驱虫效果，对肝实质内移行期的童虫也有效。

2. 应用注意　药物过量引起的中毒病畜，可用阿托品解救。牛、羊宰前21d应停药。用药5d内，牛奶不能供人食用。

3. 用法与用量　溴酚磷散剂，每克含溴酚磷240mg，内服，牛12mg/（kg体重·次），羊12~16mg/（kg体重·次）（指溴酚磷含量）。

溴酚磷片，每片含溴酚磷240mg，用量同散剂。

（八）六氯对二甲苯（Hexachloroparaxylene，Hetol，海涛尔，血防846）

本品为白色或微黄色有光泽结晶性粉末，不溶于水。

1. 作用与用途　本品在我国广泛用于耕牛血吸虫病的治疗；对童虫抑制发育，对成虫引起性腺退化，对童虫作用优于成虫，对雌虫作用优于雄虫。此外，对肝片吸虫、矛形双腔吸虫、前后盘吸虫、胰阔盘吸虫、盲肠吸虫和猪姜片吸虫等都有驱杀作用。

2. 应用注意　本品不良反应较轻，牛可耐受390mg/kg体重，此量为治疗量的3~4倍，绵羊可耐受10倍治疗量。中毒时发生肝、肾细胞变性坏死，消化道黏膜损伤，可视黏膜黄染、血尿和腹泻等。

3. 用法与用量　治疗血吸虫病，内服，牛0.1~0.12g/（kg体重·次），1日1次，连用10d。

治疗其他吸虫病，内服，牛0.13g/（kg体重·次），羊0.15g/（kg体重·次）。

治疗羊胰阔盘吸虫病，0.4g/（kg体重·次），间隔2d，连用3次。

治疗猪姜片虫病，内服，0.2g/（kg体重·次）。

（九）硝硫氰胺（Nithiocyanamine，7505）

本品为黄色结晶性粉末。

1. 作用与用途　抗血吸虫药，具有直接杀虫作用，对日本血吸虫、东毕血吸虫等都有效，此外对姜片吸虫、蛔虫、钩虫、丝虫等也有一定的驱虫作用。

2. 应用注意　本品内服给药较安全，但需要剂量太大，以40~60mg/kg体重剂量始能奏效，因而影响大面积推广应用。用其微粒型粉（1~5μm）加适量吐温80制成2%乳剂静脉注射，剂量仅为1~3mg/kg体重，但80%牛注射后1h左右，出现四肢无力、不愿行走、步态不稳、身体向一侧倾斜、共济失调等神经系统不良反应，经6~20h未经任何处理可自然恢复正常，个别牛可引起死亡。肌内注射给药可避免静脉注射给药的不良反应，具有疗程短、安全、费用低等优点。

3. 用法与用量　内服，牛60mg/（kg体重·次）。

静脉注射，黄牛2mg/（kg体重·次）（极量0.6g），水牛1.5mg/（kg体重·次）（极量

0.6g）。临用时以吐温80助溶，制成1%～2%灭菌水混悬液，用前应振摇。

肌内注射，黄牛20～25mg/（kg体重·次），水牛15～20mg/（kg体重·次），制成10%水混悬液多点注射。

三、驱绦虫药

（一）吡喹酮（Praziquentel）

本品为白色或类白色结晶性粉末，微溶于水。

1. 作用与用途　　本品为高效、低毒、广谱的驱绦虫、驱吸虫药。对日本血吸虫、东毕血吸虫等均有较高的驱杀作用，对牛羊肝片吸虫、双腔吸虫、胰阔盘吸虫、猪姜片吸虫、犬华支睾吸虫及肺吸虫也有较高的疗效。对牛、羊的莫尼茨绦虫、曲子宫绦虫、无卵黄腺绦虫，犬的复孔绦虫、中线绦虫、细粒棘球绦虫、泡状绦虫、羊带绦虫、阔节裂夹绦虫，猫的肥颈绦虫，家禽的赖利绦虫、节片戴文绦虫、漏斗状绦虫、剑带绦虫、皱褶绦虫，鼠的膜壳绦虫等都有很高的治疗作用。对各种绦虫蚴，如猪囊尾蚴、牛囊尾蚴、细颈囊尾蚴、豆状囊尾蚴、多头蚴及棘球蚴的早期阶段均有效。

2. 用法与用量　　吡喹酮片0.1g、0.2g、0.5g。治血吸虫病，内服，牛25～30mg/（kg体重·次），羊60mg/（kg体重·次）。

治绦虫病，内服，牛、羊10～20mg/（kg体重·次），猪10～35mg/（kg体重·次），犬、猫5～10mg/（kg体重·次），家禽10～20mg/（kg体重·次）。

（二）氯硝柳胺（Yomesan，灭绦灵）

本品为淡黄色或灰白色粉末，不溶于水。

1. 作用与用途　　本品对多种绦虫均有高效，对马裸头绦虫，牛、羊的莫尼茨绦虫、曲子宫绦虫、无卵黄腺绦虫，犬带科绦虫、复孔绦虫，鸡赖利绦虫，小白鼠膜壳绦虫等均有驱杀作用。此外，对牛、羊的前后盘吸虫及其童虫也有良好驱虫效果。

2. 用法与用量　　内服，马200～300mg/（kg体重·次），牛40～60mg/（kg体重·次），羊60～70mg/（kg体重·次），犬、猫100～200mg/（kg体重·次），鸡50～60mg/（kg体重·次），火鸡、鸽200mg/（kg体重·次）。

（三）氢溴酸槟榔碱（Arecolin hydrobromide）

本品为白色或淡黄色结晶性粉末，无臭，味苦。溶于水和乙醇，微溶于乙醚和氯仿。

1. 作用与用途　　本品为传统驱除犬细粒棘球绦虫和带绦虫，家禽绦虫的药物。对犬细粒棘球绦虫、豆状带绦虫、泡状带绦虫及多头绦虫均有良好的效果；对鸡瑞利绦虫，鸭、鹅剑带绦虫也有效。

2. 应用注意　　马属动物及猫对本品敏感，不用为宜；鸡耐受性较大，鸭、鹅较小。遇有严重中毒病例，可用阿托品解救。

犬用药前应隔夜禁食。用药后2h，若仍不见排便，宜用盐水灌肠，以加速麻痹虫体以便排出。

3. 用法与用量　　内服，一次量，犬2mg/kg体重，鸡3mg/kg体重，鸭、鹅1～2mg/kg体重。

第二节 抗原虫药

抗原虫药是对动物锥虫病、梨形虫病、球虫病和一些其他原虫病，如弓形虫病、住白细胞虫病、滴虫病等具有防治作用的药物。本类药物主要可分为抗球虫药、抗锥虫药、抗梨形虫药、抗隐孢子虫药等。

一、抗球虫药

（一）莫能菌素（Monensin）

本品钠盐为淡黄色粗粉，不溶于水，一般制成20%预混剂供使用。

1. 作用与用途 本品为聚醚类抗生素类抗球虫代表药，已广泛用于世界各地，为广谱抗球虫药，对鸡毒害、柔嫩、堆型、波氏、巨型、变位艾美耳球虫均有高效。本品的抗球虫作用峰期为周期第二天，即滋养体阶段。本品与其他聚醚类抗生素抗球虫药一样，高剂量（120mg/kg饲料以上）对宿主的抗球虫免疫力有抑制作用，但停药后可迅速恢复，因此肉鸡应连续喂用，但在蛋鸡育雏中应考虑使用较低浓度（100mg/kg饲料）或采用短期投药法。本品对火鸡、羔羊、犊牛球虫病有明显效果，对兔肠型球虫病也有良好的预防效果。过去一直认为球虫对本品一般不产生耐药性，但近年已有人从用药现场分离到耐莫能菌素虫株，因此仅是产生耐药性速率较慢而已。

2. 应用注意 对马属动物毒性大，应禁用；成年火鸡、珍珠鸡及鸟类也较敏感，不宜喂用。禁止与二甲硝咪唑、泰乐菌素、竹桃霉素并用，否则有中毒危险。搅拌配料时防止与皮肤、眼睛接触。产蛋期禁用；肉鸡屠宰上市前，应停喂3d，牛为2d。本品预混剂规格众多，用药时应以莫能菌素含量计量。

3. 用法与用量 混同给药，禽100～120mg/kg饲料，羔羊、犊牛20～30mg/kg饲料，兔40mg/kg饲料（莫能菌素实际含量）。

（二）盐霉素（Salinomycin）

本品钠盐为白色结晶性粉末，性质稳定，不溶于水，多制成6%或10%预混剂供使用。

1. 作用与用途 本品为聚醚类抗生素抗球虫药。其抗球虫效应与莫能菌素相等。60mg/kg体重饲料浓度对病变程度、死亡率及增重率、饲料报酬等，大致与莫能菌素（100mg/kg饲料）、常山酮（3mg/kg饲料）相等。

盐霉素对多种革兰氏阳性厌氧菌具有明显的抑制作用，从而对动物有一定的促生长效应。

2. 应用注意 与莫能菌素相同。本品安全范围较窄，超过80mg/kg体重饲料浓度，可使肉鸡摄食减少，而影响增重，肉鸡屠宰上市前5d应停药。

3. 用法与用量 混饲给药，禽50～70mg/kg饲料，犊牛10～30mg/kg饲料，羔羊10～25mg/kg饲料，兔50mg/kg饲料，猪25～75mg/kg饲料（盐霉素实际含量）。

（三）马杜霉素（Maduramicin）

本品铵盐为白色结晶性粉末，不溶于水，多制成1%预混剂供用。

1. 作用与用途 为目前抗球虫作用最强、用药浓度最低的聚醚类抗球虫药，它对早期（0~48h内）孢子、滋养体及第一代裂殖体均有抑杀作用，它对巨型、毒害、柔嫩、堆型、马氏、波氏等艾美耳球虫均有良好的抑杀效应。5mg/kg体重饲料浓度的抗球虫效应优于莫能菌素、盐霉素、那拉霉素、尼卡巴嗪和氯羟吡啶。

2. 应用注意 本品安全范围较窄，6mg/kg饲料浓度能抑制健康雏的生长率，8mg/kg饲料浓度可使部分雏羽毛脱落，10mg/kg饲料浓度可引起中毒，甚至死亡。马杜霉素只能用于肉鸡，对其他动物及产蛋鸡均不适用；喂马杜霉素的鸡粪便均勿作牛、羊等动物饲料，否则会引起中毒致死。肉鸡屠宰上市前，应停喂药料5d。

3. 用法与用量 混饲料给药，肉鸡5mg/kg饲料。

（四）拉沙洛菌素（Lasalocid）

本品钠盐为白色粉末，不溶于水，其预混剂为淡褐色粉末。

1. 作用与用途 亦为聚醚类广谱、高效抗球虫药，除对堆型艾美耳球虫作用稍差外，对柔嫩、毒害、巨型、变位艾美耳球虫的抗球虫效应超过莫能菌素和盐霉素，本品对火鸡、羔羊、犊牛球虫也有明显疗效。本品可与多种促生长剂并用，对鸡增重效果明显优于单独应用促生长剂的效应。

2. 应用注意 拉沙洛菌素安全范围较盐霉素、莫能菌素广，并可安全用于水禽和火鸡。但75mg/kg饲料浓度就能严重抑制宿主对球虫的免疫力。肉鸡上市前应停喂药料3d。

3. 用法与用量 混于饲料给药，禽75~125mg/kg饲料，犊牛32.5mg/kg饲料，羔羊100mg/kg饲料（拉沙洛菌素实际含量）。

（五）常山酮（Halofuginone）

本品常用为氢溴酸盐，为灰白色结晶性粉末，含0.6%氢溴酸常山酮的预混剂商品名为速丹。

1. 作用与用途 本品对各种鸡球虫子孢子、第一代裂殖体和第二代裂殖体均有明显抑杀作用，用药后能明显控制球虫病临床症状，并完全抑制卵囊排出（堆型球虫例外），从而使环境不再被污染而减少再感染的可能性。因常山酮用药浓度低（3mg/kg饲料）而无组织残留，用药鸡群粪便不污染环境，对农作物生长也无不良影响。据现场应用资料证实，本品较易引起球虫耐药性，如鸡场连续应用2~3年后，其抗球虫指数大幅度下降。

2. 应用注意 本品治疗浓度，对鸡、火鸡、兔、猪、犊驹等均安全有效；但珍珠鸡敏感，应禁用；能抑制鹅、鸭生长，应慎用。对鸡最低有效浓度为2mg/kg饲料，而6mg/kg饲料浓度即影响适口性，使部分鸡采食减少，9mg/kg饲料则大部分鸡拒食，因此药料必须充分拌匀，否则影响药效。产蛋鸡禁用；屠宰前应停药4d。

3. 用法与用量 混饲料给药，鸡3mg/kg饲料（常山酮实际含量）。

（六）杀球灵（Diclazuril）

本品为微黄色粉末，不溶于水，可与其他生长促进剂和化学药物的并用。

1. 作用与用途 其是目前用药浓度最低的一种广谱、高效、低毒的新型抗球虫药。本品抗球虫作用峰期可能在子孢子和第一代裂殖体早期阶段。1mg/kg饲料浓度能完全有效地控制鸡盲肠球虫、鸭球虫、兔肠球虫和肝球虫的发生和死亡。本品对鸡、火鸡、鸭、珍珠鸡、鹌鹑、牛、羊、马、猪、兔，都很安全，治疗浓度下均未发生不良反应。

2. 应用注意 本品药效期较短，停药1d后抗球虫作用明显减弱，2d后作用基本消失，因此必须连续用药，以防球虫病再度暴发。由于用药浓度极低，药料必须充分拌匀。

3. 用法与用量 混饲，鸡、鸭、兔1mg/kg体重（杀球灵实际含量）。

（七）氯羟吡啶（Clopidolum，氯吡醇，克球粉，可爱丹）

1. 作用与用途 本品对9种鸡艾美耳球虫均有良效，特别对柔嫩艾美耳球虫作用最强。对球虫的活性高峰期是子孢子期（即感染后第一天），因此必须在感染前或感染时用药，才能充分发挥抗球虫作用。本品对机体抗球虫免疫力有明显抑制作用，育雏期间应连续喂药，一旦终止给药往往导致球虫病暴发，球虫对本品易产生耐药性，连续应用2～3年，其抗球虫指数明显下降。本品对兔球虫也有一定的防治效果。

2. 应用注意 本药安全范围广，长期应用无不良反应，应用250mg/kg饲料浓度在屠宰前5d停药，125mg/kg则不需要停药。

3. 用法与用量 混饲，鸡125mg/kg体重，兔200mg/kg体重。

（八）氯苯胍（Robenidine）

本品为白色结晶性粉末，不溶于水。对多种鸡球虫均有效，并且对其他药物已产生耐药的虫株也有效。对球虫的活性峰期为第一代裂殖体（感染第2天），对第二代裂殖体、子孢子也有杀灭效果。本品毒性较小，雏鸡用6倍以上治疗量连续饲喂8周，生长正常。本品对鸡免疫力形成无影响。球虫对本品产生的耐药速率较慢，但长期连续应用仍可引起耐药性。本药缺点为连续饲喂可使鸡肉、鸡蛋产生异味，故应在鸡屠宰前5～7d停药。剂量为33mg/kg体重混入饲料中给药，急性球虫病暴发时可用66mg/kg体重，1～2周后改用33mg/kg体重。

（九）尼卡巴嗪（Nicarbazin）

本品为淡黄色粉末，极难溶于水。对柔嫩艾美耳球虫等致病性强的球虫均有较好效果，其活性峰期在第二代裂殖体（感染第4天），其杀灭球虫的作用比抑制球虫的作用更为明显。本药优点是不易产生抗药性和不影响鸡产生免疫力。产蛋鸡群禁用，肉鸡宰前4～7d停药。剂量为125mg/kg体重混入饲料中连续饲喂。

（十）硝苯酰胺（Dinitolmide，Zoalene，球痢灵）

本品为淡黄褐色粉末，不溶于水。对多种鸡球虫均有效，尤其对柔嫩艾美耳球虫和毒害艾美耳球虫效果最好，但对堆型艾美耳球虫效果稍差。主要作用于第一代裂殖体（第3天）。本药主要优点为不影响机体对球虫产生免疫力，并能迅速排出体外，不需要停药期。预防剂量为125mg/kg体重，治疗剂量为250mg/kg体重，混入饲料内给予。

（十一）氨丙啉（Amprolium）

本品为白色粉末，易溶于水。本品结构与维生素B_1相似，因而能抑制球虫维生素B_1代谢而发挥抗球虫作用。对球虫的活性高峰期在第一代裂殖体（第3天），而且在配子发生期和子孢子期也有一定程度的抑制作用。

本品对鸡主要致病的柔嫩艾美耳球虫和堆型艾美耳球虫作用最强，而对其他小肠球虫作用较弱。故常采用配合制剂（含20%盐酸氨丙啉、12%磺胺喹噁啉、1%乙氧酰胺苯甲酯）。预防剂量每吨干饲料添加500g合剂连续饲喂预防；治疗剂量每吨干饲料添1000g合剂，连喂2周，再用半量喂2周。产蛋期禁用；宰前7d停止给药。

（十二）磺胺类药

主要作用于第二代裂殖体（第4天），对第一代裂殖体也有一定作用，因此当鸡群中开始出现球虫症状时，用磺胺药往往有效，尤其配合应用适量维生素K及维生素A更有助于鸡群康复，但由于磺胺类长期连续应用具有毒性和产生抗药性，故少用于预防。磺胺二甲氧嘧啶（SDM）500mg/L加入饮水或2000mg/kg混入饲料，连用6d；磺胺氯吡嗪（ESB_3）300mg/L加入饮水连用3d；磺胺喹噁啉（SQ）100mg/kg混入饲料，喂2~3d，停药3d后用50mg/kg混入饲料，喂药2d，停药3d，再给药2d，无休药期，能有效地控制暴发性球虫病。

二、抗锥虫药

（一）萘磺苯酰脲（Suramin）

商品名为那加诺（Nagarol）、拜耳-205（Bayer-205）。

其钠盐为白色、微粉红色或带乳酪色粉末。味涩，微苦。易溶于水，微溶于甲醇、乙醇，不溶于氯仿、乙醚。

1. 作用与用途 本品对马、牛和骆驼的伊氏锥虫病和马媾疫锥虫病及布氏锥虫病均有效，对牛的泰勒焦虫病也有防治作用，对灵长类动物的盘尾线虫各期幼虫也有杀灭作用。其作用机理为本品能使虫体代谢中的蛋白质产物的性质发生改变，致使虫体不能同化其所需要的营养物质，最后使虫体崩解破坏而死亡。机体的网状内皮系统在本品的药理作用方面起着重要作用。搭配能兴奋网状内皮系统的药物（如氯化钙等）可提高疗效。

静脉注射给药后，药物与血浆蛋白结合，之后逐渐分离释出。由于排泄缓慢，在体内停留时间长达1.5~2个月，故有预防作用。马预防有效期为1.5~2个月，骆驼可达4个月。

2. 应用注意

1）马属动物对本品较敏感，水牛反应轻微，骆驼则更轻。马静注治疗量药物12h后可出现荨麻疹、黏膜发绀、胸下和阴门水肿、跛行、体温升高及食欲减退等不良反应。不同个体表现程度有差异，经3~5d可自然恢复。少数牛用药后可出现肌震颤、眼睑水肿、步态不稳等，经1~3d可自行消失。为减轻不良反应并提高疗效，可同时应用氯化钙、安钠咖等，并在治疗前后数日内停止使役。

2）治疗时，应间隔7d再用药一次；疫区预防性用药，在发病季节每两个月用药一次。

3）心脏、肾、肝病患畜，慎用本品。体弱患畜一次剂量分2次注射，间隔24h。

3. 用法与用量 静脉注射，一次量，马10~15mg/kg体重，牛15~20mg/kg体重，骆驼20~30mg/kg体重。临用前配成10%灭菌水溶液。

（二）喹嘧胺（Quinapyramine）

本品又名喹啉嘧啶胺，商品名为安锥赛（Antricide）。

本品有硫酸盐和氯化物盐。前者易溶于水，后者微溶于水，略溶于热水。均不溶于有机溶剂。两者均为白色或微黄色结晶性粉末，无臭，味苦。

1. 作用与用途 本品对伊氏锥虫、马媾疫锥虫、刚果锥虫（*T. congolese*）和活跃锥虫（*T. vivax*）有效。主要用于防治马、牛、骆驼的伊氏锥虫病及马媾疫。其作用机理一般认为是本品取代锥虫细胞质核蛋白体中的镁离子和多胺类，从而阻断虫体蛋白质的合成而杀虫。当剂量不足时，锥虫易产生耐药性。甲基硫酸喹嘧胺主要用于治疗，氯化喹嘧胺主要用于预防。

2. 应用注意
1）用治疗剂量可见局部反应，在注射部位有暂时肿胀，数天后自行消散。
2）马属动物对本品较敏感，注射后0.25～2h，出现兴奋不安、肌震颤、出汗、体温升高、腹痛、频排粪尿、口流白沫、呼吸困难、心跳加快等症状，一般可在5～6h消失。反应严重的病畜可肌内注射阿托品解救。

3. 用法与用量 肌内或皮下注射，一次量，马、牛、骆驼5mg/kg体重，2～3个月注射一次。临用前配成10%灭菌注射液，宜分2～3点注射。

三、抗梨形虫药

（一）三氮脒（Berenil，贝尼尔）

本品为黄色结晶性粉末，易溶于水。本药于临用前以注射用水配成5%～7%溶液，做分点深层肌内注射或皮下注射。随剂量大小不同，肿胀7～18d后逐渐消失。

对家畜巴贝斯虫病一般采用3.5～3.8mg/kg体重剂量，对重症者或泰勒虫病采用7mg/kg体重的高剂量，每日一次，连用3～4d为一疗程。对马媾疫的剂量为3.5mg/kg体重，每日一次，连用3次。重症者可增加剂量和延长疗程。对伊氏锥虫病近期效果较好，远期效果不佳。本品安全范围较小，治疗量时有时也会出现一些副作用，如出现腹痛，频排粪尿，轻度肌颤，心跳、呼吸加快，流泪和流涎等，牛剂量增至25mg/kg体重可呈现严重中毒症状，精神沉郁，卧地不起，全身肌颤，口吐白沫，瘤胃鼓气，结膜发绀，体温下降，有的可引起死亡，35mg/kg体重可全部致死。水牛对本品较敏感，一般用药一次较安全，连续使用易出现毒性反应。对骆驼伊氏锥虫虽有杀灭作用，但安全范围很小，不适应用，肌内注射1.4mg/kg体重可引起中毒反应，4～5mg/kg体重可致死。

（二）咪唑苯脲（Imidocarb）

本品有二盐酸盐和丙二酸盐两种制剂，为无色粉末，均溶于水。

本品对各种巴贝斯虫均有较好的治疗效果，具有疗效高、毒性低、剂量小的优点，而且本药能在畜体内较长时间存留，因此还具有极好的预防作用。注射本药后预防期为2～10周，对牛体自然免疫并无影响。本药对无定形体病（又名边虫病、微粒孢子虫病）的治疗和清除带虫状态也都有效。

本品配成10%水溶液，皮下或肌内注射，牛1～2mg/(kg体重·次)，马、犬2～4mg/(kg体重·次)，每日1次，必要时可连续应用2～3d。

牛皮下或肌内注射1mg/kg体重剂量的本药无不良反应；2mg/kg体重的可出现类似抗胆酯酶作用的不良反应，1h可恢复；3.5mg/kg体重反应增重；10mg/kg体重可引起死亡。毒性反应主要是口吐白沫、流泪、腹泻等症状，甚至虚脱而死。马肌内注射8mg/kg体重出现流涎、呼吸困难、腹痛、腹泻等症状。

屠宰前应停药28d；用药期间患畜乳汁不可供食用。

四、抗隐孢子虫药

硝唑尼特（Nitazoxanide，NTZ）

本品呈淡黄色粉末状固体，不溶于水，微溶于乙醇，能溶于二甲基亚砜（DMSO）等有机溶剂。

本品具有广谱的抗寄生虫作用，包括对原虫、线虫、吸虫和绦虫等。2002年，经美国食品药品监督管理局批准主要用于治疗人的隐孢子虫感染。目前在动物方面已有一些应用报道。以2～4mg/kg体重剂量的硝唑尼特可以有效治疗犬贾第虫病。小鼠以800mg/kg剂量的硝唑尼特口服可治疗四翼无刺线虫感染，给药5d后虫卵减少率达到100%。150mg/kg剂量，每日1次，对兔艾美耳球虫的感染具有治疗作用。

第三节 杀 虫 药

杀虫药（insecticide）是能杀灭动物体表寄生虫和蜱、螨、虻、虱、蚤、蚊、蝇等的药物。上述寄生虫中蚊蝇等对动物危害很大，可引起贫血、生长发育受阻、饲料利用率降低，皮、毛质量受影响，更严重的是传播动物某些血孢子虫病、锥虫病等。杀虫药不但对动物体表寄生虫及蚊蝇等有杀灭作用，对人或动物也有一定的毒性作用。因此，在选药、使用剂量以及是否污染环境等都应注意，否则可能引起中毒。有些杀虫剂如六六六、DDT等，因其高毒已被明令禁用或限用于农业生产。

杀虫药主要呈现局部作用，如剂量、浓度过大，时间过长，会引起动物体吸收中毒。此类药物一般对虫卵无效，间隔一定时间再次用药是必要的。

常用的杀虫剂有有机氮、有机磷、植物杀虫药（有机氯杀虫药几乎已被淘汰，因此本书不将其列入叙述范围内）。

（一）溴氰菊酯（Deltamethrin）

本品的常用剂型为5%溴氰菊酯乳油，又称为倍特（Butox），为黄褐色黏稠液体。

本品对虫体有胃毒和触毒作用，但无内吸及熏蒸作用。其杀虫谱广，击倒速度快，但对螨类作用稍差。通常对蚊、家蝇、厩蝇、羊蜱蝇、牛羊各种虱、牛皮蝇、猪血虱均有药效。用5～10mg/L浓度药浴或喷淋即能全部杀死。可维持药效1～4周。而且对有机磷、有机氯耐药的虫体，用之仍然有效。15～50mg/L高浓度药液对蜱、痒螨、疥螨也有良效。禽羽虱需高至100mg/L药液喷雾才有效。

本品对鱼剧毒。蜜蜂、家蚕也敏感。此外，对皮肤、呼吸道刺激性较强，用时应注意防护。本品对塑料制品有一定的腐蚀性，因此不能用塑料容器盛装，也不可接近火源。

（二）氯氰菊酯（Cypermethrin）

为棕色至深红褐色黏稠液体，难溶于水，易溶于乙醇，在中性、酸性环境中稳定。顺式氯氰菊酯为本品的高效异构体，为白色或奶油色结晶或粉末，其他性质与本品同。

本品为广谱杀虫药，具有触杀和胃毒作用。主要用于驱杀各种体外寄生虫，尤其对有机磷杀虫药产生抗药性的虫体效果更好。

10%氯氰菊酯乳油常用于灭虱，用量终浓度为0.006%。10%顺式氯氰菊酯乳油：杀蝇、蚊用量终浓度为20～30mg/m²；杀蟑螂用量终浓度为15～30mg/m²。含2.5%氯氰菊酯浇注剂，由头顶部开始达颈部上端并沿背部中线浇注至臀部。每头剂量5～15ml。本品专门防治羊的毛虱和硬蜱，药力可保持12周之久。

（三）二嗪农（Dimpylate，地亚农）

本品常用剂型为250mg/L二嗪农乳剂，其商品名为螨净。

本品为广谱有机磷杀虫剂。具有触杀、胃毒、熏蒸等作用和较弱的内吸作用。对蝇、虱、蜱、螨均有良好杀灭效果，尤其对螨具有很强杀灭效力。螨净对皮肤被毛附着力强，能保持长期的杀虫作用，1次用药防止重复感染的保护期可达10周左右。本品属中等毒杀虫药，除了猫、禽和蜜蜂外，所有家畜都可以应用。对人畜虽较安全，但高浓度接触后也会引起中毒，中毒后宜用阿托品及解磷定解救。

药浴，绵羊初次浸泡用250mg/L浓度，补充药液用750mg/L浓度，牛初次浸泡用625mg/L浓度，补充药液用1500mg/L浓度。喷淋，牛、羊625mg/L浓度，猪250mg/L浓度。对严重感染者应重复用药，间隔时间疥螨为7～10d，虱为17d。动物屠宰上市前应停药14d；乳汁废弃时间为3d。

（四）巴胺磷（Propetamphos）

本品为棕黄色液体，常用剂型为40%巴胺磷乳油，其商品名为赛福丁或舒利宝。

本品为广谱有机磷杀虫剂。主要用于杀灭绵羊体外寄生虫螨、虱、蜱等。药浴或喷淋，羊用1000L水加40%乳油500ml，池浴。宰前14d停止用药。

（五）双甲脒（Amitraz）

本品的常用剂型为12.5%双甲脒乳油，其商品名为特敌克（Taktic），为微黄色澄明液。双甲脒为广谱杀螨剂，具有触杀、胃毒、内吸、熏蒸作用，它对牛、羊、猪、兔的体外寄生虫，如疥螨、痒螨、蜱、虱等各阶段虫体均有极佳杀灭效果。但产生作用较慢，用药后24h才使虱、蜱等体外寄生虫破裂，48h使患螨部皮肤自行松动脱落，一次用药能维持药效6～8周。

本品对人及多数动物毒性极小，甚至对妊娠、哺乳动物用之也安全。马属动物较敏感，家禽用高浓度会出现中毒反应，用时慎重；它对鱼有剧毒，应注意防止药液渗入鱼池。本品对蜜蜂安全无毒，但灭蜂螨时，由于蜂蜜等产品中残留药物严重超标，而应禁用。使用方法为药浴、喷淋或涂擦。每升双甲脒乳油加水250～333L。为增强双甲脒的稳定性，最好在药浴液中添加生石灰（含80%以上氢氧化钙）至0.5%浓度。牛、羊、猪等动物停药1d，其肉品即可上市，乳品无休药期规定。

主要参考文献

陈淑玉，汪溥钦．1994．禽类寄生虫学．广州：广东科学技术出版社

崔贵文，钱玉春，张翠萍，等．1983．牛羊常见寄生虫病防治．呼和浩特：内蒙古人民出版社

第一军医大学．1988．医学寄生虫学．广州：中国人民解放军第一军医大学

胡力生．1981．家畜寄生虫病学．长春：中国人民解放军兽医大学

蒋金书．2000．动物原虫病学．北京：中国农业大学出版社

孔繁瑶．2010．家畜寄生虫学．2版．北京：中国农业大学出版社

孔繁瑶，索勋．1998．寄生虫学．北京：中国农业大学出版社

李德昌．1985．家畜寄生虫病学．长春：中国人民解放军兽医大学

李国清．1999．兽医寄生虫学．广州：广东高等教育出版社

李国清．2006．兽医寄生虫学（双语版）．北京：中国农业大学出版社

刘约翰．1988．寄生虫病化学治疗．重庆：西南师范大学出版社

刘约翰，赵慰先．1993．寄生虫病临床免疫学．重庆：重庆出版社

沈杰，郑韧坚．1993．家畜锥虫和锥虫病．北京：中国农业科技出版社

宋铭忻，张龙现．2009．兽医寄生虫学．北京：科学出版社

索勋．2022．兽医寄生虫学．4版．北京：中国农业出版社

索勋，李国清．1998．鸡球虫病学．北京：中国农业出版社

汪明．2003．兽医寄生虫学．北京：中国农业出版社

徐岌南．1975．动物寄生线虫学．北京：科学出版社

杨光友．2005．动物寄生虫病学．成都：四川科学技术出版社

于恩庶，崔君兆．1982．弓形虫病．北京：人民卫生出版社

余新炳．1983．现代应用寄生虫学．北京：中国医药科技出版社

张西臣，李建华．动物寄生虫病学．4版．北京：科学出版社

赵辉元．1995．畜禽寄生虫与防制学．长春：吉林科学技术出版社

赵辉元．1998．人兽共患寄生虫病学．长春：东北朝鲜民族教育出版社

赵慰先．1994．人体寄生虫学．2版．北京：人民卫生出版社

左仰贤．1997．人畜共患寄生虫学．北京：科学出版社

Dwight DB. 2014. Georgis' Parasitology for Veterinarians. 10th ed. Amsterdam: Elsevier Inc

Martin RJ, Schallig HDFH, Chappell LH. 2000. Veterinary Parasitology. Cambridge: Cambridge University Press

Robert JF. 1973. Parasites of Laboratory Animals. Ames: The Iowa State University Press

TayLor MA, Coop RL, Wall RL. 2007. Veterinary Parasitology. 3rd ed. London: Blackwell Publishing Ltd

附录：各种畜禽常见寄生蠕虫及虫卵

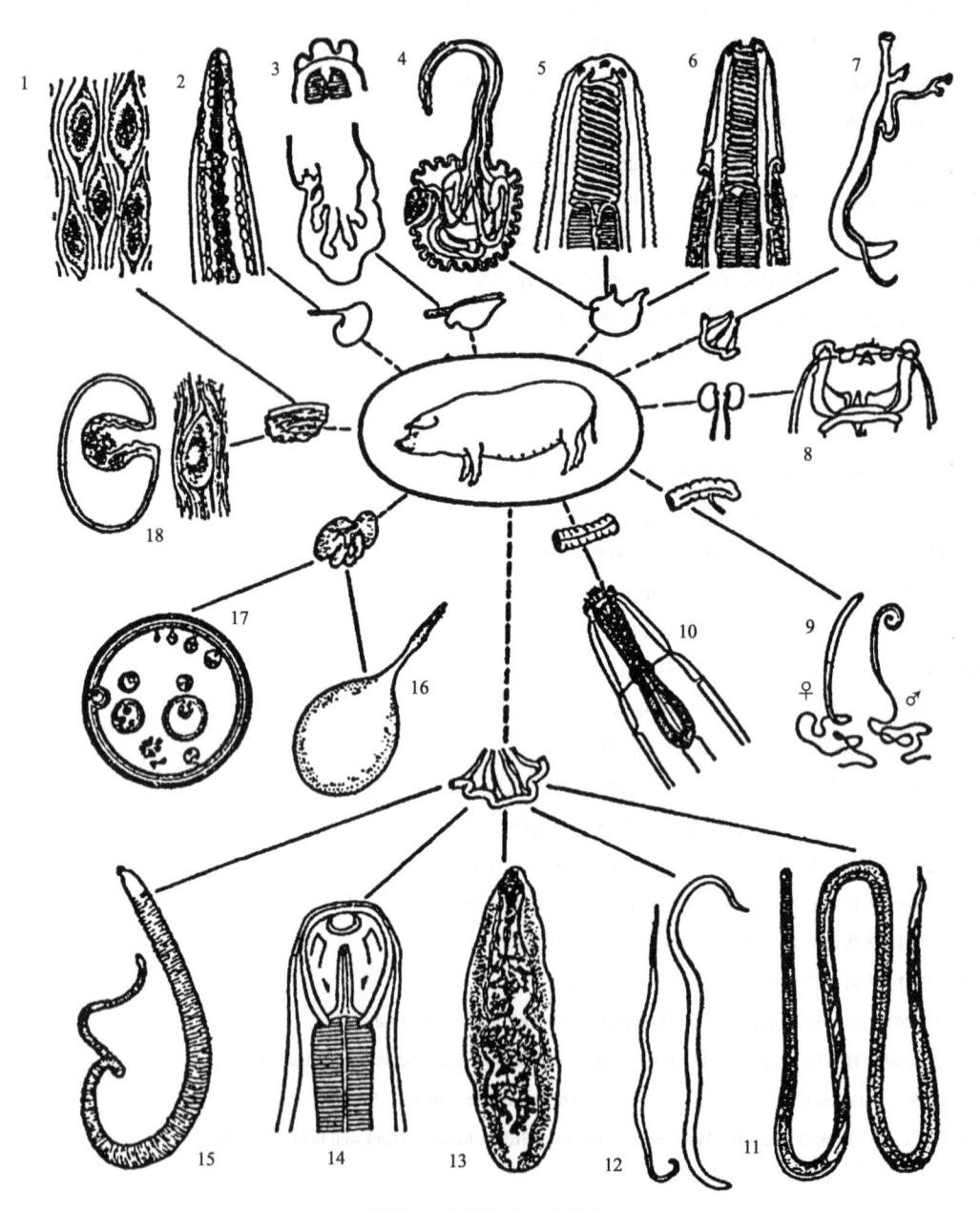

附图1　猪的主要寄生蠕虫

1. 旋毛虫；2. 筒线虫；3. 后圆线虫；4. 奇异西蒙线虫；5. 似蛔线虫；6. 六翼泡首线虫；7. 分体吸虫；8. 有齿冠尾线虫；9. 毛首线虫；10. 食道口线虫；11. 类圆线虫；12. 猪蛔虫；13. 布氏姜片吸虫；14. 球首线虫；15. 蛭形巨吻棘头虫；16. 细颈囊尾蚴；17. 棘球蚴；18. 猪囊尾蚴

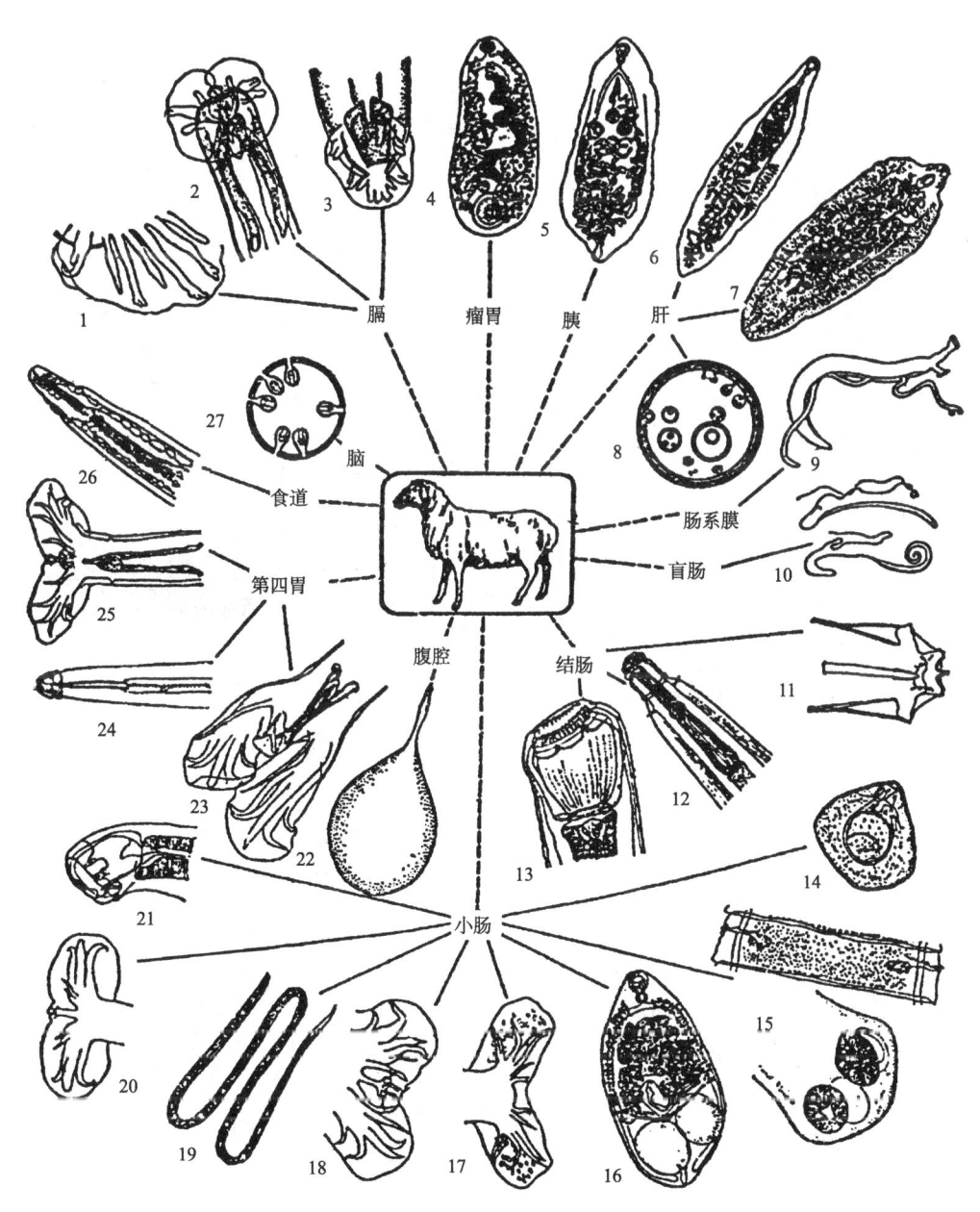

附图2　羊的主要寄生蠕虫

1. 网尾线虫；2. 原圆线虫；3. 缪勒线虫；4. 同盘吸虫；5. 胰阔盘吸虫；6. 双腔吸虫；7. 片形吸虫；8. 棘球蚴；9. 日本分体吸虫；10. 毛首线虫；11. 绵羊斯克里亚宾线虫；12. 食道口线虫；13. 夏柏特线虫；14, 15. 莫尼茨绦虫；16. 斯克里亚宾吸虫；17. 细颈线虫；18. 古柏线虫；19. 类圆线虫；20. 毛圆线虫；21. 仰口线虫；22. 细颈囊尾蚴；23. 血矛线虫；24. 副柔线虫；25. 奥斯特线虫；26. 筒线虫；27. 多头蚴

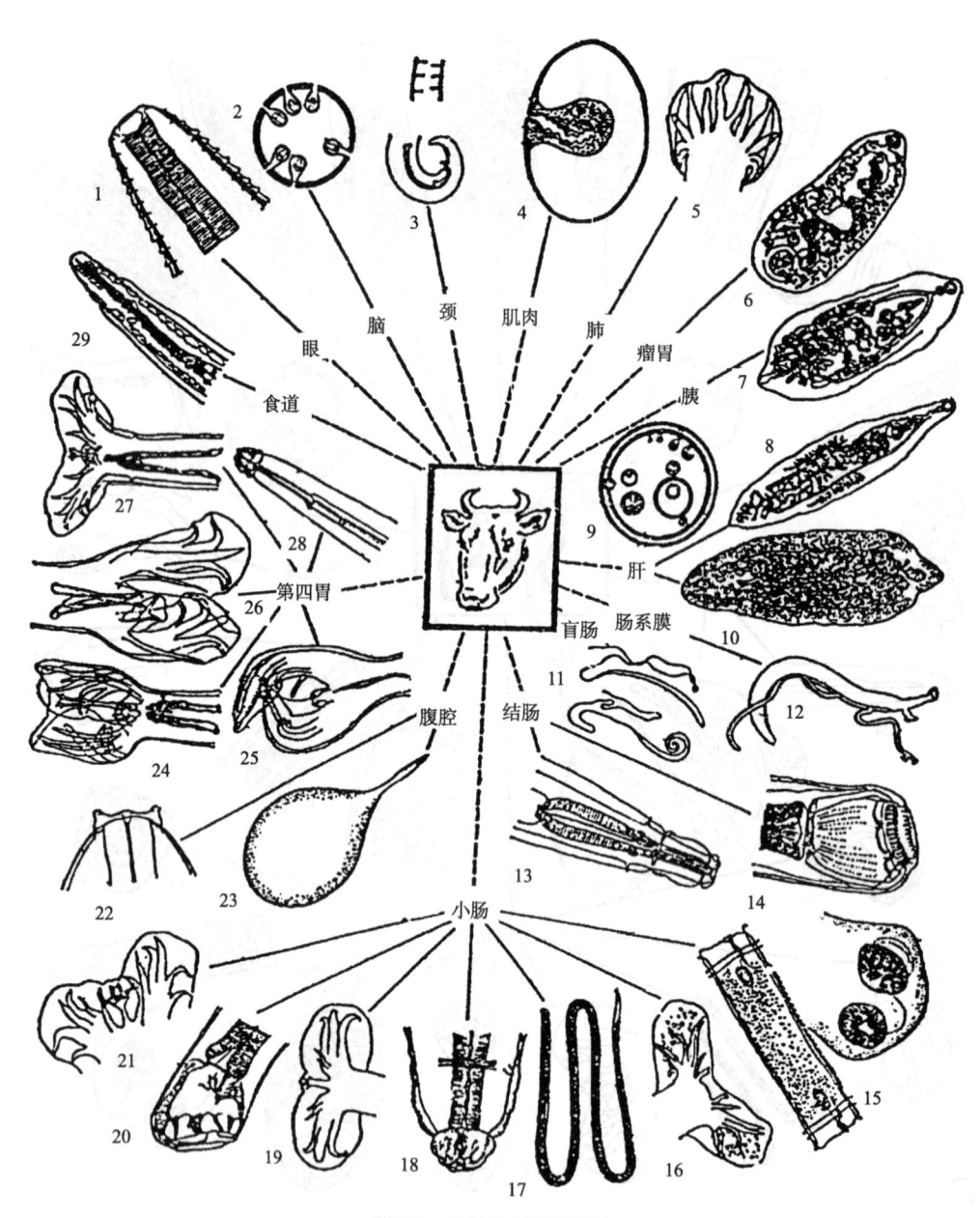

附图3 牛的主要寄生蠕虫

1. 吸吮线虫；2. 多头蚴；3. 盘尾丝虫；4. 牛囊尾蚴；5. 网尾线虫；6. 同盘吸虫；7. 阔盘吸虫；8. 双腔吸虫；9. 棘球蚴；10. 片形吸虫；11. 毛首线虫；12. 日本分体吸虫；13. 食道口线虫；14. 夏伯特线虫；15. 莫尼茨绦虫；16. 细颈线虫；17. 类圆线虫；18. 犊弓首蛔虫；19. 毛圆线虫；20. 仰口线虫；21. 古柏线虫；22. 丝状线虫；23. 细颈囊尾蚴；24. 马歇尔线虫；25. 长刺线虫；26. 血矛线虫；27. 奥斯特线虫；28. 副柔线虫；29. 筒线虫

附录：各种畜禽常见寄生蠕虫及虫卵 · 367 ·

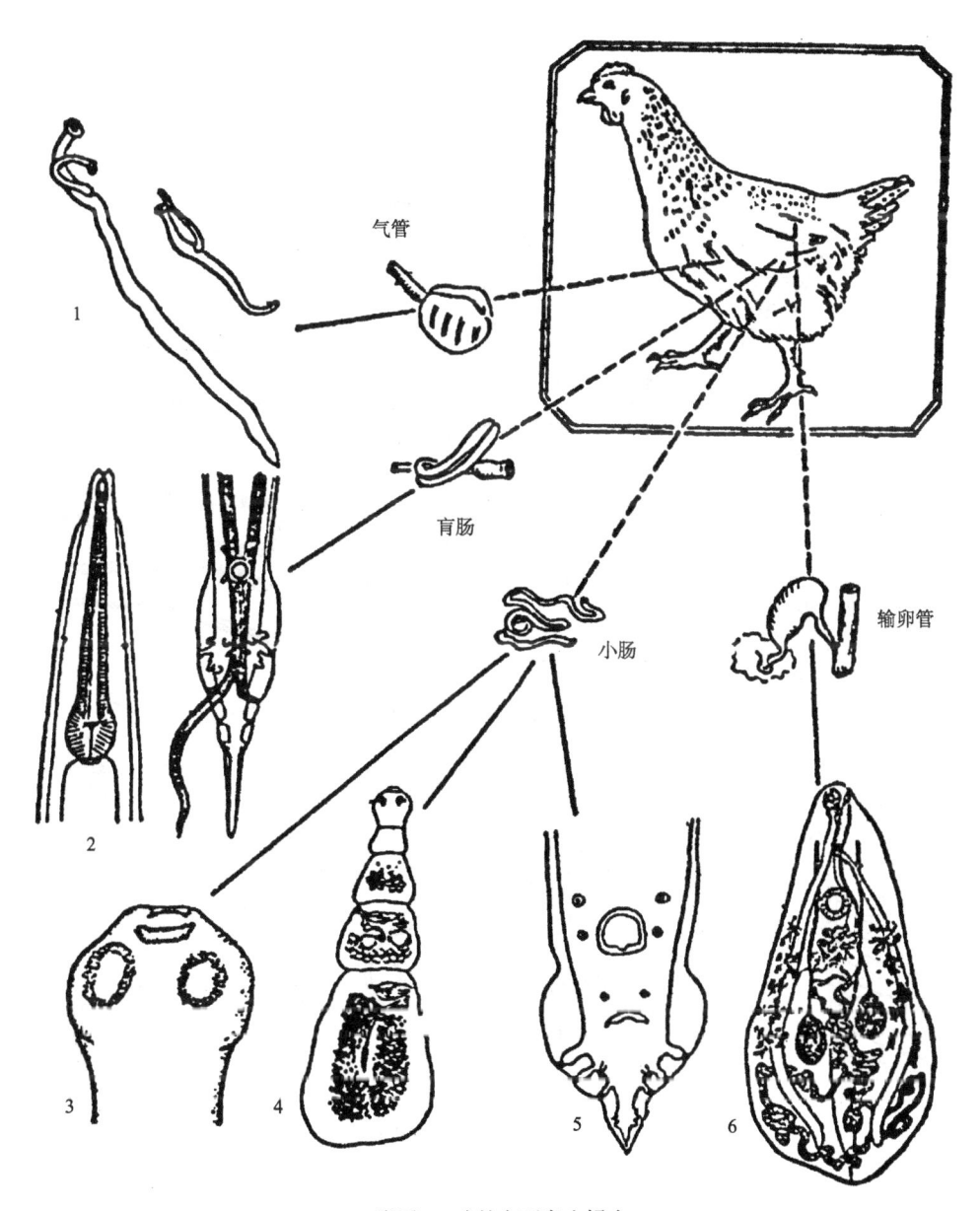

附图4 鸡的主要寄生蠕虫
1. 比翼线虫；2. 异刺线虫；3. 赖利绦虫；4. 戴文绦虫；5. 鸡蛔虫；6. 前殖吸虫

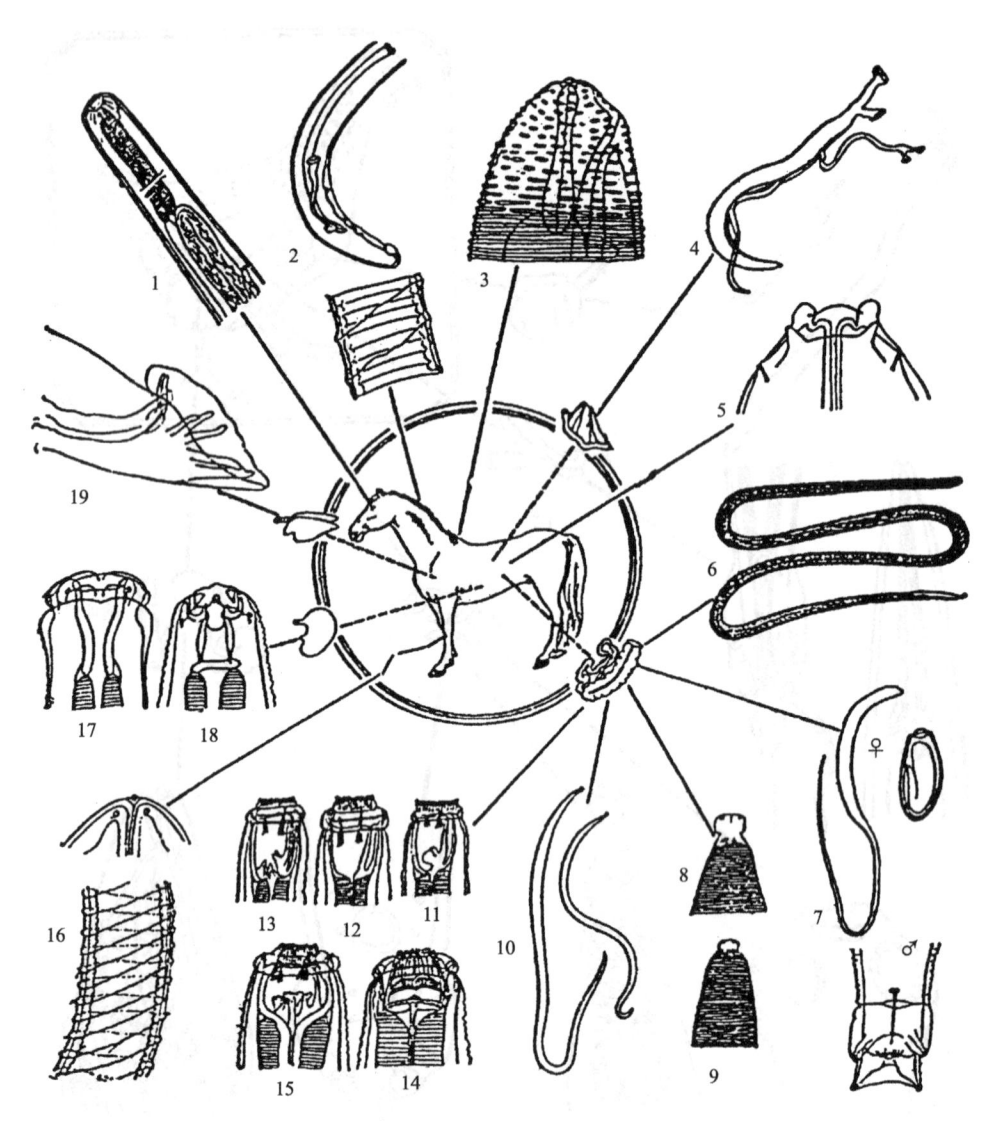

附图5　马的主要寄生蠕虫

1. 吸吮线虫；2. 颈盘尾丝虫；3. 副丝虫；4. 日本分体吸虫；5. 丝状线虫；6. 类圆线虫；
7. 马尖尾线虫；8, 9. 裸头绦虫；10. 副蛔虫；11～13. 圆形线虫；14, 15. 盅口线虫；
16. 网状盘尾线虫；17. 大口柔线虫；18. 蝇柔线虫；19. 安氏网尾线虫

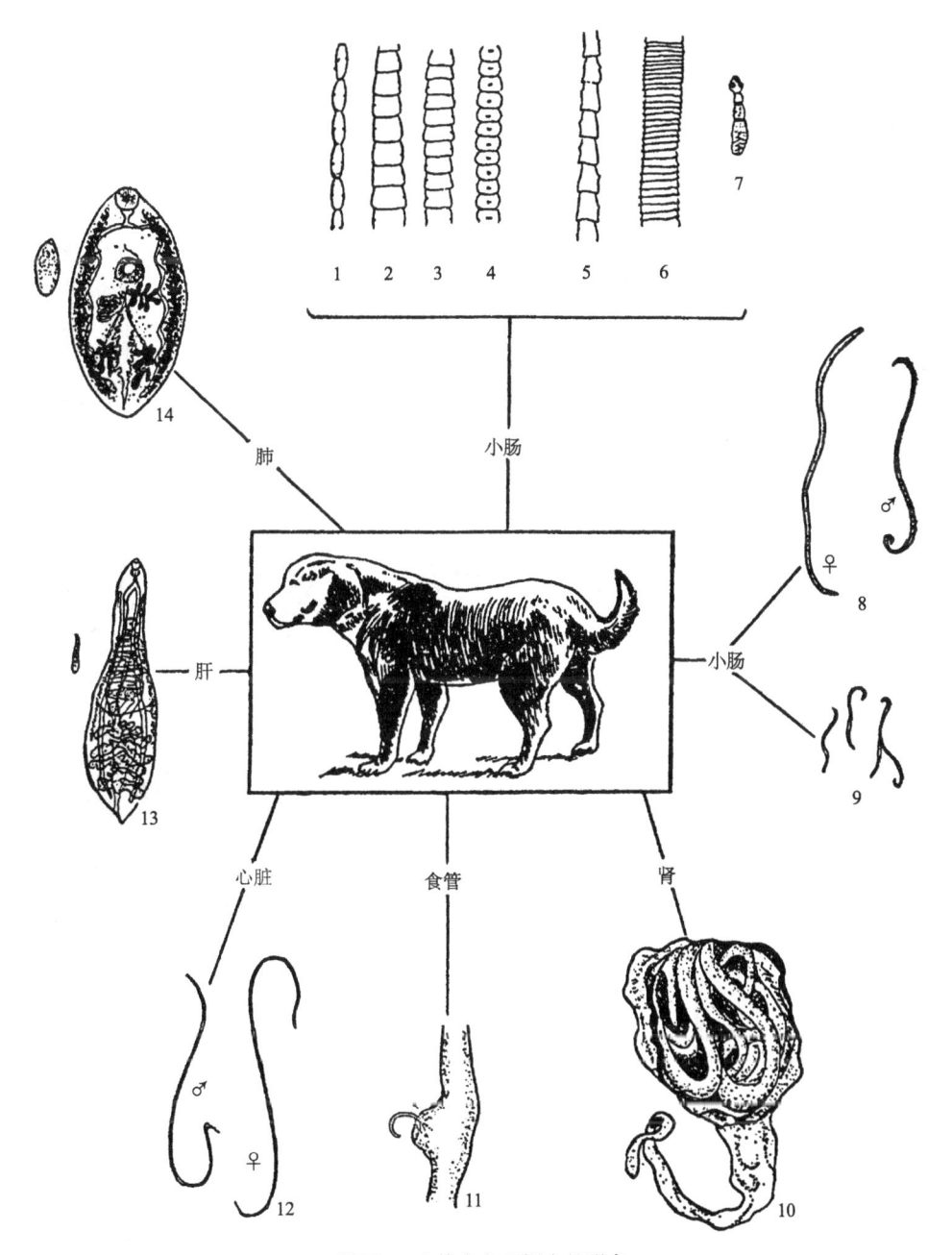

附图6　犬体内主要蠕虫的形态

1. 双殖绦虫；2. 泡状绦虫；3. 豆状绦虫；4. 中殖绦虫；5. 多头绦虫；6. 双槽绦虫；7. 棘球绦虫；8. 犬蛔虫；9. 犬钩虫；10. 肾虫；11. 食管虫；12. 恶丝虫；13. 华支睾吸虫；14. 肺吸虫

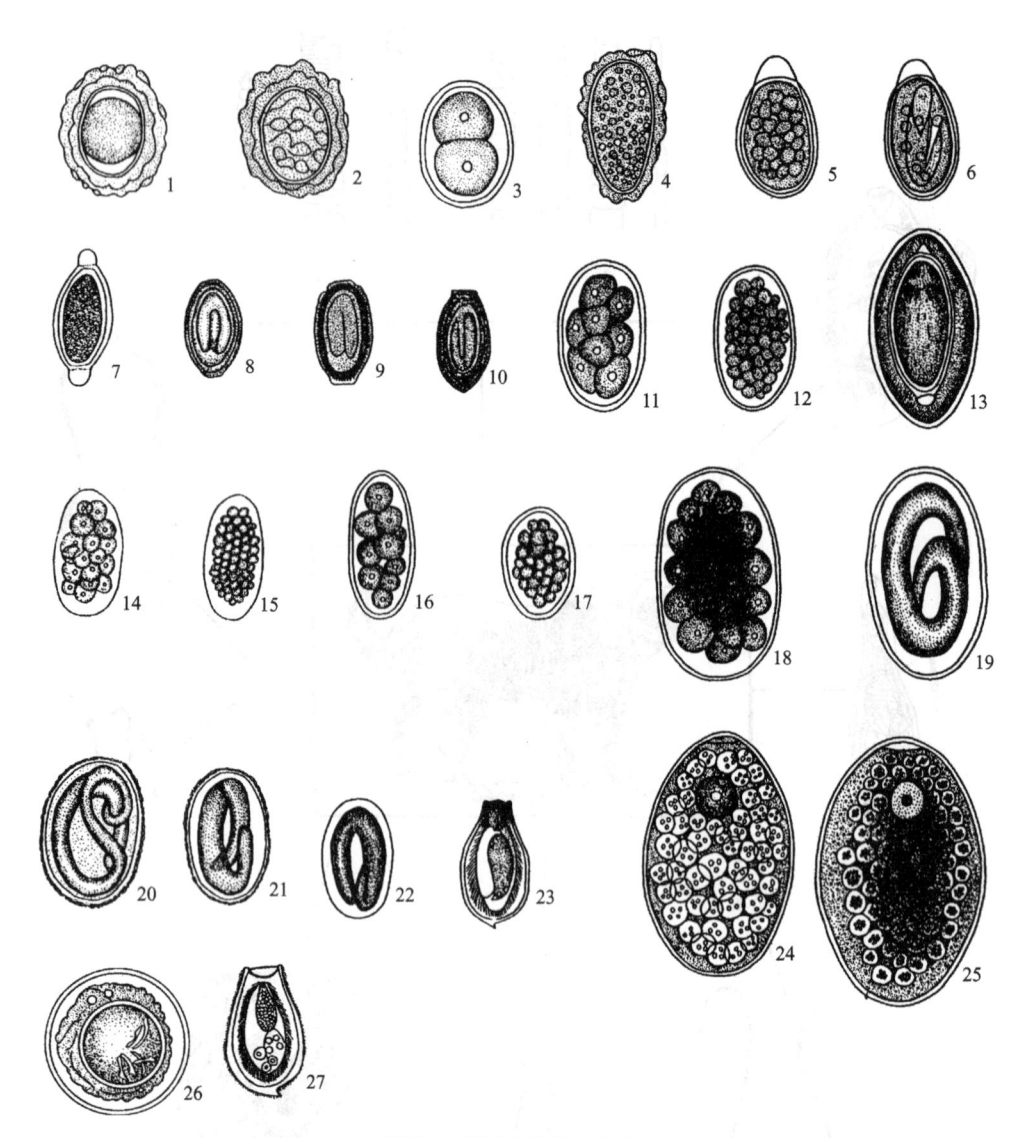

附图7 猪体内的寄生虫卵

1. 猪蛔虫卵；2. 猪蛔虫卵表面观；3. 猪蛔虫卵蛋白膜脱落分裂至两个细胞阶段；4. 猪蛔虫的未受精卵；5. 刚刺颚口虫卵（新鲜虫卵）；6. 刚刺颚口虫卵（已发育的虫卵）；7. 猪鞭虫卵；8. 圆形蛔状线虫卵（未成熟虫卵）；9. 圆形蛔状线虫卵（成熟虫卵）；10. 六翼泡首线虫卵；11. 结节虫卵（新鲜虫卵）；12. 结节虫卵（已发育虫卵）；13. 猪棘头虫卵；14. 球首线虫卵（新鲜虫卵）；15. 球首线虫卵（已发育虫卵）；16. 红色猪圆线虫卵；17. 鲍杰线虫卵；18. 猪肾虫卵（新鲜虫卵）；19. 猪肾虫卵（含幼虫的卵）；20. 野猪后圆线虫卵；21. 复阴后圆线虫卵；22. 兰氏类圆线虫卵；23. 华支睾吸虫卵；24. 姜片吸虫卵；25. 肝片吸虫卵；26. 长膜壳绦虫卵；27. 截形微口吸虫卵

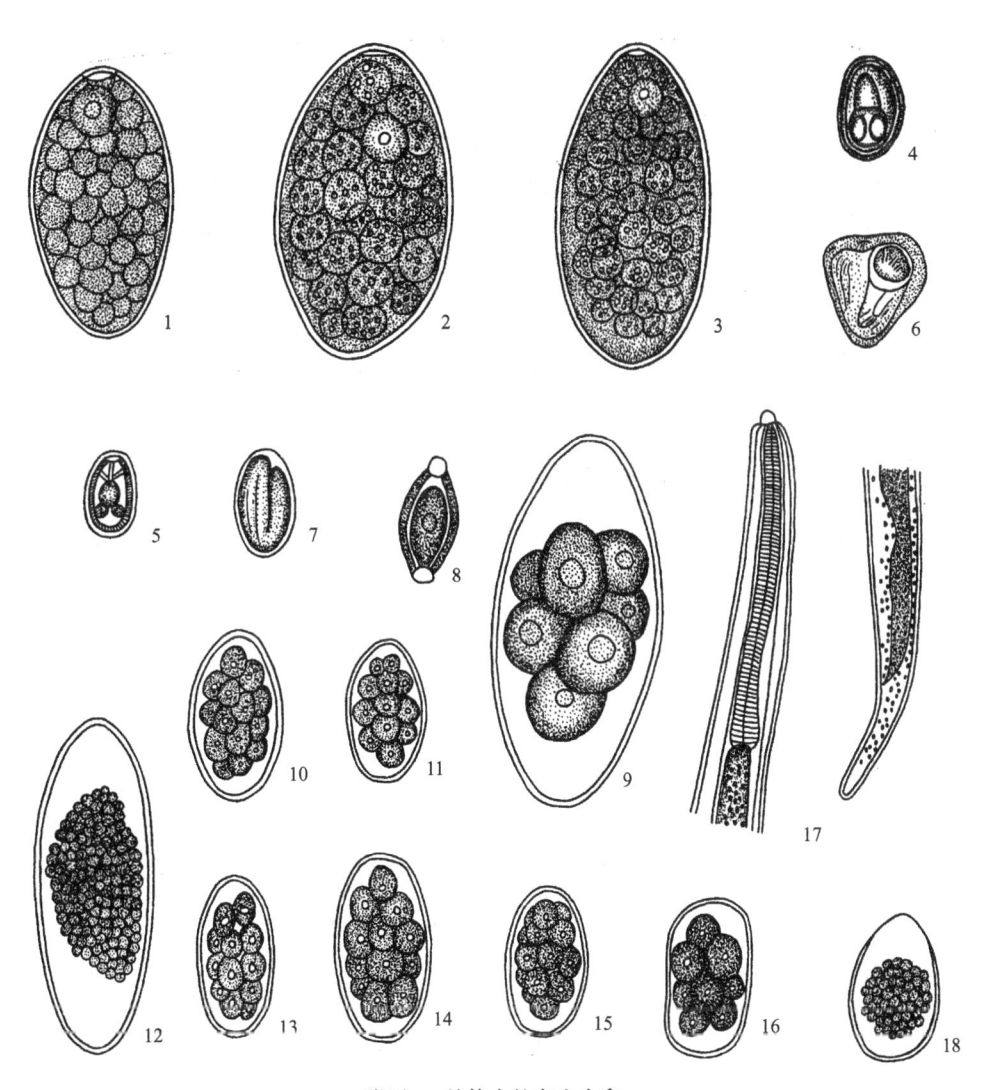

附图 8　羊体内的寄生虫卵

1. 肝片吸虫卵；2. 大片吸虫卵；3. 前后盘吸虫卵；4. 双腔吸虫卵；5. 胰阔盘吸虫卵；6. 莫尼茨绦虫卵；7. 乳突类圆线虫卵；8. 毛首线虫卵；9. 钝刺细颈线虫卵；10. 奥斯特线虫卵；11. 捻转胃虫卵；12. 马歇尔线虫卵；13. 毛圆线虫卵；14. 阔口圆虫卵；15. 结节虫卵；16. 钩虫卵；17. 丝状网尾线虫幼虫，左图为前端，右图为尾端；18. 小型艾美耳球虫卵囊

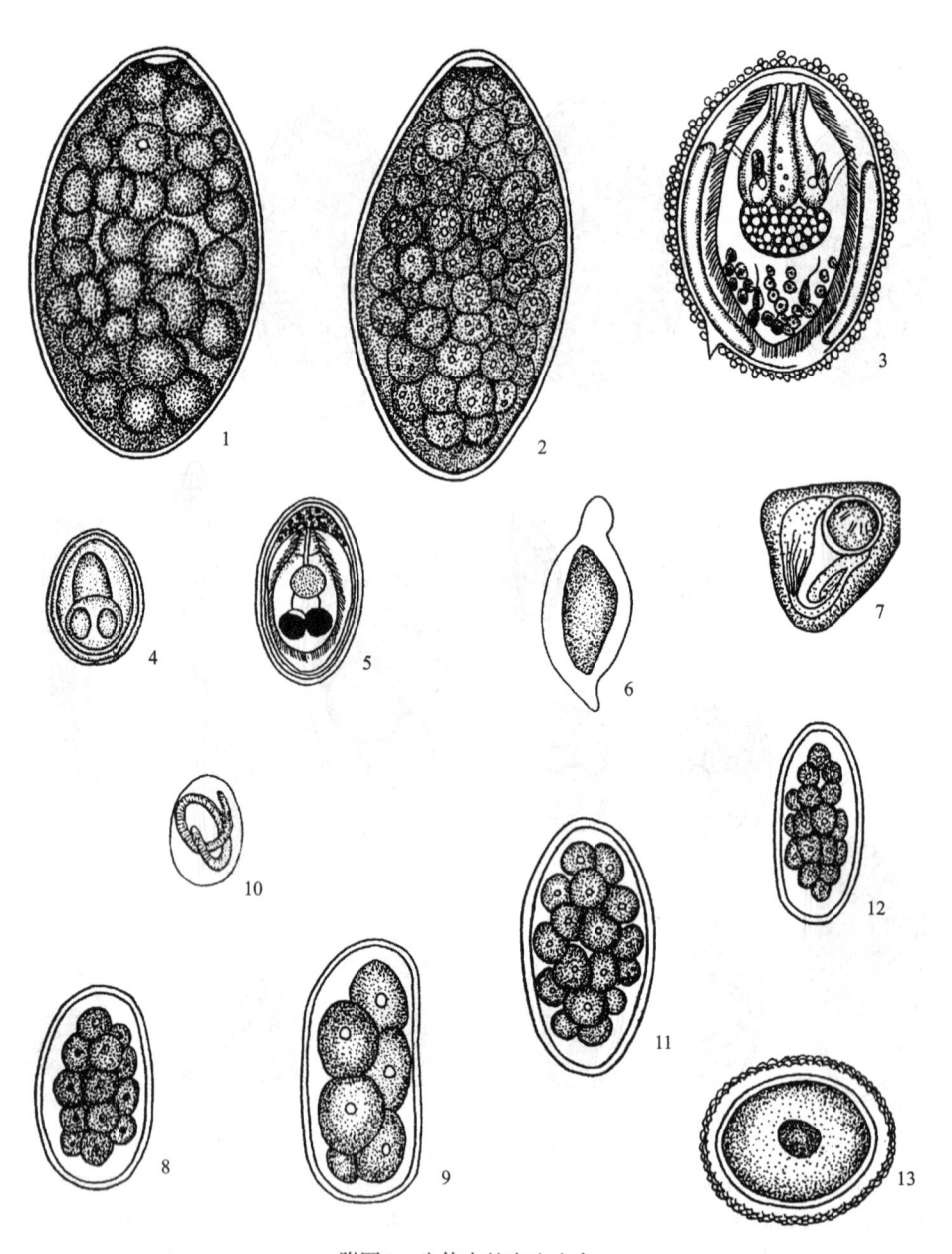

附图9　牛体内的寄生虫卵

1. 大片吸虫卵；2. 前后盘吸虫卵；3. 日本血吸虫卵；4. 双腔吸虫卵；5. 胰阔盘吸虫卵；6. 鸟毕血吸虫卵；7. 莫尼茨绦虫卵；8. 结节虫卵；9. 钩虫卵；10. 吸吮线虫卵；11. 指状长刺线虫卵；12. 古柏线虫卵；13. 牛蛔虫卵

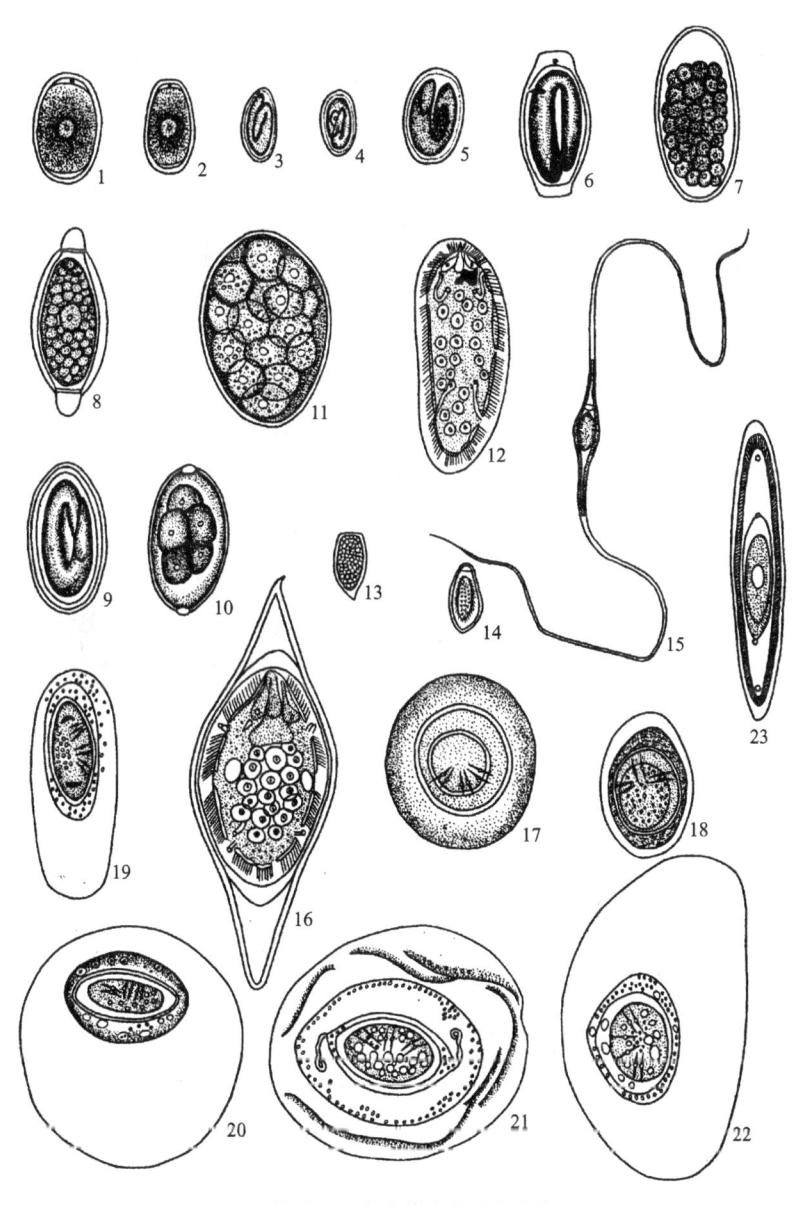

附图10 家禽体内的寄生虫卵

1. 鸡蛔虫卵；2. 鸡异刺线虫卵；3. 类圆线虫卵；4. 孟氏眼线虫卵；5. 螺旋蛔饰带线虫卵；6. 四棱线虫卵；7. 鹅裂口线虫卵；8. 毛细线虫卵；9. 鸭束首线虫卵；10. 比翼线虫卵；11. 卷棘口吸虫卵；12. 嗜眼吸虫卵；13. 前殖吸虫卵；14. 次睾吸虫卵；15. 背孔吸虫卵；16. 毛毕吸虫卵；17. 楔形绦虫卵；18. 有轮赖利绦虫卵；19. 鸭单睾绦虫卵；20. 膜壳绦虫卵；21. 矛形剑带绦虫卵；22. 片形皱褶绦虫卵；23. 鸭多型棘头虫卵

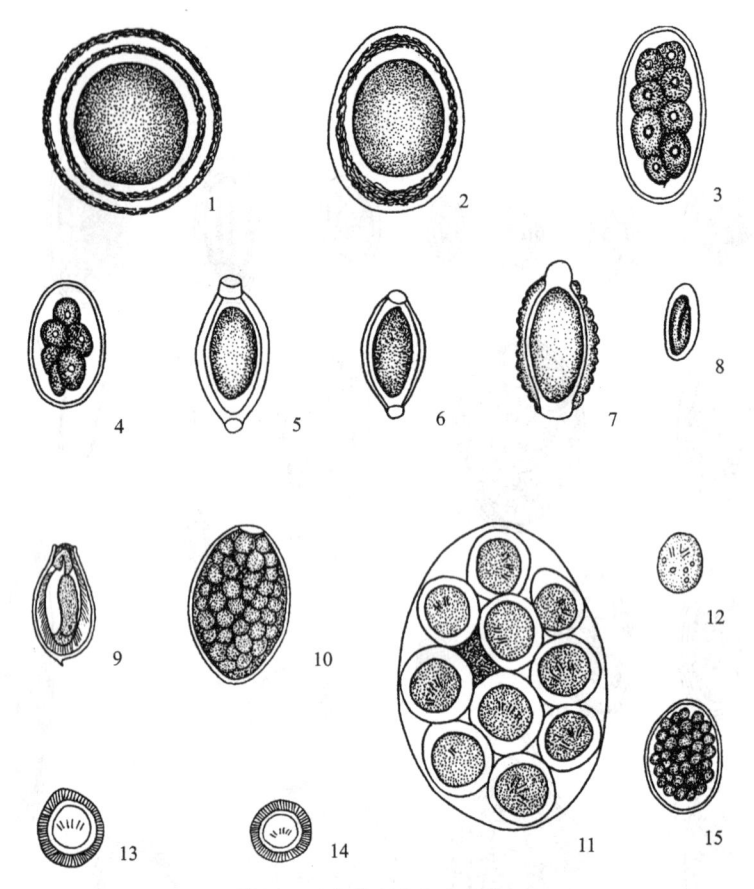

附图11 犬体内的寄生虫卵

1. 犬蛔虫卵；2. 狮蛔虫卵；3. 犬钩虫卵；4. 巴西钩虫卵；5. 毛首线虫卵；6. 毛细线虫卵；7. 肾膨结线虫卵；
8. 血色食道虫卵；9. 华支睾吸虫卵；10. 并殖吸虫卵；11. 犬复孔绦虫卵；12. 中线绦虫卵；13. 泡状带绦虫卵；
14. 细粒棘球绦虫卵；15. 裂头绦虫卵

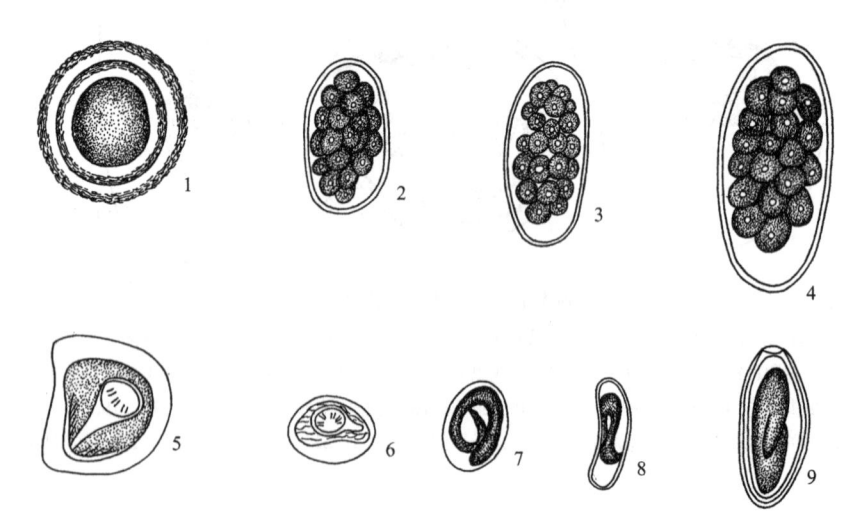

附图12 马体内的寄生虫卵

1. 马蛔虫卵；2. 圆虫卵；3. 毛线虫卵；4. 细颈三齿线虫卵；5. 裸头绦虫卵；
6. 侏儒副裸头绦虫卵；7. 韦氏类圆线虫卵；8. 柔线虫卵；9. 马蛲虫卵

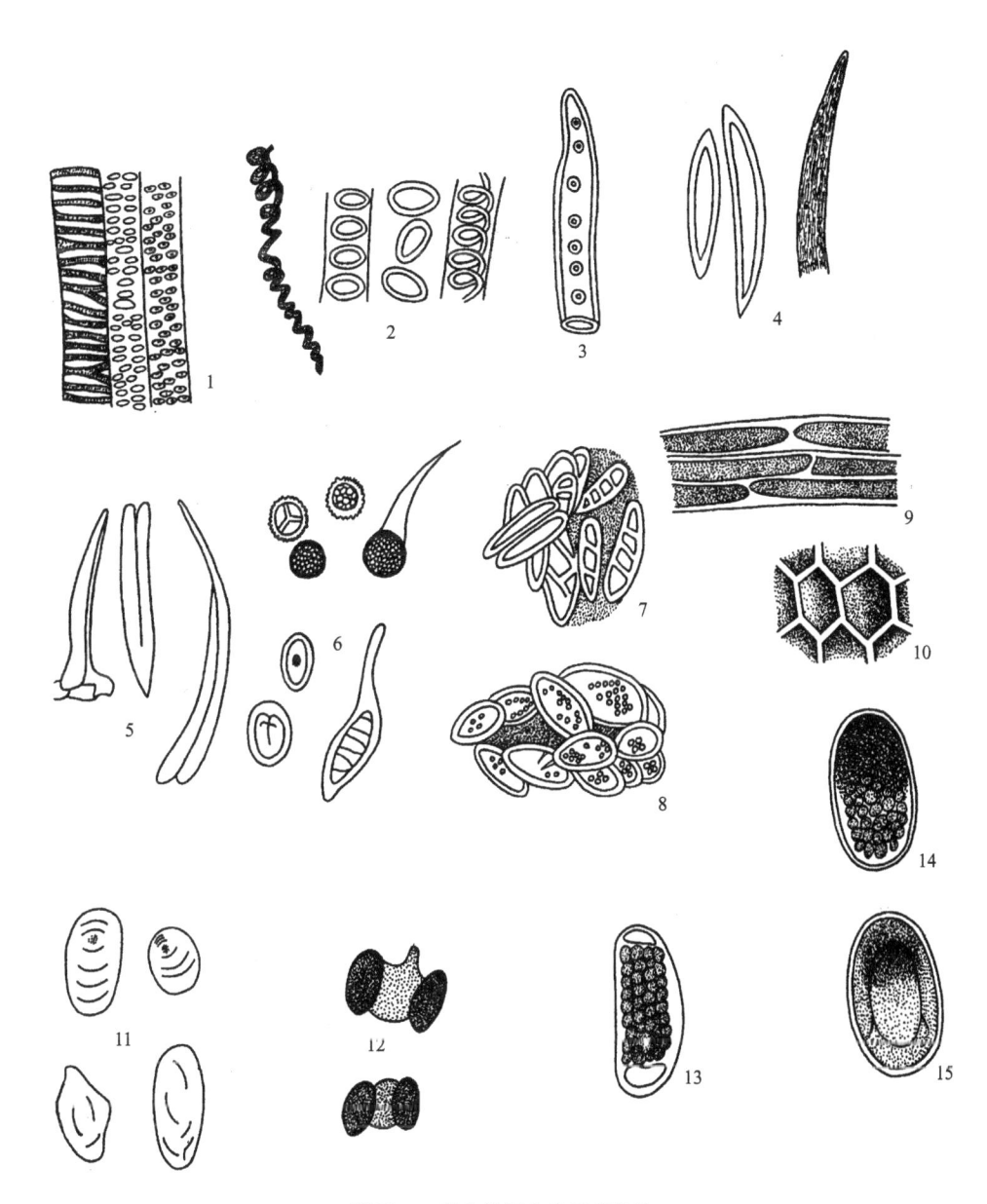

附录：各种畜禽常见寄生蠕虫及虫卵

附图13 畜禽粪便内常见的物体

1. 植物的导管（梯纹，网纹，孔纹）；2. 螺纹，环纹；3. 管胞；4. 植物纤维；5. 小麦的颖毛；6. 真菌的孢子；7. 谷壳的一些部分；8. 稻米胚乳；9、10. 植物的薄皮细胞；11. 淀粉粒；12. 花粉粒；13. 一种植物线虫卵；14. 螨的卵（未发育）；15. 螨的卵（已发育）